Digital Wave
Advanced Technology of
Industrial Internet

数 字 浪 潮 丛书
工业互联网先进技术

编 委 会

名誉主任：柴天佑 院士
桂卫华 院士

主　　任：钱　锋 院士

副 主 任：陈　杰 院士
管晓宏 院士
段广仁 院士
王耀南 院士

委　　员：杜文莉　顾幸生　关新平　和望利　鲁仁全　牛玉刚
侍洪波　苏宏业　唐　漾　汪小帆　王　喆　吴立刚
徐胜元　严怀成　杨　文　曾志刚　钟伟民

"十四五"时期国家重点出版物
出版专项规划项目

数字浪潮
工业互联网先进技术 丛书

Intelligent Scheduling
of Industrial Hybrid Systems

工业混杂系统智能调度

顾幸生　徐震浩　著

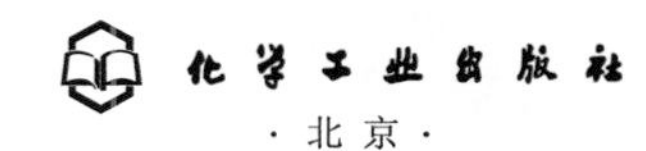

·北京·

内容简介

本书主要阐述确定性和不确定性生产调度问题的模型及其智能求解方法，重点阐述确定性和不确定条件下混杂工业生产过程的调度模型、基于进化算法和群智能优化的确定性生产调度方法、复杂生产过程调度问题、不确定环境下的生产调度方法、不确定条件下多目的间歇过程的短期调度、基于智能优化的多目标生产调度等。

本书可供相关科研和开发人员参考，也可作为控制科学与工程、自动化、工业工程、机械工程、计算机科学与技术、管理科学与工程等学科的本科生、研究生和教师的参考书。

图书在版编目（CIP）数据

工业混杂系统智能调度 / 顾幸生，徐震浩著. —北京：化学工业出版社，2023.7

（“数字浪潮：工业互联网先进技术”丛书）

ISBN 978-7-122-43462-3

Ⅰ.①工… Ⅱ.①顾… ②徐… Ⅲ.①智能制造系统 Ⅳ.① TH166

中国国家版本馆 CIP 数据核字（2023）第 084919 号

责任编辑：宋 辉

文字编辑：李亚楠 陈小滔

责任校对：边 涛

装帧设计：王晓宇

出版发行：化学工业出版社

（北京市东城区青年湖南街 13 号 邮政编码 100011）

印 装：中煤（北京）印务有限公司

710mm×1000mm 1/16 印张 30¼ 字数 502 千字

2023 年 6 月北京第 1 版第 1 次印刷

购书咨询：010-64518888

售后服务：010-64518899

网 址：http : //www.cip.com.cn

凡购买本书，如有缺损质量问题，本社销售中心负责调换。

定 价：168.00 元

版权所有 违者必究

序言 FOREWORD

当前，人类社会来到第四次工业革命的十字路口。数字化、网络化、智能化是新一轮工业革命的核心特征与必然趋势。工业互联网是新一代信息通信技术与工业经济深度融合的新型基础设施、应用模式和工业生态，通过对人、机、物、系统等的全面连接，构建起覆盖全产业链、全价值链的全新制造和服务体系，为工业乃至产业数字化、网络化、智能化发展提供了实现途径，是第四次工业革命的重要基石。目前，我国经济社会发展处于新旧动能转换的关键时期，作为在国民经济中占据绝对主体地位的工业经济同样面临着全新的挑战与机遇。在此背景下，我国将工业互联网纳入新型基础设施建设范畴，相关部门相继出台《“十四五”规划和2035年远景目标纲要》《“十四五”智能制造发展规划》《“十四五”信息化和工业化深度融合发展规划》等一系列与工业互联网紧密相关的政策，希望把握住新一轮的科技革命和产业革命，推进工业领域实体经济数字化、网络化、智能化转型，赋能中国工业经济实现高质量发展，通过全面推进工业互联网的发展和应用来进一步促进我国工业经济规模的增长。

因此，我牵头组织了“数字浪潮：工业互联网先进技术”丛书的编写。本丛书是一套全面、系统、专门研究面向工业互联网新一代信息技术的丛书，是“十四五”时期国家重点出版物出版专项规划项目和国家出版基金项目。丛书从不同的视角出发，兼顾理论、技术与应用的各方面知识需求，构建了全面的、跨层次、跨学科的工业互联网技术知识体系。本套丛书着力创新、注重发展、体现特色，既有基础知识的介绍，更有应用和探索中的新概念、新方法与新技术，可以启迪人们的创新思维，为运用新一代信息技术推动我国工业互联网发展做出重要贡献。

为了确保“数字浪潮：工业互联网先进技术”丛书的前沿性，我邀请杜文莉、侍洪波、顾幸生、牛玉刚、唐漾、严怀成、杨文、和望利、王喆等20余位专家参与编写。丛书编写人员均为工业互联网、自动化、人工智能领域的领军人物，包含多名国家级高层次人才、国家杰出青年基金获得者、国家优秀青年基金获得者，以及各类省部级人才计划入选者。多年来，这些专家对工业互联网关键理论和技术进行了系统深入的研究，取得了丰硕的理论与技术成果，并积累了丰富的实践经验，由他们编写的这套丛书，系统全面、结构严谨、条理清晰、文字流畅，具有较高的理论水平和技术水平。

这套丛书内容非常丰富，涉及工业互联网系统的平台、控制、调度、安全等。丛书不仅面向实际工业场景，如《工业互联网关键技术》《面向工业网络系统的分布式协同控制》《工业互联网信息融合与安全》《工业混杂系统智能调度》《数据驱动的工业过程在线监测与故障诊断》，也介绍了工业互联网相关前沿技术和概念，如《信息物理系统安全控制设计与分析》《网络化系统智能控制与滤波》《自主智能系统控制》和《机器学习关键技术及应用》。通过本套丛书，读者可以了解到信息物理系统、网络化系统、多智能体系统、多刚体系统等常用和新型工业互联网系统的概念表述，也可掌握网络化控制、智能控制、分布式协同控制、信息物理安全控制、安全检测技术、在线监测技术、故障诊断技术、智能调度技术、信息融合技术、机器学习技术以及工业互联网边缘技术等最新方法与技术。丛书立足于国内技术现状，突出新理论、新技术和新应用，提供了国内外最新研究进展和重要研究成果，包含工业互联网相关落地应用，使丛书与同类书籍相比具有较高的学术水平和实际应用价值。本套丛书将工业互联网相关先进技术涉及到的方方面面进行引申和总结，可作为高等院校、科研院所电子信息领域相关专业的研究生教材，也可作为工业互联网相关企业研发人员的参考学习资料。

工业互联网的全面实现是一个长期的过程，当前仅仅是开篇。“数字浪潮：工业互联网先进技术”丛书的编写是一次勇敢的探索，系统论述国内外工业互联网发展现状、工业互联网应用特点、工业互联网基础理论和关键技术，希望本套丛书能够对读者全面了解工业互联网并全面提升科学技术水平起到推进作用，促进我国工业互联网相关理论和技术的发展。也希望有更多的有志之士和一线技术人员投身到工业互联网技术和应用的创新实践中，在工业互联网技术创新和落地应用中发挥重要作用。

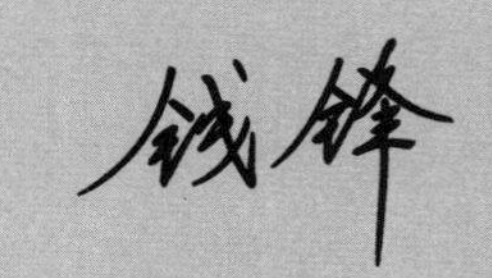

前言 PREFACE

现代化的制造业是国民经济的支柱产业，对我国国民经济的发展有着不可替代的作用，其发展水平直接影响到国家的经济基础和综合实力。随着现代科学技术的发展，生产规模不断扩大，复杂性越来越高，市场竞争也愈加激烈，生产调度作为制造企业生产计划管理和控制的核心环节和关键技术，正扮演着越来越重要的角色。

生产调度是将有限的资源分配给各项不同任务的决策过程，其目的是优化一个或多个目标。优化的生产调度方案，可以使企业快速适应市场变化，保证企业的短期效益和长远效益，从而提高生产效率、降低生产成本、降低库存和消耗，为企业带来显著的经济效益和社会效益。

与离散制造业不同，流程工业是以连续或者间歇物质、能量流为主要对象，以化学反应、物质交换、能量交换、分离、混合为主要生产加工方式的工业，主要涉及石油、化工、冶金、发电、制药、食品等行业。流程工业具有涉及品种繁多、层次复杂、服务面广泛、配套性强等特点。现代流程工业生产过程可以分为三类：连续工业生产过程、间歇工业生产过程以及混杂工业生产过程。混杂工业生产过程不仅具有连续工业生产的大型化、复杂化等特点，也具有间歇工业生产过程的多品种、小批量、生产设备功能冗余、生产工艺路线灵活、产品附加值高等特点，从而表现出良好的灵活性和适应性。混杂工业生产企业的经营状况十分依赖生产调度方案，通过实施科学合理、优化的生产调度方案，可以有效提高企业的生产能力，在不增加设备投入的情况下，获得显著的经济效益。

混杂工业生产过程工艺流程复杂，往往伴随着多种物理、化学变化以及物料的分离、混合、存储、转移等操作，工艺流程往往具有分布式、多阶段、多设备并行运行、多批次等特征。高效的优化技术与调度方法的研究与应用，是实现企业节能、降耗、减排、降低生产成本和提高生产效率的关键核心环节。优化的生产计划与调度可以对企业的资金、设备、人力资源等进行优化配置，使企业在有限资源约束下产生最大的经济效益。

现代工业企业的生产活动包括市场供求的分析、企业市场计划的决策、生产计划的制定、生产调度方案的选择、实际的生产过程、产品的销售和市场反馈等多个环节。面对全球化的国际、国内市场，各种突发自然灾害、政治事件或事故灾难，都会造成市场环境的快速变化，从而使原料、产品价格剧烈波动；原料来源的复杂多样、客户要求的不断变化、生产设备特性随生产过程的缓慢变化、生产流程中各设备单元异常故障的难以预见性等，都使生产调度具有高度不确定性。这种不确定性，给混杂工业生产调度相互之间的协调优化带来更大的困难。以上这些都要求科研人员和企业要研究分析不确定性对企业生产及经营过程的影响，制定具有适应能力、具有可操作性的生产调度方案，以满足实际需要，使企业制定的调度方案能自动地适应不确定的环境，从而保证调度方案的最优性。

许多调度问题从复杂度理论上讲是NP-难的，经典的调度算法如启发式规则、分支定界法求解调度问题面临很大的困难，很难获得问题的最优解，或者获得最优解需要付出巨大的计算代价。近几十年来兴起的进化算法和群智能优化算法等智能优化方法，在不需要求解复杂数学规划模型的基础上可获得令人满意的调度解，是解决实际生产调度问题的有效方法，因此得到了国内外学者的广泛关注。这类算法通常利用自然、生物或人类社会中存在的智能现象，设计有效的更新机制，借助计算机的迭代运算，搜索问题的可行解，从而获得复杂难题的最优解或满意解。

目前，国内外对生产调度问题的研究已取得很大进展，考虑的生产调度问题涵盖了离散工业生产的单机、并行机、流水车间、作业车间、开放车间等，使用的智能方法包括遗传算法、模拟退火算法、粒子群算法等。然而，对于流程工业生产调度，尤其是混杂工业生产过程的调度方法，相对离散工业生产而言，还不够系统、广泛和深入。鉴于此，笔者基于近三十年的科学研究和研究生培养工作的积累，依托国家自然科学基金和国家高技术研究发展计划（863计划）项目等，将课题组的部分研究成果融合，汇编成本著作。

本书主要阐述确定性和不确定性生产调度问题的模型及其智能求解方法，重点阐述确定性和不确定性条件下混杂工业生产过程的调度模型、基于进化算法和群智能优化算法的确定性生产调度方法、不确定环境下的生产调度方法、不确定性条件下多目的间歇过程的短期调度、基于智能优化的多目标生产调度等。

本书可供相关科研和开发人员参考，也可作为控制科学与工程、自动化、工业工程、机械工程、计算机科学与技术、管理科学与工程等学科的本科生、研究生和教师的参考书。

本书是笔者与研究生们共同研究结果的汇集，笔者特别感谢我的学生们，他们是曹萃文、黎冰、牛群、连志刚、焦斌、于艾清、朱瑾、谷金蔚、邓冠龙、崔喆、杨玉珍、孙泽文、丁豪杰、韩豫鑫、闫雪丽、周昕、张建明、周艳平、王祎、耿佳灿、杨子江、李知聪、赵芮、郎峻、陈知美、李明切、刘琦、郑璐、李平、吴超超、双兵、张瑜玲、杨文明、王言林、程俊、路飞、靳费慧、马威、王硕、刘华、乔纯陆、韩炜、盛立纲、黄佳琳、李佳磊、张丫丫、季楠等。感谢周昕博士对书稿的校对和整理工作。

本书研究工作得到了国家自然科学基金项目（61973120、61573144、61174040、60774078、60674075、60274043、69874012、61104178、62076095、61673175）、国家高技术研究发展计划（863 计划）项目（2009AA04Z141、2002AA412610、863-511-945-001）等的资助。

由于笔者水平有限，时间仓促，本书内容还有不足之处，恳请读者批评指正。

顾幸生

目录 CONTENTS

Digital Wave
Advanced Technology of
Industrial Internet

Intelligent Scheduling of
Industrial Hybrid Systems

工业混杂系统智能调度

第1章

绪论

1.1 生产调度问题及其分类

流程工业作为制造业的重要组成部分，包括石油、化工、钢铁、有色金属、电力等高耗能行业，是当前国民经济和社会发展的重要支柱。在全球化的环境下，企业在工业生产中扮演的角色愈来愈重要，这不仅给企业带来了巨大的机遇和挑战，也使企业所面临的外部竞争压力不断增加。与此同时，随着生活水平的提高，单一传统的大众化商品已经难以满足人们的生活需求，个性化的、特色鲜明的定制商品日益受到广大人民群众的喜爱与追求。为了对外部需求和环境进行快速响应，增强产品市场竞争力，企业需要根据客户订单对实际生产设备、加工资源等进行调度，利用当前有限的资源以尽可能低的生产成本，最大限度地快速响应和满足差异化的订单要求。在对生产过程优化的过程中，企业范围优化已成为流程工业的重要目标之一，其主要功能包括对公司的供应、制造和分销活动进行调度优化，以降低生产成本、产品库存和环境影响并实现利润最大化。流程工业的生产方式一般可以分为三类。

① 连续型生产　在生产过程中物料流始终保持连续不间断地流动，且不改变流动方向和途径，这种生产方式处理量大，单位设备的生产率高。

② 批处理型生产　在生产过程中间歇地改变物料流动方向和途径，这种生产方式灵活性高，它往往由一些通用设备组成，这些设备在安装和使用上都有一定程度的柔性，不仅可以在同一组设备上实现多种产品的生产，而且可以实现较为复杂的合成过程。

③ 混合型生产　这种生产方式既包括连续型生产，也包括批处理型生产。

生产调度是指在生产任务给定的前提下，确定合理的生产决策，即按时间的前后，将有限的人力、物力资源分配给不同的工作任务，使预定的目标最优或近似最优的问题。从数学规划的角度看，生产调度问题可表达为在等式或不等式约束下，对目标函数的优化。生产调度涉及的约束有：产品的投产期、交货期、生产能力、加工顺序、加工设备和原料的可用性、批量大小、加工路径、成本限制等。目标函数可以是成本最低、库存费用最少、生产周期最短、总滞后最小、生产切换最少、“三废”最少、设备利用率最高等。

调度问题本身固有的组合特征决定了该类问题求解的复杂性，而调度背景和目标的多样性又赋予调度问题更多的附加特性，进一步加剧了问题求解的难度。复杂性研究表明，调度问题中的绝大多数属于NP-难问题，目前尚无有效的求解算法。传统的调度理论与方法在求解有效性、广泛适用性等方面难以满足实际需要，不能有效地解决种类繁多、特性迥异的调度问题。而从实践角度来看，目前的调度理论和方法研究与实际调度问题还存在较大差距，理论成果并不能很好地应用于实践，因此缩小理论成果与实际问题的差距，将丰富的调度理论成果应用于实际调度问题，将会产生巨大的经济效益和实践价值。

对生产调度的研究具有两方面的重要意义。第一，具有重要的理论意义和学术价值。调度问题作为一类复杂的组合优化问题，其应用背景涵盖多个领域，近几十年来已经被抽象为一类数学和运筹学问题。很多调度问题已被证明是NP-难问题，采用传统的调度算法如数学规划方法、启发式算法求解难以取得令人满意的效果，因此采用新型的有效算法求解该类问题具有重要的理论意义和学术价值。第二，有助于提高企业经济效益和市场竞争力。近几十年来，随着企业间竞争越来越激烈，客户的个性化需求越来越强，企业只有通过提高生产管理水平和制造自动化水平，才能缩短制造周期、提高生产效率、减少产品滞后现象、提高客户满意度、降低生产成本，最终提高企业的经济效益和市场竞争力。而采用合理、适用、有效、优化的调度方案，是提高生产管理水平和制造自动化水平的关键。

对生产调度问题的研究，始于20世纪50年代，Johnson首次提出了两机Flow Shop（流水车间）调度问题的最优算法（Johnson规则）[1]。之后，人们逐渐考虑更复杂的问题，分支定界（Branch And Bound, BAB）方法[2]、动态规划（Dynamic Programming, DP）方法等精确算法，以及基于调度规则的启发式方法等在单机、并行机、Flow Shop和Job Shop

（作业车间）等典型的调度问题中得到广泛应用。然而，由于调度问题的复杂性，上述精确算法仍难以解决许多困难的调度问题，或者即使可以求解，对大规模算例却耗时巨大，启发式方法得到的解也往往不是最优解，甚至不能让人满意。近年来，在人工智能技术和计算机技术的推动下，研究者们提出了许多智能优化算法（如遗传算法、禁忌搜索算法、模拟退火算法、蚁群优化算法、粒子群优化算法等）求解生产调度问题。这类方法处理约束比较容易，对目标函数限制少，可获得优化问题的满意解，适用于各种复杂调度问题，目前已显现出较好的应用前景。

自从 1954 年 Johnson 提出解决两台设备 Flow Shop 调度问题的最优 Johnson 规则以来，调度问题便引起了许多数学、运筹学、工业工程界学者的关注。在最初的十年，人们主要致力于用组合分析的方法求解调度问题，且求解的问题主要集中在单机、并行机和 Flow Shop 调度。基于组合分析的研究到 20 世纪 60 年代面临着更具挑战性的调度问题，于是人们尝试采用分支定界和动态规划的方法进行求解，二十世纪六七十年代，在单机和 Job Shop 问题上也取得了一些研究进展。到七八十年代，随着计算复杂度理论的发展以及对各种调度问题的分类方案的形成，经典调度理论逐渐成熟。在这一阶段，人们根据各种调度问题的复杂性层次对调度问题进行了细致的分类。最为重要的研究工作之一就是美国贝尔实验室的 Graham 等对调度发展进行总结的综述，其中，首次提出了调度问题的三元表示法，迄今该表示法仍被广泛使用[3]。从 20 世纪 80 年代至今，调度问题的研究不但在理论上而且在应用上都取得了重大的发展。尤其在解决实际调度问题方面，研究者们尝试用基于人工智能、计算智能、实时智能的元启发式算法来解决实际调度问题，并取得了令人欣慰的效果。近年来，由于各种元启发式算法的提出以及更加复杂情况下调度问题的提出，调度问题的研究前景一片光明。

根据不同的分类标准，生产调度有不同的分类方式[4]。按系统处理的复杂性，可分为单机调度、并行机调度、流水车间（Flow Shop）调度和作业车间（Job Shop）调度等。

（1）单机调度问题

单机调度是车间调度研究中一个古老而又典型的模型，是构造更复杂、更一般的调度问题的基础。单机调度可以描述为：n 个产品在同一台设备上进行加工，确定出适当的加工次序使得预先给定的性能指标最优。单机调度问题大量存在于现实生活中，具有广泛的实际背景，许多实际问题都可以归结为单机排序问题。

（2）并行机调度问题

并行机调度可以描述为：有 m 台设备，n 个产品在等待加工，每个产品都有确定的加工时间，且均可由 m 台设备中的任意一台完成。目的就是要确定这 n 个产品在 m 台设备中的加工顺序，并使其满足某种性能指标的最优分配方法。

（3）流水车间调度问题

流水车间调度问题（Flow Shop Scheduling Problem，FSSP）是指 n 个产品在 m 台设备上加工，每个产品按同一顺序通过 m 台设备，显然，共有 $(n!)m$ 种排序方法。若 n 个产品在每台设备上的加工顺序是相同的，则共有 $n!$ 种排序方法，这就是 Flow Shop 调度问题。Flow Shop 调度问题在生产中有广泛的实际应用背景，无论是组织成组加工，还是组织多品种混流生产，都会碰到这一问题。

（4）作业车间调度问题

作业车间调度问题（Job Shop Scheduling Problem，JSSP）是最困难的组合优化问题之一。作业车间调度研究 n 个产品在 m 台设备上的加工过程，每个产品在每台设备上的加工时间已知，事先给定每个产品在每台设备上的加工次序（称为技术约束条件），每台设备一次最多只能加工一道工序，调度就是把工序分配给设备上某个时间段，确定与技术约束条件相容的各设备上所有产品的加工次序，使满足优化目标。在过去几十年里，Job Shop 调度问题吸引了无数研究者的浓厚兴趣，大量的研究成果相继问世。

按生产需求的不同，调度问题可分为 Open Shop 和 Closed Shop。Open Shop 是指所有的生产由客户需求决定，无成品库存储备；Closed Shop 问题是指客户对产品的需求由成品库存储备满足，而生产任务由库存量决定。

基于性能指标，调度问题可分为基于调度费用和调度性能指标两大类。常用的主要有：最大加工周期最小化；平均流程时间最少；使最大或平均的延滞最小（其中延滞指产品完成日期和它的交货日期之差的绝对值）；使切换或装配的次数（费用）最少；使生产总成本（包括各种生产费用、库存储备费用、切换损耗等）最低；等等。

按调度环境的特点，可分为静态调度和动态调度。静态调度是指待加工的产品集合和加工时间是确定的，且生产时所有待加工的产品已经全部到位，即静态调度要求利用整个生产系统的全部信息，是信息完全的调度；而动态调度是指加工产品的数目和相关的参数是随时间变化的，由于生产系统的各种信息不可能完全获得，所以是信息不完全的一类调度。

生产调度问题作为生产管理过程中最为困难的问题，成为当今控制学科、计算机科学与运筹学科等多学科领域交叉研究的热点问题，主要具有以下几个鲜明的共同点。

（1）复杂程度高

生产调度问题的复杂程度由生产过程本身的复杂性和相应求解算法的复杂度共同决定。由于在整个生产加工过程中，要考虑原料的储备和供应、产品工艺流程的设计、各种加工操作间的制约和影响、加工设备和加工环境的切合性等诸多要素，因此，生产过程本身就是一个具有高度复杂性的过程。

生产调度问题的求解依赖于相关的算法。算法的空间复杂度与问题本身的规模和维度息息相关；而时间复杂度则常用与计算步数直接关联的 n 次多项式进行表述，称为多项式时间，记为 $O(p(n))$。由于算法的空间复杂度与具体问题相关，因此，在实际考察算法复杂度时更多地使用其多项式时间去进行粗略的测算与客观的评估。由于从生产过程抽象出的生产调度问题中的大部分已被证明是 NP- 难问题，相应地，为求解生产调度问题所设计的算法也无法用一个确定的多项式时间进行表述，因此，具有极高的复杂度。

（2）不确定性强

生产调度问题的不确定性主要源于实际生产过程中生产系统内部和外部的随机性和模糊性。这些不确定性分别隶属于系统固有的不确定性、生产过程中产生的不确定性、生产环境的不确定性和其他离散不确定性等。它们影响着已经制定的生产计划和生产调度方案的正常执行，因此生产调度问题具有不确定性强的特点。在实际生产时多采用动态调度、重调度和鲁棒调度的方法对这些突发的不确定性情况进行主动响应，从而克服其所造成的影响。

（3）约束条件多

生产调度问题从实际的生产过程中抽象而来，当从经济成本考虑时，人力、设备、原材料等生产资源的投入程度，以及生产目标的响应程度等都要根据具体的市场需求进行精确的测定。这些预定阈值就成为各生产要素在实际生产时所受的约束，这些约束均会在抽象问题进行建模和求解的过程中作为必须要考虑的内在约束条件尽量满足，因此生产调度问题具有约束条件多的特点。

（4）目标指标多

实际生产的最终目的是以最小的资源和经济成本满足客户订单的需求，从而帮助企业占有市场。因此，与订单相关的目标指标都是生产调度问题所必须综合考虑和优化的，如：令产品的生产周期最短，保证生产的利润最大化，在保证存储成本的同时令交货期尽量提前，等等。因此，生产调度问题具有目标指标多的特点。

1.2 生产调度问题的描述

在所考虑的调度问题中，产品和设备的数量被假设成有限的，分别用 n 和 m 表示。通常，下标 j 指一个产品，而下标 i 指一台设备。如果一个产品需要许多加工步骤或操作才能生产，则数对（i，j）指的是产品 j 在设备 i 上的加工步骤或操作。

① 加工时间（p_{ij}） 表示产品 j 在设备 i 上的加工时间。如果产品 j 的加工时间独立于设备或者只在一台给定的设备上进行加工，则省略下标 i。

② 提交时间（r_j） 也称准备时间，是指产品到达系统的时间，即产品 j 可以开始加工的最早时间。

③ 交货期（d_j） 表示承诺的发运或完成时间（承诺将产品交给顾客的日期）。允许在交货期之后完成产品生产，但那样会受到惩罚。如果交货期必须满足，则称为最后期限，表示为 $\overline{d_j}$ 。

④ 权重（w_j） 权重是个优先性因素，表示产品 j 相对于系统内其他产品的重要性。例如，这个权重可能表示保留这一产品在系统中的实际费用，这个费用可能是持有或库存成本；也可能表示已经附加在产品上的价值。

通常考虑的调度目标都跟产品的完成时间相关。产品 j 在设备 i 上的完成时间记作 C_{ij}，产品 j 离开最后一台设备的时间记作 C_j，通常有以下一些最小化的目标：

① 生产周期（$C_{\max}$） 定义为 $\max(C_1, C_2, \cdots, C_n)$，也称为 *makespan*。*makespan* 越小，通常意味着设备利用率越高。

② 最大延迟（$L_{\max}$） 定义为 $\max(L_1, L_2, \cdots, L_n)$，其中延迟 $L_j = C_j - d_j$，它度量了违反交货期的最坏情况。

③ 加权完成时间和（$\sum w_j C_j$） 它给出了一个由调度引起的所有持有或库存成本指标。特别地，对单一的权值，它可表达为完成时间和 $\sum C_j$。

④ 加权总流水时间（$\sum w_j F_j$） 其中流水时间定义为 $F_j = C_j - r_j$。对于没有给定提交时间的调度环境，流水时间等同于完成时间。类似地，可以定义总流水时间（$\sum F_j$）、最大流水时间（$F_{\max}$）。

⑤ 加权总滞后（拖期）时间 $\sum w_j T_j$ 其中滞后时间定义为 $T_j = \max\{C_j - d_j, 0\}$。这是比加权完成时间和更一般化的成本函数。类似地，可以定义总滞后时间 $\sum T_j$、最大滞后时间 $T_{\max}$。

⑥ 加权提前滞后时间 $\sum w_j' E_j + \sum w_j'' T_j$ 其中提前惩罚定义为 $E_j = \max\{d_j - C_j, 0\}$。前面的目标①到⑤都是所谓的正规指标。正规指标是指 C_j 的非减函数的指标。而加权提前滞后时间是一个不正规的指标。以它为指标的调度也称 E/T 调度。E/T 调度的提出是为了适应准时制（Just In Time，JIT）生产模式的需要。准时制是在 20 世纪 80 年代出

现的，首先在日本的制造业中得到广泛应用，并很快被西方国家的制造业所接受。其基本内涵是，从企业利润角度出发，对产品的加工以满足交货期为目标，既不能提前交货，也不能延期交货，E/T 调度正反映了这方面的要求。

流程工业生产调度常用的描述方法有以下几种。

（1）甘特图

在生产调度各种描述方法中，甘特图（Gantt Chart）是一种十分有效的工具。甘特图给出了比较粗略的计划指示，是进度计划最常用的一种工具。该图将某些已完成的工作和即将要做的工作绘制在时间轴（横轴）上，将承担各项工作的人或设备绘制在纵轴上。它通常包括项目活动列表、工作开始时间和持续时间。它的优势是：容易理解和变更。它是刻画项目过程的最简单的方法，很容易进行项目活动的扩展，识别活动进行的顺序。但是这种方法存在三种缺陷：不能显示出活动之间的相互依赖关系；不能显示一个项目活动早开始或者晚开始所带来的后果；不能显示在进行项目活动过程中的不确定性。一般来说，甘特图是一种比较适合小型项目管理中编制项目进度的主要工具，对于复杂的项目来说，难以适应管理的需要。甘特图的应用标志着形式化的调度模型的出现。

（2）关键路径法和计划评审技术

甘特图简单明了，但对大型项目工程不适用，因此在 20 世纪 50 年代出现了网络计划技术。它采用网络图的形式表示组成工程项目各项活动的先后次序及相互关系，并能够通过相应的计算，找出影响全局的关键活动和关键路径，从而对整个项目进行全面的计划和安排。网络计划技术中最具有代表性的两种方法是关键路径法（Critical Path Method，CPM）和计划评审技术（Program Evaluation and Review Technique，PERT）。1956 年，美国的杜邦公司在制定化工建设计划时，首先开发出了 CPM。两年之后，美国海军武器局开发出了 PERT。PERT 侧重非确定性活动时间的工程计划；而 CPM 则侧重于确定性活动时间的工作计划，并研究时间与费用、资源与周期之间的关系。但是，随着计划方法的不断改进和发展，二者的差别已渐趋消失。这两种方法都要找出项目的关键线路、关键工作和非关键工作。

（3）状态 - 任务网和资源 - 任务网

状态 - 任务网（State-Task Network, STN）是一种能够描述具有间隙生产特点的化工工艺过程有向图，可以用来建立可视化的生产系统描述层。它有两种节点：状态节点和任务节点。状态节点用圆圈表示，代表输入原料、中间产品或最终产品；任务节点用矩阵表示，代表处理操作，该操作将一种或多种输入状态转化为一种或多种输出状态。描述 STN 的变量包括描述任务的变量、描述状态的变量以及描述设备的变量。针对具体的生产过程，根据这些变量之间的关系，可以建立生产调度模型。资源 - 任务网（Resource-Task Network, RTN）是一种更为简单的间歇调度的表示方法，它的主要特点是所有生产资源（原料和设备）具有统一的描述和特征，所有资源都允许被产生和被消耗。

（4）Petri 网

Petri 网是一种系统描述和分析的图形工具，它适用于描述分布式、异步、并发、资源共享、加工途径多样性等离散事件动态系统的许多特征。它用库所表示资源、操作条件或者过程，用变迁表示事件、操作的开始或者是结束，用有向弧表示库所和变迁的关系。Petri 网一般可以分为基本 Petri 网和扩展 Petri 网。Petri 网作为一种研究离散事件动态系统的结构化图形和数学工具，能够反映系统中的并发、冲突、异步、分布式、并行以及不确定性，并具有类似流程图、网络图的图形表达功能，还可以体现出原系统的结构特征。Petri 网用于生产调度分析和设计，关键在于变迁的修改，尤其是变迁的开放原则。用它作为调度模型，直观易懂，容易接受。但是面对复杂的系统规模时，Petri 网规模也将增大，很难用一个统一的模式去分析和设计其中的问题，因此 Petri 网也就失去了原有的直观性。

（5）数学规划方法

数学规划方法属于运筹学方法，它将生产调度问题刻画为数学规划模型，采用整数规划、动态规划以及决策分析等方法解决调度优化问题。数学规划方法的优点是任务分配和排序的全局性较好，所有的选择同时进行，因此可以保证求解凸和非凸问题的全局优化。但是数学规划方法是一种精确求解方法，它需要对调度问题进行统一的建模，任何参数的变化都会使算法的重用性很差，因此对于复杂的生产调度问题，单纯的数学规划模型不能覆盖所有因素，存在求解空间大和计算困难等问题。

1.3 生产调度问题的优化方法[5-8]

尽管对调度问题的研究已经有几十年的历史，从理论上和应用上也提出了许多调度方法，但由于生产调度问题的多样性以及复杂性，至今没有普遍适用的求解方法。已有的方法可归结为传统数学运筹学方法、启发式规则方法和元启发式规则方法。

1.3.1 传统数学运筹学方法

这类方法通过精确求解解析模型，或通过近似求解解析模型获得最优解或次优解。该类方法一般只针对某些特定的问题才有效，即非常依赖于具体问题。典型的方法有以下 3 种。

（1）分支定界方法（BAB）

分支定界法试图将问题分解为子问题，这个过程称为分支；对分支的每个节点，通过确定从该节点出发的所有部分调度方案的目标值下界删除这个节点，这个过程称为定界。该方法通常基于调度问题的整数规划模型，是一种复杂的接近完全枚举的方法，它适用于很多种组合优化问题。能求解到全局最优解也是它的一大优势。它针对小规模问题的求解比较有效，但面临大规模问题时其巨大的计算量是不可接受的。这类方法仍有很大的改善空间，因为适当的设计可以大大减少它的计算量。

（2）束搜索方法（Beam Search, BS）

束搜索法基于分支定界法。分支定界法的主要缺点是它通常非常费时，因为需要考虑的节点非常多。束搜索法改善了这一缺点，它不需要评价所有给定层上的所有节点，只选择它认为具有潜力的节点进行进一步分支，该层上其余的节点将被永久排除掉。保留的节点数目被称作这个搜索法的束宽度。这种方法的关键在于确定哪些节点最具有潜力，从而保留它们。由于采用一定的方法排除了很多节点，该方法求解的计算代价要小于分支定界法，但是不能保证取得问题的最优解。束搜索法的一种细化方法就是过滤束搜索（Filtered Beam Search, FBS）。它使用一种基于过滤器宽度的概念进一步约束分支的空间。具体地说，它使用一个过滤器宽度，在同一个水平上选定的束宽度数目的节点中，其后继节点产生的个数最多为过滤器宽度规定的个数。

（3）数学规划方法

数学规划方法包括线性规划（LP）、非线性规划（NLP）、混合整数线性规划（MILP）和混合整数非线性规划（MINLP）、Lagrangian（拉格朗日）松弛方法等。鉴于数学规划方法的固有简洁性和较好的效果，在计划和调度领域中得到了广泛的应用。但是当问题比较复杂时，一方面存在“组合爆炸”问题，另一方面由于模型过于简化不能很好地解决问题，所以，数学规划方法往往需要结合其他的模型和方法，才能取得较好的效果。

1.3.2 启发式规则方法

启发式规则是依据一定的规则和策略决定下一步需要调度的工作，从而产生较好的调度解。它的优点是直观、简单、实用、花费的计算代价小、易于实现，在实际生产中得到了广泛的应用。但它面临复杂的调度问题时，难以得到全局最优解，甚至有时候解的质量较差。研究者们针对各种不同的调度问题，提出了各种调度规则。下面介绍几种常见的启发式规则[9-10]。

① SPT（Shortest Processing Time）规则：最短加工时间优先。它是把加工时间由短到长进行排序，优先选择加工时间最短的任务。

② WSPT（Weighted Shortest Processing Time）规则：加权最短加工

时间优先。按照加权加工时间的降序排列工作，是 SPT 的加权情形。

③ EDD（Earliest Due Date）规则，即“最早交货期”规则：最早工期优先。是指按照交货期从早到晚进行排序，优先安排完工期限最紧的任务。

④ Johnson 规则。Johnson 规则可得到以 *makespan* 为目标的两台设备流水车间调度问题的最优解，具体步骤如下所述。

步骤 1：将 N 种产品分成 P 和 Q 两组。分组的原则是，P 组产品在第二台设备比在第一台设备上加工时间长，其余的产品归 Q 组。

步骤 2：将 P 组产品按它们在第一台设备上加工的时间递增顺序排列，将 Q 组产品按它们在第二台设备上加工的时间递减顺序排列。

步骤 3：将 P 组产品顺序和 Q 组产品顺序连接在一起，构成的就是最优产品顺序。

⑤ CDS 规则。CDS 规则是 Johnson 规则在多机情况下的扩展，是由 Campbell、Dudek 和 Smith 提出的针对 Flow Shop 的规则。CDS 规则首先产生 $m-1$ 个模拟的两台设备的问题，然后利用 Johnson 规则得到 $m-1$ 个加工顺序，最后从中选取对多机 Flow Shop 调度最好的一个加工顺序作为调度解。

⑥ Palmer 规则。Palmer 规则利用产品的加工时间，按斜度顺序指标排列产品。其基本思想是给每个产品赋优先权数，按设备的顺序，加工时间趋于增加的产品得到较大的优先权数，加工时间趋于减小的产品得到较小的优先权数。产品 j 的斜度指标 s_j 定义为：

$$s_j = \sum_{i=1}^{m}(2i-m-1)p_{ij} \quad j=1,2,\cdots,a$$

按 s_j 非增的顺序排列产品，可得到产品加工序列。p_{ij} 为产品 i 在设备 j 上的加工时间。

⑦ RA 规则。Dannenbring 将 Palmer 斜度指标法和 CDS 规则结合起来，提出了 RA（Rapid Access）启发式规则，出发点是尽可能快捷简便地提供足够好的解。RA 规则不需要求解 $m-1$ 个模拟的两台设备问题，而仅用 Johnson 规则求解一个模拟问题。

⑧ NEH 规则。Nawaz、Enscore 和 Ham 提出的 NEH 启发式规则是

性能较好的一种启发式规则，至今仍广泛使用。它首先计算每个产品在所有设备上的加工时间和，然后对加工时间和递减排列，得到一个产品的排列。之后将前两个产品进行最优调度，再依次将剩余的产品逐个插入到已经调度的产品序列中的某个位置，使调度目标最小，直到所有产品调度完毕，从而得到一个调度解。其实现步骤如下所述。

步骤 1：按产品在设备上的总加工时间递减的顺序得到 n 个产品的排列。

步骤 2：取前两个产品调度使部分最大完工时间最小。

步骤 3：从 $k=3$ 到 n，在第 k 个产品可插入的 k 个可能的位置当中，选择插入后部分最大完工时间最小的那个位置并将第 k 个产品插入。

1.3.3 智能优化方法

智能优化方法不同于启发式方法。启发式方法属于构造性算法，它们从没有调度方案开始，每次增加一个产品逐渐构造完整的调度方案。而智能优化方法指的是改进型算法，它们从一个任意选择出的完整的调度方案开始，通过改进现有的调度尝试得到更好的调度方案。智能优化方法也不同于数学运筹学方法，它们可以不需要对问题进行深入分析，不需要依赖于具体的调度问题，通常只要借助于计算机的迭代运算便可进行。不过，跟数学运筹学方法相比，智能优化方法不能保证得到问题的全局最优解。下面介绍一些常用的智能优化方法，它们或者基于局部搜索技巧，或者基于人工智能方法。不过近年来性能良好的算法大多是对这些算法进行取长补短后提出的混合算法。

（1）遗传算法

遗传算法 (Genetic Algorithms，GA) 起源于美国 Michigan 大学的 Holland 在 20 世纪 60 年代到 70 年代初期的开创性工作 [11]。虽然早在 20 世纪 50 年代末就已有这方面的论文发表，但当时从事这方面研究的主要是一些生物学家，研究主要是为了更深入地理解自然遗传与自然进化现象 [12]。60 年代初，Holland 教授开始认识到生物的自然遗传现象与人工自适应系统行为的相似性，他认为不仅要研究自适应系统，还要研究与之相关的环境，因此他提出在研究和设计人工自适应系统时，可以借鉴生物自然遗传的基本原理，模仿生物自然遗传的基本方法。1967年，他的学生J. D. Bagley在博士论文中首次提出“遗传算法”一词[13]。同时期，Holland许多学生的工作在遗传算法的形成过程中起了非常重要的作用，除了Bagley外，还有Cavicchio和Hollstien等人，这些学生最后大多成为该领域的著名学者。

到20世纪70年代初，Holland提出了“模式定理(Schema Theorem)”，一般认为是“遗传算法的基本定理”，从而奠定了遗传算法研究的理论基础。1975年，Holland出版了著名的*Adaptation in natural and artifical systems*（《自然系统和人工系统的自适应性》），这是遗传算法领域中一个里程碑式的著作，该书对遗传算法中的基本理论及方法进行了系统的阐述，提出了著名的模式理论及隐并行性，用以解释遗传算法的运行机理，该理论首次确认了选择、交叉和变异算子对于获得隐并行性的重要性，对遗传算法的研究具有不可估量的指导作用，故1975年被公认为遗传算法的诞生年[14]。

进入20世纪80年代以来，随着以符号系统模仿人类智能的传统人工智能暂时陷入困境，神经网络、设备学习和遗传算法等从生物系统底层模拟智能研究重新复活并获得空前的繁荣。尤其是遗传算法的应用研究显得格外活跃，不但应用领域有所扩大，而且利用遗传算法进行优化和规则学习的能力显著提高，同时产业应用方面的研究也在摸索之中。此外一些新的理论和方法在应用研究中也得到了迅速的发展，这些给遗传算法增添了新的活力。

在作业调度领域，Davis做了开创性研究，于1976年把GA引入到作业调度问题中[15]，此后其他学者也做了进一步的研究。1991年Syswerda[16]及1995年Bierwirth[17]各提出了一种新的交叉表示方法，Dorndorf和Pesch[18]以及Yamada和Nakano[19]使用解码器或调度构造器将交叉个体表示为一可行调度。Nakano等[20]将遗传算法应用到Job Shop调度问题上，采用二元矩阵对调度进行遗传编码，根据工件对在相应机器上的先后关系确定矩阵构成。Ono等[21]采用工件顺序矩阵编码，提出一种基于工件的交叉算子（JOX）解决Job Shop问题。但是由于JOX算子产生的子代并不总是可行的，所以通过使用 Giffler 和 Thompson 方法产生有效解，并且提出一种新的变异算子保持种群的多样性。Della 等 [22] 提出了一种基于优先规则编码的遗传算法，可以加速进化的过程，但计算时间过长。Dorndorf 等 [23] 分别采用基于优先规则表示和基于机器表示的遗传算法对 Job Shop 问题进行研究，应用遗传算法评价选取工序的优先规则，决定工序在机器上的加工顺序。

（2）模拟退火算法

模拟退火 (Simulated Annealing，SA) 算法最早的思想由 N. Metropolis 等人于 1953 年提出。1983 年，S. Kirkpatrick 等成功地将退火思想引入到组合优化领域 [24]，它是基于 Monte-Carlo 迭代求解策略的一种随机寻优算法，其出发点是基于物理中固体物质的退火过程与一般组合优化问题之间的相似性。固体退火原理为：将固体加温至充分高，再让其徐徐冷却，加温时，固体内部粒子随温升变为无序状，内能增大，而徐徐冷却时粒子渐趋有序，在每个温度都达到平衡态，最后在常温时达到基态，内能减为最小。根据 Metropolis 准则，粒子在温度 T 时趋于平衡的概率为 $e^{-\frac{\Delta E}{kT}}$，其中 E 为温度 T 时的内能，ΔE 为其改变量，k 为 Boltzmann（波尔兹曼）常数。用固体退火模拟组合优化问题，将内能 E 模拟为目标函数值 f，温度 T 演化成控制参数 t，即得到解组合优化问题的模拟退火算法：由初始解 i 和控制参数初值 t 开始，对当前解重复“产生新解→计算目标函数差→接受或舍弃”的迭代，并逐步衰减 t 值，算法终止时的当前解即为所得近似最优解。这是基于蒙特卡罗迭代求解法的一种启发式随机搜索过程。模拟退火法是局部搜索算法的扩展，它在求解的过程中不仅接受使目标函数更优的解，而且还能以一定的概率接受使目标函数变差的解。模拟退火算法的这种特点使其可以避免搜索过程收敛于局部最优解，有利于找到全局最优解。模拟退火算法具有适用范围广、全局最优解的可靠性高、实施简单等优点。

模拟退火方法已经成功应用到调度问题中，Jeffcoat 和 Bulfin 将模拟退火法应用于资源约束的调度问题，获得了比其他邻域搜索方法更好的效果 [25]。Osman 等人于 1989 年将 SA 应用在置换 Flow Shop 调度问题中[26]。Ogbu和Smith[27]用模拟退火算法求解了Flow Shop的调度问题。Van Laarhoven[28]等人研究了SA在Job Shop中的应用，取得了不错的结果。Potts和Van Wassenhove[29]基于模拟退火算法求解平均拖期问题，采用所有任务对的交换产生邻域，邻域的大小为$n(n-1)/2a$。Lyu、Gunasekaran和Ding[30]采用模拟退火算法求解了单机提前/拖期调度问题，计算结果与分支定界法和邻域搜索法进行了详细比较。吴悦和汪定伟[31]研究了单机作业下任务的加工时间为模糊区间数的提前/拖期调度问题，运用模拟退火技术确定了任务的最优加工顺序。吴大为等人[32]针对作业车间调度问题，提出了一种并行模拟退火算法，该算法实行群体搜索策略，并且定义了邻域搜索规则来增强个体的搜索能力，并运用马尔科夫链分析了算法的全局收敛性。

（3）禁忌搜索算法

禁忌搜索(Tabu Search)算法是一种有效的求得全局最优解的启发式算法，禁忌搜索模仿人类的记忆功能，在对解空间进行搜索的过程中引入记忆功能。它是由Glover针对组合优化问题提出来的[33-34]。它与模拟退火算法一样，也是一种“爬山”算法，前者模拟固体退火，而后者模拟一种智力过程。Tabu Search算法是一种在全局逐步寻优的优化算法，它通过一个灵活的记忆近期操作的存储结构和藐视准则达到搜索解空间的目的。在过去的几十年中，许多研究者为推进这一领域的发展做出了积极的贡献。对一些复杂困难的问题，这一方法显示出极强的寻优能力，由此法得到的解甚至超过了以往得到的最优解。

禁忌搜索算法已在诸多组合优化领域显示出强大的寻优能力并以其较高的求解质量和效率得到人们越来越多的青睐，目前已被广泛应用到调度中。1994年，Taillard第一次将禁忌搜索算法应用在Job Shop调度问题中[35]，但是他提出的Job Shop调度问题的禁忌搜索方法不是很容易实现，Nowicki和Smutnicki[36]及Barnes和Chambers[37-38]提出了更全面、更有效的算法。Laguna[39]等人研究了目标函数为启动代价及延迟惩罚总和的单机调度问题，并使用混合领域搜索策略提出了相应的禁忌搜索算法解决这一问题。James和Buchanan[40]发展了禁忌搜索策略解决单机提前/拖期调度问题。Hübscher和Glover[41]应用了一种候选列表机制并引入了影响多样性解决并行机调度问题。Park 和 Kim[42] 比较了模拟退火算法与禁忌搜索算法在产品具有相同的等待时间和交货期、目标函数为最小化成本的并行机调度问题中的优劣。大量比较结果显示禁忌搜索算法现在已经成为一个解决调度问题的有效手段。

刘民等人[43]在禁忌搜索和 Beam Search（集束搜索）方法基础上，提出一种采用基于问题结构信息的搜索树生成方法和搜索策略的调度算法，该算法采用通过有选择地对解空间进行分支和评估相应的分支实现算法迭代的 Beam Search 机理，并利用局部搜索能力强的禁忌搜索算法进行各分支的评估，进而确定适合算法迭代的理想分支。孙元凯等人[44]提出一种变邻域结构禁忌搜索算法，该算法使用的邻域结构随算法的进程而改变，不仅邻域规模小，而且仍保持了可达性这一重要的属性。陈璐等人[45]针对带有阻塞限制的混合流水车间调度问题，提出一种禁忌搜索算法和优先级规则相结合的方法，开发了启发式调度算法求出问题初始解，应用禁忌搜索算法对产品在第一级的排序进行优化，采用优先级规则进行其他级产品的排序。

（4）协同进化算法

现有的进化算法存在一些共同的不足。第一，适应度函数是预先定义好的，而真正的适应性应该是局部的，是个体在与环境生存斗争中自然形成的并随着环境的变化而变化的。第二，遗传算法或遗传规划等只考虑到生物之间的竞争，而未考虑到生物之间协作的可能性，在进化过程中容易出现局部收敛和收敛速度慢等缺陷。而实际的物种之间是竞争与协作并存，这也就是所谓的协同演化。生物学证据表明协同演化能大大加快生物进化的历程。这一点在现有的进化计算中很少得到体现，也正因为上述的不足，使现有的进化模型在反映生物进化过程中的多样性和多层次性方面的能力有限，在具体应用时易出现未成熟收敛并且收敛的速度较慢等缺陷。

为了克服传统进化算法的不足，在原有进化方法的基础上借鉴了更大尺度上的生物进化方法——进化生态学，人们模仿自然界中多个物种之间协同进化的机制，提出了协同进化计算的思想。协同进化一词是 1964 年由 Ehrlich 和 Raven 在 *Evolution*（《进化》）杂志上首次正式提出，用以阐述昆虫与植物（蝴蝶及其采食植物之间）进化历程中的相互关系，现已广泛用于描述自然界中相互之间有密切关系的物种（甚至器官）的进化模式。协同进化的过程事实上是进化行为与协调行为统一的过程，协同进化的个体自身进化过程中，主要受三个主要因素的影响：个体适应度、所处生存环境以及与其他个体之间的相互作用。协同进化算法的主要思想是：以一般进化算法框架为基础，引入反映局部相互作用的协同操作，从而实现进化与协调的统一。协同进化算法是在传统进化算法的基础上引入生态系统（Ecosystem）的概念，传统进化算法常常将待求解的问题映射为单一种群的进化，而协同进化算法将待求解的问题映射为相互作用的各物种组成的生态系统，以生态系统的进化来达到问题求解的目的[46]。

协同进化算法是国际前沿的研究领域，是进化理论近年来发展的一个热点。协同进化除以进化为基础外，还进一步考虑到种群与环境之间、种群与种群间和种群内个体在个体间及种群间的协调，这就大大拓展了进化模型的生物基础和系统行为，也可以看作是对进化算法的一大改进。协同进化概念在进化计算中的应用最早可追溯到 Hillis 的宿主和寄生物模型和 Husbands 的车间作业调度的多物种协同进化模型[47]。

（5）蚁群算法

蚁群优化（Ant Colony Optimization, ACO）算法，又称蚂蚁算法，灵感来源于蚂蚁在寻找食物过程中发现路径的行为，是人们从生物进化的机理中受到启发提出的许多用以解决复杂优化问题的方法之一。

蚁群算法最早是由意大利学者 M. Dorigo、A. Colorni、V. Maniezzo 受到人们对自然界中真实的蚁群集体行为的研究成果的启发而首先提出来的一种基于种群的模拟进化算法[48]，并利用该算法解决了旅行商问题（Travelling Salesman Problem, TSP）等，取得了较好的结果，随后又多次对此进行了相关研究[49]。后来 M. Dorigo 等人为了其他学者研究的方便，将各种蚂蚁算法统称为蚁群优化算法[50]，并为该算法提出了一个统一的框架结构模型。1995 年，意大利学者 L. M. Gambardella、M.Dorigo 等提出了 Ant-Q System[51]。该算法在 ACO 算法的随机比例规则基础上，在解构造过程中提出了伪随机比例状态迁移规则从而能够实现解构造过程中知识探索（Exploration）和知识利用（Exploitation）的平衡。

Kindt[52] 等人考虑了目标函数为总完工时间及最大化完工周期的两台设备的 Flow Shop 调度问题，采用了蚁群算法来进行求解。Bauer[53] 等人和 Stutzle[54] 采用蚁群算法分别研究了单机总延期调度问题和 Flow Shop 调度问题。Merkle 和 Middendorf[55] 在 2000 年提出了一种不同的进化信息素矩阵的方法来研究调度问题。McMullen[56] 采用蚁群算法研究了多目标下的准时制生产调度排序问题。陈义保等人 [57] 根据产品排序问题的特点，建立了在不同种类的并行机上加工一批不同种类产品的优化数学模型，并在蚁群算法的基础上对其进行了改进，成功地把改进的蚁群算法用于产品排序问题的优化中。王笑蓉和吴铁军 [58] 提出了一种新颖的蚁群优化算法，用于解决流水作业问题。算法中，流水作业调度问题以节点或弧模式有向图表示，蚂蚁受有向图上信息素踪迹的指引，在图上搜索并一步步构造出问题的可行解。李艳君和吴铁军 [59] 提出一种嵌套混合蚁群算法，用于解决具有混杂变量类型的复杂生产调度问题，在一种新的最佳路径信息素更新算法的基础上，提高了搜索效率。

（6）人工神经网络

人工神经网络 (Artificial Neural Network, ANN) 是一门新兴的交叉科学，是用大量简单的处理单元广泛连接组成的复杂网络，是在现代生物学研究人脑组织所取得的成果基础上提出的，用以模拟人类大脑神经网络结构和行为，具有学习、记忆和归纳的特点，解决了人工智能研究中的某些局限性。它以大规模并行处理、分布式存储、自适应性、容错性、冗余性等许多优良特性，引起了众多领域科学家的广泛关注。自从 1986 年美国物理学会首次召开国际神经网络学术会议以来，各国对神经网络理论和应用的研究迅速地发展起来，神经网络理论的应用已渗透到各个领域，并在智能控制、模式识别、知识处理、非线性优化、传感技术与设备研制、生物医学工程等方面取得了重大进展。

用神经网络求解 Job Shop 调度问题的最早应用是由 S.Y. Foo 和 Y. Takefuji 于 1988 年提出的 [60]，受 Hopfield 和 Tank 采用 Hopfield 神经网络解决 TSP 问题的启发，将调度约束映射成神经网络的结构，采用模拟退火方法驱动神经网络进化，最终当神经网络达到稳定状态时，可得到各工序优化调度的顺序关系，再根据各工序的加工时间信息，就可以得到完整的调度方案。模型中采用模拟退火方法避免问题的局部收敛，但是约束和变量会随调度问题规模的增长而剧增，并且产品的数量必须大于设备的数量，因此只能解决小规模的问题。

Zhou[61] 等人采用线性成本函数取代二次能量函数，从而简化了问题的复杂性。对于 n 个产品、m 台设备的调度问题，神经网络只需 $m \times n$ 个神经元，且神经元之间的连接与神经元的个数增长呈线性关系。Willems[62-63] 等人提出了面向调度问题的一种神经网络模块，设计了一种三层结构的神经网络。该网络具有反馈功能，在约束冲突时通过反馈调节作用消解约束冲突，最终网络达到稳定状态时，可以得到调度问题的满足基本约束的可行调度解。

由于调度问题本身所具有的特殊性，有些研究人员采用特殊的神经网络模型进行求解，也取得了一定的效果。王万良等人 [64] 提出了基于 Hopfield 神经网络的作业车间生产调度的方法，给出了作业车间生产调度问题的约束条件及其换位矩阵表示，提出了包括所有约束条件的计算能量函数表达式，得到相应的作业车间调度问题的 Hopfield 神经网络结构与权值解析表达式，并提出相应的 Hopfield 神经网络作业车间调度方法。徐新黎等人 [65] 把混沌动力学应用于离散 Hopfield 神经网络作业车间调度中，提出了一种改进的暂态混沌离散神经网络作业车间调度方法。于海斌等 [66] 通过采用约束神经网络描述加工的约束条件，提出了一种解决具有开、完工期限制的约束 Job Shop 调度问题的神经网络方法。杨圣祥等 [67] 提出一种自适应神经网络和启发式算法混合策略来求解 Job Shop 调度问题，用自适应神经网络求得可行解，而启发式算法用于加强网络的运行和确保得到最优解。Sabuncuoglu 和 Gurgun[68] 结合 Hopfield 神经网络和竞争网络的特性提出了一种称为 Parallized 神经网络的模型，通过仿真取得了一定的效果。

（7）粒子群优化

美国心理学家 Kennedy 和电气工程师 Eberhart 受鸟类觅食行为的启发，于 1995 年提出了粒子群优化（Particle Swarm Optimization, PSO）算法 [69]。PSO 算法是一种基于群体智能的全局随机寻优算法，它模仿鸟类的觅食行为，将问题的搜索空间类比于鸟类的飞行空间，将每只鸟抽象成为一个微粒，用以表征问题的一个候选解，所需要寻找的最优解等同于要寻找的食物。算法为每个微粒给定位置和速度，每个微粒通过更新速度来更新其自身的位置。通过迭代搜索，种群可以不断地找到更好的微粒位置，从而得到优化问题的较优解。

粒子群优化算法是基于群体的演化算法，其优势在于算法的简洁性，易于实现，没有很多参数需要调整，且不需要梯度信息。PSO 是非线性连续优化问题、组合优化问题和混合整数非线性优化问题的有效优化工具，目前已经广泛应用于函数优化、神经网络训练、模糊系统控制以及其他遗传算法的应用领域。经典 PSO 算法及其各种改进算法都是着眼于如何更有效地用一个粒子群在解空间中搜索最优解。但是分析 PSO 的理论基础就不难发现，粒子们在搜索时，总是追逐当前全局最优点和自己迄今搜索到的最优点，因此粒子们的速度很快降到接近于 0，导致粒子们陷入局部极小而无法摆脱，这种现象为粒子群的“趋同性”。这种“趋同性”限制了粒子的搜索范围。要想扩大搜索范围，就要增加粒子群的粒子数，或者减弱粒子对整个粒子群当前搜索到的全局最优点的追逐。增加粒子数将导致算法计算复杂度增高，而减弱粒子对全局最优点的追逐又存在算法不易收敛的缺点。为了克服粒子群算法的缺陷，研究人员提出了许多改进的算法，如协同粒子群优化算法等。

（8）迭代贪婪

迭代贪婪（Iterated Greedy, IG）算法是 Ruiz 和 Stützle 在 2007 年提出的一种简单而有效的求解调度问题的元启发式算法[70]。迭代贪婪算法始终记录两个解：算法找到的最优解以及算法使用的当前解。算法初始化这两个解（通常由启发式规则实现）之后，从当前解出发，考虑针对所解决问题设计的局部搜索方法，若局部搜索中有更优的解则贪婪地移动到那个解，局部搜索结束之后算法会采用类似模拟退火方法的接受准则以一定的概率接受比最优解更差的解，然后更新最优解，再对当前解采用破坏重建过程以跳出局部最优并准备下一次的迭代过程。该算法结构非常简单，参数较少，且求解效果非常好。

（9）差分进化

差分进化（Differential Evolution, DE）算法是由 Storn 和 Price 于

1997 年提出的一种智能优化算法[71]。它是一种针对实变函数优化的随机搜索算法，也可看作是遗传算法的进一步扩展。差分进化算法利用选择、交叉和变异三个操作来更新种群个体。首先，利用父代个体间的差分矢量进行变异得到变异个体；然后，该变异个体以一定的概率与父代个体进行交叉得到一个试验个体；最后，采用一对一的竞争机制贪婪地选择试验个体和父代个体之间的较优者作为子代对种群进行更新。DE 具有原理简单、易于实现、全局寻优能力较好、鲁棒性强等特点，因此在科学研究和工程应用领域都得到了广泛应用。DE 近年来在生产调度问题上的应用越来越多，取得了良好的效果。

（10）人工蜂群

跟粒子群算法类似，人工蜂群（Artificial Bee Colony, ABC）算法也是通过模拟生物界群体智能行为而提出的一种群智能算法。人工蜂群算法的关键在于，群体中的蜜蜂跟它的邻居蜜蜂之间的信息交流和传播能力使得蜜蜂可以利用其他蜜蜂的信息去寻找最好的食物源。ABC 算法最早是由土耳其的 Karaboga 在 2005 年提出来的[72]，之后，其研究团队又深入地研究了算法的性能[73-74]。在基本的 ABC 算法中，用食物源表示问题的解，蜂群中的个体分成三种——雇佣蜂、旁观蜂和侦察蜂。去探索其对应的食物源的蜜蜂称为雇佣蜂，在蜂房中等待并决定选择哪个食物源的蜜蜂称为旁观蜂，而侦察蜂负责进行随机搜索。ABC 算法提出后不久，研究者们便提出使用离散编码的离散蜂群算法来求解生产调度问题，并取得了较好的效果。

基于运筹学的调度和基于人工智能技术的调度是两种常用的调度方法，存在着一定的差别。基于运筹学的调度方法侧重于寻找有效的表示方法，而基于人工智能技术的调度方法则侧重于问题的有效搜索算法。这两种方法在求解策略上也有一定区别。基于运筹学的调度方法往往是对具体问题建立合适的数学模型，用带有约束条件的优化模型表达，对此模型寻求有效的求解策略；基于人工智能技术的调度方法，则模仿人类解决调度问题的方法，从认识学角度出发，寻求有效的求解策略。由于实际调度问题很复杂，往往是动态调度或重调度的过程，传统的调度方法难以在实际问题中很好地应用，而基于人工智能技术的调度方法通过模仿人类实际调度过程能够较好地处理这一问题。两种方法各有利弊，往往需要结合使用。

由于流程工业生产调度问题本质上是相当复杂的非线性优化问题，将新型的智能优化算法引入生产计划与调度问题，针对具体的生产企业，制定切实可行的生产计划和调度方案，对于增强企业的竞争力，提高企业的经济效益和社会效益，既有重大实际意义也有重要的理论与学术价值。

1.4 不确定性生产调度

在实际生产过程中，存在各种不确定性因素，比如每一道生产工序中产品的处理量和处理时间、设备的清洗时间、原材料或中间产品的装载时间和传输时间、中间存储单元的存储量、中间产品的稳定存放时间等。生产中原材料或能源的暂时短缺，都可能是不确定性因素。对于一些新型产品，又无法确切得到其精确加工时间，只能通过对以往曾经加工的类似产品的加工时间的分析，结合现场实践经验，将产品的加工时间估计为在一定区间内变化的模糊变量。此外，生产过程中往往会发生一些事先无法预料的不确定性事件，如生产设备的损坏、仪器仪表的故障、操作工的失误等，这些不确定性因素往往会导致生产调度方案无法按预定的目标正常执行[75]。在这种情况下，必须考虑调度方案的鲁棒性问题，才能满足实际需要，使企业制定的调度方案仍然能适应不确定的环境，保证调度方案的最优性。因此，为了提高生产的柔性和更好地反映生产的实际情况，完善调度方案，研究实际生产过程中的不确定性因素具有十分重要的意义。

1.4.1 不确定性因素的分类

按照其不同的来源，企业经营和生产过程的不确定性因素可以分为以下四类[75]。

（1）系统固有的不确定性

这类不确定性参数主要包括各种动力学、热力学常数和传热、传质系数等。各实际工业生产工艺过程的化学、物理、热力学等常数与实验室数据具有比较大的差别，或者这些数据本身就很难获得，通常这些信息是从实验和工厂实际记录的数据中进行分析后获得。这些不确定性，常常影响生产过程的控制水平和控制性能指标。

（2）生产过程中产生的不确定性

这类不确定性主要包括生产过程中各种流体介质的流速、温度、压力等的变化和设备的处理能力。如在间歇生产过程中，各生产工序对各种物流的处理时间、某一设备的生产能力、中间产品的稳定存放时间等。这类不确定性往往影响生产调度系统的性能。

（3）外部环境的不确定性

在市场经济体制的条件下，企业的生产不再是独立的行为，而是受外部环境的影响，产品的需求量、产品的价格、能源、原材料的供应以及其他外部环境因素构成不确定性因素。这类不确定性往往影响生产计划和生产调度方案的正常执行。

（4）离散不确定性

这方面的不确定性主要是设备的故障，设备、仪表的失效，人工误操作，或者是关键操作人员的短缺，等等。这类不确定性对企业组织正常生产造成很大困难。

1.4.2 不确定性因素的数学描述

对于不确定性因素的数学描述，目前主要有以下几种。

（1）不确定性参数服从概率分布[76]

采用随机变量表示不确定性参数，根据对实际生产过程的历史数据的分析和对市场的预测，统计出不确定性参数所服从的概率分布。在许多情况下，采用随机变量描述调度系统的不确定性是一种有效的方法。如处理时间（包括产品的加工时间、设备的清洗时间、原材料或中间产品的装载时间和传输时间等）的不确定性，我们可以通过对历史操作数据的分析研究，统计出某一产品在某一道工序中的处理时间服从某种统计分布规律。常用的概率分布有均匀分布、正态分布和指数分布等。

（2）采用模糊数描述不确定性[71]

采用模糊数表示生产调度中的不确定性，也是一种十分有效的方法，这时，生产调度模型就变成了模糊规划问题，可以采用模糊规划理论进行求解。三角模糊数 $\tilde{\theta}_i = (\tilde{\theta}_i^{L}, \tilde{\theta}_i^{M}, \tilde{\theta}_i^{U})$ 是最常用的模糊数之一，它适用于表示在一定估计值上下波动的不确定性因素。

（3）不确定性变量为离散的值

这类不确定性主要是设备的故障、设备或仪表的失效等，或者是关键操作人员的短缺等。在数学描述上可以用一些离散的值表示这类不确定性，但实际处理时往往采用动态反馈策略，一旦发生故障，及时进行检测，对生产计划和调度算法重新进行优化计算，以确保整个计划或调度方案的最优性。

1.4.3 不确定性生产调度方法

（1）不确定性生产调度问题的研究方法

① 随机规划理论　将生产调度中的各种不确定性采用随机变量处理，在对企业的生产历史数据进行充分研究和对市场进行科学预测的基础上，建立企业生产调度的随机规划模型，采用概率期望、机会约束规划或相关机会规划等模型，结合模拟退火算法、遗传算法等人工智能方法进行求解。

② 模糊规划理论　将生产计划中的各种不确定性参数用模糊数表示，建立企业的模糊生产调度模型，采用模糊机会约束规划或模糊相关机会规划等方法，结合模拟退火算法、遗传算法等人工智能方法进行求解，也可以采用模糊决策理论建立生产调度的模糊规划。

③ 确定性逼近方法　不确定条件下的生产调度问题，通常用随机规划理论进行建模和求解。但是，当不确定性参数用连续的概率函数描述时，求解比较复杂；而采用离散的概率分布函数时，要使生产调度模

型具有适应能力，概率区域的划分要细，这样的必然结果是模型的维数“爆炸”。因此，对在某一时间段内的生产调度问题，采用确定性规划模型逼近随机规划模型。采用确定性逼近方法所引起的相对误差较小，可以满足实际需要。

④ 生产调度执行过程中的“开环”调整和“反馈”调整　生产调度的实施过程中，根据前一段时间的调度执行情况，企业可能要对下一阶段的生产调度重新调整，这是“开环”调整；企业执行生产调度时，外部环境或企业内部的因素对企业生产调度的实施会产生较大的影响，这样，企业的调度要不断地随着环境的变化做出相应的调整，这就构成“反馈”调整。这种方法对解决动态生产过程中生产设备的故障、重要仪器仪表的失效等不确定性因素对生产调度的影响是很有效的。

⑤ 人工智能的方法　对于实际生产过程中的不确定性因素对生产调度方案执行的影响，人们根据人工智能原理，提出了智能化的生产调度方案。常见的主要有：专家系统、基于规则的生产调度等。由于人工智能方法可以模拟人的思想，对生产过程可能出现的问题进行分析、推理，并做出决策，所以对于处理不确定性具有独特的优势。

（2）不确定性条件下的生产调度方案

① 鲁棒调度方案[77]　实际中，一般采用两种方法来实现鲁棒调度，一种是一次性调度方案，一种是Reactive调度方案。一般来说，对于不确定性因素变化频繁，但变化幅度较小的情况，应该采用鲁棒调度方案，一旦调度方案制定完成，只要不出现大的扰动，按此方案组织生产，能获得比较满意的结果。

② 适应性调度方案[78-81]　对于不确定性因素变化幅度较大，如处理单元失效、重要的仪器仪表发生故障、处理时间大幅度改变，或者是由市场的动荡而引起的需求量的大幅改变等这些未预期随机事件，应采取动态调度技术。动态调度包括重调度（Rescheduling）、滚动调度（Rolling Scheduling）、在线调度（On line Scheduling）等。

③ 智能调度方案　常见的智能调度方案主要有专家系统、基于规则的调度方法、基于智能演算方法的调度方法等，以及以上几种调度方法的结合。

参考文献

[1] Johnson S M. Optimal two-and three-stage production schedules with setup times included[J]. Naval Research Logistics Quarterly, 1954, 1(1): 61-68.

[2] Lomnicki Z A. A "branch-and-bound" algorithm for the exact solution of the three-machine scheduling problem[J]. Journal of the Operational Research Society, 1965, 16(1): 89-100.

[3] Graham R L, Lawler E L, Lenstra J K, et al. Optimization and approximation in deterministic sequencing and scheduling: A survey[J]. Annals of Discrete Mathematics, 1979, 5: 287-326.

[4] Graves S C. A review of production scheduling[J]. Operations Research, 1981, 29(4): 646-675.

[5] 邓冠龙．基于元启发式算法的调度问题若干研究 [D]. 上海：华东理工大学，2012.

[6] 曹萃文．油品调合与调度关键技术 [D]. 上海：华东理工大学，2007.

[7] 崔喆．基于群智能优化算法的流水车间调度问题若干研究 [D]. 上海：华东理工大学，2014.

[8] 牛群．基于进化算法的生产调度若干研究 [D]. 上海：华东理工大学，2007.

[9] Zanakis S H, Evans J R, Vazacopoulos A A. Heuristic Methods and Applications: A Categorized Survey[J]. European Journal of Operational Research, 1989, 43(1): 88-110

[10] Pinedo M. Scheduling: theory, algorithms and systems [M]. 2nd ed. New Jersey: Prentice Hall, 2002.

[11] Holland J H. Outline for a logical theory of adaptive systems [J]. Journal of the Association for Computing Machinery, 1962, 9(3): 297-314.

[12] Goldberg D. Genetic algorithms in search optimization and machine learning [J]. Addion wesley, 1989(102): 36.

[13] Bagley J D. The behavior of adaptive systems which employ genetic and correlation algorithms [D]. Ann Arbor, USA: University of Michigan, 1967.

[14] Holland J H. Adaptation in natural and artificial systems [M]. Ann Arbor, USA: University of Michigan Press, 1975.

[15] Davis L. Job shop scheduling with genetic algorithms [C]. Proceedings of the First International Conference on Genetics and their Applications, 1976: 136-140.

[16] Syswerda G. Schedule optimization using genetic algorithms [J]. Van Nostrand Reinhold, 1991: 332-349.

[17] Bierwirth C. A generalized permutation approach to job shop scheduling with genetic algorithms [J]. Operations-Research-Spektrum, 1995, 17(2/3): 87-92.

[18] Dorndorf U, Pesch E. Combining genetic and local search for solving the job shop scheduling problem [C]. APMOD93, 1993: 142-149.

[19] Yamada T, Nakano R. A genetic algorithm applicable to large-scale job shop problems [J]. Parallel problem solving from nature, 1992, 2: 281-290.

[20] Nakano R, Yamada T. Conventional genetic algorithms for job shop problems [C]. Proceedings of the Fourth International Conference on Genetic Algorithms, 1991: 474-479.

[21] Ono I, Yamamura M, Kobayashi S. A genetic algorithm for job-shop scheduling problems using job-based order crossover [C]. Proceedings of IEEE International Conference on Evolutionary Computation, 1996: 547-552.

[22] Della Croce F, Tadei R, Volta G. A genetic algorithm for the job shop problem [J]. Computers & Operations Research, 1995, 22(1): 15-24.

[23] Dorndorf U, Pesch E. Evolution based learning in a job shop scheduling environment [J]. Computers & Operations Research, 1995, 22(1): 25-40.

[24] Kirkpatrick S, Gelatt C D, Vecchi M P. Optimization by simulated annealing [J]. Science, 1983, 220(4598): 671-680.

[25] Jeffcoat D E, Bulfin R L. Simulated annealing for resource-constrained scheduling [J]. European Journal of Operational Research, 1993, 70(1): 43-51.

[26] Osman I, Potts C. Simulated annealing for permutation flow-shop scheduling [J]. Omega. 1989, 17(6): 551-557.

[27] Ogbu F A, Smith D K. The application of the simulated annealing algorithm to the solution of the n/m/Cmax flowshop problem [J].Computers and Operations Research, 1990, 17(3): 243-253.

[28] Van Laarhoven P J M, Aarts E H L, Lenstra J K. Job shop scheduling by simulated annealing[J].Operations Research, 1992, 40(1):113-125.

[29] Potts C N, Van Wassenhove L N. Single machine tardiness sequencing heuristics [J]. IIE Transactions, 1991, 23(4):346-354.

[30] Lyu J, Gunasekaran A, Ding J H. Simulated annealing algorithm for solving the single machine early/tardy

problem[J]. International Journal of Systems Science, 1996, 27(7): 605-610.
[31] 吴悦，汪定伟．用模拟退火法解任务的加工时间为模糊区间数的单机提前 / 拖期调度问题 [J]. 信息与控制，1998, 27(5): 394-400.
[32] 吴大为，陆涛栋，刘晓冰，等．求解作业车间调度问题的并行模拟退火算法 [J]. 计算机集成制造系统，2005, 11(6): 847-850.
[33] Glover F. Tabu search—part I [J]. ORSA Journal on Computing, 1989, 1(3): 190-206.
[34] Glover F. Tabu search—part II [J]. ORSA Journal on Computing, 1990, 2(1): 4-32.
[35] Taillard E D. Parallel taboo search techniques for the job shop scheduling problem [J]. ORSA Journal on Computing, 1994, 6(2): 108-117.
[36] Nowicki E, Smutnicki C. A fast taboo search algorithm for the job shop problem [J]. Management Science, 1996, 42(6): 797-813.
[37] Barnes J W, Chambers J B. Solving the job shop scheduling problem with tabu search[J]. IIE Transactions, 1995, 27(2): 257-263.
[38] Chambers J B, Barnes J W. New tabu search results for the job shop scheduling problem [J]. The University of Texas, Austin, Technical Report Series ORP96-06, Graduate Program in Operations Research and Industrial Engineering, 1996.
[39] Laguna M, Barnes J W, Glover F W. Tabu search methods for a single machine scheduling problem [J]. Journal of Intelligent Manufacturing, 1991, 2(2): 63-73.
[40] James R J W, Buchanan J T. Performance enhancements to tabu search for the early/tardy scheduling problem [J]. European Journal of Operational Research, 1998, 106(2/3): 254-265.
[41] Hübscher R, Glover F. Applying tabu search with influential diversification to multiprocessor scheduling [J]. Computers and Operations Research, 1994, 21(8): 877-884.
[42] Park M W, Kim Y D. Search heuristics for a parallel machine scheduling problem with ready times and due dates [J]. Computers and Industrial Engineering, 1997, 33(3/4): 793-796.
[43] 刘民，孙元凯，吴澄．TS+BS混合算法及在Job Shop调度问题上的应用[J]. 清华大学学报（自然科学版），2002, 42(3): 424-426.
[44] 孙元凯，刘民，吴澄．变邻域结构 Tabu 搜索算法及其在 Job Shop 调度问题上的应用 [J]. 电子学报，2001, 29(5): 622-625.
[45] 陈璐，奚立峰，蔡建国．一种求解带有阻塞限制的混合流水车间的禁忌搜索算法 [J]. 上海交通大学学报，2006, 40(5): 856-859.
[46] Kirley M. A coevolutionary genetic algorithm for job shop scheduling problems [C]. Proceedings of IEEE International Conference on Knowledge-Based Intelligent Electronic Systems, 1999, 50(1): 84-87.
[47] Qiu H. Process planning and job-shop scheduling with coevolutionary genetic algorithm [J]. Journal of Computational Information Systems, 2005, 1(3): 629-633.
[48] Colorni A, Dorigo M, Maniezzo V. Distributed optimization by ant colonies [C]. Proceedings of the first European conference on artificial life, 1991, 142: 134-142.
[49] Colorni A, Dorigo M, Maniezzo V. An investigation of some properties of an ant algorithm [C]// Proceedings of PPSN92-Parallel Problem Solving from Nature, 1992, 92: 509-520.
[50] Dorigo M, Di Caro G. Ant colony optimization: a new meta-heuristic [C]. Proceedings of 1999 Congress on Evolutionary Computation, 1999: 1470-1477.
[51] Gambardella L M, Dorigo M. Ant-Q: A reinforcement learning approach to the traveling salesman problem [C]. Proceedings of the Twelfth International Conference on Machine Learning, 1995: 252-260.
[52] Kindt V T, Monmarché N, Tercinet F, et al. An ant colony optimization algorithm to solve a 2-machine bicriteria flowshop scheduling problem [J]. European Journal of Operational Research, 2002, 142(2): 250-257.
[53] Bauer A, Bullnheimer B, Hartl R F, et al. An ant colony optimization approach for single machine total tardiness problem [C]. Proceeding of the 1999 Congress on Evolutionary Computation,1999, 2: 1445-1450.
[54] Stutzle T. An ant approach for the flow shop problem [C]. Proceedings of the 6th European Congress on Intelligent Techniques & Soft Computing (EUFIT '98), 1998, 3: 1560-1564.
[55] Merkle D, Middendorf M. An ant algorithm with a new pheromone evaluation rule for total tardiness problems [C]. Workshops on Real-World Applications of Evolutionary Computation, 2000: 290-299.
[56] McMullen P R. An ant colony optimization approach to addressing a JIT sequencing problem with multiple objectives[J]. Artificial Intelligence in Engineering, 2001, 15(3): 309-317.

[57] 陈义保，姚建初，钟毅芳，等 . 基于蚁群系统的工件排序问题的一种新算法 [J]. 系统工程学报，2002, 17(5): 476-480.
[58] 王笑蓉，吴铁军 . Flow Shop 问题的蚁群优化调度方法 [J]. 系统工程理论与实践，2003, 23(5): 65-71.
[59] 李艳君，吴铁军 . 求解混杂生产调度问题的嵌套混合蚁群算法 [J]. 自动化学报，2003, 29(1): 95-101.
[60] Foo S Y, Takefuji Y, Szu H. Scaling properties of neural networks for job-shop scheduling [J]. Neurocomputing, 1995, 8(1): 79-91.
[61] Zhou D N, Cherkassky V, Baldwin T R, et al. A neural network approach to job-shop scheduling [J]. IEEE Transactions on Neural Networks, 1991, 2(1): 175-179.
[62] Willems T M, Rooda J E. Neural networks for job-shop scheduling [J]. Control Engineering Practice, 1994, 2(1):31-39.
[63] Willems T. M., Brandts L E M W. Implementing heuristics as an optimization criterion in neural networks for job-shop scheduling [J]. Journal of Intelligent Manufacturing, 1995, 6(6): 377-387.
[64] 王万良，吴启迪，徐新黎 . 基于 Hopfield 神经网络的作业车间生产调度方法 [J]. 自动化学报，2002, 28(5): 838-844.
[65] 徐新黎，王万良，吴启迪 . 改进计算能量函数下作业车间调度的混沌神经网络方法 [J]. 控制理论与应用，2004, 21(2): 311-314.
[66] 于海斌，薛劲松，王浩波，等 . 一种基于神经网络的生产调度方法 [J]. 自动化学报 [J]. 1999, 25(4): 449-456.
[67] 杨圣祥，汪定伟 . 神经网络和启发式算法混合策略解 Job-shop 调度问题 [J]. 系统工程学报，1999, 14(2): 140-144.
[68] Sabuncuoglu I, Gurgun B. A neural network model for scheduling problems [J]. European Journal of Operational Research, 1996, 93(2): 288-299.
[69] Kennedy J, Eberhart R C. Particle swarm optimization[C]. Proceeding of IEEE International Conference on Neural Networks, 1995, 4: 1942-1948.
[70] Ruiz R, Stützle T. A simple and effective iterated greedy algorithm for the permutation flowshop scheduling problem[J]. European Journal of Operational Research, 2007, 177(3): 2033-2049.
[71] Storn R, Price K. Differential evolution-A simple and efficient heuristic for global optimization over continuous spaces[J]. Journal of Global Optimization, 1997, 11: 341-359.
[72] Karaboga D. An idea based on honey bee swarm for numerical optimization[R]. Turkey: Computer Engineering Department, Erciyes University, 2005.
[73] Karaboga D, Basturk B. A powerful and efficient algorithm for numerical function optimization: artificial bee colony (ABC) algorithm[J]. Journal of Global Optimization, 2007, 39(3): 459-471.
[74] Karaboga D, Basturk B. On the performance of artificial bee colony (ABC) algorithm[J]. Applied Soft Computing, 2008, (1): 687-697.
[75] 顾幸生 . 不确定条件下的生产调度 [J]. 华东理工大学学报（自然科学版）, 2000, 26(5): 441-446.
[76] Allahverdi A, Tatari M F. Simulation of different rules in stochastic flowshops. Computers and Industrial Engineering, 1996, 31(1/2): 209-212.
[77] Honkomp S J, Reklaitis G V. Robust scheduling with processing time uncertainty[J]. Computers and Chemical Engineering, 1997, 21(Sl): 1055-1060.
[78] Chen H, Yao D D. Dynamic scheduling control of a multiclass fluid network[J].Operations Research, 1995, 41(6):1104-1115.
[79] Chen W, Muraki M, Jiang W S. A Reactive scheduling approach[J]. Proc. of International Conference of Japanese-Chinese Youngest Scientists, 1995, 127-134.
[80] Ishii N, Muraki M. A process-variability-based online scheduling and control system in multiproduct batch process[J].Computers and Chemical Engineering, 1996, 20(2): 217-234.
[81] Cott B J, Macchietto S. Minimizing the effects of batch process variability using online schedule modification[J]. Computers and Chemical Engineering, 1989, 13(1/2): 105-113.

Intelligent Scheduling of
Industrial Hybrid Systems

工业混杂系统智能调度

第 2 章

工业混杂系统生产调度数学模型

2.1 生产调度问题模型概述

流程工业包括化工、炼油、冶金、造纸、电力、制药、食品等行业，主要对原材料进行混合、分离、加热等物理或化学加工，使原材料增值。其工艺过程一般是连续或批处理进行的；加工顺序往往不变，生产设施按照工艺流程布置；物料按照一定的工艺流程连续不断地或批量地通过一系列设备和装置被加工处理成为成品。

与离散工业生产特点相比，连续生产工业过程或批处理过程具有复杂性、不确定性、非线性，以及多目标、多约束、多资源相互协调等特点。流程工业企业根据市场的需求预测、原材料与能源的供给情况、生产加工能力与生产环境的状态，利用生产过程全局性和整体性的思想，确定企业的生产目标，制定企业的生产计划与调度方案，协调企业各局部生产过程，从而达到企业总体最优目标。同时为了适应激烈的市场竞争，对生产调度的实时性、协调性和可靠性提出了很高的要求，由于局部生产优化不等于全厂处于最优，生产调度可通过在生产过程中间产品的存储对各个装置相互冲突的目标进行解耦，以获得全局的最优。通过使生产过程处于最优状态，以达到节能、高产和优质的目的，这就是生产调度的目标。

对于连续生产过程和间歇生产过程，许多调度和生产计划问题可以转化成包含离散量和连续量的混合整数线性规划（Mixed Integer Linear Programming，MILP）模型。从数学规划的角度，生产调度问题可以归结为在等式约束或者不等式约束下，对一个或多个目标函数的优化，可以表示为 MILP 或者 MINLP（Mixed Integer Nonlinear Programming）优化模型，采用各种数学规划方法求解。

经典调度方法主要应用运筹学理论决定调度方案，核心问题是某个（或多个）目标函数的最优化。经典调度理论解决调度问题的方法可以分为精确算法和近似算法两大类。

精确算法（运筹学方法等）主要有线性规划（Linear Programming，

LP）、混合整数线性规划、动态规划等。线性规划主要用于确定一个计划期内的投资、产品数量、原材料需求、设备需求、能源需求等，希望取得最大效益。动态规划法是把一个复杂的多级决策过程分解为一系列求解单级决策的过程。它是求解小规模问题的有效算法，但是它对组合的需要随着问题的规模增大成指数增长，以致求解大规模问题成为不可能。MILP 的求解方法主要有分支定界法、割平面法、拉格朗日松弛算法等。分支定界法可用于求解许多的调度问题，是求解大型组合问题的为数不多的有效方法之一。由于组合优化算法问题的难度，求解最优值是非常困难的，因此拉格朗日松弛算法通过求解下界，在其可行的时间里能对复杂的规划问题提供次优解，并对解的次优性进行评估，从而达到通过上下界的差值来评价算法的好坏。

近似算法（启发式算法等）是实际中较为常见的方法，一般搜索速度较快。启发式算法是指一种基于直观或经验构造的算法，目标是在可接受的花费（计算时间、占用空间等）下得出待解决问题的满意解，而不是最优解。特别需要注意的是，基于生物学、物理学和人工智能发展起来的一些具有全局优化性能且通用性强的 Meta-heuristic（元启发式）算法逐渐受到重视，利用这些算法，并结合问题的特点，往往能够求得较好的结果。

2.2 间歇生产调度数学模型 [1-2]

间歇生产过程中，一台生产设备可以加工多种任务（产品），这些加工任务又隶属于不同的生产阶段，而针对复杂的加工过程需要简化而且准确的表示方法进行描述。间歇调度问题描述分为连续式生产过程和网络式生产过程的表示方法。

连续式生产过程的表示方法包括 3 个主要元素：①生产阶段；②每个阶段的生产设备；③订单批次、产品和订单。若生产过程中的物料混合或分离可以忽略，或者调度开始前解决了分批问题，调度过程仅需解决批次的排序以及不同阶段的处理过程等问题，则可以采用此表示方法。在这种情况下，调度问题的主要信息包括生产工艺路线（即加工阶段顺序）、设备适用性、加工时间、订单到达 / 到期日期等。不同的订单批次可能经过不同的生产线路，每个生产设备可隶属于多个加工阶段。在不考虑扰动的情况下，当批量大小不变时设备加工时间保持不变。如果生产开始前未解决分批问题，则调度问题需要额外考虑产品处理时间（与加工批量大小相关的函数）。目前，大多数为解决顺序式生产过程而使用的调度模型均采用这种表示方法。

相较于连续式生产过程，网络式生产的表示方法更通用、更复杂，主要包含 4 个元素，即生产原料、任务、加工设备和生产资源。目前最广泛的生产调度问题包含状态 - 任务网（State-Task Network，STN）、资源 - 任务网（Resource-Task Network，RTN）和状态 - 设备网（State-Equipment Network，SEN）三种表示方法，结构示意图如图 2-1 所示。

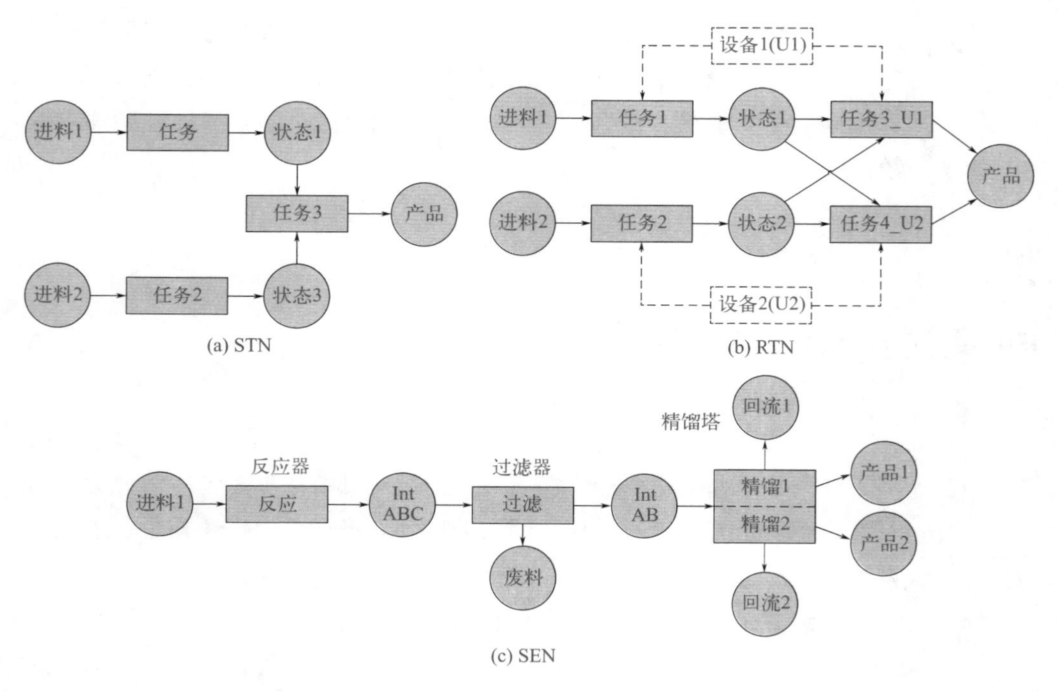

图 2-1　网络式间歇生产过程描述方法

STN 首先由 Kondili[3] 于 1993 年提出，主要包含状态（State）和任务（Task）两个元素，其基本思想是将生产过程通过物料在加工任务中进行状态转换的方式表示。该方法中每个任务可能有多个输入和输出的状态。状态是 STN 结构中的节点，它可以被不同的任务部分或全部使用或者生成，并且支持不同产品的多种加工路线、共享中间存储和循环加工的建模方法。由于 STN 表述方法允许复杂的交互作用，近些年来广泛应用于研究和实际生产过程中 [4]。Lee 等 [5] 在 STN 和分层结构基础上，提出了堆叠电池中期生产调度模型。Puranik 等 [6] 针对多目的调度问题中可能存在的不可行情况，基于 STN 结构提出了模型的可行化算法，并通过 Westenberger-Kallrath 经典问题验证算法有效性。Shaik 与 Mathur[7] 提出改进 STN，并针对间歇生产模型和无管线车间的调度问题提出两种建模方法。

RTN 是比 STN 更通用的表示方法，将生产过程中所需要的所有实体视为任务产生和消耗的资源，如加工设备、员工、热水、电力等 [8]。基于 RTN 建立的调度模型中，加工任务的执行伴随消耗资源与占用公用设备，当任务执行结束时会释放占用的生产资源。由于其灵活的表示特点，RTN 也是工业生产中常用的表示生产过程的方法。Nie 等提出了改进的状态空间 RTN 模型，增加了资源有限平衡与资源松弛等，并将其应用于混合连续 / 间歇生产过程 [9] 和调度与动态优化问题的集成 [10]。Vieira 等 [11] 采用基于 RTN 的连续时间模型，对制药过程的计划与调度过程进行集成优化，并基于不同实际生产中的数据进行调度问题的优化。Tonke 与 Grunow[12] 将 RTN 方法运用于半导体制造调度问题当中，其调度模型可以有效解决同时考虑设备维护、停机与制造等条件下的生产制造过程调度问题。Rawlings 等 [13] 对在线调度问题中的再调度的不可行问题进行研究，其中采用状态空间 RTN 的描述方法，对实时调度问题中的信息延迟问题进行解释与建模。

SEN 由 Smith 和 Pantelides 于 1995 年提出，主要包含状态节点和设备节点。对于某些调度问题，SEN 所需的操作（设备 / 任务）节点比等效的 STN 更少 [14]。然而 SEN 方法中的设备之间联系的组合复杂性更高，因此当加工任务的生产设备选择是已知的情况下，SEN 方法的表示效果更好[15-16]。Bertran 等[17]提出了整合 STN 和 SEN 特点的新模型，并将其用于解决各类间歇调度问题。Moreno-Benito 等[18]基于 SEN 结构，提出了同时优化批量处理流程和生产设备配置的方法。Garg 等人[19]将 SEN 方法应用于实际生物琥珀酸的生产中。SEN 作为一种简单的问题表述方法，在非调度问题领域也有较为广泛的应用，如在化工能源优化[20]、生物工程[21]等领域的应用。

虽然 STN、RTN 与 SEN 的特点各不相同，但通过状态和节点的转换，三种描述方法之间可以相互转换。例如，STN 可以通过引入资源状态转化为 RTN，而只引入设备节点则可以转化为 SEN。同时需要注意的是，不同的表示方法是作为设计不同数学模型和调度方案的基础，其中常用的数学模型包括混合整数规划模型、约束规划模型和不同的调度算法模型。

（1）顺序式生产调度问题建模方法

顺序式生产过程中，所有加工批次的批量大小在生产过程中保持不变或者在生产开始前完成物料分批，而加工流程中批次之间不包含分批和混合与分离过程，仅需对加工批量的设备分配和加工顺序进行安排。常用的建模方法包括基于优先级（Precedence-Based Models）和基于时间格（Time-Grid-Based）的建模方法，两种方法如图 2-2 所示。

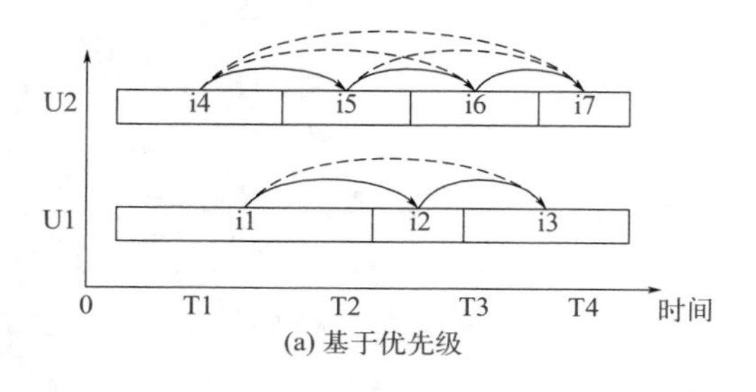

(a) 基于优先级

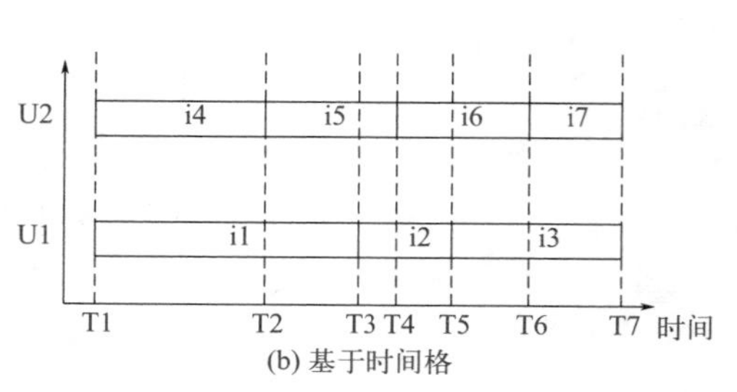

(b) 基于时间格

图 2-2　调度建模时间表示方法

① 基于优先级的建模方法　基于优先级的建模方法假设调度过程中仅包含设备分配、批次顺序与时间约束[22]，通常采用混合整数线性规划（MILP）方法建立模型，并且一般引入两种布尔变量 $X_{i,i'}$ 与 $Y_{i,m}$，分别表示生产订单顺序和设备分配。其中 $X_{i,i'}=1$ 表示生产订单 i 先于订单

i' 进行生产，反之则 $X_{i,i'}=0$； $Y_{i,m}=1$ 表示订单 i 分配在设备 m 上生产，反之则 $Y_{i,m}=0$ [23]。如图 2-2(a) 所示，在相同设备上通过不同订单之间顺序与设备变量的约束关系，可确定相邻与非相邻顺序加工订单之间的关系，包括设备准备、切换时间以及其他加工资源分配等 [24]。在不同设备上通过建立完整的时间约束，可确保订单在不同加工阶段按照既定路线进行加工，并且所有订单都在指定阶段的一个设备中处理。基于优先级的模型的主要特点是，在有限的计算资源内，它可以提供高质量的解决方案，却很难证明其最优性。如果包含额外调度约束，如产品到期日、产品信息等，通过对订单调度预排序等方法可以确定部分变量并生成紧约束（Tightening Constraints），有效减少模型中的二进制变量数量，同时提高优化模型的求解效率。

② 基于时间格的建模方法　如图 2-2(b) 所示，基于时间格的建模方法将时间轴分为不同的时间槽，加工任务或者批量被分配在这些时间段内，并且与优先级模型相同，一般采用 MILP 建立模型 [25]。调度建模方法中一般采用布尔变量 $Y_{i,m,t}$ 表示订单的分配情况， $Y_{i,m,t}=1$ 表示订单 i 分配在设备 m 的第 t 个时间槽内，反之则 $Y_{i,m,t}=0$ 。每个分配加工任务的时间槽要求长度必须大于或者等于加工任务的反应 / 加工时间，且其开始时间要晚于订单到达或者设备准备时刻，而结束时间早于订单的交货期时间。

根据时间段的划分方法不同可以分为连续时间和离散时间 [26] 的表示方法，其中连续时间的建模方法是被广泛研究和使用的方法 [27]。相较于优先级模型，时间格模型求解小规模模型更紧凑、效率更高，而对于大规模模型没有明显优势 [28-29]。大量比较研究表明，两种模型并没有优劣之分，不同生产过程、优化目标等对模型要求均不相同，即使是细微的参数设置变化也会极大地影响模型的求解效率 [30]。

（2）网络式生产调度问题建模方法

网络式生产过程是较为复杂的生产过程，每个加工任务可以生产和消耗多种原料或者中间物料，即存在加工批量的混合和分离，同一种物料可通过不同的加工任务在不同的设备上执行生产过程，同时需要对中间库存与资源消耗水平进行准确的监控。因此，网络式生产过程需要准确的表示方法以对所有的加工任务进行表达，同时调度建模方法需要将生产系统的状态变化（如库存水平、设备状态等）映射到时间轴上。目前网络式生产调度问题的建模方法主要包含基于离散时间（Discrete-time）的方法、基于连续时间（Continuous-time）的方法和非线性建模方法。图 2-3 为离散时间和连续时间建模方法示意图。

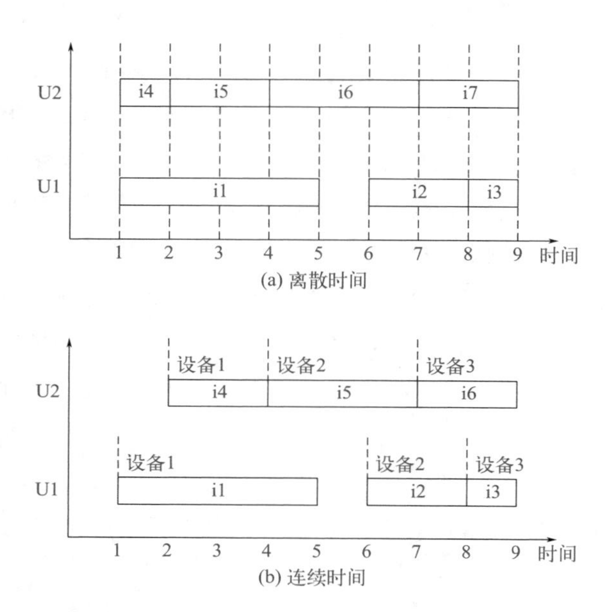

图 2-3　离散时间和连续时间调度表示方法

① 离散时间模型　离散时间模型根据选定的时间长度，将调度时间划分为等长的时间槽。其主要特点是在调度过程中每个时间槽的时间位置是确定的，因而对每个时间点的建模方法较为简单，并且与企业计划过程的集成也更容易 [31]。离散时间方法的另一个优点是，它可以处理在特定时间槽内的任务相关的设备、资源，而非在加工任务开始或结束的时刻，这对模型设置非常有利，且避免了额外定义加工子任务 [32]。离散时间模型的主要缺点是调度方案和优化目标的准确性，当且仅当时间槽长度等于所有相关事件参数的最大公因数时才能得到一个精确的模型，但是同时增加了模型规模并且可能导致大量的时间间隙。增加离散时间模型复杂度的问题还包括与处理时间不同数量级的设备准备时间、订单

切换时间、可变加工时间等时间变量以及与批量大小相关的线性、非线性的相关加工时间[33]。

② 连续时间模型　相较于离散时间模型，连续时间模型计算结果更精确，并且对加工任务时间变化更敏感，因此更适合于控制与动态优化的集成[34]，而其主要缺点是对加工任务的处理要比离散时间模型复杂得多。该模型可以处理流程工业中的各类调度问题，包括间歇生产和连续生产过程。连续时间模型可分为两个大类，即单时间格（Single Time Grid）和多时间格（Multiple Time Grids）的表示方法。

单时间格将调度时间轴划分为固定数量且长度不同的时间间隙，并且所有的加工设备均共享相同的时间格。相较于其他时间模型，单时间格的调度模型对大 M 约束（Big-M Constraints）的敏感度较小，其主要缺点是时间间隙数量对最优解的质量以及模型计算量影响很大[35]。

连续时间网格方法通常称为基于特定设备事件点的建模方法，最早由 Ierapetritou 和 Floudas 首先提出基于 STN 的特定设备连续时间建模方法[36-37]，随后的研究者提出了大量的改进模型，用于解决不同生产条件下的间歇调度问题。基于特定设备事件点模型的表示方法主要是基于异步分布于设备时间轴上的事件点，所有的加工任务可在这些事件点开始或者结束加工，每个事件点变量包含加工任务的开始时间、结束时间、加工批量等关键变量，其中关键的约束包括任务的设备分配、对中间物料的生产与消耗（物料平衡）和确定的时间顺序。对模型求解性能以及能否得到最优解的问题，影响较大的因素包括紧约束（Tighting Constraints）、事件点数量和任务分解（Task Splitting）。

③ 非线性模型　当前的调度研究对象多数为简化后的生产模型，例如固定的调度时间、加工时间和加工率，并且通常不考虑其他过程变量，如流量、成分和温度。大多数调度模型采用混合整数线性规划（MILP）模型即可求解调度问题的最优解。但是在大量的实际生产过程中，调度过程有必要对加工的物理和化学过程进行描述，例如精炼过程调度[38]、铜生产调度[39]、钢铁生产调度[40]、糖生产调度过程[41]、原油精炼调度[42]等。非线性模型一般采用混合整数非线性规划（MINLP）模型进行求解，相较于线性模型，非线性模型的主要难点是模型中出现

的非凸约束，可能会导致求解过程出现多个局部解。

当调度问题中需要考虑动态优化问题时，例如与控制层级的集成优化[43-44]，则需要使用混合整数动态优化（MIDO）[45]、广义析取规划（GDP）[44]等方法进行求解，其中需要对加工设备的动态性能进行建模，并且处理时间是与动态过程相关的中间变量。目前最常用的方法是通过正交配置法将微分方程组离散化，并将 MIDO 或者 GDP 问题重新表述为大规模的 MINLP 模型。

（3）多阶段多产品间歇生产调度问题模型

多阶段多产品间歇生产调度问题（Multi-stage Multi-product Scheduling Problem，MMSP）作为间歇生产调度问题的重要组成部分，近几十年来得到了广泛研究。该问题的主要特点是包含多个生产阶段，生产过程根据客户订单需求，按照加工顺序在多个加工阶段顺序生产，每个加工阶段的每个订单都有多台可供选择的设备，加工生产受到加工时间、生产资源等条件约束。在实际生产过程中，每一次调度过程可能涉及在几天到几周的计划范围内，包括数百批产品和几十件设备的生产资源分配，调度方案直接关系到生产时间、资源调配和生产成本，并且直接影响到企业的经济效益，因此为间歇生产制定良好的生产调度计划是非常重要的。间歇生产过程中每个订单的生产批量在生产过程中保持不变，则 MMSP 与混合流水车间问题（Hybrid Flow Shop Scheduling Problem，HFSSP）非常相似。

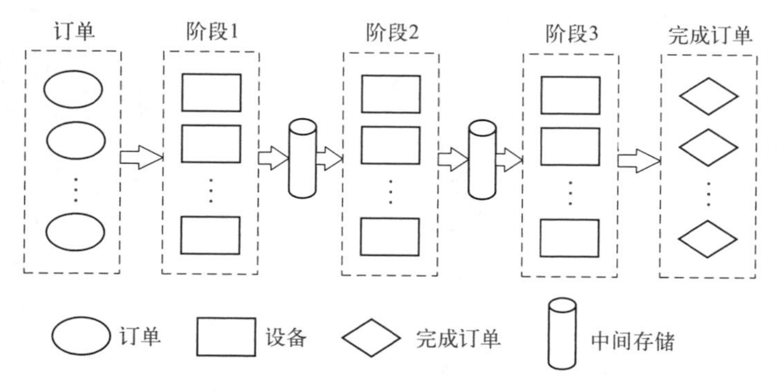

图 2-4　多阶段多产品间歇生产过程拓扑结构

图 2-4 所示为一个多阶段多产品间歇生产过程的拓扑结构，其中每个客户订单在调度任务开始前已经确定，每个订单代表一个加工产品。每个订单的批量大小在加工与调度过程中保持不变。每个产品需要经过若干个加工阶段，且每个阶段包含若干台不完全相同的加工设备。对于每台加工设备，每次只能在一个阶段中生产加工且同一时间只能加工一个订单。为能更加准确地描述多阶段多产品间歇生产调度问题，相关数学模型如式 (2-1) ～式 (2-10) 所示。

① 订单分配约束：

$$\sum_{j \in J_{i,s}} Z_{i,j} = 1, i \in I_j, Z_{i,j} \in \{0,1\} \tag{2-1}$$

式 (2-1) 表示订单的分配约束，即每个订单 i 仅能在阶段 s 的一台设备 j 中进行加工。其中，I_j 表示设备 j 可加工订单集合；$Z_{i,j}$ 为二进制变量，且 $Z_{i,j}=1$ 表示订单 i 在设备 j 上加工。

② 订单顺序约束：

$$\sum_{i \in I_j} ZF_{i,j} \leqslant 1, ZF_{i,j} \in \{0,1\} \tag{2-2}$$

$$\sum_{i' \in I_s} X_{i,i',s} + \sum_{j \in J_{i,s}} Z_{i,j} = 1, i \in I_s, X_{i,i',s} \in \{0,1\} \tag{2-3}$$

$$Z_{i,j} \geqslant ZF_{i,j}, i \in I_j \tag{2-4}$$

$$2\left(X_{i,i',s} + X_{i',i,s}\right) + \sum_{j \in J_{i,s} \| J_{i',s}} Z_{i,j} + \sum_{j \in J_{i',s} \| J_{i,s}} Z_{i',j} \leqslant 2, i' > i, \left(i', i\right) \in I_s \tag{2-5}$$

$$Z_{i,j} \leqslant Z_{i',j}, j \in J_{i,s} \cap J_{i',s}, i' > i, \left(i', i\right) \in I_s \tag{2-6}$$

式 (2-2) 表示订单 i 在设备 j 上首个加工，而式 (2-3) 与式 (2-4) 对二进制变量 $ZF_{i,j}$、$X_{i,i',s}$ 和 $Z_{i,j}$ 进行约束。其中，$J_{i,s}$ 表示订单 i 在阶段 s 可用设备集合；I_s 为阶段 s 可加工订单集合；I_j 为设备 j 可加工订单集合；$ZF_{i,j}$ 为二进制变量，$ZF_{i,j}=1$ 表示订单 i 在设备 j 上首个加工；$X_{i,i',s}$ 为二进制变量，$X_{i,i',s}=1$ 表示订单 i' 比订单 i 在阶段 s 优先加工。式 (2-5) 与式 (2-6) 主要用于确定订单在同一设备上的顺序。式 (2-5) 表示，若整数变量 $X_{i,i',s}$ 与 $X_{i',i,s}$ 均被"激活"，即等于 1，表示订单 i 与 i' 在相同的

设备 j 上加工。式 (2-6) 表示对相同设备 j 上先加工订单 i' 与后加工订单 i 的顺序变量 $Z_{i',j}$ 和 $Z_{i,j}$ 进行约束。

③ 订单时间约束：

$$T_{i,s'} \geqslant T_{i,s} + \sum_{j \in J_{i,s}} Z_{i,j} PT_{i,j}, s \in S_i \tag{2-7}$$

$$M\left(1 - X_{i,i',s}\right) + T_{i',s} \geqslant T_{i,s} + \sum_{j \in J_{i,s}} Z_{i,j} PT_{i,j}, s \in S_i \tag{2-8}$$

$$T_{i,s} \geqslant \sum_{j \in J_{i,s}} ZF_{i,j} UR_j, i \in I_s \tag{2-9}$$

$$T_{i,s} \geqslant OR_i, s = fs_i \tag{2-10}$$

式 (2-7) ～式 (2-10) 均为订单的时间约束。式 (2-7) 为同一订单在不同阶段间的时间约束，而式 (2-8) 为不同订单在相同设备上的时间约束。式 (2-9) 与式 (2-10) 用于解决需要考虑设备释放时间 UR_j 或者订单释放时间 OR_i 的调度问题。其中，$T_{i,s}$ 表示订单 i 在阶段 s 的加工开始时间，$PT_{i,j}$ 为加工时间长度，UR_j 与 OR_i 分别表示设备 j 与订单 i 的释放时间，fs_i 表示首个加工阶段。

优化目标为最小化最大加工时间，其中最大加工时间 MS 的计算方法如式 (2-11) 所示，其中 ls_i 表示订单 i 的最后一个加工阶段。

$$MS = \max_i \left(T_{i,s} + \sum_{j \in J_{i,s}} Z_{i,j} PT_{i,j} \right), s = ls_i \tag{2-11}$$

2.3 不确定性调度数学模型

在企业的经营和生产过程中，会存在各种各样的不确定性因素，如产品的产量、各种原材料的价格和供应量、劳动力因素、产品产生的单位利润等会随着市场的变化而变化；实际生产过程中，每一道生产工序中产品的处理量和处理时间、设备的清洗时间、原材料或中间产品的装载时间和传输时间、中间存储单元的存储量、中间产品的稳定存放时间等，生产中原材料或能源的暂时短缺，都可能是不确定性因素。此外，生产过程中往往会发生一些事先无法预料的事件，如生产设备的损坏、仪器仪表的故障、操作工的失误等，这些不确定性因素往往会导致生产调度方案无法按预定的目标正常执行。在这种情况下，必须考虑调度方案的鲁棒性问题，才能满足实际需要，使企业制定的调度方案仍然能适应不确定的环境，保证调度方案的最优性。因此，为了提高生产的柔性和更好地反映生产的实际情况，完善调度方案，研究实际生产过程中的不确定性因素、研究不确定条件下的生产调度，具有十分重要的意义。

2.3.1 基于模糊规划的生产调度模型[46-50]

自从美国加利福尼亚大学的 L. A. Zadeh 教授于 1965 年提出模糊集合理论以来，模糊数学的方法在图像识别、语言处理、自动控制、故障诊断、信息检索、人工智能到医学、生物学、社会学及心理学等许多学科领域中获得了广泛的应用，模糊数学的理论也日臻完善。由于实际环境中有许多情况无法用精确的数学模型来表示，而模糊数学则可以用来表示不确定的或采用典型的数学方法无法表达的问题，所以模糊优化在区域发展规划、资源分配、生产计划与调度等诸多领域中，有着更加广阔的前途。

2.3.1.1 模糊集与隶属度

在经典集合中，元素 x 或者属于一个集合 A（用 1 表示），或者不属于这个集合 A（用 0 表示），不存在模棱两可的情况。但有时不能明确元素 x 是否属于集合 A，如“在 10 附近的数”，此时可用模糊集合进行描述。模糊集合把清晰集合中元素对集合的隶属度只有 0 和 1 两个值这一概念进行了推广，认为元素 x 可以在某种程度上隶属于一个集合 A，属于的程度可以用 [0,1] 区间内的任意一个数值表示，数值越大代表该元素属于这个集合的可能性越大，反之，可能性越小。其定义如下[51-52]所述。

定义 2.1 给定论域 X，其上的一个模糊集 $\tilde{A}$ 是指：对于任何 $x \in X$，都指定了一个数 $\mu_{\tilde{A}}(x) \in [0,1]$ 与 x 对应，称为 x 对 $\tilde{A}$ 的隶属度。即做了一个映射

$$\mu_{\tilde{A}}(x): X \to [0,1] \tag{2-12}$$

称为 $\tilde{A}$ 的隶属函数，那么：

$$\tilde{A} = \{(x, \mu_{\tilde{A}}(x)) \mid x \in X\} \tag{2-13}$$

定义 2.2 集合

$$S(\tilde{A}) = \{ x \in X \mid \mu_{\tilde{A}}(x) > 0 \} \tag{2-14}$$

称为模糊集 $\tilde{A}$ 的支集。

定义 2.3 对于任意给定的 $\alpha \in [0,1]$，集合

$$A_\alpha = \{ x \in X \mid \mu_{\tilde{A}}(x) \geqslant \alpha \} \tag{2-15}$$

称为 $\tilde{A}$ 的 α 截集或 α 水平截集，α 称为置信水平。显然，截集是清晰集合。

模糊集的分解定理与扩展定理，如下所述。

定理 2.1 （分解定理）设 $\tilde{A}$ 为论域 X 上的模糊集，A_α 是 $\tilde{A}$ 的 α 截集，$\alpha \in [0,1]$，则

$$\tilde{A} = \bigcup_{\alpha \in [0,1]} \alpha A_\alpha \tag{2-16}$$

其中，αA_α 是常数与普通集合的数量积，它们构成 X 上的一个特殊的模糊集，其隶属函数被定义为

$$\mu_{\alpha A_\alpha}(x) = \begin{cases} \alpha, & x \in A_\alpha \\ 0, & x \notin A_\alpha \end{cases} \tag{2-17}$$

分解定理说明模糊集合是由若干清晰集合“拼合”起来的，当大量甚至无限多的清晰事物复杂地叠加在一起时，总体上可形成模糊事物。

定理 2.2 （扩展定理）设论域 X 是 $X_1, X_2, \cdots, X_n$ 的直积空间，分别为 X_1，

$X_2,\cdots,X_n$ 上的模糊集。f 是从论域 X 到论域 Y 的映射，$y=f(x_1,x_2,\cdots,x_n)$，则由映射得到的 $\tilde{A}_1,\tilde{A}_2,\cdots,\tilde{A}_n$ 的像 $f\left(\tilde{A}_1,\tilde{A}_2,\cdots,\tilde{A}_n\right)$ 是论域 Y 上的模糊集 $\tilde{B}$，定义为

$$\tilde{B}=\left\{\left(y,\mu_{\tilde{B}}(y)\right)\middle|\ y=f\left(x_1,x_2,\cdots,x_n\right),\left(x_1,x_2,\cdots,x_n\right)\in X\right\} \tag{2-18}$$

其中，

$$\mu_{\tilde{B}}(y)=\begin{cases}\sup\limits_{(x_1,x_2,\cdots,x_n)\in f^{-1}(y)}\min\left\{\mu_{\tilde{A}_1}(x_1),\cdots,\mu_{\tilde{A}_n}(x_n)\right\}, & f^{-1}(y)\neq\varnothing\\ 0, & f^{-1}(y)=\varnothing\end{cases} \tag{2-19}$$

这里 $f^{-1}(y)$ 是 f 的逆映射；$\varnothing$ 为空集。

扩展定理提出了将经典集合运算扩展到模糊集合中的一般原则。

2.3.1.2 模糊数及模糊数运算

模糊数是模糊数学发展与应用的重要概念之一，是实数和区间数的一种推广。模糊数是一类特殊的模糊集，其定义如下 [51-52] 所述。

定义 2.4 若 $\tilde{A}$ 是论域 X 上的正常模糊集，且对于任意 $0\leqslant\alpha\leqslant1$，其截集 A_α 是一个闭区间，则称 $\tilde{A}$ 是一个模糊数。

三角模糊数和梯形模糊数是比较常用的两种模糊数，下面对其进行简要介绍。

用一个三元组表示三角模糊数 $\tilde{r}=(r^{\mathrm{L}},r^{\mathrm{M}},r^{\mathrm{U}})$，其中 r^{L}、r^{M}、r^{U} 均为清晰数，分别表示模糊数 $\tilde{r}$ 的最小值、最可能值和最大值。三角模糊数根据其隶属函数的形状而命名，其隶属函数可表示为：

$$\mu_{\tilde{r}}(x)=\begin{cases}0 & ,\ x< r^{\mathrm{L}}\\ \dfrac{x-r^{\mathrm{L}}}{r^{\mathrm{M}}-r^{\mathrm{L}}} & ,\ r^{\mathrm{L}}\leqslant x<r^{\mathrm{M}}\\ \dfrac{r^{\mathrm{U}}-x}{r^{\mathrm{U}}-r^{\mathrm{M}}} & ,\ r^{\mathrm{M}}\leqslant x<r^{\mathrm{U}}\\ 0 & ,\ x\geqslant r^{\mathrm{U}}\end{cases} \tag{2-20}$$

图 2-5 为三角模糊数的隶属函数的图形表示。

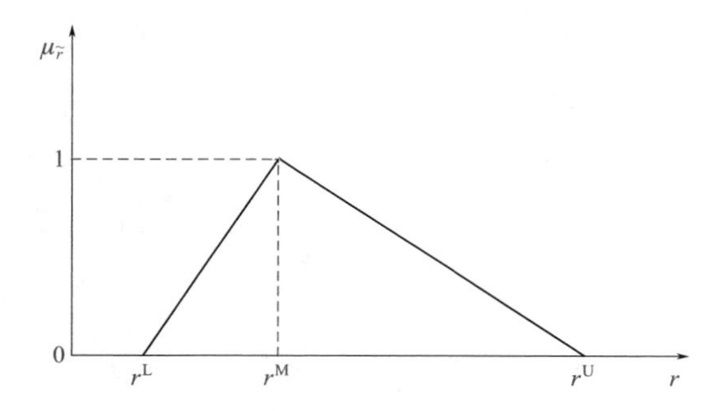

图 2-5　三角模糊数的隶属函数的图形表示

用一个四元组表示梯形模糊数，记为 $\tilde{r}=(r_1,r_2,r_3,r_4)$，其中 r_1、r_2、r_3、r_4 均为清晰数，表示在一定估计值上下波动的不确定因素，梯形模糊数也是根据其隶属函数的形状而命名的，其隶属函数可表示为：

$$\mu_{\tilde{r}}(x)=\begin{cases}\dfrac{x-r_1}{r_2-r_1}, & r_1\leqslant x<r_2\\ 1, & r_2\leqslant x<r_3\\ \dfrac{r_4-x}{r_4-r_3}, & r_3\leqslant x<r_4\\ 0, & 其他\end{cases}\tag{2-21}$$

当 $r_2=r_3$ 时，梯形模糊数就退化为三角模糊数。图 2-6 为梯形模糊数的隶属函数的图形表示。

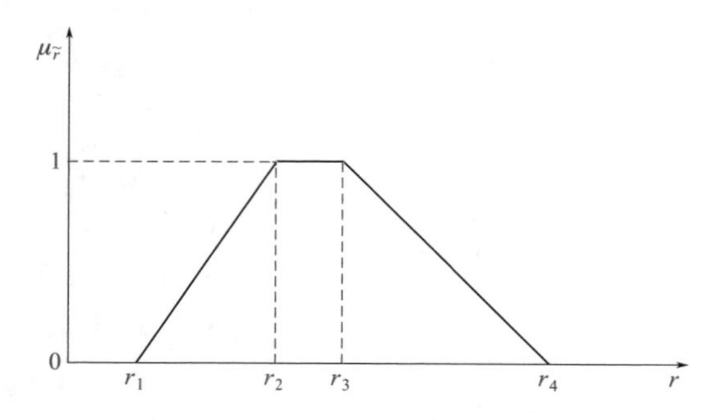

图 2-6　梯形模糊数的隶属函数的图形表示

根据扩展定理，可定义如下的模糊运算。

定理 2.3 设 $\tilde{M}$、$\tilde{N}$ 为两个模糊数，对任意二元运算（*）：$R(*)R\to R$，模糊数 $\tilde{M}(*)\tilde{N}$ 的隶属函数被给定为

$$\mu_{\tilde{M}(*)\tilde{N}}(z)=\sup_{x,y:z=x*y}\min\left\{\mu_{\tilde{M}}(x),\mu_{\tilde{N}}(y)\right\} \tag{2-22}$$

该定理为模糊数四则运算的 max-min 卷积形式，但实际模糊数运算常常是在 $\tilde{M}$、$\tilde{N}$ 的 α 截集上进行的。根据分解定理，可得

$$\tilde{M}=\int_{\alpha\in[0,1]}\alpha M_{\alpha}=\int_{\alpha\in[0,1]}\alpha\left[m_{\alpha}^{\mathrm{L}},\ m_{\alpha}^{\mathrm{R}}\right] \tag{2-23}$$

$$\tilde{N}=\int_{\alpha\in[0,1]}\alpha N_{\alpha}=\int_{\alpha\in[0,1]}\alpha\left[n_{\alpha}^{\mathrm{L}},\ n_{\alpha}^{\mathrm{R}}\right] \tag{2-24}$$

其中，m_{α}^{L}、n_{α}^{L} 和 m_{α}^{R}、n_{α}^{R} 分别表示模糊数 $\tilde{M}$、$\tilde{N}$ 的 α 截集的左、右边界。

$$\tilde{M}(*)\tilde{N}=\int_{\alpha\in[0,1]}\alpha\left[M(*)N\right]_{\alpha}=\int_{\alpha\in[0,1]}\alpha\left(\left[m_{\alpha}^{\mathrm{L}},\ m_{\alpha}^{\mathrm{R}}\right](*)\left[n_{\alpha}^{\mathrm{R}},\ n_{\alpha}^{\mathrm{R}}\right]\right) \tag{2-25}$$

据此可得模糊数的运算如下所述。

定义 2.5 模糊数的加法运算。

$Z_{\alpha}=M_{\alpha}+N_{\alpha}=\left[m_{\alpha}^{\mathrm{L}}+n_{\alpha}^{\mathrm{L}},m_{\alpha}^{\mathrm{R}}+n_{\alpha}^{\mathrm{R}}\right]$，$\forall\alpha\in[0,1]$，定义模糊数 $\tilde{M}$ 和 $\tilde{N}$ 的和为 $\tilde{Z}$，即

$$\tilde{Z}\triangleq\tilde{M}(+)\tilde{N} \tag{2-26}$$

这里的 (+) 表示模糊加法运算，m_{α}^{L} 和 m_{α}^{R} 分别为截集 M_{α} 的下界和上界，n_{α}^{L} 和 n_{α}^{R} 分别为 N_{α} 的下界和上界。由上面的定义推导可得，三角模糊数 $\tilde{M}=\left(m^{\mathrm{L}},m^{\mathrm{M}},m^{\mathrm{U}}\right)$ 和 $\tilde{N}=\left(n^{\mathrm{L}},n^{\mathrm{M}},n^{\mathrm{U}}\right)$ 之和为：

$$\tilde{M}(+)\tilde{N}=\left(m^{\mathrm{L}}+n^{\mathrm{L}},m^{\mathrm{M}}+n^{\mathrm{M}},m^{\mathrm{U}}+n^{\mathrm{U}}\right) \tag{2-27}$$

另外，模糊数也可进行逻辑运算。

定义 2.6 模糊数取极大运算。

$I_{\alpha}=M_{\alpha}\vee N_{\alpha}=\left[M_{\alpha}^{\mathrm{L}}\vee N_{\alpha}^{\mathrm{L}},M_{\alpha}^{\mathrm{R}}\vee N_{\alpha}^{\mathrm{R}}\right]$，$\forall\alpha\in[0,1]$，定义模糊数 $\tilde{M}$ 和 $\tilde{N}$ 的极大值为 $\tilde{I}$，即

$$\tilde{I} \triangleq \max\left(\tilde{M}, \tilde{N}\right) = \tilde{M} \vee \tilde{N} \tag{2-28}$$

由上面的定义可以推得，三角模糊数 $\tilde{M} = \left(m^{\mathrm{L}}, m^{\mathrm{M}}, m^{\mathrm{U}}\right)$和 $\tilde{N}=\left(n^{\mathrm{L}}, n^{\mathrm{M}}, n^{\mathrm{U}}\right)$的极大运算为：

$$\tilde{M} \vee \tilde{N} = \max\left(\tilde{M}, \tilde{N}\right) = \left(m^{\mathrm{L}} \vee n^{\mathrm{L}}, m^{\mathrm{M}} \vee n^{\mathrm{M}}, m^{\mathrm{U}} \vee n^{\mathrm{U}}\right) \tag{2-29}$$

2.3.1.3 模糊数排序

决策是决策者对备选方案进行判断选择的过程。在对具有不确定性的实际问题进行决策时，决策者往往只能给出模糊决策。模糊决策即对模糊数进行比较和排序。由于模糊数内在的不确定性，其无法像自然数一样进行直观排序，排序过程更为复杂。一个好的模糊数排序方法对模糊决策十分有用。

目前，模糊数排序方法主要有以下三类。一是将待排序的模糊数映射为实数，根据实数的自然顺序进行模糊数排序。二是构造模糊数参考集，通过将每个模糊数与参考集比较而得出模糊数排序。三是通过建立模糊数两两之间的优先关系，根据优先程度确定模糊数排序。这三种方法的决策结果并不总是保持一致，需要决策者根据具体的决策情形对多种方法进行比较分析后确定采用何种方法。

比较经典的模糊数排序方法有 Yager[53] 提出的根据模糊数的隶属函数得出质心横坐标进行排序的方法，Lee-Li[54] 提出的利用模糊数的平均数和标准差进行排序的方法，Cheng[55] 提出的利用模糊数质心坐标构造欧氏距离进行排序的方法，等等。下面以 Lee-Li 模糊数排序方法为例进行详细介绍。

Lee-Li 模糊数排序方法根据模糊数的平均数和标准差对模糊数进行比较，认为若一个模糊数有较优的平均数及较低的标准差，则其排序较高。Lee-Li 对模糊事件的概率分布服从均匀分布和比例分布这两种情况进行推导，定义了模糊数的平均数和标准差。

模糊事件的概率分布服从均匀分布（Uniform Distribution）时，$f\left(\tilde{A}\right) = \dfrac{1}{\left|\tilde{A}\right|}$，且 $\tilde{A} \in U$，其平均数及标准差为：

$$\overline{x}_U\left(\tilde{A}\right)=\frac{\int_{S(\tilde{A})}x\mu_{\tilde{A}}\left(x\right)\mathrm{d}x}{\int_{S(\tilde{A})}\mu_{\tilde{A}}\left(x\right)\mathrm{d}x} \tag{2-30}$$

$$\sigma_U\left(\tilde{A}\right)=\left[\left(\frac{\int_{S(\tilde{A})}x^2\mu_{\tilde{A}}\left(x\right)\mathrm{d}x}{\int_{S(\tilde{A})}\mu_{\tilde{A}}\left(x\right)\mathrm{d}x}\right)-\left(\overline{x}_U\left(\tilde{A}\right)\right)^2\right]^{1/2} \tag{2-31}$$

其中，$S\left(\tilde{A}\right)$代表模糊数$\tilde{A}$的支集。当$\tilde{A}$为三角模糊数时，式 (2-30) 和式 (2-31) 可简化如下：

$$\overline{x}_U\left(\tilde{A}\right)=\frac{1}{3}\left(l+m+n\right) \tag{2-32}$$

$$\sigma_U\left(\tilde{A}\right)=\frac{1}{18}\left(l^2+m^2+n^2-lm-ln-mn\right) \tag{2-33}$$

其中，l，m，n分别表示三角模糊数$\tilde{A}$的最小值、最可能值和最大值，即$l=\inf S\left(\tilde{A}\right)$，$\mu_{\tilde{A}}(m)=1$，$n=\sup S\left(\tilde{A}\right)$。

模糊事件的概率分布服从比例分布（Proportional Distribution）时，$f\left(\tilde{A}\right)=k\mu_{\tilde{A}}\left(x\right)$，$\tilde{A}\in U$，$k$为比例常数，其平均数及标准差为：

$$\overline{x}_P\left(\tilde{A}\right)=\frac{\int_{S(\tilde{A})}x\left(\mu_{\tilde{A}}\left(x\right)\right)^2\mathrm{d}x}{\int_{S(\tilde{A})}\left(\mu_{\tilde{A}}\left(x\right)\right)^2\mathrm{d}x} \tag{2-34}$$

$$\sigma_P\left(\tilde{A}\right)=\left[\left(\frac{\int_{S(\tilde{A})}x^2\left(\mu_{\tilde{A}}\left(x\right)\right)^2\mathrm{d}x}{\int_{S(\tilde{A})}\left(\mu_{\tilde{A}}\left(x\right)\right)^2\mathrm{d}x}\right)-\left(\overline{x}_P\left(\tilde{A}\right)\right)^2\right]^{1/2} \tag{2-35}$$

$\tilde{A}$为三角模糊数时，式 (2-34) 和式 (2-35) 可简化如下：

$$\overline{x}_P\left(\tilde{A}\right)=\frac{1}{4}\left(l+2m+n\right) \tag{2-36}$$

$$\sigma_P\left(\tilde{A}\right)=\frac{1}{80}\left(3l^2+4m^2+3n^2-4lm-2ln-4mn\right) \tag{2-37}$$

求得各模糊数的平均数及标准差后，可以按下述方式进行模糊数排序：

$$\overline{x}\left(\tilde{A}_i\right)>\overline{x}\left(\tilde{A}_j\right)\Rightarrow\tilde{A}_i>\tilde{A}_j \tag{2-38}$$

$$\bar{x}\left(\tilde{A}_i\right)=\bar{x}\left(\tilde{A}_j\right)\text{且}\ \sigma\left(\tilde{A}_i\right)<\sigma\left(\tilde{A}_j\right)\Rightarrow\tilde{A}_i<\tilde{A}_j \tag{2-39}$$

2.3.1.4 模糊规划

（1）模糊机会约束规划

模糊机会约束规划[56]主要针对约束条件中含有随机变量，且必须在观测到模糊随机变量实现之前做出决策的情况。考虑到所做决策在不利情况发生时可能不满足约束条件而采用一种原则，即允许所做决策在一定程度上不满足约束条件，但该决策使约束条件成立的概率应不小于某一置信水平 α。这种情况下，机会的意思是表示满足约束的概率。

带有模糊参数的数学规划可以写成下面的形式：

$$\begin{cases}\max & f(\boldsymbol{x},\boldsymbol{\xi})\\ \text{s.t.} & g_j(\boldsymbol{x},\boldsymbol{\xi})\leqslant 0,\quad j=1,2,\cdots,p\end{cases} \tag{2-40}$$

其中，$\boldsymbol{x}$ 是决策向量；$\boldsymbol{\xi}$ 是模糊参数向量；$f(\boldsymbol{x},\boldsymbol{\xi})$ 是目标函数；$g_j\left(\boldsymbol{x},\boldsymbol{\xi}\right)$ 是约束函数，$j=1,2,\cdots,p$。但是，这个模糊规划的数学意义并不明确，这是因为 $\boldsymbol{\xi}$ 为模糊向量而导致符号 max 以及约束没有定义。因此，必须考虑一些其他有意义的模糊规划形式，带有模糊参数的单目标机会约束规划可以表示成如下形式：

$$\begin{cases}\max & \bar{f}\\ \text{s.t.} & \begin{cases}\text{Pos}\left\{f\left(\boldsymbol{x},\boldsymbol{\xi}\right)\geqslant\bar{f}\right\}\geqslant\beta\\ \text{Pos}\left\{g_j\left(\boldsymbol{x},\boldsymbol{\xi}\right)\leqslant 0,\ j=1,2,\cdots,p\right\}\geqslant\alpha\end{cases}\end{cases} \tag{2-41}$$

其中，α 和 β 分别是事先给定的对约束和目标的置信水平；$\text{Pos}\{\cdot\}$ 表示 $\{\cdot\}$ 中事件的可能性。该规划可以转化为相应的清晰等价类的机会约束进行求解。

（2）模糊环境下的相关机会规划

所谓的模糊环境，是指解集由一些不确定条件约束定义，这些约束通常表示为：

$$g_j\left(\boldsymbol{x},\boldsymbol{\xi}\right)\leqslant 0,\quad j=1,2,\cdots,p \tag{2-42}$$

其中，$\boldsymbol{x}$ 是决策向量；$\boldsymbol{\xi}$ 是模糊参数向量。

模糊环境下典型的单目标相关机会规划[56]可以表示为：

$$
\begin{cases}
\max & f(\boldsymbol{x}) \\
\text{s.t.} & g_j(\boldsymbol{x},\boldsymbol{\xi}) \leqslant 0, \quad j=1,2,\cdots,p
\end{cases}
\tag{2-43}
$$

式中，$\boldsymbol{x}$ 是一个 n 维决策向量；$\boldsymbol{\xi}$ 是一个模糊向量；$f(\boldsymbol{x})$ 是一个事件的机会函数；$g_j(\boldsymbol{x},\boldsymbol{\xi}) \leqslant 0, \quad j=1,2,\cdots,p$ 是不确定环境。

（3）带有模糊决策的模糊规划

传统的数学规划模型提供的清晰决策向量使得所要考虑的目标达到最优。然而，出于对实际应用的考虑，有时提供的应是模糊决策而不是清晰决策。带有模糊决策的单目标机会约束规划 [59] 具有如下形式：

$$
\begin{cases}
\max & \bar{f} \\
\text{s.t.} & \text{Pos}\left\{f\left(\tilde{\boldsymbol{x}},\boldsymbol{\xi}\right) \geqslant \bar{f}\right\} \geqslant \beta \\
& \text{Pos}\left\{g_j\left(\tilde{\boldsymbol{x}},\boldsymbol{\xi}\right) \leqslant 0, j=1,2,\cdots,p\right\} \geqslant \alpha
\end{cases}
\tag{2-44}
$$

式中，$\tilde{\boldsymbol{x}}$ 是一个模糊向量；$\boldsymbol{\xi}$ 是一个已知的模糊参数向量；$f\left(\tilde{\boldsymbol{x}},\boldsymbol{\xi}\right)$ 是目标函数；$g_j\left(\tilde{\boldsymbol{x}},\boldsymbol{\xi}\right)$ 是约束函数，$j=1,2,\cdots,p$；α 和 β 分别是模糊约束和模糊目标给定的置信水平；$\text{Pos}\{\cdot\}$ 表示 $\{\cdot\}$ 中事件的可能性。

2.3.1.5　零等待存储策略的模糊 Flow Shop 调度问题

在有化学反应发生的间歇操作中，经常要求中间产物在某个设备处理完毕后，立即转移到下一个加工设备中去，不能有延误或者中间存储过程，这时生产就应当采用零等待（ZW）方式。另外，如果在间歇级之间过多地设立中间储罐，会增加设备投资，增加过程控制的难度，因此生产中常常采用 ZW 方式。

当上级单元的产品加工完成后，下级单元再进行加工另外的产品，为了保证零等待过程的实现，则需在零等待的第一个加工单元中的开始操作时间做适当的延迟，从而满足在零等待模块中的加工过程是不间断的。

设定：需要生产的产品批量集 N；可供选用的设备单元集 M；第 i 个被加工的产品在第 j 个设备上需要的加工处理时间为 $\tilde{T}_{ij}$，它包括装配时间、传输时间、卸载时间、加工时间以及清洗时间等，是变化的不确定量，采用模糊数表示；每个产品的加工工序都相同，并且以相同的次序在各设备上加工；过程按零等待方式进行，即一批产品在设备 j 加工完毕之后，必须立即转移到下一个加工设备 $j+1$ 中去；定义 $\tilde{S}_{ij}$ 和 $\tilde{C}_{ij}$ 分别表示产品 i 在设备 j 上的加工开始时间和完工时间，由于产品处理时间的不确定性，这里的加工开始时间和完成时间也是不确定的；$\tilde{S}_{ie}$ 和 $\tilde{T}_{ie}$ 分别是产品 i 的最后一道工序的加工开始时间和处理时间，以最小化总加工周期为调度目标。

根据模糊数学的有关定义和扩展定理，定义两种用于模糊调度问题的模糊运算，用于求解不确定情况下的生产调度问题。

设两个模糊数为 $\tilde{x}=(x_1,x_2,x_3)$ 和 $\tilde{y}=(y_1,y_2,y_3)$。

模糊加法：$\tilde{x}+\tilde{y}=(x_1+y_1,x_2+y_2,x_3+y_3)$

模糊极大：$\tilde{x}\vee\tilde{y}=(x_1\vee y_1,x_2\vee y_2,x_3\vee y_3)$

（1）基于最大隶属函数的调度模型

采用三角模糊数 $\tilde{x}=(x_1,x_2,x_3)$ 来表示处理时间的不确定性，由于模糊加法和极大运算具有可分解性，因此：

当 $i=1$，$j=1$ 时，

$$\begin{cases}\tilde{S}_{ij}=0\\ \tilde{C}_{ij}=\tilde{S}_{ij}+\tilde{T}_{ij}=\tilde{T}_{ij}\end{cases}\tag{2-45}$$

当 $i=1$，$j>1$ 时，

$$\begin{cases}\tilde{S}_{ij}=\tilde{C}_{i(j-1)}\\ \tilde{C}_{ij}=\tilde{S}_{ij}+\tilde{T}_{ij}=\tilde{C}_{i(j-1)}+\tilde{T}_{ij}\end{cases}\tag{2-46}$$

当 $i>1$，$j=1$ 时，由于产品的加工方式是零等待，在第一个加工单元上的产品的开始操作时间需要适当的延迟。若加工顺序中产品 s 和产品 t 相邻，k 为加工单元上处理产品的排序号，则两个产品的延迟时间为：

$$\tilde{d}_{st}=\max_{m=2,\cdots,M}\left\{0,\sum_{k=2}^{m}\tilde{T}_{st}-\sum_{k=1}^{m-1}\tilde{T}_{st}\right\},m=2,\cdots,M\tag{2-47}$$

则

$$\begin{cases}\tilde{S}_{ij}=\tilde{C}_{(i-1)j}+\tilde{d}_{(i-1)i}\\ \tilde{C}_{ij}=\tilde{S}_{ij}+\tilde{T}_{ij}=\tilde{C}_{(i-1)j}+\tilde{d}_{(i-1)i}+\tilde{T}_{ij}\end{cases}\tag{2-48}$$

当 $i>1$, $j>1$ 时，

$$\begin{cases}\tilde{S}_{ij}=\tilde{C}_{i(j-1)}\\ \tilde{C}_{ij}=\tilde{S}_{ij}+\tilde{T}_{ij}=\tilde{C}_{i(j-1)}+\tilde{T}_{ij}\end{cases} \tag{2-49}$$

目标函数：

$$\begin{aligned}\min(makespan)&=\min\left\{\max\left(\tilde{S}_{ie}+\tilde{T}_{ie}\right)\right\}\\&=\min\left\{\tilde{C}_{ie}\right\}\\&=\min\left\{C_{ie}^{\mathrm{L}},C_{ie}^{\mathrm{M}},C_{ie}^{\mathrm{U}}\right\}\end{aligned} \tag{2-50}$$

则模糊目标规划问题就转化为多目标规划问题，由于 C_{ie}^{L}、C_{ie}^{M}、C_{ie}^{U} 分别与模糊处理时间 T_{ij}^{L}、T_{ij}^{M}、T_{ij}^{U} 相关，求出多目标规划问题的最优解即得到模糊规划问题的解，它们分别表示规划问题的最劣解、最可能解和最优解，引用文献 [57] 中的“中间值最大隶属度”的算法，将上述的多目标规划问题转化为清晰的单目标非线性规划模型，然后求解。

首先，采用 Zimmermann 的方法求得 $\tilde{C}_{ie_k}(k=1,2,3)$ 的正、负理想解 $C_{ie_k}^{\mathrm{PIS}}$ 和 $C_{ie_k}^{\mathrm{NIS}}$，其中，$C_{ie_k}^{\mathrm{PIS}}(k=1,2,3)$ 和 $C_{ie_k}^{\mathrm{NIS}}(k=1,2,3)$ 分别表示对 $\tilde{C}_{ie}$ 单独求解的情况下，可能取得的最优解和最劣解，并由此确定对于 $\tilde{C}_{ie}$ 的满意程度的隶属函数 $\mu_{C_k}(x)(k=1,2,3)$，即

$$\mu_{C_k}(x)=\begin{cases}0, & x>C_{ie}^{\mathrm{NIS}}\\ \dfrac{x-C_{ie}^{\mathrm{PIS}}}{C_{ie}^{\mathrm{NIS}}-C_{ie}^{\mathrm{PIS}}}, & C_{ie}^{\mathrm{PIS}}\leqslant x\leqslant C_{ie}^{\mathrm{NIS}}\\ 1, & x<C_{ie}^{\mathrm{PIS}}\end{cases} \tag{2-51}$$

然后，在上述基础上将多目标线性规划模型转化为清晰的单目标非线性规划模型，如下：

$$\max\left\{\Gamma\alpha^{\mathrm{L}}+(1-\Gamma)\alpha^{\mathrm{U}}\right\} \tag{2-52}$$

$$\text{s.t.}\begin{cases}\alpha^{\mathrm{L}}\leqslant\mu_{C_k}\leqslant\alpha^{\mathrm{U}},\ k=1,3\\ \alpha^{\mathrm{U}}\leqslant\mu_{C_2}\\ \alpha^{\mathrm{L}},\alpha^{\mathrm{U}}\in[0,1]\end{cases} \tag{2-53}$$

其中，α^{L} 是由 $\mu_{C_k}(x)(k=1,2,3)$ 中的最小值确定的，而 α^{U} 是由 $\mu_{C_k}(x)(k=1,2,3)$ 中的最大值确定的。在实际的决策过程中，常希望目标值能在最可能的情况下具有最高的满意程度，而不是在最劣和最优情况

下取得最大的满意度，在最可能情况下的满意度却较小。所以在上述模型中，令 $\mu_{C_2}(x)$ 即最可能情况下的满意程度取得隶属函数中的最大值，而最小值则在最劣和最优情况下产生，并且在模型中采用补与算子 Γ 来反映决策者在积极与消极决策间的倾向，Γ 值越小，则决策越积极，反之，则决策越消极。

（2）基于模糊截集的调度模型

由模糊数学理论可知，对于模糊规划模型的求解有多种方法，在此采用以 α 截集为基础的求解方法。α 也可称为置信水平，对于任意的模糊数 $\tilde{N}$，其 α 截集 $N_\alpha=\left\{x|\ x\in R,\ \mu_{\tilde{N}(x)}\geqslant\alpha\right\}$ 是实数域上的一个分明区间，可记为 $N_\alpha=\left[N_\alpha^{\mathrm{L}},N_\alpha^{\mathrm{R}}\right]$，其中 N_α^{L}、N_α^{R} 分别代表区间的左、右边界。对于 $0\leqslant\alpha\leqslant1$，随着 α 值的增加，可行域会减小；反之，如 α 值减小，则可行域增大。因此，在给定的置信水平下，原模糊规划模型可以转化为下面的两个规划问题。

α 置信水平下可能的最优规划：

$$\min\left\{Z_\alpha^{\mathrm{L}}=\max\left(S_{ie_\alpha}^{\mathrm{L}}+T_{ie_\alpha}^{\mathrm{L}}\right)\right\}$$

$$\text{s.t.}\quad\begin{cases}S_{ij\alpha}{}^{\mathrm{L}}=S_{i(j-1)\alpha}{}^{\mathrm{L}}+T_{i(j-1)\alpha}{}^{\mathrm{L}},i\in N;j\in M\\ S_{ij\alpha}{}^{\mathrm{L}}\geqslant S_{(i-1)j\alpha}{}^{\mathrm{L}}+T_{(i-1)j\alpha}{}^{\mathrm{L}}\end{cases}\tag{2-54}$$

α 置信水平下可能的最坏规划：

$$\min\left\{Z_\alpha^{\mathrm{R}}=\max\left(S_{ie_\alpha}^{\mathrm{R}}+T_{ie_\alpha}^{\mathrm{R}}\right)\right\}$$

$$\text{s.t.}\quad\begin{cases}S_{ij\alpha}{}^{\mathrm{R}}=S_{i(j-1)\alpha}{}^{\mathrm{R}}+T_{i(j-1)\alpha}{}^{\mathrm{R}},i\in N;j\in M\\ S_{ij\alpha}{}^{\mathrm{R}}\geqslant S_{(i-1)j\alpha}{}^{\mathrm{R}}+T_{(i-1)j\alpha}{}^{\mathrm{R}}\end{cases}\tag{2-55}$$

因此，式 (2-54) 和式 (2-55) 为原模糊问题的最优目标值 $\tilde{Z}$ 提供了一个 α 截集的闭区间 $\left[\mathrm{Z}_\alpha^{\mathrm{L}},\mathrm{Z}_\alpha^{\mathrm{R}}\right]$，它是决策者获得问题的最优目标值在一定可能性水平下的变化范围。

由于模糊加法和极大运算具有可分解性，因此最后可得到 α 水平下的目标函数：

$$\begin{cases}\min\left\{Z_\alpha^{\mathrm{L}}=\max\left(S_{ie_\alpha}{}^{\mathrm{L}}+T_{ie_\alpha}{}^{\mathrm{L}}\right)\right\}\\ \min\left\{Z_\alpha^{\mathrm{R}}=\max\left(S_{ie_\alpha}{}^{\mathrm{R}}+T_{ie_\alpha}{}^{\mathrm{R}}\right)\right\}\end{cases}\tag{2-56}$$

因此，通过所求的 Z_{α}^{L} 和 Z_{α}^{R}，就可以得到目标函数的最优值的 α 截集的闭区间 $\left[Z_{\alpha}^{\mathrm{L}}, Z_{\alpha}^{\mathrm{R}}\right]$。

2.3.2 基于随机规划的生产调度模型

2.3.2.1 随机调度问题

虽然确定性生产调度已有了广泛的研究，但是如果生产调度的研究仅局限于理想的数学模型，那么大量具有建模困难、计算复杂且存在动态性、随机性、约束性以及多目标等难点的实际调度问题仍无法得到解决。生产过程往往要求很高，不仅需要处理各种突发事件以适应各种复杂多变的加工环境，而且还应避免因追求全局优化带来的巨大计算量。许多工业工程系统常会遇到随机事件，因此，考虑一个系统在随机状态下的情况比考虑一个确定性系统更实际，研究随机生产调度更具有实际意义。

在现实世界里，有一类不确定现象——随机现象，是人们在制定决策时经常会碰到的，它的相关变量通常用随机变量来描述、刻画。现实中存在很多复杂的决策系统，这些系统具有多维性、多样性、多功能性和多准则性的特点，更重要的是它们带有随机参数。

随机规划问题是决策或优化模型中含有随机变量的规划问题。随机调度建模时可以采用随机规划这套理论。随机规划的一般形式如下：

$$\begin{aligned} &\max f\left(\boldsymbol{x}, \boldsymbol{\xi}\right) \\ &\text{s.t. } g_j(\boldsymbol{x}, \boldsymbol{\xi}) \leqslant 0, j=1,2,\cdots,p \end{aligned} \tag{2-57}$$

这里，$\boldsymbol{\xi}$ 是 t 维随机向量，其概率密度函数为 $\phi(\boldsymbol{\xi})$；$\boldsymbol{x}$ 是一个 n 维决策向量；$f\left(\boldsymbol{x}, \boldsymbol{\xi}\right)$ 是目标函数；$g_j(\boldsymbol{x}, \boldsymbol{\xi})$ 是随机约束函数。

由于目的和技术要求不同，对于随机规划问题中出现的随机变量，采用的建模方法也不尽相同。目前，主要的随机规划模型有三类：期望值模型、机会约束规划模型、相关机会规划模型。

（1）期望值模型

期望值模型指的是在期望约束下，使目标函数的期望值达到最优的数学规划。期望值模型是随机规划中最常采用的模型（如期望效益极大、期望消耗极小问题），模型处理起来也相对简单。常见的单目标期望值模型的一般形式为：

$$\begin{cases}\max E\{f(\boldsymbol{x},\boldsymbol{\xi})\} \\ \text{s.t. } E\{g_j(\boldsymbol{x},\boldsymbol{\xi})\} \leqslant 0, j=1,2,\cdots,p\end{cases} \tag{2-58}$$

这里，E 表示期望值算子。

在期望值模型里，人们并不总是关心极大化期望值效益或极小化期望值消耗问题，而是考虑目标的期望值极大或极小，因此是随机优化问题中常用的且有效的方法。

（2）机会约束规划模型

1959 年，Charnes 和 Cooper[58] 针对约束条件中含有随机变量，且必须在观测到随机变量实现之前做出决策的情况提出了机会约束规划 (Chance Constrained Programming, CCP) 模型。他们考虑到所做决策在不利情况下发生时可能不满足约束条件，所以允许所做决策在一定程度上不满足约束条件，但该决策应保证使约束条件成立的概率不小于某一置信水平 α。

一般的机会约束规划模型表示如下：

$$\begin{cases}\max \overline{f} \\ \text{s.t.} \Pr\left\{f(\boldsymbol{x},\boldsymbol{\xi}) \geqslant \overline{f}\right\} \geqslant \beta \\ \qquad \Pr\left\{g_j(\boldsymbol{x},\boldsymbol{\xi}) \leqslant 0, j=1,2,\cdots,p\right\} \geqslant \alpha\end{cases} \tag{2-59}$$

式中，$\Pr\{\cdot\}$ 表示事件成立的概率；α 表示事先给定约束条件的置信水平；β 表示目标函数的置信水平。

一个决策点 $\boldsymbol{x}$ 是可行的，当且仅当事件 $\left\{\boldsymbol{\xi} \mid g_j(\boldsymbol{x},\boldsymbol{\xi}) \leqslant 0, j=1,2,\cdots,p\right\}$ 发生的概率不小于 α，或者说违反约束条件的概率小于 $1-\alpha$。

不管 $\boldsymbol{\xi}$ 服从何种随机分布类型，不管 f 为哪种函数形式，对每一个给定的决策 $\boldsymbol{x}$，由于 $\boldsymbol{\xi}$ 是随机变量，因此 $f(\boldsymbol{x},\boldsymbol{\xi})$ 也是随机变量，这样有多个可能的 $\overline{f}$ 满足 $\Pr\left\{f(\boldsymbol{x},\boldsymbol{\xi}) \geqslant \overline{f}\right\} \geqslant \beta$。而我们所要的目标值 $\overline{f}$ 应该是目标函数 $f(\boldsymbol{x},\boldsymbol{\xi})$ 在保证置信水平至少是 β 时所取的最大值，即 $\overline{f} = \max\left\{f \mid \Pr(\boldsymbol{x},\boldsymbol{\xi}) \geqslant \overline{f}\right\} \geqslant \beta$。

（3）相关机会规划模型

相关机会规划模型是由刘宝碇[56] 提出的一种随机规划模型，是使事件的机会函数在不确定环境下达到最优的问题。相关机会规划问题是指对一个复杂系统进行决策，决策者需要使系统承担的多项任务（称为事件）实现的概率尽可能的大。相关机会规划并不假定可行集是确定的，适用范围也与上面两种模型不同。

单目标相关机会规划的基本形式如下所示：

$$\max_{x \in S} f(\boldsymbol{x}) \tag{2-60}$$

或等价成在不确定环境下，极大化机会函数$f(\boldsymbol{x})$，即

$$\begin{cases} \max\limits_{x \in S} f(\boldsymbol{x}) \\ \text{s.t. } g_j(\boldsymbol{x}, \boldsymbol{\xi}) \leqslant 0, j = 1, 2, \cdots, p \end{cases} \tag{2-61}$$

这里，S 是 n 维空间 $\Re^n$ 上的随机集合；$\boldsymbol{x}$ 是 n 维决策向量，概率函数为 $\mu_S(\boldsymbol{x}) = \Pr\{g_j(\boldsymbol{x}, \boldsymbol{\xi}) \leqslant 0, j = 1, 2, \cdots, p\}$ 。

2.3.2.2 随机 JSSP 调度问题描述及其数学模型 [59]

为了解决随机 Job Shop 问题，研究一种规划模型叫作随机期望值模型，其中产品的加工时间是随机变量，独立同分布于正态分布。

Job Shop 调度研究 n 个不同的产品（$J_1, J_2, \cdots, J_n$）在 m 台设备（$M_1, M_2, \cdots, M_m$）上的加工情况，已知产品的加工时间和各产品在各设备上的加工次序约束，要求确定与工艺约束条件相容的各设备上所有产品的加工开始时间或完成时间或加工次序，使加工性能指标达到最优。假设产品 J_i 经过 n_i 道工序（$O_{1i}, O_{2i}, \cdots, O_{n_i i}$）操作完成，我们称这个序列为“设备列表”。在该表里，设备的优先顺序定义为 $O_{ti} \to O_{t+1,i}$ $(t = 1, 2, \cdots, n_i - 1)$，表示该产品分别在设备 $M_1, \cdots, M_{n_i}$ 上依次加工，其中 $(1, 2, \cdots, n_i)$ 是 $(1, \cdots, m)$ 的任意排序。

假设：

① 所有设备都是连续可用的，在加工过程中不会发生故障；

② 一台设备一次只能加工一个产品，一个产品不允许同时在两台设备上加工；

③ 产品的安装时间、传动时间以及清洗时间都包括在加工时间内；

④ 不同产品的工序之间没有顺序约束。

定义：

M_0：作为惩罚因子，是一个足够大的正数；

ξt_{ik}：产品 J_i 在设备 k 上加工所需的加工时间，随机变量；

ξst_{ik}：产品 J_i 在设备 k 上加工的起始时间，随机变量；

ξc_{ik}：产品 J_i 在设备 k 上加工的完成时间，随机变量；

$x_{ij,k}=\begin{cases}1(\text{若机器}h\text{先于机器}k\text{加工工件}J_i)\\0(\text{非上述情况})\end{cases}$，$1\leqslant i<j\leqslant n$，$1\leqslant k\leqslant m$；

$a_{i,hk}=\begin{cases}1(\text{若机器}h\text{先于机器}k\text{加工工件}J_i)\\0(\text{非上述情况})\end{cases}$，$1\leqslant i\leqslant n$，$1\leqslant h\leqslant k\leqslant m$；

则随机 Job Shop 调度的期望值模型为：

$$f(t)=\max_{1\leqslant k\leqslant m}\left\{\max_{1\leqslant i\leqslant n}\xi c_{ik}\right\}$$

$$\begin{cases}\min E\{f\}\\ \text{s.t.}\\ E\{\xi c_{ik}-\xi t_{ik}+M_0(1-a_{i,hk})\}\geqslant E\{\xi c_{ih}\},i=1,2,\cdots,n;h,k=1,2,\cdots,m\\ E\{\xi c_{jk}-\xi c_{ik}+M_0(1-x_{ij,k})\}\geqslant E\{\xi t_{jk}\},i,j=1,2,\cdots,n;k=1,2,\cdots,m\\ \xi c_{ik}\geqslant 0,i=1,2,\cdots,n;k=1,2,\cdots,m\end{cases}\tag{2-62}$$

目标函数为最大完工时间的期望值最小化。

第一个约束方程表示工艺约束条件决定的产品操作优先关系。如果 $a_{i,hk}=1$，那么 $M_0(1-a_{i,hk})=0$，则 $E\{\xi c_{ik}-\xi t_{ik}\}\geqslant E\{\xi c_{ih}\}$，即产品 J_i 的加工顺序遵循它的“设备列表”，设备 h 是先于设备 k 加工产品 J_i。否则 $a_{i,hk}=0$，则不等式加上大数 $M_0(1-a_{i,hk})$ 作为惩罚项，使得该约束不等式仍然成立。

第二个约束方程表示工艺约束条件决定的设备加工先后顺序，表明一台设备不能同时加工多个产品，该约束方程的解释同上。

2.3.3.3 随机柔性调度问题的机会约束规划模型[59]

随机柔性调度问题可以描述为：有 n 个产品需要加工，每个产品都有 s 道工序，每道工序有 $m_r\geqslant 1(r=1,2,\cdots,s)$ 台并行机，工序顺序是预先确定的，如图 2-7 所示。产品 j 的工序 i 在设备 k 上的加工时间为 t_{ijk}，是变化的不确定量，用随机变量表示。任意两道工序间有无限存储能力，即被加工产品在两道工序间可以等待任意时间。st_{ijk} 和 c_{ijk} 分别表示产品 j 的工序 i 在设备 k 上的加工开始时间和完工时间。由于产品处理时间的随机性，这里的加工开始时间和完工时间也是随机的，显然，$c_{ijk}=st_{ijk}+t_{ijk}$。w_{ijk} 表示产品 j 在工序 i–1 和工序 i 之间的等待时间。T_{ik} 表示工序 i 在第 k 台设备上加工的总时长。调度目标是在满足各项约束条件的基础上，确定各产品在各工序相应并行机上的加工顺序，使总的完工时间最小。

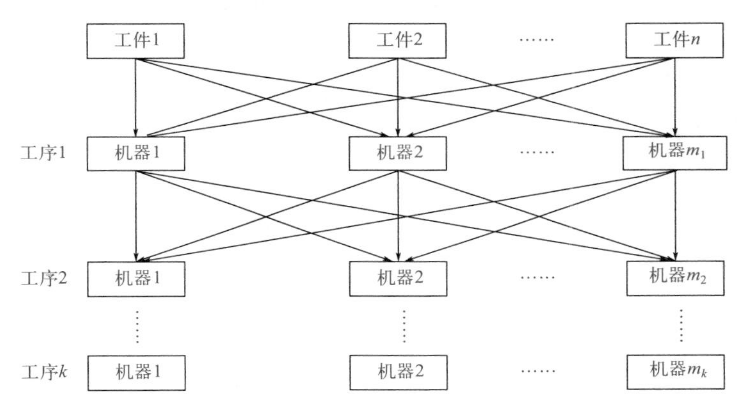

图 2-7　柔性车间调度问题示意图

假定：

① 产品之间相互独立，每个产品是一个不可分割的整体。

② 产品之间没有优先性，即产品加工不分先后。

③ 一台设备不能同时处理多个产品，一个产品不能同时被多台设备加工。

④ 所有产品按照相同的加工路线即相同的工序进行。

⑤ 第一道工序中首先开工的各设备开工时刻均计为 0。

⑥ 不考虑设备出现故障的情况。

⑦ 工序一旦进行不能中断。

定义：

$$x_{ijk}=\begin{cases}1,\text{工件}j\text{被指定到工序}i\text{的第}k\text{台机器上}\\0,\text{工件}j\text{未被指定到该机器上}\end{cases}$$

基本约束：

① 每个产品在每道工序只能被一台设备加工。

② 同一设备前一产品加工完毕后才能开始下一产品的加工。

③ 同一产品前道工序结束后，才能开始下一道工序的加工。

④ 每个产品在工序之间的等待时间受限。工序之间以紧密衔接为原则，即尽可能无耽搁地连续加工。要求总的等待时间不大于上限 (UperLimit)。

目标函数为最小化 *makespan* 的期望值：

$$f(t)=\min E\left\{\sum_{i=1}^{s}\max T_{ik}\right\}=\min\left\{\max E\left(makespan\right)\right\} \tag{2-63}$$

基本约束可以描述为：

① $\sum_{k=1}^{m}x_{ijk}=1$ (2-64)

② $st_{ijk}\geqslant c_{i(j-1)k}$ (2-65)

③ $st_{ijk}\geqslant c_{(i-1)jk}$ (2-66)

④ $\sum_{i=1}^{s}\sum_{j=1}^{n}\sum_{r=1}^{m_r}w_{ijk}\leqslant \text{UperLimit}$ (2-67)

机会约束规划模型如下：

$$\begin{cases}\min \overline{f}\\ \text{s.t.}\\ \Pr\left\{f(t)\leqslant \overline{f}\right\}\geqslant \beta\\ \Pr\left\{st_{ijk}\geqslant c_{(i-1)jk}\right\}\geqslant \alpha\\ \Pr(\sum_{i=1}^{s}\sum_{j=1}^{n}\sum_{r=1}^{m_r}w_{ijk}\leqslant \text{UperLimit})\geqslant \alpha\\ c_{ijk}\geqslant 0\\ \sum_{k=1}^{m}x_{ijk}=1\end{cases} \tag{2-68}$$

不确定条件下随机柔性调度模型求解：

工序 1：产品 1（$j=1,i=1$）

$$\begin{cases} st_{ijk} = 0 \\ c_{ijk} = t_{ijk} \end{cases} \tag{2-69}$$

工序 1：产品 i $(j=1, i \neq 1)$

$$\begin{cases} st_{ijk} = c_{(i-1)jk} \\ c_{ijk} = st_{ijk} + t_{ijk} \end{cases} \tag{2-70}$$

工序 j：产品 1 $(j \neq 1, i=1)$

$$\begin{cases} st_{ijk} = c_{i(j-1)k} \\ c_{ijk} = st_{ijk} + t_{ijk} \end{cases} \tag{2-71}$$

工序 j：产品 i $(j \neq 1, i \neq 1)$

$$\begin{cases} st_{ijk} = \max(c_{i(j-1)k}, c_{(i-1)jk}) \\ c_{ijk} = st_{ijk} + t_{ijk} \end{cases} \tag{2-72}$$

总的完成时间：

$$makespan = \max(c_{ijk})。 \tag{2-73}$$

另外，可以采用粗糙规划、灰色规划等描述具有不确定性的生产调度模型[60-61]。

参考文献

[1] 韩豫鑫 . 基于智能优化算法的间歇生产调度方法的若干研究 [D]. 上海 : 华东理工大学，2021.

[2] 闫雪丽 . 基于智能搜索算法的不确定间歇生产过程调度研究 [D]. 上海 : 华东理工大学，2021.

[3] Kondili E, Pantelides C C, Sargent R W H. A general algorithm for short-term scheduling of batch operations—I. MILP formulation[J]. Computers and Chemical Engineering, 1993, 17(2): 211-227.

[4] Castro P M, Grossmann I E, Zhang Q. Expanding scope and computational challenges in process scheduling [J]. Computers and Chemical Engineering, 2018, 114(9): 14-42.

[5] Lee J U, Lee H E, Heo S K, et al. Midterm scheduling for the production of a stack and folding-type battery using a hierarchical method [J]. Industrial and Engineering Chemistry Research, 2016, 55(38): 10132-10146.

[6] Puranik Y, Samudra A, Sahinidis N V, et al. Infeasibility resolution for multi-purpose batch process scheduling [J]. Computers and Chemical Engineering, 2018, 116(4): 69-79.

[7] Shaik M A, Mathur P. Generalization of scheduling models for batch plants and pipeless plants [J]. Industrial and Engineering Chemistry Research, 2019, 58(19): 8195-8205.

[8] Pantelides C C. Unified frameworks for optimal process planning and scheduling [C]. Proceedings on the second conference on foundations of computer-aided process operations, 1994: 253-274.

[9] Nie Y, Biegler L T, Wassick J M, et al. Extended discrete-time resource task network formulation for the reactive scheduling of a mixed batch/continuous process [J]. Industrial and Engineering Chemistry Research, 2014, 53(44): 17112-17123.

[10] Nie Y, Biegler L T, Villa C M, et al. Discrete time formulation for the integration of scheduling and dynamic

optimization [J]. Industrial and Engineering Chemistry Research, 2015, 54(16): 4303-4315.
[11] Vieira M, Pinto-Varela T, Moniz S, et al. Optimal planning and campaign scheduling of biopharmaceutical processes using a continuous-time formulation[J]. Computers and Chemical Engineering, 2016, 91(4): 422-444.
[12] Tonke D, Grunow M. Maintenance, shutdown and production scheduling in semiconductor robotic cells [J]. International Journal of Production Research, 2018, 56 (9): 3306-3325.
[13] Rawlings B C, Avadiappan V, Lafortune S, et al. Incorporating automation logic in online chemical production scheduling [J]. Computers and Chemical Engineering, 2019, 128(2): 201-215.
[14] 闫雪丽，韩豫鑫，顾幸生．基于状态设备网络的改进间歇生产调度模型[J]. 化工学报，2018, 69(3): 913-922.
[15] Brunaud B, Perez H D, Amaran S, et al. Batch scheduling with quality-based changeovers [J]. Computers and Chemical Engineering, 2020, 132(4): 106617.
[16] Madenoor R G, Won W, Maravelias C T. A superstructure optimization approach for process synthesis under complex reaction networks [J]. Chemical Engineering Research and Design, 2018, 137: 589-608.
[17] Bertran M O, Frauzem R, Zhang L, et al. A generic methodology for superstructure optimization of different processing networks [M]// Computer Aided Chemical Engineering. Amsterdam: Elsevier, 2016: 685-690.
[18] Moreno-Benito M, Frankl K, Espuña A, et al. A modeling strategy for integrated batch process development based on mixed-logic dynamic optimization [J]. Computers and Chemical Engineering, 2016, 94(2): 287-311.
[19] Garg N, Woodley J M, Gani R, et al. Sustainable solutions by integrating process synthesis-intensification [J]. Computers and Chemical Engineering, 2019, 126(12): 499-519.
[20] Cui C, Li X, Sui H, et al. Optimization of coal-based methanol distillation scheme using process superstructure method to maximize energy efficiency[J]. Energy, 2017, 119(15): 110-120.
[21] Ackermann S, Fumero Y, Montagna J M. New problem representation for the simultaneous resolution of batching and scheduling in multiproduct batch plants [J]. Industrial and Engineering Chemistry Research, 2021, 60(6): 2523-2535.
[22] Castro P M, Grossmann I E. Generalized disjunctive programming as a systematic modeling framework to derive scheduling formulations [J]. Industrial and Engineering Chemistry Research, 2012, 51(16): 5781-5792.
[23] Gupta S, Karimi I A. An improved MILP formulation for scheduling multiproduct, multistage batch plants [J]. Industrial and Engineering Chemistry Research, 2003, 42(11): 2365-2380.
[24] Magege S R, Majozi T. A comprehensive framework for synthesis and design of heat-integrated batch plants: Consideration of intermittently-available streams [J]. Renewable and Sustainable Energy Reviews, 2021, 135: 110125.
[25] Castro P M, Grossmann I E, Novais A Q. Two new continuous-time models for the scheduling of multistage batch plants with sequence dependent changeovers [J]. Industrial and Engineering Chemistry Research, 2006, 45(18): 6210-6226.
[26] Lee H, Maravelias C T. Combining the advantages of discrete- and continuous-time scheduling models: Part 1. framework and mathematical formulations [J]. Computers and Chemical Engineering, 2018, 116(4): 176-190.
[27] Liu Y, Karimi I A. Scheduling multistage, multiproduct batch plants with nonidentical parallel units and unlimited intermediate storage [J]. Chemical Engineering Science, 2007, 62(6): 1549-1566.
[28] Mouret S, Grossmann I E, Pestiaux P. Time representations and mathematical models for process scheduling problems [J]. Computers and Chemical Engineering, 2011, 35(6): 1038-1063.
[29] Lee H, Maravelias C T. Combining the advantages of discrete- and continuous-time scheduling models: part 3. general algorithm [J]. Computers and Chemical Engineering, 2020, 139(1): 106848.
[30] Velez S, Maravelias C T. Theoretical framework for formulating MIP scheduling models with multiple and non-uniform discrete-time grids [J]. Computers and Chemical Engineering, 2015, 72(2): 233-254.
[31] Lohmer J, Lasch R. Production planning and scheduling in multi-factory production networks: a systematic literature review [J]. International Journal of Production Research, 2021, 59(7): 2028-2054.
[32] Lee H, Maravelias C T. Combining the advantages of discrete- and continuous-time scheduling models: part 2. systematic methods for determining model parameters [J]. Computers and Chemical Engineering, 2019, 128(2): 557-573.
[33] Lee H, Maravelias C T. Discrete-time mixed-integer programming models for short-term scheduling in multipurpose environments [J]. Computers and Chemical Engineering, 2017, 107(5): 171-183.
[34] Georgiadis G P, Elekidis A P, Georgiadis M C. Optimal production planning and scheduling in breweries [J].

Food and Bioproducts Processing, 2021, 125: 204-221.
[35] Castro P M, Grossmann I E. Global optimal scheduling of crude oil blending operations with RTN continuous-time and multiparametric disaggregation [J]. Industrial and Engineering Chemistry Research, 2014, 53(39): 15127-15145.
[36] Ierapetritou M G, Floudas C A. Effective continuous-time formulation for short-term scheduling. 1. Multipurpose batch processes [J]. Industrial and Engineering Chemistry Research, 1998, 37(11): 4341-4359.
[37] Li J, Floudas C A. Optimal event point determination for short-term scheduling of multipurpose batch plants via unit-specific event-based continuous-time approaches [J]. Industrial and Engineering Chemistry Research, 2010, 49(16): 7446-7469.
[38] Gao X, Jiang Y, Chen T, et al. Optimizing scheduling of refinery operations based on piecewise linear models [J]. Computers and Chemical Engineering, 2015, 75(6): 105-119.
[39] Suominen O, Ville M, Ritala R, et al. Framework for optimization and scheduling of a copper production plant [M]// Computer Aided Chemical Engineering. Amsterdam: Elsevier, 2016: 1243-1248.
[40] Zhao S, Grossmann I E, Tang L. Integrated scheduling of rolling sector in steel production with consideration of energy consumption under time-of-use electricity prices [J]. Computers and Chemical Engineering, 2018, 111(4): 55-65.
[41] Acebes L F, Merino A, Rodriguez A, et al. Model based online scheduling of concurrent and equal batch process units: Sugar End industrial case study [J]. Journal of Process Control. 2019, 80: 1-14.
[42] Yang H, Bernal D E, Franzoi R E, et al. Integration of crude-oil scheduling and refinery planning by Lagrangean Decomposition [J]. Computers and Chemical Engineering. 2020, 138(12): 106812.
[43] Chu Y, You F. Model-based integration of control and operations: overview, challenges, advances, and opportunities [J]. Computers and Chemical Engineering, 2015, 83(5): 2-20.
[44] Biegler L T. Integrated optimization strategies for dynamic process operations [J]. Theoretical Foundations of Chemical Engineering, 2017, 51(6): 910-927.
[45] Baldea M, Du J, Park J, et al. Integrated production scheduling and model predictive control of continuous processes [J]. AIChE Journal, 2015, 61(12): 4179-4190.
[46] 刘琦 . 不确定性条件下的生产计划与生产调度研究 [D]. 上海 : 华东理工大学，2001.
[47] 李平 . 不确定条件下的提前 / 拖期调度问题研究 [D]. 上海 : 华东理工大学，2003.
[48] 吴超超 . 不确定性条件下的单机调度和 Flow Shop 调度研究 [D]. 上海 : 华东理工大学，2004.
[49] 郑璐 . 不确定性条件下含中间储罐的 Flow shop 调度问题的研究 [D]. 上海 : 华东理工大学，2004.
[50] 徐震浩 . 基于免疫优化算法的不确定性间歇生产过程调度问题研究 [D]. 上海 : 华东理工大学，2005.
[51] 方述诚，汪定伟 . 模糊数学与模糊优化 [M]. 北京 : 科学出版社，1997.
[52] 杨松林 . 工程模糊论方法及其应用 [M]. 北京 : 国防工业出版社，1996.
[53] Yager R R. A procedure for ordering fuzzy subsets of the unit interval [J]. Information Sciences, 1981, 24(2): 143-161.
[54] Lee E, Li R J. Comparison of fuzzy numbers based on the probability measure of fuzzy events [J]. Computers & Mathematics with Applications, 1988, 15(10): 887-896.
[55] Cheng C H. A new approach for ranking fuzzy numbers by distance method [J]. Fuzzy Sets and Systems, 1998, 95(3): 307-317.
[56] 刘宝碇，赵瑞清 . 随机规划与模糊规划 [M]. 北京 : 清华大学出版社，1998.
[57] Zimmermann H J. Fuzzy Sets Theory and Its Applications [M]. Dordrecht: Kluwer Academic Publisher, 1991.
[58] Charnes A, Cooper WW. Chance-constrained programming [J]. Management Science, 1959, 6(1): 73-79.
[59] 谷金蔚 . 基于协同量子进化计算的随机生产调度若干研究 [D]. 上海 : 华东理工大学，2010.
[60] 于艾清 . 基于智能优化方法的 Flow Shop 和并行机调度问题研究 [D]. 上海 : 华东理工大学，2007.
[61] 黎冰 . 基于灰色不确定规划的间歇生产过程计划与调度问题的研究 [D]. 上海 : 华东理工大学，2006.

Intelligent Scheduling of
Industrial Hybrid Systems

工业混杂系统智能调度

第3章

基于进化算法的确定性离散过程生产调度

3.1 基于协同进化遗传算法的智能调度 [1]

3.1.1 遗传算法

遗传算法借鉴生物界的自然选择和生物遗传机制，是将生物学、计算机科学、人工智能等多种学科相交叉的优化方法，具有较强的全局寻优能力和较高的搜索效率。

遗传学认为，生物进化是遗传和变异的结果，遗传物质是细胞核中染色体的有效基因，生物的遗传是通过父代向子代传递基因实现的。遗传（物质）信息是决定生物体结构、性质和代谢类型的特殊生物指令；遗传信息的特异性决定了生物物种、代谢性状及其他各种生物学特征，遗传信息的稳定性保证了生物物种在世代交替中保持相对稳定的性质，而遗传信息的改变决定了生物体变异，从而使生物进化成为可能。

基本遗传算法就是基于以上机理，进行随机迭代、进化、搜索的一种优化方法。它将求解问题表示为“染色体”，并生成“染色体”的种群，将它们置于问题的“环境”中，根据“适者生存”的原则，从种群中选择适合环境的染色体进行复制，通过交叉和变异产生新的染色体种群，这样一代一代进化，最后收敛到适应环境的染色体上。其主要操作算子有：选择（复制）（Reproduction）、交叉 (Crossover)、变异 (Mutation)。

遗传算法最早由美国 Michigan 大学的 Holland 教授提出。1967 年，Bagley 发表了关于遗传算法应用的论文 [2]，在其论文中首次使用了“遗传算法”这一概念；二十世纪七十年代初，Holland 提出了遗传算法的基本定理——模式定理，奠定了遗传算法的基础 [3]。二十世纪七十年代 De Jong 基于遗传算法的思想在计算机上进行了大量的纯数值优化计算实验。1975 年 Holland 出版了系统论述遗传算法的第一本专著 *Adaptation in Natural and Artificial Systems*（《在自然系统和人工系统中的适应性》）[4]。1975 年，De Jong 博士论文 An Analysis of the Behavior of a Class of Genetic Adaptive Systems（《一类遗传自适应系统的行为分析》）中结合模式定理进行了大量纯数值函数优化计算实验，并建立了五种函数测试平台[5]，定义了性能函数。1989 年，Goldberg 出版了专著 *Genetic Algorithm in Search, Optimization, and Machine Learning*（《搜索、优化和机器学习中的遗传算法》）[6]，该书系统总结了遗传算法的主要研究成果；Lawrence Davis 于 1991 年编辑出版了 *Handbook of Genetic Algorithms*（《遗传算法手册》）一书，该书包括了遗传算法研究人员所进行的研究实例，包括科学计算、工程技术和社会经济等方面。在一系列研究工作的基础上，形成了遗传算法的基本框架。

作为一种随机的优化与搜索方法，与传统的优化算法相比，遗传算法有着其鲜明的特点：

① 遗传算法仅要求问题是可解的，无可微性及其他要求，可广泛应用于目标函数是不可微的及其他复杂或无解析表达式的优化问题，具有极强的适应性。

② 遗传算法以决策变量的编码作为运算对象。其基本作用是优化参数的编码集，而不是直接用于优化参数本身。它是在一组可行解集合而非单个可行解上进行多方位的寻优，搜索轨道有多条，可在各个方向上多信息地进行交换与重组，具有良好的并行性。

③ 遗传算法直接以目标函数作为搜索信息，而无需梯度等高价值信息，因而适用于任何大规模、高度非线性的不连续多峰函数的优化以及无解析表达式的目标函数的优化，具有很强的通用性。

④ 遗传算法择优机制是一种“软”选择，加上良好的并行性，使其具有良好的全局优化性和稳健性。

⑤ 遗传算法操作的可行解集是经过编码化的（通常采用二进制编码、实数编码或者符号编码），目标函数解集为编码化个体（可行解）的适应值，因而具有良好的可操作性和简单性。

⑥ 具有鲁棒性强、适于并行处理以及应用范围广泛等显著特点。

⑦ 遗传算法是通过作用在一个初始种群并循环地执行一些遗传操作，如选择、杂交、变异等类似生物进化过程的简单操作，采用自适应的随机化技术进行全局寻优。

⑧ 遗传算法是自然界的遗传演化的抽象和模拟，具有鲜明的生物背景，特别是遗传算法中用到的遗传算子等概念直接借鉴生物遗传学。

3.1.1.1 遗传算法的基本概念和术语

遗传算法由自然遗传学与计算机科学相互结合渗透而成，因此，了解生物学和遗传算法的一些基本概念与术语是非常重要的。

① 染色体（Chromosome）：遗传物质的主要载体，由多个遗传因子——基因组成。

② 遗传因子（Gene）：基本遗传单位，也称为基因。

③ 个体（Individual）：染色体带有特征的实体。

④ 种群（Population）：染色体带有特征的个体集合。该集合中个体的数目称为种群规模或种群大小。

⑤ 适应度（Fitness）：物种对于生存环境的适应程度，在具体问题中，指评价解的优劣的目标函数。

⑥ 选择（Selection）：以一定概率从种群中选择若干个体的操作。一般而言，选择的过程是一种基于适应度的优胜劣汰的过程，适应度高的染色体被选中的机会就大。

⑦ 交叉（Crossover）：两个同源染色体之间通过交叉而重组，即在两个染色体的某一个相同位置处 DNA 被切断，其先后两串分别交叉组合形成两个新的染色体，产生下一代个体，也称基因重组。

⑧ 变异（Mutation）：在染色体进行复制时可能以很小的概率在个体的某个或某些基因位发生变异，产生出新的染色体，这些染色体表现出新的性状。

3.1.1.2 遗传算法的构成要素

① 染色体编码方法。遗传算法的一个重要环节是根据所解决优化问题的性质对决策变量进行编码表示。一般有两种表示方式：一是用二进制向量作为染色体对应优化问题的可行解；二是用可行解本身作为染色体。评估编码策略的三个规范为：a. 完备性，即解空间中的所有点都能作为遗传算法空间中的染色体表现；b. 健全性，即遗传算法空间中的染色体都能对应所有问题空间中的候选解；c. 非冗余性，即染色体和候选解一一对应。

② 种群的初始化。遗传算法解过程开始于产生解向量的初始种群。随机初始化是最常用的初始化方法，一个随机向量就是初始种群中的一个染色体[7]。

③ 个体适应度函数。在遗传算法中，适应度函数经常根据目标函数稍加变形而成，根据不同种类的问题，预先确定好由目标函数值到个体适应度之间的转换规则。以个体适应度的大小确定该个体基因被遗传到下一代群体中的概率。个体的适应度越大，该个体基因被遗传到下一代的概率也越大；反之，个体的适应度越小，该个体基因被遗传到下一代的概率也越小。一般要求所有个体的适应度必须为正数或零。适应度函数是对个体质量的一种度量，个体的适应度函数值是演化过程中进行选择的唯一依据，一般以目标函数或费用函数的形式表示。

3.1.1.3 遗传算法操作算子及其终止条件

遗传算法主要包括三种操作运算：选择、交叉和变异。

（1）选择算子

选择是从群体中选择优良个体并淘汰劣质个体的操作，它建立在适应度评估的基础上。适应度值越大的个体，被选中的可能性就越大，它的后代在下一代中的个数就越多，选择出来的个体组成群体进入交叉与变异。目前常用的选择方法有轮盘赌方法、最佳个体保留法、期望值法、排序选择法、竞争法、线性标准化法等。

（2）交叉算子

交叉就是指把两个父代个体的部分结构加以替换重组而生成新的个体的操作。交叉的目的是在下一代中产生新的个体，通过交叉操作，遗传算法的搜索能力得到了飞跃性的提高。交叉是遗传算法获取优良个体的重要手段。交叉操作是按照一定的交叉概率在匹配库中随机选取两个个体进行的，染色体的交叉位置也是随机的。交叉算子有单点交叉、多点交叉、一致交叉等。

（3）变异算子

变异就是以很小的概率随机地改变种群中个体的某些基因的值，目的是保持种群有一定的多样性，防止出现未成熟收敛。在变异操作中，变异概率不宜取得过大，过大的变异概率可能导致优化解遭到破坏，因此变异概率一般都很小。

（4）算法终止条件

遗传算法的终止条件可取：①到指定代数时终止；②种群中个体的平均适应度超过预定值；③种群中个体的最大适应度超过预定值。

根据上文叙述，遗传算法通常有下述 4 个运行参数需要提前设定。

① 群体大小 Pop，即群体中所含个体的数量。通常，种群太小时不能提供足够的搜索空间，以致算法的性能很差，甚至得不到问题的可行解；种群太大时尽管可增加优化信息以防止早熟收敛现象，但无疑会增加计算量，从而使收敛时间太长。

② 遗传运算的终止进化代数 T。进化代数过小则可能得不到问题的最优解；进化代数过大则可能非常耗时而最优解已经收敛。

③ 交叉概率 P_c，一般取为 0.4 ～ 0.99。交叉概率太大时，种群中染色体的更新很快，进而可能会使群体中的优良模式被破坏掉，对进化运算反而产生不利影响；概率太小时，交叉操作很少进行，从而使搜索停滞不前，产生新个体的速度比较慢。

④ 变异概率 P_m，一般取为 0.0001 ～ 0.1。概率太小则不会产生新个体，变异操作产生新个体的能力和抑制早熟现象的能力比较差；概率太大则使 GA 成为随机搜索。

3.1.1.4　遗传算法的应用步骤

遗传算法提供了一种求解复杂系统优化问题的通用框架，它不依赖于问题的类型。对一个需要进行优化计算的实际应用问题，一般可按下述步骤构造求解该问题的遗传算法：

① 确定决策变量及其各种约束条件，即确定出个体的表现型和问题的解空间；

② 建立优化模型，即确定出目标函数的类型（是求目标函数的最大值还是求目标函数的最小值）及其数学描述形式或量化方法；

③ 确定表示可行解的染色体编码方法，也即确定出个体的基因型及遗传算法的搜索空间，对实际参数集合进行基因编码；

④ 确定遗传算法的有关运行参数，即确定出遗传算法的 Pop、T、P_c、P_m 等参数；

⑤ 采用随机方法，产生初始群体 $P(t_0)$，计算适应度 $f(P(t))$，确定个体适应度的量化评价方法；

⑥ 由群体 $P(t)$ 作为父代，设计遗传算子，即确定出选择运算、交叉运算、变异运算等遗传算子的具体操作方法，进行遗传操作——交叉和变异，产生一定规模的新个体，将所有的新个体与种群 $P(t)$ 组成一个大群体；

⑦ 评价得到的大群体的优劣，进行遗传操作——选择，产生称为子代的新一代种群 $P(t+1)$，计算其适应度 $f(P(t+1))$；

⑧ 如果不满足收敛条件，令 $k=k+1$，返回步骤⑥；否则结束，选择最好解并解码后输出。

步骤⑥、⑦是关键步骤，它反映了遗传算法对生物进化过程的类比性。以上步骤可用图 3-1 表示。

针对不同求解问题，遗传算法的要素都要具体设计，目前有很多文献将遗传算法和启发式算法、神经网络或其他一些算法进行结合，以改进算法。

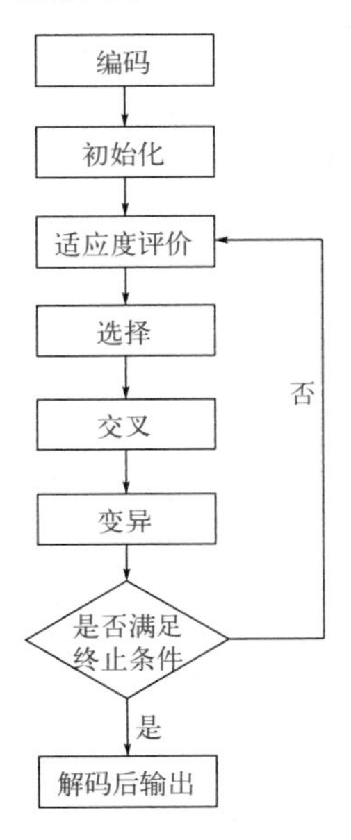

图 3-1　遗传算法流程图

3.1.2 基本合作型协同进化遗传算法

协同进化（Co-evolution）指一个物种的某一特性由于回应另一物种的某一特性而进化，而后者的该特性同样由于回应前者的特性而进化[8-9]。协同进化算法是一种新的进化算法框架，该算法借鉴了自然界中的协同进化机制，在传统单物种进化算法的基础上引入生态系统的概念。在协同进化算法中，种群被划分为几个子群，整个种群类似于一个生态系统进化。协同进化算法的目标就是要形成和维持稳定的多样化子种群，在搜索空间的不同区域中并行地进化搜索，从而克服遗传漂移的均匀收敛趋势，实现多峰问题的优化和复杂系统的仿真。

根据生态学对种群相互关系的划分，一共有四种共生关系：①捕食者与被捕食者 (Predator-Prey)；②寄生物与寄主 (Host-Parasite)；③竞争 (Competitive)；④互惠共生 (Mutualistic)。这四种关系都被用来构造对应的协同进化模型，其中①、③、④应用较多。①、③一般都统称为竞争关系，而②、④被称为合作关系。因此目前协同进化算法大致分为合作协同进化算法 (Cooperative Coevolutionary Algorithm，CoopEA)[10-11] 和竞争协同进化算法 (Competitive Coevolutionary Algorithm，CompEA) 两种[12-13]。协同进化算法借鉴生态学的种群协同理论，应用种群间自动调节、自动适应原理构造彼此关联的种群，共同进化求解。

由于协同进化算法具有自适应和渐进学习等特点，因此在求解复杂问题过程中具有自适应、鲁棒等优点。

（1）合作型协同进化算法（CoopEA）

合作型协同进化算法（CoopEA）最早是由 Potter 和 De Jong 在 1994 年提出的[14]。合作型协同进化算法仿照生物种群间的合作特征，首先对目标问题进行划分，分成几个互相关联的子问题，每个子问题对应于生态系统中的一个物种。然后，多个子种群分别求解目标域中不同的最优子解。其中，每个子种群的进化过程是相互独立的，即个体只与本子种群中个体进行交叉、变异等操作。子种群之间相互合作，发生信息交换得到子种群个体的适应度，使各种群的进化达到互相指导的目的，从而使整个生态系统即完整的目标问题得到求解。图 3-2 是 De Jong 给出的合作型协同进化算法的模型。

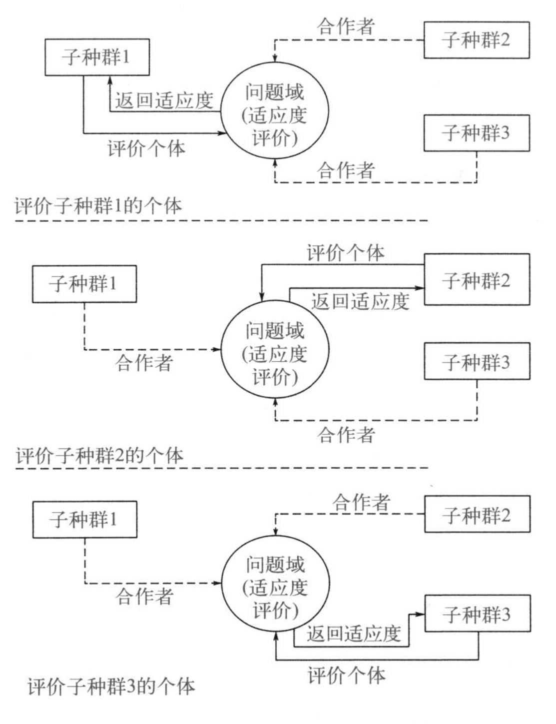

图 3-2　合作型协同进化算法的模型

如图 3-2 所示，在典型的合作型协同进化算法模型中，种群中的个体适应度计算需要从其他各子种群中抽取一个代表个体共同放入问题域（选择代表的方式也成为算法的合作方式），组成问题解，然后用问题域中的评估函数计算评估值，以此作为该个体的适应度。可见，各种群在合作型的协同进化算法模型中是以合作的形式发生信息交换的。

合作型协同进化算法的提出是对传统遗传算法的极大改进：合作型协同进化算法更加看重的是子种群之间的合作关系，而不像传统遗传算法那样看重一个个体。传统的遗传算法中一个个体的好坏往往决定了整个进化算法的进化方向，很有可能使得遗传算法偏离寻优的方向。合作型协同进化算法中的一个个体对整个进化的方向影响不大，个体之间相互合作才能找到最优解。其次，采用合作型协同进化算法可以使复杂的问题通过分解得到简化，各子群中个体的搜索空间与原先的进化算法相比将极大地减小，且算法是并行地寻找一个完整解的各个部分，因此，相比传统遗传算法，合作型协同进化算法的搜索性能与速度有相当大的改进。

合作协同进化算法的关键是对问题进行合适的分解，并设计子种群合作的方式，用于计算个体适应度的函数。一般来说，选取代表的方法有贪心法（即选取种群中最好的个体作为代表）、保守法（即选择种群中最差的个体作为代表）、随机法（即随机选择个体作为代表）等。

（2）竞争型协同进化算法（CompEA）

同样，科学家们利用自然界中物种种群的竞争特性也设计了竞争型协同进化算法模型 CompEA。竞争型协同进化是指多个种群通过适应度的关联同时进化，个体适应度的求解通过与来自另一种群的个体直接竞争得到。

竞争协同进化算法通过构造相互竞争的两个种群，一个代表问题的解，一个代表测试集，两个种群相互竞争促使对方提高复杂度和性能。竞争协同进化这一概念在理论进化中非常重要，它被广泛定义为一种基于个体竞争、种群密度、种群自身及相互作用种群的遗传成分的进化，特别适合于复杂进化系统的动态描述。如图 3-3 所示，竞争型协同进化模型正是从多种群共同竞争进化转变而来的。

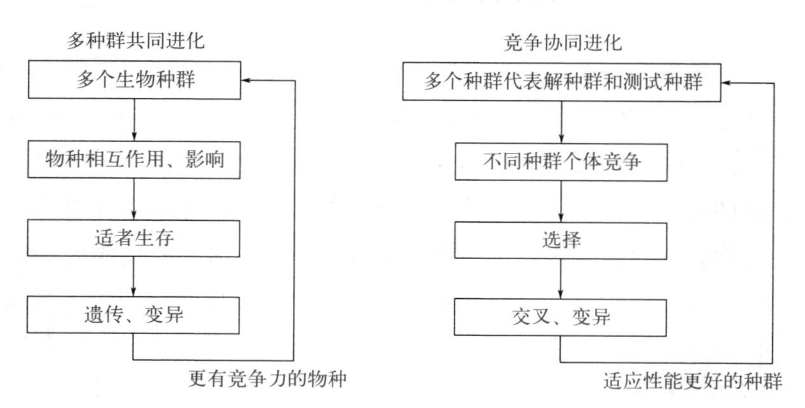

图 3-3　多种群竞争与竞争型协同进化

同 CoopEA 一样，CompEA 的提出对传统进化算法也具有重大改进意义。首先，竞争协同进化采用相对适应度衡量个体的好坏，不需要设计适应度函数，减少了对领域知识的依赖。因此在解决某些复杂问题的情况下，竞争型的协同进化比传统遗传算法，甚至是合作型的协同进化都有优势。其次，虽然竞争型种群中不能对问题进行分解，每个个体都表示一个完整搜索空间的点，因此搜索空间过大，导致搜索效率方面比遗传算法并没有什么质的改善，但竞争协同进化的关键是维持种群间的竞争平衡状态，两个种群相互竞争驱使提高各自的性能和复杂性，产生“军备竞赛”，最终得到问题的满意解。这种竞争的模式使得种群双方都致力于产生比对方好的解，因此进化收敛的速度要比合作型和单种群遗传算法快。

（3）其他类型的协同进化算法

协同进化的主要两类就是合作型协同进化和竞争型协同进化，当然也有学者通过对人类社会的高速进化过程的模拟，提出建立分层协同进化模型，用来处理个体适应度在线评价问题。实质是通过建立社会进化层和群体进化层（直接优化层），并在社会进化层中引入立法机制（动态建立适应值评价函数）和司法机制（社会进化层对群体进化层个体进行适应值评价），构成分层协同进化模型，通过这种分层协同进化模型的自优化和对实际优化对象进化优化，可以对某些系统在线进化优化。本质是在直接进化优化模型之上建立一个进化评价系统，由这一系统对直接进化层的种群进行考核，即适应值评价。同时，直接进化层的优化结果在实际系统运行时得到的数据又可通过立法机制促进评价系统的进化。直接进化优化层作用于实际优化对象，根据实际优化对象的工况得出相应的优化指令（优化控制量），起到群体进化层的作用；进化评价系统作为群体进化层的适应值评价函数，在群体进化层的进化过程中预评价每一代个体的适应值，起到社会进化层的作用。社会进化层的进化过程对应立法过程。基于上述设计思想，由各进化层次的功能需求与特点确定分层协同进化模型结构如图 3-4 所示。

在图 3-4 所示的结构中，可以明确看出社会进化层与群体进化层间的协同进化关系，它们都是典型的进化优化结构。其中，社会进化层作为适应值评价函数解决了适应值评价的建模问题，即相当于解决了进化个体适应值的在线评价障碍；同时，由于它以函数运算的方式对群体进化层的所有个体进行预评价，避免了非可行或不安全的个体解，从而解决了进化个体应用安全性障碍。

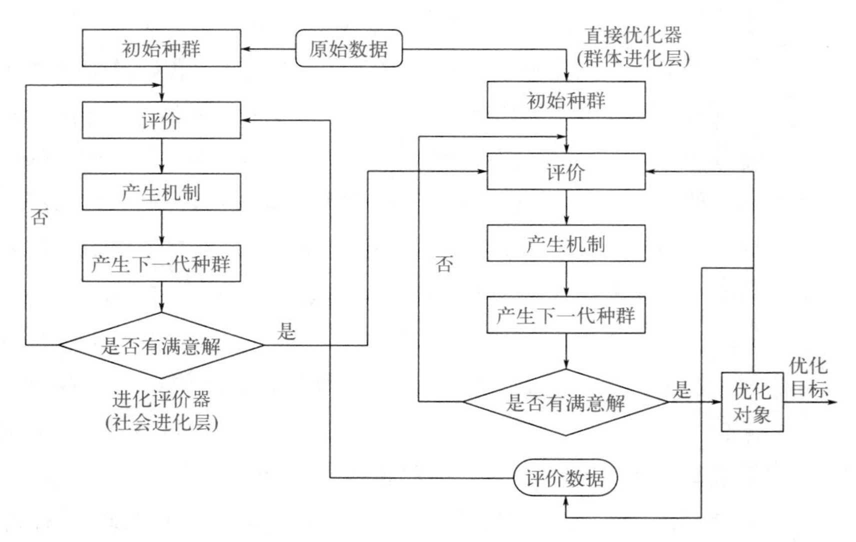

图 3-4　分层协同进化模型结构

（4）CoopEA 的基本框架

合作型协同进化算法的框架是 Potter M 和 De Jong 等在 2000 年提出的[10]。这种算法和传统的进化算法最大的不同是：它用分解 - 协调思想将复杂系统的优化问题分解为一系列子系统的优化问题，各子系统可分别进行优化，再从整体上进行协调。子系统的优化和整体协调的过程往往需要交替迭代进行，直到找到优化问题的解。合作型协同进化算法就是采用这样的思想，将复杂问题的求解演化为多个种群共同独立的进化[15-16]。如果每个子种群的进化采用的是遗传算法，那么该算法就可以称为合作型的协同进化遗传算法。

基本框架如下：

① 对所需优化问题的解空间进行分解，分成多个子种群。

② 对每个子种群随机产生一组初始解，初始解的个数为子种群的种群规模，这样就构成第一代染色体群。

③ 将每个子种群中的每条染色体进行解码，通过子种群间的合作转化为问题的解，并将此解作为此条染色体的适应值。检查子种群间合作最好的一个解是否已达到优化要求或优化时间已到。是，则结束；否，

则继续。

④ 对每个子种群执行“选择”算子。

⑤ 对每个子种群“选择”后得到的染色体群，按一定的交叉概率 P_c 和变异概率 P_m 进行“交叉”和“变异”操作。

⑥ 经过“选择”“交叉”和“变异”操作后，将上一代每个子种群的最优个体随机替换对应子代的一个个体，以最终产生新一代的每个子种群的染色体。

⑦ 转到第③步，继续下一轮的迭代。

（5）优化问题的分解

当将合作型协同进化遗传算法用于某个具体的问题时，首先就是将一个大的问题分解成若干个小的子问题。分解的目的是一方面可以降低问题的复杂度和搜索空间，另一方面可以减少个体的编码长度，使搜索更快且更易于得到高质量的解。每次在执行这个环节的时候可能都是不一样的，但是要遵循以下几个原则：

① 应使一个复杂的大问题分解成若干个相对简单的子问题，而不是更复杂的问题。

② 子种群可以进行独立的进化计算，易于在解空间内进行搜索。

③ 子种群之间可以进行有效的合作。

（6）子种群个体的合作

完成了对问题的分解后，如何设计子种群之间的合作也是合作型协同进化算法的一个十分重要的环节。子种群的某个个体通过与其他子种群的个体进行合作后，将获得一个适应度的数值，以此评价这个个体与其他个体合作情况的好坏。适应度的定义如下：

个体适应度=此个体与其他子种群代表个体合作的目标函数评估

通过适应度的比较，可以发现那些与其他子种群合作较好的个体，于是就可以通过进化操作算子将个体中优良的基因保存下来，以便产生更好的基因，直至找到全局最优解。

协同进化算法中计算个体适应度有很多方法。在竞争型协同进化算法中，种群中的一个个体通常是和另一个竞争种群的所有个体进行比较，然后求得该个体的适应度。在合作型协同进化算法中，一个个体的适应度的计算，如果也像竞争型协同进化算法那样，把子种群中的一个个体和其他每个子种群的所有个体的组合都计算一遍的话，那么，这将是一个十分庞大的计算。为了避免大量的计算，通常采用的方法是从一个子种群中选取一个个体代表这个子种群，并将其参与到其他某个子种群个体适应度的计算中。

一般来说，选取代表的方法有贪心法、保守法、随机法、优化法等。

随机法就是随机选择一个个体作为代表。如图 3-5 所示，种群的数目为 3 的优化问题，为了计算子种群 1 中个体 1 的适应度，我们从子种群 2 中随机选取一个个体作为代表个体，再从子种群 3 中随机选取一个个体作为代表个体，将三个个体组合起来，放入优化问题中进行求解，将计算结果返还给子种群 1 中个体 1 的适应度，依此类推，就可以求出所有个体的适应度。

定义 3.1　在一个种群数目是 N、子种群规模是 M 的优化问题中，s_i 代表第 i 个子种群（$i \in N$），$p(s_i)$ 是第 i 个子种群的代表个体，$\boldsymbol{K} = \{p(s_1), p(s_2), p(s_3), \cdots, p(s_N)\}$ 是 N 个子种群的一组组合的向量。

定义 3.2　$\boldsymbol{K}$ 是向量，$f(\boldsymbol{K})$ 是某种映射关系，将向量转化成一个实数。

定义 3.3　在一个种群数目是 N、子种群的规模是 M 的优化问题中，s_{ij} 是第 i 个子种群的第 j 个个体，$i \in N$，$j \in M$，$f(\cdot)$ 是将编码组合的向量转化成优化问题解的映射关系，$fit(s_{ij})$ 是第 i 个子种群的第 j 个个体的个体适应度，$fit(s_{ij}) = f(\{P(s_1), P(s_2), \cdots, P(s_i), \cdots, P(s_N)\})$，其中 $P(s_k) = \begin{cases} p(s_k) \ , & k \in N, k \neq i \\ s_{ij} \ , & k = i \end{cases}$。

随机法：在一个种群数目是 N、子种群的规模是 M 的优化问题中，计算 s_{ij} 的适应度时，在 s_a 中随机选择一个个体作为 $P(s_a)$（$a \neq i$，$a \in N$）。操作方法如图 3-5 所示。

贪心法：在一个种群数目是 N、子种群的规模是 M 的优化问题中，计算 s_{ij} 的适应度时，在 s_a 中选择上一代中最优合作解中对应的个体作为 $P(s_a)$（$a \neq i$，$a \in N$）。操作方法如图 3-6 所示。

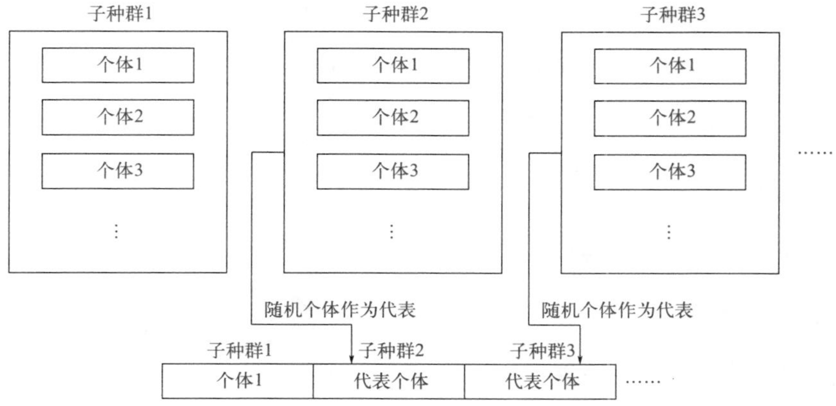

图 3-5　用随机法来选取代表个体

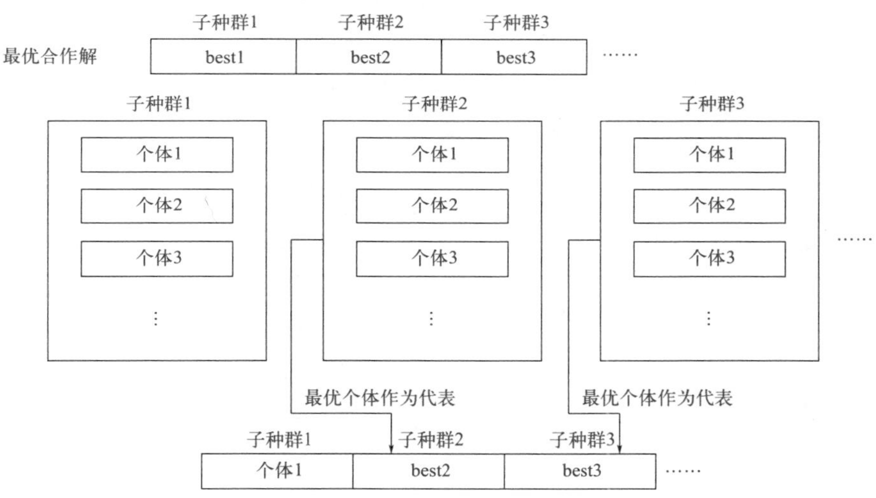

图 3-6　用贪心法来选取代表个体

保守法：在一个种群数目是 N、子种群的规模是 M 的优化问题中，计算 s_{ij} 的适应度时，在 s_a 中选择上一代中最差合作解中对应的个体作为 $P(s_a)$（$a \neq i$，$a \in N$）。操作方法如图 3-7 所示。

优化法：在一个种群数目是 N、子种群的规模是 M 的优化问题中，计算 s_{ij} 的适应度时，既要用贪心法计算该个体的适应度，又要用随机法计算该个体的适应度，将两者适应度更好的值作为该个体最终的适应度的值。当然，由于计算每个个体的适应度用到了两种方法，那么总的时间耗费分别是以上三种方法的两倍。操作方法如图 3-8 所示。

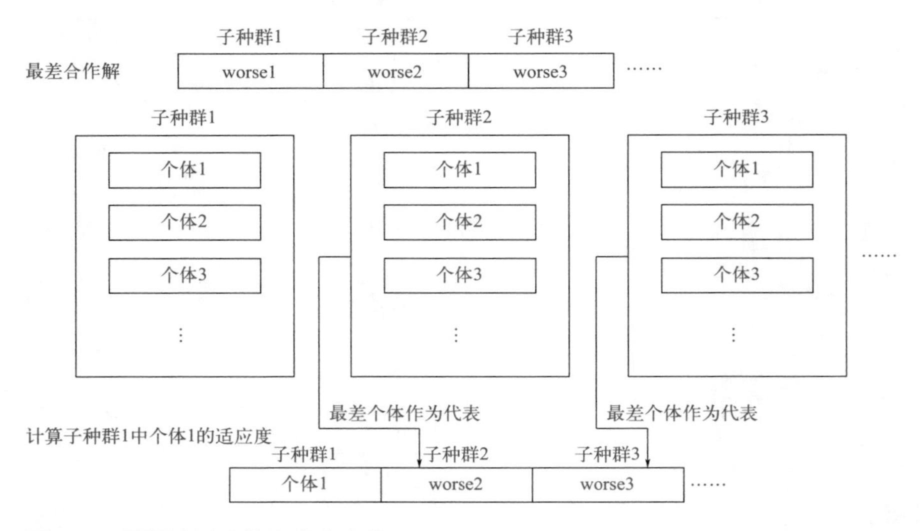

图 3-7　用保守法来选取代表个体

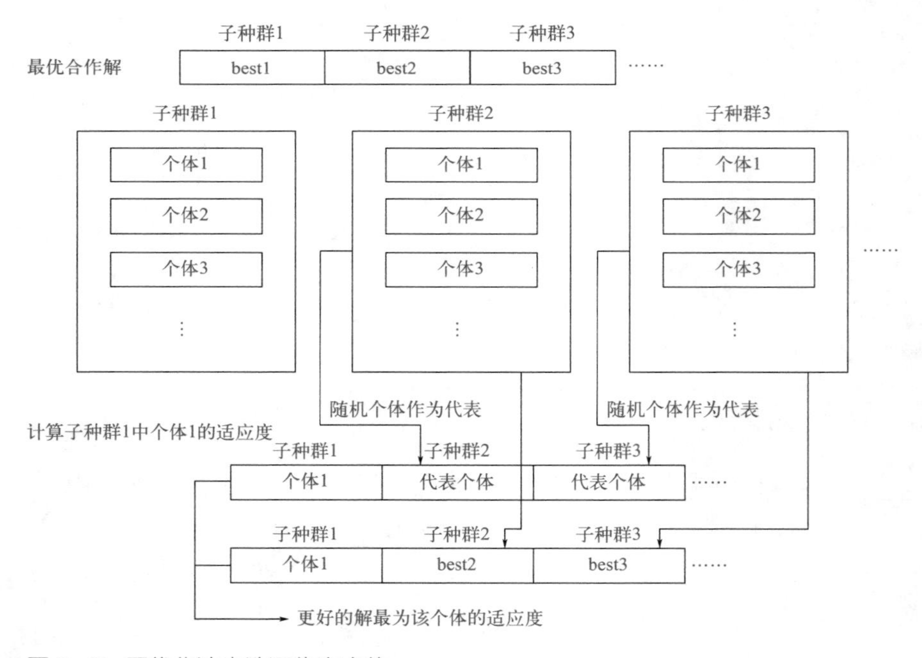

图 3-8　用优化法来选取代表个体

3.1.3 灾变合作型协同进化遗传算法

进化计算虽然有较好的全局搜索性能，但是随着问题的复杂程度越来越高，解空间也会越来越大，当解空间很大的时候，往往算法会不成熟收敛，陷入局部最优解，也就是常常说的“早熟”。

一般在遗传算法中为了模仿自然界的繁衍模式，大多采用随机布种的方法产生初始种群，但是这样做并不会对算法本身带来多大的益处。对遗传算法来讲，分布在最优值附近的种子将有更大的机会收敛到最优值，而随机布种使初始种群的分布具有不确定性。这一点可以通过下面的例子加以说明。

例如，假定在区间 $[a, b]$ 上的 10 个不同函数具有不同的 10 个极值点，在均匀分布的情况下（设初始种群的数目为 *popsize*），所求极值点距离初始种群中最近种子的最大距离小于等于 $(b-a)/(2\times popsize)$。而随机分布只能对其中的一些函数产生出均匀分布的初始种子，而另外一些函数的初始种子分布并不均匀。考虑极端情况，其初始种群离极值点甚至会达到 $(b-a)/2$ 以上的距离。

通常，当随机产生的初始解在解空间中散布开来（如图 3-9 所示，图中方框表示解空间，点“，”表示初始解，点“。”表示全局最优解，点“■”表示局部最优解），则 EA 能以较大的概率收敛到全局最优解。但实际中如果解空间非常大，随机初始解往往可能只占有小小的一个角落（如图 3-10 所示）。如果种群中有个个体找到了局部最优解，其适应度相对其他个体来说较大，我们称之为“超级个体”。进化算法的选择操作往往会让“超级个体”的基因以极大的概率遗传到下一代中，使得种群朝着局部最优解的方向进化。交叉操作只是使搜索在所有初始解构成的子空间中进行，变异操作则能够在一定程度上扩大搜索空间，即跳出局部最优解。为避免遗传算法变成完全随机搜索，变异概率不宜过大（生物的变异率就很小），这样就制约了进化算法在解空间的开拓性能，进化的种群在找到左边的局部最优解后便停滞不前了。

在问题规模非常大、解空间非常广阔的情况下，随机产生的有限的群体规模往往无法覆盖整个解空间，而进化算法中“超级个体”的出现

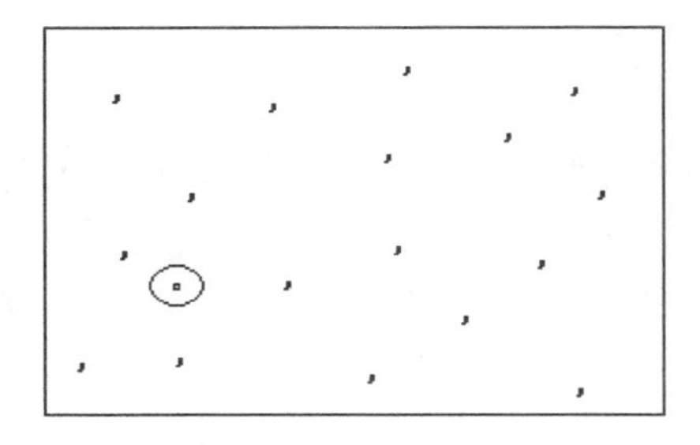

图 3-9　随机初始解分散分布

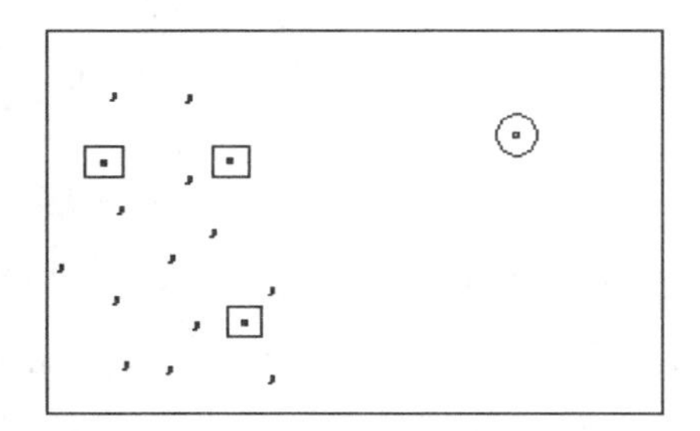

图 3-10　随机初始解集中分布

和较低的变异率制约了进化算法在解空间的开拓性能，“早熟”收敛就在所难免了。

（1）灾变算子的作用

所谓“灾变”，就是外界环境的巨大变化，如冰河期、森林大火、大地震和洪水等。“灾变”往往是对绝大多数生物的灭顶之灾，造成大量物种的灭绝，只有个别适应能力特别强的物种或者个体得以生存，在“灾变”过后重新繁衍后代。显然经历过“灾变”的物种或个体的生存能力更强。

灾变（Catastrophe）过程一直是人们感兴趣的重要问题，撇开各种假说不谈，单从生物进化史而言，确实发生了六次大的灾变过程，而每一次的灾变过程，都带来了生物进化的巨大飞跃。

或许我们尚不十分清楚生物界具体是怎么做的，但它成功地解决了如下两个问题：

① 它成功地打破了旧有基因的垄断性优势，增加了基因的多样性，创造了有生命力的新个体。

② 它保证了已取得的进化成果。每一次的灾变过程，并未造成物种的倒退或是造成一切进化从头开始；相反，在已有的基础上它大大提高了物种的进化程度。

再反观进化计算中的不成熟收敛现象，它和生物进化中的停滞时期完全类似。鉴于进化算法本身就是对生物进化进程的一种模拟，那么我们再模拟生物界中解决同类问题的方法，理由无疑是充分的。

因此，我们提出在原有的合作型协同进化算法的基础上，模拟灾变过程这种思想。

表3-1　生物进化和模拟灾变的进化算法的对比

项目	生物进化	模拟灾变的进化算法
问题	生物进化进程中的停滞时期	不成熟收敛
解决方法	灾变过程	模拟灾变过程
共同特点	①它成功地打破了旧有基因的垄断性优势，增加了基因的多样性，创造了有生命力的新个体 ② 它保证了已取得的进化成果。每一次的灾变过程，并未造成物种的倒退或是造成一切进化从头开始；相反，在已有的基础上它大大提高了物种的进化程度	

如前所述，增大群体规模 M 可以提高协同进化算法的全局性能，而代价是求解时间的相应增加。由于早熟收敛，灾变前的当前最优解 $I_{\text{best}}^{(v)}$ 隐含了第 v 阶段当前群体的局部最优性状。灾变发生后，$I_{\text{best}}^{(v)}$ 成为第 0 个个体，$I_0^{(v+1)} = I_{\text{best}}^{(v)}$，由于其适应度与其他通过灾变算子产生的个体的适应度相比处于较高的位置，所以采用比例选择机制（轮盘赌）保证它能够参与新一轮的进化。

具体来说，在执行灾变操作产生第一代群体前后，在连续两个阶段的 $2M-1$ 个个体里，由于 $I_{\text{best}}^{(v)}$ 代表了第 v 阶段的 M 个个体 $I_n^{(v)}$（$n = 0,1,2,\cdots,M-1$）的先进方向和最优性状，比起第 v 阶段的其他 $M-1$ 个个体更容易被选择到繁殖池中，就算繁殖池中也有第 v 阶段的其他 $M-1$ 个里边的个体，通过交叉、变异等操作所产生的后代也往往不比由该最优解 $I_{\text{best}}^{(v)}$ 所产生的后代优秀。而采用比例选择机制（轮盘赌）保证了高适应度个体 $I_{\text{best}}^{(v)}$ 在灾变操作后第一次迭代时丢失的概率极小，从而保证了第 v 阶段的 M 个个体能在第 $v+1$ 阶段隐含进化。因此可以认为，所保留的最优解在新一轮进化进程中所起的作用与灾变前的 M 个个体直接加入进来参与进化操作的效果相当。

可见，由于灾变后所保留的最优解在新一轮进化进程中所起的作用与灾变前的 M 个个体直接加入进来效果相当，灾变算子将使算法在操作规模不变的情况下隐含扩大群体规模，这就是灾变遗传算法的高效率所在。采用灾变将显著提高算法在解空间中的开拓能力，通过保留灾变前得到的局部最优解，可以避免算法沦为随机搜索，保证了算法的稳定性。

通过上面的分析，我们发现加入灾变算子的时间性能比起增加种群的规模要好得多。由此可知，只要 $I_{\text{best}}^{(v)}$ 在灾变操作后第一次迭代时能够保存下来，灾变算子就能够充分发挥进化计算的隐并行性，起到提高优化的效率。

（2）灾变算子的实施

当种群中个体之间的差别很小的时候，算法就被认为将要陷入不成熟收敛了。可以采用灾变算子提高个体之间的多样性，以保证算法能够找到全局最优解。为判断个体的多样性，首先引入以下概念。

定义 3.4 假设 n 维空间的任意两个个体 $\boldsymbol{M}_1=(x_1,x_2,\cdots,x_n)$ 和 $\boldsymbol{M}_2=(y_1,y_2,\cdots,y_n)$，每个分量用不同长度进行编码，其中编码为 m 进制编码，即 $x_i=(x_{i1}x_{i2}\ldots x_{il_i})$，$y_i=(y_{i1}y_{i2}\ldots y_{il_i})$，如果 $x_{ij}=m-1-y_{ij}$ 对任意的 i、j 成立，则称两个个体 $\boldsymbol{M}_1$ 和 $\boldsymbol{M}_2$ 为互补个体。

定义 3.5 假设 n 维空间的任意两个个体 $\boldsymbol{M}_1=(x_1,x_2,\cdots,x_n)$ 和 $\boldsymbol{M}_2=(y_1,y_2,\cdots,y_n)$，每个分量用不同长度进行编码，其中编码为 m 进制编码，即 $x_i=(x_{i1}x_{i2}\ldots x_{il_i})$，$y_i=(y_{i1}y_{i2}\ldots y_{il_i})$，定义这两个个体间的海明距离为

$$H(\boldsymbol{M}_1,\boldsymbol{M}_2)=\sum_{i=1}^{n}\sum_{j=1}^{l_i}\left|x_{ij}-y_{ij}\right| \tag{3-1}$$

从定义 3.5 知，当两个个体完全相同时，即 $x_{ij}=y_{ij}(\forall i,j)$，海明距离最小，$H(\boldsymbol{M}_1,\boldsymbol{M}_2)=0$，同时易知，$n$ 维空间中任意两个个体之间的海明距离最大值为

$$H\left(\boldsymbol{M}_1,\boldsymbol{M}_2\right)=(m-1)\sum_{i=1}^{n}l_i \tag{3-2}$$

定义 3.6 假设 n 维空间的任意两个个体 $\boldsymbol{M}_1=\left(x_1,x_2,\cdots,x_n\right)$ 和 $\boldsymbol{M}_2=\left(y_1,y_2,\cdots,y_n\right)$，每个分量用不同长度进行编码，其中编码为 m 进制编码，即 $x_i=\left(x_{i1}x_{i2}\ldots x_{il_i}\right)$，$y_i=\left(y_{i1}y_{i2}\ldots y_{il_i}\right)$，定义这两个个体的相异因子为

$$\mu=\frac{H\left(\boldsymbol{M}_1,\boldsymbol{M}_2\right)}{\left(m-1\right)\sum_{i=1}^{n}l_i} \tag{3-3}$$

可见，相异因子的取值范围在 0 ～ 1 之间，特别是当两个个体完全相同时，相异因子最小，$\mu=0$。在二进制编码时，当两个个体为互补个体时，相异因子最大，$\mu=1$。

个体之间的相异因子越大，种群就越是丰富多样。当存在多对个体的相异因子非常小时，种群多样性就会遭到破坏。

在合作型协同进化遗传算法中，加入一个子种群的规模是 M，将这些个体随机分成 $M/2$ 对个体，求得这 $M/2$ 对个体的平均相异因子 $\bar{\mu}$。

$$\bar{\mu}=\frac{\sum_{i=1}^{M/2}\mu_i}{M/2} \tag{3-4}$$

可见，相异因子的取值范围在 0 ～ 1 之间，特别是当子种群个体完全相同时，相异因子最小，$\mu=0$。当相异因子比较小时，就可以采用灾变算子了。

当种群里的平均相异因子很小的时候，我们就认为进化已经进入了不成熟收敛阶段。设定这样的一个参数——灾变因子 C_a。当种群的平均相异因子小于灾变因子时，即 $\bar{\mu}<C_a$，对子种群实施灾变，把原本较小的变异率 P_m 提高至 P_{mc}(P_{mc} 是实施灾变时的灾变变异率)，这样足以产生很多新的个体，保持了子种群的多样性。在合作型协同进化遗传算法中，每个子种群的进化是同时、独立地进行的，每个子种群实施灾变也是独立进行的，这样对于保证整个进化的多样性起到了至关重要的作用。

灾变的实施也有很多的方法：

① 突然增大变异率；

② 保留最优解，重新初始化其他的个体；

③ 对不同的个体实施不同规模的变异。

方法①比方法②较温和一点，虽然增大变异率，个体的基因发生了较大的变化，但是仍然保留了原先进化的一些基因特点，尽管我们无法判断这些基因对以后的进化过程会不会有好的影响。方法③比起前两者可能要对子种群中的个体进行一定的分类，才能针对性地实施灾变，这些分类增加了程序的时间消耗，而且不一定就可以增加进化的效果。相比之下，我们更偏向于方法①。

灾变合作型协同进化算法（Cooperative Coevolutionary Genetic Algorithm with Catastrophe，CCGA-C）的流程如下：

① 对所需优化问题的解空间进行分解，分成多个子种群。

② 对每个子种群随机产生一组初始解，初始解的个数为子种群的种群规模，这样就构成第一代染色体群。

③ 将每个子种群中的每条染色体进行解码，通过子种群间的合作转化为问题的解，并将此解作为此条染色体的适应值。检查子种群间合作最好的一组解是否已达到优化要求或优化时间已到。是，则结束；否，则继续。

④ 对每个子种群检查是否已陷入不成熟收敛状态。是，则实施灾变，将变异率 P_m 提高至灾变时变异率 P_{mc}（一般来说 P_{mc} 比 P_m 大得多）。

⑤ 对每个子种群执行“选择”算子。

⑥ 对每个子种群“选择”后得到的染色体群，按交叉率 P_c 和变异率 P_m 进行“交叉”和“变异”操作。

⑦ 经过“选择”“交叉”和“变异”操作后，将上一代每个子种群的最优个体随机替换对应子代的一个个体，以最终产生新一代的每个子种群的染色体。

⑧ 转到第③步，继续下一轮的迭代。

3.1.4 基于灾变合作型协同进化遗传算法的 Job Shop 调度

典型 Job Shop 调度问题如下所述。

一般地，我们假设 n 个作业 m 台设备的车间作业调度问题（表示为 $n\times m$）满足以下约束：

① 每个产品由 m 道工序组成，每道工序在不同的设备上加工；

② 每道工序必须在指定的设备上加工；

③ 按照加工工艺的规定，每道工序必须在它前面的工序加工完毕后再加工；

④ 每道工序从开始到结束，不会被另外的工序所中断。

所要求的问题是确定设备上工序的顺序使最大流程时间 *makespan*（即完成所有产品的时间）达到最小。

令 c_{jk} 表示产品 j 在设备 k 上的完工时间，t_{jk} 表示产品 j 在设备 k 上的加工时间。

对于产品 i，如果在设备 h 上的加工先于设备 k，有约束 $c_{ik}-t_{ik}\geqslant c_{ih}$；另一方面，如果在设备 k 上的加工首先出现，有约束 $c_{ih}-t_{ih}\geqslant c_{ik}$。

由于约束中的一个或者多个都必须满足，因此称它们为分离性约束（Disjunctive Constraints）。定义如下的指示函数：

$$a_{ihk}=\begin{cases}1, & \text{对于给定的工件}i\text{,如果在机器}h\text{上的加工先于机器}k\\0, & \text{其他}\end{cases} \tag{3-5}$$

以上的式 (3-5) 也可以写成：

$$c_{ik}-t_{ik}+M\left(1-a_{ihk}\right)\geqslant c_{ih}\text{，}\quad i=1,\cdots,n\text{；}\quad h,k=1,\cdots,m \tag{3-6}$$

其中，M 表示一个很大的数。

假设两产品 i 和 j 都需要在设备 k 上加工，如果产品 i 先于产品 j 来到，有约束 $c_{jk}-c_{ik}\geqslant t_{jk}$；另一方面，如果产品 j 先来到，有约束 $c_{ik}-c_{jk}\geqslant t_{ik}$。定义指示变量 x_{ijk} 为：

$$x_{ijk}=\begin{cases}1, & \text{如果工件}i\text{先于工件}j\text{在机器}k\text{上加工}\\0, & \text{其他}\end{cases} \tag{3-7}$$

以上的式 (3-7) 可以写成：

$$c_{jk}-c_{ik}+M\left(1-x_{ijk}\right)\geqslant t_{jk}\text{，}\quad i,j=1,\cdots,n\text{；}\quad k=1,\cdots,m \tag{3-8}$$

以最大流程时间最小为目标的 JSP 调度问题可以表述为：

$$\min\left\{\max_{1\leqslant k\leqslant m}\left\{\max_{1\leqslant i\leqslant n}\left\{c_{ik}\right\}\right\}\right\} \tag{3-9}$$

$$\text{s.t. } c_{ik}-t_{ik}+M\left(1-a_{ihk}\right)\geqslant c_{ih}，\quad i=1,\cdots,n；\quad h,k=1,\cdots,m \tag{3-10}$$

$$c_{jk}-c_{ik}+M\left(1-x_{ijk}\right)\geqslant t_{jk}，\quad i,j=1,\cdots,n；\quad k=1,\cdots,m \tag{3-11}$$

$$c_{ik}\geqslant 0；\quad i=1,\cdots,n，\quad k=1,\cdots,m \tag{3-12}$$

$$a_{ihk}=0\text{ 或 }1；\quad i=1,\cdots,n；\quad h,k=1,\cdots,m \tag{3-13}$$

$$x_{ijk}=0\text{ 或 }1，\quad i,j=1,\cdots,n；\quad k=1,\cdots,m \tag{3-14}$$

式 (3-10) 保证每个产品的工序的加工顺序满足预定的要求；式 (3-11) 保证每台设备一次只能加工一个产品。鉴于 JSP 的重要性和代表性，许多研究工作者设计了若干符合上述约束条件的典型问题 (Benchmarks)，用以测试和比较不同方法的优化性能。

（1）编码和解码的方法

编码是用进化算法解决车间调度的首要和关键问题，不是每一种编码方式都适合用于合作型协同进化算法的框架。原因是合作型协同进化算法的框架要求将原本复杂的问题彻底分解成若干个相互联系的子问题，每个子问题都能够进行进化操作。我们采用基于先后表的编码方式用于合作型协同进化遗传算法。

在以往的遗传算法中，对于 3 个产品 3 台设备的调度问题，基于先后表的编码（Preference List-based Representation）方式为：每个个体由分别对应于 3 台不同设备的 3 个子串构成，各子串是一个长度为 3 的符号串，用于表示一种优先表，各符号表示相应设备上加工的产品。如图 3-11 所示。

M_1			M_2			M_3		
1	2	3	3	2	1	2	1	3

图 3-11　遗传算法中基于先后表的编码方式

可以将这样的编码分解成三个片段，每个片段分别表示一台设备，每个片段里有三个编号，各编号表示相应设备上加工的产品。这样就将原先的编码分成了三个片段。如图 3-12 所示。

M_1		
1	2	3

M_2		
3	2	1

M_3		
2	1	3

图 3-12 拆分后的编码方式

用合作型协同进化遗传算法来求解 n 个产品 m 台设备的调度问题时，同样地，可以将其分成 m 个片段，每个片段代表一个子种群，每个片段有长度是 n 的一串整数，相当于每个子种群的一个个体。这 n 个整数的排序，就是在某台设备上 n 个产品加工的先后表。

每个子种群个体的适应度等于此个体与其他子种群代表个体组合而成的调度的 *makespan* 的倒数。

编码进制和调度的问题有关，一般情况下对于 n 个作业 m 台设备的车间作业调度问题（表示为 $n \times m$），我们设定编码就是 n 进制，一台设备上编码就是 $1,2,3,\cdots,n$ 这些数的排列组合而已。如上面 3×3 的调度问题，M_1 上 [1 2 3] 就是一种编码。

解码过程是通过对整个组合解的计算得到的，即分析设备上当前等待队列的状态和设备的状态，用先后表来确定调度。解码的过程基本上就是按照基于先后表排序的解码过程来实现的。

（2）子种群合作方式

JSP 调度问题中含有大量的约束问题，主要是产品工序的约束和设备的约束。我们采用基于先后表的排序方式把每个设备当作一个独立的子种群进行进化，并不是说它们之间的约束也随之消失了。以上面 3×3 的 JSP 调度问题来说，设备 M_3 先加工产品 2，但是产品 2 的第一道工序是先在设备 M_1 上加工。虽然所有子种群的进化是独立的，但是子种群个体不同的编码对其他子种群中的个体，乃至整个问题的求解都有一定的影响。这也就是说，当子种群之间开始合作计算某个个体适应度时，我们要把这些个体组合起来进行解码，才能得到最优的 *makespan*，而其中任何一个子种群个体编码的不同，都可能导致 *makespan* 的不同。说明这些子种群之间的关联非常强，我们采用优化法作为子种群的合作方式比较好。

（3）操作算子

① 选择算子　使用比例选择方法（轮盘赌）从群体中把适应度好的个体选出来，将其优秀的基因遗传到下一代中。在调度问题中，我们希望求解 *makespan* 的最小值，而比例选择是将个体适应度大的个体保留到下一代中，那么我们把 *makespan* 的倒数 1/*makespan* 作为个体的适应度，这样一来，适应度最大的个体，其 *makespan* 最小，也就得到了我们所要求的解。

② 交叉算子　调度中个体的编码都是整数，主要是代表产品号。那么二进制编码、实数编码中的交叉算子显然是不适合用在调度中的。组合优化中的交叉算子比较适合于进化计算求解调度问题的情况。组合优化中的交叉操作通常采用部分映射交叉、次序交叉、循环交叉、位置的交叉、Non-ABEL 群交叉等操作。

a．部分映射交叉 (Partially Mapping Crossover, PMX)。首先随机选取两个交叉点，交换父代个体交叉点之间的片段。对于交叉点外的基因，若它不与换过来的片段冲突，则保留，若冲突，则通过部分映射来调整直到片段中没有冲突的基因，从而获得后代个体。譬如两个父代个体为 p_1 = [2 6 4|7 3 5 8|9 1]，p_2=[4 5 2 |1 8 7 6|9 3]，若交叉点位置为 3 和 7，则片段 (7 3 5 8) 和 (1 8 7 6) 将交换。对于 p_1 的剩余基因，由于 2 不与 (1 8 7 6) 冲突则直接填入，6 存在冲突，6 的映射基因为 8 仍存在冲突，8 的映射基因为 3 不存在冲突，则将 3 填入后代个体 q_1 的相应位置。依此类推，得到后代个体 q_1 = [2 3 4|1 8 7 6|9 5]，类似地可得到 q_2 = [4 1 2|7 3 5 8|9 6]。PMX 算子一定程度上满足 Holland 图式定理的基本性质，子串能够继承父串的有效模式。

b．Non-ABEL 群交叉。采用如下公式得到后代个体，即 $q_1[i]=p_1[p_2[i]]$，$q_2[i]=p_2[p_1[i]]$。若父代个体同上，则后代个体为 q_1 = [7 3 6 2 9 8 5 1 4]，q_2 = [5 7 1 6 2 8 9 3 4]。Non-ABEL 群置换操作产生后代方式简单，过分

打乱了父串，不利于保留有效模式。

c. 次序交叉 (Order Crossover, OX)。与 PMX 非常类似，它首先随机确定两个交叉点位置，并交换交叉点之间的片段，并从第 2 个交叉点位置起在原先父代个体中删除将从另一父代个体交换过来的基因，然后从第 2 个交叉点位置后开始填入剩余基因。譬如，若父代个体和交叉点同上，则片段 (7 3 5 8) 和 (1 8 7 6) 将交换，从第 2 个交叉点位置起 p_1 删除 (1 8 7 6) 后剩余 (9 2 4 3 5)，然后将其填入 q_1，就得到后代个体为 $q_1=[4\ 3\ 5|1\ 8\ 7\ 6|9\ 2]$，相应地可得到个体 $q_2=[2\ 1\ 6|7\ 3\ 5\ 8|9\ 4]$。

d. 单位置次序交叉。类似于 OX，但只产生一个交叉点位置，然后保留父代个体 p_1 交叉点位置前的基因片段，并在另一父代个体 p_2 中删除 p_1 中保留的基因，进而将剩余基因片段填入 p_1 的交叉点位置后来达到后代个体 q_1。譬如，若父代个体同前，交叉点位置为 4，则后代个体为 $q_1=[2\ 6\ 4\ 7|5\ 1\ 8\ 9\ 3]$，$q_2=[4\ 5\ 2\ 1|6\ 7\ 3\ 8\ 9]$。

e. 线性次序交叉 (Linear Order Crossover, LOX)。尽管 Croce 等用穴 (Hole) 移动的方式来描述 LOX，但其实它就是双位置次序交叉，与 OX 相比仅是填入基因的起始位置不同。具体而言，首先随机确定两个交叉点位置，交换交叉点之间的片段，并在原先父代个体中删除将从另一父代个体交换过来的基因，然后从第 1 个基因位置起依次在两交叉点位置外填入剩余基因。譬如，若父代个体和交叉点同上，则片段 (7 3 5 8) 和 (1 8 7 6) 将交换，在 p_1 中删除 (1 8 7 6) 后剩余 (2 4 3 5 9)，然后将其填入 q_1，就得到后代个体为 $q_1=[2\ 4\ 3|1\ 8\ 7\ 6|5\ 9]$，相应地可得到个体 $q_2=[4\ 2\ 1|7\ 3\ 5\ 8|6\ 9]$。

f. 基于位置的交叉 (Position-Based Crossover, PX)。PX 与 OX 类似，只是它不再选取连续的基因片段，而是随机选取一些位置，然后交换被选中位置上的基因，并在原先父代个体中删除从另一父代个体交换过来的基因，接着从第 1 个基因位置起依次在未选中位置填入剩余基因。譬如，若父代个体同前，假设随机选取的位置点为 2、3、6、8，则后代为 $q_1=[6\ \underline{5}\ \underline{2}\ 4\ 3\ \underline{7}\ 8\ \underline{9}\ 1]$，$q_2=[2\ \underline{6}\ \underline{4}\ 1\ 8\ \underline{5}\ 7\ \underline{9}\ 3]$。

g. 循环交叉 (Cycle Crossover, CX)。将另一个父代个体作为参照，以对当前父代个体中的位置进行重组，先与另一父代个体实现一个循环链，并将对应位置的基因填入相应的位置，循环组成后再将另一个父代个体各位置的基因填入相同的位置。若父代个体同上，循环链为 2-3，则后代个体为 q_1=[2 5 4 1 8 7 6 9 3]，q_2=[4 6 2 7 3 5 8 9 1]。

③ 变异算子　同样地，实数编码中的变异算子显然也是不适合用在调度中的。我们采用组合优化中的互换操作（SWAP）来实现个体的变异。组合优化问题中的置换编码进化算法通常采用互换、逆序和插入变异。

a．互换操作 (SWAP)，即随机交换染色体中两不同基因的位置。

b．逆序操作 (INV)，即将染色体中两不同随机位置间的基因串逆序。

c．插入操作 (INS)，即随机选择某个点插入到串中的另一个不同随机位置。

譬如，若状态为（5 4 1 7 9 8 6 2 3），两随机位置为 2、6，则 SWAP 的结果为（5 8 1 7 9 4 6 2 3），INV 的结果为 (5 8 9 7 1 4 6 2 3)，INS 的结果为 (5 8 4 1 7 9 6 2 3)。

④ 灾变算子　在 JSP 调度优化中，我们一般采用整数编码，如果编码为 m 进制编码，一个子种群中的两个个体编码为 $x_i=(x_{i1}x_{i2}...x_{il_i})$，$y_i=(y_{i1}y_{i2}...y_{il_i})$，$l$ 为编码的长度。定义这两个个体间的海明距离为：

$$H(x_i,y_i)=\sum_{j=1}^{l}|x_{ij}-y_{ij}| \tag{3-15}$$

这两个个体之间的海明距离最大值为：

$$H(x_i,y_i)=(m-1)l \tag{3-16}$$

相异因子为：

$$\mu=\frac{\sum_{j=1}^{l}|x_{ij}-y_{ij}|}{(m-1)l} \tag{3-17}$$

如果一个规模是 n 的子种群，随机分成 $n/2$ 对个体就可以求得子种群平均相异因子。

$$\overline{\mu}=\frac{\sum_{i=1}^{n/2}\sum_{j=1}^{l}|x_{ij}-y_{ij}|}{\sum_{i=1}^{n/2}(m-1)l} \tag{3-18}$$

灾变算子中，当种群的平均相异因子 $\overline{\mu}$ 小于灾变因子 C_a 时，即 $\overline{\mu} < C_a$，我们就对子种群实施灾变。

（4）仿真实验

实验 1：我们将上述灾变合作型协同进化遗传算法（CCGA-C）应用于车间调度的经典问题 MT06。这类问题是由 Fisher 设计的[17]，用以测试和比较不同算法的优化性能，包括 3 个典型的问题：MT06，MT10，MT20。

进化一定的代数，对 *makespan* 进行寻优。运行 20 次，记录其中的 *makespan* 的最好值（Best）、*makespan* 的平均值（Mean）、*makespan* 的最差值（Worse），并且比较不同种群规模、交叉率、变异率对算法搜索性能和时间性能的影响。CCGA-C 算法的参数如表 3-2 所示。

表3-2　CCGA-C算法参数

编码方式	基于先后表的编码
选择算子	比例选择（轮盘赌）
精英策略	最优个体保存
交叉算子	次序交叉 (Order Crossover, OX)
变异算子	SWAP
灾变因子 C_a	0.1
灾变时的变异率 P_{mc}	0.7
最大进化代数	1000

表3-3　不同参数对CCGA-C算法性能的影响

种群规模	交叉率 P_c	变异率 P_m	Best	Mean	Worse	Time Cost/s
50	0.5	0.1	57	59	63	33
50	0.7	0.1	59	61	64	33
50	0.7	0.05	55	57	60	33
50	0.5	0.05	56	59	63	33
100	0.5	0.1	58	59	60	78
100	0.7	0.1	59	60	64	78
100	0.7	0.05	57	58	60	78
100	0.5	0.05	55	58	61	78

通过实验 1，我们发现搜索时间的性能（Time Cost）与种群规

模（popsize）有着很大的关系。规模越大，搜索时间越长。种群的规模、交叉率、变异率对算法的搜索性能有一定的影响。通过表 3-3，我们发现当种群规模 $popsize=50$，交叉率 $P_c=0.7$，变异率 $P_m=0.05$ 时，CCGA-C 的时间性能和搜索性能都可以达到比较满意的程度。

实验 2：我们将 CCGA-C 应用于三个车间调度的经典问题 MT06、MT10、MT20，它们的复杂性是逐渐增大的。进化一定的代数，对 *makespan* 进行寻优。运行 20 次，记录其中的 *makespan* 的最好值（Best）、*makespan* 的平均值（Mean）、*makespan* 的最差值（Worse），并与遗传算法 (GA) 进行比较。CCGA-C 算法中 $C_a=0.1$，$P_{mc}=0.7$。其他一些参数取实验 1 的最佳情况，CCGA-C 算法和遗传算法中相同的参数如表 3-4 所示。实验结果记录在表 3-5 中。

表3-4　CCGA-C算法和遗传算法中相同的参数

编码方式	基于先后表的编码
选择算子	比例选择（轮盘赌）
精英策略	最优个体保存
交叉算子	次序交叉（Order Crossover, OX）
变异算子	SWAP
交叉率	0.7
变异率	0.05
最大进化代数	1000
种群规模	50

表3-5　CCGA-C和GA对比结果

调度问题	CCGA-C			GA		
	Best	Mean	Worse	Best	Mean	Worse
MT06	55	57	60	55	60	66
MT10	947	1142	1239	1502	1695	1784
MT20	1353	1480	1503	1966	2021	2157

在对三个经典 JSP 问题的对比实验中，我们发现：采用 CCGA-C 算法时，三个调度问题的 *makespan* 的最好值（Best）、*makespan* 的平均值（Mean）、*makespan* 的最差值（Worse）总体上比采用 GA 算法要小，尤其是当调度的规模比较大的时候如 MT10、MT20，说明 CCGA-C 在指定

的进化代数下能够找到比 GA 更好的调度结果，特别是当调度问题的规模比较大的时候。对相对简单的 MT06 调度问题，两种算法都可以找到这个调度问题的最优解 *makespan*=55，排序结果如图 3-13 所示。对车间调度问题，CCGA-C 算法在搜索性能上比 GA 算法有一定的提高。

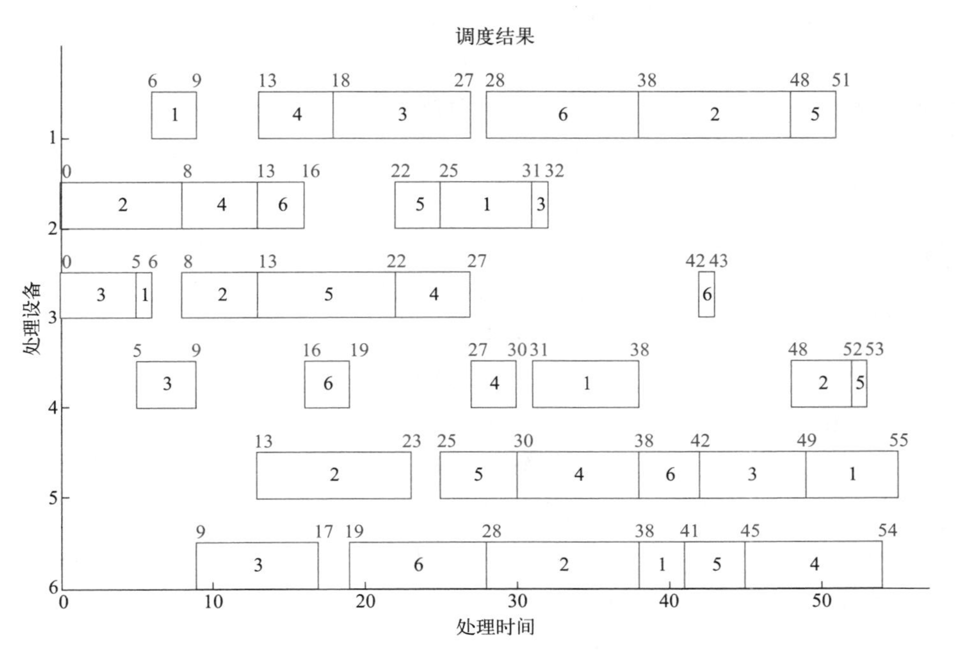

图 3-13　MT06 的最好调度结果

3.2 基于免疫优化算法的智能调度 [18]

3.2.1　免疫系统理论

免疫优化算法是在免疫学尤其是理论免疫学的基础上发展起来的，因此离不开对免疫系统的理解和研究，也与免疫学的发展密不可分。

在自然界中，免疫是指机体对感染具有抵抗能力而不患有疾病或传染病。免疫系统是由免疫活性分子、免疫细胞、免疫组织和免疫器官组成的复杂系统，具有识别机制，能够从人体自体细胞（被感染的细胞）或自体分子和外因感染的微组织（引起感染的非自体组织、病原体或者非自体元素）中检测并消除病毒等病原体以及自身因感染而引起的机能不良、功能紊乱、官能障碍等症状。宿主体内的免疫系统效应细胞能识别并清除从外环境中入侵的病原体及其产生的毒素，以及内环境中基因突变产生的肿瘤细胞，实现免疫防卫功能，保护机体内环境稳定。免疫系统几乎能够识别无限多种外源性感染细胞和物质。一方面，免疫效应细胞对病原体或肿瘤细胞产生适当应答并清除它们，执行免疫功能；另一方面，免疫效应细胞也会产生不适当应答，如应答过高会导致过敏性疾病，应答过低易导致严重的感染，若对自身组织发生应答，导致自身免疫疾病，也会对机体有害。免疫系统能够记忆每一种感染源，这样当同样的感染再次发生时，免疫系统会更迅速地做出反应并更有效地处理。免疫系统和其他几个系统及器官的相互作用调节着身体的状态，保证身体处于稳定、正常的功能状态。免疫学（Immunology）即是研究免疫系统的结构和功能，了解宿主免疫系统识别并消除有害生物及其成分（体外入侵，体内产生）的应答过程及机制，理解其对机体有益的防卫功能和有害的病理作用及其机制的医学科学[19]。

（1）免疫系统的组成

免疫是生物体识别和清除呈抗原性异物的一种特异性生理反应，引起免疫的抗原性物质大多是生物体自身的外源性物质，它们进入生物体后能被机体的免疫系统迅速识别并通过一系列免疫应答过程予以消灭，使机体恢复到原来的免疫平衡状态。免疫系统是机体执行免疫功能的机构，是产生免疫应答的物质基础。免疫系统的主要功能是自适应地识别、记忆和排除侵入生物体内的呈抗原性的异物，维护生物体内环境的稳定。对免疫系统的结构、功能、特点和运行机制的深入理解，有助于抽取出既有生物依据又适合于信息处理的规则，构造相应的信息处理模型和算法。

免疫系统通常主要是由免疫活性分子、免疫细胞、免疫组织和免疫器官组成的具有复杂结构的系统。

生物免疫学认为，免疫功能主要是由参与免疫反应的细胞和由其构成的器官完成，这种免疫细胞主要有两大类，其中一类为淋巴细胞，主要由 T 细胞和 B 细胞组成。B 细胞主要是产生能与抗原中和的抗体；T 细胞主要是协调免疫细胞之间的相互作用，抑制或促进 B 细胞和其他免疫细胞的增殖和分化。T 细胞表面识别抗原的受体是 T 细胞受体（T Cell Receptor, TCR），B 细胞表面识别抗原的受体叫 B 细胞受体（B Cell Receptor, BCR）。一个 T 细胞或一个 B 细胞只有一种 TCR 或 BCR，只能特异地识别并结合一种抗原分子，所以 T 细胞和 B 细胞对抗原的识别具有严格的特异性，是特异性免疫（Specific Immunity）反应的主要细胞；具有摄取抗原、处理抗原并将处理后的抗原以某种方式提供给淋巴细胞的作用，主要包括巨噬细胞、单核细胞和粒细胞等。这类细胞的重要特征是在参与各种非特异性免疫（Nonspecific Immunity）反应的同时，也能积极地参与特异性免疫反应。

免疫器官按其功能不同，分为中枢免疫器官和外周免疫器官。中枢免疫器官是免疫细胞发生、分化和成熟的场所。人类和哺乳动物的中枢免疫器官是骨髓和胸腺。骨髓中的多能干细胞首先分化成淋巴干细胞和非淋巴（髓系）干细胞，其中一部分淋巴干细胞分化成 T 细胞的前体细胞，随血液流入胸腺，发育成成熟的 T 细胞。而另一部分淋巴干细胞分化成 B 细胞的前体细胞，对于人类和哺乳动物，这些前体细胞在骨髓内继续分化发育成成熟的 B 细胞。外周免疫器官由淋巴结、脾脏和其他外周淋巴组织组成，它是成熟的 T 细胞和 B 细胞定居并与抗原发生特异性免疫应答的场所。

（2）免疫系统的类型

人体有两层具有内在联系的防御异物入侵的系统[20-22]：一种是固有免疫系统（Innate Immune System）；另一种是自适应免疫系统（Adaptive Immune System）。

① 固有免疫系统　第一层免疫系统为固有免疫系统，是天生就有的，不随特异病原体变化，由补体（化学应答系统）、内吞作用系统和噬菌细胞系统组成。固有免疫系统具有与病原体第一次遭遇时就能消灭它们的能力，而且可以消灭许多种第一次遇到的病原体。当病原体如细菌、真菌和胞内寄生的寄生虫等穿越皮肤、黏膜，入侵体内，免疫系统中的吞噬细胞即刻被动员至病原体入侵处，迅速吞噬并清除病原体。固

有免疫识别最重要的方面是它诱导抗原提呈细胞中的协同刺激信号的表达，这种信号会激活 T 细胞，促使适应性免疫应答产生。这样没有固有免疫识别的适应性免疫识别会导致淋巴细胞的阴性选择，这些阴性选择表示与适应性免疫识别有关的受体。

② 自适应免疫系统　自适应免疫系统也称适应性免疫系统，使用两种类型的淋巴细胞——T 细胞和 B 细胞。抗体在自适应免疫系统中起主要作用。自适应免疫是指抗体能够识别任何微生物并对其反应，即使对以前从未遇到过的“入侵者”也一样。自适应免疫能够完成固有免疫系统不能完成的免疫功能，清除固有免疫系统不能清除的病原体，自适应免疫系统直接作用于一些特定的病原体。

一旦病原体进入身体，固有免疫系统和自适应免疫系统就开始处理，此时两个系统的细胞都由多种细胞和分子以复杂的方式交互作用检测和消除病原体。检测和消除都依赖化学结合，免疫细胞表面都覆盖不同受体，其中的一些结合病原体，而另一些结合其他免疫系统细胞或者分子，使系统发出信号触发免疫应答。

（3）免疫系统的性质

① 适应性[23]　免疫系统需要尽可能快地检测和消除病原体，因为病原体能以指数级复制。这样，免疫系统使得淋巴细胞能学习或适应特异种类抗原决定基的机制，这就是免疫系统适应性。虽然侵入生物体内的抗原具有不可预知性，但免疫系统会通过免疫细胞的增殖和分化不断地产生新的抗体消灭抗原，从而动态地适应外部环境。

② 分布式和控制[24]　免疫系统具有分布性，这个重要的结构特征几乎影响其他每个功能，它约束有关检测、学习、识别和应答的许多细节。免疫系统控制是指免疫系统分配资源，确定激发哪种免疫应答类型，知道什么时候如何关闭免疫应答等机制。免疫系统是个分布式系统，由广泛分布的免疫细胞组成，这种免疫细胞通过在时间和空间上的分布式网络结构实现各种免疫功能。

③ 鲁棒性[25]　免疫系统在鲁棒性方式中是分布式的，每一个淋巴细胞、组织、器官都是一个自成体系的免疫系统，它们交互作用在一起，提供全局防护功能，所以没有中心控制，也没有单点失败。免疫系

统是动态的，因为个体元素不断地创造、破坏，并在全身循环，从而增加了免疫系统的暂时性和空间性。鲁棒性是免疫系统具有多样性、分布性、动态性和自体耐受这些性质的结果。多样性在群体和个体两个层次上都改进鲁棒性，对任何单个免疫系统行动的作用都很小，所以在应答中产生的几个错误不是灾难性的，即错误耐受。

④ 自识别过程　免疫系统的活动可以看作是一个自我识别定义的过程，持续不断地检测自己，区分自体与非自体，保持自身信息与特质。对于非自体的抗原，免疫系统能启动免疫应答排除异己，而对于自体的组织细胞，免疫系统能保持免疫无应答，形成免疫耐受，维护生物体内环境的稳定。

（4）免疫系统的应答机制[19]

免疫系统最重要的生理功能就是对“自己”（体细胞）和“非己”（抗原分子）的识别和应答。这种识别作用是由免疫细胞完成的，免疫细胞对抗原分子的识别、活化、分化和产生抗体的过程，就是免疫应答。图 3-14 就是生物免疫防御机制的过程。

特异抗原提呈细胞（Antigen Presenting Cell，APC）（如巨噬细胞）在身体中巡游、摄取和消化它们发现的抗原，并把它们分解成抗原缩氨酸（Peptide）。这些缩氨酸的片段组合成主要组织相容性复合体（Major Histocompatibility Complex），即 MHC 分子，并在细胞的表面展示出来。MHC 分子的主要功能是以其产物提呈抗原肽进而激活 T 细胞，由此形成 T 细胞对抗原和 MHC 分子的双重识别，因而 MHC 在启动特异性免疫应答中起重要作用。其他的白细胞每个都具有能够识别不同的缩氨酸 -MHC 组合分子的受体分子。通过识别过程被激活的 T 细胞分裂，并分泌淋巴细胞激活素（Lymphokine），或者化学信号，动员免疫系统的其他部分。B 细胞在其细胞膜表面也有特异的受体分子（BCR），即抗体，对这些信号发生反应。不像 T 细胞的受体（TCR），B 细胞的抗体自由识别溶液中的抗原，而不用 MHC 分子协助。被激活后，B 细胞分裂、分化成浆细胞，分泌抗体蛋白质，通过与识别的抗原相结合，抗体利用补体酶或清除细胞使被杀死的病原体沉淀或中和。一些 T 细胞和 B 细胞成为记忆细胞，在循环中持续保留下来，如果在未来这些抗原又出现的话，则促进免疫系统对消除这些以前出现的同样的抗原做准备。因为 B 细胞中的抗体基因频繁地变异和编辑，抗体反应在经过免疫后得到改善，能更迅速地对病原体做出反应并清除。

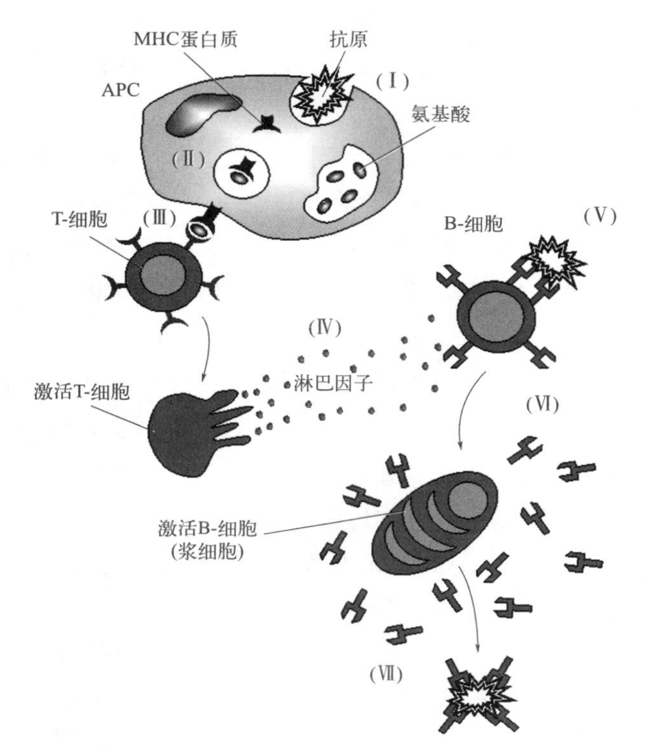

图 3-14　生物免疫防御机制的过程

免疫系统有两种免疫应答类型：一种是遇到病原体后，首先并迅速起防卫作用的称为固有性免疫应答（Innate Immune Response）；另一种是适应性免疫应答（Adaptive Immune Response）。

固有性免疫应答中，执行固有免疫功能的有皮肤和黏膜的物理阻挡作用及局部细胞分泌的抑菌、杀菌物质的化学作用等。固有免疫在感染早期执行防卫功能。

适应性免疫应答的执行者是 T 细胞及 B 细胞。这些细胞在免疫过程中帮助识别和破坏一些特定物质。T 细胞及 B 细胞与被免疫系统认为是异物的物质结合后开始活化，即识别病原体成分后活化，经免疫应答过程，对已被识别的病原体施加杀伤清除作用。适应性免疫应答是继固有性免疫应答之后发挥效应的，在最终清除病原体、促进疾病治愈及防止再感染中起主导作用。适应性的免疫应答是T细胞及B细胞对特异性抗原的应答过程，故又称为抗原特异性免疫应答（Antigen-Specific Immune Response）。鉴于T细胞及B细胞在遇到抗原前并不表达功能，只有在被抗原活化后，经扩增、分化、发育为效应细胞才能具有免疫功能，因而又称为特异获得性免疫（Specific Acquired Immunity）。适应性免疫应答又分为两种类型，初次免疫应答及二次免疫应答。

① 初次免疫应答（The Initial Immune Response） 初次免疫应答发生在免疫系统遭遇某种病原体第一次入侵时，此时免疫系统对感染产生大量抗体，帮助清除体内抗原。自适应免疫系统能够学习和记忆特异种类的病原体，初次应答是对以前未见过的病原体的应答过程。初次应答学习过程很慢，发生在初次感染的前几天，要用几周的时间清除感染。

② 二次免疫应答（The Secondary Immune Response） 在初次免疫应答后，免疫系统首次遭遇异体物质并将其清除体外，但免疫系统中仍保留一定数量的B细胞作为免疫记忆细胞（Immune Memory Cell）[26-27]，这使得免疫系统能够在再次遭遇异物后快速做出反应并反击抗原，这个过程称为二次免疫应答。二次应答更迅速，无须重新学习。二次免疫应答对引起初始免疫反应及造成免疫系统B细胞和抗体数量迅速增加的抗原再次入侵时，不用再重新生成抗体，因为已经有抗体存在了，这意味着身体准备抗击一切再感染。图3-15是生物免疫应答的过程示意图。

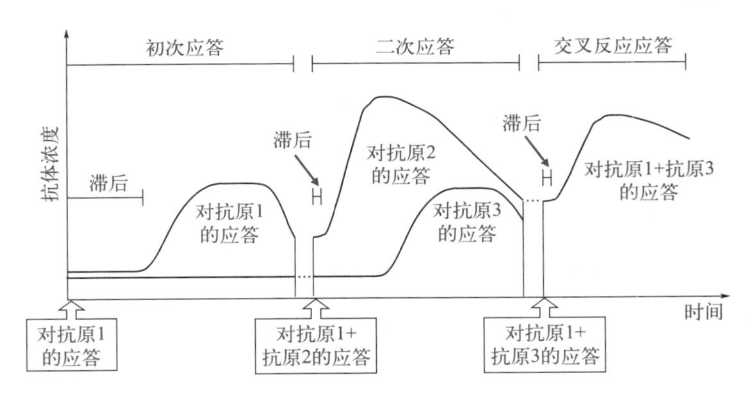

图3-15　生物免疫应答过程

当一种抗原侵入免疫系统后，系统有一个产生抗击抗原感染的抗体的初始化过程。但是，几天之后，抗体的浓度水平开始下降，直到再次遇到抗原。免疫系统对初次遇到的抗原，应答时间很长；而二次免疫应答对遇到的同样抗原，反应非常迅速。

（5）免疫系统的特异识别[28]

免疫系统特异识别是抗体结合特异抗原的过程，识别抗原是免疫系统实现免疫功能的第一步。免疫系统中的识别发生在分子水平，并基于抗体决定基和抗原决定基的抗原部分之间的形状互补发生。当抗体具有单一种类的受体时，抗原可以有多个抗原决定基，意味着单个抗原能够被不同的抗体分子识别。

发生免疫系统识别的抗体决定基和抗原决定簇（在病原体或者蛋白质片段的表面）位置都具有三维结构和电荷控制。结构越互补，结合越可能发生，结合的强度称为亲和力。抗体决定基尽可能好地与入侵的抗原的抗原决定簇相结合。二者匹配的程度越好，结合得就越好，抗原和抗体的亲和力就越大。

抗体是特异的，因为一种抗体只强烈地结合几个类似的抗原决定簇结构或模式。这种特异性可扩展到淋巴细胞本身。病原体有许多不同的抗原决定簇反映其分子结构，所以许多不同的淋巴细胞对单个种类的病原体特异。图 3-16 是抗体对抗原的特异性识别。

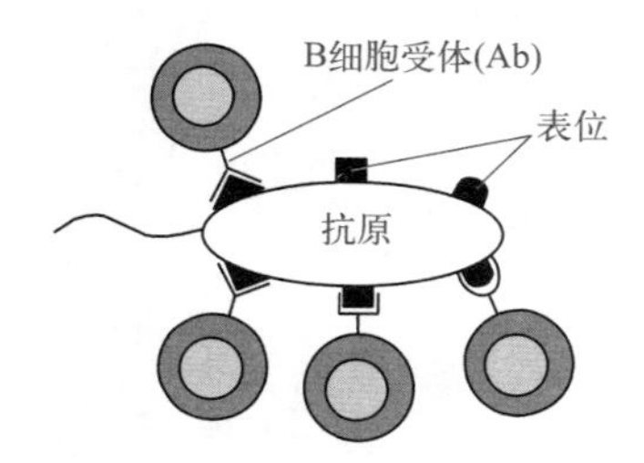

图 3-16　抗体对抗原的特异性识别

图 3-16 中左边的病原体具有与抗体结构互补的抗原决定簇，所以比右边的抗体具有更高的亲和力，右边的结构不互补。淋巴细胞表面的抗体都能结合抗原决定簇，有多个同样的抗体是有益的。亲和力增加，能够发生结合的抗体数也增加。结合的抗体数可看作是单个受体和一个抗

原决定簇结构之间的亲和力的估计。淋巴细胞的性能受亲和力的影响，一个淋巴细胞只有在结合的抗原数超过某阈值时才被激活。如果其抗体对特异抗原决定簇结构有足够高的亲和力，及如果在淋巴细胞附近存在足够数量的病原体，淋巴细胞会被病原体激活，单个淋巴细胞检测结构类似的一类抗原决定簇。

3.2.2 改进的免疫优化算法[29]

免疫算法是基于免疫系统的学习算法，与基于遗传系统的进化计算相比，两者之间既有联系又有区别。作为自然生命繁衍的基础，免疫系统和遗传系统都具有生命细胞组织遗传进化的特征。只是遗传算法的生物学机理是基于达尔文的物种宏观进化思想，是使具有更优生存能力的生物物种得以生存繁衍，体现的是宏观时空尺度上生物物种稳定演化的特性。而免疫系统随着物种的进化一方面慢速进化，另一方面为了适应病原体环境而快速进化。也就是说，生物进化是在有机体之间进行的自然选择，免疫系统个体发育进化是在一个有机体内进行的自然选择。免疫系统的主要功能是迅速有效地产生抗体，消灭侵入生物体内的抗原，这体现的是微观时空尺度上免疫分子多样性进化的特性。包括遗传算法在内的基于达尔文进化思想而发展的进化计算采用种群方式组织搜索，可以同时搜索解空间的多个区域，其初始动机是解决优化问题，主要机制是选择和再生产，主要特征是多样性、协作和竞争。而免疫系统的算法是在个体基础上发展的，但物种宏观进化对个体免疫系统的进化是有重要影响的。因此，免疫算法和进化计算虽然都具有反映生命进化特征的计算算子，但是进化计算主要是一种通过对单一功能个体的进化来间接适应某个问题或环境的算法，强调的是一种“优胜劣汰”的选择机制，而免疫算法是一种直接考虑环境（非己）和主体（自己）之间相互作用的算法，强调的是如何保持解群的多样性和基于浓度的选择机制。免疫算法独有的信息处理机制可以用于系统的优化搜索，改善遗传算法易于早熟收敛的问题，因而是一个非常重要且有意义的研究方向。

（1）免疫算法的组成

最自然的免疫算法主要分为如下三步[30]：产生多样性、建立自体耐受和记忆非体。在使用免疫算法解决问题时，抗原对应要解决问题的数据输入，如目标、约束；抗体对应问题解，如优化问题的最优解；亲和力对应解的评估、结合强度的评估；记忆细胞分化对应保留优化解；抗体促进和抑制对应优化解促进、非优化解的删除；等等。对应内容因解决问题对象的不同而各异。

免疫算法中亲和力的计算比较复杂，由于产生于确定克隆类型的抗体分子的独特型是一样的，所以抗原抗体的亲和力测量也是抗体之间亲和力的测量。

抗体与抗原之间的亲和力：

$$ax_v = \frac{1}{1+opt_v} \quad v \in N \tag{3-19}$$

其中，opt_v 表示抗原和抗体之间的结合强度，表示抗原与抗体的协调结合。

抗体与抗体之间的亲和力：

$$ay_{vw} = \frac{1}{1+H_{v,w}} \quad v,w \in N \tag{3-20}$$

抗体与抗体之间的亲和力表示了两个抗体之间的相似程度，$H_{v,w}$ 是抗体之间的结合强度，当抗体相似时，亲和力比较大；反之，则比较小。

一般免疫算法计算结合强度 opt_v 和 $H_{v,w}$ 的数学工具主要有以下 3 个。

① 海明空间的海明距离。

$$D = \sum_{i=1}^{L} \delta, \begin{cases} \delta = 1, ab_i \neq ag_i \\ \delta = 0, \text{其他} \end{cases} \tag{3-21}$$

② Euclidean 形态空间的 Euclidean 距离。

$$D = \sqrt{\sum_{i=1}^{L} (x_i - y_i)^2} \tag{3-22}$$

③ Manhattan 形态空间的 Manhattan 距离。

$$D = \sqrt{\sum_{i=1}^{L} |x_i - y_i|} \tag{3-23}$$

（2）免疫优化算法的结构

一般的免疫算法可以分为以下几个步骤。

步骤 1：抗原识别。输入待求解的问题作为免疫算法的抗原，针对待求解问题的特征，判别系统是否曾求解过此类问题。

步骤 2：产生初始群体。若系统曾求解过此类问题，则从记忆库中搜寻该类问题的记忆抗体，作为求解该问题的初始解。否则在解空间中用随机的方法产生初始群体。

步骤 3：计算亲和力。分别计算抗原与抗体之间的亲和力，以及抗体之间相互的亲和力。

步骤 4：记忆单元更新。将与抗原亲和力高的抗体加入到记忆库中。由于记忆库容量有限，所以在记忆库中用新加入的抗体取代原有的抗体。

步骤 5：抗体的促进和抑制。计算抗体的期望繁殖率，期望值低的抗体将会受到抑制。

步骤 6：群体的更新。通过交叉、变异等算子产生多种抗体，以符合解决具体问题的需要。

步骤 7：终止条件。终止条件满足后，优化过程结束。

基本免疫算法的流程图如图 3-17 所示。

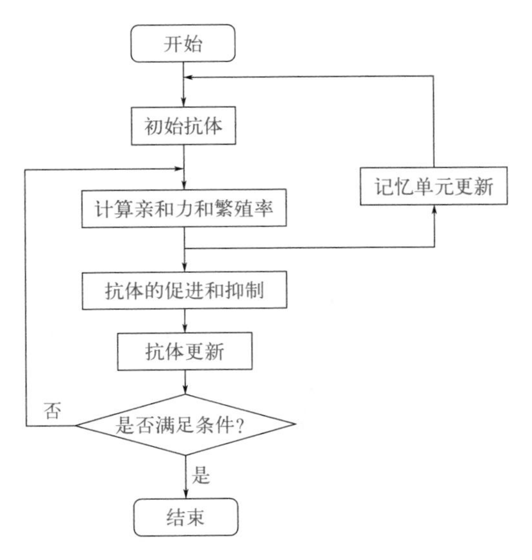

图 3-17　基本免疫算法的流程图

3.2.3 内分泌免疫算法

内分泌系统是生理信息传递系统，通过分泌多种激素调节机体的生理功能，维持内环境的相对稳定。内分泌细胞将其产生的激素，随血液和组织液传送到机体的各部位，对所作用的靶细胞的生理活动起着兴奋性或抑制性作用。激素的主要生理作用是：调节蛋白质、水、盐等物质的代谢，维持机体的内稳态；影响细胞的分裂与分化，使机体正常生长、发育、成熟与衰老；促进或抑制神经系统的发育和活动，与学习、记忆及各种行为密切相关。

随着内分泌学的发展，人们对内分泌系统的信息处理机制有了更深入的理解，对基于内分泌系统信息处理机制的智能模型研究也越来越重视。近几年来，国际上有一些人工智能的研究者已经开始意识到，内分泌系统的分布式调节机制作为生物信息处理的一个重要组成部分，在开发新的人工智能模型和算法时是不应忽视的。目前大部分的研究工作主要是从应用的角度出发，针对一些特定的问题，特别是规划问题，借鉴生物内分泌的调节思想，设计相应的求解问题的模型和算法。

（1）内分泌系统反馈机制

在激素调节机制中的反馈回路可以分为常规反馈回路和超短反馈回路。常规反馈回路是指腺体激素的浓度通过细胞因子传感器反馈给其上级的调控腺体；超短反馈是指腺体激素浓度对其腺体自身的分泌活动产生的反馈抑制作用。激素分泌调节的整体机制是：下丘脑分泌促激素（Trophic Hormone，TH），促激素进一步刺激垂体分泌释放激素（Releasing Hormone，RH），然后 RH 刺激相应的内分泌腺体分泌对应的激素（TH 和 RH 均为多种激素的通称）。常规反馈回路（包括内分泌腺体）分泌的激素浓度通过细胞传感器反馈给垂体或下丘脑；超短反馈包括 TH 浓度对下丘脑的反馈、RH 浓度对垂体的反馈和激素浓度对腺体的反馈等。这种复杂反馈机制使激素分泌调节过程比较快速稳定[31]。这种调节机制可以抽象为如图 3-18 所示的调节结构。

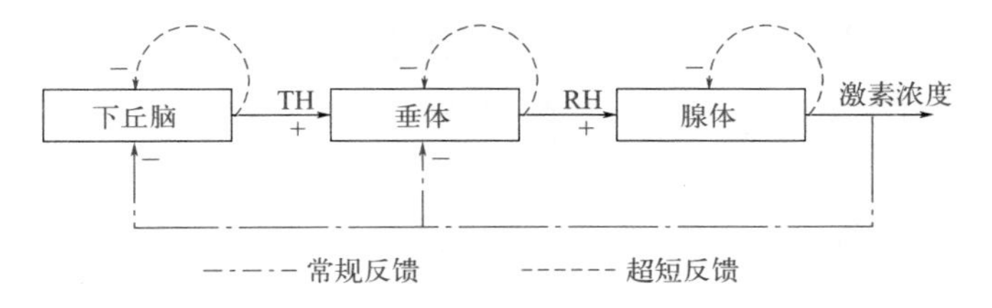

图 3-18　内分泌反馈调节机制

（2）激素调节规律

L. S. Farhy 曾提出了激素腺体分泌激素的通用规律 [31]：激素的变化规律具有单调性和非负性，激素分泌调节的上升和下降遵循 Hill 函数规律，如式 (3-24) 和式 (3-25) 所示。

$$F_{\mathrm{up}}(G)=\frac{G^n}{T^n+G^n} \tag{3-24}$$

$$F_{\mathrm{down}}(G)=\frac{T^n}{T^n+G^n} \tag{3-25}$$

其中，G 为函数自变量；T 为阈值，且 $T>0$；n 为 Hill 系数，且 $n\geqslant 1$。n 和 T 共同决定曲线上升和下降的斜率。该函数具有如下性质：

① $F_{\mathrm{up}}=1-F_{\mathrm{down}}$；

② $F(G)_{G=T}=1/2$；

③ $0\leqslant F(G)\leqslant 1$，其中，$F(G)$ 表示 $F_{\mathrm{up}}(G)$ 或 $F_{\mathrm{down}}(G)$。

如果激素 x 受激素 y 调控，则激素 x 的分泌速率 S_x 与激素 y 的浓度 C_y 的关系为：

$$S_x=aF(C_y)+S_{x0} \tag{3-26}$$

其中，S_{x0} 表示激素 x 的基础分泌速率；a 为常量系数。

（3）内分泌系统与免疫系统的相互影响与相互调节

内分泌系统与免疫系统间有密切的双向调节联系。内分泌激素可以通过免疫细胞上的激素受体，使免疫功能减弱或增强；免疫系统通过细胞因子对内分泌系统发生作用，同一细胞因子对于不同的激素分泌活动的调节具有特异性。大量的研究证明，激素可以导致免疫反应减弱或增强，这取决于激素的种类、剂量和时间。大多数激素起免疫抑制作用，如促肾上腺皮质激素、雄激素、前列腺素等，都属于免疫抑制类神经激素，具体表现为抑制吞噬功能、降低淋巴细胞的增殖能力和减少抗体生成等；只有少数激素，如甲状腺激素、生长激素、P 物质、β- 内啡肽、催产素和催乳素等可增强免疫反应，属于免疫增强类神经激素，具体表现为促进淋巴细胞的增殖，使抗体产生增多，并可活化巨噬细胞，使吞噬功能增强。

免疫系统对内分泌系统的影响，主要是细胞因子对下丘脑 - 垂体 - 肾上腺轴的作用。另外，免疫系统还可通过免疫细胞产生的内分泌激素和免疫细胞上的激素受体而影响内分泌功能。

很多内分泌激素和神经递质都能调节免疫系统的功能。目前已知至少有 20 多种激素和神经递质具有这种调节功能。主要的三种激素为肾上腺皮质激素、生长激素、阿片肽。目前已经证实，神经内分泌系统同免疫系统间有着密切的双向调节联系，形成神经内分泌免疫网络。下丘脑和神经垂体是神经内分泌系统对免疫系统调节的最上层机构（或称为决策层），它可以直接或间接对免疫系统发生作用，如图 3-19 所示。直接产生影响的激素就是垂体自身分泌的激素，如生长激素、催乳素等，间接发生作用的是促分泌激素，如肾上腺激素、促性激素等，再通过腺体分泌激素对免疫系统进行调控。

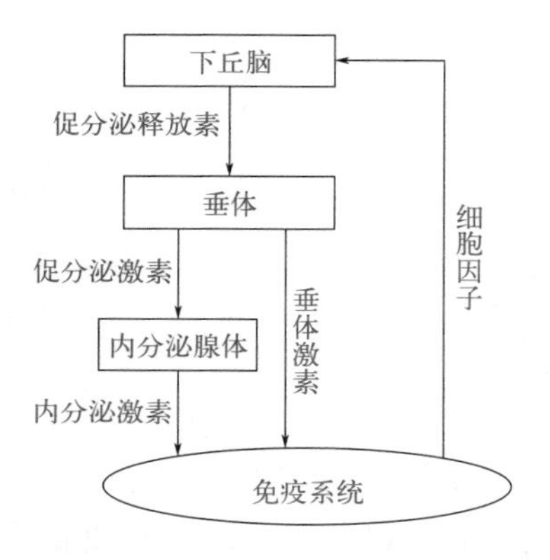

图 3-19　神经内分泌系统与免疫系统间的作用

免疫系统可以通过多种途径影响和调节神经内分泌系统。免疫细胞被激活后可以产生多种多样的因子对自身的活动进行调节。大量研究证明，它们还可以作用到神经内分泌系统，从而影响全身各系统的功能活动。另外，还可以通过由免疫细胞分泌的内分泌激素作用于神经内分泌系统，以及全身各器官和系统。由于免疫调节物对中枢神经系统具有调节作用，因此神经内分泌系统与免疫系统之间的关系是一种相互作用的双向调节。

（4）基于内分泌调节机制的人工免疫算法

基于内分泌调节机制的自适应人工免疫算法（Endocrine & Immune Algorithm, EIA）是在对标准的免疫算法进行改进的同时，利用内分泌激素分泌调节的上升和下降遵循的 Hill 函数规律，设计了自适应交叉概率因子。相对于标准免疫算法的固定变异概率和交叉概率，基于内分泌调节机制的免疫算法的自适应交叉概率和变异概率通过内分泌激素的相互促进与抑制，对环境变化做出反应，以达到逐渐适应行为环境的能力，能够使个体保持较好的多样性，有效克服个体早熟和进化缓慢的问题。

基于内分泌调节机制的人工免疫算法的具体过程包括以下步骤。

① 编码。采用字符编码的方法表示抗体。

② 参数设置。定义抗体群体的规模、记忆库的规模、最大的迭代次数、初始交叉概率和初始变异概率等参数。

③ 初始化。产生初始抗体群。抗原和抗体分别对应于优化问题的目标函数和可行解，抗体是由不同的基因个体组成的。

④ 对抗体群中的各抗体进行评价。用亲和力描述抗体与抗原、抗体与抗体间的匹配程度。

⑤ 记忆单元更新。采取整体更新策略，将对抗原亲和力较大的抗体加入到记忆抗体库中。

⑥ 抗体的促进和抑制。根据群体中抗体的亲和力，可以计算得到抗体的浓度和期望繁殖率。将抗体群中每个抗体的期望繁殖率排序，期望繁殖率低的抗体将受到抑制，并将期望繁殖率较高的抗体加入到后备抗体库中。

⑦ 解群体的更新。对后备抗体库中的抗体群进行选择、交叉、变异操作可得到新群体，同时从记忆库中取出记忆抗体，共同构成新的解群体。交叉时，实时检验新产生个体的适应度。其中自适应交叉概率因子

根据该激素分泌调节规律设计：

$$P_c = P_{c0}[1+\alpha \frac{(f_{av})^{n_c}}{(f_{max}-f_{min})^{n_c}+(f_{av})^{n_c}}] \tag{3-27}$$

式中，P_c、P_{c0} 分别是交叉概率、初始交叉概率；f_{av}、f_{max}、f_{min} 分别是每一代个体的平均适应度、最大适应度和最小适应度；α、n_c 是系数因子，且 n_c 控制 Hill 函数的斜率。随着平均适应度的增加，交叉概率因子也随之增加；反之亦然。

为了加快收敛速度并增加个体多样性，同样按照内分泌激素调节规律，设计一种自适应变异因子。具体变异概率如下式所示。

$$P_m = P_{m0}\left[1+\beta \frac{(f_{av})^{n_m}}{(f_{max}-f_{min})^{n_m}+(f_{av})^{n_m}}\right] \tag{3-28}$$

式中，P_m、P_{m0} 分别是变异概率、初始变异概率；β、n_m 是系数因子。这样交叉和变异过程产生的新个体组成下一代种群。

⑧ 如果达到终止条件，则结束运算；否则，转向步骤④执行。

EIA 的流程图如图 3-20 所示。

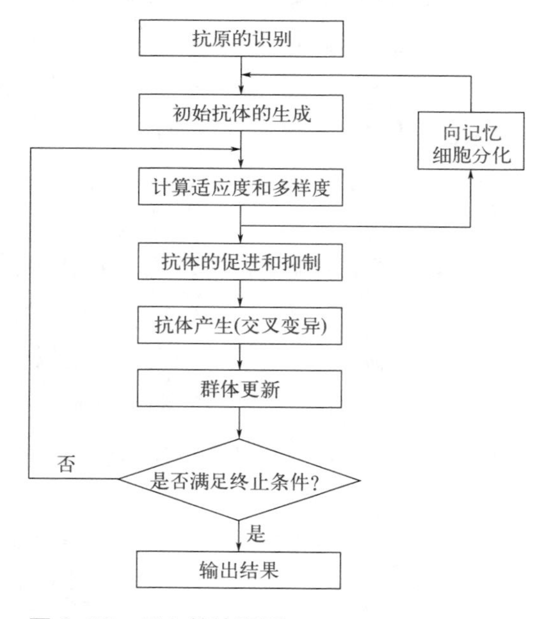

图 3-20　EIA 的流程图

3.2.4 基于内分泌激素调节机制的零等待 Flow Shop 免疫调度算法

零等待 Flow Shop 调度问题可以这样描述：有 N 个产品需要加工；可供选用的设备单元有 M 个；第 i 个被加工的产品在第 j 个设备上需要的加工处理时间为 T_{ij}，包括装配时间、传输时间、卸载时间、加工时间以及清洗时间等；每个产品的加工工序都相同，并且以相同的次序在各设备上加工；过程按零等待方式进行，即一批产品在设备 j 加工完毕之后，必须立即转移到下一个加工设备 j+1 中去；定义 S_{ij} 和 C_{ij} 分别表示产品 i 在设备 j 上的加工开始时间和完工时间，S_{ie} 和 T_{ie} 分别是产品 i 的最后一道工序的加工开始时间和处理时间；以最小化总加工周期为调度目标。

首先作如下假设：

① 所有产品在每个加工单元上的操作次序相同，即为同一排序；

② 产品之间没有优先性；

③ 一个设备不能同时处理多种产品，一种产品不能同时被多个设备处理；

④ 对最终的产品有足够的存储容量；

⑤ 产品的加工过程中不允许中断。

上面的定义和假设可以用下面的数学模型表示

$$\min\left\{Z=\max\left(S_{ie}+T_{ie}\right)\right\} \tag{3-29}$$

$$\text{s.t.} \qquad S_{ij} \geqslant S_{i(j-1)}+T_{i(j-1)} \tag{3-30}$$

$$S_{ij} \geqslant S_{(i-1)j}+T_{(i-1)j},\ i \in N;\ j \in M \tag{3-31}$$

$$S_{ij} \geqslant 0 \tag{3-32}$$

式 (3-30) 表示加工产品的顺序约束，产品 i 的第 j 道工序必须在第 $j-1$ 道工序完成后才能开始，即任何一道工序的加工开始时间必须大于等于该产品前一道工序的结束时间。

式 (3-31) 表示加工产品的资源约束，一批产品必须在前一批产品在某一处理单元中处理完毕后才能进入该处理单元进行生产，即任一时刻该处理单元不能同时处理两个产品。

式 (3-32) 说明产品的加工开始时间大于或等于零。

由于产品的加工方式是零等待，在第一个加工单元上的产品的开始操作时间需要适当的延迟。令加工顺序中产品 s 和产品 t 相邻，k 为加工单元上处理产品的排序号，则两个产品的延迟时间为：

$$d_{st} = \max_{m=2,\cdots,M} \left\{ 0, \sum_{k=2}^{m} T_{st} - \sum_{k=1}^{m-1} T_{st} \right\} m = 2,\cdots,M \tag{3-33}$$

由上式可推知所求解的目标函数 $\min(makespan) = \min(Z)$ 。

针对零等待 Flow Shop 调度问题的特点，本节提出了基于内分泌激素调节机制的免疫零等待调度算法（Endocrine & Immune Scheduling Algorithm for Flow Shop with Zero-Waiting, EISAZW），为能更合理、更有效地解决实际环境中的生产调度问题提供了途径。利用内分泌激素分泌调节的上升和下降遵循 Hill 函数规律，设计了自适应交叉概率因子和自适应变异概率因子。相对于标准免疫算法的固定变异概率和交叉概率，EISAZW 算法的自适应交叉概率和变异概率通过内分泌激素的相互促进与抑制，对环境变化做出反应，以达到逐渐适应行为环境的能力，能够使个体保持较好的多样性，有效克服个体早熟和进化缓慢的问题。

（1）EISAZW 的具体过程

① 编码。由于 Flow Shop 调度问题是一类有序问题，采用字符编码的方法来表示抗体，即加工产品的序号。以每个字符代表一个加工产品，编码中每个产品只能出现一次，字符在编码中出现的顺序就是加工产品的生产顺序。

② 参数设置。定义抗体群体的规模、记忆库的规模、最大的迭代次数、初始交叉概率和初始变异概率等参数。

抗体群体的规模是影响算法最终优化性能和效率的因素之一。通常，群体规模太小时，不能提供足够的采样点，以致算法性能很差，甚至得不到问题的可行解；当抗体群体规模变大时，通过抗体的多样性遗传机理可以增加抗体和抗原的结合力，使算法计算效率提高，但增加了算法的计算量，必然影响其计算速度和收敛时间。如果问题的规模增大，则可适当增加抗体群体规模。

最大的迭代次数也是算法中的重要参数。太大或太小的迭代次数都将影响算法的性能。如果问题的规模增大，则可适当增加抗体群体规模。本节中根据不同类型和规模的调度问题，通过大量的仿真选择合适的最大迭代次数。

在普通的免疫优化算法中，交叉算子因其具有全局搜索能力而作为主要算子，变异算子因其具有局部搜索能力而作为辅助算子，免疫算法通过交叉和变异这一对相互配合又相互竞争的操作而具有兼顾全局和局部的均衡搜索能力，因此算法的收敛速度和寻优能力与交叉概率 P_c、变异概率 P_m 有着密切的联系。传统算法一般选择固定不变的 P_c、P_m，这意味着所有个体都有相同的变异和交叉机会，而与它们的适应度无关，在很多情况下这种选择方法取得的效果是不理想的。针对这个问题，本节采用了自适应的方法，即 P_c、P_m 的值根据群体中个体适应度的分散程度、父代群体的进化质量而做自适应调整，这些改动在很大程度上改善了进化质量，提高了收敛速度。

③ 初始化。抗原和抗体分别对应于优化问题的目标函数和可行解。优化的目的是使目标函数尽量小；抗体是由不同的基因个体组成的，在EISAZW算法中，抗体由加工产品字符编码序列表示。如果记忆细胞库中的抗体数为零，则随机产生初始抗体；否则，从记忆细胞库中提取记忆细胞，并与分化产生的新抗体一起组成抗体群。

④ 对抗体群中的各抗体进行评价。免疫系统通过识别抗原的基因来产生不同的抗体，而抗体与抗原、抗体与抗体之间的匹配程度是用亲和力来描述的，在此引入信息熵的概念来表示群体中抗体的亲和力。亲和力有两种形式：一种形式说明了抗体和抗原之间的关系，即每个解和目标函数的匹配程度；另一种形式解释了抗体之间的关系，这个独有的特性保证了免疫算法具有多样性。

抗体与抗原之间的亲和力见式(3-19)。在EISAZW算法中，将抗原与抗体之间亲和力中的结合强度表示为该调度问题的目标函数，即 $opt_v = makespan$，也就是采用总生产周期来表示 opt_v，即 $opt_v = \max\left(S_{ie} + T_{ie}\right)$。

抗体与抗体之间的亲和力见式(3-20)。一般的免疫算法中抗体与抗体之间的结合强度用个体之间的空间距离表示，在 EISAZW 算法中采用了信息熵的概念来表示不同个体之间的结合强度，同时实现了多样化。

如果群体有 N 个抗体，每个抗体由 M 位基因组成，而每个基因的可能值为 $k_1,k_2,\cdots,k_s$，则这 N 个抗体的信息熵为：

$$E(N)=\frac{1}{M}\sum_{j=1}^{M}E_j(N) \tag{3-34}$$

其中，$E_j(N)=\sum_{i=1}^{s}-P_{ij}\lg P_{ij}$，$E_j(N)$ 为 N 个抗体中第 j 个基因的信息熵，P_{ij} 为 N 个抗体中第 i 个等位基因来自第 j 个基因的概率。如果第 j 个基因的所有等位基因都是同样形式，那么信息熵为零。因此信息熵可以看作一种免疫系统中认知多样性的度量方法。

⑤ 记忆单元更新。在上一步的基础上，采取整体更新的策略，将与抗原亲和力较大的抗体加入到记忆抗体库中。因此，记忆库中的记忆抗体包含了每代最优的信息，并将之保存下来。

在 EISAZW 算法中迭代进化时，为了保留最优解，构造了一个记忆库存储上一代进化计算中的比较好的解。但是由于记忆库中记忆抗体的数目有限，所以在一般的免疫算法中是将与抗原有较大亲和力的抗体加到记忆库中，即采用以与抗原具有更高亲和力的抗体来替换较低亲和力的抗体的方法。在此提出了对记忆抗体库中的记忆抗体整体更新的策略，即每次更新记忆库时，对所有的记忆抗体都更新，并且用来更新的抗体都是每代进化计算后与抗原具有较高的亲和力的抗体。每代进化计算中的抗体是由两部分组成的，即记忆抗体库中的记忆抗体以及新产生的抗体群。记忆抗体库在算法中主要起着“保留最优”的作用，而产生的新抗体群主要担负着“维护多样性”的作用。所以在更新记忆库时，不采用“替代”的方法，而采用“整体更新”的策略，将每一代中与抗原有较大亲和力的抗体加入到记忆抗体库中，可以加快进化的程度，更好地实现“保留最优”的目的。同时，在算法中构造了一个后备抗体库，作为产生的新群体的父代群体，即在每代进化时，首先计算得到群体中抗体的亲和力、浓度的大小以及抗体的期望繁殖率，并且按期望繁殖率将抗体排序，将期望繁殖率较大的抗体加入到后备抗体库中，而后备抗体库的规模可以根据具体的问题来调整。然后以后备抗体库中的群体作为父代，进行交叉、变异操作来产生新的抗体群，实现多样化的特点。

⑥ 抗体的促进和抑制。一般的免疫算法使用个体之间的亲和力的大小来调节抗体的促进和抑制。而在 EISAZW 算法中采用抗体的浓度和期望繁殖率的概念来调节抗体的促进和抑制。

抗体的浓度表示单个抗体在群体中所占的比例，而单个抗体的繁殖率则表示它在整个群体中的选择率。

$$C_i = \frac{\text{与抗体}i\text{具有较大亲和力的抗体数}}{\text{抗体总数}N} \tag{3-35}$$

在免疫系统中，当一种抗体受到抗原刺激或其他抗体的刺激或抑制时，这种抗体的数量将发生变化。在群体更新中，亲和力大的抗体浓度提高，高到一定值就要受到抑制，反之来提高相应浓度低的抗体的产生和选择概率。这与实际的免疫系统中的抗体产生的促进和抑制是一致的。这种机制确保抗体群体更新的抗体多样性，避免未成熟地收敛。

根据群体中抗体的亲和力，可以计算得到抗体的浓度和期望繁殖率。将抗体群中每个抗体的期望繁殖率排序，期望繁殖率低的抗体将受到抑制，并将期望繁殖率较大的抗体加入到后备抗体库中。

抗体的浓度：

$$R_v = \frac{1}{N}\sum_{w=1}^{N} K_{vw} \qquad v, w \in N \tag{3-36}$$

式中，$K_{vw} = \begin{cases} 1, ay_{vw} \geqslant T \\ 0, ay_{vw} < T \end{cases}$，$T$ 表示阈值。

抗体的期望繁殖率：

$$E_v = \frac{ax_v}{R_v}, \qquad v \in N \tag{3-37}$$

式 (3-37) 表明，与抗原亲和度大的抗体和低密度的抗体生存概率较大，得到促进；而高密度的抗体将受到抑制，体现了控制机制的多样性。

⑦ 解群体的更新。在 EISAZW 算法中，基于内分泌激素调节规律

的交叉、变异操作，对后备抗体库中的抗体群进行选择、交叉、变异操作可以得到新的群体，同时从记忆库中取出记忆抗体，共同构成新的解群体。

a．交叉操作。将个体分为三个部分，即两个交叉点，交叉点两边的产品由父代遗传给子代，其余的产品从另一父代个体中获得，但是该产品必须保证与已有产品不同，且顺序与第二个父代相同。

例如：

parent 1：　4 5 2　|　73 1　|　6 8

parent 2：　8 3 7　|　6 1 5　|　2 4

经过交叉可得：

child 1:　4 5 2　|　3 7 1　|　6 8

child 2:　8 3 7　|　5 1 6　|　2 4

b．变异操作。随机在父代个体中选择两点，作为变异点，两个变异点将父代分为了三部分，将变异点之间的产品依次后移一位，移出的一位填补前面的空白位，两点外的各位保持不变。

例如：

parent：6 5　|　3 8 2 7　|　1 4

child：6 5　|　7 3 8 2　|　1 4

通过大量仿真发现，循环位置运动这种变异方法在本算法中最有效。

c．选择机制、交叉概率和变异概率。在标准的免疫算法中，抗体的交叉、变异均采用遗传算法的交叉、变异。在选择复制产生的父代个体中，随机选择 2 个个体按照一定的交叉概率 P_c（一般为 0.5 ～ 0.95）进行基因对互换，产生 2 个子代个体。在 EISAZW 算法中，交叉时，实时检验新产生个体的适应度。如果适应度低于父代个体，则新个体被删除并以父代个体替代，直到所有的父代个体均被选择为父本体一次，整个交叉过程结束。

在标准免疫算法中，交叉概率是确定的，是个常数。在 EISAZW 算法中，自适应交叉概率因子根据激素分泌调节规律上升和下降遵循 Hill 函数规律设计。

激素分泌调节规律上升和下降遵循Hill函数规律如式(3-24)、式(3-25)所示。如果激素 x 受激素 y 调控，则激素 x 的分泌速率 S_x 与激素 y 的浓度 C_y 的关系如式 (3-26) 所示。

在 EISAZW 算法中，自适应交叉概率因子根据上述激素分泌调节规律设计：

$$P_c = P_{c0}[1+\alpha \frac{(f_{\text{av}})^{n_c}}{(f_{\max}-f_{\min})^{n_c}+(f_{\text{av}})^{n_c}}] \tag{3-38}$$

式中，P_c、P_{c0} 分别是交叉概率、初始交叉概率；f_{av}、$f_{\max}$、$f_{\min}$ 分别是每一代个体的平均适应度、最大适应度和最小适应度；α、n_c 是系数因子，且 n_c 控制 Hill 函数的斜率。随着平均适应度的增加，交叉概率因子也随之增加；反之亦然。

在标准免疫算法中，选择产生的子代个体按照一定的变异概率 P_m（一般为 0.01 ～ 0.2）对某些位进行变异，且变异概率是常数。在 EISAZW 算法中，变异是从优良个体中随机选择 $N-N_c$ 个个体进行变异操作，并用精英个体替换掉所有的最后一个变异个体，保证精英个体进入子代个体。通过变异，共产生 $N-N_c$ 个子代个体。其中，N 为解群体中的总个体数量，N_c 表示交叉操作总共产生的子代个体数量。同样在变异过程中，实时检验新产生个体的适应度。如果适应度低，则新个体被删除并以原个体替代。

为了加快收敛速度并增加个体多样性，同样按照内分泌激素调节规律，设计一种自适应变异因子。具体变异概率如下式所示。

$$P_m = P_{m0}\left[1+\beta \frac{(f_{\text{av}})^{n_m}}{(f_{\max}-f_{\min})^{n_m}+(f_{\text{av}})^{n_m}}\right] \tag{3-39}$$

式中，P_m、P_{m0} 分别是变异概率、初始变异概率；β、n_m 是系数因子。这样交叉和变异过程产生的新个体组成下一代种群。

与标准免疫算法的交叉和变异操作相比，基于内分泌调节机制的交叉、变异使个体保持较好的多样性，有效克服早熟现象和进化缓慢问题。

⑧ 如果达到终止条件，则结束运算；否则，转向步骤④执行。

基于内分泌调节机制的自适应人工免疫调度算法（EISAZW）的流程图如图 3-21 所示。

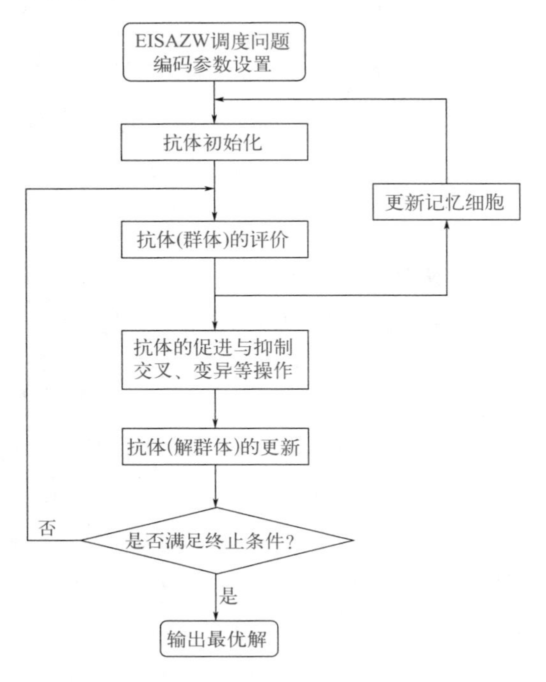

图 3-21 基于内分泌调节机制的自适应人工免疫调度算法流程图

（2）仿真研究

仿真示例 1：对 20 个加工产品、10 台设备的 Flow Shop 调度问题应用 EISAZW 算法进行仿真研究，考虑零等待约束。表 3-6 是加工产品的处理时间。

算法中解群体的规模 *Popsize*=40，记忆库规模 *Memsize*=20，最大迭代次数 *MaxGen*=2000，初始交叉概率 $p_{c0}=0.9$，初始变异概率 $p_{m0}=0.7$，内分泌系数因子 n_c、n_m 均取为 2，交叉操作系数因子 $\alpha=0.5$，变异操作系数因子 $\beta=0.2$。采用具有相同最大迭代次数与解群体规模的标准免疫算法（SIA）、文献 [29] 中改进的免疫算法（IIA）以及第 3.2.3 节提出的算法（EIA）分别对上述调度问题进行仿真求解，对每种算法都随机运算 10 次，比较 10 次运算结果以及平均值。仿真的结果（优化的目标函数值）如表 3-7 所示。

表3-6 产品加工处理时间表

产品	设备									
	1	2	3	4	5	6	7	8	9	10
1	28	18	38	11	97	23	90	52	79	63
2	50	30	75	22	38	39	28	84	48	57
3	75	50	33	58	56	41	51	29	75	97
4	65	42	66	29	36	29	10	84	14	67
5	84	68	42	41	86	23	95	30	73	97
6	33	72	79	85	81	51	72	19	48	48
7	91	66	87	88	97	36	21	59	61	4
8	51	23	100	93	48	84	74	7	98	55
9	58	61	17	54	25	71	52	47	49	86
10	44	27	40	19	34	33	3	89	39	66
11	70	94	7	19	31	48	38	48	73	34
12	60	38	34	55	63	28	70	35	68	88
13	39	33	53	87	2	6	51	42	93	67
14	72	35	45	20	84	23	10	34	8	48
15	100	71	80	89	47	15	90	33	97	26
16	79	23	57	54	70	99	85	5	9	4
17	14	23	36	79	4	65	78	51	95	79
18	3	32	81	26	19	59	80	90	44	33
19	68	33	94	37	33	74	64	50	22	17
20	94	17	54	27	55	34	7	56	10	41

表3-7 三种算法结果比较（*makespan*）

N	SIA	文献［29］中 IIA	EIA
1	2111	2090	2049
2	2206	2113	2058
3	2115	2116	2059
4	2149	2135	2075
5	2169	2183	2056
6	2224	2132	2058
7	2178	2126	2052

续表

N	SIA	文献［29］中 IIA	EIA
8	2183	2123	2056
9	2233	2132	2054
10	2180	2132	2053
Mean（平均值）	2175	2128	2057

表 3-7 是 3 种算法解决同一调度问题的统计结果，N 为运算的次数。其中 SIA 为一般的免疫算法，其具有的确定的交叉概率和变异概率分别为 0.6 与 0.1；文献 [29] 中的 IIA 是对标准免疫算法进行改进后的免疫算法，且已证明其性能优于改进的遗传算法。通过仿真结果的平均值可以看出，EIA 算法的寻优效果明显优于 IIA 算法，远胜于 SIA 算法，这是因为 EIA 能够充分发挥优良个体的作用，保证种群的高度多样性和优良性，从而有效地提高了进化速度并避免了早熟现象。

采用 EISAZW 算法进行 10 次仿真的最好结果如图 3-22 和图 3-23 所示，*makespan* 值为 2049，产品最优排序为：10—13—2—11—4—9—12—17—1—18—19—3—5—8—6—7—15—16—14—20。

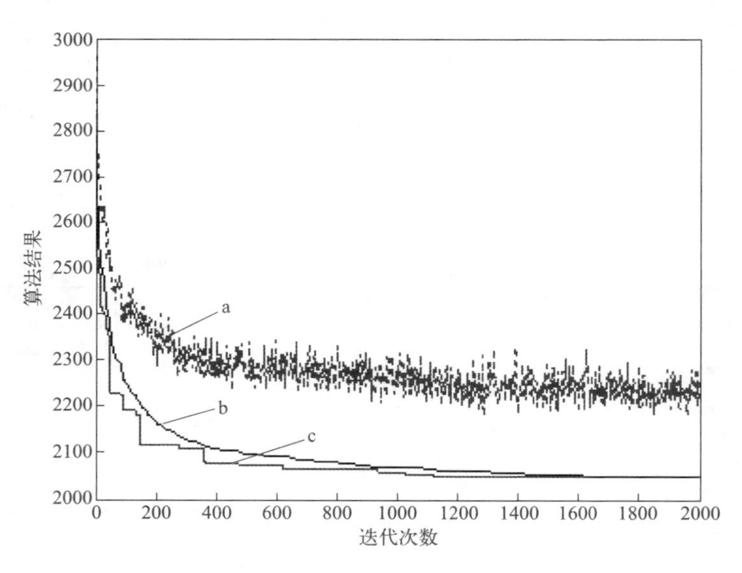

图 3-22　最优解的演化曲线（EISAZW）

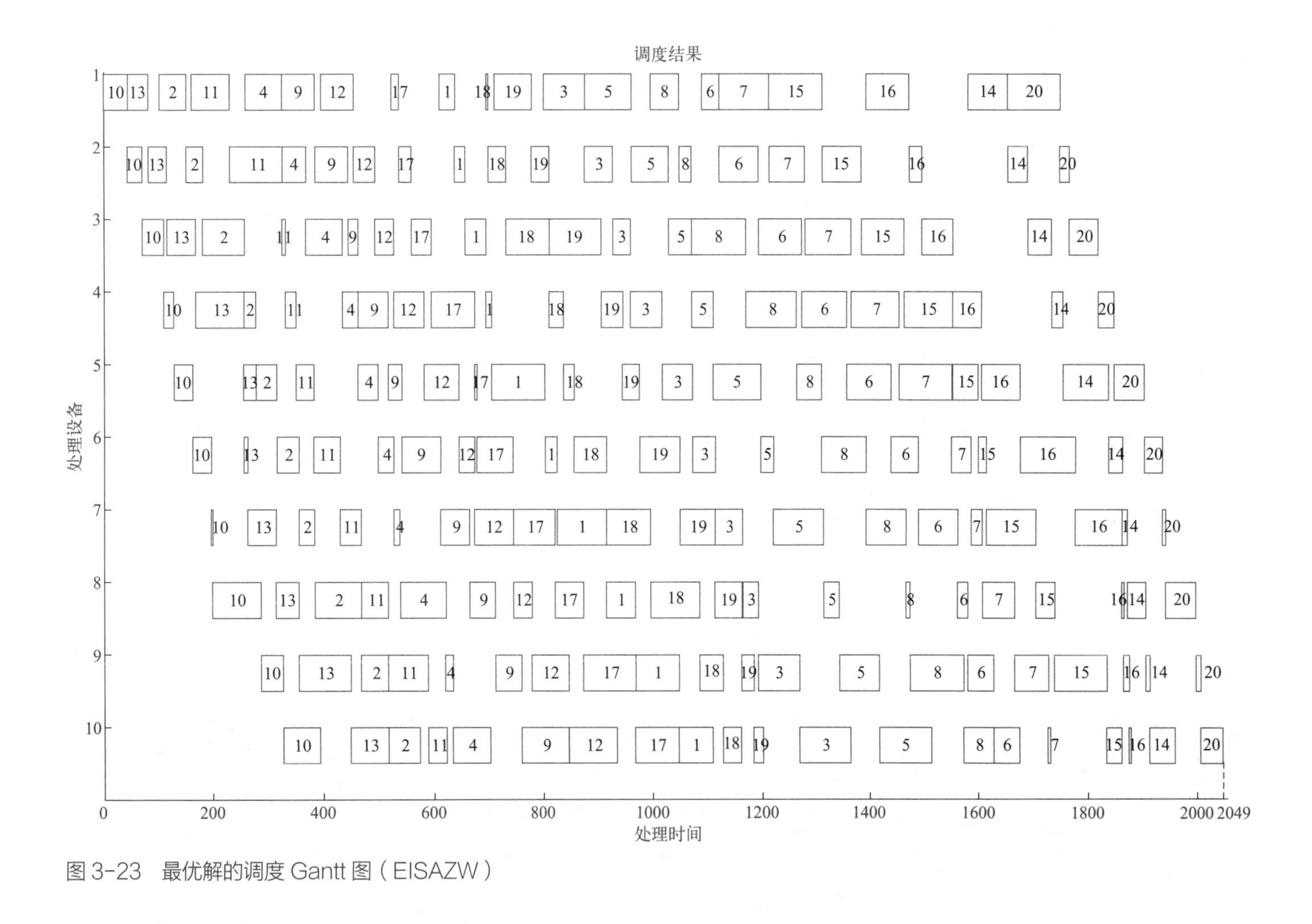

图 3-23　最优解的调度 Gantt 图（EISAZW）

图 3-22 中，曲线 a 是解群体的平均值倒数曲线，表示每次演化计算中解群体的所有抗体与抗原亲和力的平均值的倒数；曲线 b 是记忆抗体目标函数平均值曲线，对应的是每次迭代运算时记忆库中所有记忆抗体个体目标值的平均值；曲线 c 是解群体中的最优值曲线，表示每代解群体中的最优目标函数值。从图 3-22 中可以看到，随着算法的不断演化，目标曲线不断下降，目标的最优值和解群体的平均值越来越趋向于最优并趋于稳定，说明了 EISAZW 算法的收敛性。

由此可以确定产品的加工顺序以及产品的加工开始时间。图 3-23 就是调度结果的甘特图。由图 3-23 可以清楚地看到每个产品都满足零等待的约束条件，即在前面一台设备加工完毕后立刻送到后面的一台设备去加工，中间没有等待时间。

采用 IIA 算法进行 10 次仿真的平均结果如图 3-24 和图 3-25 所示，*makespan* 值为 2116，产品最优排序为：10—20—14—4—11—13—18—19—3—12—2—9—1—17—5—8—6—7—15—16。

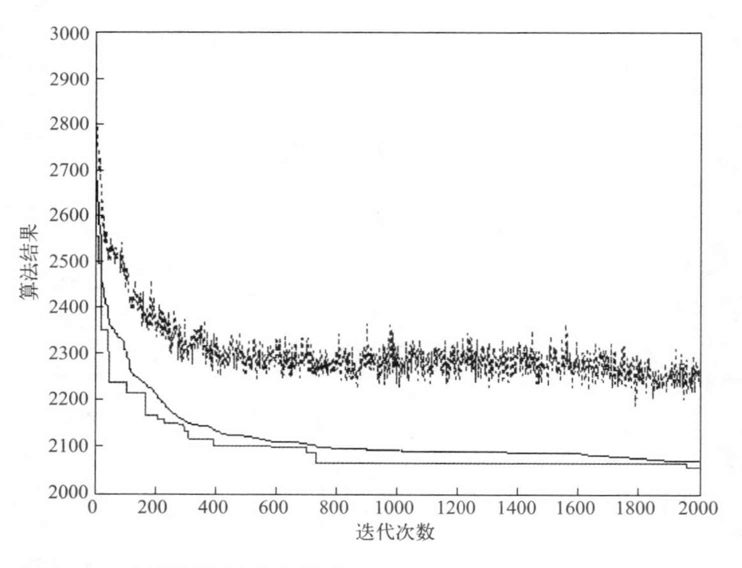

图 3-24　最优解的演化曲线（IIA）

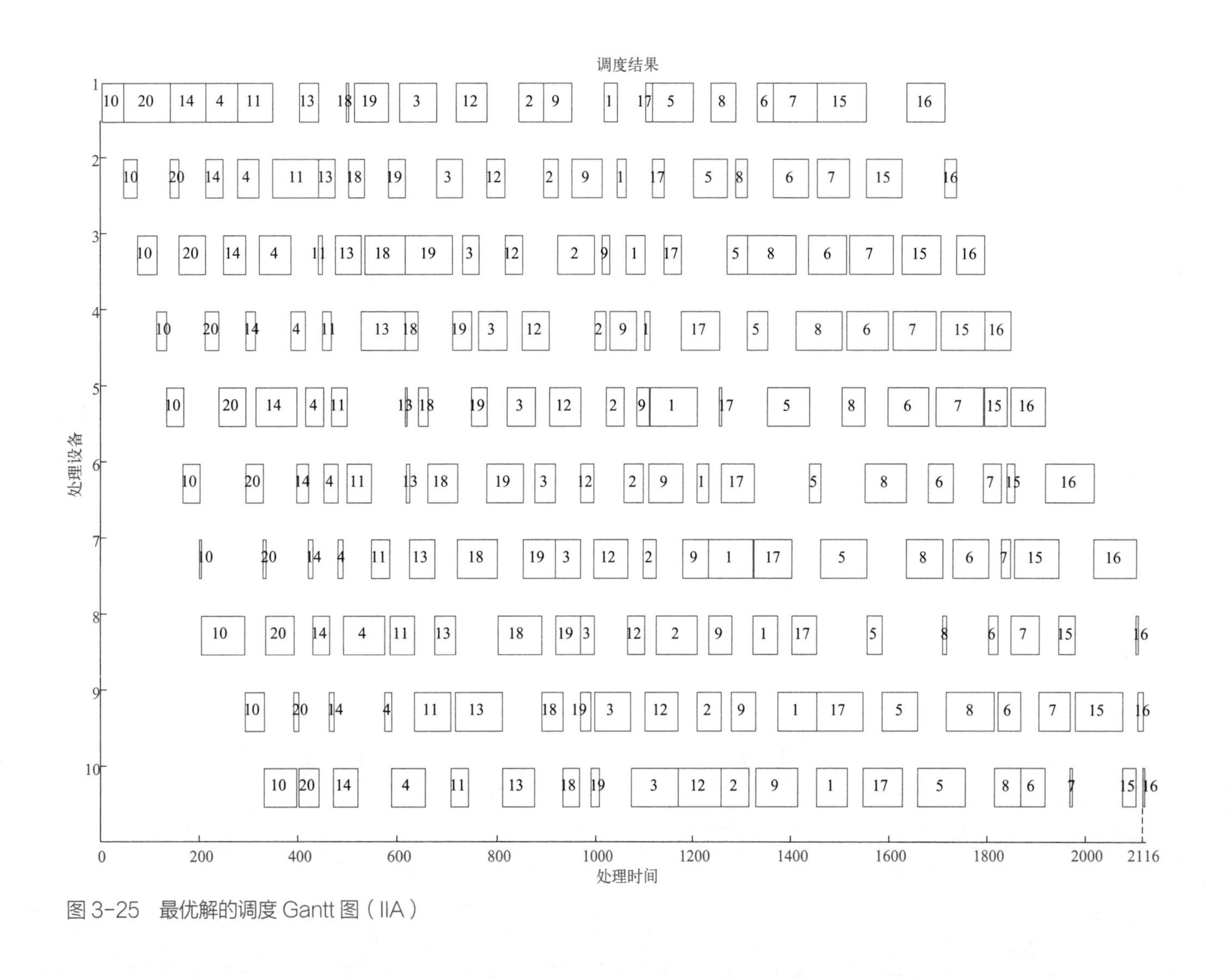

图 3-25 最优解的调度 Gantt 图（IIA）

采用 SIA 进行 10 次仿真的平均结果如图 3-26 和图 3-27 所示，*makespan* 值为 2206，产品最优排序为：10—14—13—18—19—3—12—17—6—7—4—9—16—8—15—5—1—2—11—20。

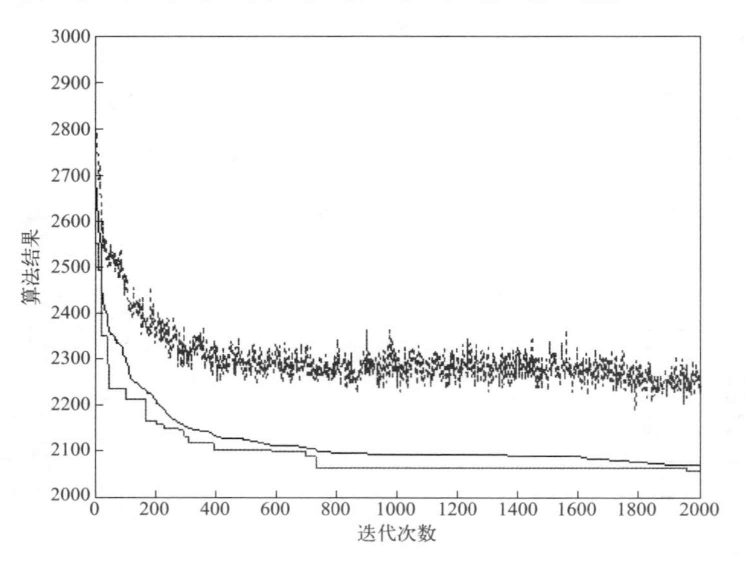

图 3-26　最优解的演化曲线（SIA）

通过仿真结果的平均值可以看出，EISAZW 算法的寻优效果明显优于 IIA 算法，远胜于 SIA 算法，这是因为 EISAZW 能够充分发挥优良个体的作用，保证种群的高度多样性和优良性，从而有效地提高了进化速度并避免了早熟现象。

仿真示例 2：为了进一步验证内分泌免疫算法的有效性和优越性，仍以上述调度问题为例，在参数设置不变的情况下，用 EISAZW 算法和 IIA 算法重复运算 10 次得到的结果如表 3-8 所示。其中，*VAR* 表示样本方差，*STD* 表示样本标准差。令 $opt\_\max$ 表示优化计算中找到的最大的目标值，$opt\_\min$ 表示找到的最小目标值，opt_avgen 表示平均目标值，则平均偏差 *MP* 和最优偏差 *RP* 为：

$$MP = \frac{opt\_\text{avgen} - opt\_\min}{opt\_\min} \times 100\% \tag{3-40}$$

$$RP = \frac{opt\_\max - opt\_\min}{opt\_\min} \times 100\% \tag{3-41}$$

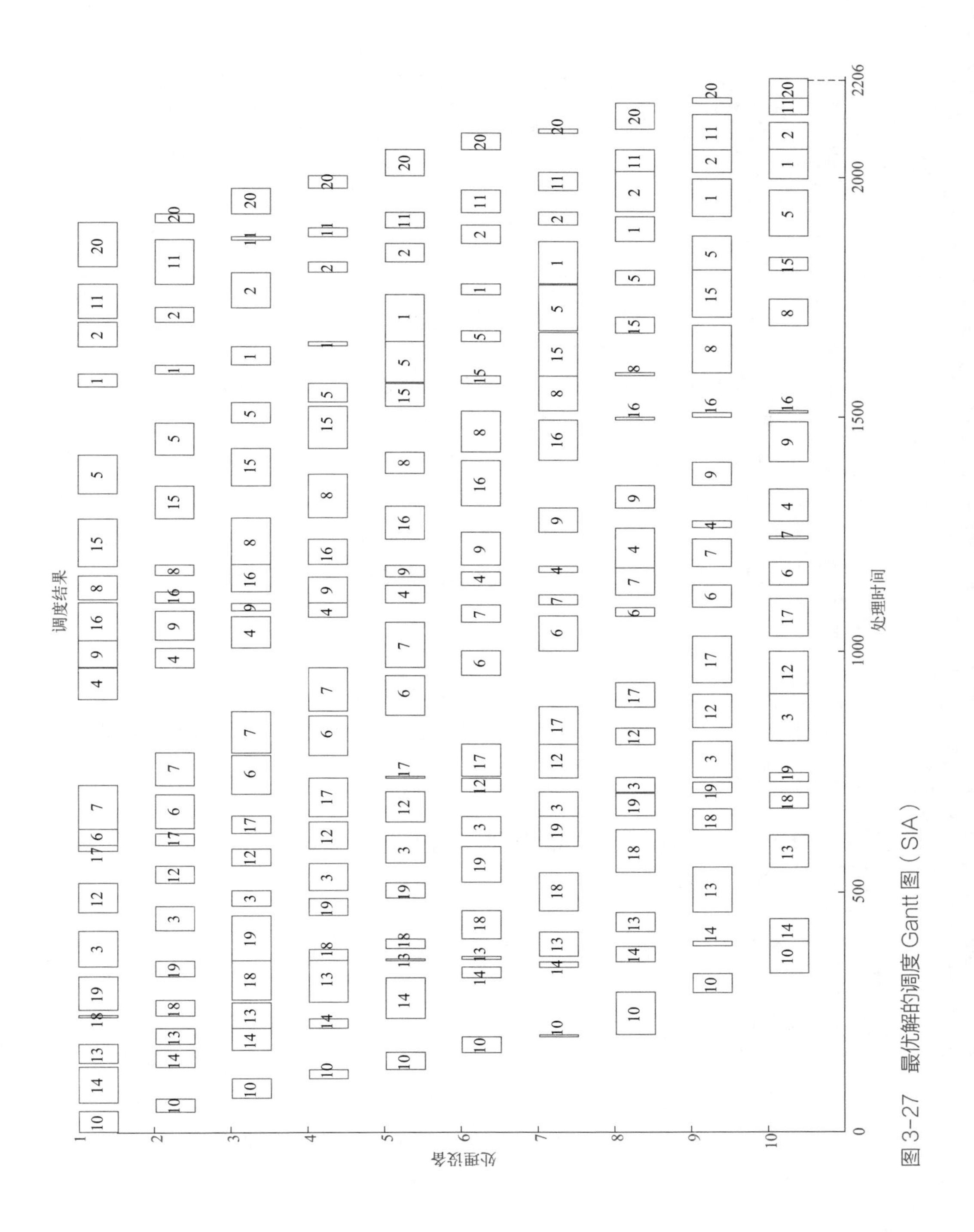

图 3-27 最优解的调度 Gantt 图（SIA）

表3-8　调度运算的结果（运行10次）

算法	最大迭代次数	目标函数 *max / average / min*	*MP*	*RP*	*VAR*	*STD*
文献 [29] 中的 IIA	1500	2254/2128/2054	3.61	9.74	4845.1	69.61
	2000	2176/2116/2070	2.23	5.12	1196.0	34.58
	2500	2173/2105/2058	2.28	5.59	2143.3	46.30
EISAZW	1500	2115/2071/2053	0.91	3.02	561.60	23.70
	2000	2075/2057/2049	0.39	1.27	49.6	7.04
	2500	2075/2057/2049	0.39	1.27	49.6	7.04

从表 3-8 中可以看出，在参数设置一定的情况下，用 EISAZW 算法能得到明显较优的结果，EISAZW 算法得到的目标函数的均值远小于 IIA 算法求得的目标函数均值，并且目标值的标准差及方差普遍远小于 IIA 算法得到的目标值的标准差及方差，即 EISAZW 算法的目标解的偏离程度相对小得多。这主要是由于 EISAZW 算法中引入了内分泌激素调节机制，自适应交叉概率和变异概率均按照内分泌激素分泌规律进行了设计。

在仿真研究中还发现，对于同一问题，相比于免疫调度算法得到的结果，在内分泌免疫调度算法中减小群体的规模，减少迭代的次数，同样可以得到较优解，这一点在解决大规模的调度问题时更能体现 EIA 的优越性。

3.2.5　基于内分泌免疫算法的中间储罐有限存储时间 Flow Shop 调度算法

对于精细化工产品等的生产，间歇过程有其突出的优点，不仅能更好地保证产品的质量，而且能使生产具有很大的柔性。间歇生产过程调度中的中间储罐的作用是相当大的，它可以增加生产过程操作的柔性。在间歇级之间设立中间储罐有很多优点：可以补偿短期的供需不平衡，对下游提供短期的原料供应，或为上游提供短期的产品存储；缓解操作上的波动，间歇过程对批量、加工时间、加工开始时间的波动非常敏感，这些波动会延滞某一生产级的加工，而使其他间歇级闲置或等待；

可以减少因设备故障和损坏而造成的生产时间损失；使上下游在批量和批间隔上解耦，有可能减少设备费用。

在实际生产（如制药、化工等生产）过程中，某些中间产品的稳定性存在一定时间限制，超出一定时间后会发生分解等不稳定情况，所以中间产品在储罐内存储的时间为某一有限值，也即在有限的等待时期内必须进入下一单元设备进行加工；如果下一单元正在加工产品，则必须考虑到延迟产品的加工开始时间。这就是中间储罐有限存储时间型调度问题，在实际生产过程中普遍存在，研究其调度算法具有重要意义。

（1）描述调度问题的变量

J——加工产品的集合，$J=\{1,2,\cdots,i,\cdots,n\}$，即产品的总数为 n 个；

M——处理单元（处理设备）集合，$M=\{1,2,\cdots,j,\cdots,m\}$，即处理单元有 m 台；

T_{ij}——加工处理时间，即产品 i 在处理单元 j 上的加工处理时间，它包括装配时间、传输时间、卸载时间、加工时间以及清洗时间等；

S_{ij}——产品 i 在处理单元 j 上的操作开始时间；

C_{ij}——产品 i 在处理单元 j 上的操作完成时间；

S_{ie}——产品 i 的最后一道工序的操作开始时间；

T_{ie}——产品 i 的最后一道工序所对应的操作时间；

BTW_{ij}——为第 i 批产品在生产单元 j 和 $j+1$ 间的中间储罐的最大存储时间。

（2）调度问题的数学模型

Flow Shop 问题中不同产品的生产路径都是相同的，所有的产品都可以在零时刻投入生产，但是必须满足下面的约束条件。

① 顺序约束。

$$S_{ij} \geqslant S_{i(j-1)} + T_{i(j-1)} \quad i \in J, \quad j \in M \tag{3-42}$$

式 (3-42) 表示加工产品的顺序约束，产品 i 的第 j 道工序必须在第 j–1 道工序完成后才能开始，即任何一道工序的加工开始时间必须大于等于该产品前一道工序的结束时间。

② 资源约束。针对中间存储时间有限的 Flow Shop 调度问题，本节

提出了三类资源约束条件：

$$S_{ij} \geqslant S_{(i-1)j} + T_{(i-1)j} \quad i \in J, \quad j \in M \tag{3-43}$$

式 (3-43) 表示在某一处理单元中，一批产品必须在前一批产品处理完毕后才能进入该处理单元进行生产，即任一时刻该处理单元不能同时处理两类不同的产品。

$$S_{ij} \geqslant S_{(i-1)(j+1)} + T_{(i-1)(j+1)} - BTW_{ij} - T_{ij} \quad i \in J, \quad j \in M \tag{3-44}$$

式 (3-44) 表示当一批已加工的中间产品进入中间储罐后，在中间储罐的存放时间不能超过储罐的最大存储时间，即只能在有限的时间段内存放在中间储罐内。

$$S_{ij} \geqslant S_{(i-1)(j+1)} - T_{ij} \quad i \in J, \quad j \in M \tag{3-45}$$

式 (3-45) 表示每两级间歇级设备中的中间储罐只能存放一种产品，不能同时存放两种以上的产品，否则可能在中间储罐内发生化学反应。

此外，在产品的加工过程中不允许中断。在此基础上可以有不同的优化目标，如产品的生产周期最短、产品的流经时间最短、产品交货延误时间最短、加工设备利用率最大、产品平均等待时间最短、加工制造费用最低等。本节采用生产周期最短来作为调度目标，即 $\min\left\{\max\left(S_{ie} + T_{ie}\right)\right\}$。

（3）基于内分泌激素调节机制的有限中间存储时间免疫调度算法（EISAFIST）

本节在一般免疫算法的基础上，深入研究了生物免疫系统的特点和反应机制、内分泌系统的主要功能和信息处理特点以及内分泌系统与免疫系统的相互影响和相互调节机制，结合中间存储时间有限的 Flow Shop 调度问题的特点，提出了基于内分泌激素调节机制的有限中间存储时间免疫调度算法（EISAFIST），为能更合理、更有效地解决实际环境中的生产调度问题提供了途径。

在 EISAFIST 算法中，目标函数是所有产品的最大完工时间 *makespan*，优化的目的是使 *makespan* 尽量小；抗原对应要解决问题的数据输入，如目标、约束，即 *makespan* 以及有限中间存储时间约束；抗体对应该优化问题的解，即加工产品序列；亲和力对应解的评估、结合强度的评估；记忆细胞分化对应保留优化解；抗体促进和抑制对应优化解的促进、非优化解的删除。

EISAFIST 的具体过程包括以下几个步骤。

① 编码。采用字符编码的方法来表示抗体。根据 Flow Shop 调度问题的特性，同一顺序的生产方式，采用字符编码表示加工产品的序号，即以每个字符代表一个加工产品，编码中每个产品只能出现一次，字符在编码中出现的顺序就是加工产品的生产顺序。

② 参数设置。定义抗体群体的规模、记忆库的规模、最大的迭代次数、初始交叉概率和初始变异概率等参数。

采用了自适应的方法选择合适的交叉概率和变异概率，即 P_c、P_m 的值根据群体中个体适应度的分散程度、父代群体的进化质量而做自适应调整，这些改动在很大程度上改善了进化质量，提高了收敛速度。

③ 初始化。如果记忆细胞库中的抗体数为零，则随机产生初始抗体；否则，从记忆细胞库中提取记忆细胞，并与分化产生的新抗体一起组成抗体群。

④ 对抗体群中的各抗体进行评价。引入信息熵的概念来表示群体中抗体的亲和力。亲和力有两种形式：一种形式说明了抗体和抗原之间的关系，即每个解和目标函数的匹配程度；另一种形式解释了抗体之间的关系，这个独有的特性保证了免疫算法具有多样性。一般的免疫算法中抗体与抗体之间的结合强度用个体之间的空间距离来表示，在 EISAFIST 算法中采用了信息熵的概念来表示不同个体之间的结合强度，同时实现了多样化。

⑤ 记忆单元更新。在上一步的基础上，采取整体更新的策略，将与抗原亲和力较大的抗体加入到记忆抗体库中。因此，记忆库中的记忆抗体包含了每代最优的信息，并将之保存下来。

⑥ 抗体的促进和抑制。采用 EISAZW 算法中抗体的浓度和期望繁殖率的概念来调节抗体的促进和抑制。将抗体群中每个抗体的期望繁殖率排序，期望繁殖率低的抗体将受到抑制，并将期望繁殖率较高的抗体加入到后备抗体库中。与抗原亲和力大的抗体和低密度的抗体生存概率较大，得到促进；而高密度的抗体将受到抑制，体现了控制机制的多样性。

⑦ 解群体的更新。基于内分泌激素调节规律的交叉、变异操作，对后备抗体库中的抗体群进行选择、交叉、变异操作可以得到新的群体，同时从记忆库中取出记忆抗体，共同构成新的解群体。

a．交叉操作。采用部分映射交叉算子。在抗体中随机产生两个交叉点，交换两个父代抗体杂交点中间的部分，生成的子抗体中若有非法的重复部分则通过部分映射来调整，直至没有冲突的基因，若与换过来的片段没有冲突则保留，最终获得新的个体。举例如下：

parent 1：　2 6 4 ｜ 7 3 5 8 ｜ 9 1

parent 2：　4 5 2 ｜ 1 8 7 6 ｜ 9 3

经过交叉可得：

child 1:　2 3 4 ｜ 1 8 7 6 ｜ 9 5

child 2:　4 1 2 ｜ 7 3 5 8 ｜ 9 6

对于 Parent1 和 Parent2，选择的交叉点为基因 3 和 7，将 parent1 和 parent2 中的片段 7 3 5 8 与 1 8 7 6 交换，对于 parent1 剩余的基因，由于 2 与 1 8 7 6 不冲突，直接放入 child1 中，parent1 第二位 6 与 1 8 7 6 冲突，因为 6 的映射基因为 8,8 也冲突，8 的映射基因为 3,3 不存在冲突，所以将 3 写入 child1，依次类推，最终得到子代 child1 和 child2。部分映射交叉操作产生的后代包含了双亲的部分顺序信息，因此非常适合于排序问题。它通过修复程序来解决两点交叉引起的非法性。

b．变异操作。通过大量仿真发现，针对 Flow Shop 调度问题的特点，不同的变异方法效果也不尽相同，针对这一问题，反复仿真试验了三四种变异方法，即互换操作、逆序操作、插入操作和循环位置运动。

（a）互换操作，即随机交换染色体中两个不同基因的位置。例如：个体 6 3 9 7 1 5 2 4 8 10，随机产生 2 和 7 两个位置点，得到新的变异个体为 6 2 9 7 1 5 3 4 8 10。

（b）逆序操作，即产生两个不同的随机位置，将这两个位置之间的序列逆序排列，其他位置保持不变。例如：个体序列为 6 3 9 7 1 5 2 4 8 10，随机产生 2 和 7 两个位置点，得到新的变异个体为 6 2 5 1 7 9 3 4 8 10。

（c）插入操作，即随机选择某点插入到序列中的不同的随机位置。

（d）循环位置运动，随机在父代个体中选择两点，作为变异点，两个变异点将父代分为了三部分，将变异点之间的产品依次后移一位，移出的一位填补前面的空白位，两点外的各位保持不变。例如：

parent：6 5 | 3 8 2 7 | 1 4

child：6 5 | 7 3 8 2 | 1 4

通过大量仿真发现，循环位置运动这种变异方法在本算法中最有效。

c．选择机制、交叉概率和变异概率。交叉时，实时检验新产生个体的适应度。如果适应度低于父代个体，则新个体被删除并以父代个体替代，直到所有的父代个体均被选择为父本体一次，整个交叉过程结束。

在 EISAFIST 算法中，自适应交叉概率因子根据前述激素分泌调节规律设计，如式 (3-38) 所示。

变异是从优良个体中随机选择 $N-N_c$ 个个体进行变异操作，并用精英个体替换掉所有的最后一个变异个体，保证精英个体进入子代个体。通过变异，共产生 $N-N_c$ 个子代个体。其中，N 为解群体中的总个体数量，N_c 表示交叉操作总共产生的子代个体数量。同样在变异过程中，实时检验新产生个体的适应度。如果适应度低，则新个体被删除并以原个体替代。

为了加快收敛速度并增加个体多样性，同样按照内分泌激素调节规律，设计一种自适应变异因子。具体变异概率如式 (3-39) 所示。

与标准免疫算法的交叉和变异操作相比，基于内分泌调节机制的交叉、变异使个体保持较好的多样性，有效克服早熟现象和进化缓慢问题。

⑧ 如果达到终止条件，则结束运算；否则，转向步骤④执行。

（4）仿真研究

在求解调度模型的过程中，采用提出的 EISAFIST 算法进行仿真研究。在仿真中，以 15 个加工产品、10 个处理单元的调度问题为例。表 3-9 是产品的处理时间，表 3-10 是中间储罐的最大存储时间。

表3-9　产品的处理时间

产品	设备									
	1	2	3	4	5	6	7	8	9	10
1	28	39	33	22	18	14	24	35	33	29
2	18	44	16	14	11	15	28	41	25	21
3	13	23	35	27	28	38	43	58	33	22
4	43	38	31	33	14	35	28	38	16	36
5	11	29	14	12	16	16	35	21	12	29
6	22	39	19	5	11	19	28	28	23	27
7	13	21	36	10	12	11	36	37	28	28
8	11	32	30	20	22	10	27	23	11	25
9	37	27	16	44	48	29	23	5	21	24
10	18	43	45	12	14	13	29	17	33	18
11	25	17	41	34	27	12	11	31	32	27
12	24	15	41	11	12	25	14	37	39	12
13	52	12	22	33	24	12	22	31	14	12
14	31	40	36	21	48	22	32	26	36	14
15	14	20	28	16	28	15	16	32	19	30

表3-10　中间储罐的最大存储时间

产品	设备中间储罐								
	1—2	2—3	3—4	4—5	5—6	6—7	7—8	8—9	9—10
1	35	41	32	8	11	21	11	23	10
2	20	47	46	21	32	12	33	51	23
3	44	26	55	27	18	16	23	9	25
4	19	42	26	36	23	24	52	12	22
5	36	19	44	44	5	12	22	31	25
6	30	25	46	42	13	15	6	36	18
7	33	42	34	17	13	22	51	6	18
8	48	12	31	25	12	22	32	16	10
9	48	47	21	46	25	35	16	10	18
10	42	26	36	22	23	21	15	12	20
11	11	22	26	36	25	16	18	26	38
12	26	56	7	23	11	14	16	20	30
13	10	15	37	21	15	25	28	9	10
14	35	12	23	52	21	26	16	8	19
15	12	33	21	15	15	16	25	18	10

算法中解群体的规模 *Popsize*=40，记忆库的规模 *Memsize*=20，最大的迭代次数 *MaxGen*=1000，初始交叉概率 $P_{c0}=0.9$，初始变异概率 $P_{m0}=0.7$，内分泌系数因子 n_c、n_m 均取为 2，交叉操作系数因子 $\alpha=0.5$，变异操作系数因子 $\beta=0.2$。对问题进行了多次仿真，得到的结果如图 3-28、图 3-29 所示。

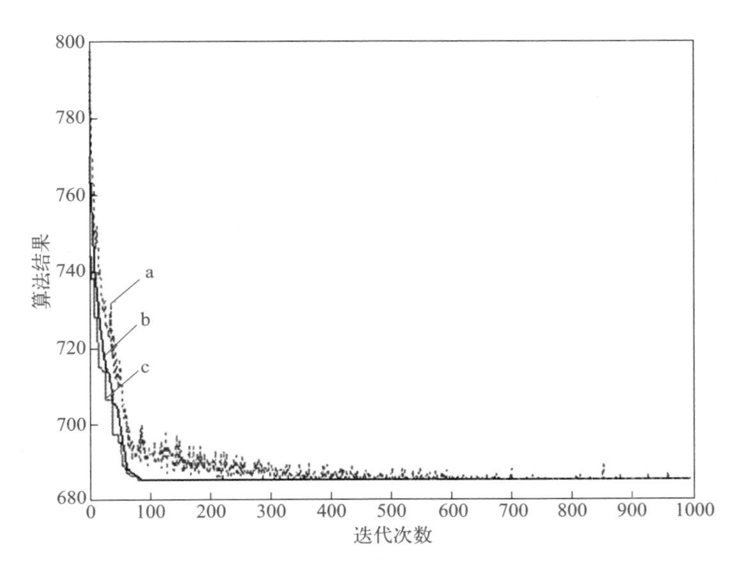

图 3-28　最优解的演化曲线（EISAFIST）

图 3-28 中，曲线 a 是解群体的平均值倒数曲线，表示每次演化计算中解群体中所有抗体与抗原亲和力的平均值的倒数；曲线 b 是记忆抗体目标函数平均值曲线，对应的是每次迭代运算时记忆库中所有记忆抗体个体目标值的平均值；曲线 c 是解群体中的最优值曲线，表示每代解群体中的最优目标函数值。从图 3-28 中可以看到，随着算法的不断演化，目标曲线不断地下降，目标的最优值和解群体的平均值越来越趋向于最优并趋于稳定，说明了 EISAFIST 算法的收敛性。

由此可以确定产品的加工顺序以及产品的加工开始时间。图 3-29 就是调度结果的甘特图，图中标明了每个产品在不同的中间储罐中的最大存储时间及实际存储时间。

采用 EISAFIST 算法进行 10 次仿真的平均结果，*makespan* 值为 679，

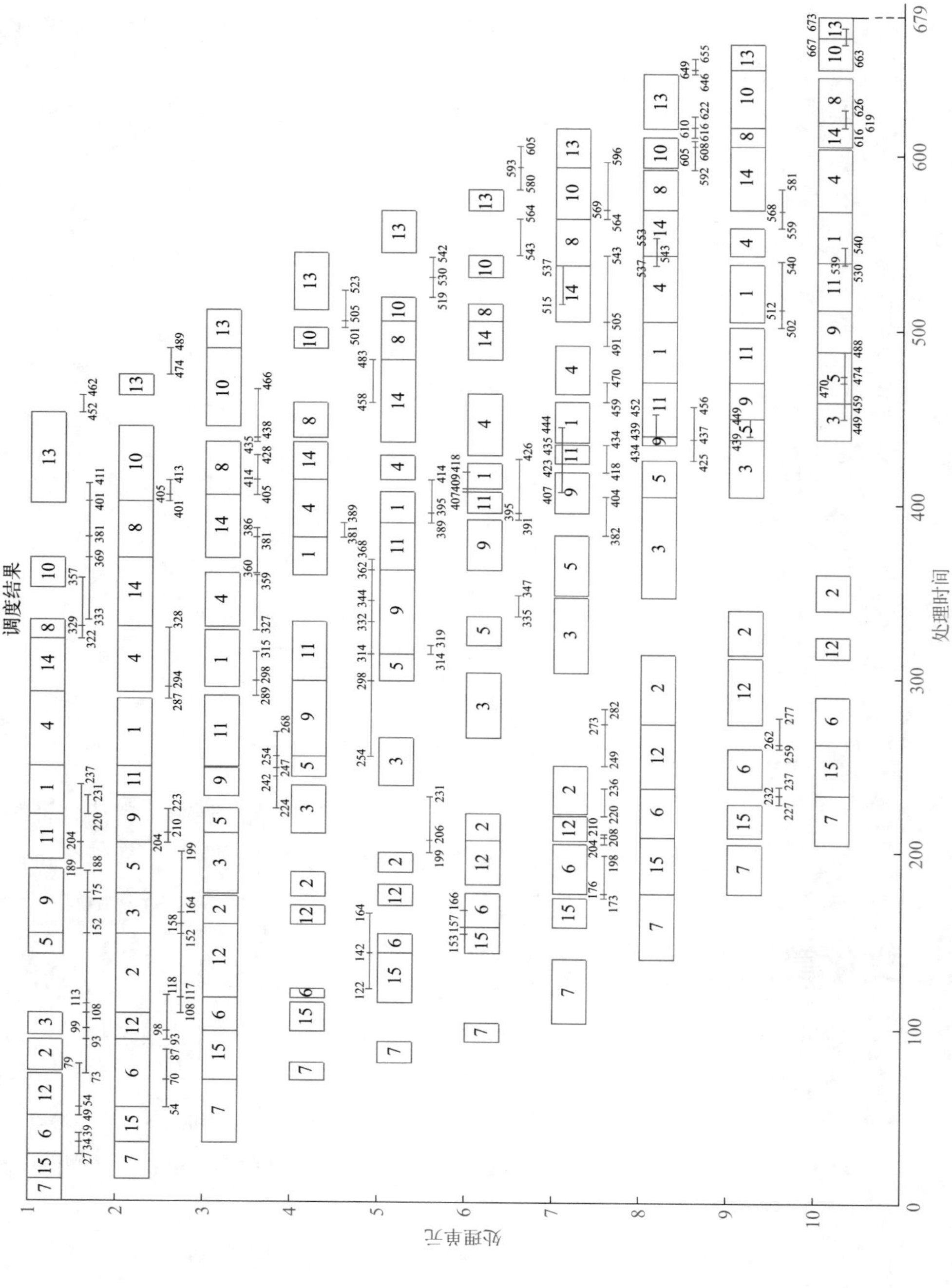

调度结果

处理单元

处理时间

图 3-29 最优解的调度 Gantt 图（EISAFIST）

产品最优排序为：7—15—6—12—2—3—5—9—11—1—4—14—8—10—13。

从表 3-11 中可以看出，在参数设置一定的情况下，用 EISAFIST 算法能得到明显较优的结果，EISAFIST 算法得到的目标函数的均值小于改进免疫算法（IIA）求得的目标函数均值，并且目标值的标准差及方差普遍小于改进免疫算法（IIA）得到的目标值的标准差及方差。这主要是由于 EISAFIST 算法中引入了内分泌激素调节机制，自适应交叉概率和变异概率均按照内分泌激素分泌规律进行了设计。

表3-11 调度运算（10次）的结果

算法	最大迭代次数	目标函数 *max / average / min*	*MP*	*RP*	*VAR*	*STD*
文献 [29, 32] 中的 IIA	600	696/690/682	1.17	2.05	164	12.8
	800	700/685/683	0.29	2.49	259	16.1
	1000	689/685/680	0.74	1.32	71	8.45
EISAFIST	600	680/679/675	0.59	0.74	98	9.90
	800	681/672/671	0.15	1.49	90	9.49
	1000	679/670/668	0.30	1.65	86	9.27

在仿真研究中还发现，对于同一问题，相比于免疫调度算法得到的结果，在内分泌免疫调度算法中减小群体的规模，减少迭代的次数，同样可以得到较优解，这一点在解决大规模的调度问题时更能体现 EISAFIST 算法的优越性。

3.3 基于文化算法的智能调度[33]

3.3.1 文化算法

文化作为一种复杂的社会现象，被 Durham[34] 定义为一个可以将在群体内部及不同群体之间广泛和长久传播的众多概念通过符号和编码表示的系统，文化是人类社会发展的产物，是人类有意识、有目的的创造。从 20 世纪 50 年代起，强调知识的增长和文化的进化推动人类社会进化的新的社会进化论开始兴起，将生物进化和社会进化加以区分，认为生物进化是基因的传递和变异以应对环境变化的适应调整过程，而社会进化依靠文化的传递、交流和积累。与生物进化相比，社会进化不仅具有方向性而且更新速度更快，过程更复杂，人类社会的进化是社会总体适应能力的提高和文化层面上全面能力的提高。

Lenski[35] 和 Sanderson[36] 都认为生物进化和社会进化是有相似点的，这种相似存在于生物进化和社会进化都是基于促进其适应环境特点的过程之上的。但是生物进化和社会进化又是有差异的，Lenski 认为生物进化中，基因保存了生物进化的优质信息，这种信息的传递只能依靠新的机体复制实现；同时基因变异的概率很低，因而基因的变化缓慢，而且生物体通过后天学习获得的优质信息不能靠基因传递给下一代。社会进化中文化作为信息的载体，可以积累、可以传播，而且传播更广泛、更直接、更迅速、更灵活。Sanderson 认为生物进化中，基因变异是随机的、盲目的；而社会进化中，这种变化是有意识、有目标的，是人类通过自身的思想和行动有意识有目标地创造出来的，因此社会进化更有预测性和方向性。

文化的可积累性也是文化的一个突出的特点，所谓文化的积累指的是旧文化的保存更新和新文化的增加发展的过程，不仅仅指同质文化的数量增加，而且更重要的是新文化的创造。人类文化在传递过程中，子代在接受父代传递来的经验、知识、信息的同时，又通过自己的实践和经验不断扩充和丰富原有的文化，进而进行文化的积累和创造。同时在积累的过程中也有遗失，不过这种遗失实际上是顺应了文化的自然选择，在旧文化基础上发展新文化，遗失旧的不再适用的文化实际上也是一种积累的更高形式，即更新。正因为人类文化的不断积累和更新，人类社会才会取得长足发展。

在人类社会学中“文化”概念的启发下，Reynolds[37] 于 1994 年提出了文化算法，将文化的传承整合到进化的进程中，认为进化应该是一种双继承的过程。一般的进化算法只描述了进化的微观层面，即种群进化是父代将基因信息传给子代的过程，而文化算法注意到进化的宏观层面，即人类社会在发展的同时，还将自己的经验总结为“文化”并以此来决定自己的行为，并且这种文化可以被全社会的人广泛接受并用来指导自己的行为，文化在一代代传承中用社会精英的行为模式不断调整社会成员的行为使其也具有精英特质，从而达到整个社会的文化层面的进化。这种“文化”的概念泛而化之可以理解为一种“信息”或是“知识”，是一种经验的总结和传承。

（1）文化算法的研究进展

在人类社会学中“文化”概念的启发下，Reynolds[37] 在 1994 年提出了文化算法的构想，提出一种 VGA（Version Space Guided Genetic Algorithms）算法，即用遗传算法代表其种群空间的进化，用栅格（Version Space）代表由种群空间提炼出来的模式（Schemata），即信仰空间（Belief Space），个人经验的集合（Mappa）作为栅格的子空间，并从遗传算法模式定理的角度验证了这种 VGA 算法跟单纯的遗传算法相比可以加快知识学习的速度。之后 Reynolds 本人和他的学生以及其他专家学者对文化算法种群空间的进化模式、信仰空间的构造、沟通渠道的设计等进行了更加深入的研究，并将其应用到智能计算的方方面面。

Chung 和 Reynolds 等 [38-39] 用文化算法来解决全局最优化问题，取得了较好的效果，将解空间分为可行域和不可行域，通过可行解和不可行解的信息调整信仰空间中保存解的位置的信息，从而进一步划分可行域和不可行域，指导群体在可行域中演化。Chung[40] 将文化算法用于解决静态无约束实值函数优化问题，Saleem[41] 将其用于解决动态优化问题，Coello[42] 首次提出将文化算法用于解决多目标优化问题。

Chung[40] 最早定义了信仰空间的两种知识类型，形势知识（Situational Knowledge）、规范知识（Normative Knowledge），后来 Jin[43] 提出了约束知识（Constraint Knowledge）和地形知识（Topographic Knowledge），Saleem[41] 在前人基础上提出了历史知识（History Knowledge）和领域知识（Domain Knowledge）。标准化知识给出了一系列变量范围，为个体行为提供行为准则和指导原则，引导个体进入最可能产生最优解的区域；形势知识提供了一系列特定个体的经验表示，引导其他个体以其为榜样进化；领域知识使用有关问题领域的知识去指导搜索；地形知识类似于局部优化，指导产生最优个体；历史知识在搜索过程记录重要事件，引导个体选择好的搜索方向。根据不同问题的特点，可以选择不同的知识类型。

文献 [44] 认为，任何一种基于种群的进化算法都可以作为文化算法的种群空间，所以种群空间的构造除了一开始运用的遗传算法之外，还有遗传规划 [45]、进化规划、粒子群 [46-48] 等算法，Becerra 和 Coello 在用文化算法解决约束优化问题构造种群空间时首次使用差分进化算法 [49-50]。

在算法的架构设计上，各专家学者提出了许多新的方法。Reynolds 和 Chung[51] 使用模糊推理引擎机制，将进化的代数和当前群体的适应度作为模糊推理引擎的输入，输出可接受的个体数目；Zhu[52] 针对问题优化中环境的变化设计出一种按照模糊的接受函数来选取参数的方法；Digalakis 和 Margaritis[53] 提出一种基于多个种群的文化算法并称之为并行协作文化算法，验证了多个种群间个体通过信息的交流和协作能达到不错的效果；Ostrowski[54] 提出一种双文化算法框架，通过共同的信仰空间进行交流。

文化算法的应用从一开始的约束问题求解扩展到数据挖掘、设备学习、图像分割、语义网络、人工神经网络建模、建筑创新设计、经济学投资组合理论分析等问题上。

（2）文化算法的结构及特点

文化算法可以看作是对将着眼点放在基因和自然选择的进化算法的升华与完善，是受到人类社会学的启发而提出的一种智能优化算法，因此与只描述了微观层面基因传递的进化算法有着本质的不同。除了一般性的种群空间（Population Space）之外，还设计了文化存储、积累、更新的空间——信仰空间（Belief Space）——作为宏观层面的进化空间，两个空间并行演化，定时通过沟通渠道（Communication Protocol）进行交流。种群空间除了进行进化操作（Inherit）、适应度评价（Performance）、迭代求解之外，还在进化的过程中模仿人类进化的特点，将进化过程中的优良信息及模式实时地总结为“文化”并存储于信仰空间；信仰空间中的文化可以代代相传并以这种群体精英的模式不断影响和调整群体空间中个体的进化。由于这种影响作用全面而直接，因而可以促进整个种群全面而迅速地进化。Reynolds 将文化算法设计为如图 3-30 所示的结构。

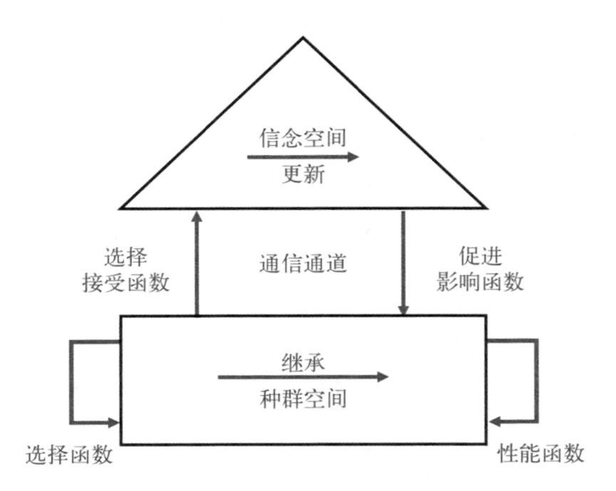

图 3-30 文化算法的架构图

一般来说，种群空间要有以下特点：种群中的个体要有一定的行为规则，这种行为规则可以被描述和传递，个体的优良行为规则可以被归纳为群体经验，并可以用来指导其他个体的行为。文化算法是一种结构性算法，理论上讲任何一种符合其要求的进化算法都可以构成其种群空间，因此，文化算法可以采用多个种群，不同的种群采取不同的构造方式、不同的进化方式或者不同的进化速度进行进化，以此求解复杂的问题。

信仰空间作为种群经验的载体，可以由多种知识表达，而文化算法的优越性就体现在可以同时采用多种知识表达经验，使经验的表达更丰富、更完善。

沟通渠道作为连接种群和信仰空间的桥梁，起着接受（Acceptance）和影响（Influence）的作用。接受是从种群空间中选取优秀个体经验经过一定规则的提取和优化成为种群经验，从而作为信仰空间的补充和更新；影响是将信仰空间的指导作用传达到种群空间，改善种群空间的进化、提高种群个体的质量。

从图 3-30 中可以看出，文化算法作为一种双层的进化结构，比起一般的进化算法，多了一个存储信息的空间以及两个空间的沟通成本，在运算时间上并不占有很大的优势，但是由于在文化的指导下种群可以更有目的而迅速地进化，因而可以加快种群的收敛速度和搜索效率。

算法首先初始化种群和信仰空间，通过对个体的适应度的评价选取优异个体经验作为信仰空间初始经验（或文化），通过信仰空间的评价和归纳，将个体经验转化为群体经验从而完成信仰空间的更新；反过来，信仰空间将经验作用于群体空间，指导个体向有利于发现最优解的方向进化，从而完成种群空间的进化，如此一代复一代，直到达到终止条件。

从以上分析可以看出，文化算法具有明显的优势：可以将不同的算法混合求解，文化算法为其他算法提供了很好的接口和平台；种群空间和信仰空间都分别将其父代的优良信息加以继承，从而称之为一种双继承的体制；种群空间由于有了信仰空间的指导而摆脱了进化的盲目性和可能的倒退性；根据需要，种群空间和信仰空间都可以分层、分群地各自独立进化。正是这些优势赋予了文化算法灵活性和广泛的应用前景。

3.3.2 灾变型文化算法

文化算法的实现关键在于种群空间的构造、信仰空间以及沟通渠道的设计。Reynolds 和 Peng[55] 针对函数极值问题提出一种区域模式，将解域划分为一个个栅格，通过搜索不断区分最有可能产生优解的可行域以及不可行域，同时将可行域的边界和约束信息存储在信仰空间中以指导下一步的搜索。鉴于遗传算法兼有变异算子和交叉算子而兼顾了多样性和收敛速度，采用遗传算法作为种群空间的进化算法，为了更好地模拟不同种群间文化的多样性的融合而采取多种群进化，同时为了克服遗传算法早熟收敛和寻优速度慢的缺陷，引入了灾变算子和兄弟竞争的思想，提出了灾变型文化算法。

灾变（Catastrophe）是指自然界中发生剧烈的地质或气候变化而使生物界出现大规模的种群灭绝、更替等现象，往往只有适应力极强的个体存活，因而灾变过后个体的适应能力更强，这对于遗传算法是很有启发性的。

一般来说，灾变的实施方法有多种：一种是在种群达到基因雷同可以实施灾变的条件下，进行物种灭绝，然后再随机产生新的个体，进行新一轮的进化；一种是对于不同个体采取不同的变异概率以产生不同规模的后代，从而改变原有种群的个体分布；还有一种是突然提高变异概率。由于遗传算法中交叉概率远远大于变异概率，在算法后期会导致优秀个体趋同，而变异所带来的新的基因片段更新速度慢，因此本节采用突然提高变异概率的方法进行灾变。由于灾变前已经将每代的最优个体加以保留，因此灾变不仅没有造成倒退反而扩大了搜索范围。但是如果盲目增加变异概率会使遗传算法变成一种随机算法，丧失其优越性，因此灾变的时机也需要慎重选取。

在以上分析的基础上，针对研究的生产调度问题采取以下判断方法，即设定一个检验周期 τ，当这个周期结束时，判断这个周期中每代的种群最优解相似率与门槛值 δ 的关系，如果没有达到则进行灾变，如果达到或超过，则进入下一个检验周期。即当出现式 (3-46) 所示情况时，则发生灾变。

$$\sum_{i+1}^{i+\tau} BestOBJ_i \,/\left(\tau \cdot BestOBJ_{i+\tau}\right) \leqslant \delta \tag{3-46}$$

其中，$BestOBJ_i$ 为第 i 代种群最优解。如果取 $\delta=1$，表示只有当在检验周期中每代的种群最优解完全相同时才进行灾变，一般取 $\delta=1 \sim 1.2$。这样规定一个检验周期的优势在于不需要频繁地通过检验种群最优解相似率来检验种群的停滞程度，只要在一个检验周期结束时计算即可。同时检验周期的长短可调，对于规模较小的简单问题，可以将检验周期取得稍微短一些，利于算法的快速寻优；对于规模较大的复杂问题，可以将检验周期取得稍微长一些，利于算法的全局寻优。

灾变型文化算法的具体过程如下所述。

（1）选择操作

赌轮选择方式或比例选择方式，用正比于个体适应度值的概率来选择相应的个体，将个体的适应度值与整个种群的适应度值的和的比值作为其被选择的概率。

基于种群个体适应度值排序的选择算法，将种群中的个体按适应度大小排序，将排在前面的个体复制两份，中间的个体复制一份，后面的个体不复制。这种方式与赌轮选择方式的差别在于，赌轮方式相当于每个个体都获得复制一份的机会。

两种方式各有优缺点，赌轮选择方式可能会由于群体规模有限以及随机性而丢失高适应度个体，而基于种群个体适应度排序的方式可能会导致高适应度个体占据种群空间。

（2）交叉操作

单位置次序交叉方法，即随机产生一个交叉位，保留父本个体 p_1 交叉位之前的片段，然后在另一个父本个体 p_2 中删除 p_1 中保留的基因，进而将剩下的基因填入 p_1 的交叉位之后，从而得到下代个体。

线性次序交叉方法，即随机产生两个交叉位，交换两个交叉位之间的片段，并在父代个体中删掉从另一个父代个体交换过来的基因，然后从第一个基因位起依次在两交叉位之外填入剩余的基因。

（3）变异操作

互换变异，即随机交换染色体中两个不同位置的基因。变异概率一般取值很小，只有当满足灾变条件时，才提高至灾变时变异概率，以对停滞的种群进行大规模的更替。

采用形势知识（Situational Knowledge, SK）表示信仰空间，具体可以表示为：

$$BLF=<SK>=<Belief,BeliefOBJ,BeliefBest,avgBeliefOBJ>$$

形势知识由进化前从种群空间中选取出的优秀个体组成，并能随着种群空间的进化及时更新，为其他个体提供学习榜样。其中，*Belief* 为信仰空间个体，*BeliefOBJ* 为信仰空间个体的目标值，*BeliefBest* 存储进化到目前为止种群的最优个体，*avgBeliefOBJ* 为信仰空间中个体的平均目标值。具体数据结构如图 3-31 所示。

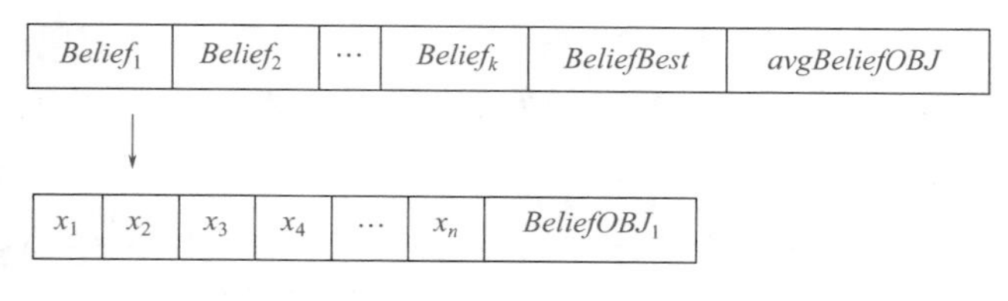

图 3-31　信仰空间数据结构

信仰空间和种群空间之间的沟通通过接受（Acceptance）与影响（Influence）操作来完成。接受操作将种群空间的群体经验进行提炼总结，上升到信仰空间中以“文化”的形式存在；影响操作将这种“文化”作用到下层的种群空间，用以指导成员的行为，使其朝着有利于发现最优解的方向进化。

接受操作是根据种群空间的适应度函数给出的个体的适应度，每进化一代，分别用每个种群空间中当前适应度值最大的个体取代信仰空间中适应度值最低的个体，将其“接受”到信仰空间中去。即

$$accept() = \begin{cases} 1, fit_{i\max}^{t} > fit_{\min}^{t-1}, i = 1, \cdots, p \\ 0, \qquad 其他 \end{cases} \tag{3-47}$$

其中，1,0 分别表示被接受和被拒绝；$fit_{i\max}^{t}$ 表示群体空间中第 t 代时第 i 个种群中最高适应度的个体的适应度值；$fit_{\min}^{t-1}$ 表示信仰空间中第 $t-1$ 代时最低适应度的个体的适应度值；p 为种群数。

影响操作分微观和宏观两个层面进行。微观上，对所有的种群进行平均适应度评估，影响操作只针对其中表现最差的种群空间进行。从信仰空间中按基于种群个体适应度排序的选择方式选取个体进入这个种群。一般认为，种群中较劣势的个体更有可能接受影响而发生变化，在此理论基础上从信仰空间中选择适应度值较好的一部分个体（具体数目由 *influencerate* 参数决定），根据参数 P_i（信仰空间影响方式决定因子）决定是替换最差种群中适应度值较差的同样数目的个体还是与最差种群中适应度值较差的个体进行交叉操作。调度问题实际上是一种排序问题，某种特定的排序片段可以保证调度结果最优，因此好的排序片段的传承有利于发现最优的排序方法。根据多次仿真调节，参数 P_i 选择 0.5 比较恰当，即两种方式概率各半，这样最大程度上使种群空间中被影响的个体与信仰空间的“文化”有较大的相似性，即最大程度地保留了特定的排序片段。宏观上，由于选择、交叉、变异等遗传操作具有一定的随机性，可能破坏当前群体中性能最优的个体，从而对遗传算法的平均适应度以及运行效率带来消极的影响，因此采用最优解保存策略进化模型进行优胜劣汰操作，将当前最优个体存储在信仰空间的 *BeliefBest* 中，在影响操作时将其放入所有种群空间，从而避免算法退化和保证算法收

敛。影响操作并不需要每代都进行，要根据问题的规模及进化代数来选择。

3.3.3 基于灾变型文化算法的无限中间存储时间的多产品调度

无限中间存储时间的多产品调度问题研究物料流处理序列 $Q=\{q_1, q_2,\cdots,q_i,\cdots,q_n\}$ 在处理单元集 $M=\{1,2,\cdots,k,\cdots,m\}$ 上的处理问题，目标是求物料流的最优加工顺序，使最大流程时间达到最小。

应满足以下假设：

① 每种物料流以相同的次序流经各处理单元；

② 物料流之间没有优先性；

③ 同一时刻，一台处理单元（处理设备）只能处理一种物料流，一种物料流也只能被一台处理单元处理；

④ 物料流一旦开始处理就不允许中断。

本节研究进一步约定每台处理单元处理各物料流的顺序也相同。

设 P_{q_ik} 为物料 q_i 在处理单元 k 上的处理时间，S_{q_ik} 为物料 q_i 在处理单元 k 上的处理开始时间，C_{q_ik} 为物料 q_i 在处理单元 k 上的处理完成时间，其中 C_{q_nm} 为最后一种物料的最后一道工序所对应的处理完成时间。

模型建立如下：

$$\min(makespan)=\min\left(C_{q_nm}\right) \tag{3-48}$$

$$\text{s.t.}\ \begin{cases} S_{q_ik}\geqslant S_{q_ik-1}+P_{q_ik-1} \\ S_{q_ik}\geqslant S_{q_{i-1}k}+P_{q_{i-1}k} \\ C_{q_ik}=S_{q_ik}+P_{q_ik} \\ S_{q_ik}\geqslant 0 \end{cases} \tag{3-49}$$

上述公式分别表示物料 q_i 的第 k 道处理步骤必须在其前一步骤即第 $k-1$ 道步骤完成后才能开始；物料 q_i 在进行第 k 道处理步骤之前必须先等其前一物料流即 q_{i-1} 在第 k 台处理单元上处理完毕；任一物料流的处理开始时间大于或者等于零。

调度算法流程具体方案设计如下所述。

（1）群体空间的设计

共产生四个种群，每个种群根据以下几点设计，各自独立并行演化。

① 确定染色体编码方案，根据求解问题的性质，采用基于物料流的表达法。

② 随机产生初始种群。

③ 适应度函数的选取（评价准则），对于本节的调度问题，采用最大完成时间 *makespan* 作为评价准则，*makespan* 值越低，适应度越高。

④ 群体的演化规则：采用加入灾变算子的遗传算法，包括选择、交叉、变异等操作。

选择操作采用赌轮选择方式，用正比于个体适应值的概率来选择相应的个体，将个体的适应度值与整个种群的适应度值的和的比值作为其被选择的概率。交叉操作针对调度问题，采用单位置次序交叉方法；交叉时采用兄弟竞争的思想，引入小范围的择优竞争。变异操作采用互换变异，即随机交换染色体中两个不同基因的位置；变异概率一般取值很小，只有当满足灾变条件时，才提高至灾变时变异概率，以对停滞的种群进行大规模的更替。

（2）信仰空间的设计

① 确定染色体编码方案，采用与种群空间相同的编码方式。

② 确定信仰空间的群体规模，由 *voterate* 参数决定。

③ 初始化，分别对四个初始种群中的个体，按适应度值由高到低（即 *makespan* 由低到高）的顺序进行排列，取相应个数的最优个体放入信仰空间。

④ 更新，通过接受操作进行信仰空间的更新，用四个种群空间中当前适应度值最大的个体取代信仰空间中适应度值最低的个体。

（3）影响操作

对表现最差的种群空间进行影响操作，同时将信仰空间中的当前最优个体放入每一个种群空间。

（4）终止条件

设定最大进化代数作为终止条件。

（5）具体步骤

步骤 1： 初始化种群空间。

步骤 2： 选举优异个体到信仰空间，初始化信仰空间。

步骤 3： 计算个体适应度值及种群空间中每个种群的平均适应度值。

步骤 4： 种群空间进化，如果满足灾变条件，则进行灾变操作。

步骤 5： 接受操作，吸收优异个体进入信仰空间，更新信仰空间。

步骤 6： 影响操作，将信仰空间的优异片段送入平均适应度值最低的种群，同时将当前最优解放入每个种群。

步骤 7： 重复步骤 3 ～步骤 6 直到满足终止条件。

3.3.4 仿真研究

本节采用提出的灾变型文化算法，以确定条件下的无限中间存储时间的 Taillard 001 问题为例进行仿真实验。参数设置如下：种群空间大小 *Popsize*=50，种群数 p=4，交叉概率 P_c=0.8，变异概率 P_m=0.08，灾变时变异概率 P_{mc}=0.7，灾变检验周期 τ =20 ～ 30，灾变门槛值 δ =1，信仰空间选举率 *voterate*=0.6，信仰空间影响率 *influencerate*=0.6，兄弟竞争参数 p_n=5，进化代数 *InterativeTime*=500，得到的仿真结果如图 3-32 和图 3-33 所示。

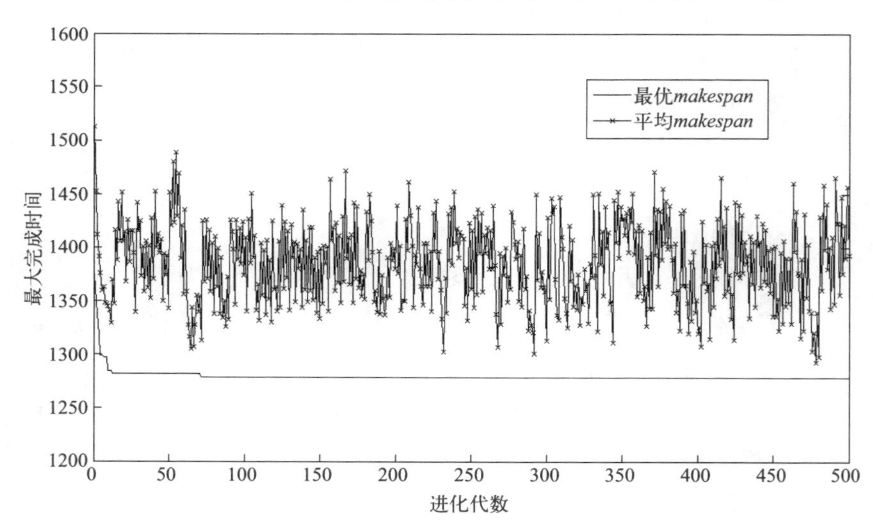

图 3-32　Taillard 001 问题进化曲线图

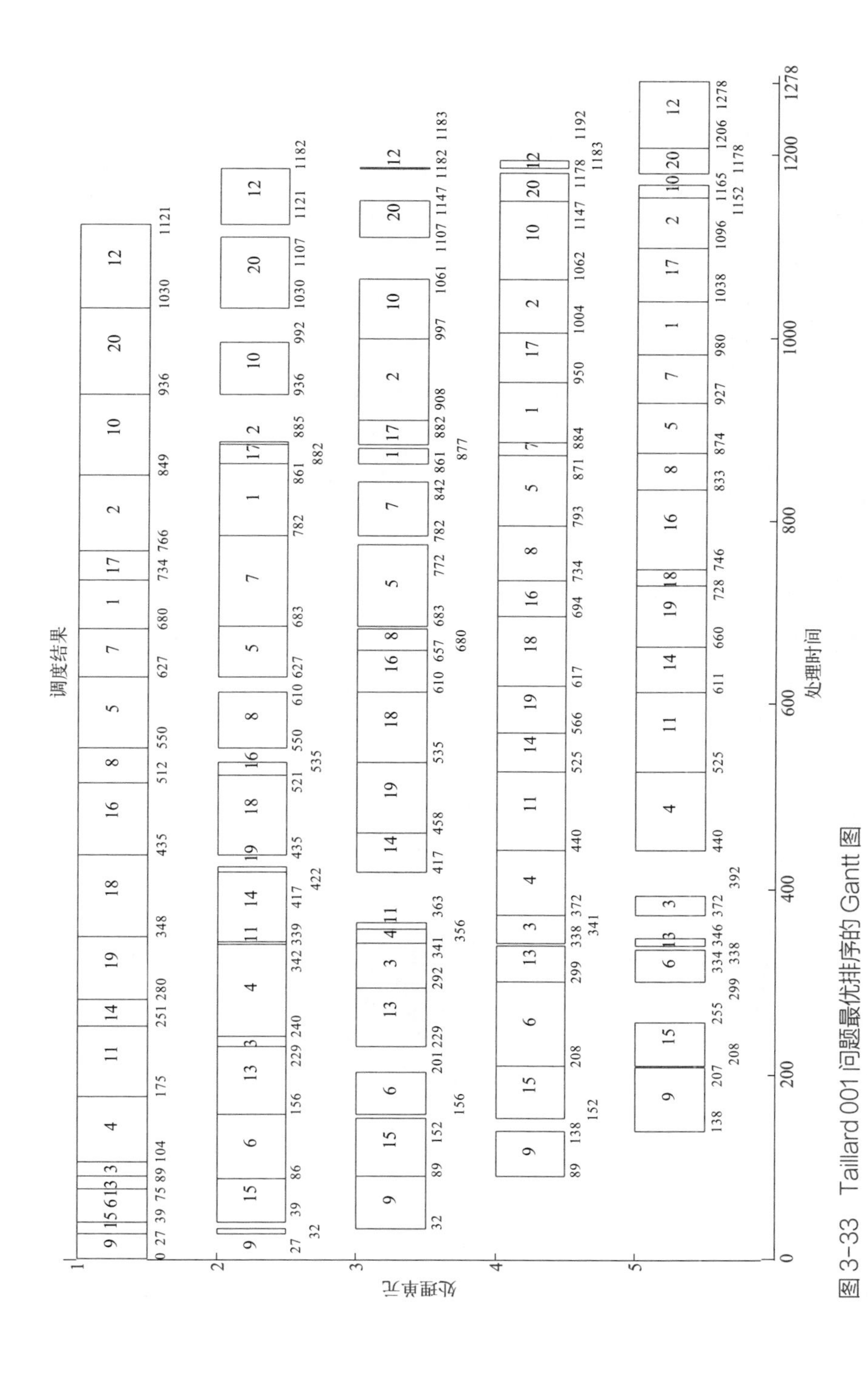

图 3-33　Taillard 001 问题最优排序的 Gantt 图

图 3-32 中，横轴表示进化代数，纵轴表示最大完成时间 *makespan*，两条曲线分别为种群最优 *makespan* 和平均 *makespan* 变化曲线，分别对应着种群中最优个体的 *makespan* 值变化和种群中所有个体 *makespan* 值的平均值变化。随着算法的不断演化，最优目标值曲线趋于最优和稳定，说明了算法的收敛性和有效性。由此可以确定产品的加工顺序为 9—15—6—13—3—4—11—14—19—18—16—8—5—7—1—17—2—10—20—12，最优 *makespan* 值为 1278，将其绘制成甘特图用于安排生产，如图 3-33 所示。

（1）灾变型文化算法与普通文化算法及混合量子算法的对比仿真研究

仿真实验采用 Carlier 设计的 Car 算例。将本节提出的灾变型文化算法（Cultural Algorithm with Catastrophe, CAC）与普通文化算法（General Cultural Algorithm, GCA）及混合量子算法（Hybrid Quantum Algorithm, HQA）进行对比，其中普通文化算法为无灾变算子的单种群文化算法，采用与灾变型文化算法相同的参数设置。灾变型文化算法参数设置如下：种群空间大小 *Popsize*=80，种群数 p=4，交叉概率 P_c=0.8，变异概率 P_m=0.08，灾变时变异概率 P_{mc}=0.7，灾变检验周期 τ=5 ～ 10，灾变门槛值 δ=1，信仰空间选举率 *voterate*=0.6，信仰空间影响率 *influencerate*=0.6。运行 20 次，对比结果如表 3-12 所示。从表中可以看出，总体上来说 CAC 寻优率远低于 GCA，与 HQA 相当或更好，在达到最优解的情况下，平均迭代次数也远低于 GCA，与 HQA 相当或更少，从而验证了算法的有效性。

表3-12　关于Car问题的CAC、HQA和GCA算法对比

问题	最优解	达到最优解						未达到最优解					
		迭代次数			达到最优解次数			最差次优解			最好次优解		
		HQA	GCA	CAC	HQA	GCA	CAC	HQA	GCA	CAC	HQA	GCA	CAC
Car1	7038	7.80	10.90	3.15	20	20	20	—	—	—	—	—	—
Car2	7166	9.95	53.79	10.00	20	14	20	—	7617	—	—	7204	—
Car3	7312	23.93	69	25.80	15	4	17	7399	7483	7399	7366	7399	7399
Car4	8003	19.80	44.00	8.95	20	18	20	—	7129	—	—	7129	—
Car5	7720	10.89	35.78	20.95	19	9	20	7727	7821	—	7727	7732	—
Car6	8505	8.79	31.60	5.70	19	10	20	8570	8570	—	8570	8570	—
Car7	6590	5.95	16.10	3.40	20	20	20	—	—	—	—	—	—
Car8	8366	11.42	28.14	6.10	19	14	20	8424	8420	—	8424	8420	—

图 3-34 为灾变型文化算法对 Car2 问题进行一次仿真实验的进化曲线，横轴为进化代数，纵轴为适应度，下面一条曲线为种群适应度平均值曲线，对应着进化代数和当前代种群中所有个体适应度值的平均值，上面一条曲线为种群中最优个体的适应度曲线，从中可以看出，算法是收敛的。

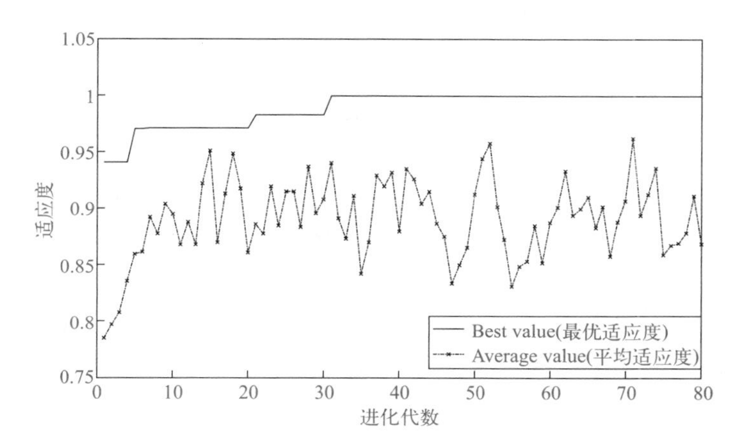

图 3-34　Car 2 问题的进化曲线（CAC）

图 3-35 为采用 GCA 和 CAC 方法对 Car3 问题进行优化计算种群适应度值进化的对比曲线。从曲线的收敛情况看，虽然在 10 代内，两种算法的收敛情况接近，但是 GCA 陷于局部最优而没有找到最优值，CAC 通过灾变算子的作用，跳出了局部最优，最终找到了最优解。

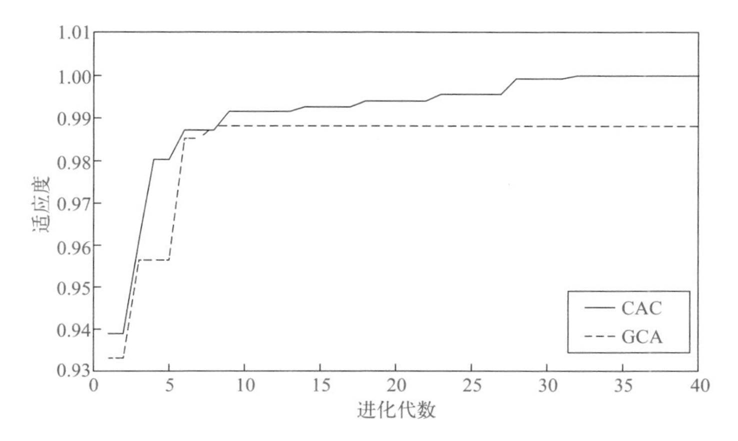

图 3-35　GCA 和 CAC 关于 Car 3 问题的进化曲线对比

（2）含兄弟竞争的灾变型文化算法与改进遗传算法及无灾变算子文化算法的对比仿真研究

为了验证本节提出的含兄弟竞争的灾变型文化算法（Brother Competition Based Cultural Algorithm with Catastrophe , BCBCAC）的有效性，将其与改进的遗传算法（Improved Genetic Algorithm, IGA）和无灾变算子的文化算法（Cultural Algorithm without Catastrophe, CA）进行比较，其中，IGA为加入了兄弟竞争思想的遗传算法，CA为在本节提出的算法基础上去掉了灾变算子的文化算法。测试问题的规模分别是20×5、20×10、20×20、50×5和100×5，分别取自Taillard基准问题。所有算法均用Matlab编程，同等计算条件下分别运行10次。采用相同的参数设置，IGA种群空间大小 $Popsize$=200，CA和CAC各有四个种群，每个种群空间大小 $Popsize$=50，进化代数 $InterativeTime$=500，交叉概率 P_c=0.8，变异概率 P_m=0.08，兄弟竞争参数 p_n=5。对于CA和BCBCAC，信仰空间选举率 $voterate$=0.6，信仰空间影响率 $influencerate$=0.6；对于CAC，灾变时变异概率 P_{mc}=0.7，灾变检验周期 τ=20 ～ 30，灾变门槛值 δ=1，比较结果如表3-13所示，其中问题规模为物料流的数量×处理单元数目，最优值和代数分别为问题的最优解及其对应的进化代数。为了更直观地比较灾变型文化算法的有效性和优势，将各算法在各规模问题下10次运算中最好的一次的演化曲线绘制成如图3-36所示的对比图。图中纵轴 $makespan$ 表示算法得到的运算结果。

从表3-13和图3-36中可以看出，CA的最优值和平均值均好于IGA，BCBCAC的最优值和平均值均好于IGA和CA，说明了文化算法本身以及灾变算子的引入可以增强算法的寻优能力。对于改进的遗传算法所找到的最优目标值，灾变型文化算法往往要早于其200多代找到，这是由于信仰空间的指导作用使得种群空间朝着更有利于发现最优解的方向进化，因而收敛速度快；尤其是在大规模问题的求解中，遗传算法容易早熟，易陷入局部最优，随着演化的进行，并不能跳出局部最优而找到最优解，而灾变型文化算法由于灾变算子的引入可以有效地解决进化停滞的问题，在种群进化暂时停滞后，通过提高变异概率来达到激发新生力量的作用，从而提高搜索能力。

表3-13　IGA、CA和BCBCAC对不同规模问题的对比结果

问题规模	IGA			CA			BCBCAC		
	最优值/平均值	代数	标准差	最优值/平均值	代数	标准差	最优值/平均值	代数	标准差
20×5	1284/1289.7	462	7.2	1278/1286.6	97	8.2	1278/1281.4	69	4.9
20×10	1644/1651.9	224	11.9	1623/1635.3	500	9.0	1604/1630.4	222	14.2
20×20	2255/2263.2	262	23.1	2216/2236.6	390	16.0	2202/2239.9	450	10.2
50×5	2816/2827.4	497	15.2	2790/2805.1	257	20.8	2782/2794.8	124	17.7
100×5	5430/5455.9	299	21.3	5342/5358.6	285	16.7	5339/5350.6	365	10.8

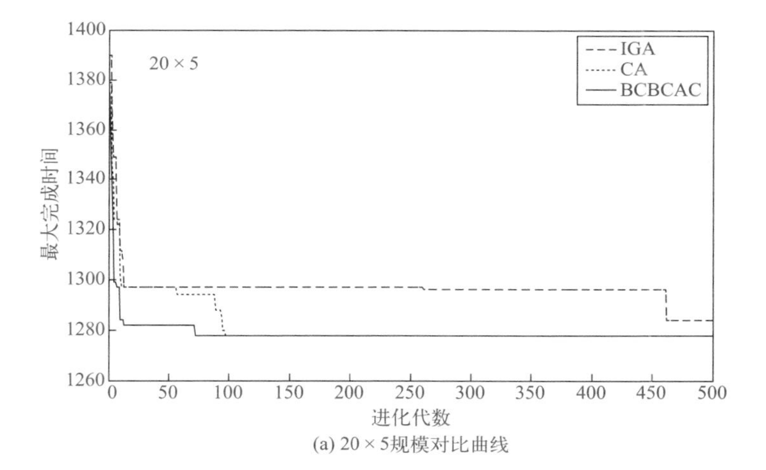

(a) 20 × 5规模对比曲线

20 × 10
IGA
CA
BCBCAC
最大完成时间
进化代数

(b) 20 × 10规模对比曲线

图 3-36

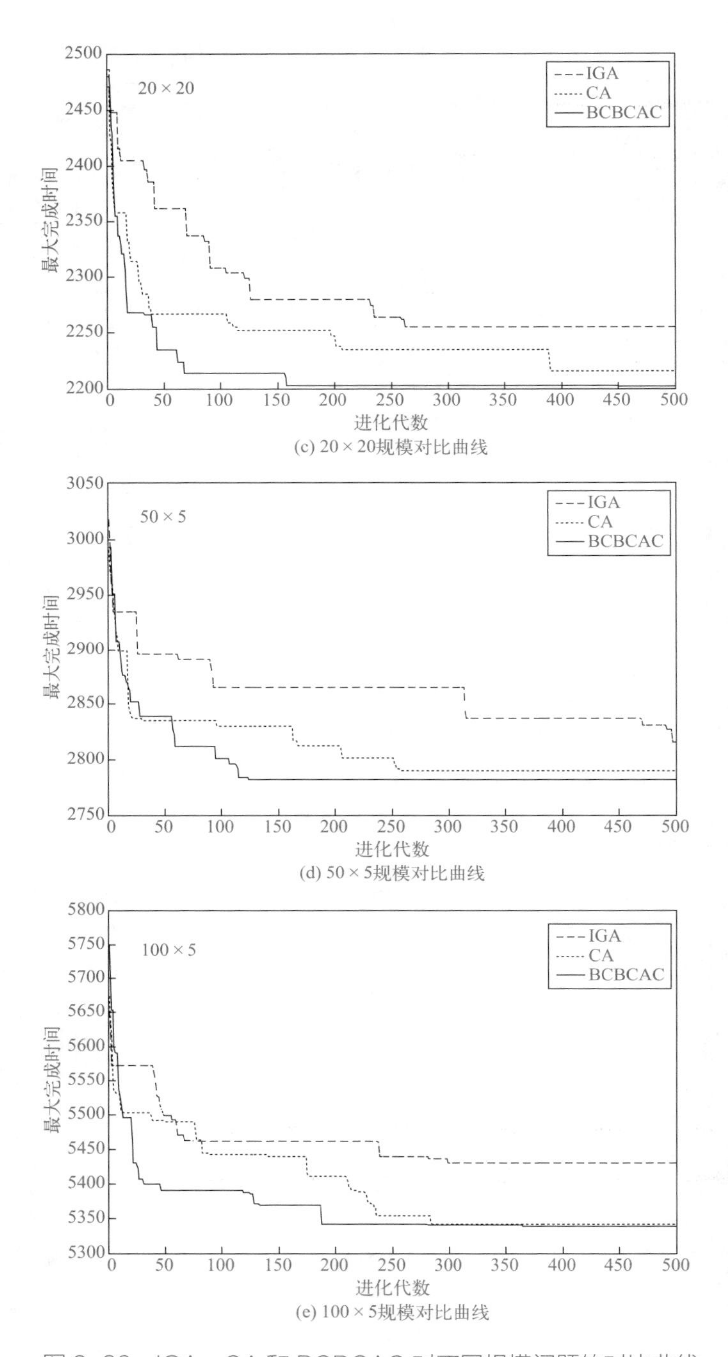

图 3-36　IGA、CA 和 BCBCAC 对不同规模问题的对比曲线

（3）参数选择仿真研究

讨论信仰空间参数选举率（*voterate*）和影响率（*influencerate*）的选取对算法性能的影响，固定其他参数选取值，选取Car2问题，分别进行20次仿真实验，结果如表3-14所示。其中平均百分误差表示算法所得结果平均值C_{avg}相对问题最优解C^{*}（Car2问题为7166）的百分误差，即$\left(C_{\text{avg}}-C^{*}\right)/C^{*}\times 100\%$，平均迭代次数为每次找到最优解的代数的平均值。从表中可以看出，在选举率相同的情况下，影响率太大或太小结果都不理想，一般取0.6左右时平均百分误差和平均迭代次数都达到最小，这是因为，影响率过小使得信仰空间的影响作用比较弱，而影响率过大则作用太强，使得种群空间易陷入当前找到的最优解而导致进一步寻优能力不足；在影响率相同的情况下，选举率太大或太小结果都不理想，一般取0.5～0.6之间，平均百分误差和平均迭代次数都比较小，达到了运算时间和效率的平衡。

表3-14　选举率和影响率取值不同时的仿真结果对比

选举率	影响率	平均百分误差	平均迭代次数	选举率	影响率	平均百分误差	平均迭代次数	选举率	影响率	平均百分误差	平均迭代次数
0.1	0.1	0.30	28.29	0.4	0.2	0.15	23.95	0.7	0.2	0.15	28.79
	0.2	0.44	23.24		0.4	0.09	20.89		0.4	0	18.55
	0.3	0.15	26.79		0.6	0	19.85		0.6	0.15	24.37
	0.4	0	21.20		0.8	0.15	23.95		0.8	0	22.55
0.2	0.2	0	22.55	0.5	0.2	0.23	25.78	0.8	0.2	0.29	22.28
	0.4	0	32.40		0.4	0	17.40		0.4	0	16.35
	0.6	0	18.10		0.6	0	13.25		0.6	0	18.75
	0.8	0	22.05		0.8	0	16.60		0.8	0	15.00
0.3	0.2	0.29	25.61	0.6	0.2	0	31.25	0.9	0.2	0.29	15.56
	0.4	0.15	23.95		0.4	0	18.65		0.4	0.59	18.69
	0.6	0	17.15		0.6	0	18.75		0.6	0	19.25
	0.8	0	16.75		0.8	0	10.00		0.8	0.15	19.44

参考文献

[1] 程俊 . 灾变合作型协同进化遗传算法及其应用 [D]. 上海 : 华东理工大学，2014.

[2] Bagley J D. The behavior of adaptive systems which employ genetic and correlation algorithms [D]. Ann Arbor, USA: University of Michigan, 1967.

[3] Holland J H. Adaptation in natural and artificial systems [M]. Ann Arbor, USA: Michigan University Press, 1975.

[4] Holland J H. Adaptation in natural and artificial systems: An introductory analysis with applications to biology, control, and artificial intelligence [M]. Boston, USA: The MIT Press, 1992.

[5] De Jong K. An analysis of the behavior of a class of genetic adaptive systems [D]. Ann Arbor, USA: University of Michigan, 1975.

[6] Goldberg D. Genetic algorithms in search, Optimization, and machine learning[M].Boston, USA: Addison Wesley, 1989.

[7] Boamlette M, Bouchard E, Buckman E, et al. Current applications of genetic algorithms to aeronautical systems [C]. Proceeding of the sixth Annual Aerospace Applications of Artificial Intelligence Conference, 1990.

[8] Jazen D H. When is it co-evolution [J]. Evolution, 1980, 34: 611-612.

[9] Ehrlich P R., Raven P H. Butterflies and plants: A study in coevolution [J]. Evolution, 1964, 18(4): 586-608.

[10] Potter M, De Jong K. Cooperative coevolution: An architecture for evolving coadapted subcomponents [J]. Evolutionary Computation, 2000, 8(1): 1-29.

[11] Potter M A. The design and analysis of a computational model of cooperative coevolution [D]. Fairfax, VA, USA: George Mason University, 1997.

[12] Rosin C D, Belew R K. Methods for competitive co-evolution: Finding opponents worth beating [C]// Proceedings of the Sixth International Conference on Genetic Algorithms, 1995: 373-380.

[13] Rosin C D, Belew R K. New methods for competitive coevolution [J]. Evolutionary Computation, 1997, 5(1): 1-29.

[14] Potter M A, De Jong K. A cooperative coevolutionary approach to function optimization [C]. International conference on parallel problem solving from nature, 1994: 249-257.

[15] Wiegand R P, Liles W C, De Jong K. An empirical analysis of collaboration methods in cooperative coevolutionary algorithms [C]. Proceedings of the genetic and evolutionary computation conference (GECCO), 2001: 1235-1245.

[16] Wiegand R P, Liles W C, De Jong K. Analyzing cooperative coevolution with evolutionary game theory [C]. Proceedings of the 2002 congress on Evolutionary Computation, 2002: 1600-1605.

[17] Fisher H. Probabilistic learning combinations of local job-shop scheduling rules [J]. Industrial scheduling, 1963: 225-251.

[18] 王祎 . 内分泌免疫优化算法及其在 Flow Shop 生产调度中的应用 [D]. 上海 : 华东理工大学，2008.

[19] 陈慰峰 . 医学免疫学 [M]. 北京 : 人民卫生出版社，2001.

[20] Janeway Jr C A. The immune system evolved to discriminate infectious nonself from noninfectious self [J]. Immunology Today, 1992, 13(1): 11-16.

[21] Fearon D T, Locksley R M. The instructive role of innate immunity in the acquired immune response [J]. Science, 1996, 272(5258): 50-53.

[22] Medzhitov R, Janeway Jr C A. Innate immunity: The virtues of a nonclonal system of recognition [J]. Cell, 1997, 91(3): 295-298.

[23] Bersini H, Varela F J. Hints for adaptive problem solving gleaned from immune networks [C]. International Conference on Parallel Problem Solving from Nature. Springer, Berlin, Heidelberg, 1990: 343-354.

[24] Forrest S, Hofmeyr S A. Immunology as processing: Design principles for immune system & other distributed autonomous systems [M]. [S.I.]: Segal L A. and Cohen I R. eds, Oxford University Press, 2000.

[25] 吕岗 . 免疫算法及其应用研究 [D]. 中国矿业大学（北京）, 2003.

[26] Farmer J D, Packard N H, Perelson A S. The immune system, adaptation, and machine learning [J]. Physica D: Nonlinear Phenomena, 1986, 22(1/2/3): 187-204.

[27] 朱锡华 . 生命的卫士——免疫系统 [M]. 北京 : 科学技术文献出版社，1999.

[28] Hofmeyr S A. An interpretative introduction to the immune [J]. Design principles for the immune system and other distributed autonomous systems, 2001: 3.

[29] 徐震浩 . 基于免疫优化算法的不确定性间歇生产过程调度问题研究 [D]. 上海 : 华东理工大学，2005.
[30] 莫宏伟 . 人工免疫系统原理与应用 [M]. 哈尔滨 : 哈尔滨工业大学出版社，2002.
[31] Farhy L S. Modeling of oscillations in endocrine networks with feedback [J]. Methods in Enzymology, 2004, 384: 54-81.
[32] 徐震浩，顾幸生 . 解决中间存储时间有限的 Flow Shop 调度问题的算法 [J]. 系统工程理论与实践，2006, 26(1): 111-116.
[33] 路飞 . 灾变型文化算法及其在 Flowshop 调度问题中的应用 [D]. 上海 : 华东理工大学，2010.
[34] Durham W H. Co-evolution: genes, culture, and human diversity [M]. Palo Alto: Stanford University Press, 1994.
[35] Lenski G. Human societies: An introduction to macro sociology [M]. New York: McGraw-Hill, 1995.
[36] Sanderson S K. Evolutionary materialism: A theoretical strategy for the study of social evolution [J]. Sociological Perspectives, 1994, 37(1): 47-73.
[37] Reynolds R G. An introduction to cultural algorithms [C]. Proceedings of the Third Annual Conference on Evolutionary Programming, 1994, 24: 131-139.
[38] Reynolds R G., Michalewicz Z, Cavaretta M J. Using cultural algorithms for constraint handling in GENOCOP [C]. Proceedings of the Fourth Annual Conference on Evolutionary Programming, 1995: 289-305.
[39] Chung C J, Reynolds R G. A testbed for solving optimization problems using cultural algorithms [C]. Proceedings of the Fifth Annual Conference on Evolutionary Programming, 1996: 225-236.
[40] Chung C J. Knowledge-based approaches to self-adaption in cultural algorithms [D]. Detroit: Wayne State University, 1997.
[41] Saleem S M. Knowledge-based solution to dynamic optimization problems using cultural algorithms [M]. Detroit: Wayne State University, 2001.
[42] Coello C A, Becerra R L. Evolutionary multiobjective optimization using a cultural algorithm [C]. 2003 IEEE Swarm Intelligence Symposium, 2003: 6-13.
[43] Jin X, Reynolds R G. Using knowledge-based evolutionary computation to solve nonlinear constraint optimization problems: a cultural algorithm approach [C]. Proceedings of the 1999 congress on evolutionary computation-CEC99, 1999: 1672-1678.
[44] Reynolds R G, Chung C J. Knowledge-based self-adaptation in evolutionary programming using cultural algorithms [C]. IEEE International Conference on Evolutionary Computation, 1997: 71-76.
[45] Zannoni E. Cultural algorithms with genetic programming: Learning to control the program evolution process [D]. Detroit: Wayne State University, 1996.
[46] Iacoban R, Reynolds R G, Brewster J. Cultural swarms: Modeling the impact of culture on social interaction and problem solving [C]. Proceedings of IEEE Swarm Intelligence Symposium, 2003: 205-211.
[47] Jacoban R, Reynolds R G, Brewster J. Cultural swarms: assessing the impact of culture on social interaction and problem solving [C]. Proceedings of IEEE Swarm Intelligence Symposium, 2003: 212-219.
[48] Dos Santos Coelho L, Mariani V C. An efficient particle swarm optimization approach based on cultural algorithm applied to mechanical design [C]. IEEE Congress on Evolutionary Computation, 2006: 1099-1104.
[49] Becerra R L, Coello C A C. Culturizing differential evolution for constrained optimization [C]. Proceeding of the Fifth Mexican International Conference in Computer Science, 2004: 304-311.
[50] Becerra R L, Coello C A C. Optimization with constraints using a cultured differential evolution approach [C]. Proceedings of the 2005 Conference on Genetic and Evolutionary Computation, 2005: 27-34.
[51] Reynolds R G, Chung C J. Fuzzy approaches to acquiring experimental knowledge in cultural algorithms [C]. Proceedings of the 9th IEEE International Conference on Tools with Artificial Intelligence, 1997: 260-267.
[52] Zhu S N, Reynolds R G. Fuzzy cultural algorithms with evolutionary programming [C]. Evolutionary Programming, 1998: 209-218.
[53] Digalakis J G, Margaritis K G. A multipopulation cultural algorithm for the electrical generator scheduling problem [J]. Mathematics and Computers in Simulation, 2002, 60(3/4/5): 293-301.
[54] Ostrowski D A, Reynolds R G. Using cultural algorithms to evolve strategies for recessionary markets [C]. Proceedings of the 2004 Congress on Evolutionary Computation, 2004: 1780-1785.
[55] Reynolds R G, Peng B. Knowledge learning and social swarms in cultural systems [J]. The Journal of Mathematical Sociology, 2005, 29(2): 115-132.

第4章

基于群智能优化算法的离散过程生产调度

4.1 基于粒子群优化算法的智能调度 [1-3]

4.1.1 粒子群优化算法

（1）PSO 算法的基本原理

粒子群优化算法（PSO 算法）是一种基于群智能方法的演化计算技术。在 PSO 算法中，每个优化问题的潜在解都可以想象成 d 维搜索空间上的一个点，被称之为“粒子”（Particle）。粒子在搜索空间中以一定的速度飞行，这个速度根据它本身的飞行经验和同伴的飞行经验动态调整。所有的粒子都有一个被目标函数决定的适应值（Fitness Value），并且知道自己到目前为止发现的最好位置（Particle Best，记为 p_{best}）和当前位置。这个可以看作是粒子自己的飞行经验。除此之外，每个粒子还知道到目前为止整个群体中所有粒子发现的最好位置（Global Best，记为 g_{best}）（其实 g_{best} 也是 p_{best} 中的最好值），这个可以看作是粒子同伴的经验。每个粒子使用下列信息改变自己的当前位置：①当前位置；②当前速度；③当前位置与自己最好位置之间的距离；④当前位置与群体最好位置之间的距离。PSO 优化搜索正是由一群随机初始化形成的粒子组成一个种群，并随机初始化粒子的飞行速度，以迭代的方式进行的。简而言之，PSO 初始化一群随机粒子（随机解）和飞行速度。所有粒子都有一个由被优化的函数决定的适应值，每个粒子还有一个速度决定它们的飞行方向和距离，然后粒子们就追随当前的最优粒子在解空间中迭代搜索，直到找到最优解。在每一次迭代中，粒子通过跟踪两个极值来更新自己的位置。第一个极值就是粒子本身所找到的最优解，这个解叫作个体极值 p_{best}。另一个极值是整个种群目前找到的最优解，这个极值是全局极值 g_{best}。另外也可以不用整个种群而只是用其中一部分最优粒子的邻居，那么在所有邻居中的极值就是局部极值。

假设在一个 D 维的目标搜索空间中，有 m 个粒子组成一个种群，

其中第 i 个粒子表示为一个 D 维的向量 $\boldsymbol{X}_i=\left(x_{i1},x_{i2},\cdots,x_{iD}\right),i=1,2,\cdots,m$，即第 i 个粒子在 D 维的搜索空间中的位置是 $\boldsymbol{X}_i$。$\boldsymbol{V}_i=\left(v_{i1},v_{i2},\cdots,v_{iD}\right)$ 是第 i 个粒子的飞行速度，$\boldsymbol{P}_i=\left(p_{i1},p_{i2},\cdots,p_{iD}\right)$ 是第 i 个粒子迄今为止搜索到的最优位置 p_{best}，$\boldsymbol{P}_g=\left(p_{g1},p_{g2},\cdots,p_{gD}\right)$ 是整个粒子群迄今为止搜索到的最优位置 g_{best}。基本 PSO 算法的递推方程如下：

$$v_{id}(k+1)=v_{id}(k)+c_1r_1\left(p_{id}(k)-x_{id}(k)\right)+c_2r_2\left(p_{gd}(k)-x_{id}(k)\right) \quad (i=1,2,\cdots,m;d=1,2,\cdots,D) \tag{4-1}$$

$$x_{id}(k+1)=x_{id}(k)+v_{id}(k+1) \quad (i=1,2,\cdots,m;d=1,2,\cdots,D) \tag{4-2}$$

在式 (4-1) 和式 (4-2) 中，k 为迭代次数；学习因子 c_1 和 c_2 是非负常数，一般取值为 2；r_1 和 r_2 是均匀分布于 [0,1] 之间的两个随机数；$v_{id}\in\left[-v_{\max},v_{\max}\right]$，$v_{\max}$ 是用户自己设定的常数；$v_{id}(k)$ 为第 k 次迭代时粒子 i 飞行速度矢量的第 d 维分量；$x_{id}(k)$ 是第 k 次迭代时粒子 i 位置矢量的第 d 维分量；$p_{id}(k)$ 是粒子 i 个体最好位置矢量的第 d 维分量；$p_{gd}(k)$ 为群体最好位置矢量的第 d 维分量；迭代终止条件根据具体问题一般选为最大迭代次数或（和）粒子群迄今为止搜索到的最优位置满足预定最小适应阈值。

PSO 算法递推方程主要通过三部分来更新粒子 i 的新速度：①粒子 i 前一次迭代时刻的速度；②粒子 i 当前位置与自己最好位置之间的距离；③粒子 i 当前位置与群体最好位置之间的距离。粒子 i 通过式 (4-1) 更新位置的坐标，通过递推方程决定下一步的运动位置。

粒子群优化算法是基于群体智能理论的优化技术，通过群体中粒子的合作与竞争产生的群体智能指导优化搜索。粒子群优化算法的流程如图 4-1 所示。

（2）PSO 算法的发展

① 离散二进制 PSO 算法　原始的 PSO 算法是在连续域中搜索数值函数的一个有力工具。然而许多实际的工程应用问题都是组合优化问题，因而需要将粒子群算法在二进制空间进行扩展，构造一种离散形式的二进制粒子群决策模型。

Kennedy 和 Eberhart 于 1997 年在基本的 PSO 算法基础上做了扩展，提出了一种离散二进制 PSO 算法 [4]。离散二进制 PSO 算法（Discrete

Binary PSO, DBPSO）和基本 PSO 算法的主要区别在于运动方程的差别，在离散二进制 PSO 算法中，粒子定义为一组由 0、1 组成的二进制向量。DBPSO 保留了原始的连续 PSO 的速度公式，即：

$$v_{id}^{n+1} = \omega v_{id}^{n} + c_1 r_1 \left(p_{id}^{n} - x_{id}^{n}\right) + c_2 r_2 \left(p_{gd}^{n} - x_{id}^{n}\right) \tag{4-3}$$

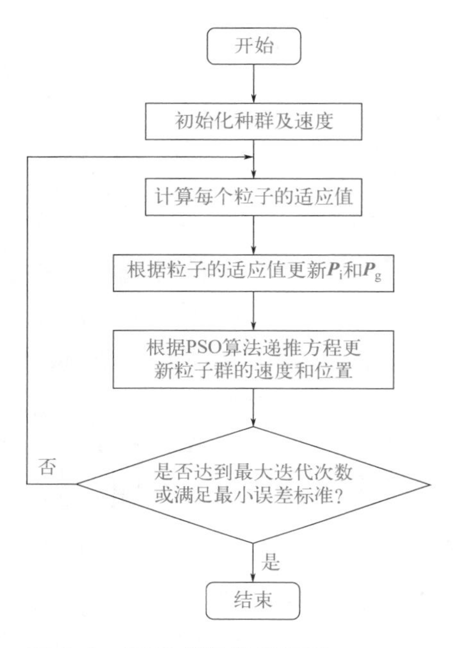

图 4-1　PSO 算法的流程图

但速度丧失了原始的物理意义。在 DBPSO 中，速度值 v_{id} 通过预先设计的 S 型限幅转换函数 $sig\left(v_{id}\right)$ 转换后来求粒子元素 x_{id} 取 1 的概率。速度值 v_{id} 越大，则粒子元素位置 x_{id} 取 1 的可能性越大，反之则越小。

$$sig(v_{id}) = \frac{1}{1+\exp(-v_{id})} \tag{4-4}$$

$$x_{id} = \begin{cases} 1\ ,\text{如果} rand() \leqslant sig(v_{id}) \\ 0,\quad \text{其他} \end{cases} \tag{4-5}$$

$sig(v_{id})$ 为 sigmoid 函数，对速度进行转换。通常为防止速度过大，令 $v_{id} \in [v_{id,\min}, v_{id,\max}]$ 以使概率值不会过于接近 0 或 1，保证算法能以一定的概率从一种状态跃迁到另一状态。

虽然 Kennedy 和 Eberhart 将 DBPSO 应用于函数优化问题，验证了 DBPSO 的有效性，但该算法难以有效地跳出局部最优，基于该 DBPSO 的应用研究有限。Clerc 推广了这一工作，研究了离散PSO算法（DPSO），并将其应用于旅行商问题（TSP）的求解 [5]。离散 PSO 算法扩展了基本 PSO 算法的应用领域，尤其是让人看到了其在一类组合优化问题中的应用前景。

② 对惯性权值的调整　美国的 Shi 与 Eberhart[6] 研究发现式 (4-1) 等式的第一部分由于具有随机性且其本身缺乏记忆能力，有扩大搜索空间、探索新的搜索区域的趋势，因此，具有全局优化的能力。在考虑实际优化问题时，往往希望先采用全局搜索，使搜索空间快速收敛于某一区域，然后采用局部精细搜索以获得高精度的解。因此，在式 (4-1) 中乘以惯性权重，若惯性权重较大，那么算法具有较强的全局搜索能力，惯性权重较小则算法倾向于局部搜索。

目前，很多学者对惯性权重 ω 的调整进行了大量的研究，其中比较典型的有以下几种方法。

a．线性调整 ω 的策略 [7-8]。即随迭代进行，线性减少 ω 的值。这样可以使算法更好控制探索（Exploration）与开发（Exploitation）。在迭代初期探索能力较强，可以搜索较大的解空间，并不断搜索新的区域；然后在后期逐渐收缩到较好的区域进行更精细的搜索以加快收敛速度。

b．非线性调整 ω 的策略。由于粒子群的搜索过程是一个非线性的复杂过程，让 ω 线性过渡的方法并不能正确地反映真实的搜索过程，因而 Shi 等 [9] 提出了一种用模糊规则动态调整的方法，通过对当前最好性能进行评价和当前的惯性权重制定相应的隶属函数和模糊推理规则，确定惯性权重 ω 的增量。实验结果表明，与 ω 线性减小策略相比，模糊自适应策略具有更好的性能。在惯性权值修正思想的引导下，有学者提出了自适应设置惯性权值的模糊系统。系统的输入是对 PSO 性能进行评价的变量，而系统的输出则是调整后的权值或权值增量。文献 [9] 中以当前的群体最优解和惯性权值作为输入，输出设定为新的惯性权值。并采用一种归一化的当前最佳性能评估系数来度量 PSO 算法所获取的最优解。

c．随机惯性权重 ω 策略。随机地选取 ω 值，使得微粒历史速度对当前速度的影响为随机的，ω 的数学期望值将随最优适应值的变化率自适应地调节，从而可以更灵活地调节 ω 全局搜索与局部搜索能力。另外，ω 的随机取值在一定程度上与遗传算法的变异算子类似，有助于保持种群的多样性。

③ 基于收敛因子的 PSO 算法模型　Clerc 在 1999 年对 PSO 算法进行数学证明，采用收敛因子可能能够确保算法的收敛。他提出的收敛因子模型 PSO 算法的速度递推方程如下[10]：

$$v_{id}(k+1)=\mu\left[v_{id}(k)+c_1r_1\left(p_{id}(k)-x_{id}(k)\right)+c_2r_2\left(p_{gd}(k)-x_{id}(k)\right)\right] \quad (4\text{-}6)$$

式中，$\mu=\dfrac{2}{\left|2-\varphi-\sqrt{\varphi^2-4\varphi}\right|}$ 称为收缩因子，$\varphi=c_1+c_2,\varphi>4$。通常将 φ 设为 4.1，则 μ 由计算得 0.729。在算法早期的实验和应用中，认为当采用收敛因子模型时，$V_{\max}$ 参数无足轻重，因此将 $V_{\max}$ 设置为一个极大值如 100000。后来的研究表明将其限定为 $X_{\max}$（即每个粒子在每一维度上位置的允许的最大变化范围），可以取得更好的优化结果[11]。

④ 混合 PSO 算法　为了进一步提高 PSO 的基本性能，许多研究者还尝试了将其与其他智能计算方法相融合以突破自身局限的混合型方法。在文献 [12] 中提出了两种与演化算法相结合的混合型 PSO 优化器。通过在基本的 PSO 中引入繁殖（Breeding）和子种群的概念，增强其收敛性和寻求最优解的能力。在每轮迭代中随机选择一定的粒子作为父代，通过繁殖公式生成具有新的空间坐标和速度的子代粒子，并取代父代以保持种群规模。

高海昌等人[13]提出了一种新的基于群体自适应变异和个体退火操作的混合粒子群优化 (HPSO) 算法。该算法将模拟退火过程引入到粒子群优化之中，以 PSO 作为主体，先随机产生初始群体，并开始随机搜索产生新的个体。同时，使用自适应变异操作进行个体变异，对进化过的个体进行退火操作，以调整和优化群体。俞欢军等人[14]提出将 Hooke-Jeeves 模式搜索方法嵌入粒子群优化算法中，以此构建混合粒子群优化算法。此外，在搜索过程中还加入变异操作来增加种群多样性，以避免早熟收敛。其中，局部搜索增加了算法的开发能力，而变异操作提高了算法的探测能力。

⑤ 带有邻域操作的PSO模型　1999年Suganthan提出了带有邻域操作的PSO模型[15]。在该模型中，用每个粒子所定义的当前邻域极值P_{id}代替粒子群的当前全局极值P_{gd}。在优化的初始阶段，将邻域定义为每个粒子自身，随着迭代次数的增加，将邻域范围逐步扩展到包含所有粒子，则此时的邻域极值即为全局极值。在该改进算法中，相邻两领域内部分粒子重叠，这样两相邻邻居域内公共粒子可在两邻居域间交换信息，从而有助于粒子跳出局部最优，达到全局最优。

⑥ 中值粒子群算法　早期，Kennedy等曾研究过粒子群算法中的信息拓扑结构对算法的影响。针对算法中的P_{gd}采取局部极值和全局极值两种方式，从而使粒子群飞行形成环形和星形两种拓扑结构。而中值粒子群算法则是对基本粒子群算法中的个体极值p_{id}改变其取值方式，改变粒子群的搜索规则，该改进的粒子群算法模型如下[16]：

$$v_{id}(k+1)=wv_{id}(k)+c_1r_1\left(p_{ad}(k)-x_{id}(k)\right)+c_2r_2\left(p_{gd}(k)-x_{id}(k)\right) \quad (4\text{-}7)$$

其中，$p_{ad}=\left(p_{1d}+p_{2d}+\cdots+p_{md}\right)/m$，$d=1,2,\cdots,D$；其他参数与基本粒子群相同。

从信息量角度说，新算法从$\boldsymbol{P}$中提取的信息有p_{gd}和p_{ad}，也就是说粒子利用了更多信息来决策自己的行为；从行为方式上讲，粒子不再在群最优和自身最优之间进行搜索，而是在群最优和粒子最优中心位置之间进行搜索，改进后的粒子群算法不是所有的粒子都参与群最优的邻域搜索，部分粒子会在个体平均极值和全局极值之间进行邻域搜索，而且在收敛过程中，个体平均极值和全局极值的位置不断被粒子搜索拉近，使得算法最终得以收敛。

⑦ 协同PSO算法　文献[17-18]提出了一种协同PSO算法，基本思想是用K个相互独立的粒子群分别在D维目标搜索空间的不同维度方向上进行搜索。具体做法是：选定划分因子K和粒子群的粒子数M，将输入的D维向量（粒子的位置及速度向量）划分到K个粒子群。前$D \bmod K$个粒子群的粒子位置及速度向量都是$[D/K]$维的，而后$K-(D \bmod K)$个粒子群的粒子位置及速度向量也是$[D/K]$维的。在

每一步迭代中，这 K 个粒子群相互独立地进行状态更新，粒子群之间不共享信息。计算适应值时，将每个粒子群中最优粒子的位置向量拼接起来，组成 D 维向量并代入适应函数计算适应值。这种协同 PSO 算法有明显的“启动延迟 (Start-up Delay)”现象，在迭代初期，适应值下降缓慢，即收敛速度慢。

⑧ 有拉伸功能的 PSO 算法　Parsopoulos 等提出了有拉伸功能的 PSO 算法，它通过消除不理想的局部极小而保留全局最小来避免优化时陷入局部极小。该算法在检测到目标函数 $f(\boldsymbol{x})$ 的局部极小点 $\boldsymbol{x}^*$ 后，立即对待优化的目标函数进行拉伸变换。通过以下两步完成拉伸变化操作 [19]：

$$G(\boldsymbol{x}) = f(\boldsymbol{x}) + \gamma_1 \left\| \boldsymbol{x} - \boldsymbol{x}^* \right\| \left(\operatorname{sign}\left(f(\boldsymbol{x}) - f\left(\boldsymbol{x}^*\right)\right) + 1 \right) \tag{4-8}$$

$$H(\boldsymbol{x}) = G(\boldsymbol{x}) + \gamma_2 \frac{\operatorname{sign}\left(f(\boldsymbol{x}) - f\left(\boldsymbol{x}^*\right)\right) + 1}{\tanh\left(\mu\left(G(\boldsymbol{x}) - G\left(\boldsymbol{x}^*\right)\right)\right)} \tag{4-9}$$

其中，γ_1、γ_2、μ 为任意的正整数；sign() 为三值符号函数。此变换首先通过式 (4-8) 提升目标函数 $f(\boldsymbol{x})$，消除了所有位于 $f\left(\boldsymbol{x}^*\right)$ 之上的局部极小区域；然后通过式 (4-9) 将 $\boldsymbol{x}^*$ 邻域向上拉伸，使得该点具有更高的适应值。由于该变换没有改变 $\boldsymbol{x}^*$ 下部的局部极小域，则对全局最小值没有影响，从而减小了基本 PSO 陷入局部极小区域的概率。

（3）PSO 算法的算子功能分析

PSO 算法具有和遗传算法相似的某些特征，是一类群智能算法，它主要通过速度的修改完成进化和搜索，不存在直接的操作算子。分析 PSO 算法递推方程，其中粒子群的个体极值 $\boldsymbol{p}_{\text{best}}$ 和群体极值 $\boldsymbol{g}_{\text{best}}$ 是通过比较各粒子的适应值而得到，因此存在着隐性的弱选择操作。该操作根据适应度找出当前较好的解，并与其他粒子共享该信息，引导所有粒子向相对较好的区域搜索。该算法有别于 GA 选择算子的是它对种群的多样性影响不大，因为该算法只是通过选择求出当前群体的个体极值 $\boldsymbol{p}_{\text{best}}$ 和群体极值 $\boldsymbol{g}_{\text{best}}$，但并不借此修改或筛选粒子群，因此 PSO 的弱选择算子对群体多样性影响不强烈。PSO 算法中粒子的速度在继承原有速度的基础上，根据当前粒子与个体极值 $\boldsymbol{p}_{\text{best}}$ 和群体极值 $\boldsymbol{g}_{\text{best}}$ 的偏差来随机地修正下一代粒子的速度。种群的所有粒子在个体极值 $\boldsymbol{p}_{\text{best}}$ 和群体极值

g_{best} 的修正下向较优区域搜索。在机理上它类似于 GA 中的交叉操作，即通过组合现有的较好解来实现解空间的搜索，以生成更好的候选解。在不断随机地对当前粒子的速度进行更新的过程中，只有当生成的新解优于原有的个体极值或群体极值时才进行极值的更新操作，否则原有的极值不改变，即个体极值和群体极值不会出现“退化”现象。因此，它不会破坏已有的较好解，这正是粒子群算法在优化多峰函数时性能较好的关键原因之一。

PSO 算法的速度更新主要由三部分组成：先前速度、“认识部分”以及“社会部分”。即 wv_{id} 部分使粒子保持一种原有的飞行惯性；$c_1r_1\left(p_{id}(k)-x_{id}(k)\right)$ 部分使粒子具有飞向自身最好位置的趋向；$c_2r_2\left(p_{gd}(k)-x_{id}(k)\right)$ 部分使粒子具有飞向当前全局最优点的趋向。在 PSO 算法的速度更新方程中，三部分各有其功能，缺一将使 PSO 算法稳定性变差。当粒子与全局最优点相差较远时，则粒子具有较强的飞向全局最优的趋向，因此在算法运行初期，几乎所有的粒子都明显地飞向当前的全局最优点。当粒子比较靠近当前全局最优区域后，三部分的效果取得平衡，则粒子更多地表现出在一定邻域范围内进行随机探索。PSO 算法中粒子的速度在两个极值的修正下沿着梯度方向变化，它借鉴了梯度优化方面的一些思想，从而使得算法对函数优化具有较高的效率，收敛速度较其他进化算法快，然而粒子沿梯度方向快速地信息流动也是种群多样性丧失的主要因素。该算法主要依赖于 wv_{id} 项对解实现调节，由于基本 PSO 中参数 v 是恒定的，缺乏调节机制，其调节能力不及 GA 的交叉变异算子灵活，使得 PSO 搜索到解的精度不高。PSO 算法初始种群是随机产生的，在速度和位置上均具有较大的随机性，而第一部分恰是继承粒子先前的信息。因此，PSO 算法的速度更新方程是三部分的结合，实现搜索的平衡，使其具有更强的解空间搜索能力。

4.1.2 基于混合粒子群算法的 Flow Shop 生产调度

基本的粒子群算法主要应用于连续优化领域，其原因是算法中粒子的表述方式不适用于离散调度优化领域。本节对原始的 PSO 算法重新定义，借鉴了遗传算法中的操作因子，提出了一种新的粒子群算法即 SPSO（Particle Swarm Optimization for Scheduling Problems）算法使其能够解决离散调度优化问题。

（1）求解调度问题的 SPSO 算法

① 编码　调度问题的每个可行解可以看作是搜索空间中的一个粒子，这里的可行解与连续优化领域不相同，不再是一个数值，而是一个序列，例如 [3 5 8 6 1 2 4 7]。因此原始的 PSO 算法对粒子的速度所进行的加减操作对离散调度问题并不适用。

② 粒子的更新　在 PSO 算法中，每个备选解被称为一个"粒子"（Particle），多个粒子共存、合作寻优（模拟鸟群寻找食物）。每个粒子根据它自身的"经验"和相邻粒子群的最佳"经验"在问题空间中向更好的位置"飞行"，搜索最优解。粒子的更新是为了能够得到一个更好的可行解。在 SPSO 算法中，新个体是通过每个粒子的局部最优解 P_i、粒子群的全局最优解 P_g 和当前粒子的可行解 X_i 产生的，描述如下：

$$X_{i+1}^k = (P_i^k - X_i^k) + (P_g^k - X_i^k) + \overline{X}_i^k \tag{4-10}$$

式 (4-10) 中的 P_i^k，P_g^k，X_i^k 不再是一个具体的数值，而是一个序列，因此速度更新公式中的"加减"操作也就不能实现，需要重新定义一种新的方法来实现式 (4-10) 中的操作，如下所述。

减法"－"操作：两个个体进行遗传算法中的交叉操作。

加法"+"操作：从 $P_i^k - X_i^k$、$P_g^k - X_i^k$、$\overline{X}_i^k$ 操作后得到的新个体中计算其适应值，选取一个最优的个体。

产生新个体的方法如图 4-2 所示。

$$P_i^k - X_i^k \Longrightarrow \begin{cases} \text{parent1 } P_i^k \\ \text{parent2 } X_i^k \end{cases} \Longrightarrow \text{crossover(交叉)} \Longrightarrow \text{offspring(子代)}$$

$$P_g^k - X_i^k \Longrightarrow \begin{cases} \text{parent1 } P_g^k \\ \text{parent2 } X_i^k \end{cases} \Longrightarrow \text{crossover(交叉)} \Longrightarrow \text{offspring(子代)}$$

$$X_i^k \Longrightarrow \text{mutation(变异)} \Longrightarrow \overline{X}_i^k$$

图 4-2　产生新个体的方法

$P_i^k - X_i^k$ 表示 P_i^k 和 X_i^k 作为两个父代进行交叉操作产生新的子代，

$P_g^k - X_i^k$表示P_g^k和X_i^k作为两个父代进行交叉操作产生新的子代，$\bar{X}_i^k$表示X_i^k的变异个体。新的个体X_{i+1}^k就是通过$P_i^k - X_i^k$、$P_i^k - X_i^k$和$\bar{X}_i^k$产生的。交叉操作用于组合出新的个体，能够在解空间中进行有效搜索。交叉操作方法有很多种，常用的交叉方式有单点交叉、两点交叉、多点交叉等。

常见的调度问题中的变异方式有以下几种。

a．互换操作（SWAP），即随机交换染色体中两个不同基因的位置。例如：个体 6 3 9 7 1 5 2 4 8 10，随机产生 2 和 7 两个位置点，得到新的变异个体为 6 2 9 7 1 5 3 4 8 10。

b．逆序操作（INV），即产生两个不同的随机位置，将这两个位置之间的序列逆序排列，其他位置保持不变。例如：个体序列为 6 3 9 7 1 5 2 4 8 10，随机产生 2 和 7 两个位置点，得到新的变异个体为 6 2 5 1 7 9 3 4 8 10。

c．插入操作（INS），即随机选择某点插入到序列中的不同的随机位置。

综上所述，PSO 算法同时将粒子的位置与速度模型化，给出了一组显式的进化方程。在粒子群算法中，只有群体中的当前最优粒子向其他的粒子提供信息，属于单向的信息流动，整个搜索更新过程是跟随当前最优解的过程。基于以上这些优势，粒子群算法能迅速地收敛至全局最优解。

（2）基于混合 SPSO 的 Flow Shop 调度算法

Flow Shop 调度问题的描述为：设有n个产品$J_1,J_2,\cdots,J_n$，m台设备$M_1,M_2,\cdots,M_m$，n个产品全都按照同一加工顺序在m台设备上依次进行加工。第i个产品的第k步操作在第j台设备上需要的加工处理时间为$P_{i_k j}$，它包括装配时间、传输时间、卸载时间、加工时间以及清洗时间等。定义$I_{i_k j}$和$C_{i_k j}$分别表示产品i的第k步操作在设备j上的加工开始时间和完工时间。在任意时刻，满足以下假设：

① 每台设备最多只能加工一个产品；

② 每个产品最多只能在一台设备上加工；

③ 产品的加工不能中断；

④ 每台设备按相同的产品顺序进行加工。

调度的目的就是找到一个产品加工顺序，使得目标函数最优，这里我们采用最常见的最小化最大完工周期为目标函数，即最后一个产品在最后一台设备上的完工时间最小。

其数学模型可以描述为：

当 $i=1$，$j=1$ 时，

$$I_{i_k j}=0\text{；}\quad C_{i_k j}=I_{i_k j}+P_{i_k j} \tag{4-11}$$

当 $i=1$，$j>1$ 时，

$$I_{i_k j}=C_{i_k (j-1)}\text{；}\quad C_{i_k j}=I_{i_k j}+P_{i_k j} \tag{4-12}$$

当 $i>1$，$j=1$ 时，

$$I_{i_k j}=C_{(i-1)_k j}\text{；}\quad C_{i_k j}=I_{i_k j}+P_{i_k j} \tag{4-13}$$

当 $i>1$，$j>1$ 时，

$$I_{i_k j}=\max\{C_{(i-1)_k j},C_{i_k (j-1)}\}+P_{i_k j} \tag{4-14}$$

$$C_{i_k j}=I_{i_k j}+P_{i_k j} \tag{4-15}$$

目标函数为：

$$\min\left\{Z=\max\left(C_{i_k j}\right)\right\} \tag{4-16}$$

从上述数学模型可以得出，产品 i 的第 k 道工序必须在第 $k-1$ 道工序完成后才能开始，即任意一道工序的加工开始时间必须大于等于该产品前一道工序的结束时间；而一个产品必须在前一个产品在某一设备中处理完毕后才能进入该设备进行生产，即任一时刻该设备不能同时处理两个产品。

调度问题是离散问题，而标准的粒子群算法适合解决连续的优化问题。用 PSO 算法来解决 Flow Shop 调度问题的关键是设计一种有效的机制，使其适合离散调度优化问题的求解。根据 Flow Shop 调度问题的特点，本节借鉴了原始的 PSO 算法的思想，提出了一种新的适合调度问题的 SPSO 算法，给出了 SPSO 的粒子的表示方式、粒子速度的定义及粒子更新方式。

① 编码　调度问题的每个可行解都可以看作是搜索空间中的一个粒

子，这里的可行解与连续优化领域不相同，不再是一个数值，而是一个序列，例如 [2 3 1 4 7 5 6 8]。因此原始的 PSO 算法对粒子的速度所做的加减操作对离散调度问题并不适用。

粒子群中每个“粒子”代表 Flow Shop 调度问题的一个可行解。针对 Flow Shop 调度问题的特点，对其采用自然数编码。这样定义编码后，可以保证任意随机产生的序列都是 Flow Shop 调度问题的可行解。

② 速度更新　在 PSO 算法中，每个备选解被称为一个“粒子”(Particle)，多个粒子共存、合作寻优（近似鸟群寻找食物），每个粒子根据它自身的“经验”和相邻粒子群的最佳“经验”在问题空间中向更好的位置“飞行”，搜索最优解。粒子的更新是为了能够得到一个更好的可行解。在 SPSO 算法中，新个体是通过个体极值 P_i^k 和粒子群的全局极值 P_g^k 还有当前的可行解来产生的，描述如式 (4-10) 所示，即：$X_{i+1}^k = \left(P_i^k - X_i^k\right) + \left(P_g^k - X_i^k\right) + \bar{X}_i^k$，其中，$P_i^k - X_i^k$ 表示 P_i^k 和 X_i^k 作为两个父代进行交叉产生新的子代；$P_g^k - X_i^k$ 表示 P_g^k 和 X_i^k 作为两个父代进行交叉产生新的子代；$\bar{X}_i^k$ 表示 X_i^k 的变异个体；新的个体 X_{i+1}^k 就是通过 $P_i^k - X_i^k$、$P_g^k - X_i^k$、$\bar{X}_i^k$ 进行交叉或变异操作后得到的最优的个体。交叉变异的方法有很多种。针对交叉方法，我们采用了两种比较经典的求解效果不错的交叉方法，部分映射交叉（PMC）和线性顺序交叉（LOX）；针对变异方法，选用了逆序操作 INV 方法。

a．交叉操作。交叉算子是遗传算法中最为重要的一个算子。对于我们提出的 SPSO 算法而言，由于问题本身的特点和复杂性，交叉算子的设计就显得尤为重要，很多学者专门对调度问题中的交叉算子做了研究。常见的交叉操作有单点交叉、二点交叉、多点交叉等。另外，在制造系统的生产调度、设备布置等问题中，通常需要以排序来表达问题的解，因此不允许相同的元素（代表基因）重复出现，否则会产生非法解。本节使用两种交叉方法，一种是部分映射交叉，一种是线性顺序交叉。具体实现如下所述。

（a）部分映射交叉算子 (PMC-Partially Mapped Crossover)。在染色体中随机产生两个交叉点，交换两个父染色体杂交点中间的部分，生成的子染色体中若有非法的重复部分，则通过部分映射来调整直至没有冲突的基因，若与换过来的片段没有冲突则保留，最终获得新的个体。举例如下：

图 4-3 中两个父代，分别是 Parent1 和 Parent2，选择交叉点 3 和 7，将 Parent1 和 Parent2 中片段 7 3 5 8 与 1 8 7 6 交换，对于 Parent1 剩余的基因，由于 2 与 1 8 7 6 不冲突，直接放入 Child1 中，Parent1 第二位 6 与 1 8 7 6 冲突，因为 6 的映射基因为 8,8 也冲突，8 的映射基因为 3,3 不存在冲突，所以将 3 写入 Child1，依次类推，最终得到子代 Child1 和 Child2。PMX 交叉操作产生的后代包含了双亲的部分顺序信息，因此非常适合于排序问题。它通过修复程序来解决两点交叉引起的非法性。

Parent1 [2 6 4 | 7 3 5 8 | 9 1]

Parent2 [4 5 2 | 1 8 7 6 | 9 3]

Child1 [2 3 4 | 1 8 7 6 | 9 5]

Child2 [4 1 2 | 7 3 5 8 | 9 6]

“|” 代表交叉点。

图 4-3 PMX 交叉方法

（b）线性顺序交叉算子 (LOC-Linear Order Crossover)。具体操作为：首先随机选择两个交叉位置，并交换交叉位置之间的基因片段，并在原先的父代个体中删除将从另一个父代个体交换过来的基因，然后从第一个基因位置依次在两交叉位置外填入剩余基因。举例如下：

随机产生两个交叉位置 2 和 6，针对 Parent1，从 Parent1 中删除 6 3 8 1 这几个基因，剩余的基因为 2 5 7 4，针对 Parent2，从 Parent2 中删除 7 3 6 8 这几个基因，剩余的基因为 4 1 2 5，得到子代 Child1 和 Child2 如图 4-4 所示。

Parent1 [2 5 | 7 3 6 8 | 1 4]

Parent2 [7 4 | 6 3 8 1 | 2 5]

Child1 [2 5 | 6 3 8 1 | 7 4]

Child2 [4 1 | 7 3 6 8 | 2 5]

“|” 代表交叉点。

图 4-4 LOX 交叉方法

我们提出 SPSO 算法，考虑到 $P_i^k - X_i^k$ 代表的是局部个体局部最优值与当前个体的交叉，$P_g^k - X_i^k$ 是粒子群全局最优值与当前个体的交叉，因此针对 $P_i^k - X_i^k$ 与 $P_g^k - X_i^k$ 采用了随机选择两种交叉方式，PMX 以及 LOX，这样与简单的一点交叉相比较，扩大了种群的搜索空间，增加了解空间的多样性。

b. 变异操作。变异的目的是保持种群的多样性。目前存在的变异方式也有很多，本节采用 SWAP 变异方式来代替“+”操作。即采用“逆转”变异方式，随机挑选两个逆转点，两个逆转点之间形成子串，然后将子串按逆序列排列，其余位置不变。

不难发现，如果粒子群的历史最优粒子位置在较长时间内未发生变化，粒子群表现出强烈的“趋同性”，表现在优化性能上就是 PSO 算法在搜索的初期收敛速度很快，但在后期却容易陷入局部最优值，尤其是当问题的规模庞大时，更为明显，这是 PSO 算法的主要缺点。针对这一缺点，近年来提出了许多改进算法。本节在应用 SPSO 算法解决流水车间调度的过程中，提出了几种改进方案，可帮助算法摆脱后期易于陷入局部极小值的束缚，同时又保持前期搜索速度快的特性，使其更加适合调度问题的求解。具体的改进方案如下所示。

③ 基于启发式规则的 SPSO 算法（Heuristic Particle Swarm Optimization for Scheduling Problems，HSPSO） PSO 算法受粒子群初始分布特征的影响较大，好的初始种群可以使 PSO 算法的收敛速度加快，寻优能力增强，因此，我们提出一种新的启发式算法来产生初始种群。

在过去几十年的研究中，许多学者用 Flow Shop 的著名的启发式算法如 CDS、NEH 等对流水车间调度问题进行排序，取得了显著的效果。由于规则式方法产生一个解以后不再对解进行调整，相比之下，利用一定的启发式规则产生初始解，在初始解的基础上再采用迭代方法改进近似求解能够得到更好的解。已经发表的研究结果表明，产品的总的加工时间及第一台设备上的产品的加工时间对总的加工周期具有较大的影响。当产品 j 的总加工时间越大，它越应该优先往前排；当产品 j 的 T_{1j} 较大时，应该将 j 尽量往前排；当产品 j 在最后一台设备上的加工时间比较大时也应该尽量往前排。

本节借鉴上述的思想，提出了一种新的启发式规则，这种规则简单易实现。具体算法如下：对于每个产品都有三个时间指数——T_{aj} 为产品 j 在所有设备上的加工时间之和；T_{1j} 为产品 j 在第一台设备上的加工时间；T_{mj} 为产品 j 在最后一台设备上的加工时间。T_j 为产品 j 的加权加工时间。

$$T_{aj}=\sum_{j=1}^{m}t_{ij}, \quad T_{1j}=t_{i1}, \quad T_{mj}=t_{im} \tag{4-17}$$

加权加工时间：

$$T_j=\alpha T_{aj}+\beta T_{1j}+(1-\alpha-\beta)T_{mj}, \quad \alpha+\beta<1 \ (\ \alpha、\beta \text{是} [0,1] \text{之间的数}\ ) \tag{4-18}$$

当随机生成一个 α，然后再在 [0，$1-\alpha$] 之间随机产生一个 β，便能确定 T_j 的大小，然后每个产品按照 T_j 的降序排列，这样就会产生一个可行解。生成不同的 α，就会得到不同的可行解。将启发式算法得到的可行解作为 DNA 进化算法的初始群体。

启发式算法步骤：

步骤 1：计算每个产品的 T_{aj} 及 T_{1j}，$T_{aj}=\sum_{j=1}^{m}t_{ij}$，$T_{1j}=t_{i1}$。

步骤 2：随机产生 α 和 β 值，其值为 $\alpha=\text{random}(0,1)$，$\beta=\text{random}(0,1-\alpha)$；计算第 j 个产品的加权加工时间 $T_j=\alpha T_{aj}+\beta T_{1j}+(1-\alpha-\beta)T_{mj}$，$\alpha+\beta<1$。

步骤 3：根据每个产品计算出的 T_j，进行降序排列，得到对应的产品排序，即可行解。

步骤 4：转到步骤 2，直到满足停止条件为止。

④ 加入灾变算子的 SPSO 算法（Catastrophe Particle Swarm Optimization for Scheduling Problems，CSPSO） 在 SPSO 算法的搜索过程中，容易出现早熟收敛现象。如果以增大种群规模来提高解的多样性，则会付出很大的时间代价，求解效率下降，而且随着加工规模的增大，问题的解空间将按指数倍迅速增大，通过粒子更新方法产生的新个体往往在找到局部最优解后便停滞不前。为了进一步提高 PSO 算法的全局搜索性能，需要一种力量来改变群体集中分布的情况，所以我们引入了生物进化过程当中的“灾变”。

灾变是指在某一系统临界点附近，控制参数的微小改变可以从根本上改变系统的结构和功能性质的现象。临界值对系统性质的改变具有根本的意义，当控制参数超过临界值时，系统就会失去稳定，从平衡状态经某一非平衡状态过渡到另一平衡状态。即在临界点附近，很可能出现巨大的涨落，导致系统发生宏观的巨变。这对 PSO 算法有着很大的启发：在获得某个最优解后，除了最优解留下来，其他个体重新随机产生，进入下一阶段的操作，使得在较小的种群规模下获得较大规模的多样性，这样则易于摆脱原先的局部最优解，因为现在的候选解往往不再局限于以前的某个角落了。

针对流水车间调度问题，大部分问题已经是 NP- 难问题，PSO 算法在仿真的初期收敛速度很快，搜索效率很高，随着迭代次数的增加，算法易陷入局部最优值，尤其是解规模比较大的时候，仿真到后期往往连续几百次迭代，最优值都没有变化，因此本节提出了 CSPSO 算法，算法流程如下所示：

步骤 1：设定灾变次数；

步骤 2：随机产生初始群体；

步骤 3：计算粒子的目标函数值；

步骤 4：CSPSO 算法更新粒子，更新粒子群全局最优解以及粒子局部最优解；

步骤 5：计算当前群体粒子的目标函数值，与上一代群体粒子的目标函数值进行比较，如果没有变化，灾变次数加 1；

步骤 6：若灾变次数达到预定值，将当前最好解保留下来，并随机产生一个新的群体，将保留的最优解随机替换新群体中的某个解，并返回步骤 3。

步骤 7：达到停止条件，算法输出结果并结束。

灾变次数的设定也很关键，主要是根据问题的规模和经验来进行选取，当问题规模比较大、问题比较复杂的时候，灾变次数会相应地增加，目的是防止算法收敛速度下降，一般取在 200 ～ 600。

为了使算法在灾变后收敛速度能够加快，对上述的 CSPSO 算法步骤 5 做了改进，采用启发式算法产生的群体来取代随机产生的群体，连同所保留的最优解一起成为灾变后的新群体。其在灾变后新一轮进化中所起的作用与灾变前的个体直接加入进来参与进化操作的效果相当，并且它又引入了新的个体，增加了解的多样性。采用灾变算子提高了算法在解空间的开拓能力，通过保留灾变前得到的最优解以及启发式方法产生的初始群体，可以避免算法沦为随机搜索，从而保证了算法的稳定性。由此可见，灾变算子将使 SPSO 算法在操作规模不变的情况下相当于增加了多次进化的机会，容易逃离局部最优值，求解效率更高。

⑤ 基于耗散结构的 SPSO 算法（Dissipative Particle Swarm Optimization for Scheduling Problems, DSPSO） 耗散结构是一个动态的、稳定的有序结构。一个远离平衡的开放系统，通过与外部环境交换物质与能量，形成耗散结构，这种结构是非平衡过程中的一种稳定状态。而且，耗散结构还可以从一种耗散结构向另一种新的耗散结构跃迁。耗散结构具有以下几个特点：一是系统必须开放。耗散结构是在开放环境中以及非平衡条件下产生的，系统与外部环境有物质、能量和信息的交换。热力学第二定律已经指出，与外界隔绝的孤立系统，其熵不可能减少，因此，不能形成耗散结构，演化的最终结果必然是达到熵最大的平衡态，即使原来的系统存在耗散结构，这个结构也要瓦解。二是系统要远离平衡态。按热力学定义，平衡态是孤立系统经过无限长时间后，稳定存在的一种最均匀无序的状态。只有在系统远离平衡态时，系统处在力和流的非线性区，才有可能演化成为有序结构。三是系统中存在非线性相互作用。线性的正反馈可以使系统失稳，产生分叉或者新的结构，但系统稳定到耗散结构上的机制是系统内部必须存在非线性作用。

对 SPSO 算法，也可以利用耗散结构理论进行分析。系统初始条件为随机选取的粒子，即系统处于远离平衡态。初始种群和交叉、变异操作以及粒子的速度更新使得种群不断向前发展，因而形成了一种耗散结构。但是随着进化的不断进行，这种耗散结构逐渐消失，系统中的不同粒子在速度更新的作用下逐渐趋于相同，种群的多样性渐趋于零，随着迭代次数的增大，适应值并没有得到改善，即缺乏了“持续发展”的能力。为克服这一问题，本节将耗散系统结构理论应用于粒子群算法，提出了一种自适应耗散结构粒子群算法，具体算法描述如下。

a．耗散阈值的确定。在DSPSO算法中，通过对粒子速度的跳变来完成对系统的耗散过程，具体的实现如下：

$$f(c<d), c=\text{rand}(0,1), d\in(0,1) \tag{4-19}$$

d为阈值，如果产生的随机数小于这个阈值，粒子就进行突变，这样来防止系统达到平衡态，也就是防止算法陷入局部最优的情况。DSPSO算法为了解决这个问题，用随机数与一个适当的阈值进行比较，若满足比较条件，使粒子突变，保持系统始终处于远离平衡的状态。

在DSPSO算法进行优化的过程中，阈值d的设定非常关键，若阈值设定得太高，那么会使得算法搜索的随机性增强，尤其是在算法搜索的初始阶段，本应有很快的收敛速度，但由于随机性增强，收敛速度下降，解的质量降低。如果阈值设定得太低，当算法搜索到一定程度，陷入了局部最优，趋向停滞，但是不满足耗散的条件，依然停滞不前，最终导致局部收敛，无法顺利地找到最优解。

为了解决这一问题，采用以下的方案加以改进，改进分为两种情况，如下所示：

（a）已知求解问题的最优解。

如果$((f_{i\text{best}}-f_{\text{opt}})/f_{\text{opt}})\geqslant 0.2$则$d=0$；

如果$((f_{i\text{best}}-f_{\text{opt}})/f_{\text{opt}})<0.2$则$d=0.2-(f_{i\text{best}}-f_{\text{opt}})/f_{\text{opt}}$

其中，f_{opt}是已知问题的最优解；$f_{i\text{best}}$是第i个粒子的最优解。

当$(f_{i\text{best}}-f_{\text{opt}})/f_{\text{opt}}$数值比较大时，这时候应该是算法迭代的初期，这个阶段算法的搜索速度是很快的，还没有到达平衡状态，所以这个时期我们不进行耗散操作，当$(f_{i\text{best}}-f_{\text{opt}})/f_{\text{opt}}$数值逐渐变小，并且下降缓慢的时候，开始进行耗散操作。根据以往文献以及我们的算例数据，发现通常情况下，常规的算法求取的最好解（f_{best}）的$(f_{\text{best}}-f_{\text{opt}})/f_{\text{best}}$数值在20%以下，所以我们选择0.2这个数值来求取阈值。当$(f_{i\text{best}}-f_{\text{opt}})/f_{\text{opt}}\geqslant 0.2$，不采用耗散；当$(f_{i\text{best}}-f_{\text{opt}})/f_{\text{opt}}<0.2$，随着$(f_{i\text{best}}-f_{\text{opt}})/f_{\text{opt}}$值不断减小，越来越趋向最优解，那么耗散阈值增加，

$d = 0.2 - (f_{i\text{best}} - f_{\text{opt}}) / f_{\text{opt}}$，算法的随机搜索加强，易跳出局部最优解。

（b）未知求解问题的最优解。如果并不知道所求问题的最优解，那么我们采用一般的PSO算法来进行求解，迭代次数尽可能大一些，找到一个近优解$f_{l\text{best}}$。

如果$(f_{i\text{best}} - f_{l\text{best}}) / f_{l\text{best}}) \geqslant 0.2$则$d = 0$；

如果$((f_{i\text{best}} - f_{l\text{best}}) / f_{l\text{best}}) < 0.2$则$d = 0.2 - (f_{i\text{best}} - f_{l\text{best}}) / f_{l\text{best}}$

如果采用了耗散方法的SPSO算法所找到的最优解优于$f_{l\text{best}}$，$(f_{i\text{best}} - f_{l\text{best}}) / f_{l\text{best}}$求取的数值可能为负值，那么可能$d$的值会大于0.2，但是不会超出0.2太多，不会使算法的随机性加强太多。

b．粒子的跳变。如果满足耗散阈值条件，粒子就会进行耗散操作，耗散操作的目的是破坏系统的平衡状态，使系统能够处在力和流的非线性区，有可能演化成为有序结构。那么针对SPSO算法来讲，粒子的跳变使算法的随机性增强，为了能够使算法有较快的搜索能力，我们并没有完全采用随机产生一个新的粒子来取代原来的粒子的方式，而是采用启发式算法产生的粒子来取代原来的粒子，这样会使跳变的粒子不完全是随机的，但带有一定的随机性。

算法流程如下：

步骤1：随机产生初始群体；

步骤2：计算粒子的目标函数值，求取粒子的耗散阈值，随机产生（0,1）之间的随机数与耗散阈值进行比较，满足条件进行耗散操作；

步骤3：DSPSO算法更新粒子，更新粒子群全局最优解以及粒子局部最优解；

步骤4：若满足停止条件，算法输出结果并结束。若不满足则返回步骤2。

（3）混合SPSO算法（HCDSPSO）

集成了上述几种改进方法，提出了一种基于启发式的灾变耗散PSO算法（Heuristic Catastrophe Dissipative Particle Swarm Optimization for Scheduling Problems，HCDSPSO），流程如下：

步骤1：利用启发式算法产生初始种群并初始化灾变次数；

步骤2：随机产生初始群体；

步骤 3：计算粒子的目标函数值，求取粒子的耗散阈值，随机产生（0,1）之间的随机数与耗散阈值进行比较，满足条件进行耗散操作；

步骤 4：PSO 算法更新粒子，更新粒子群全局最优解以及粒子局部最优解；

步骤 5：计算当前群体粒子的目标函数值，与上一代群体粒子的目标函数值进行比较，如果没有变化，灾变次数加 1；

步骤 6：若灾变次数达到预定值，将当前最优解保留下来，并随机产生一个新的群体，将保留的最优解随机替换新群体中的某个解，并返回步骤 3；

步骤 7：达到停止条件，算法输出结果并结束。

4.1.3 仿真研究

考虑到 Flow Shop 调度问题的代表性和重要性，很多学者设计了若干典型的测试问题用来测试和比较不同方法的求解性能，本节选取了 TA 类、Car 类和 Rec 类三类的 Benchmarks 来进行仿真，下面给出了详细的仿真结果。

为了更好地验证算法的有效性，我们采用了 Taillard 基准问题[20]。Taillard 基准问题的规模有 12 组，分别是：20×5，20×10，20×20，50×5，50×10，50×20，100×5，100×10，100×20，200×10，200×20，500×20。每组有 10 个算例总共 120 个例子。当问题规模较小时，很多算法得到的解还是不错的，但是随着规模增大，找到最优解的难度也随之增大，为了更好地验证提出的 SPSO 算法以及各种改进算法，我们选用 Ta011 这个算例进行详细分析，比较各种算法的性能。采用了 HCDSPSO 算法、SPSO 算法和 HCDGA 算法对 TA 其他算例做了仿真和比较，并给出了详细分析。

（1）Ta011 算例的仿真

Ta011 算例的规模是 20×10，即 20 个产品，10 台设备，该问题的最优解为 1582。以下所有采用的算法均采用 JAVA 编程，在奔腾 2.0G 的 PC 下运行。

① SPSO 算法　针对 SPSO 算法，运算三个规模，即 500×8（迭代 500 次，种群规模为 8）、1000×10、2000×20，每个规模各随机运算 15

次，并且为了比较算法的有效性，与遗传算法做了对比，GA 算法所采用的交叉算子为 LOX 策略，变异算子为 SWAP 策略，交叉概率为 0.9，变异概率为 0.15。并且为了在基本相同的运行时间里比较两种算法的仿真结果，GA 的种群规模扩大一倍，即运算规模为 500×16、1000×20、2000×40。表 4-1 中的 RUN 表示运行次数，*V* 表示运算一次的最优解；表 4-2 中 *BV* 是指 15 次运算结果中算法求得的最优解；*WV* 表示 15 次运算结果中算法求得的最差解；*AV* 是指 15 次运算结果的最优解的平均值；*Time* 是指 CPU 运算时间以秒计的值。

表4-1　SPSO算法与GA算法的详细结果

RUN	500×8				1000×10				2000×20			
	SPSO		GA		SPSO		GA		SPSO		GA	
	V	*Time*	*V*	*Time*	*V*	*Time*	*V*	*Time*	*V*	*Time*	*V*	*Time*
1	1620	1.08	1662	1.01	1613	2.77	1659	2.64	1606	10.09	1641	9.76
2	1627	1.09	1649	1.02	1627	2.79	1641	2.67	1608	10.03	1640	9.73
3	1632	1.13	1666	0.99	1621	2.84	1645	2.66	1621	10.01	1639	9.71
4	1636	1.06	1647	1.06	1626	2.81	1646	2.68	1611	9.99	1630	9.74
5	1644	1.07	1656	1.04	1613	2.78	1672	2.69	1610	9.98	1634	9.77
6	1633	1.14	1645	1.06	1609	2.80	1634	2.66	1609	10.02	1639	9.78
7	1623	1.12	1656	1.03	1623	2.82	1642	2.67	1615	9.96	1642	9.79
8	1635	1.09	1688	1.05	1616	2.83	1635	2.64	1616	9.98	1630	9.73
9	1628	1.08	1645	1.02	1614	2.78	1641	2.65	1614	9.96	1653	9.76
10	1623	1.11	1656	1.00	1623	2.80	1643	2.69	1615	9.97	1634	9.74
11	1625	1.10	1653	1.01	1632	2.81	1645	2.68	1621	10.00	1637	9.78
12	1640	1.06	1666	1.03	1620	2.79	1639	2.67	1620	10.03	1635	9.77
13	1635	1.08	1652	0.99	1619	2.83	1650	2.64	1619	10.01	1637	9.75
14	1626	1.07	1675	1.05	1626	2.84	1655	2.68	1607	9.98	1634	9.72
15	1630	1.12	1653	1.04	1612	2.80	1634	2.67	1612	9.97	1657	9.77

表4-2　SPSO算法与GA算法的比较结果

规模	SPSO				GA			
	BV	*WV*	*AV*	*Time*	*BV*	*WV*	*AV*	*Time*
500×8	1620	1644	1630	1.09	1645	1688	1657	1.01
1000×10	1609	1632	1620	2.80	1634	1659	1645	2.67
2000×20	1606	1621	1614	9.99	1630	1657	1639	9.75

从表 4-2 的结果可以看到，每一次随机运算，SPSO 算法的寻优能力都要好于 GA，当迭代次数为 500 时，SPSO 算法的求解范围为 1620 ～ 1644，GA 是 1645 ～ 1688，当迭代次数增加至 2000 时，SPSO 算法的求解范围为 1606 ～ 1621，GA 为 1630 ～ 1657，由此可见当运算规模增大时，GA 搜索能力缓慢增加，且易陷入局部最优，而 SPSO 算法的搜索速度相对要快一些。

图 4-5 是三种不同规模中 SPSO 算法与 GA 算法最优解的收敛曲线图，从图中可以看出，SPSO 算法的收敛情况要优于 GA，下降速度很快，尤其是运算初期的收敛速度明显好于 GA，而且随着运算规模的增大更为明显。

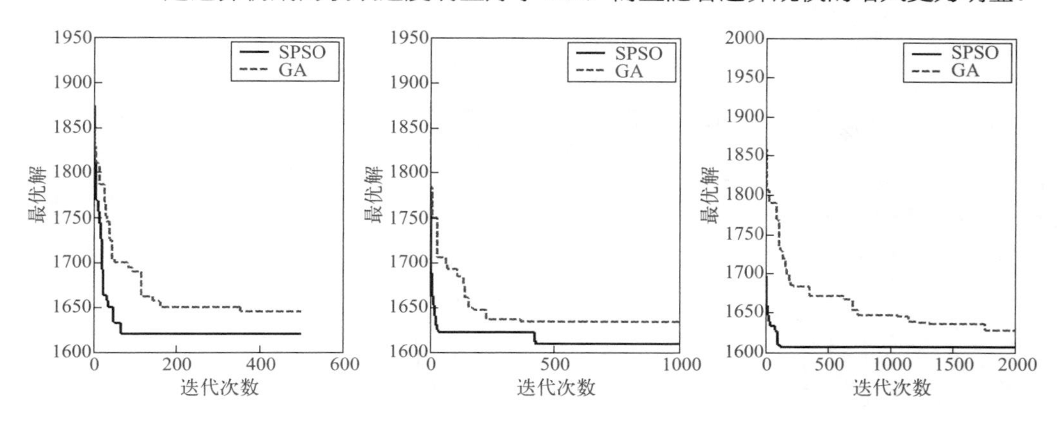

图 4-5　三种不同规模中 SPSO 算法与 GA 算法最优解的收敛曲线

图 4-6 是三种不同规模下 SPSO 算法与 GA 算法的解分布图，从图中我们可以看到，两种算法的解空间没有产生重合的状况，而且 SPSO

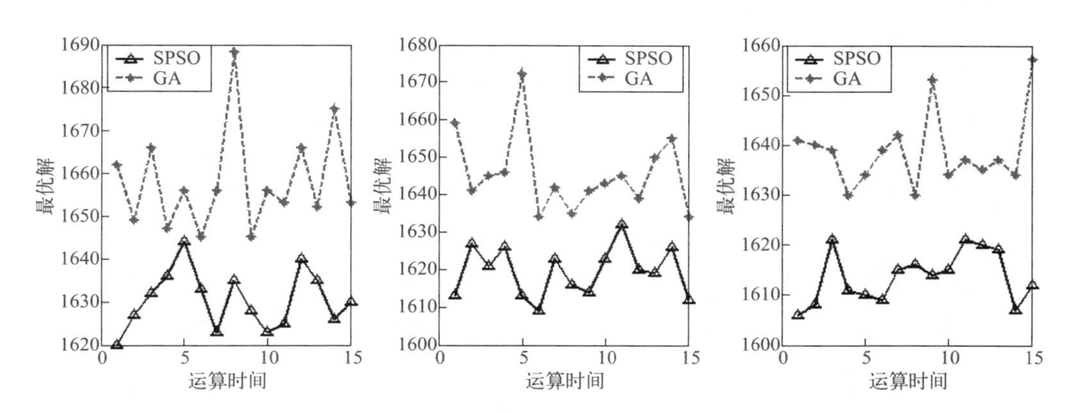

图 4-6　SPSO 算法与 GA 算法的解分布图

算法每次运行得到的解的幅度变化明显小于 GA 算法，这表明，SPSO 算法的解的质量要好于 GA，GA 算法容易早熟收敛。

② HSPSO 算法　针对 Ta011 问题，采用 HSPSO 算法进行求解，运算规模分别是：500×8，1000×10，2000×20。每个规模运行 15 次，*V* 表示运行一次找到的最优解。*Time* 表示 CPU 运算时间。为了能够更客观公正地比较，我们在遗传算法中也加入了本节提出的启发式规则来产生初始种群，定义为 HGA（Heuristic Genetic Algorithm），其他参数与上述 SPSO 算法中所使用的 GA 相同。HSPSO 算法与 SPSO 算法、HGA 算法的仿真比较结果如表 4-3、表 4-4 所示。

表4-3　HSPSO算法与HGA算法的详细结果

RUN	500×8				1000×10				2000×20			
	HSPSO		HGA		HSPSO		HGA		HSPSO		HGA	
	V	*Time*	*V*	*Time*	*V*	*Time*	*V*	*Time*	*V*	*Time*	*V*	*Time*
1	1598	1.20	1641	1.08	1599	2.93	1628	2.77	1599	11.21	1621	10.09
2	1597	1.17	1648	1.09	1613	2.89	1625	2.79	1601	11.25	1630	10.03
3	1614	1.16	1637	1.13	1604	2.87	1633	2.84	1583	11.17	1642	10.01
4	1611	1.15	1657	1.06	1598	2.90	1636	2.81	1611	11.22	1639	9.99
5	1613	1.20	1629	1.07	1600	2.86	1633	2.78	1596	11.24	1618	9.98
6	1599	1.21	1644	1.14	1619	2.89	1657	2.80	1586	11.20	1623	10.02
7	1618	1.18	1635	1.12	1591	2.91	1641	2.82	1598	11.19	1625	9.96
8	1614	1.20	1637	1.09	1605	2.90	1658	2.83	1608	11.27	1632	9.98
9	1618	1.16	1640	1.08	1606	2.88	1640	2.78	1597	11.21	1641	9.96
10	1621	1.17	1661	1.11	1610	2.90	1628	2.80	1599	11.18	1633	9.97
11	1609	1.21	1625	1.10	1591	2.86	1623	2.81	1598	11.19	1628	10.00
12	1607	1.15	1640	1.06	1586	2.91	1644	2.79	1586	11.23	1620	10.03
13	1598	1.18	1653	1.08	1603	2.93	1642	2.83	1599	11.22	1619	10.01
14	1616	1.22	1636	1.07	1598	2.85	1637	2.84	1598	11.28	1644	9.98
15	1603	1.19	1640	1.12	1592	2.86	1639	2.80	1583	11.25	1637	9.97

表4-4　HSPSO算法与SPSO算法、HGA算法的比较结果

规模	HSPSO				SPSO				HGA			
	BV	*WV*	*AV*	*Time*	*BV*	*WV*	*AV*	*Time*	*BV*	*WV*	*AV*	*Time*
500×8	1595	1621	1608	1.18	1620	1644	1630	1.09	1629	1661	1641	1.01
1000×10	1586	1619	1601	2.89	1609	1632	1620	2.80	1623	1658	1637	2.67
2000×20	1583	1611	1597	11.22	1606	1621	1614	10.06	1618	1644	1630	9.87

从上面的仿真结果来看，HSPSO 算法性能要好于 SPSO 算法以及 HGA 算法，在 2000×20 时两次找到 1583，虽然没有找到最优解 1582，但是与 SPSO 算法和 HGA 算法相比已经有较多的改善。HGA 算法的求解性能要高于 GA 算法，由此可见采用启发式规则来产生初始种群对 GA 算法也是有效果的，但是 HGA 算法的求解性能与 SPSO 算法相比还是有一定差距，尤其是当运算规模增加时，差距就更加明显。从平均解的结果来看，HSPSO 平均值最低，随着运算规模的增加，三种算法的平均值都有降低，但是随着规模越大，降低的幅度是越来越小的，尤其是 HGA 算法，说明 HGA 算法的寻优能力较差，容易早熟收敛。总体上来讲，无论是 SPSO 算法还是 GA 算法，加入启发式规则产生初始种群都能够使得算法避免纯随机搜索产生初始值，对提高算法的搜索速度有较大帮助。

从图 4-7 中我们可以看到，采用启发式规则来产生初始种群之后，HSPSO 算法得到的初始值要好于 SPSO 算法以及 HGA 算法，而且收敛速度比较快，这表明对 HSPSO 算法来说，对初始解的依赖程度还是很强的，能产生好的群体做初始种群，对提高算法整体性能有所帮助。HGA 算法的下降速度没有 HSPSO 算法及 SPSO 算法快，但是其搜索性能比 GA 算法要有一定的改善，初始阶段的下降速度要快于 GA 算法。

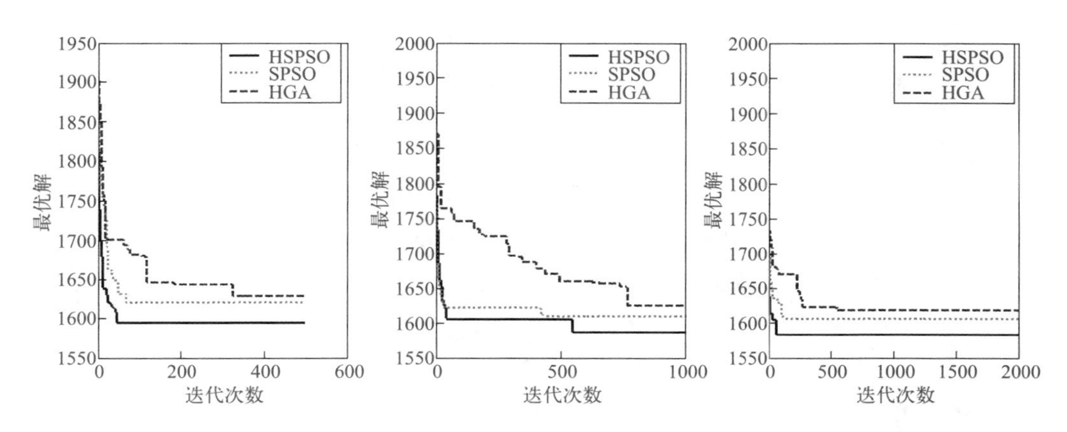

图 4-7 三种不同规模中 HSPSO 算法、SPSO 算法与 HGA 算法最优解的收敛曲线

从图 4-8 的情况来看，HGA 算法的解比 HSPSO 算法要差，但是解之间的差距较 SPSO 算法与 GA 算法要小一些。这也说明用启发式规则

产生初始种群之后再用遗传算法进行优化的效果比单纯用遗传算法搜索要好，可见，一般的优化算法对初始解的依赖程度还是比较强的，如果能有一个好的开端对算法整体性能的提高还是很有帮助的。

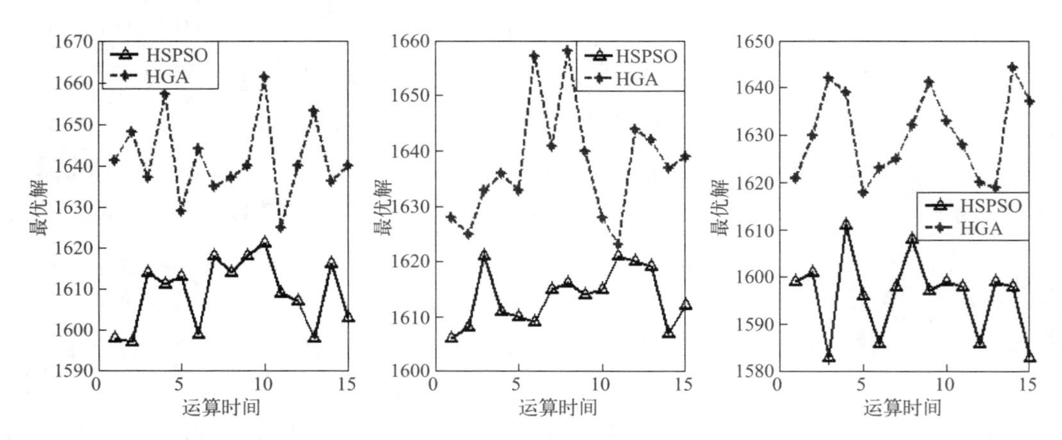

图 4-8　HSPSO 算法与 HGA 算法的解分布图

③ CSPSO 算法　采用 CSPSO 算法来进行求解，同样运算规模为：500×8，1000×10，2000×20。针对不同规模，灾变次数分别为 200、300 和 500。每个规模运行 15 次，*V* 表示运行一次找到的最优解。*Time* 表示 CPU 运算时间。为了能够更好地测试加入灾变算子后的改进效果，我们将遗传算法也加入了灾变算子来进行进化，称为 CGA（Catastrophe Genetic Algorithm）算法，灾变次数与 CSPSO 相同，其他参数保持不变。仿真结果如表 4-5 和表 4-6 所示。

表4-5　CSPSO算法与CGA算法的详细结果

RUN	500×8				1000×10				2000×20			
	CSPSO		CGA		CSPSO		CGA		CSPSO		CGA	
	V	*Time*	*V*	*Time*	*V*	*Time*	*V*	*Time*	*V*	*Time*	*V*	*Time*
1	1605	1.24	1637	1.11	1599	3.02	1633	2.83	1589	11.17	1626	10.89
2	1608	1.21	1628	1.13	1600	2.97	1628	2.87	1610	11.13	1640	10.86
3	1600	1.20	1633	1.12	1592	3.04	1633	2.92	1586	11.06	1633	10.83
4	1597	1.23	1644	1.08	1602	2.99	1644	2.89	1583	11.08	1637	10.87
5	1607	1.20	1636	1.12	1610	2.98	1629	2.96	1600	11.15	1618	10.85
6	1615	1.21	1645	1.15	1591	3.01	1639	2.88	1605	11.10	1625	10.88
7	1605	1.19	1653	1.06	1594	2.98	1640	2.94	1613	11.14	1624	10.91

续表

RUN	500×8				1000×10				2000×20			
	CSPSO		CGA		CSPSO		CGA		CSPSO		CGA	
	V	*Time*	*V*	*Time*	*V*	*Time*	*V*	*Time*	*V*	*Time*	*V*	*Time*
8	1602	1.25	1632	1.05	1615	2.99	1629	2.92	1586	11.11	1633	10.93
9	1620	1.22	1644	1.07	1586	3.02	1642	2.89	1599	11.09	1618	10.84
10	1599	1.24	1646	1.05	1594	2.98	1632	2.93	1598	11.08	1628	10.85
11	1607	1.20	1640	1.11	1598	3.01	1628	2.91	1585	11.13	1625	10.86
12	1610	1.25	1632	1.04	1613	3.03	1625	2.88	1592	11.16	1636	10.92
13	1598	1.19	1635	1.02	1608	2.97	1626	2.90	1605	11.08	1628	10.88
14	1613	1.21	1652	1.09	1598	2.99	1641	2.86	1598	11.12	1638	10.87
15	1597	1.25	1659	1.07	1586	3.05	1637	2.87	1583	11.11	1624	10.85

表4-6 CSPSO算法与SPSO算法、CGA算法的比较结果

规模	CSPSO				SPSO				CGA			
	BV	*WV*	*AV*	*Time*	*BV*	*WV*	*AV*	*Time*	*BV*	*WV*	*AV*	*Time*
500×8	1597	1620	1606	1.08	1620	1644	1630	1.09	1628	1659	1641	1.08
1000×10	1586	1610	1599	3.00	1609	1632	1620	2.80	1625	1644	1633	2.89
2000×20	1585	1613	1595	11.11	1606	1621	1614	10.06	1616	1640	1628	10.87

从表 4-5 及表 4-6 可以看到，CSPSO 算法的性能比 SPSO 算法有较大改善，但是比 HSPSO 来说还是有一点差距，整体性能不错，CGA 算法的性能比 GA 要好很多，跟 HGA 基本相差不多。

④ DSPSO 算法　采用 DSPSO 算法来进行求解，规模为：500×8，1000×10，2000×20。每个规模运行 15 次，*V* 表示运行一次找到的最优解。*Time* 表示 CPU 运算时间。与前面的做法相同，为了能够更好地体现耗散结构的作用，我们在遗传算法中也加入了耗散结构来防止 GA 算法陷入局部最优而早熟收敛，加入耗散结构的 GA 称为 DGA（Dissipative Genetic Algorithm）算法。其仿真结果如表 4-7、表 4-8 所示。

表4-7 DSPSO算法与DGA算法的比较结果

RUN	500×8				1000×10				2000×20			
	DSPSO		DGA		DSPSO		DGA		DSPSO		DGA	
	V	*Time*	*V*	*Time*	*V*	*Time*	*V*	*Time*	*V*	*Time*	*V*	*Time*
1	1600	1.37	1645	1.29	1609	3.29	1624	2.99	1592	11.87	1613	11.14
2	1586	1.35	1644	1.31	1599	3.33	1640	2.97	1598	11.79	1631	11.17

续表

RUN	500×8				1000×10				2000×20			
	DSPSO		DGA		DSPSO		DGA		DSPSO		DGA	
	V	*Time*	*V*	*Time*	*V*	*Time*	*V*	*Time*	*V*	*Time*	*V*	*Time*
3	1602	1.29	1637	1.25	1605	3.28	1633	2.98	1599	11.76	1633	11.10
4	1605	1.30	1634	1.30	1586	3.31	1624	3.02	1586	11.85	1624	11.05
5	1598	1.32	1626	1.24	1614	3.26	1623	3.01	1583	11.81	1629	11.16
6	1610	1.34	1636	1.32	1583	3.30	1645	2.96	1607	11.80	1616	11.11
7	1613	1.29	1639	1.22	1606	3.33	1640	2.98	1605	11.76	1629	11.09
8	1616	1.28	1641	1.29	1610	3.34	1628	2.97	1582	11.84	1626	11.08
9	1605	1.31	1644	1.26	1613	3.31	1635	3.03	1596	11.88	1624	11.13
10	1599	1.33	1652	1.31	1586	3.32	1623	2.97	1599	11.83	1625	11.11
11	1613	1.20	1650	1.28	1598	3.35	1626	2.95	1596	11.79	1637	11.15
12	1597	1.25	1642	1.27	1599	3.28	1633	2.99	1610	11.75	1628	11.09
13	1610	1.19	1625	1.33	1607	3.29	1619	3.00	1599	11.82	1625	11.07
14	1605	1.21	1628	1.21	1586	3.34	1636	3.01	1595	11.83	1618	11.11
15	1599	1.24	1648	1.25	1593	3.35	1639	2.98	1613	11.80	1628	11.05

表4-8　DSPSO算法与SPSO算法、DGA算法的比较结果

规模	DSPSO				SPSO				DGA			
	BV	*WV*	*AV*	*Time*	*BV*	*WV*	*AV*	*Time*	*BV*	*WV*	*AV*	*Time*
500×8	1586	1618	1603	1.28	1620	1644	1630	1.09	1626	1650	1639	1.26
1000×10	1583	1616	1599	3.31	1609	1632	1620	2.80	1619	1645	1631	2.98
2000×20	1582	1613	1597	11.81	1606	1621	1614	10.06	1613	1637	1625	11.10

从表4-7以及表4-8可以得到，DSPSO算法的性能是非常不错的，在迭代次数为2000时，找到了最优解1582，在每个运算规模下DSPSO算法得到的平均解和最差解都要优于SPSO算法和DGA算法，可见耗散的作用还是比较明显的，对于改善算法易陷入局部最优而停滞不前的缺陷，起到了很好的作用，同样，加入耗散操作的DGA算法性能也有明显改善，比GA算法要好很多，比HGA和CGA也要有一定的改善。DGA算法在2000×20规模下找到的最优解为1613，好于CGA找到的1616以及HGA找到的1618。

⑤ HCDSPSO　最后，我们将前面的几种改进方法混合起来形成HCDSPSO算法，进行求解。首先用启发式规则产生初始种群，使得算法避免在初始阶段就沦为纯随机搜索，从而加快了算法的收敛速度。然

后采用灾变算子来对算法的停滞现象进行改善，在相同的运算时间里，给算法增加了进化次数。而耗散操作可以增加算法的随机性，使算法更加容易跳出局部最优解。

同样，针对 Ta011 算例，三个运算规模为：500×8，1000×10，2000×20。HCDSPSO 算法的灾变参数与 CSPSO 算法相同，每个规模运行 15 次。为了更好地体现上述改进方法的有效性，我们将这些改进方法也加在 GA 算法上，其他参数设置保持不变，形成 HCDGA（Heuristic Catastrophe Dissipative Genetic Algorithm）算法，目的是更好地比较算法的有效性。仿真比较结果如表 4-9、表 4-10 所示。

表4-9　HCDSPSO算法与HCDGA算法的详细结果

RUN	500×8				1000×10				2000×20			
	HCDSPSO		HCDGA		HCDSPSO		HCDGA		HCDSPSO		HCDGA	
	V	*Time*	*V*	*Time*	*V*	*Time*	*V*	*Time*	*V*	*Time*	*V*	*Time*
1	1591	1.55	1620	1.46	1595	3.65	1613	3.35	1582	12.79	1605	11.97
2	1599	1.57	1627	1.44	1592	3.69	1621	3.33	1582	12.85	1623	12.00
3	1606	1.54	1632	1.41	1586	3.71	1624	3.30	1592	12.73	1624	11.96
4	1583	1.56	1636	1.40	1582	3.77	1607	3.27	1582	12.76	1616	11.93
5	1596	1.58	1637	1.45	1598	3.70	1609	3.44	1588	12.71	1610	11.91
6	1583	1.50	1633	1.43	1583	3.74	1610	3.41	1582	12.74	1608	12.07
7	1601	1.63	1616	1.42	1582	3.72	1633	3.36	1583	12.72	1606	12.02
8	1596	1.66	1635	1.47	1597	3.68	1616	3.39	1586	12.73	1608	11.94
9	1598	1.59	1628	1.42	1589	3.69	1624	3.37	1598	12.70	1616	11.99
10	1586	1.67	1623	1.49	1586	3.73	1616	3.33	1586	12.79	1623	11.92
11	1585	1.69	1625	1.47	1582	3.70	1612	3.40	1582	14.84	1606	13.98
12	1598	1.64	1640	1.45	1592	3.69	1620	3.38	1586	14.81	1620	13.95
13	1583	1.66	1644	1.42	1600	3.66	1607	3.35	1583	14.82	1619	14.01
14	1592	1.61	1626	1.50	1582	3.71	1626	3.32	1582	14.88	1608	14.08
15	1583	1.58	1630	1.48	1586	3.75	1632	3.43	1596	14.75	1612	13.99

表4-10　HCDSPSO算法与SPSO算法、HCDGA算法的比较结果

Size（规模）	HCDSPSO				SPSO				HCDGA			
	BV	*WV*	*AV*	*Time*	*BV*	*WV*	*AV*	*Time*	*BV*	*WV*	*AV*	*Time*
500×8	1583	1606	1592	1.60	1620	1644	1630	1.09	1616	1644	1629	1.45
1000×10	1582	1600	1589	3.70	1609	1632	1620	2.80	1607	1633	1618	3.36
2000×20	1582	1598	1586	12.77	1606	1621	1614	10.06	1605	1623	1613	11.98

从表 4-9 和表 4-10 可以看到，HCDSPSO 算法的性能是所有的算法中最好的。规模为 500×8 时，四次找到 1583，在迭代次数为 1000 时，三次找到了最优解 1582。在每个规模下 HCDSPSO 算法得到的平均解和最差解都要优于以上的 SPSO 算法、HSPSO 算法、CSPSO 算法和 DSPSO 算法，虽然运算时间略多于其他的算法。当问题的规模增大的时候，往往算法容易陷入局部最优值，即便运算规模增大，时间增长，也无法改善这一现象。因此，虽然 HCDSPSO 算法的运算时间比其他算法略长一点，但是其搜索性能要明显优于其他算法。从比较结果还可以得出 HCDGA 算法的性能相比较 GA 算法也有很大的改善，虽然与 HCDSPSO 算法有一定的差距，但是比 SPSO 算法性能要稍微好一点，由此可见，将这些改进方法引入 GA 算法后，也起到了很好的改善效果。

（2）Car 类标准问题

Car 类问题是由 Carlier 于 1978 年设计的 [21]，包括八个不同规模的典型算例，分别命名为 Car1 ～ Car8。采用 HCDSPSO 算法、SPSO 算法和 HCDGA 算法进行求解，HCDSPSO 算法和 HCDGA 算法的灾变次数选为 200，因为 Car 类问题比较简单，HCDSPSO 算法和 SPSO 算法运算规模为 500×10，HCDGA 算法取 500×20，每个算例运行 100 次，记录找到最优解的次数，从而计算出达优率即 100 次找到最优解的比率 R。仿真结果如表 4-11 所示。表中 S 表示算例的规模。

表4-11　HCDSPSO算法与SPSO算法、HCDGA算法的比较结果（运算规模较小）

算例	S	BEST	HCDSPSO			SPSO			HCDGA		
			BV	*R*	*Time*	*BV*	*R*	*Time*	*BV*	*R*	*Time*
Car1	11×5	7038	7038	100%	0.41	7038	92%	0.37	7038	94%	0.35
Car2	13×4	7166	7166	100%	0.38	7166	56%	0.36	7166	71%	0.33
Car3	12×5	7312	7312	98%	0.43	7312	28%	0.40	7312	36%	0.37
Car4	14×4	8003	8003	100%	0.42	8003	63%	0.38	8003	78%	0.36
Car5	10×6	7720	7720	96%	0.45	7720	16%	0.41	7720	28%	0.38
Car6	8×9	8505	8505	100%	0.49	8505	52%	0.45	8505	63%	0.40
Car7	7×7	6590	6590	100%	0.34	6590	94%	0.31	6590	98%	0.29
Car8	8×8	8366	8366	100%	0.44	8366	75%	0.38	8366	84%	0.35

从表 4-11 可以看到，在运算规模为 500×10 时，对于 Car 系列的某

些算例如Car1、Car2、Car4、Car6、Car7、Car8，相对比较简单，所以HCDPSO算法100次全部找到最优值；PSO算法相对较差一些，像Car5问题，比其他问题要复杂，所以SPSO算法100次里只有16次找到了最优解；HCDGA算法的求解性能略好于SPSO算法，但是八个算例没有一个能100%找到最优解。为了改善解的寻优质量，将算例运算规模提高，HCDSPSO算法和SPSO算法取2000×20，HCDGA算法为2000×40，仿真比较结果如表4-12所示。表中S表示算例的规模。

表4-12　HCDSPSO算法与SPSO算法、HCDGA算法的比较结果（运算规模较大）

算例	S	BEST	HCDSPSO			SPSO			HCDGA		
			BV	*R*	*Time*	*BV*	*R*	*Time*	*BV*	*R*	*Time*
Car1	11×5	7038	7038	100%	2.62	7038	100%	2.47	7038	100%	2.31
Car2	13×4	7166	7166	100%	2.57	7166	68%	2.43	7166	84%	2.26
Car3	12×5	7312	7312	100%	2.66	7312	35%	2.50	7312	40%	2.38
Car4	14×4	8003	8003	100%	2.64	8003	74%	2.49	8003	83%	2.35
Car5	10×6	7720	7720	100%	2.67	7720	25%	2.52	7720	33%	2.39
Car6	8×9	8505	8505	100%	2.73	8505	69%	2.58	8505	77%	2.41
Car7	7×7	6590	6590	100%	2.60	6590	98%	2.43	6590	100%	2.27
Car8	8×8	8366	8366	100%	2.64	8366	87%	2.57	8366	96%	2.33

当算例运算规模增加后，三种算法的求解性能各有不同程度的提高，HCDSPSO算法的八个算例都能100%找到最优解，SPSO算法和HCDGA算法也有不同程度的改善，SPSO算法对于Car5问题，找到最优解的比率提高到25%，HCDGA算法提高到33%。能够找到最优解的次数为HCDGA算法的求解效果要优于SPSO算法。从Car问题的仿真我们也可以看出，算例规模比较相似的情况下，算例的难易程度还是会相差很大，这跟算例的处理时间的离散程度有关。

（3）Rec算例

该类问题是Reeves于1995年给出的[22]，包括7个不同规模的21个典型问题。我们选取了其中15个算例进行仿真，采用HCDSPSO算法、SPSO算法和HCDGA算法进行求解，HCDSPSO算法和HCDGA算法的灾变次数选为600，其他参数设置保持不变。HCDSPSO算法和SPSO算法运算规模为5000×20，HCDGA算法运算规模为5000×40，仿真比较结果见表4-13，表中S表示算例的规模，即产品数×设备数。

表4-13　HCDSPSO算法与SPSO算法、HCDGA算法的比较结果（Rec算例）

算例	S	BEST	HCDSPSO				SPSO				HCDGA			
			BV	*WV*	*AV*	*Time*	*BV*	*WV*	*AV*	*Time*	*BV*	*WV*	*AV*	*Time*
Rec01	20×5	**1247**	**1247**	1249	1248	10.46	1249	1270	1254	10.06	**1247**	1254	1250	10.18
Rec03	20×5	**1109**	**1109**	1111	1100	10.41	1111	1125	1117	10.01	1111	1123	1115	10.16
Rec05	20×5	**1242**	**1242**	1245	1243	10.45	1245	1269	1258	10.12	1245	1262	1254	10.19
Rec07	20×10	**1566**	**1566**	1584	1572	21.34	1574	1597	1585	20.02	1571	1597	1585	19.56
Rec09	20×10	**1537**	**1537**	1545	1539	21.45	1545	171	1563	20.08	1550	1568	1562	19.51
Rec11	20×10	**1431**	**1431**	1440	1433	21.42	1440	1463	1452	20.14	1440	1466	1454	19.59
Rec13	20×15	**1930**	**1930**	1947	1941	34.19	1961	1990	1987	32.75	1958	1983	1986	31.29
Rec15	20×15	**1950**	**1950**	1965	1957	34.22	1984	2010	1991	32.81	1977	1997	1984	31.31
Rec17	20×15	**1902**	1924	1916	1908	34.26	1949	1978	1966	32.85	1943	1969	1962	31.38
Rec19	30×10	**2093**	**2093**	2120	2116	36.33	2119	2143	2132	34.85	2116	2136	2129	33.52
Rec21	30×10	**2017**	2041	2050	2045	36.37	2050	2077	2069	34.88	2046	2074	2065	33.57
Rec23	30×10	**2011**	2020	2041	2026	36.39	2041	2073	2055	34.94	2036	2065	2051	33.58
Rec25	30×15	**2513**	2545	2570	2562	51.81	2585	2625	2603	48.52	2580	2613	2597	47.33
Rec27	30×15	**2373**	2411	2436	2432	51.94	2462	2597	2475	48.59	2453	2488	2471	47.41
Rec29	30×15	**2287**	2322	2341	2336	51.98	2354	2382	2369	48.60	2350	2382	2368	47.45

从表 4-13 的仿真结果中我们可以看到，当算例规模为 20×5 和 20×10 时，HCDSPSO 算法均能找到最优解，而 SPSO 算法和 HCDGA 算法能很快得到局部最优解，但是却较难找到最优解。Rec 系列的问题比较容易陷入局部最优，对于 Rec01 问题，容易陷入 1249 这个局部最优解，Rec03 问题比较容易陷入 1111，Rec05 问题易陷入 1245 这个值。当算例规模为 20×15 时，算例的复杂度增加，得到最优解的难度增大，HCDSPSO 算法对于 Rec13 和 Rec15 这两个算例能找到最优解，但是针对 Rec17 这个算例，最优解为 1902，却只能得到 1924，HCDGA 算法要比 SPSO 算法的求解结果好一些，但是与 HCDSPSO 算法相比还是有一定的差距。针对 30×10 规模，HCDSPSO 算法只有在 Rec19 问题上找到了最优解，其中 Rec21 问题相对其算例更加复杂一些。30×15 规模的问题更为复杂，所有算例均没有找到最优解。所以总体来讲，HCDSPSO 算法的求解性能最优，大部分算例都能找到最优解，HCDGA 要优于 SPSO 算法，但是相差不是很大。

4.2 基于蚁群算法的智能调度 [23]

4.2.1 基本蚁群算法

20 世纪 50 年代中期创立了仿生学，人们从生物进化的机理中受到启发，提出了许多用以解决复杂优化问题的新方法，如遗传算法、进化规划、进化策略等。蚁群优化（Ant Colony Optimization，ACO）算法是由意大利学者 M. Dorigo、A. Colorni、V. Maniezzo 首先提出来的一种基于种群的模拟进化算法 [24]，当时他们称之为蚁群算法（Ant Algorithm），并利用该方法去解决旅行商问题等 [25-26]，取得了较好的实验结果。后来 M. Dorigo 等人为了其他学者研究的方便，将各种蚂蚁算法统称为蚁群优化算法 [27]，并为该算法提出了一个统一的框架结构模型。这种 90 年代初期才提出的新型进化算法，虽然其起步较晚，但已经引起了国际上学者们的广泛关注，其主要原因是蚁群优化算法不仅在前面所提的离散优化问题上显示出了卓越的性能，而且在解决连续性优化问题上也显露锋芒[28]。

（1）蚁群算法的原理

蚁群算法（Ant Colony Algorithm，ACA）来源于对自然界蚂蚁能够找到从蚁巢到食物源的最短路径并能够适应环境的变化的情况的研究。

虽然单个蚂蚁的行为极其简单，但由这样的单个简单的个体所组成的蚁群群体却表现出极其复杂的行为，能够完成复杂的任务，不仅如此，蚂蚁还能随环境的变化而变化，适应性地搜索新的路径，产生新的选择，如在蚁群运动路线上突然出现障碍物时，蚂蚁能够很快地重新找到最优路径。

所有这些问题，很早就激起了生物学家和仿生学家的强烈兴趣，仿生学家经过大量细致的观察研究发现，蚂蚁个体之间是通过一种称为外激素（Pheromone）的物质进行信息传递，从而相互协作，完成复杂的任务。蚁群之所以表现出复杂有序的行为，个体之间的信息交流与相互协作起着重要的作用。蚂蚁在运动过程中，能够在所经过的路径上留下该种物质，而且蚂蚁在运动过程中能够感知这种物质的存在及强度，并以此指导自己的运动方向，蚂蚁倾向于朝着该物质强度高的方向移动。因此，由大量蚂蚁组成的集体行为便表现出一种信息正反馈现象：某一路径上走过的蚂蚁越多，则后来者选择该路径的概率就越大。由于在一定的时间内，越短的路径会被越来越多的蚂蚁访问，因而积累的外激素也就越多，在下一个时间内，被其他的蚂蚁选中的可能性也就越大，这个过程一直持续到所有的蚂蚁都走最短的那一条路径为止，蚂蚁个体之间就是通过这种信息交流达到搜索食物的目的。M.Dorigo 等人在关于蚁群算法的论文中指出，蚁群中的蚂蚁以外激素（Pheromone）为媒介的间接的异步的联系方式是蚁群算法的最大的特点[24]。

在自然界中，蚁群的这种寻找路径的过程表现为一种正反馈的过程，与人工蚁群的寻优算法极为一致。如果我们把只具备了简单功能的工作单元视为“蚂蚁”，那么上述寻找路径的过程可以用于解释人工蚁群的寻优过程[29]。根据需要还可以为人工蚁加入前瞻、回溯等自然蚁没有的特点。

由以上分析可知，人工蚁群和自然界蚁群的相似之处在于，两者优先选择的都是含“外激素”浓度较大的路径；在这两种情况下，较短的路径上都能聚集比较多的外激素；两者的工作单元（蚂蚁）都是通过在其所经过的路径上留下一定信息的方法进行间接的信息传递。区别之处在于，人工蚁群具有一定的记忆能力，它能够记忆已经访问过的节点；另外，人工蚁群在选择下一条路径的时候并不是完全盲目的，而是按一定的算法规律有意识地寻找最短路径（如在旅行商问题中，可以预先知道下一个目标的距离）。

（2）基本蚁群算法模型

蚁群优化算法的第一个应用是著名的旅行商问题（Traveling Salesman Problem,TSP），M. Dorigo 等人充分利用了蚁群搜索食物的过程与旅行商问题之间的相似性，通过人工模拟蚂蚁搜索食物的过程，即通过个体之间的信息交流与相互协作最终找到从蚁穴到食物源的最短路径，求解旅行商问题。之所以选择旅行商问题，不仅是因为旅行商问题为大家所熟悉、易懂，是 NP 问题，而且也是因为比较容易阐明蚁群系统的模型。

为模拟实际蚂蚁的行为，首先引进如下记号：设 K 是蚁群中蚂蚁的数量；$d_{xy}(x,y=1,2,\cdots,n)$ 表示城市 x 和城市 y 之间的距离；$\eta(x,y)$ 表示能见度，也就是启发信息，等于距离的倒数。$b_x(t)$ 表示 t 时刻位于城市 x 的蚂蚁的个数，$B=\sum_{x=1}^{n} b_x(t)$。$\tau(x,y)$ 表示 t 时刻在 xy 连线上残留的外激素，初始时刻，各条路径上的外激素相等，即 $\tau_0 = C(\text{const})$。蚂蚁 $k(k=1,2,\cdots,K)$ 在运动过程中，根据各条路径上的外激素决定转移方向，$P_k(x,y)$ 表示在 t 时刻蚂蚁 k 选择从城市 x 转移到城市 y 的概率，由外激素 $\tau(x,y)$ 和局部启发信息 $\eta(x,y)$ 共同决定，也称为随机比例规则（Random-Proportional Rule）。

$$P_k(x,y)=\begin{cases}\dfrac{\tau(x,y)^{\alpha}\times\eta(x,y)^{\beta}}{\sum\limits_{y\in allowed_k(x)}\left\{\tau(x,y)^{\alpha}\times\eta(x,y)^{\beta}\right\}} & ,\text{如果 } y\in allowed_k(x)\\ 0 & ,\text{其他}\end{cases} \tag{4-20}$$

其中，$allowed_k(x)=\{0,1,\cdots,n-1\}\setminus tabu_k(x)$，表示蚂蚁 k 下一步允许选择的城市。与实际蚁群不同，人工蚁群系统具有记忆功能，$tabu_k(x)(k=1,2,\cdots,K)$ 用以记录蚂蚁 k 当前所走过的城市，集合 $tabu_k(x)$ 随着进化过程做动态调整。外激素启发式因子 α 反映蚂蚁在运动过程中所积累的外激素 [即残留信息浓度 $\tau(x,y)$] 在指导蚁群搜索中的相对重要程度，期望值启发式因子 β 反映蚂蚁在运动过程中启发信息 [即期望值 $\eta(x,y)$] 在指导蚁群搜索中的相对重要程度。当 $\alpha=0$ 时，算法就是传统的贪心算法，而当 $\beta=0$ 时，算法就成为纯粹的正反馈的启发式算法[30]。

随着时间的推移，以前留下的外激素逐渐消逝，用参数 $1-\rho$ 表示外激素消逝程度，蚂蚁完成一次循环，各路径上外激素要做调整。一次循环后的路径上的外激素浓度消散规则为：

$$\tau(x,y)=\rho\tau(x,y)+\Delta\tau(x,y) \tag{4-21}$$

蚁群的外激素浓度更新规则为：

$$\Delta\tau(x,y)=\sum_{k=1}^{K}\Delta\tau(x,y)^k \tag{4-22}$$

单只蚂蚁所访问路径上的外激素浓度更新规则为：

$$\Delta\tau(x,y)^k=\begin{cases}\dfrac{Q}{L_k} & ,\text{如果蚂蚁 } k \text{从城市} x \text{到城市} y\\ 0 & ,\text{其他}\end{cases} \tag{4-23}$$

$\tau(x,y)$ 为当前路径上的外激素，$\Delta\tau(x,y)$ 为路径 (x,y) 上外激素的增量，$\Delta\tau(x,y)^k$ 为第 k 只蚂蚁留在路径 (x,y) 上的外激素的增量。Q 为常数，L_k 表示第 k 只蚂蚁在本次循环中所走路径的长度，为优化问题的目标函数值。

根据具体算法的不同，$\Delta\tau(x,y)^k$、$\Delta\tau(x,y)$、$\tau(x,y)$ 及 $P_k(x,y)$ 的表达形式可以不同，要根据具体问题而定。

M. Dorigo 曾介绍了 $\Delta\tau(x,y)^k$ 的三种不同模型，分别称为蚁周系统

（Ant-Cycle System）、蚁量系统（Ant-Quantity System）和蚁密系统（Ant-Density System）[31]。

Ant-Cycle System 模型中：$\Delta\tau(x,y)^k$ 也就是前面介绍的式 (4-23)。

Ant-Quantity System 模型中：

$$\Delta\tau(x,y)^k=\begin{cases}\dfrac{Q}{d_{xy}} & \text{如果蚂蚁 } k \text{从城市} x \text{到城市} y \\ 0 & \text{其他}\end{cases} \tag{4-24}$$

Ant-Density System 模型中：

$$\Delta\tau(x,y)^k=\begin{cases}Q & \text{如果蚂蚁 } k \text{从城市} x \text{到城市} y \\ 0 & \text{其他}\end{cases} \tag{4-25}$$

后两种算法与前一种算法的区别在于，后两种算法中每走一步都要更新残留外激素的浓度，而非等到所有蚂蚁完成对所有 n 个城市的访问以后。有研究给出了上述三种方法的比较，结果是 Ant-Cycle System 算法的效果最好，这是因为它利用的是全局信息 Q/L_k，而其余两种算法用的是局部信息 Q/d_{xy} 和 Q。全局信息更新方法很好地保证了残留外激素不至于无限累积，如果路径没有被选中，那么上面的残留外激素会随时间的推移而逐渐减弱，这使算法能“忘记”不好的路径，即使路径经常被访问也不至于因为 $\Delta\tau(x,y)^k$ 的累积，而产生 $\Delta\tau(x,y)^k>\eta(x,y)$，使期望值的作用无法体现，充分体现了算法中全局范围内较短路径（较好解）的生存能力，加强了信息正反馈性能，提高了系统搜索收敛的速度。因而，在蚁群算法中，通常采用上述的 Ant-Cycle System 作为基本模型。

① Ant-Q System。1995 年，意大利学者 Luca M .Gambardella、M. Dorigo 等提出了 Ant-Q System[32]。该算法在 ACA 算法的随机比例规则基础上，在解构造过程中提出了伪随机比例状态迁移规则（Pseudo-Random-Proportional State Transition Rule），从而能够实现解构造过程中知识探索（Exploration）和知识利用（Exploitation）的平衡，并引入外激素局部更新过程，外激素局部更新规则引入了强化学习理论 [33] 中的 Q- 学习机制 [34]，此外在外激素的全局更新中采用了精英策略。

$$y=\begin{cases}\arg\max\limits_{u\in allowed_k(x)}\left\{[HE(x,u)]^{\beta}\times[AQ(x,u)]^{\delta}\right\} & \text{，如果 } q\leqslant q_0 \\ Y, & \text{其他}\end{cases} \tag{4-26}$$

Y 根据下式计算出来的概率分布来进行选择。

$$P_k(x,y)=\begin{cases}\dfrac{HE(x,y)^{\beta}\times AQ(x,y)^{\delta}}{\sum\limits_{y\in allowed_k(x)}\left\{HE(x,u)^{\beta}\times AQ(x,u)^{\delta}\right\}}, & 如果\ y\in allowed_k(x)\\ 0\ , & 其他\end{cases}$$

(4-27)

AQ 值按照如下规则进行更新：

$$AQ(x,y)\leftarrow(1-\alpha)AQ(x,y)+\alpha\left(\Delta AQ(x,y)+\gamma\max_{u\in allowed_k(x)}AQ(x,u)\right) \quad (4\text{-}28)$$

$$\Delta AQ(x,y)=\begin{cases}\dfrac{W}{L_k}, & 如果蚂蚁\ k从城市x到城市y\\ 0, & 其他\end{cases} \quad (4\text{-}29)$$

② Ant Colony System。1996 年，随着蚁群算法的深入研究，M. Dorigo 又在 Ant-Q 算法的基础上提出了不同 $P_k(x,y)$ 的修正的蚁群算法，称之为蚁群系统 Ant Colony System[31]，该算法可以看成是 Ant-Q 算法的特例。

$$y=\begin{cases}\arg\max\limits_{y\in allowed_k(x)}\left\{\tau(x,y)^{\alpha}\times\eta(x,y)^{\beta}\right\}, & 如果\ q\leqslant q_0\\ Y, & 其他\end{cases} \quad (4\text{-}30)$$

其中，q 为均匀分布在 [0,1] 上的一个随机变量；q_0 为 [0,1] 间的参数；$allowed_k(x)$ 是蚂蚁 k 在工序 x 后可选择的下道工序 y 的集合；y 根据下式计算出来的概率分布来进行选择。

$$P_k(x,y)=\begin{cases}\dfrac{\tau(x,y)^{\alpha}\times\eta(x,y)^{\beta}}{\sum\limits_{y\in allowed_k(x)}\left\{\tau(x,y)^{\alpha}\times\eta(x,y)^{\beta}\right\}}, & 如果\ y\in allowed_k(x)\\ 0, & 其他\end{cases} \quad (4\text{-}31)$$

当 $q\leqslant q_0$ 时，选择当前外激素浓度最大的路径，这称为知识利用，是非随机的方法；当 $q>q_0$ 时，采用基本蚁群算法的选择法，这称为知识搜索，是随机选择变量，相当于遗传算法中的轮盘赌选择法。

③ Max-Min Ant System。Max-Min Ant System（MMAS[35]）算法是德国学者 Thomas Stützle 等在 1997 年提出的。该算法在启动时将所有支路上的外激素浓度初始化为最大值 $\tau_{\max}$，为了更好地利用历史信息，每

次迭代后按挥发系数 ρ 降低外激素浓度，只有最佳路径上的支路才允许增加其外激素浓度并保持在高水平上，也就是采用了当前找到的最优解更新外激素来指引蚂蚁向更高质量的解空间搜索的贪婪策略。

$$\tau(x,y)=\rho\tau(x,y)+\Delta\tau(x,y)^{\text{best}} \tag{4-32}$$

为了避免算法过早收敛于并非全局最优的解，将各条路径可能的外激素浓度限制于 $\left[\tau_{\min},\tau_{\max}\right]$，超出这个范围的值将被强制设为 $\tau_{\min}$ 或者 $\tau_{\max}$。但是只采用最大最小外激素浓度的限制，还不足以在较长的运行时间里消除停滞现象，因此采用了让轨迹上外激素浓度的增加正比于 $\tau_{\max}$ 和当前浓度 $\tau(x,y)$ 之差的平滑机制（Pheromone Trail Smoothing），其中 $0<\delta<1$。

$$\tau^{*}(x,y)=\tau(x,y)+\delta\left(\tau_{\max}(x,y)-\tau(x,y)\right) \tag{4-33}$$

所有符合蚁群优化描述框架的蚂蚁算法都可以称之为蚁群优化算法（ACO Algorithm），或简称为蚁群算法。

（3）蚁群算法的参数选择

从蚁群搜索最短路径的机理不难看到，算法中有关参数的不同选择对蚁群算法的性能有至关重要的影响，但其选取的方法和原则，目前尚没有理论上的依据，通常都是根据经验而定。

外激素启发式因子 α 的大小反映了蚁群在路径搜索中随机性因素作用的强度，其值越大，蚂蚁选择以前走过的路径的可能性越大，搜索的随机性减弱，当 α 值过大时会使蚁群的搜索过早陷于局部最优。期望值启发式因子 β 的大小反映了蚁群在路径搜索中的先验性、确定性因素作用的强度，其值越大，蚁群在某个局部点上选择局部最短路径的可能性越大，虽然搜索的收敛速度得以加快，但蚁群在最优路径的搜索过程中随机性减弱，易于陷入局部最优。蚁群算法的全局寻优性能，首先要求蚁群的搜索过程必须有很强的随机性；而蚁群算法的快速收敛性能，又要求蚁群的搜索过程必须要有较高的确定性。因此，α、β 对蚁群算法性能的影响和作用是相互配合、密切相关的。

蚁群算法与遗传算法等各种模拟进化算法一样，也存在着收敛速度慢、易于陷入局部最优等缺陷。而外激素挥发度 $1-\rho$ 的大小直接关系到蚁群算法的全局搜索能力及收敛速度：由于外激素挥发度$1-\rho$的存在，当要处理的问题规模比较大时，会使那些从来未被搜索到的路径（可行解）上的信息量减小到接近于0，因而降低了算法的全局搜索能力；而且当$1-\rho$过大时，以前搜索过的路径被再次选择的可能性过大，也会影响到算法的随机性能和全局搜索能力；反之，通过减小外激素挥发度$1-\rho$虽然可以提高算法的随机性能和全局搜索能力，但又会使算法的收敛速度降低。

对于旅行商问题，单个蚂蚁在一次循环中所经过的路径，表现为问题的可行解集中的一个解，K个蚂蚁在一次循环中所经过的路径，则表现为问题的可行解集中的一个子集。显然，大的子集（即蚁群数量多）可以提高蚁群算法的全局搜索能力以及算法的稳定性；但蚁群数目增大后，会使大量的曾被搜索过的解（路径）上的外激素量的变化比较平均，外激素正反馈的作用不明显，搜索的随机性虽然得到了加强，但收敛速度减慢；反之，子集较小（即蚁群数量少），特别是当要处理的问题规模比较大时，会使那些从来未被搜索到的解（路径）上的外激素量减小到接近于0，搜索的随机性减弱，虽然收敛速度加快，但会使算法的全局寻优性能降低，算法的稳定性差，容易出现过早停滞现象。

在Ant-Cycle System模型中，总外激素量Q为蚂蚁循环一周时释放在所经过的路径上的外激素总量。一般的理解是：总外激素量Q越大，则在蚂蚁已经走过的路径上外激素的累积就越快，可以加强蚁群搜索时的正反馈性能，有助于算法的快速收敛。由于在蚁群算法中各个算法参数的作用实际上是紧密耦合的，其中对算法性能起着主要作用的应该是外激素启发式因子α、期望值启发式因子β和外激素残留常数ρ等三个参数。总外激素量Q对算法性能的影响则有赖于上述三个参数的配置，以及算法模型的选取，比如在Ant-Cycle System模型和Ant-Density System模型中，总外激素量Q对算法性能的影响情况显然有较大的差异。同样，外激素的初始值τ_0对算法性能的影响也不是很大。

（4）蚁群算法的收敛性

2000年Gutjahr[36]第一个给出了蚁群算法收敛性的数学证明，他提出了一个基于图的GBAS（Graph-Based Ant System）算法，把组合优化问题映射为一个由解构成元素组成的解构造图（GBAS 算法只考虑了外激素分布在弧上的情况），定义了算法以三元组为状态的马尔科夫模型，并证明了算法将以概率 $1-\varepsilon$ 收敛于最优解，其中 ε 可以通过选择足够大的蚂蚁数量或足够小的外激素挥发系数来获得任意小的值，给出了某个蚂蚁在有限次迭代中找到最优解的概率的下界。然而 GBAS 算法的收敛性建立在只有一个最优解的前提下，不过作者提到，在多个最优解的情况下也可以证明算法的收敛性，但在数学描述上是非常复杂的。此外 GBAS 算法的收敛速度是很慢的，因为算法只有在找到了比以前更好的解时才更新外激素；其次，对于给定的 ε，不能确定蚂蚁数量的下界或外激素挥发系数的上界，显然该算法的收敛性质只具有理论上的意义。

2002 年 Stützle 和 Dorigo[37] 不严格地证明了他们提出的一种最大最小蚂蚁算法（MAX-MIN AS）的收敛性，即当前算法找到的最好解的质量函数收敛于最优解的质量函数。然而这种收敛性是很弱的，也可以说随机搜索算法也具有这种收敛性。

4.2.2 改进的蚁群算法

虽然与已经发展完备的一些算法（如遗传算法等）比较起来，基本蚁群算法计算量比较大，而且效果也不一定更好，但是它在旅行商问题中的成功运用还是激起了人们对蚁群算法的极大兴趣，并吸引了一批研究人员从事蚁群算法的研究。

蚁群算法可以用于解决许多组合优化问题，只要能做到用一个图表阐述将要解决的问题，能定义一种正反馈过程（如旅行商问题中的残留信息），问题结构本身能提供解题用的启发式信息（如旅行商问题中城市间的距离），能建立约束机制（如旅行商问题中已访问城市的列表），就可以进行应用。其已经成功地用于解决分配问题、旅行商问题、二次规划问题、电信网络路由问题等，在 Job Shop 调度问题中的应用也得到初步研究。但是由于蚁群算法的研究时间还不是很长，故没有形成完整的理论体系。

蚂蚁的分配。在旅行商问题中可以将蚂蚁随机或均匀分布到各个城市，且两种分配蚂蚁的方式对结果影响不大。但是在 Job Shop 问题中，如针对 Muth-Thompson 的 6×6 的 Job Shop 问题，详见表 4-14，（m,t）指每道工序指定的加工设备（m）与处理时间（t）。将蚂蚁分布到不同的 Job 时，获得的最优结果，即最小完工时间也不同，见表 4-15，且 Job Shop 问题中并不是每个点都允许在初始化的时候放置蚂蚁的，它存在着顺序约束。

表4-14　各个工序指定的加工设备、加工时间

工序	(m,t)	(m,t)	(m,t)	(m,t)	(m,t)	(m,t)
Job 1	3,1	1,3	2,6	4,7	6,3	5,6
Job 2	2,8	3,5	5,10	6,10	1,10	4,4
Job 3	3,5	4,4	6,8	1,9	2,1	5,7
Job 4	2,5	1,5	3,5	4,3	5,8	6,9
Job 5	3,9	2,3	5,5	6,4	1,3	4,1
Job 6	2,3	4,3	6,9	1,10	5,4	3,1

表4-15　不同的Job作为蚂蚁出发点时得到的结果

蚂蚁出发点	Job 1	Job 2	Job 3	Job 4	Job 5	Job 6
最小完工时间	55	55	55	58	57	57

因此在 Job Shop 问题中，必须区别对待不同的出发点的更新规则，也就是说具有相同出发点的蚂蚁更新相应的外激素轨迹强度，而不同出发点的蚂蚁留下的外激素轨迹强度之间互不相扰，就像实际生活中，蚂蚁只对同巢穴的其余蚂蚁留在路径上的外激素有所触动，而对其他巢穴的蚂蚁留下的外激素置之不理。

从本质上来说，蚁群算法通过候选解组成的群体的进化过程来寻求最优解，该过程包含两个基本阶段：适应阶段和协同工作阶段。在适应阶段，各候选解根据积累的信息不断调整自身结构；在协同工作阶段，候选解之间通过信息交流，以期产生性能更好的解。状态转移规则（Node Transition Rule）和轨迹强度更新规则（Pheromone Reinforcement Rule）是蚁群算法中的重点。

改进的状态转移规则如式 (4-34) 所示。

$$y=\begin{cases}\arg\max\limits_{y\in J_{k'}(x)}\left\{\alpha\tau'(x,y)+(1-\alpha)\eta(x,y)\right\}, & \text{如果 } q\leqslant q_0\\ Y=\forall y\in J_{k'}(x), & \text{其他}\end{cases}\tag{4-34}$$

其中，k^t 表示蚂蚁 k 的出发点是 t；$\tau^t(x,y)$ 表示出发点为 t 的轨迹强度，即外激素浓度，外激素的初始浓度 τ_0 可以设置为任意常数；$\eta(x,y)$ 表示能见度，是具体工序加工时间的倒数，即 $\eta(x,y)=\dfrac{1}{\Delta t(y)}$；$\alpha$ 表示蚂蚁在运动过程中所积累的外激素浓度 $\tau^t(x,y)$ 相对于启发式信息 $\eta(x,y)$ 在蚂蚁选择路径的过程中的重要性，当 $\alpha=0$ 时，算法就是传统的贪心算法，而当 $\alpha=1$ 时，算法就成为纯粹的正反馈的启发式算法。

$J_{k^t}(x)$ 为可选工作集，是蚂蚁 k^t 在工序 x 后可选择的下道工序 y 的集合，由于 Job Shop 问题中存在顺序约束，所以蚂蚁在选择下一个节点时也存在某种特性。本节采用了自然数对所有工序进行顺序编码，如上述 6×6 的 Job Shop 问题中产品的开始节点集为 [1, 7, 13, 19, 25, 31]，开始节点表示的是各个不同产品的第一道工序。蚂蚁按照状态转移规则的指引，移动到可选工作集中的某个节点，在解构造的每一步，蚂蚁访问过的节点从其可选工作集中删除；同时，如果蚂蚁当前所处的位置不是产品的最后一个工序，则把该产品的下一个工序加入蚂蚁的可选工作集中，在蚂蚁访问过所有节点后，解构造过程结束。如我们规定加工从节点 1 开始，则下一时刻的可选工作集为 [2, 7, 13, 19, 25, 31]，按照状态转移规则选择节点 7，则下一时刻的可选工作集变为 [2, 8, 13, 19, 25, 31]；当可选工作集变为 [7, 8, 13, 19, 25, 31] 时，即相当于 [8, 13, 19, 25, 31]。以此方法递推下去，蚂蚁可以无重复性地走完全程，保证了解的可行性，并省略了相应的禁忌表。

由于蚁群算法在解决大规模优化问题时需要较长的搜索时间，容易出现停滞现象，传统的用于解决 TSP 问题的路径改进法，如 2- 交换、3- 交换、or- 交换等无法适用于 Job Shop 问题，所以本节中 y 没有根据概率分布来进行选择，而是在 $J_{k^t}(x)$ 中任意选择，使随机搜索空间进一步加大，这样能够更好地克服停滞现象。q 为均匀分布在 [0,1] 上的一个随机变量，q_0 为 [0,1] 间的参数。

不同的轨迹更新规则。单只蚂蚁所访问路径上的外激素浓度更新规则为：

$$\Delta\tau^t(x,y)=\Delta\tau(x,y)^{k^t}=\begin{cases}\dfrac{Q}{T_{k^t}}, & \text{如果蚂蚁 } k^t \text{从城市}x\text{到城市}y \\ 0, & \text{其他}\end{cases} \tag{4-35}$$

蚁群的外激素浓度更新规则为：

$$\Delta\tau^t(x,y)=\sum_{k^t=1}^{K}\Delta\tau(x,y)^{k^t} \tag{4-36}$$

一次循环后的路径上的外激素浓度消散规则为：

$$\tau^t(x,y)=(1-\rho)\tau^t(x,y)+\rho\Delta\tau^t(x,y) \tag{4-37}$$

其中，$\Delta\tau(x,y)^{k^t}$ 为蚂蚁 k^t 留在路径 (x,y) 上的外激素的增量；T_{k^t} 为其目标函数值；Q 为常数；$\Delta\tau^t(x,y)$ 为出发点为 t 的路径 (x,y) 上的外激素的增量；$\tau^t(x,y)$ 为当前出发点为 t 的路径上的外激素；ρ 为 [0,1] 间的参数，是路径上外激素的消散因子。

在考虑外激素的浓度如何修改的问题时，蚁群算法是利用全部蚂蚁的信息参与轨迹的外激素浓度更新，本节根据每次迭代中最优解可分为全局最优解和局部最优解的特点，又提出了六种改进方法，其中前三种方法是利用了全局最优解，后两种利用了局部最优解，最后一种则利用全局最优解和局部最优解。[全局最优解 (Global Optimal Solution)，是指系统演化到目前为止最好的那个解；局部最优解 (Local Optimal Solution)，是指系统演化过程中当代蚁群中最好的那个解。]

改进方法 1（记为 GB1）。首先按式 (4-35) 去修改外激素浓度，然后根据当前蚁群所求解的信息，判断是否存在比到当前为止最优解还要好的解。若存在，则增强该蚂蚁个体所访问路径上的外激素浓度 $\tau^t(x,y)$，公式为式 (4-34)；若不存在，则进行下一步操作。最后，系统的外激素浓度的修改按式 (4-36) 进行。也就是说，如果当系统找到了全局最优解，则该蚂蚁个体所走路径上的外激素浓度为标准蚁群优化算法中 $\tau^t(x,y)$ 的 2 倍。

改进方法 2（记为 GB2）。根据当前蚁群的求解信息，判断是否存在比当前最优解还要好的解，若存在，则增强其外激素浓度 $\tau^t(x,y)$，公式为式 (4-33)，其他蚂蚁对系统相关路径上外激素的影响则被忽略。若找不到比最优解更好的解，蚁群就按式 (4-35) 修改系统的外激素浓度。

最后，系统的外激素浓度的修改按式 (4-36) 进行。

改进方法 3（记为 GB3）。只有当系统找到比以前最优解还要好的解时，才去增强该蚂蚁个体所访问路径上的外激素的浓度 $\tau^t(x,y)$，公式为式 (4-34)。这种方法仅对具有最优解的蚂蚁有效，其他蚂蚁的行为对系统的外激素浓度的影响则忽略不计。其目的是奖励那些具有较好的解的蚂蚁个体，增加系统的搜索能力。最后，系统的外激素浓度的修改按式 (4-36) 进行。

改进方法 4（记为 LB1）。与第一种方法相对应，只不过这里利用的并不是全局最优解，而是局部最优解。具体地说，首先，按式 (4-35) 去修改外激素浓度，然后根据当代蚁群的访问信息，找出具有最优解的蚂蚁个体，并增强其相关路径上的外激素浓度 $\tau^t(x,y)$，公式为式 (4-34)。最后，整个系统的外激素浓度修改按式 (4-36) 进行。

改进方法 5（记为 LB2）。与第三种方法相对应。它仅对当代蚁群中具有最优解的蚂蚁个体，增强其所访问路径上的外激素的浓度 $\tau^t(x,y)$，公式为式 (4-34)。这种方法仅对当代蚁群中具有最优解的蚂蚁个体有效，其他蚂蚁对路径上外激素的影响则被忽略。最后，系统的外激素浓度的修改按式 (4-36) 进行。

改进方法 6（记为 GLB）。对当代蚁群中具有最优解的蚂蚁个体，增强其所访问路径上的外激素的浓度 $\tau^t(x,y)$，公式为式 (4-34)。若当代蚁群中具有最优解的蚂蚁个体比系统以前找到的最优解还要好，则再次增强该蚂蚁个体所访问路径上的外激素的浓度 $\tau^t(x,y)$，公式仍为式 (4-34)。也就是说，如果系统找到了全局最优解，则该蚂蚁个体所走路径上的外激素浓度为只找到局部最优解时的 $\tau^t(x,y)$ 的 2 倍。最后，系统的外激素浓度的修改按式 (4-36) 进行。

关于蚁群算法的运行参数，目前，尚无合理选择运行参数的理论依据，因此在蚁群算法的实际应用中，往往需要经过多次试算后，才能确定出这些参数合理的取值大小或取值范围。总外激素量 Q、外激素的初始值 τ_0、蚂蚁个数 K，对算法性能的影响不是很大，本节设置为缺省值；而对算法性能起着主要作用的是相对重要性系数 α 及外激素挥发度 ρ，以及新参数 q_0。对此进行了一系列的对比仿真试验，来探讨改进蚁群算法中参数的最佳设定原则。

运算终止规则。由于蚁群算法是一种不断寻优的过程，必须设置相应的搜索停止条件。一般来说，终止规则有三种类型：最为直接简单的是给定一个终止进化代数，算法进化代数在到达这个给定值时停止。第二种是给定问题一个下界的计算方法，当最优值到达要求的偏差时，算法终止。第三种规则带有一定的自适应性，设计一个评价算法规则，当评价算法规则监控到算法再进化已无法改进解的性能时，就停止计算。

在许多蚁群算法的应用中，终止进化代数的给定往往依赖于设计者的经验和对所求问题的直观判断，而并没有可以应用的规则或公式。实际上来说，对于一个具体的问题，终止进化代数定多少合适，在开始时并无确切的把握。

改进的蚁群算法流程。根据以上的改进思路，改进的蚁群算法流程如下：

① 设置相关参数 Q、q_0、τ_0、α、ρ、蚂蚁个数 K 和终止进化代数 E，并根据实际问题把能见度 $\eta(x,y)$ 和可选工作集 $J_{k'}(x)$ 初始化；

② 让蚂蚁随机地在可选工作集 $J_{k'}(x)$ 中选择起始节点；

③ 每只蚂蚁 k 通过访问各个节点形成一个解，在访问的过程中，动态地将已经访问过的节点从可选工作集 $J_{k'}(x)$ 中删除；

④ 在节点 x 上的蚂蚁 k 要从可选工作集 $J_{k'}(x)$ 中选择将访问的下一节点 y 时，需根据状态转移规则选择下一步的节点；

⑤ 当所有节点都被选择过，蚂蚁完成任务，计算各蚂蚁的目标函数值，根据不同的起始节点和不同的浓度修改规则，更新轨迹上的外激素浓度 $\tau^t(x,y)$；

⑥ 判断系统是否满足结束条件，若满足条件，输出当前最好解，否则转步骤②运行。

4.2.3 基于改进蚁群优化算法的 Job Shop 调度

（1）Job Shop 调度模型

Job Shop 问题的建模与求解，较之 Flow Shop 问题复杂得多，困难得多。最明显的差异在于 Job Shop 问题中，由于产品的加工路径或者说加工序列不同，生产周期不再简单地由产品的起始序列决定。对于一个有 i 个产品，j 台设备的 Job Shop 问题来说，理论上可以有 $i_1!i_2!\cdots i_j!$ 个可能的加工序列，其中 $i_j(j=1,2,\cdots,J)$ 为处理单元 j 上的操作数。但由于存在诸多的约束，并非所有的这些加工序列都是可行的[38]。一般地，Job Shop 要满足以下几条假设：

① 一个产品不能同时在不同的设备上加工，尽管一个产品有时包括多个相同的零件，也不能将其分成几部分同时在多台设备上加工；

② 整个产品由一系列指定顺序的工序构成，每个产品都有其独特的加工路线；

③ 对整个产品来说，只有当上一道工序完工后，才能送下道工序去指定设备加工；

④ 每道工序只能在一台设备上加工，一旦开始加工必须一直进行到完工，不允许中断插入其他工序，即不同产品的加工工序间无优先权；

⑤ 每台设备在某一时刻只能加工一道工序；

⑥ 产品数、设备数、加工时间已知，且每个产品在每台设备上的加工时间与加工顺序无关；

⑦ 允许产品在工序之间等待，允许设备在产品未到达时闲置；

⑧ 产品加工工艺上的约束事先给定。

对以上这些假设进行某些简化或者改变，可构成不同类型的 Job Shop 问题。

典型的 Job Shop 问题常可描述为：I 个产品在 J 台设备上加工，各产品在各设备上的操作时间已知，事先给定各产品在各设备上的加工次序（即工艺约束条件），要求确定与工艺约束条件相容的各设备上所有产品的加工次序，使某些加工性能指标达到最优。该类组合优化问题，约束和整数变量会随着问题规模的增加而急剧扩大，发生组合爆炸，算法复杂性呈指数倍增长，是一个 NP-Complete 难题。

本节研究的 Job Shop 问题，不同的产品所需要的生产设备和加工路径可以完全不同，所有的产品不一定都要经过所有的处理单元，并且每个产品相应的加工路径是固定不变的，并假设每种设备只有一台，每台设备可加工多种类型的产品。

描述问题的变量有：

i——产品数，$i=\{1,2,\cdots,I\}$，即产品总数为 I 个；

j——生产单元数，$j=\{1,2,\cdots,J\}$，即处理单元总共有 J 台；

S_i——产品 i 的加工顺序集合，$S_i=\left\{s_{i1},s_{i2},\cdots,s_{ip_i}\right\}$，$i\in I$，其中 $s_{ig}\in J$，表示产品 i 的第 g 道工序所需的生产单元，p_i 为产品 i 的工序总数；

O_j——生产单元 j 上进行的操作顺序集合，$O_j=\left\{o_{j1},o_{j2},\cdots,o_{jq_j}\right\}$，$j\in J$，其中 $o_{jl}\in I$，表示生产单元 j 上第 l 步操作的产品，q_j 为生产单元 j 上的操作产品总数；

Δt_{ij}——产品 i 在生产单元 j 上的处理时间；

$ST_{i_g j_l}$——产品 i 在生产单元 j 上的操作开始时间，下标 i_g 表示产品 i 的第 g 道工序，下标 j_l 表示生产单元 j 的第 l 步操作；

$T_{i_g j_l}$——产品 i 在生产单元 j 上的完成时间，下标 i_g 表示产品 i 的第 g 道工序，下标 j_l 表示生产单元 j 的第 l 步操作。

车间作业调度的最基本约束条件是：

① 顺序约束：每道工序必须在它前面的工序加工生产完毕后再加工。

② 占用约束：每台设备在某一时刻只能加工一个产品的一道工序。

产品 i 在生产单元 j 上的加工开始时间为：

① $g\neq 1,l\neq 1$ 时：

$$ST_{i_g j_l}=\max\left\{T_{i_{g-1}s_{ig-1}},T_{o_{jl-1}j_{l-1}}\right\}\quad i\in I,j\in J \tag{4-38}$$

式中，$T_{i_{g-1}s_{ig-1}}$ 为产品 i 的第 $g-1$ 道工序的完成时间；$T_{o_{jl-1}j_{l-1}}$ 为处理单元 j 上第 $l-1$ 步操作的完成时间。加工开始时间取这两者间的最大值保证了产品 i 的第 g 道工序必须在第 $g-1$ 道工序完成后才能开始，同时保证了某一时刻某一个处理单元只能加工一个产品。

② $g=1,l>1$ 时：

$$ST_{i_g j_l}=T_{o_{jl-1}j_{l-1}}\quad i\in I,j\in J \tag{4-39}$$

当操作为产品 i 的第 1 道工序时，其加工开始时间由处理单元 j 上的前一步操作的完成时间决定。

③ $l=1,g>1$ 时：

$$ST_{i_g j_l} = T_{i_{g-1} s_{ig-1}} \quad i \in I, j \in J \tag{4-40}$$

当操作为处理单元j上的第1步操作时，其加工开始时间由产品i的前一道工序的完成时间决定。

④ $l=1, g=1$时：

$$ST_{i_g j_l} = 0 \quad i \in I, j \in J \tag{4-41}$$

当操作为产品i的第1道工序且为处理单元j上的第1步操作时，其加工开始时间为0。

每个生产产品i在生产单元j上的加工完成时间为：

$$T_{i_g j_l} = ST_{i_g j_l} + \Delta t_{ij} \quad i \in I, j \in J \quad g = 1,2,\cdots,p_i; l = 1,2,\cdots q_j \tag{4-42}$$

本节所设计的目标函数为生产所有产品的总时间（*makespan*）最小，表达式为：$\min G$。

$$G = \max\left\{T_{1_{p1}}, T_{2_{p2}}, \cdots, T_{I_{pI}}\right\} \tag{4-43}$$

（2）蚁群算法的实现

蚁群算法可以看作为一种基于解空间参数化概率分布模型（Parameterized Probabilistic Model）的搜索算法框架（Model-Based Search Algorithms）[39-40]，由于解空间参数化概率模型的参数就是外激素，因而这种参数化概率分布模型就是外激素模型，外激素分布与解构造图上的弧或者节点相关联，分别称为弧模式外激素分布模型和节点模式外激素分布模型。在基于模型搜索算法框架中，可行解通过在一个解空间参数化概率分布模型上的搜索产生，此模型的参数用以前产生的解来进行更新，使得在新模型上的搜索能集中在高质量的解搜索空间内，通过学习这些解构成元素对解的质量的影响有助于找到一种机制，通过解构成元素的最佳组合来构造出高质量的解。

本节采用的是弧模式外激素分布模型，针对Job Shop的实际生产情况，在如下几个方面对蚁群算法进行了改进。

① 把产品在设备上的加工时间看成距离；

② 让蚂蚁随机地在可选工作集中选择起始节点，不同出发点的蚂蚁留下的外激素轨迹强度之间互不相扰；

③ 蚂蚁从一个节点转移到另外一个节点的转移可能性大小不仅与两节点间的距离（具体工序的加工时间）有关，而且和一个循环的总距离有关；

④ 对于算法中的状态转移规则的两个部分分别进行了改进和简化处理；

⑤ 算法中的轨迹强度的更新规则，除了有基本蚁群算法中的形式AAV（All-Ants-Value），另外还具有六种改进的形式。

（3）仿真研究与分析

由前述蚁群算法的介绍可知，蚁群优化（ACO）算法是各种不同的蚂蚁算法的总称。由于状态转移规则（Node Transition Rule）和轨迹强度更新规则（Pheromone Reinforcement Rule）是蚁群算法中的重点，不同的状态转移规则和轨迹强度更新规则能构成不同的算法，所以本节也从这两个方面进行了改进。

状态转移规则。基本蚁群：

$$P_k(x,y)=\begin{cases}\dfrac{\tau(x,y)^{\alpha}\times\eta(x,y)^{\beta}}{\sum\limits_{y\in allowed_k(x)}\left\{\tau(x,y)^{\alpha}\times\eta(x,y)^{\beta}\right\}}, & \text{如果 } y\in allowed_{k}(x)\\ 0, & \text{其他}\end{cases} \tag{4-44}$$

蚂蚁系统：

$$y=\begin{cases}\arg\max\limits_{y\in allowed_k(x)}\left\{\tau(x,y)^{\alpha}\times\eta(x,y)^{\beta}\right\}, & \text{如果 } q\leqslant q_0\\ Y, & \text{其他}\end{cases} \tag{4-45}$$

$$P_k(x,y)=\begin{cases}\dfrac{\tau(x,y)^{\alpha}\times\eta(x,y)^{\beta}}{\sum\limits_{y\in allowed_k(x)}\left\{\tau(x,y)^{\alpha}\times\eta(x,y)^{\beta}\right\}}, & \text{如果 } y\in allowed_{k}(x)\\ 0, & \text{其他}\end{cases} \tag{4-46}$$

改进方法：

$$y=\begin{cases}\arg\max\limits_{y\in J_{k^t}(x)}\left\{\alpha\tau^{t}(x,y)+(1-\alpha)\eta(x,y)\right\}, & \text{如果 } q\leqslant q_0\\ Y=\forall y\in J_{k^t}(x), & \text{其他}\end{cases} \tag{4-47}$$

轨迹强度更新规则。根据最优解可分为全局最优解和局部最优解的特点，提出了六种改进方法，加上基本蚁群算法中的轨迹强度更新方法，共七种，具体如表 4-16 所示。

表4-16 不同的轨迹更新规则

名称	参与轨迹更新的解
AAV	当代蚁群中所有的蚂蚁的目标值
GB1	当代蚁群中所有的蚂蚁和全局最优解
GB2	当代蚁群中所有的蚂蚁或全局最优解
GB3	全局最优解
LB1	当代蚁群中所有的蚂蚁和局部最优解
LB2	局部最优解
GLB	局部最优解和全局最优解

下面 6×6 的 Job Shop 问题来自文献 [41]。具体数据如表 4-17 所示，(m,t,o) 指每道工序指定的加工设备 (m)、处理时间 (t) 及节点编号 (o)。本节采用了自然数对所有工序进行顺序编码。

表4-17 各个工序指定的加工设备、加工时间及节点编号

工序	(m,t,o)	(m,t,o)	(m,t,o)	(m,t,o)	(m,t,o)	(m,t,o)
Job 1	3,1,1	1,3,2	2,6,3	4,7,4	6,3,5	5,6,6
Job 2	2,8,7	3,5,8	5,10,9	6,10,10	1,10,11	4,4,12
Job 3	3,5,13	4,4,14	6,8,15	1,9,16	2,1,17	5,7,18
Job 4	2,5,19	1,5,20	3,5,21	4,3,22	5,8,23	6,9,24
Job 5	3,9,25	2,3,26	5,5,27	6,4,28	1,3,29	4,1,30
Job 6	2,3,31	4,3,32	6,9,33	1,10,34	5,4,35	3,1,36

仿真中设置蚂蚁总数目 K 等于总的工序数 36，系统终止进化代数 E 为 1000，统计次数为 10 次。仿真中，设置算法参数为 $Q=100$，$\alpha=0.8$，$\rho=0.5$，$q_0=0.9$，$\tau_0=1$。仿真结果如表 4-18、表 4-19、表 4-20 所示。

① 最优值 / 代数指系统迭代结束后得到的最小目标函数值，如果该值达到已知的最小值就记录达到最小值时的代数，否则就不做记录。

② 平均值表示每组仿真迭代中每代最优值的平均值。

③ 统计后的平均结果是对十组数据求平均，得到的最优值 / 代数（如果十组数据中存在出现最优值的代数就进行统计平均，否则就忽略不做统计平均）和平均值。

表4-18 十次仿真得到的最优值/代数

轨迹更新规则	组号 1	组号 2	组号 3	组号 4	组号 5	组号 6	组号 7	组号 8	组号 9	组号 10
AVV	59	60	58	60	58	59	58	60	60	59
GB1	60	59	60	59	59	59	60	59	60	59
GB2	59	58	59	60	58	56	59	59	59	60
GB3	55/271	58	59	55/108	58	58	58	57	55/109	55/84
LB1	60	59	57	59	58	59	60	58	59	58
LB2	55/861	56	55/215	55/75	55/63	55/170	55/888	55/810	55/755	55/329
GLB	55/784	55/539	56	57	56	55/208	55/671	55/882	57	56

表4-19 十次仿真得到的平均值

轨迹更新规则	组号 1	组号 2	组号 3	组号 4	组号 5	组号 6	组号 7	组号 8	组号 9	组号 10
AVV	60.623	60.405	59.802	60.627	59.498	60.422	61.245	61.460	60.764	60.223
GB1	60.475	59.903	60.828	59.954	60.729	60.183	60.184	59.745	60.821	60.978
GB2	59.921	58.654	59.274	60.156	58.673	57.619	59.076	59.035	59.072	60.365
GB3	56.070	58.269	59.071	55.765	59.026	58.795	58.170	57.410	55.443	55.493
LB1	60.630	61.099	58.626	59.745	58.170	59.384	61.594	59.848	59.376	58.370
LB2	57.281	56.956	55.726	55.331	55.286	55.508	58.143	57.388	57.310	56.189
GLB	56.218	56.964	56.641	57.218	57.169	55.703	57.594	57.341	58.130	57.845

表4-20 统计后的平均结果

统计结果	AVV	GB1	GB2	GB3/143	LB1	LB2/462.8	GLB/616.8
最优值 / 代数	59.1	59.4	58.7	56.8	58.7	55.1	55.7
平均值	60.5069	60.3800	59.1845	57.3512	59.6842	56.5118	57.0823

关于参数选择的讨论：有学者探讨了在旅行商问题中基本蚁群算法中的参数选择问题，得出了总外激素量 Q、外激素的初始值 τ_0、蚂蚁个数 K，对算法性能的影响不是很大，对算法性能起着主要作用的是相对重要性系数 α 及外激素挥发度 ρ 的结论。由于本节采用的是改进的蚁群算法而且针对的是 Job Shop 调度问题，所以必须对能够在算法的求解效率和求解结果中产生较大的影响的算法参数，尤其是关键参数 α、ρ 进行一系列的对比仿真试验，来探讨改进蚁群算法中参数的最佳设定原则，并且由于算法中的参数 q_0 是一个新出现的参数，所以本节对 q_0 也

进行了探讨。

采用改进的蚁群算法，以上文所列6×6的Job Shop问题为研究对象，设置蚂蚁循环一周释放的总外激素量 $Q=100$，外激素初始量 $\tau_0=1$，[0,1] 间的参数 $q_0=0.9$，对相对重要性系数 α 及外激素挥发度 ρ 进行了初步研究，蚂蚁总数目 K 等于总的工序数 36，系统终止进化代数 E 为 1000，统计次数为 10 次。详细的统计结果见表 4-21，其中次数表示统计中能达到最优值的次数；代数表示达到最优值的次数中平均第几代开始出现最优值。

表4-21　算法中关键参数对获得最优值的影响

ρ		0.0	0.1	0.2	0.3	0.4	0.5	0.6	0.7	0.8	0.9	1.0
α	次数	0	0	0	0	0	0	0	0	0	0	0
=0.0	代数	—	—	—	—	—	—	—	—	—	—	—
α	次数	0	0	0	0	0	0	0	0	0	0	1
=0.1	代数	—	—	—	—	—	—	—	—	—	—	796
α	次数	0	0	1	0	0	0	0	3	7	5	7
=0.2	代数	—	—	451	—	—	—	—	687.3	475.5	239	394.7
α	次数	0	0	0	1	0	0	6	6	5	7	8
=0.3	代数	—	—	—	877	—	—	371	469.5	439.2	411.8	382.1
α	次数	0	0	0	0	0	3	6	7	8	7	9
=0.4	代数	—	—	—	—	—	445.6	650.3	607	529.6	343	529.4
α	次数	0	0	0	1	3	2	6	8	8	9	6
=0.5	代数	—	—	—	499	521	437	357.3	352.7	498.1	360.8	315
α	次数	0	0	0	0	1	2	8	7	6	7	7
=	代数	—	—	—	—	529	272	587	537.1	377.6	269.5	593.1
α	次数	0	0	0	0	2	4	6	8	9	9	6
=0.7	代数	—	—	—	—	646	262.3	320.6	555.8	481.4	418.4	221.3
α	次数	0	1	0	0	3	5	8	9	9	9	6
=0.8	代数	—	319	—	—	521.3	518.8	365.8	208.3	353.6	388.2	585.3
α	次数	0	0	0	2	2	7	7	8	8	8	7
=0.9	代数	—	—	—	503.5	238	504.1	354.2	270.8	495.3	376.8	240.9
α	次数	0	1	0	0	1	3	5	5	7	7	7
=1.0	代数	—	674	—	—	952	509.3	351.2	830.4	389.6	436.7	368.3

由以上的仿真结果不难看出，当 α 比较小时，相当于对路径上的外激素 $\tau^t(x,y)$ 在蚂蚁的搜索过程中的重要性未给予足够的重视，蚂蚁

主要依靠能见度 $\eta(x,y)$ 的引导进行搜索，导致蚁群陷入纯粹的、无休止的随机搜索中；而在 α 比较大时，蚂蚁完全依赖外激素的引导进行搜索，会过早出现收敛现象。当 ρ 较小时，由于路径上的残留外激素占主导地位，外激素的正反馈的作用相对较弱，搜索的随机性增强，收敛速度很慢；而在 ρ 比较大时，外激素正反馈的作用占主导地位，搜索的随机性减弱，收敛速度加快但易陷入局部最优状态。综合考虑算法的全局搜索能力和收敛速度两项性能指标，做出合理或折中的选择，即 $\alpha=0.5\sim0.9$，$\rho=0.6\sim0.9$，最佳选择为 $\alpha=0.8$，$\rho=0.7$。

关于改进的蚁群算法中 [0,1] 间的参数 q_0 对算法性能的影响及其在实际应用中的选择，也可以通过计算机仿真试验来分析和确定，依然以上文所列 6×6 的 Job Shop 问题为研究对象，在确定相对重要性系数 $\alpha=0.5\sim0.9$ 及外激素挥发度 $\rho=0.6\sim0.9$ 的基础上，进行仿真试验。

表4-22　算法中参数 q_0 对获得最优值的影响

q_0	α	0.5		0.8				0.9	
	ρ	0.7	0.9	0.6	0.7	0.8	0.9	0.7	0.9
0.0	次数	0	1	1	0	0	0	0	0
	代数	—	641	533	—	—	—	—	—
0.1	次数	1	0	0	0	0	1	1	0
	代数	936	—	—	—	—	44	35	—
0.2	次数	0	1	0	0	0	0	0	0
	代数	—	287	—	—	—	—	—	—
0.3	次数	1	0	0	0	0	0	0	0
	代数	131	—	—	—	—	—	—	—
0.4	次数	0	1	2	1	2	0	0	0
	代数	—	180	697	439	820.5	—	—	—
0.5	次数	0	0	0	0	0	0	0	0
	代数	—	—	—	—	—	—	—	—
0.6	次数	0	0	0	0	0	0	2	0
	代数	—	—	—	—	—	—	661.5	—
0.7	次数	1	0	0	1	0	0	0	0
	代数	925	—	—	806	—	—	—	—
0.8	次数	0	2	0	0	1	0	1	0
	代数	—	806	—	—	591	—	923	--
0.9	次数	7	8	8	9	8	8	8	8
	代数	428.5	287.7	309.3	247.4	395.7	365.2	271.6	342.3

续表

q_0	α	0.5		0.8				0.9	
	ρ	0.7	0.9	0.6	0.7	0.8	0.9	0.7	0.9
1.0	次数	0	0	0	0	0	0	0	0
	代数	—	—	—	—	—	—	—	—

由以上的仿真结果表4-22不难看出，当 q_0 较小时，搜索的随机性增强，收敛速度很慢，而当 $q_0=1$ 时，算法丧失了搜索的随机性，陷入局部最优状态。选择参数 $q_0=0.9$，对于相对重要性系数 $\alpha=0.5\sim0.9$ 及外激素挥发度 $\rho=0.6\sim0.9$ 都是比较恰当的。

4.3 基于混沌量子粒子群优化算法的智能调度[42]

4.3.1 量子粒子群优化算法

受量子物理基本理论的启发，结合粒子群的收敛性质，Sun等人[43-44]于2004年提出了量子粒子群优化(Quantum-behaved Particle Swarm Optimization, QPSO)算法，该算法对整个PSO算法的进化搜索策略进行了改进，进化方程中不再需要速度向量，而且整个迭代方程参数更少，所以更容易控制。因为量子本身的特性，QPSO能够在全局范围内搜索，相对PSO来说没有局限性。粒子的状态通过波函数确定，通过求解薛定谔方程得到粒子在量子空间中某一个坐标点出现的概率密度函数。由于粒子的量子特性，根据测不准原理（不确定性原理），粒子的位置和速度是无法同时确定的，所以只能通过波函数求解。

在PSO算法的基础上，QPSO算法利用波函数描述粒子的状态，并通过求解薛定谔方程得到粒子在空间某一点出现的概率密度函数，再通过Monte Carlo随机模拟得到粒子的位置方程：

$$x_{i,d}^{k+1}=p_{i,d}\pm\frac{L}{2}\ln\left(\frac{1}{u}\right) \tag{4-48}$$

式中，u 为 0 到 1 之间均匀分布的随机数；$x_{i,d}^{k}$ 与 $p_{i,d}$ 的定义与第 4.1 节的 PSO 中相同；L 由下式决定。

$$L = 2\beta\left|mbest - x_{i,d}^{k}\right| \tag{4-49}$$

式中，$mbest$ 为各粒子历史最优位置的算术平均值。

$$mbest = \frac{\sum_{i=1}^{M} P_i}{M} = \left(\frac{\sum_{i=1}^{M} p_{i,1}}{M}, \frac{\sum_{i=1}^{M} p_{i,2}}{M}, \cdots, \frac{\sum_{i=1}^{M} p_{i,D}}{M}\right) \tag{4-50}$$

式中，M 为种群中粒子的个数。将式 (4-49) 代入式 (4-48) 中可得：

$$x_{i,d}^{k+1} = p_{i,d} \pm \beta\left|mbest_d - x_{i,d}^{k}\right|\ln\left(\frac{1}{u}\right) \tag{4-51}$$

$p_{i,d}$ 的更新公式为：

$$p_{i,d}^{k+1} = \varphi p_{g,d}^{k} + \left(1-\varphi\right)p_{i,d}^{k} \tag{4-52}$$

式中，φ 为 0 到 1 之间均匀分布的随机数。上述方程组即为 QPSO 的进化方程组，但是相比 PSO 算法，粒子的状态只由位置向量描述，能控制的参数只有一个 β，该参数称为收缩扩张系数，类似于 PSO 中的权重因子。因而，对此参数的选择和控制是非常关键的，它关系到整个算法的收敛速度和收敛精度。式 (4-51) 中的 ± 号取正和负的概率分别为 50%。

收缩扩张系数 β 作为 QPSO 唯一的参数，在算法流程中占据着举足轻重的地位，控制着整个算法的形态与应用范围。然而，尽管它很重要而且是唯一的参数，但是它的效果却仅仅和 PSO 算法中权重因子 w 相当，不同的是，权重因子控制着旧的速度在新的速度中所占据的比值，而 β 却控制着 $mbest$ 对粒子位置的影响力。β 值的大小决定 $pbest$ 与 $mbest$ 在粒子位置坍缩时两者的概率比重。

4.3.2 混沌优化算法

混沌是一种貌似随机的运动，指在确定性非线性系统中，不需要附加任何随机因素亦可出现类似随机的行为，即内在随机性。混沌系统最大的特点在于系统的演化对初始条件和参数的极度敏感性。因此从长期意义上讲，系统的未来行为是不可预测的。混沌科学是随着现代科学技术的迅猛发展，尤其是在计算机技术的出现和普及应用的基础上发展起来的新兴交叉学科。在现代的物质世界中，混沌现象无处不在，大至宇宙，小至基本粒子，无不受混沌理论的支配。如气候变化会出现混沌，数学、物理学、化学、经济学、社会学中也存在混沌现象。因此，科学家认为，在现代的科学中普遍存在着混沌现象，它打破了不同学科之间的界限，它是涉及系统总体本质的新兴科学。人们通过对混沌的研究，提出了一些新问题，向传统的科学提出了挑战。如 1963 年美国著名的气象学家 E.N.Lorenz 在数值试验中首次发现，在确定性系统中有时会表现出随机行为这一现象，他称之为“决定论非周期流”，这一论点打破了拉普拉斯决定论的经典理论 [45]。在这一论点的支配下，Lorenz 曾提出：“气候从本质上是不可预测的。”这个论点一直困扰着动力气象学界，后来人们认识到，当时 Lorenz 所发现的“决定论非周期流”现象其实就是一种混沌现象，即气候系统对初始条件非常敏感，初始条件的极微小差别就会导致巨大的气候变化。继 Lorenz 之后，于 1975 年“混沌”作为一个新的科学名词正式出现在文献中 [46]。随着对混沌现象的深入研究，混沌理论迅速发展起来。气象学家将它应用于气象系统中，发展成为混沌气象学。随着对混沌气象学的深入研究，人们逐渐认识到气候是一个有层次的复杂系统，这个系统在不同层次上，在一定范围内，还可以建立起各种预报模式，并已取得了较好的效果。因此，与传统的预报模式相比，人们深信，随着对气候系统各种层次结构的深入认识以及各种不同层次模式的建立，长期气候预测的精度也将会大有提高。

混沌科学的研究表明，现实的世界是一个有序与无序相伴、确定和随机统一、简单与复杂一致的世界。显然，以往那种只追求有序、精确、简单的观点是不全面的。因此，只有抓住复杂性并对它进行深入研究，才能为人们描绘出一个客观的世界图景。混沌运动的基本特征是具有确定性、非线性、对初始条件敏感依赖性和非周期性。已有的研究表明了以下观点：

① 从长期的演化过程看，系统的运行轨迹具有对初始条件的敏感依赖性。初始条件的细微变化能够导致系统未来长期运动轨迹之间的巨大差异，即小的原因能够引起大的结果。

② 简单的系统可以产生复杂的现象，而复杂现象的背后可以是有序的。一个系统貌似随机的输出并不一定是随机输入造成的，一个确定的简单系统除了能够产生稳定平衡的、周期性的和不稳定发散行为之外，还能产生貌似随机的混沌行为。混沌的背后拥有精细的结构，如在状态空间上表现为混沌吸引子，混沌吸引子具有分形性，有普适性常数存在等。

③ 一个系统有三种进入混沌状态的可能道路：倍周期分岔、间隙变换和锁频（或称之为准周期运动）。

④ 系统的整体行为可以不同于系统的部分行为。从微观角度考察，系统的部分行为可以是杂乱无章的，而从宏观角度考察，系统的整体行为又可能呈现出一定的规律性。

混沌运动中最显著的一个特点就是能在一定范围内按其自身规律遍历所有状态。混沌优化（Chaotic Optimization, CO）算法就是利用这些混沌变量的随机性、遍历性、初值敏感性在解空间内进行优化搜索，从而找到最优解。算法中利用其遍历性进行寻优，当一般算法搜索陷入局部极优时，通过特定的途径可以跳出局部极优，而混沌的遍历性保证经过有限次的迭代次数，它一定能找到全局最优解，更别提跳出局部极优了。可是代价也是相当大的，因为根据混沌的不确定性，混沌寻优不能确保在有限时间内一定能找到更优解。混沌优化方法在搜索空间小时效果显著，可搜索空间一旦呈几何级数增长时，由于迭代次数或者时间的限制，效果不尽如人意。所以混沌优化多数和其他算法相结合进行辅助运算，最典型的就是和 PSO 等的结合 [47-48]，取得了较好的效果。

混沌优化算法基本原理。混沌优化算法首先将混沌空间中的变量映射到问题的解空间，然后利用混沌特性实现对解空间的搜索。常用的混沌运动序列发生器为 Logistic 序列发生器：

$$x_{k+1} = \mu x_k \left(1 - x_k\right), 0 \leqslant x_0 \leqslant 1, \quad k = 0,1,2,\cdots \tag{4-53}$$

式中，μ 为控制参数；x_k 为变量。

式 (4-53) 是确定性的迭代方程，每一步的结果都没有任何的不确定性。但是，当 $\mu = 4$ 并且 $x_0 \notin \{0, 0.25, 0.5, 0.75, 1\}$ 时，Logistic 映射产生的序列却拥有混沌的动态特征，其对初值具有敏感性，初值的微小变化将带来完全不同的序列。

从图 4-9 中可以看出，混沌变量的值没有任何规律性，但 500 次迭代后混沌变量的值能够覆盖到区间 (0,1) 内各个角落。如果一直迭代下去，迭代次数足够大时，它能覆盖整个 (0,1) 区间。

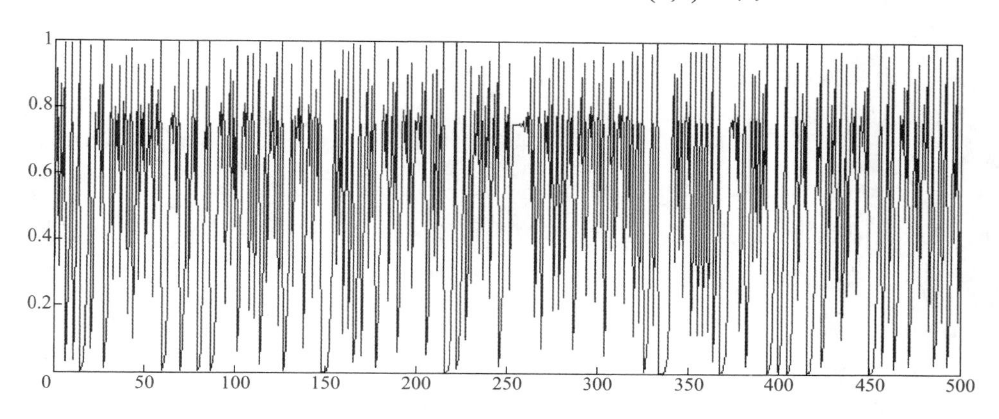

图 4-9 混沌变量迭代路径

式 (4-53) 为单变量的混沌迭代方程，在很多优化问题中变量是以向量的形式存在，因而有了如下多维变量的混沌迭代公式：

$$cx_j^{k+1} = 4cx_j^k\left(1 - cx_j^k\right),\quad j = 1,2,\cdots,n \tag{4-54}$$

其中，cx_j^k 为混沌变量的第 j 维分量；k 为迭代步数。当 $cx_j^0 \in (0,1)$ 且 $cx_j^0 \notin \{0.25, 0.5, 0.75\}$ 时，cx_j^k 在 0 到 1 之间分布。

混沌优化算法流程如下：

步骤 1：令 $k = 0$，将决策变量 x_j^k，$j = 1,2,\cdots,n$ 按式 (4-55) 映射为 0 到 1 之间的混沌变量 cx_j^k。

$$cx_j^k = \frac{x_j^k - x_{\min,j}}{x_{\max,j} - x_{\min,j}} \tag{4-55}$$

其中，$j = 1,2,\cdots,n$；$x_{\max,j}$ 和 $x_{\min,j}$ 分别为第 j 维变量的搜索上、下界。

步骤 2：根据 cx_j^k，用式 (4-54) 计算迭代到下一代混沌变量 cx_j^{k+1}。

步骤 3：将混沌变量 cx_j^{k+1} 按式 (4-56) 转换为决策变量 x_j^{k+1}。

$$x_j^{k+1} = x_{\min,j} + cx_j^{k+1}\left(x_{\max,j} - x_{\min,j}\right),\quad j = 1,2,\cdots,n \tag{4-56}$$

步骤4：根据决策变量 cx_j^{k+1}，$j=1,2,\cdots,n$，对新生成的解进行性能分析与评价。

步骤5：如果新解比初始解 $\boldsymbol{X}^0=\left(x_1^0,x_2^0,\cdots,x_n^0\right)$ 更优或者混沌搜索已经达到最大迭代步数，将新解作为混沌搜索的结果输出；否则令 $k=k+1$ 并返回步骤2。

4.3.3 混沌量子粒子群优化算法

本节提出的混沌量子粒子群优化（Chaotic Quantum-behaved Particle Swarm Optimization, CQPSO）算法以PSO算法为主框架，加入量子与混沌的特性，改进PSO算法的缺陷。算法目标为求得粒子位置对应适应度函数的最小值。

设粒子搜索空间的维度为 D，粒子个数为 n，设 $\boldsymbol{X}_i=\left(x_{i,1},x_{i,2},\cdots,x_{i,D}\right)$，$\boldsymbol{P}_i=\left(p_{i,1},p_{i,2},\dots,p_{i,D}\right)$，$\boldsymbol{P}_g=\left(p_{g,1},p_{g,2},\cdots,p_{g,D}\right)$ 都和PSO算法一样，分别代表粒子的位置向量、粒子历史最优位置向量以及群体历史最优位置向量。位置分量的更新公式与QPSO一致：

$$x_{i,d}^{k+1}=p_{i,d}\pm\frac{L}{2}\ln\left(\frac{1}{u}\right),\quad i=1,2,\cdots,n;d=1,2,\cdots,D \tag{4-57}$$

其中，u 为0到1之间均匀分布的随机数；k 为迭代的代数；$x_{i,d}$ 的范围为 $\left[x_{\min},x_{\max}\right]$。$L$ 由式(4-58)决定：

$$L=2\beta\left|p_{m,d}-x_{i,d}^k\right|,\quad i=1,2,\cdots,n;d=1,2,\cdots,D \tag{4-58}$$

其中，β 为收缩扩张因子。这里我们新引入一个变量 $\boldsymbol{P}_m=\left(p_{m,1},p_{m,2},\cdots,p_{m,D}\right)$ 作为历史最优位置的算术平均值，相应于 $pbest$ 与 $gbest$，我们称之为 $mbest$。$\boldsymbol{P}_m$ 的定义式如式(4-59)所示：

$$\boldsymbol{P}_m=\frac{\sum_{i=1}^{M}\boldsymbol{P}_i}{M}=\left(\frac{\sum_{i=1}^{M}p_{i,1}}{M},\frac{\sum_{i=1}^{M}p_{i,2}}{M},\cdots,\frac{\sum_{i=1}^{M}p_{i,D}}{M}\right),\quad i=1,2,\cdots,n \tag{4-59}$$

其中，M 为种群中粒子的个数。代入式(4-57)得：

$$x_{i,d}^{k+1}=p_{i,d}\pm\beta\left|p_{m,d}-x_{i,d}^k\right|\ln\left(\frac{1}{u}\right),\quad i=1,2,\cdots,n;d=1,2,\cdots,D \tag{4-60}$$

pbest 的更新公式如下式所示：

$$p_{i,d}^{k+1} = \varphi p_{g,d}^{k} + (1-\varphi) p_{i,d}^{k} \tag{4-61}$$

式 (4-60) 中，u 为 0 到 1 之间均匀分布的随机数，± 号取正和负的概率分别为 50%，整个粒子位置更新公式中能控制的参数只有收缩扩张因子 β。式 (4-61) 中，φ 为 0 到 1 之间均匀分布的随机数，k 为迭代的代数。式 (4-57)、式 (4-60) 以及式 (4-61) 三个方程即为 CQPSO 算法迭代之初所使用的方程组，也就是 QPSO 算法的主体。

QPSO 算法为 CQPSO 的主框架，虽然在 PSO 算法的基础上加入了量子的特性，改善了 PSO 算法搜索空间小的不足，但是依然有收敛速度过快，不能完全覆盖所有的解同时容易陷入局部最优值的缺陷。

上一节介绍了混沌优化（CO）搜索算法，CO 搜索的一个重要特性就是遍历性。迭代次数无穷大时，CO 产生的解能够遍历整个实数区间，因此 CO 搜索同传统的运筹学方法一样，适合寻找理论最优解，同时兼有人工智能方法中的迭代思想，能够很好地与群智能算法相结合。CO 搜索迭代方程如式 (4-62) 所示：

$$z_{k+1} = \mu z_k (1-z_k), \quad k = 0,1,2,\cdots \tag{4-62}$$

其中，$\mu = 4$ 且 $z_0 \in (0,1)$ 时该方程迭代产生的序列为混沌序列。混沌序列如果足够长，则混沌变量的值能够覆盖 (0,1) 整个实数区间，这就是混沌的遍历性。可现实中序列总是有限长的，而混沌搜索过程并不像进化过程那样每次迭代都可能产生更优解，它搜索路径并不规律，因而混沌搜索在效率要求高的场合应用得并不是很广泛。

CO 的价值在于区间遍历，因此很自然地，在主体 QPSO 算法过早收敛无法进一步寻找更优解时引入 CO 的搜索机制让整个群体跳出所陷入的局部极优值。同时当 CO 搜索得到比局部极优值更优的解以后，算法主体跳回到 QPSO 算法框架中继续进行寻优，这一是为了避免 CO 寻到更优解以后继续漫无目的地寻找其他解，二是为了利用主体 QPSO 算法强大的局部寻优能力在更优解的邻域内找到该邻域内的极优值。这样的机制在不损失太多收敛速度的同时，灵活地引入混沌系统克服量子粒子群算法的固有缺陷，能够取得较好的效果。

本算法中引入一个参数 L_0，作为算法流程中最优值的最大停滞代数，也就是当量子粒子群算法运算时，如果过早地出现了收敛，且算法近 L_0 代的最优值都稳定在一个值上时，就可以基本判断，量子粒子群算法收敛了，且往后无论运行多少代，最优值都不会改变。所以此刻经历了稳定的 L_0 代不变最优值后，算法必须要做出改变，引入能够跳出局部极优值的混沌搜索方法进行搜索。一旦混沌搜索到一个比当前最优值更好的解，那么把这个解引入群体中，且整个算法重新切换回量子粒子群算法进行迭代，在新找到的最优值附近进行邻域搜索，寻找该邻域的极优值。如此往复，便能够克服量子粒子群算法过早收敛的不足，理论上在相同的适应度函数，相同的种群下，能够找到比量子粒子群算法更好的解。

本算法的最核心的原理是利用了量子粒子群算法过早收敛后的大量无用的迭代过程，把其替换为有效的混沌搜索，实现了量子粒子群算法跳出局部极优值的突破，进而能够找到更好的解。而且在性能开销下，由于混沌搜索过程是一维的简单迭代，理论上混沌迭代部分的效率更高。

CQPSO 算法流程如下：

设 L_0 为最优值的最大停滞代数，也就是当经过 L_0 代，最优值都没有变化时跳转到混沌搜索。设 CO 为混沌变量，*pbest* 为个体历史最优位置，*gbest* 为全局历史最优位置。

步骤 1：随机初始化粒子种群；

步骤 2：计算适应度函数，获得 *pbest* 以及 *gbest*；

步骤 3：开始迭代，如果满足中止条件则跳到步骤 4，否则判断是否过去 L_0 代最优适应度都一样，不一样则跳到步骤 3.1，一样则跳到步骤 3.3；

步骤 3.1：根据量子粒子群的位置更新公式［式 (4-60)、式 (4-61)］更新粒子位置；

步骤 3.2：计算适应度函数，同时更新 *pbest* 以及 *gbest*，跳回步骤 3；

步骤 3.3：把位置向量 $\boldsymbol{X}$ 转换为混沌变量 CO，并根据混沌搜索公式［式 (4-62)］迭代计算 CO 的下一代值；

步骤 3.4：把混沌变量 CO 逆转换为位置向量 $\boldsymbol{X}$，然后计算适应度函数；

步骤 3.5：判断适应度值是否小于当前全局最优值，如果小于当前全局最优值则用位置向量替换种群中随机一个粒子，并更新 *pbest* 以及 *gbest*，跳回步骤 3；

步骤 4：迭代结束，获得最优适应度及其对应的位置向量。

CQPSO 算法中的核心参数有 QPSO 中的 β，除此之外，还有 L_0，也就是最大停滞代数。β 的作用与 QPSO 中的相同，而 L_0 的取值决定了混沌搜索在整个算法中出现的概率。

4.3.4 基于混沌量子粒子群优化算法的置换流水车间调度

置换流水车间调度问题 (Permutation Flow-Shop Scheduling Problem, PFSP) 是一类经典的生产调度问题，该问题一般可以描述为 n 个产品在 m 台不同的设备上加工，同时满足以下假设。

① 每个产品有 m 道工序，每道工序都要在不同的设备上加工；

② 每个产品在设备上的加工顺序相同；

③ 每台设备一次在某一时刻只能加工一个产品；

④ 每台设备加工的各产品顺序相同。

问题中每个产品在每台设备上加工的时间已知，问题的目标是求出产品加工顺序，使得按照该加工顺序加工各产品时所对应的总完工时间 *makespan* 最小。

本节将 CQPSO 算法应用于 PFSP 中，最大的问题在于解的转换上，PFSP 问题中解为产品的排序，而 CQPSO 算法的解为位置向量。同时，因为 CQPSO 算法中引入了混沌变量，所以在产品排序与混沌变量之间进行转换也是一个重要的问题。转换的一个重要前提就是保证问题的解在各种编码解码后，解原本的各种特性能够完整地留在任何一种表示中，这为算法改进理论提供了实践中的保障和一致性，保证了实践中算法效果没有被其他各种因素所干扰，为理论的验证提供了强有力的保障。

（1）编码方案

编码方案的好坏直接影响到解的可行性与质量。CQPSO 算法中混沌变量与粒子位置之间互不影响，这种隔离有利于算法的独立性和有效性。所以 CQPSO 算法中量子粒子群部分的编码方案和 QPSO 算法以及 PSO 算法相同，都是通过 ROV（Rank Drdered Value）规则由多维实数转换为产品的排序，逆转换采用一种简单的方案实施。在混沌搜索过程获得新的最优解，把这个新解融入量子粒子群迭代过程中的时候使用。而混沌部分的转换稍微复杂一些，为了使混沌的遍历性能从实变量延续到产品排序，实变量所在区间上的值必须要均匀地分布到每一个排序，由于区间内能取的值是无限个，而固定产品数的排序方案只有有限个，所以必须要设计一个映射方案，从一个区间映射到有限个排序，本节提出一种映射规则，让区间上的点一一映射到排序上，这种编码方案能够保证混沌的搜索质量。

（2）ROV 规则

ROV(Rank Ordered Value) 规则是指对于一个粒子的位置而言，首先将值最小的位置分量赋予 1，其次将值第二小的位置分量赋予 2，依此类推，直到将所有位置分量都赋予一个唯一的值，从而可以构造出一个产品排序。如果分量值相同，则位置在前的赋予分量值较小，位置在后的赋予分量值较大，位置前后关系由维数编号决定，如表 4-23 所示。

表4-23　粒子位置到产品排序的ROV转换

维数序号	1	2	3	4	5	6
位置分量	0.6305	3.8824	3.8287	1.9415	3.2011	0.5675
排序值	2	6	5	3	4	1

逆转换使用如下方程进行，它实施一个排序到粒子位置的转换：

$$x_i = x_{i,\min} + \frac{x_{i,\max} - x_{i,\min}}{n} \times \left(s_i - 1 + rand\right) \tag{4-63}$$

其中，$i = 1,2,\cdots,D$；x_i 为粒子的第 i 维分量；$x_{i,\max}$ 与 $x_{i,\min}$ 分别为第 i 维分量的上界和下界；s_i 为序列中第 i 维的序号；$rand$ 为在 0 到 1 之间均匀分布的随机数。这个方程能够得到一个符合排序的粒子位置，如表 4-24 所示。

表4-24　产品排序到粒子位置的ROV逆转换

维数序号	1	2	3	4	5	6
排序值	2	5	4	6	3	1
位置分量	1.2328	3.2893	2.4525	3.8385	1.8288	0.2615

（3）混沌变量与产品排序的转换规则

混沌变量取值区间为（0,1），PFSP 中产品数为 n 的问题规模中可行解的总数即排序数为 $A_n^n = n!$，所以为了直观方便，我们把产品排序一一映射为从 0 到 $n!-1$ 的自然数。这就要求把混沌变量的取值范围扩张为区间 $(0, n!)$，然后对该区间内任意一个数进行取整，得到唯一的一个我们需要的自然数。这种取整是平均的，也即该区间内任意一个实数取整得到的 0 到 $n!-1$ 之间的自然数的概率相同。这种一一映射保证了某个混沌变量在映射到唯一的一个自然数后仍具有完整的遍历性。

产品的所有序列需要按照一定的规则进行排序，以便一一对应从小到大的自然数序列。首先从两个产品开始，产品序列如果是升序，则对应自然数取小值，反之如果是降序则取大值：

$$(1,2) \to 0$$

$$(2,1) \to 1$$

总的排序数为产品的全排列 A_2^2，当产品数从 2 变为 3 时，3 号产品从产品序列的尾部插入，新序列所对应的自然数值不变，即：

$$(1,2,\boxed{3}) \to 0$$

$$(2,1,\boxed{3}) \to 1$$

然后 3 号产品插入到产品序列的倒数第二个位置，插入后的新序列对应的自然数值为原数值加上产品数为 2 时的全排列数 A_2^2，与上述 3 号产品插入尾部的产品序列对应的自然数值保持连贯，即：

$$(1,\boxed{3},2) \to 0 + A_2^2 = 2$$

$$(2,\boxed{3},1) \to 1 + A_2^2 = 3$$

当 3 号产品插入到产品序列的倒数第三个位置时，插入后的新序列对应的自然数值为原数值加 $A_2^2 \times 2$，即：

$$(\boxed{3},1,2) \to 0 + A_2^2 \times 2 = 4$$

$$(\boxed{3},2,1) \to 1 + \mathrm{A}_2^2 \times 2 = 5$$

依此类推就可以归纳出所有产品序列对应的连贯的自然数值。设某个有 n 个产品的产品序列对应的自然数值为 $N(\cdots)_n$， $n+1$ 号产品插入到有 n 个产品的产品序列中时，如果 $n+1$ 号产品插入到原产品序列的倒数第 k 个位置，那么获得的新序列对应的自然数值可以表示为：

$$N(\cdots,n+1,\cdots)_{n+1}^{k} = N(\cdots)_n + \mathrm{A}_n^n \times (k-1) \tag{4-64}$$

式 (4-64) 为产品序列一一映射到自然数值的递归公式。得到自然数值后，再把该自然数值除以 $n!$，得到我们所需要的在区间 (0,1) 内的混沌变量。

在算法实现中还需要其逆转换，也就是自然数值转换为对应的产品序列。在进行逆转换之前算法还需要将混沌变量转换为自然数值，这样每次迭代的混沌变量通过两次转换就能转换为我们需要的产品序列。由于混沌变量是属于区间 (0,1) 的实数，所以必须先把混沌变量的区间范围拓展到 $(0,\mathrm{A}_n^n)$，同时混沌变量等比例进行放大，即变量值乘 A_n^n。然后对放大后的混沌变量进行取整，即剔除掉小数部分，这样就能得到一个自然数值，即式 (4-65)。

$$N = \left\lfloor z\mathrm{A}_n^n \right\rfloor \tag{4-65}$$

其中，z 为混沌变量；$\lfloor \cdots \rfloor$ 为取整运算符；N 为转换得到的自然数值，范围为 $\left[0,\mathrm{A}_n^n - 1\right]$。

任取 0 到 1 之间某个随机数，通过这种方法可以等概率映射到 0 ～ $\mathrm{A}_n^n - 1$ 之间的自然数，这种一一映射的变换可以保证混沌变量的遍历性完整地延续到自然数上。在这之后每个自然数再一一映射到每个产品排序上，混沌运算的特性在这种转换与逆转换之中并没有改变其原本的面貌。

设某产品序列的产品数为 n，该序列对应的自然数值为 N，则 N 转换为产品序列的公式如下：

$$a_n = N \tag{4-66}$$

$$a_{i-1} = a_i \bmod (i-1)!\,,\quad i = n, n-1, \cdots, 1 \tag{4-67}$$

式 (4-67) 中， a_{i-1} 作为 a_i 除以 $(i-1)!$ 后的余数，是一个临时变量，

目的是求出式 (4-68) 中的 b_i。

$$b_i = i - \left\lfloor \frac{a_i}{(i-1)!} \right\rfloor, \quad i = n, n-1, \cdots, 1 \tag{4-68}$$

i 为产品号，式 (4-68) 中计算得到的 b_i 为原产品序列中第 i 号产品在原序列去除第 $i+1, i+2, \cdots, n$ 号产品后所得新序列中的位置。例如 $n=4$ 时，产品序列如果为 $(2,4,3,1)$，那么 $b_3 = 2$，这是因为在第 3 号产品之后只有第 4 号产品，因而我们去掉第 4 号产品后得到的新序列为 $(2,3,1)$，这个序列中第 3 号产品在第 2 个位置，因此 $b_3 = 2$。

上面得到的 $\{b_i\}$ 序列还不是产品的真正序列，所以必须要做一些改动让其转换为真正的产品序列，即我们所需要的最终序列。设我们需要的最终序列为 $\{c_i\}$，从 b_1 开始，它不需要任何修改，即 $c_1 = b_1 = 1$。处理 b_2 的时候，如果第 2 号产品在第 1 号产品之后，即序列 $(1,2)$，则第 1 号产品的序号不变，第 2 号产品的序号也不变，即 $c_2 = b_2 = 2$；如果第 2 号产品在第 1 号产品之前，那么 $b_2 = 1$，而 $b_1 = 1$，这就矛盾了，所以在序列 $\{c_i\}$ 中，第 1 号产品的序号需要加 1，即 $c_1 = 2$，$c_2 = 1$。处理 b_3 的时候，同理，如果第 3 号产品在第 1、2 号产品之后，那么 $c_3 = b_3 = 3$，c_1 与 c_2 不变；如果第 3 号产品在第 1 号和第 2 号之间，那么第 1、2 产品之中在第 3 号产品之后的产品 c 的值加 1，在第 3 号产品之前的产品 c 的值不变；如果第 3 号产品在第 1、2 号产品之前，那么 c_1 与 c_2 都加 1。按照这种规律继续类推下去，我们可以归纳出如下序列 $\{b_i\}$ 到序列 $\{c_i\}$ 的转换方法：

$$c_1 = b_1 = 1 \tag{4-69}$$

for $k=2$ to n

for $i=1$ to k-1

$$c_i = \begin{cases} c_i + 1, & b_k \leqslant c_i \\ c_i, & b_k > c_i \end{cases} \tag{4-70}$$

end

end

式 (4-70) 嵌在一个双层循环体中，每增加一次 k，都要对已得到的序列 $\{c_i\}$ 进行更新，以确保 $\{c_i\}$ 为实际上的产品序列。

（4）算法流程

当把 CQPSO 算法应用于 PFSP 问题中时，整个算法流程与上一节所述的 CQPSO 算法大致相同，唯一需要注意的是在粒子群个体与混沌变量以及产品序列之间转换时，需要用到前几节提到的转换规则。

基于 CQPSO 的 PFSP 算法流程如下：

设 L_0 为最优值的最大停滞代数，也就是当经过 L_0 代，最优值都没有变化时跳转到混沌搜索。设 CO 为混沌变量，$\boldsymbol{X}$ 为粒子位置向量，*pbest* 为个体历史最优位置，*gbest* 为全局历史最优位置。

步骤 1：随机初始化粒子种群；

步骤 2：计算适应度函数，获得 *pbest* 以及 *gbest*；

步骤 3：开始迭代，如果满足中止条件则跳到步骤 4，否则判断是否过去 L_0 代最优适应度都一样，不一样则跳到步骤 3.1，一样则跳到步骤 3.3；

步骤 3.1：根据量子粒子群的位置更新公式 [式 (4-60)]，更新粒子位置 $\boldsymbol{X}$；

步骤 3.2：根据 ROV 规则将 $\boldsymbol{X}$ 转换为产品序列并计算适应度函数，同时根据式 (4-61) 更新 *pbest* 以及 *gbest*，跳回步骤 3；

步骤 3.3：把位置向量 $\boldsymbol{X}$ 根据式 (4-65) 转换为自然数值并除以 $n!$，得到混沌变量 CO，并根据混沌搜索公式 [式 (4-62)] 迭代计算 CO 的下一代值；

步骤 3.4：根据式 (4-66) ～式 (4-70) 把混沌变量 CO 逆转换为位置向量 $\boldsymbol{X}$，然后计算适应度函数；

步骤 3.5：判断适应度值是否小于当前全局最优值，如果小于当前全局最优值则用位置向量替换种群中随机一个粒子，并更新 *pbest* 以及 *gbest*，跳回步骤 3；

步骤 4：迭代结束，获得最优适应度及其对应的位置向量。

（5）仿真实验与结果分析

仿真实验在测试新算法优化结果的同时也测试两个原有算法的结果，分别是量子粒子群算法和粒子群算法，对测试之后三者的结果进行了对比。计算机 CPU 为 Intel Xeon E3-1230 V2 @3.3GHz，内存为

16GB，仿真程序采用MATLAB2012b编写，测试的数据来自OR-Library中的Flow Shop标准测试实例，为Car1, Car2, …, Car8, Rec01, Rec03, …, Rec41，C^*代表问题目前为止的最优*makespan*，$C_{\max}$代表仿真程序运行得到的*makespan*，C^*与$C_{\max}$的相对误差为$\left(C_{\max}-C^*\right)/C^*\times100\%$，每个算法对每个算例分别运行20次，终止条件为1000次迭代次数，设*ARE*为平均相对误差，*BRE*为最好相对误差，*WRE*为最差相对误差，T_{avg}为迭代开始到迭代结束所用时间的平均值。其中PSO算法中w权重从0.9线性递减到0.4，迭代过程中，第一代w为0.9，最后一代w为0.4。粒子位置范围为[0,4]，粒子速度范围为[−4,4]，c_1，c_2都为2，粒子数为50。QPSO中β的值采用与w相同的线性递减，范围从1到0.2，CQPSO中如果最优值100代不变，则跳转到混沌迭代运算。表4-25是PSO、QPSO、CQPSO算法平均相对误差计算结果。

表4-25　PSO、QPSO、CQPSO算法*ARE*计算结果对比

实例	n,m	C^*	*ARE*/%		
			PSO	QPSO	CQPSO
Car1	11,5	7038	0	0	0
Car2	13,4	7166	0	0	0
Car3	12,5	7312	0	0	0
Car4	14,4	8003	0	0	0
Car5	10,6	7720	0	0	0
Car6	8,9	8505	0.22339	0	0
Car7	7,7	6590	0	0	0
Car8	8,8	8366	1.00406	0.54984	**0.34664**
Rec01	20,5	1247	6.33520	7.45789	**5.85404**
Rec03	20,5	1109	2.43462	2.79531	**1.89359**
Rec05	20,5	1242	2.25442	1.85185	**0.64412**
Rec07	20,10	1566	2.87356	**1.46871**	1.72413
Rec09	20,10	1537	2.73259	2.99284	**2.27716**
Rec11	20,10	1431	7.75681	6.07966	**4.54227**
Rec13	20,15	1930	6.01036	3.52331	**2.90155**
Rec15	20,15	1950	5.53846	3.02564	**2.30769**
Rec17	20,15	1902	7.46582	**6.36172**	6.72975
Rec19	30,10	2093	8.36120	5.78117	**5.39894**
Rec21	30,10	2017	7.38720	5.70153	**4.85870**

续表

实例	n,m	C^*	ARE/%		
			PSO	QPSO	CQPSO
Rec23	30,10	2011	8.25459	6.81253	**4.72401**
Rec25	30,15	2513	7.56068	6.48627	**4.89454**
Rec27	30,15	2373	8.51243	6.91108	**5.60471**
Rec29	30,15	2287	11.32487	9.22606	**8.65763**
Rec31	50,10	3045	9.68801	7.91461	**6.83087**
Rec33	50,10	3114	8.28516	6.10147	**4.84906**
Rec35	50,10	3277	5.76747	4.30271	**3.66188**
Rec37	75,20	4951	10.40193	8.70531	**7.45303**
Rec39	75,20	5087	9.53410	8.09907	**7.84352**
Rec41	75,20	4960	11.89516	10.36290	**9.27419**

表 4-26 是 PSO、QPSO、CQPSO 算法最好相对误差计算结果。

表4-26　PSO、QPSO、CQPSO算法BRE计算结果对比

实例	n,m	C^*	BRE/%		
			PSO	QPSO	CQPSO
Car1	11,5	7038	0	0	0
Car2	13,4	7166	0	0	0
Car3	12,5	7312	0	0	0
Car4	14,4	8003	0	0	0
Car5	10,6	7720	0	0	0
Car6	8,9	8505	0	0	0
Car7	7,7	6590	0	0	0
Car8	8,8	8366	0	0	0
Rec01	20,5	1247	6.12210	7.24479	**5.64094**
Rec03	20,5	1109	2.22152	2.58221	**1.68049**
Rec05	20,5	1242	2.04132	1.63875	**0.43102**
Rec07	20,10	1566	2.66046	2.05560	**1.51103**
Rec09	20,10	1537	2.51949	2.77974	**2.06406**
Rec11	20,10	1431	7.54371	5.86656	**4.32917**
Rec13	20,15	1930	5.79726	3.31021	**2.68845**
Rec15	20,15	1950	5.3253	2.81254	**2.09459**
Rec17	20,15	1902	7.25272	6.84862	**6.51665**
Rec19	30,10	2093	8.14810	5.56807	**5.18584**
Rec21	30,10	2017	7.17410	5.48843	**4.64564**

续表

实例	*n,m*	C^*	*BRE*/%		
			PSO	QPSO	CQPSO
Rec23	30,10	2011	8.04149	6.59943	**4.51091**
Rec25	30,15	2513	7.34758	6.27317	**4.68144**
Rec27	30,15	2373	8.29933	6.69798	**5.39161**
Rec29	30,15	2287	11.11178	9.01295	**8.44452**
Rec31	50,10	3045	9.47491	7.70151	**6.61776**
Rec33	50,10	3114	8.07206	5.88837	**4.63596**
Rec35	50,10	3277	5.55436	4.08961	**3.44878**
Rec37	75,20	4951	10.18884	8.49221	**7.23993**
Rec39	75,20	5087	9.32100	7.88597	**7.63042**
Rec41	75,20	4960	11.68206	10.14981	**9.06109**

表 4-27 是 PSO、QPSO、CQPSO 算法最差相对误差计算结果。

表4-27　PSO、QPSO、CQPSO算法*WRE*计算结果对比

实例	*n,m*	C^*	*WRE*/%		
			PSO	QPSO	CQPSO
Car1	11,5	7038	0	0	0
Car2	13,4	7166	0	0	0
Car3	12,5	7312	0	0	0
Car4	14,4	8003	0	0	0
Car5	10,6	7720	0.36848	**0.26486**	0.36876
Car6	8,9	8505	1.16486	1.12591	**1.06784**
Car7	7,7	6590	0.05948	**0.04979**	0.06489
Car8	8,8	8366	2.33862	1.88440	**1.68120**
Rec01	20,5	1247	7.66976	8.79246	**7.18861**
Rec03	20,5	1109	3.76919	4.12987	**3.22816**
Rec05	20,5	1242	3.58899	**3.18641**	4.97868
Rec07	20,10	1566	4.20812	**2.80327**	3.05870
Rec09	20,10	1537	4.06716	4.32740	**3.61172**
Rec11	20,10	1431	9.09137	**6.41422**	6.87684
Rec13	20,15	1930	**6.34492**	6.85788	6.93611
Rec15	20,15	1950	6.87302	**6.36020**	6.64225
Rec17	20,15	1902	8.80038	**7.69628**	8.06432
Rec19	30,10	2093	9.69576	8.11573	**7.73351**
Rec21	30,10	2017	8.72177	9.03610	**7.19326**

续表

实例	n,m	C^*	WRE/%		
			PSO	QPSO	CQPSO
Rec23	30,10	2011	9.58916	**8.14709**	9.05858
Rec25	30,15	2513	8.89524	7.82083	**6.22911**
Rec27	30,15	2373	9.84699	8.24564	**7.93928**
Rec29	30,15	2287	12.65944	10.56062	**9.99219**
Rec31	50,10	3045	11.02258	9.24917	**9.16543**
Rec33	50,10	3114	9.61972	**7.43604**	8.18363
Rec35	50,10	3277	7.10203	5.63728	**4.99645**
Rec37	75,20	4951	11.73657	10.03988	**9.78760**
Rec39	75,20	5087	10.86867	9.43364	**9.17808**
Rec41	75,20	4960	13.22973	11.69747	**10.60876**

表 4-28 是每种算法平均运行时间对比表。

表4-28　PSO、QPSO、CQPSO算法计算时间对比

实例	n,m	T_{avg}/s		
		PSO	QPSO	CQPSO
Car1	11,5	2.2914	2.3616	2.3703
Car2	13,4	2.3108	2.3797	2.3964
Car3	12,5	2.3933	2.4593	2.4966
Car4	14,4	2.3293	2.4016	2.4213
Car5	10,6	2.4032	2.4427	2.4689
Car6	8,9	2.4907	2.5771	2.6045
Car7	7,7	2.2991	2.3066	2.3124
Car8	8,8	2.4701	2.5069	2.5245
Rec01	20,5	2.7638	2.8431	2.8778
Rec03	20,5	2.7743	2.8237	2.8634
Rec05	20,5	2.8153	2.8807	2.9089
Rec07	20,10	3.7671	3.8804	3.9453
Rec09	20,10	3.7411	3.8224	3.8797
Rec11	20,10	3.7401	3.8285	3.8710
Rec13	20,15	4.7425	4.8301	4.9841
Rec15	20,15	4.7199	4.8253	5.0021
Rec17	20,15	4.7603	4.8402	5.0112
Rec19	30,10	4.6901	4.8356	5.2877
Rec21	30,10	4.6825	4.8298	5.2859

续表

实例	n,m	$T_{avg/s}$		
		PSO	QPSO	CQPSO
Rec23	30,10	4.7102	4.4555	5.1023
Rec25	30,15	6.2156	6.3222	6.9870
Rec27	30,15	6.2433	6.3421	7.0019
Rec29	30,15	6.1991	6.3182	6.9798
Rec31	50,10	6.7113	6.8387	7.3531
Rec33	50,10	6.6849	6.8147	7.3478
Rec35	50,10	6.7095	6.8345	7.3589
Rec37	75,20	16.4237	16.4827	17.2236
Rec39	75,20	16.4335	16.5027	17.2311
Rec41	75,20	16.4536	16.5249	17.2672

表 4-25 中加粗部分为三种算法中最接近最优 *makespan* 的算法的计算结果。从表中可以看出，绝大多数情况下，CQPSO 算法要优于 PSO 算法以及 QPSO 算法，尤其是在问题规模比较大的时候，CQPSO 算法的优势尤为明显。表 4-26 中是运算 20 次中的最好结果，同理，CQPSO 在运算结果上由于引入了混沌优化机制，所以相对 QPSO 与 PSO 有很大的优势。而表 4-27 中，由于初始解的不确定性和随机性，因而 CQPSO、QPSO、PSO 之间互有胜负。但是总体来说 QPSO 以及 CQPSO 因为引入了量子特性，所以整体上搜索到最优解的概率相对 PSO 更大。从表 4-28 中可以看出，由于 CQPSO 中引入了混沌机制，而混沌搜索过程中虽然每一次混沌迭代相比量子粒子群算法计算量要小，但是混沌变量和产品排序之间的编码转换运算量很大，因而总的运算时间相对 QPSO 来说略长。所以 CQPSO 在获得更优解的同时，运算时间相对 QPSO 算法也要长一些。由于总迭代次数有限，因而 CQPSO 运算时间仍然在可接受范围内。鉴于 CQPSO 在更多的时间消耗下获得了更好的结果，该算法更适合对最终 *makespan* 要求高但是对运算时间不太敏感的场合。

本节提出的 CQPSO 算法依然不能保证对所有的算例能 100% 找到最优解，如果单纯使用混沌搜索算法，只要有足够长的运算时间，则理论上一定能找到最优解，代价就是过长的运算时间。CQPSO 算法可以说是最优解与运行效率之间取舍后选择最优解的折中方案，实际调度问题中往往只要找到接近最优解的排序即可，由于 QPSO 算法的过早收敛的特性，所以 QPSO 算法在迭代的后期都稳定在一个收敛值上，却并不能找到更优的解。而 CQPSO 算法本质上把 QPSO 后期一些无用的迭代过程替换为混沌搜索，所以在理论上一定能找到比 QPSO 更优的解，同时运算时间也没有增加很多。总体来说 CQPSO 是 QPSO 的改进算法，通过在合适的时机引入混沌机制，在保证运算效率的同时，获得了更好的解。

4.4 基于生物地理学优化算法的智能调度 [49]

4.4.1 生物地理学优化算法

生物地理学是研究种群在栖息地的分布、迁徙和灭绝问题的一门学科。生物地理学最早于 19 世纪由 Alfred Wallace 和 Charles Darwin 提出，到 20 世纪 60 年代该理论被逐渐完善，从而形成了一门独立的学科。

Dan Simon 在 2008 年 IEEE Transactions on Evolutionary Computation 提出了生物地理学优化算法（Biogeography-Based Optimization, BBO）[50]，该算法是一种基于生物地理学的新型算法，具有搜索能力强、收敛速度快、设置参数少等优点，受到越来越多学者的关注 [51]。

（1）BBO 算法的设计原理

如图 4-10 所示，生物种群分布在各片栖息地，每个栖息地的适宜度指数（Habitat Suitability Index，HSI）是不同的，降雨量、植被的多样性、地质的多样性和气候等栖息地特征决定了各栖息地的 HSI，这些特征称为适宜度指数变量（Suitable Index Variables，SIV）。具有较高 HSI 的栖息地，趋向于荷载数量较大的种群，而较低 HSI 的栖息地能容纳的种群数量较少。但是，伴随着迁入种群数量的增多，较高 HSI 的栖息地容纳的种群数量趋于饱和，栖息地迁入率降低，迁出率增高，该栖息地的部分种群会迁移到附近的栖息地，以增加个体拥有的单位资源。具有较低 HSI 的栖息地，其种群数量稀疏，因此生物种群迁入率较高。由于栖息地的 HSI 与生物多样性成正比，因此新种群的迁入使得该栖息地的 HSI 提高。如果该栖息地的 HSI 仍较低，则居住在此栖息地的生物种群会趋于灭绝，或寻找另外的栖息地，即发生突变。迁移和变异是 BBO 算法的两个核心操作，栖息地之间通过以上操作，实现了种群信息交流，增加了种群的多样性。

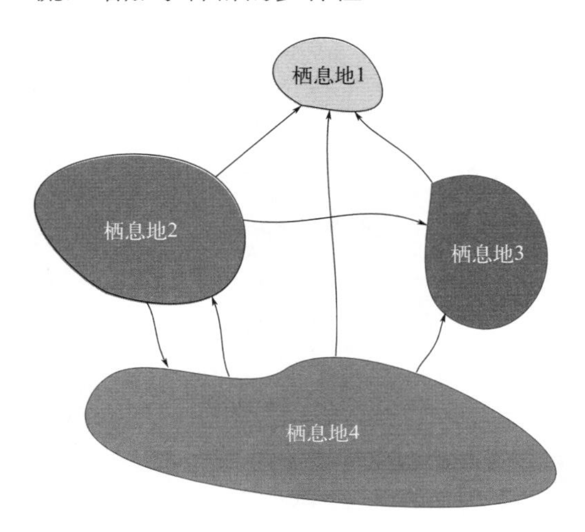

图 4-10　BBO 算法中的多个栖息地

（2）BBO 算法参数

生物地理学优化算法中，h 个栖息地组成初始种群，每个栖息地用一个 D 维适宜度向量表示，即向量 $\boldsymbol{x}_i=\left(x_{i1},x_{i2},\cdots,x_{iD}\right)$，$i=1,2,\cdots,h$，它代表优化问题潜在的解。适应度函数 $f\left(\boldsymbol{x}_i\right)$ 被用来计算栖息地 i 的适宜度。另外，全局变量还包括系统最大突变率 $m_{\max}$ 和系统迁移率 P_{mod}。栖息地 i 的参数还包括种群数量 s_i，s_i 由栖息地适宜度 $f\left(\boldsymbol{x}_i\right)$ 得到，s_i 要小于等于最大种群数量 $S_{\max}$；栖息地的迁入率 $\lambda\left(s_i\right)$ 和迁出率 $\mu\left(s_i\right)$ 通过种群数量 s_i 计算得出，另外通过种群数量 s_i 可以得到种群概率 $P\left(s_i\right)$。

（3）生物地理学优化算法流程

步骤 1：初始化 BBO 算法参数，设定优化问题的维度 D、栖息地数量 h、栖息地种群最大容量 $S_{\max}$；设定最大变异率 $m_{\max}$、迁入率函数最大值 I 和迁出率函数最大值 E、精英个体留存数 z 和迁移率 P_{mod}。

步骤 2：随机初始化栖息地的适宜度向量 $\boldsymbol{x}_i$，$i=1,2,\cdots,h$。每个向

量对应于一个给定问题的潜在解。

步骤3：计算栖息地 i 的适宜度 $f(\boldsymbol{x}_i)$，$i=1,2,\cdots,h$，由适应度 $f(\boldsymbol{x}_i)$ 得到物种数量 s_i、迁入率 $\lambda(s_i)$ 及迁出率 $\mu(s_i)$，$i=1,2,\cdots,h$。

步骤4：利用 P_{mod} 进行循环（循环次数为栖息地数量 h），判断栖息地 i 是否发生迁入操作。若栖息地 i 确定进行迁入操作，则利用迁入率 $\lambda(s_i)$ 逐个判断其特征分量 x_{ij} 是否进行迁入操作（循环次数为问题维度 D），若栖息地 i 的特征分量 x_{ij} 确定执行迁入操作，则根据其他栖息地的迁出率 $\mu(s_i)$ 进行轮盘赌操作，用被选出的栖息地 k 的相应分量替换栖息地 i 的相应分量。然后重新计算栖息地 i 的适宜度 $f(\boldsymbol{x}_i)$，$i=1,2,\cdots,h$。

步骤5：计算每个栖息地的种群数量概率 $P(s_i)$。由 $P(s_i)$ 计算每个栖息地的突变率 $m(s_i)$，对每一个非精英栖息地进行突变操作，根据突变率判断栖息地 i 的每个特征分量是否发生突变。然后重新计算栖息地 i 的适宜度 $f(\boldsymbol{x}_i)$。

步骤6：判断是否满足停止条件。如果不满足，跳转到步骤3，否则就输出得到的最优解。

（4）BBO的迁移操作

BBO算法通过迁移操作实现栖息地之间的信息交换，从而实现对整个解空间的广域搜索。适应度较高的栖息地对应较多的种群，适宜度较低的栖息地拥有的种群数较少。这就要求BBO算法建立一个种群数量与栖息地适宜度的映射函数。BBO算法先根据适宜度高低对所有栖息地进行排序，设最大种群数为 $S_{\max}$，则栖息地 i 的种群数量 $S_i=S_{\max}-i$，$i=1,2,\cdots,h$（i 是各栖息地经过排序后的标号）。各栖息地迁入率和迁出率的计算公式如式(4-71)、式(4-72)所示。从式中可以看出迁入率与栖息地种群数量成反比，而迁出率与种群数量成正比。

$$\lambda(s_i)=I\left(1-\frac{s_i}{S_{\max}}\right) \tag{4-71}$$

$$\mu(s_i)=E\times\frac{S_i}{S_{\max}} \tag{4-72}$$

式中，$\lambda(s_i)$ 表示栖息地 i 的迁入率；$\mu(s_i)$ 表示栖息地 i 的迁出率。

图4-11中 s_1 对应低适宜度的栖息地，s_2 对应高适宜度的栖息地。s_1 的

迁入率 $\lambda(s_1)$ 大于 s_2 的迁入率 $\mu(s_2)$，S_2 的迁出率 $\mu(s_2)$ 大于 S_1 的迁出率 $\mu(s_1)$。在迁入迁出策略调整栖息地种群分布的过程中，栖息地发生改变的概率正比于它的迁入率，新特征的来源栖息地正比于各栖息地的迁出率。

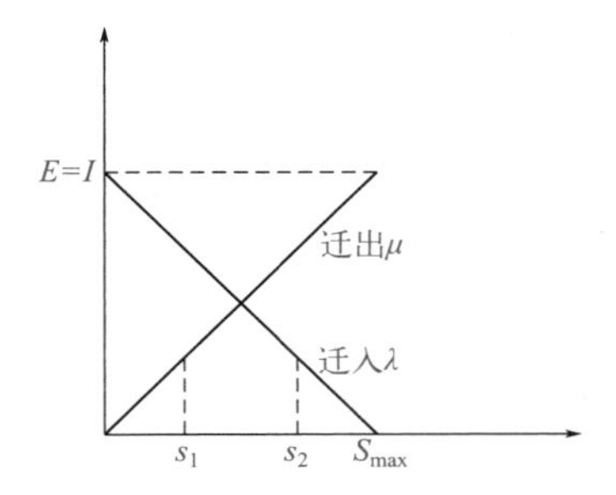

图 4-11 生物地理学种群迁徙模型

首先，根据全局概率 $P_{\text{mod}} \in [0,1]$ 决定栖息地 i 是否发生迁入操作。如果该栖息地被选中，则根据其迁入率 $\lambda(s_i)$ 来决定向量 $\boldsymbol{x}_i$ 的分量 x_{ij}，$j=1,\cdots,D$ 是否发生改变。如果向量 $\boldsymbol{x}_i$ 中的 x_{ij} 被选中，那么根据其他栖息地的迁出率 $\mu(s_k)$，$k \neq i$，$k \in [1,h]$ 选择，该选择过程类似于进化算法中的轮盘赌选择，即先将所有栖息地的迁出率相加，然后计算每个栖息地的累积概率，利用 $rand()$ 取随机数，找出随机数对应的区间，得到相应的栖息地。得到执行迁入操作的栖息地 k，将栖息地 k 的分量 x_{ij} 替代栖息地 i 的分量 x_{ij}。

（5）BBO 算法突变（Mutation）操作

灾难性事件，如自然灾害和疾病等因素能够彻底摧毁一个栖息地的生态环境，打破该栖息地的种群数量的平衡。一个栖息地的适宜度会因为随机事件的发生急剧地改变。BBO 算法通过突变操作模拟这一现象，根据栖息地 i 的种群概率 $P(s_i)$，$i \in [1,h]$ 得到其突变率，对栖息地的特征分量执行突变操作，增加种群的多样性。

一个栖息地的生态环境会因为爆发大规模疾病或者大范围的自然灾害等灾变因素被彻底地改变，导致该栖息地的种群数量急剧减少，脱离原来的平衡点，这些事件会导致一个栖息地的适宜度产生非常突然的转变。BBO 算法由于迁移操作机制的特点，迁移过程中整个种群不会产生新的变量，从而使种群缺乏多样性，作为补充，BBO 算法模拟这种灾难性事件，即构造突变操作以增加算法的多样性。BBO 算法中的突变不像进化策略算法中所有个体都突变，也不是随机挑选个体突变，而是根据栖息地上存在物种数量的概率来选择突变的栖息地，即相当于突变的个体。用 $P(s_i)$ 表示第 i 个栖息地含有 s 个物种的概率，上一时刻、当前时刻和下一时刻物种数量概率有如下关系：

$$P_s(t+\Delta t)=P_s(t)\left(1-\lambda_s\Delta t-\mu_s\Delta t\right)+P_{s-1}\lambda_{s-1}\Delta t+P_{s+1}\mu_{s+1}\Delta t \tag{4-73}$$

如果想要在 $t+\Delta t$ 时刻有 s 个物种，必须满足以下三个条件之一，假设 Δt 足够小，忽略超过一个物种发生迁入或迁出的情况。

① 在 t 时刻有 s 个物种，且在 t 到 $t+\Delta t$ 时刻没有物种迁入也没有迁出；

② 在 t 时刻有 $s-1$ 个物种，且在 t 到 $t+\Delta t$ 时刻有一个物种迁入；

③ 在 t 时刻有 $s+1$ 个物种，且在 t 到 $t+\Delta t$ 时刻有一个物种迁出。

令 $\Delta t\to 0$ 对式 (4-73) 求极限可以得到式 (4-74)：

$$P_s^{'}=\begin{cases}-\left(\lambda_s+\mu_s\right)P_s+\mu_{s+1}P_{s+1}, & s=0\\ -\left(\lambda_s+\mu_s\right)P_s+\lambda_{s-1}P_{s-1}+\mu_{s+1}P_{s+1}, & 1\leqslant s\leqslant S_{\max}-1\\ -\left(\lambda_s+\mu_s\right)P_s+\lambda_{s-1}P_{s-1}, & s=S_{\max}\end{cases} \tag{4-74}$$

这里定义 $\boldsymbol{P}=\begin{bmatrix}P_0 & P_1 & P_2 & \cdots & P_h\end{bmatrix}^{\mathrm{T}}$ 和 $h=S_{\max}$，式 (4-74) 可以转化为式 (4-75)。

$$\boldsymbol{P}_s^{'}=\boldsymbol{AP} \tag{4-75}$$

其中：

$$\boldsymbol{A}=\begin{bmatrix}-\left(\lambda_0+\mu_0\right) & \mu_1 & 0 & \cdots & 0\\ \lambda_0 & -\left(\lambda_1+\mu_1\right) & \mu_2 & \ddots & \vdots\\ \vdots & \ddots & \ddots & \ddots & \vdots\\ \vdots & \vdots & -\lambda_{h-2} & -\left(\lambda_{h-1}+\mu_{h-1}\right) & \mu_h\\ 0 & \cdots & 0 & \lambda_{h-1} & -\left(\lambda_h+\mu_h\right)\end{bmatrix} \tag{4-76}$$

栖息地存在物种数量的概率可以由式 (4-76) 这个矩阵方程求出，迁入率、迁出率可以通过迁移率模型获得。

既然要进行突变操作，那就存在如何选择突变个体的问题。在 BBO 算法中，一个栖息地发生突变的概率和其存在物种数量的概率成反比关系。突变率和数量概率 $P(s_i)$ 关系如公式 (4-77) 所示。

$$m(x_i)=m_{\max}\left(1-\frac{P(s_i)}{P_{\max}}\right) \tag{4-77}$$

式 (4-77) 中 $P_{\max}$ 是用户设置的最大突变率。在算法实际操作中，设置精英个体保护措施防止因突变破坏了具有高 HSI 的解，使得这些较好栖息地的特征得到有效保护。同时，BBO 算法的突变机制需要根据实际所解决问题的差异性进行适当的调整。

4.4.2 基于改进的 BBO 算法的混合流水车间调度

（1）混合流水车间调度模型

HFSP（Hybrid Flow Shop Problem）问题的描述如下：有 n 个工件 $J=\{1, 2, \cdots, i, \cdots, n-1, n\}$，在 k 道串行工序上进行加工。在第 j 道工序中，有 m_j 台并行设备，如图 4-12 所示。这些并行设备完全相同，不考虑出现设备故障。根据 HFSP 定义可知，每道工序存在一台或一台以上的加工设备，至少有一道工序存在一台以上的加工设备，即至少有一个 m_j 满足 $m_j>1$。每个工件按照给定的加工顺序进行加工，通过各道工序时，只需在任意一台并行设备上进行加工。在任何时刻，每个工件最多只能在一台设备上加工，每台设备最多只能加工一个工件。工件 i 在工序 j 上的加工时间设为 $p_{i,j}$。假设任意两道工序之间中间存储时间无限，不会出现阻塞。加工任务不存在优先级。加工过程中不允许中断。调度的目标是确定各工件在各道工序上的加工顺序，并确定各工件在哪一台并行设备上进行加工，调度问题的优化目标是使得最大完成时间 *makespan* 最小。

求解混合 Flow Shop 调度问题，首先要解决编码的问题，即如何定义一个解的结构，使得每个解都对应一种可行的调度方案，同时解的形式要便于算法的迭代寻优。本节采用向量编码方式，这种编码方式只考虑加工过程中第一道工序的工件加工顺序，即只用一组工件排列即可代表整个加工过程。虽然它只考虑了工件在第一道工序的加工顺序，却可以做到算法解和问题解之间的一一对应，同时这种编码方式非常简单，易于操作变换。

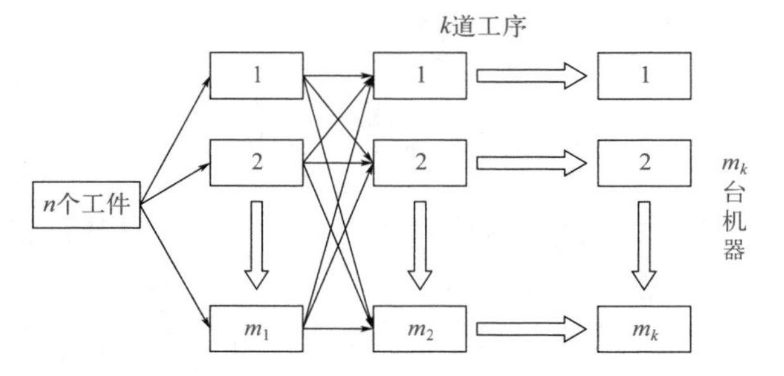

图 4-12 HFSP 调度问题示意图

本节采用向量编码，通过表调度算法实现由向量解到可行调度解的转化。此算法依据先到先得的原则，即在前一道工序中先完成加工的工件，进入下一道工序中优先加工。根据这种解码方式，最小化混合 Flow Shop 调度问题最大完工时间的数学模型如下所示：

$$\text{Minimize } C_{\max}(\pi_1)=\max_{i=1,2,\cdots,n}\left\{C_{\pi_s(i),s}\right\} \tag{4-78}$$

s.t.

$$\begin{cases}C_{\pi_1(i),1}=p_{\pi_1(i),1}\\ IM_{i,1}=C_{\pi_1(i),1}\end{cases} \quad i=1,2,\cdots,m_1 \tag{4-79}$$

$$\begin{cases}C_{\pi_1(i),1}=\min\limits_{k=1,2,\cdots,m_1}\left\{IM_{k,1}\right\}+p_{\pi_1(i),1}\\ NM_1=\arg\min\limits_{k=1,2,\cdots,m_1}\left\{IM_{k,1}\right\}\\ IM_{NM_1,1}=C_{\pi_1(i),1}\end{cases} \quad i=m_1+1,m_1+2,\cdots,n \tag{4-80}$$

$$\pi_j(i)=g\left(C_{\pi_{j-1}(i),j-1}\right) \quad i=1,2,\cdots,\ n;j=2,3,\cdots,\ s \tag{4-81}$$

$$\begin{cases}C_{\pi_j(i),j}=C_{\pi_j(i),j-1}+p_{\pi_j(i),j}\\ IM_{i,j}=C_{\pi_j(i),j}\end{cases} \quad i=1,2,\cdots,\ m_1;j=2,3,\cdots,\ s \tag{4-82}$$

$$\begin{cases}C_{\pi_j(i)j}=\max\left\{C_{\pi_j(i),j-1},\min\limits_{k=1,2,\cdots,\ m_j}\left\{IM_{k,j}\right\}\right\}+p_{\pi_j(i),j}\\ NM_j=\arg\min\limits_{k=1,2,\cdots,\ m_j}\left\{IM_{k,j}\right\}\\ IM_{NM_j,j}=C_{\pi_j(i),j}\end{cases} \quad i=m_j+1,m_j+2,\cdots,\ n;j=2,3,\cdots,\ s \tag{4-83}$$

其中，π_j 表示第 j 阶段的产品排序；$\pi_k(i)$ 表示产品排序 π_k 中的第 i 个产品；$C_{\pi_k(i),j}$ 表示产品 $\pi_k(i)$ 在第 j 阶段的完工时间；$IM_{i,j}$ 表示第 j 阶段中设备 i 的空闲时刻；NM_j 表示第 j 阶段中最早可以使用的设备序号；函数 $S_j(i)=g(S_{j-1}(i))$ $(i=1, 2, \cdots, n)$ 定义为 S_j 表示在第 j 阶段中 $i(i=1, 2, \cdots, n)$ 的一个排序，i 的先后顺序是根据在第 j–1 阶段中的 $S_{j-1}(i)$ 值按从小到大顺序的排列；$\arg\min_k\{IM_k\}$ 表示 k 个 IM 中最小的那个个体的编号。

式 (4-78) 给出了问题的目标函数，最小化最大完工时间 $C_{\max}$。在上述递推公式 [式 (4-79) 至式 (4-83)] 中，首先计算各个产品在第一阶段的完工时间，然后计算各个产品在第二阶段的完工时间，直到最后一个阶段。

（2）算法的编码与初始化

将 BBO 算法用于求解混合流水车间调度问题，使用向量编码方式，一组向量解对应 BBO 算法中的一块栖息地，向量解对应的 *makespan* 与栖息地对应的 HSI 值成反比，即一个解经过解码后的 *makespan* 越小，其对应的栖息地的适宜度值越高。

BBO 算法的初始解是随机生成的，不能保证初始种群的质量。改进的 BBO 算法采用 NEH 规则和随机方式共同生成初始解，使得算法在迭代期至少存在一个较优解，保证了算法的收敛速度，又不失初始种群的多样性。

（3）对栖息地按照适宜度值排序

每一次对栖息地执行迁移、变异操作和精英保留策略之前，要对各栖息地按其适宜度值，由高到低进行降序排列。

（4）精英保留策略

从 BBO 算法的变异概率模型可以看出，每次迭代过程中的优良解和劣解对应较高的突变概率，若不对优良解采取保护措施，仍对其进行变异操作，很有可能造成优良解的流失，削弱算法的收敛速度及搜索能力。因此本节采用精英保留策略，即每次在执行变异操作前，保留当前两个优良解，不参与变异运算。

（5）改进迁移概率模型

在 BBO 算法中，通过迁移操作实现栖息地之间的信息交互，优良解有较大概率对劣解进行改进，实现栖息地的不断进化。在BBO算法中，栖息地的迁入率仅与栖息地的物种数量有关，但从整体进化的角度来看，栖息地的迁入率应该随着迭代的进行而逐渐变小，以保证算法后期栖息地的多样性，同时避免算法后期较高的迁移率对算法的稳定性造成影响。基于以上考虑，本节设计了一种与栖息地物种数量和迭代次数相关的迁入率计算公式：

$$\lambda(s_i)=I\times 2^{(-t/T_{\mathrm{Gen}})}\times\left(1-\frac{s_i}{S_{\max}}\right) \tag{4-84}$$

其中，I为最大迁入概率；t为当前迭代次数；T_{Gen}为预设的最大迭代次数；s_i表示栖息地i的物种数量；$S_{\max}$表示最大物种数量。

（6）改进的变异概率模型

在BBO算法中，变异操作保证了解空间的多样性，增强了算法的全局搜索能力，抑制早熟现象。在基本BBO算法中，各个栖息地的变异概率仅与其物种数量概率相关。但从整体进化的角度来看，在迭代前期，较高的变异概率可以扩大算法的搜索空间；在迭代后期，采用较低的变异概率保证算法的收敛性。基于以上考虑，设计了一种与算法迭代次数和栖息地适宜度值相关的变异概率计算公式：

$$m(s_i)=\exp\left(-\left|\frac{f_{\max}(\boldsymbol{x})-f(\boldsymbol{x}_i)}{f_{\max}(\boldsymbol{x})}\right|\right)\times\frac{1}{1+t/T_{\mathrm{Gen}}}\times m_{\max} \tag{4-85}$$

$$m(s_i)=\begin{cases}m(s_i),\text{ 如果 } m(s_i)>m_{\min}\\ m_{\min},\quad\text{其他}\end{cases} \tag{4-86}$$

其中，$m(s_i)$表示栖息地i对应的变异概率；$f_{\max}(\boldsymbol{x})$表示当前最优栖息地所对应的适宜度值；$f(\boldsymbol{x}_i)$表示栖息地i对应的适宜度值；$m_{\max}$、$m_{\min}$分别为算法的最大变异概率和最小变异概率。

（7）邻域搜索算子

在BBO算法中加入邻域搜索算子，可以改善解的质量，提高算法的局部搜索能力。为了保证算法的效率，规定在迭代过程中，只有当最优栖息地的适宜度值发生变化时，才对最优栖息地执行基于插入的邻域搜索算子。

4.4.3 仿真及试验

（1）仿真环境与对象

本节涉及的算法均使用 Matlab R2009a 编写，程序运行环境为 Intel(R) Xeon(R) 3.06GHz Station，8GB 内存，Windows7（64 位）操作系统。针对 10 个 Liao 算例，分别采用遗传算法 (GA)、BBO 算法和改进的 BBO 算法（MBBO）求解问题，通过仿真结果实验，验证改进策略的有效性。

（2）算法参数设置

算法的参数设置对算法的性能有重要的影响，因此需要对算法参数进行调节，保证算法在最优状态下运行。对于 MBBO 算法，需要考虑的关键参数有最大迭代次数 T_{Gen}、初始栖息地数量 h、最大变异率 m_{max}，每个参数分别取 3 个水平（见表 4-29），采用正交实验有 3^3=27 种参数组合（见表 4-30），分别采用各组参数优化三组算例，验证参数性能。

表4-29　参数因素和水平表

参数因素	水平 1	水平 2	水平 3
h	20	30	50
m_{max}	0.001	0.01	0.1
T_{Gen}	100	300	500

表4-30　参数组合

测试	h	m_{max}	T_{Gen}
1	20	0.001	100
2	20	0.001	300
3	20	0.001	500
4	20	0.01	100
5	20	0.01	300
6	20	0.01	500
7	20	0.1	100
8	20	0.1	300
9	20	0.1	500
10	30	0.001	100
11	30	0.001	300
12	30	0.001	500
13	30	0.01	100

续表

测试	h	m_{max}	T_{Gen}
14	30	0.01	300
15	30	0.01	500
16	30	0.1	100
17	30	0.1	300
18	30	0.1	500
19	50	0.001	100
20	50	0.001	300
21	50	0.001	500
22	50	0.01	100
23	50	0.01	300
24	50	0.01	500
25	50	0.1	100
26	50	0.1	300
27	50	0.1	500

从表 4-31 所得结果可以看出，Test12 即最大迭代次数 T_{Gen} 取值为 500、初始栖息地数量 h 取值为 30、最大变异率 m_{max} 取值为 0.001 时，优化效果较好。为了进一步讨论变异概率对算法性能的影响，对于算例 j30c5e1，固定 T_{Gen} 取值为 500、初始栖息地数量 h 取值为 30，改变最大变异概率 m_{max} 的取值，通过仿真讨论 m_{max} 取值对算法性能的影响。

表4-31　参数性能仿真结果

测试	J30c5e1	J30c5e2	J30c5e3
1	490.4	620.8	622.8
2	486.2	619.4	622.0
3	483.6	625.8	618.2
4	488.2	619.8	624.2
5	485.0	622.0	620.8
6	482.4	624.4	617.4
7	497.0	633.0	629.0
8	492.2	623.6	629.0
9	487.6	623.2	629.0
10	486.8	620.4	624.2
11	483.6	620.0	619.8
12	481.1	621.2	**616.0**

续表

测试	J30c5e1	J30c5e2	J30c5e3
13	487.6	624.4	629.0
14	**480.0**	621.0	621.8
15	483.6	622.8	**616.0**
16	499.2	637.6	629.0
17	489.8	621.4	629.0
18	487.8	624.0	629.0
19	494.6	620.8	629.0
20	484.0	**618.2**	625.2
21	480.4	**618.2**	619.0
22	488.8	624.0	629.0
23	491.0	622.2	627.0
24	484.8	621.8	623.0
25	500.0	635.0	629.0
26	495.0	624.8	629.0
27	491.8	624.8	629.0

图 4-13 中的结果为算法运行 10 次平均的最小 *makespan*。从图 4-13 中可以看出，最大变异率 m_{max} 取值为小于等于 0.005 时，算法的性能较优；当最大变异概率超过 0.03 时，算法的搜索性能较差。为了确保算法的综合性能，对 3 个参数的取值分别为 h=30，m_{max}=0.005，T_{Gen}=500。其他参数的设置：全局迁移概率 P_{mod}、最大迁入率 I 和最大迁出率 E 均设为 1，精英保留数为 2。

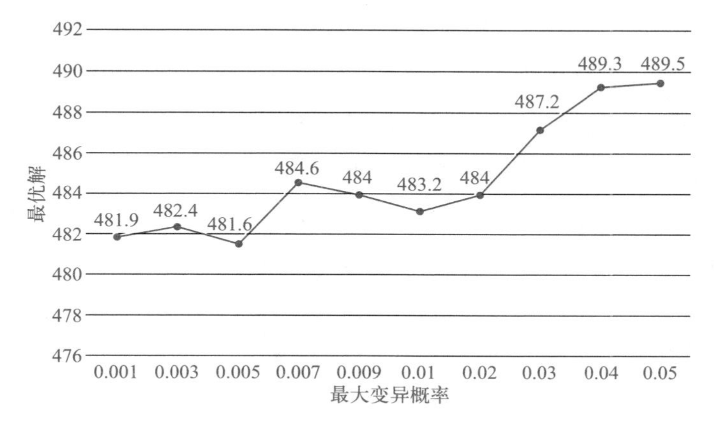

图 4-13　最大变异概率对算法性能的影响

（3）算法性能测试

针对 10 个 Liao 算例，分别采用 GA 算法、BBO 算法和改进后的 BBO 算法（MBBO）求解。每种算法循环 10 次，仿真结果如表 4-32 所示。

表4-32　MBBO算法与其他算法的比较

算例	GA			BBO			MBBO		
	min	*ave*	*SD*	*min*	*ave*	*SD*	*min*	*ave*	*SD*
J30c5e1	485	493.7	9.4	477	487.0	7.0	**475**	**481.8**	5.6
J30c5e2	619	623.6	4.3	616	618.3	3.0	**616**	**617.9**	2.2
J30c5e3	625	636.2	11.3	613	628.4	11.4	**604**	**618.1**	7.0
J30c5e4	590	595.1	4.5	577	590.4	7.0	580	**586.9**	6.1
J30c5e5	618	624.2	5.2	616	620.0	3.7	**616**	**619.6**	3.2
J30c5e6	627	635.7	7.8	625	639.8	10.2	**625**	**627.0**	2.4
J30c5e7	636	642.8	4.5	633	636.7	3.2	**630**	**634.5**	3.5
J30c5e8	700	711.7	9.8	694	698.2	4.3	**683**	**695.2**	11.8
J30c5e9	664	672.0	5.6	650	664.8	7.6	**650**	**663.2**	5.4
J30c5e10	608	620.7	12.5	590	608.2	14.0	**590**	**603.3**	9.8

其中 min 表示算法循环 10 次得到的最优 *makespan*，*ave* 表示算法循环 10 次得到的平均最小 *makespan*, *SD* 表示算法循环 10 次得到的最小 *makespan* 标准差。

从表 4-32 中可以看出，BBO 算法求解混合 Flow Shop 问题的效果要优于 IPSO 算法，体现了 BBO 算法在求解该类问题时有较好的搜索能力。从 *min* 和 *ave* 两列的数据可以看出，MBBO 算法得到的最优解要优于 BBO 算法，从 *SD* 一列可以看出，MBBO 算法的求解稳定性要优于 BBO 算法。相比于 BBO 算法，MBBO 算法使用 NEH 规则初始化栖息地，加快了算法的收敛速度；使用改进的迁移、变异模型增强了算法的全局搜索能力；有选择的邻域搜索策略增强了算法的局部搜索能力。

以 J30c5e1、J30c5e3、J30c5e6、J30c5e10 算例为例，图 4-14 给出

了上述三种算法的收敛曲线。从图中可以看出，MBBO 算法在收敛速度和搜索精度上都要优于其他两种算法，验证了 MBBO 算法在求解混合 Flow Shop 问题上的优越性。

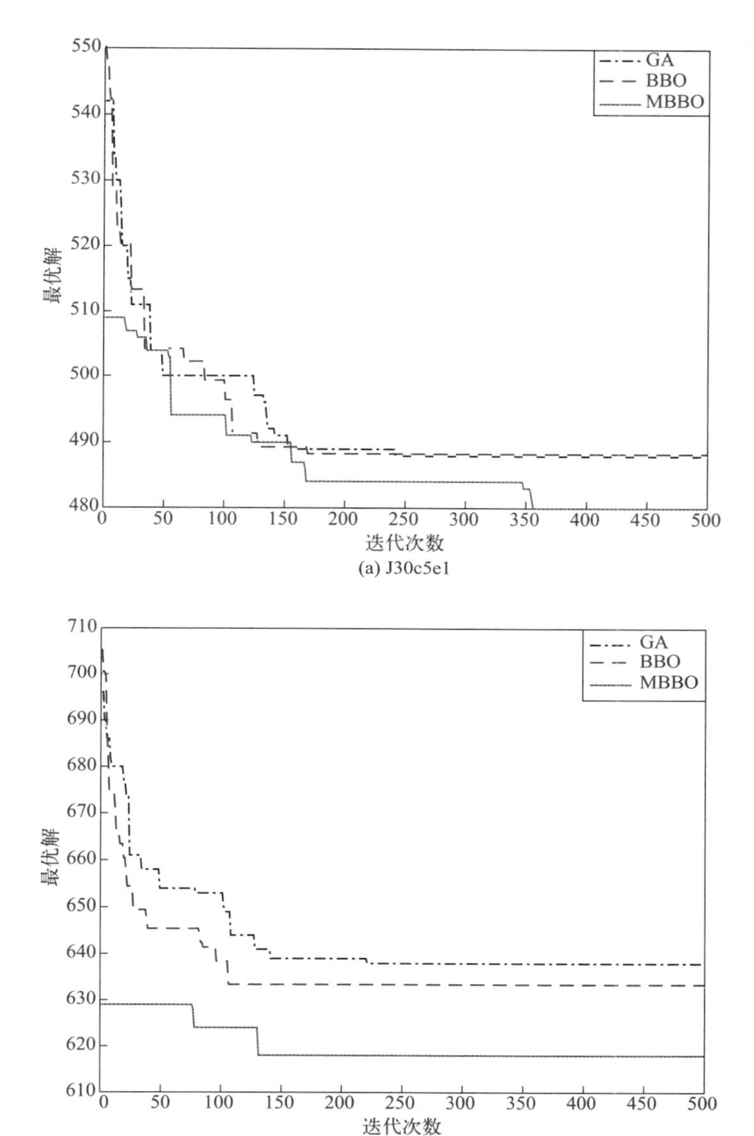

(a) J30c5e1

(b) J30c5e3

图 4-14

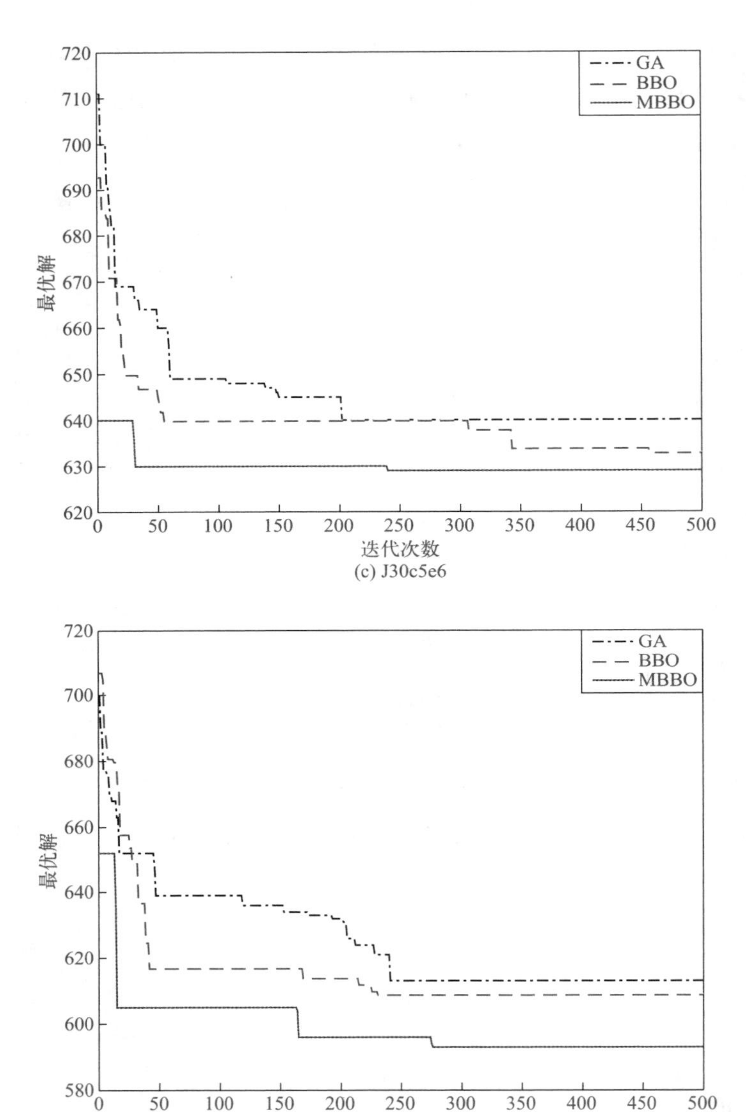

(c) J30c5e6

(d) J30c5e10

图 4-14　各算例收敛曲线对比

本节针对混合流水车间调度问题，建立了混合流水车间调度模型，提出一种改进的 BBO 算法（MBBO）用于求解该问题。MBBO 算法加入了三种改进策略：使用 NEH 策略初始化栖息地；使用改进的迁移和变异概率；在迭代过程中，当最优解发生改变时，对最优解执行邻域搜索策略。三种策略的加入，增强了BBO算法的全局和局部搜索能力，加快了算法的收敛速度，通过仿真，验证了MBBO算法求解混合流水车间的优越性。

参考文献

[1] 牛群 . 基于进化算法的生产调度若干研究 [D]. 上海 : 华东理工大学，2007.

[2] 连志刚 . 粒子群优化算法及其在生产调度中的应用 [D]. 上海 : 华东理工大学，2007.

[3] 焦斌 . 基于协同进化理论的生产调度研究 [D]. 上海 : 华东理工大学，2008.

[4] Kennedy J, Eberhart R C. A discrete binary version of the particle swarm algorithm [C]// 1997 IEEE International Conference on Systems, Man, and Cybernetics. Computational Cybernetics and Simulation. Orlando, FL, USA: IEEE, 1997, 5: 4104-4108.

[5] Clerc M. Discrete particle swarm optimization, illustrated by the traveling salesman problem [M]. Springer, Berlin, Heidelberg: New optimization techniques in engineering, 2004.

[6] Shi Y H, Eberhart R C. Parameter selection in particle swarm optimization [C].The 7th Annual Conference on Evolutionary Programming, 1998: 591-600.

[7] Shi Y, Eberhart R C. A modified particle swarm optimizer [C]. 1998 IEEE international conference on evolutionary computation proceedings. IEEE world congress on computational intelligence, 1998: 69-73.

[8] Eberhart R C, Kennedy J. A new optimizer using particle swarm theory [C]. Proceedings of the sixth international symposium on micro machine and human science, 1995: 39-43.

[9] Shi Y, Eberhart R C. Fuzzy adaptive particle swarm optimization [C]. Proceedings of the 2001 congress on evolutionary computation, 2001, 1: 101-106.

[10] Clerc M. The swarm and queen towards a deterministic and adaptive particle swarm optimization [C]. Proceedings of the 1999 congress on evolutionary computation, 1999, 3: 1951-1957.

[11] Fan H Y, Shi Y H. Study of V. of the particle swarm optimization algorithm [R]. Proceedings of the Workshop on PSO Indianapolis: Purdue School of Engineering and Technology, INPUI, 2001: 154-161.

[12] Jones A, Rabelo L, Yih Y. A hybrid approach for real-time sequencing and scheduling [J]. International Journal of Computer Integrated Manufacturing, 1995, 8(2): 145-154.

[13] 高海昌，冯博琴，侯芸，等 . 自适应变异的混合粒子群优化策略及其应用 [J]. 西安交通大学学报，2006, 40(6): 663-666.

[14] 俞欢军，许宁，张丽平，等 . 混合粒子群优化算法研究 [J]. 信息与控制，2005, 34(4): 500-504, 509.

[15] Suganthan P. N. Evolutionary computation, particle swarm optimizer with neighborhood operator [C]. Proceedings of the 1999 Congress on Evolutionary Computation, 1999, 3: 1958-1962.

[16] 王存睿，段晓东，刘向东，等 . 改进的基本粒子群优化算法 [J]. 计算机工程，2004, 30(21): 35-37.

[17] Van den Bergh F, Engelbrecht A P. Training product unit networks using cooperative particle swarm optimisers [C]. International Joint Conference on Neural Networks Proceedings, 2001, 1: 126-131.

[18] Van den Bergh F, Engelbrecht A P. Effects of swarm size on cooperative particle swarm optimizers [C]. Proceedings of the 3rd annual conference on genetic and evolutionary computation, 2001: 892-899.

[19] Parsopoulos K E, Plagianakos V P, Magoulas G D, et al. Stretching technique for obtaining global minimizers through particle swarm optimization [C]. Proceedings of the Particle Swarm Optimization workshop, 2001, 29: 1-8.

[20] Taillard E. Benchmarks for basic scheduling problems[J]. European Journal of Operational Research, 1993, 64(2):278-285.

[21] Carlier J. Ordonnancements d contraintes disjonctives[J].RAIRO-Operations Research, 1978, 12(4):333-350.

[22] Reeves C R. A genetic algorithm for flow shop sequencing[J]. Computers & Operations Research. 1995, 22(1): 5-13.
[23] 陈知美 . 基于改进蚁群算法的 Job Shop 生产调度问题研究 [D]. 上海 : 华东理工大学，2004.
[24] Colorni A, Dorigo M, Maniezzo V. Distributed optimization by ant colonies [C]. Proceedings of the first European conference on artificial life, 1991, 142: 134-142.
[25] Colorni A, Dorigo M, Maniezzo V. An investigation of some properties of an ant algorithm [C]. Proceedings of Parallel Problem Solving from Nature, 1992: 509-520.
[26] Dorigo M, Gambardella L M. Ant colony system: A cooperative learning approach to the traveling salesman problem [J]. IEEE Transactions on Evolutionary Computation, 1997, 1(1): 53-66.
[27] Dorigo M, Caro G D. Ant colony optimization: a new meta-heuristic [C]. Proceedings of the 1999 Congress on Evolutionary Computation, 1999, 2: 1470-1477.
[28] Song Y H, Chou C S, Stonham T J. Combined heat and power economic by improved ant colony search algorithm [J]. Electric Power System Research, 1999, 52: 115-121.
[29] Dorigo M, Caro G D, Gambardella L M. Ant algorithms for discrete optimization [J]. Artificial Life, 1999, 5(2): 137-172.
[30] Colorni A, Dorigo M, Maffioli F, et al. Heuristics from nature for hard combinatorial optimization problems [J]. International Transactions in Operational Research, 1996, 3(1): 1-21.
[31] Dorigo M, Maniezzo V, Colorni A. Ant system: Optimization by a colony of cooperating agents [J]. IEEE Transactions on Systems, Man, and Cybernetics-Part B, 1996, 26(1): 29-41.
[32] Gambardella Luca. M, Dorigo M. Ant-Q: A reinforcement learning approach to the traveling salesman problem [M]// Machine learning proceedings 1995. Amsterdam: Elsever, 1995: 252-260.
[33] Sutton R, Barto A G. Reinforcement learning: An introduction [M]. Cambridge, MA: MIT Press, 1998.
[34] Watkins C J C H, Dayan P. Q-learning [J]. Machine Learning, 1992, 8(3/4): 279-292.
[35] Stützle T, Hoos H. The max-min ant system and local search for combinatorial optimization problems [M]// Meta-heuristics: Advances and trends in local search paradigms for optimization. Boston, MA: Springer, 1997: 313-329.
[36] Gutjahr W J. A graph-based ant system and its convergence [J]. Future generation computer systems, 2000, 16(8): 873-888.
[37] Stützle T, Dorigo M. A short convergence proof for a class of ant colony optimization algorithms [J]. IEEE Transactions on Evolutionary Computation, 2002, 6(4): 358-365.
[38] Bfażewicz J, Domschke W, Pesch E. The job shop scheduling problem: Conventional and new solution techniques [J]. European journal of operational Research, 1996, 93(1): 1-33.
[39] Zlochin M, Birattari M, Meuleau N, et al. Model-based search for combinatorial optimization: a critical survey [J]. Annals of Operations Research, 2004, 131(1/2/3/4): 373-395.
[40] Zlochin M, Dorigo M. Model-based search for combinatorial optimization: A comparative study [C]. Proceeding of the Sixth International Conference on Parallel Problem Solving from Nature, 2002: 651-661.
[41] Muth J F, Thompson G L. Industrial scheduling [M]. Englewood Cliffs, N.J.: Prentice-Hall, 1963.
[42] 杨子江 . 基于混沌量子粒子群算法的流水线调度 [D]. 上海 : 华东理工大学，2013.
[43] Sun J, Feng B, Xu WB. Particle swarm optimization with particles having quantum behavior [C]. Proceedings of the 2004 congress on evolutionary computation, 2004, 1: 325-331.
[44] Sun J, Xu W B, Feng B. A global search strategy of quantum-behaved particle swarm optimization [C]. 2004 IEEE Conference on Cybernetics and Intelligent Systems, 2004, 1: 111-116.
[45] Lorenz E N. Deterministic nonperiodic flow [J]. Journal of the Atmospheric Sciences, 1963, 20(2): 130-141.
[46] Li T Y, Yorke J A. Period three implies chaos [J]. The American Mathematical Monthly, 1975, 82(10): 985-992.
[47] 唐贤伦 . 混沌粒子群优化算法理论及应用 [D]. 重庆 : 重庆大学，2007.
[48] 高尚，杨静宇 . 混沌粒子群优化算法研究 [J]. 模式识别与人工智能，2006, 19(2): 266-270.
[49] 李知聪 . 基于生物地理学优化算法的车间调度问题若干研究 [D]. 上海 : 华东理工大学，2017.
[50] Dan S. Biogeography-Based Optimization[J]. IEEE Transactions on Evolutionary Computation, 2008, 12(6):702-713.
[51] 王存睿，王楠楠，段晓东，等 . 生物地理学优化算法综述 [J]. 计算机科学，2010, 37(7): 34-38.

Digital Wave
Advanced Technology of
Industrial Internet

Intelligent Scheduling of
Industrial Hybrid Systems

工业混杂系统智能调度

第 5 章

复杂生产过程调度问题的研究

5.1
基于离散正弦优化算法的零空闲置换 Flow Shop 调度 [1]

在零空闲置换 Flow Shop 调度问题（No-idle Permutation Flow Shop Scheduling Problem, NPFSP）中，由于某些制造环境中的技术要求或是使用了昂贵的机械设备，要求设备一旦开启，就不能在加工的中途被关停。换句话说，设备不间歇地进行工作，而不必在加工相邻的产品之间等待。

NPFSP 广泛存在于陶瓷熔块生产、玻璃纤维加工、铸造、集成电路生产和纺织等传统制造企业中。陶瓷熔块生产就是由于技术原因而需要零空闲调度的一个例子，由于使用了在极端温度下燃烧的特殊熔化炉（称为窑炉），而这些窑炉需要连续的热量，所以技术上无法在生产完成前关闭窑炉。另一种需要零空闲调度的情况出现在必须为设备运转的整个时间支付昂贵的费用时。例如在玻璃纤维加工中，需要使用熔炉将玻璃料熔化，一旦熔炉有了空闲时间，则整个生产周期将会停滞，因为它需要三天的时间才能再次将玻璃料加热到所要求的 2800° F（约 1555.56° k）的温度，而这三天将大大增加生产成本。实际上，这里的昂贵不单单指上述情况，也可能是雇用了高薪专家执行临时工作。

基于以上的实际生产背景，NPFSP 自提出以来就一直是调度研究的热点问题。虽然在学术成果上对 NPFSP 的研究不如零等待问题的多，但研究者们对其求解方法的探索可谓是从未停止，目前的趋势是利用各类智能优化算法进行求解。研究者将 DE 与 vIG 相结合，提出了 vIG_DE 算法（variable Iterated Greedy Algorithm with Differential Evolution）以利用差分进化（DE）指导 vIG 搜索，从而提高了原始算法的求解性能。文献 [2] 设计了一种离散烟花算法对以 *makespan* 为目标的 NPFSP 进行了求解，研究表明其在稳定性和精度上都优于比较算法。此外，还有诸多算法被用于解决这一问题，如混合离散差分进化（Hybrid Discrete Differential Evolution, HDDE）算法、混合离散粒子群优化（Hybrid Discrete

Particle Swarm Optimization, HDPSO）算法、改进的杂草优化（Improved Weed Optimization, IWO）算法等。

从正余弦波形中得到灵感，格里菲斯大学的 Mirjalili[3] 于 2016 年开发了一种正弦余弦算法（Sine Cosine Algorithm，SCA），用以求解优化问题。自 SCA 被提出以来，因其全局寻优能力强等优点，受到了学者们的关注和研究。然而，SCA 是最近几年新提出的优化算法，国内外关于该算法的研究才刚刚开始，算法的理论研究还不够成熟，研究成果也还很少。为了提高 SCA 的性能，Meshkat 和 Parhizgar[4] 于 2017 年在 SCA 的基础上提出了一种新的位置更新策略，该方法仅用正弦函数对个体位置进行更新，因此称为正弦优化算法（Sine Optimization Algorithm, SOA）。SOA 同大多智能算法类似，都包含全局勘探和局部开发两个阶段，在前一阶段，利用随机个体增大对可行域的探索；在后一阶段，利用最优个体提高收敛精度。

在现有 SOA 的基础上，本节首先利用去除产品数大小可变的破坏重构机制对 SOA 的位置更新进行了重新定义，设计了适用于离散调度问题的位置更新策略，提出了一种有效的离散正弦优化算法（Discrete Sine Optimization Algorithm, DSOA）求解 NPFSP，其目标是最小化 *makespan*。特别地，加入了个体与当前最优解之间的交叉操作以增加算法多样性，并根据种群数的增加定义了选择策略，保留了种群中优秀的个体信息。此外，还采用了一种基于插入的局部搜索算法以增强局部开发能力。

5.1.1 零空闲置换 Flow Shop 调度问题

零空闲置换 Flow Shop 调度问题（NPFSP）可以被描述如下：n 个产品 $J=\{1,2,\cdots,n\}$ 按照相同的顺序在 m 台设备 $M=\{1,2,\cdots,m\}$ 上进行加工。为了遵循零空闲的约束，设备 i 加工第 j 个产品的开始时间必须等于第 $j-1$ 个产品的加工完成时间。换句话说，每台设备加工任意两相邻产品时没有空闲时间。在 NPFSP 中，所有 Flow Shop 调度问题常见的假设都对其成立。

若用 $\pi=\{\pi(1),\pi(2),\cdots,\pi(n)\}$ 表示一个产品排序，用 $\pi^E(j)=\{\pi(1),\pi(2),\cdots,\pi(j)\}$ 表示产品排序 π 的部分序列，其中 $1<j<n$。用 $p(\pi(j),i)$ 表示产品 $\pi(j)$ 在设备 i 上的加工处理时间，用 $F(\pi^E(j),i,i+1)$ 表示序列 $\pi^E(j)$ 在相邻设备 i 和 i+1 上加工完成后的完工时间之差。解 *makespan* 可以用以下公式计算：

$$F(\pi^E(1),i,i+1)=p(\pi(1),i+1)\quad i=1,2,\cdots,m-1 \tag{5-1}$$

$$F(\pi^E(j),i,i+1)=p(\pi(j),i+1)+\max\{F(\pi^E(j-1),i,i+1)-p(\pi(j),i),0\}$$
$$i=1,2,\cdots,m-1;\ j=2,3,\cdots,n \tag{5-2}$$

$$C_{\max}=\sum_{i=1}^{m-1}F(\pi^E(n),i,i+1)+\sum_{j=1}^{n}p(\pi(j),1) \tag{5-3}$$

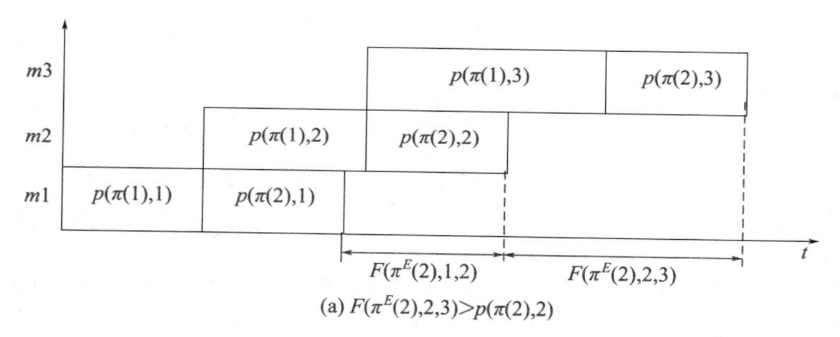

(a) $F(\pi^E(2),2,3)>p(\pi(2),2)$

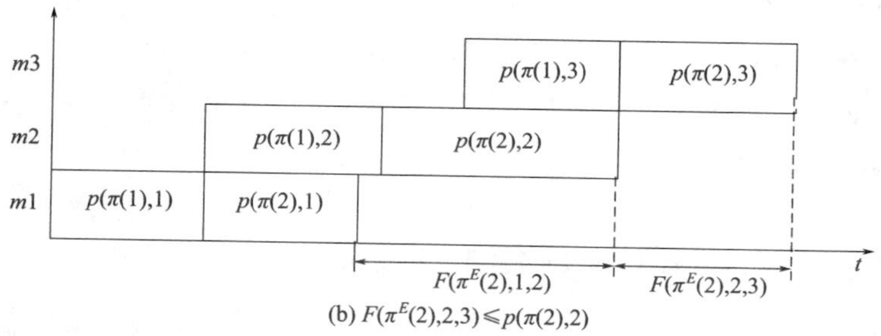

(b) $F(\pi^E(2),2,3)\leqslant p(\pi(2),2)$

图 5-1　*makespan* 计算示意图

为了便于理解，将 2 个产品、3 台设备的 *makespan* 计算过程在图 5-1 中给出，其中：

$C_{\max}=p(\pi(1),1)+p(\pi(2),1)+F(\pi^E(2),1,2)+F(\pi^E(2),2,3)$。

该调度（F_m / *no-idle, prmu* / $C_{\max}$）问题的混合整数线性规划模型如下：

令决策变量为：

$$Z_{j,k}=\begin{cases}1, & 若工件j处于序列\pi的第k位\\ 0, & 其他\end{cases} \quad (其中j,k=1,2,\cdots,n)$$

目标函数为最小化 *makespan*：

$$\min(C_{\max})=\min(C_{m,n}) \tag{5-4}$$

受到以下约束：

$$\sum_{k=1}^{n}Z_{j,k}=1 \quad j=1,2,\cdots,n \tag{5-5}$$

$$\sum_{j=1}^{n}Z_{j,k}=1 \quad k=1,2,\cdots,n \tag{5-6}$$

$$C_{1,1}=\sum_{j=1}^{n}Z_{j,1}p(\pi(j),1) \tag{5-7}$$

$$C_{i+1,k}\geqslant C_{i,k}+\sum_{j=1}^{n}Z_{j,k}p(\pi(j),i+1) \quad k=1,2,\cdots,n; i=1,2,3,\cdots,m-1 \tag{5-8}$$

$$C_{i,k+1}=C_{i,k}+\sum_{j=1}^{n}Z_{j,k+1}p(\pi(j),i) \quad k=2,3,\cdots,n-1; i=1,2,\cdots,m \tag{5-9}$$

$$C_{i,k}\geqslant 0 \quad k=1,2,\cdots,n; i=1,2,\cdots,m \tag{5-10}$$

式中，$C_{i,k}$ 为设备 i 上第 k 个产品的完工时间。

约束条件式 (5-5) 和式 (5-6) 是为了确保把每个产品都能仅此一次地分配给各个设备。约束条件式 (5-7) 定义了第一台设备加工 π 中第一个产品的完工时间。式 (5-8) 保证了产品在同一时刻不能被多台设备加工。式 (5-9) 表示全部设备都处于零空闲状态，等号保证了设备的无间断运行。

5.1.2 求解零空闲置换 Flow Shop 调度问题的离散正弦优化算法

Meshkat 和 Parhizgar 在 2017 年提出的 SOA 是一种新颖的基于智能群体的优化算法，单目标实参数数值优化的结果表明，与正弦余弦优化算法相比，SOA 的收敛速度更快，精度更高。SOA 构造多个随机的初始候选解，并使用基于正弦函数的数学模型对它们进行优化。该算法包括一些随机变量和自适应变量，以平衡优化过程中的全局探索和局部开发能力。由于随机优化算法将优化问题视为黑箱，这使得 SOA 具有更大的灵活性，意味着 SOA 可轻松应用于不同领域的问题。

SOA 使用一组随机解开始优化过程，假设在 n 维搜索空间中有 $Psize$ 个个体，则第 i 个个体的位置表示为：

$$X_i = \{x_i^1, x_i^2, \cdots, x_i^k, \cdots, x_i^n\}; i = 1, 2, \cdots, Psize \tag{5-11}$$

在 SOA 中，使用正弦函数来更新个体的位置：

$$x_i^k(t+1) = \begin{cases} x_{\text{rand}}^k(t) + r_1 \sin(r_2), r_3 < 0.5 \\ x_{\text{best}}^k(t) + r_1 \sin(r_2), r_3 \geqslant 0.5 \end{cases} \tag{5-12}$$

式中，$x_{\text{rand}}^k(t)$ 表示第 t 次迭代时的一个随机个体的第 k 维位置分量；$x_{\text{best}}^k(t)$ 表示第 t 次迭代后种群中最优个体的第 k 维位置分量。

r_1 和 r_2 决定了当前个体下一位置移动方向上的移动速度，r_1 是线性递减函数，表达式为：

$$r_1 = a\left(1 - \frac{t}{MaxGen}\right) \tag{5-13}$$

其中，t 为当前迭代次数；$MaxGen$ 为最大迭代次数；a 为常数，一般取值为 2。优化过程开始时，参数 r_1 的值较大，导致 $r_1 \sin(r_2)$ 有较强的波动，使位置的随机变化量更大，可以更好地进行全局探索。随着时间的推移，参数 r_1 的值减小，相应个体位置的随机变化量也会减小，可以更好地进行局部开发。r_2 是 $[0, 2\pi]$ 之间的随机数，它规定了个体下一个位置移动的方向。r_3 是 $[0,1]$ 之间的随机数，它决定了当前个体下一位置的移动起点。当 r_3 的值在 $[0, 0.5)$ 范围内时，使用式 (5-12) 中第一个公式更新位置，这时个体的下一位置将等于随机个体的修改位置。换言之，在位置更新时首先随机地选择一个个体作为移动起点，然后用 $r_1 \sin(r_2)$ 对其进行修改，得到新的位置。这样一来，就能够很好地覆盖所有搜索区域，从而使 SOA 的全局探索能力得以提高。当 r_3 的值在 $[0.5,1]$ 范围内时，使用式 (5-12) 中第二个公式更新位置，这时个体的下一位置将等于最优个体的修改位置。如此，能够在最优个体周围的区域中搜索，从而使 SOA 的局部开发能力得以提高。SOA 的伪代码如图 5-2 所示。

```
Initialize  a set of search agents
While  (t<maximum number of iterations)
Evaluate  each of the search agents
Update  the best solution
Update  r1, r2 and r3
Update  the position of search by (2-12)
End while
Return  the best solution as the global optimum
```

图 5-2　SOA 伪代码

SOA 算法是建立在正弦波形和群搜索基础上的新型元启发式算法，它是对 SCA 算法的改进。相较于 SCA，其局部搜索能力有所提高，但由于其进化机制本身的限制，SOA 算法仍然存在着对解空间探索不够、种群多样性在进化后期逐渐下降、收敛精度较低等不足。对此，本节首先从开发搜索空间的角度，将 IG 的破坏重构机制融合进 SOA 的位置更新中，然后从避免早熟收敛的角度，引入交叉操作，最后为了提高寻优精度，在保留精英解的选择策略的基础上，又引入局部搜索，设计了一种离散正弦优化算法（DSOA），用以求解零空闲置换 Flow Shop 调度问题。

DSOA 的总体流程框架如图 5-3 所示，终止条件由迭代次数进行设置。算法经过初始化、位置更新策略、交叉操作、选择策略以及迭代局部搜索（Iterated Local Search, ILS）等步骤之后，最终返回最优解。

基于以上对 DSOA 的设计思路，为了使其能够求解零空闲置换 Flow Shop 问题，下面将对上述 DSOA 的关键操作和策略进行详细描述。

（1）编码与初始化

DSOA 采用基于产品排序的自然数编码，例如，个体 $X_i = \{3,5,1,4,2\}$ 表示产品在设备上的加工顺序为 $\pi = \{3,5,1,4,2\}$。初始化种群均随机产生。

（2）基于破坏重构机制的位置更新策略

在 SOA 中，每一次的迭代过程，都需要对所有个体的位置进行更新。而个体位置的更新可以看作是对随机个体（或最优个体）位置的一次修改，位置修改的变化量取决于 $r_1\sin(r_2)$ 波动的幅度。$r_1\sin(r_2)$ 波动的幅度越大，其邻域搜索空间越广阔。

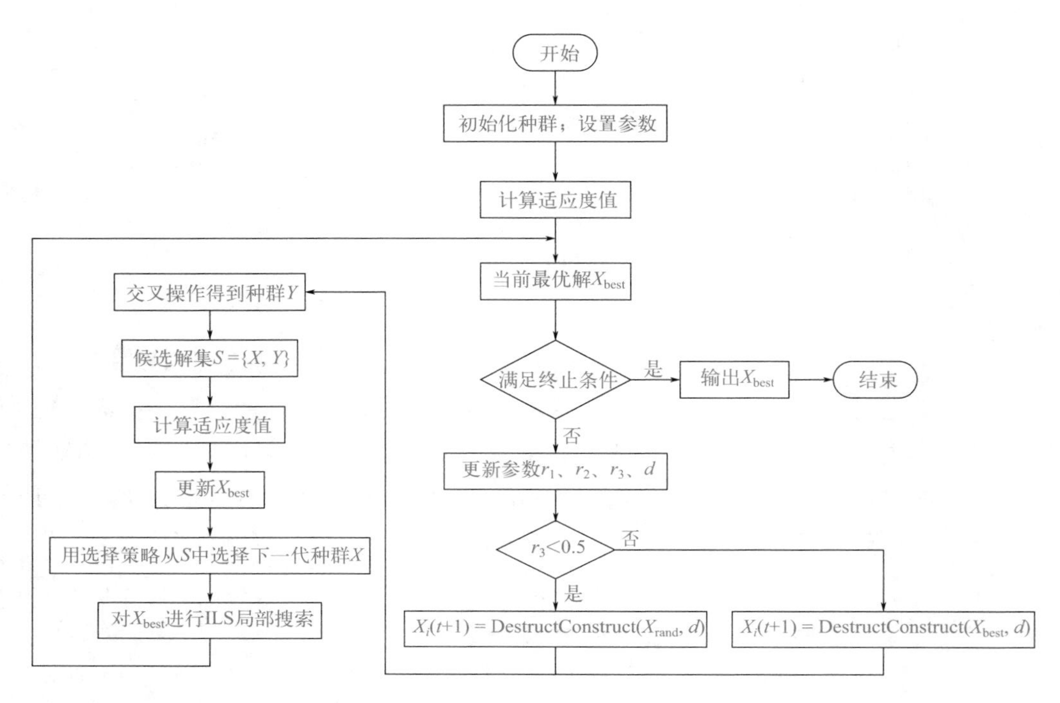

图 5-3 DSOA 算法流程图

为了解决组合优化问题，IG 算法作为一种简单、有效且易于适应的算法是非常可取的。基于 NEH 的基本原理，IG 算法可以通过不断地进行破坏操作和重构操作来获得更好的解。在破坏（Destruction）阶段，首先从 π 中移除随机选择的 d 个产品，产生两个排序 π^R 和 π^D，其中 π^R 包含 d 个移除产品，π^D 包含剩余的 $n-d$ 个产品。在重构（Construction）阶段，将 π^R 的第一个产品插入 π^D 中，产生 $n-d+1$ 个部分解，选择其中最优解用于下一次迭代；接下来将第二个产品插入 π^D 中，……，直至 π^D 中包含 n 个产品，形成完整的调度解。

在 DSOA 中，将 IG 算法中的破坏重构机制用于个体的位置更新，将其迭代过程视为个体的位置修改操作。每次迭代后，参数 d 更新如下：

$$d = \left\| \lfloor r_1 \sin(r_2) + 0.5 \rfloor \right\| \tag{5-14}$$

$$r_1 = \beta n\left(1 - \frac{t}{MaxGen}\right) \tag{5-15}$$

式 (5-14) 中，d 为对 $r_1 \sin(r_2)$ 四舍五入取整，再取绝对值后的值；式

(5-15) 中，n 为产品数，β 为控制位置更新变化量大小的参数，由于参数 $d \leqslant n$，因此 β 的取值范围应在 (0,1) 之间。

因此，在 DSOA 中，个体的位置更新公式转变为式 (5-16)，完整的位置更新策略的伪代码在图 5-4 中给出。

$$X_i(t+1)=\begin{cases}\text{DestructConstruct}(X_{\text{rand}},d), r_3<0.5\\ \text{DestructConstruct}(X_{\text{best}},d), r_3\geqslant 0.5\end{cases} \tag{5-16}$$

```
Procedure  Update_position(d)
1  r3 = a random number in [0,1]
2  if r3<0.5 then
3     Xrand = select one solution from X randomly
4     π = Xrand
5  else
6     π = Xbest
7  endif
8  π^R = remove d job from π randomly
9  π^D = π − π^R
10 for i = 1 : d
11 insert job π^R(i) into the optimal location which gives the minimum
makespan in all possible positions of π^D
12 endfor
13 Xi = π^D
14 return Xi
end
```

图 5-4　位置更新策略伪代码

（3）交叉操作

为了避免个体过早地陷入局部收敛状态，需要对个体 X_i 实施交叉操作。此交叉操作的基本思想是：利用种群中的当前最优解 X_{best} 作为参考，产生包含有最优解部分信息的新解，并用新解替换当前解。具体地，首先随机地选择两个位置 P_1 和 P_2，并将 X_i 中 P_1 和 P_2 之间的产品序列作为子序列 sub_1 取出，再另外规定 sub_2 是 X_{best} 去除序列 sub_1 中产品后所得的子序列。最后生成一个 [0,1] 之间的随机数 r，若 r 小于 0.5，则新解 Y_i 由 $[sub_1,sub_2]$ 组成；否则，Y_i 由 $[sub_1,sub_2]$ 组成。交叉操作如图 5-5 所示，其伪代码在图 5-6 中给出。

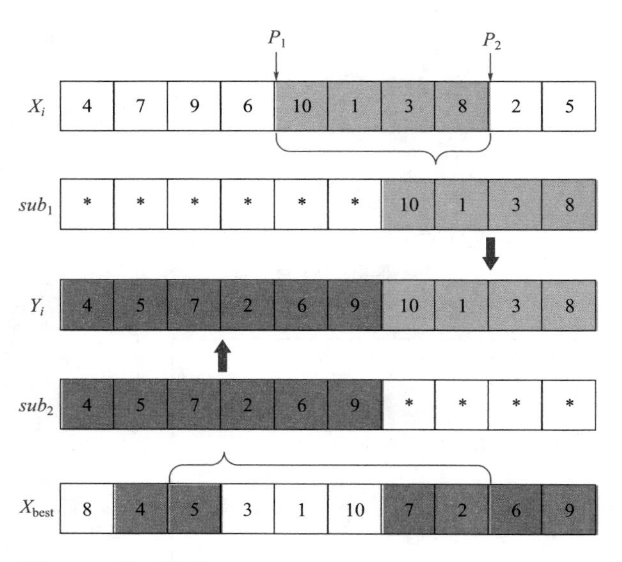

图 5-5　交叉操作

```
Procedure  Crossover(X_i = {X_i^1, X_i^2, ···, X_i^n}, X_best)
1  generate two positions P_1 and P_2 randomly, 1≤P_1≤P_2≤n
2  sub_1 = {X_i^{P_1+1}, ···, X_i^{P_2}}
3  sub_2 = X_best − sub_1
4  if rand<0.5 then
5        Y_i = {sub_1, sub_2}
6  else
7        Y_i = {sub_2, sub_1}
8  endif
9  return Y_i
end
```

图 5-6　交叉操作伪代码

（4）选择策略

为了将种群中优秀的信息传递到下一代种群中，在交叉操作产生新的 $Psize$ 个个体 Y_i 后，由原种群 X 与新种群 Y 共同组成候选解集合 S，从 S 中选择 $Psize$ 个个体组成下一代的种群 X。选择策略包括两部分：①采用精英保留策略保留最优个体，即候选解集合中适应度值最小的个体会被确定性地保留到下一代种群中；②剩下的 $Psize-1$ 个个体的选择采用轮盘赌方式，对于候选解中个体 S_i，其被选择的概率满足：

$$P(S_i)=\frac{f(S_i)}{\sum_{i=1}^{2Psize}f(S_i)} \tag{5-17}$$

其中，$f(S_i)$ 为第 i 个个体的适应度值。在集合 S 中，若个体 S_i 适应度值变大，则 $P(S_i)$ 会提高，反之，$P(S_i)$ 会降低。

（5）迭代局部搜索

当找到的最优解不够理想时，需要对最优解进行局部搜索，其目的是在相对最优解附近增强密集搜索，以期望找到更好的解。具体使用迭代局部搜索（Iterated Local Search, ILS）算法：首先，令 $\pi'=\pi$，从产品排序 π' 中删除产品 $\pi'(s)$，$s=1$。其次，通过将 $\pi'(s)$，$s=1$ 插入剩余 π' 的所有可能位置中，可以找到使 *makespan* 最小的最佳产品排序 π''，如果 π'' 的适应度值优于 π 的适应度值，则将 π'' 替换为 π。上述基于插入邻域的步骤（$s=1,2,\cdots,n$）被迭代应用于 ILS，直至不能找到比当前解更好的解。图 5-7 对 ILS 的伪代码进行了概述。

```
Procedure ILS(π)
1  s = 1; counter = 1
2  while (counter<n)
3          π' = π
4          insertjob = π'(s)
5          remove insertjob from π'
6          π'' = best sequence obtained by inserting insertjob in all possible positions of π'
7          if Cmax(π'')<Cmax(π) then
8              π = π''
9              counter = 1
10         else
11             counter = counter + 1
12         endif
13         s = mod(s+1, n)
14 endwhile
15 return π
end
```

图 5-7　ILS 伪代码

5.1.3　仿真及分析

算法基于 Matlab 2017a 实现，在处理器为 Intel Xeon E5-2640，主

频为 2.40GHz，内存为 64.0GB 的 PC 机下运行。为了检验 DSOA 算法求解 NPFSP 的性能，本节采用 Taillard Benchmark 问题中的 11 种不同规模的共 110 个典型算例进行测试。为了说明所提出的算法的有效性并与其他方法进行性能比较，采用平均相对百分比偏差（Average Relative Percentage Deviation, ARPD）和标准偏差（Standard Deviation, SD）衡量算法性能。*ARPD* 和 *SD* 的计算公式如下：

$$ARPD=\frac{1}{N}\sum_{i=1}^{N}\left(\frac{C_{\max}(i)-C^{*}}{C^{*}}\right)\times 100\% \tag{5-18}$$

$$SD=\sqrt{\frac{1}{N}\sum_{i=1}^{N}\left(C_{\max}(i)-\overline{C}\right)^{2}} \tag{5-19}$$

其中，N 表示独立仿真测试的次数；$C_{\max}(i)$ 是算法经第 i 次仿真测试得到的解；C^{*} 是迄今为止找到的最优解；$\overline{C}$ 是 N 次仿真得到的解的平均值。

（1）算法参数设置

算法的优化性能很大程度上取决于参数的设置，因此通过实验找到最佳的参数至关重要。为确定 DSOA 中参数 β 的取值，在算例 Ta051、Ta061、Ta071、Ta081 上进行参数测试，β 取 0.1、0.3、0.5，各进行 10 次仿真，每次仿真的最大迭代次数设为 300，测试结果如表 5-1 所示，*avg* 和 *min* 分别是算法运行结果的平均值和最小值，其中带 * 的值是每个算例在所有参数取值情况下找到的最优解，*ARPD* 的最小值已经用粗体在表 5-1 中标出。此外，为了更直观地表示三种参数设置下 DSOA 的运行结果，用迭代收敛图进行对比，如图 5-8 所示。

表5-1　参数β在4个不同算例上的测试结果

算例	β=0.1			β=0.3			β=0.5		
	avg	*min*	*ARPD*	*avg*	*min*	*ARPD*	*avg*	*min*	*ARPD*
Ta051	5442.1	5398	1.14	5401.6	5381*	0.38	5399.3	5386	**0.34**
Ta061	5834.1	5833*	0.02	5833.0	5833*	**0.00**	5833.0	5833*	**0.00**
Ta071	6751.5	6736	0.35	6742.8	6728*	0.22	6740.1	6728*	**0.18**
Ta081	9337.6	9327	0.21	9327.8	9318*	0.11	9324.2	9319	**0.07**

由参数测试结果可见，参数 $\beta=0.1$ 时，DSOA 的运行结果较差，特别是当问题规模的设备数较大时，算法性能的差距更为明显；$\beta=0.3$

时，算法虽然在 4 个算例上都可以得到最优解，但其运行结果的平均值并不是最优的；而 $\beta=0.5$ 时，算法在算例 Ta061、Ta071 上能获得最优解，在算例 Ta051、Ta081 上虽然没有获得最优解，但运行结果的最小值与最优解相比差距不大，且算法运行结果的平均值最小，平均相对百分比偏差也最小，这表明 $\beta=0.5$ 时 DSOA 的平均寻优精度最好，能使 DSOA 性能达到最优。基于以上分析，在后续实验中参数 β 设置为 0.5。确定了参数 β 的取值后，参数 d 和 r_1 的取值可由式(5-14)、式(5-15)得到。

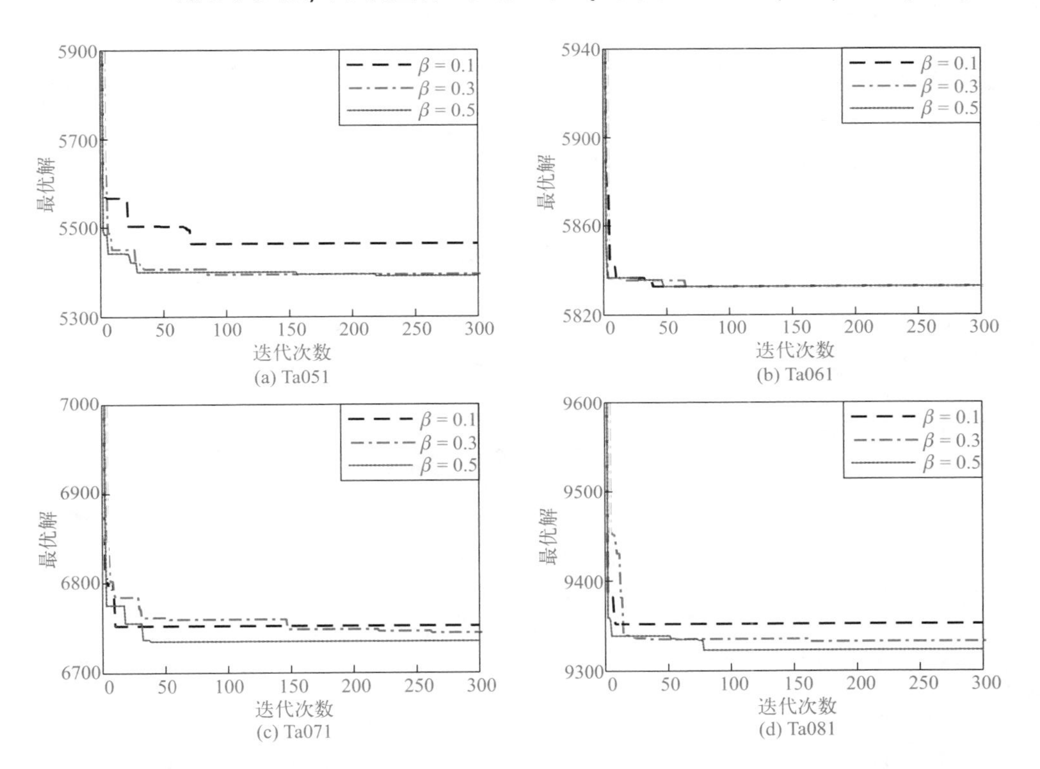

图 5-8 DSOA 中参数 β 的测试结果

DSOA 的其余参数设置如下：粒子种群大小 *Psize* 为 30，最大迭代次数 *MaxGen* 设置为 300，参数 r_2 为 $[0,2\pi]$ 之间的随机数，r_3 为 $[0,1]$ 之间的随机数。

（2）算法性能测试

为了验证 DSOA 中各个策略的有效性，采用 SOA、$DSOA^1$、$DSOA^2$、

DSOA^3 和 DSOA 分别对 11 个规模大小不同的算例进行求解，每个算例独立求解 10 次，最大迭代次数为 300。其中 DSOA^1 表示只改变了位置更新策略的离散正弦优化算法；而 DSOA^2 表示不仅改变了位置更新策略，还加入了交叉操作和选择策略的离散正弦优化算法；DSOA^3 则表示改变了位置更新策略，并使用了 ILS 局部搜索，但没有加入交叉操作和选择策略的离散正弦优化算法。需要说明的是，SOA 求解 NPFSP 的编码方法采用的是基于最大值排序（Largest-Ranked-Value, LRV）规则。

表 5-2 中列出了这 11 个算例的运行结果，选取了 10 次运行结果中的平均值（ $\overline{C}_{\max}$ ）进行对比，其中性能提高百分比（Performance Improvement Percent, PIP）定义为：

$$\mathrm{PIP}=\frac{\overline{C}_{\max}(\mathrm{SOA})-\overline{C}_{\max}(\mathrm{DSOA}^{i})}{\overline{C}_{\max}(\mathrm{SOA})}\times 100\% \tag{5-20}$$

显然，当 i 的取值为 1 时，表示的是 DSOA^1 相比于 SOA 提高的性能百分比。表 5-2 中对最优的 *PIP* 值进行了加粗。

表5-2　SOA与DSOA^{i}的比较

算例	SOA	DSOA^1		DSOA^2		DSOA^3		DSOA	
	$\overline{C}_{\max}$	$\overline{C}_{\max}$	*PIP*/%	$\overline{C}_{\max}$	*PIP*/%	$\overline{C}_{\max}$	*PIP*/%	$\overline{C}_{\max}$	*PIP*/%
Ta001	1439.2	1384.5	3.80	1383.5	3.87	1381.4	4.02	1380.6	**4.07**
Ta011	2331.0	2198.7	5.68	2196.6	5.77	2198.6	5.68	2196.4	**5.77**
Ta021	3621.5	3222.9	11.01	3215.0	11.23	3213.1	11.28	3212.2	**11.30**
Ta031	3082.6	3014.0	**2.23**	3014.0	**2.23**	3014.0	**2.23**	3014.0	**2.23**
Ta041	3935.8	3435.7	12.71	3438.1	12.65	3427.2	12.92	3423.0	**13.03**
Ta051	6383.3	5430.2	14.93	5450.0	14.62	5411.1	15.23	5399.3	**15.42**
Ta061	6092.9	5833.4	4.26	5833.1	4.26	5833.0	**4.27**	5833.0	**4.27**
Ta071	7403.3	6756.7	8.73	6764.6	8.63	6750.0	8.82	6740.1	**8.96**
Ta081	10735.4	9355.5	12.85	9353.2	12.88	9327.7	13.11	9324.2	**13.15**
Ta091	12826.8	11683.4	8.91	11691.2	8.85	11651.6	9.16	11645.4	**9.21**
Ta101	17351.8	14918.5	14.02	14982.0	13.66	14857.5	14.38	14841.8	**14.47**
平均 *PIP*		—	9.01	—	8.97	—	9.19	—	**9.26**

为了更直观地观察各算法的求解效果，以 Ta051 为例，画出 SOA 和 $DSOA^i$ 求解的收敛曲线，如图 5-9 所示。结合表 5-2 和图 5-9，不难看出，$DSOA^1$、$DSOA^2$、$DSOA^3$ 以及 DSOA 相比于 SOA 的结果，其性能都有大幅度提升。以 Ta051 为例具体分析，SOA 求解的最优解（*makespan*）为 6383.3，而 $DSOA^i$ 所求得的最优解（*makespan*）下降到 5400 ～ 5450 左右，精度得以大大提高；SOA 大概于 25 代就完全收敛，而 $DSOA^i$ 均于 125 代之后才收敛，避免了早熟收敛。对比 SOA 和 $DSOA^1$ 的实验结果，可以看出，重新定义的位置更新策略更适合于求解调度问题，算法的探索能力明显增强；$DSOA^2$ 和 $DSOA^1$ 相比于 SOA 的性能提升相差不大，但交叉操作和选择策略却并非无效的，因为从 $DSOA^3$ 来看，$DSOA^3$ 没有经过交叉操作和选择策略，在位置更新策略之后直接进行局部搜索，求解效果却不如 DSOA。导致这一结果的原因可能是种群多样性被破坏，难以跳出局部极值。而 $DSOA^3$ 和 DSOA 的实验结果表明，加入 ILS 后能够加快收敛速度，提高寻优精度。

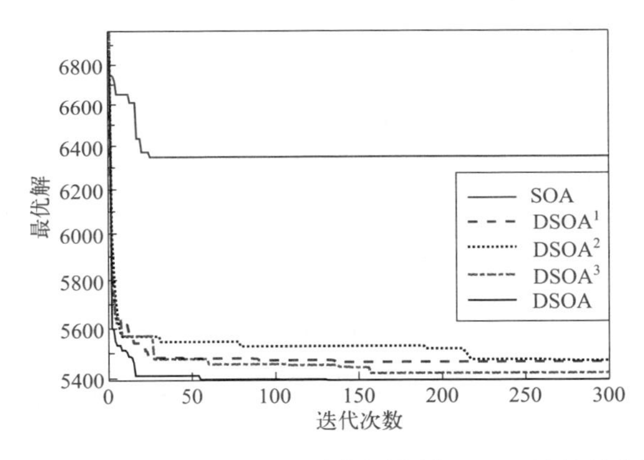

图 5-9　SOA 和 $DSOA^i$ 求解算例 Ta051 的收敛曲线

从表 5-2 的最后一列可以明显看出，对这 11 个算例，DSOA 都能找到比 SOA 更令人满意的最优解，算例 Ta051 的 PIP 达到最大，为 15.42%，平均性能提高了 9.26%。这表明对 SOA 的改进总体来说是有效的，对于 NPFSP 的求解，DSOA 相比于 SOA，具有更好的寻优精度。

为了进一步测试 DSOA 求解 NPFSP 的有效性，将 DSOA 与其他两种算法进行了比较，包括 IWO[5]（Invasive Weed Optimization，野草算法）

和 DFWA-LS[2](Discrete Fireworks Algorithm With Local Search，带局部搜索的离散烟花算法)。由于在另一台计算机上实现的同一算法的结果可能不同，因此，为了确保操作环境的一致性、算法比较的公平性，重新实现了对比算法，并在相同的 PC 机上运行。对比算法的参数设置与文献 [5]、文献 [2] 中一致。此外，为了避免测试的随机性带来的误差，每次不同的仿真都独立运行 10 次。测试结果见表 5-3，其中计算 *ARPD* 的式 (5-18) 中的 C^* 采用这三种算法所能找到的最优解进行计算。

表5-3 三种算法的结果对比

规模		DSOA		DFWA-LS		IWO	
n	*m*	*ARPD*	*SD*	*ARPD*	*SD*	*ARPD*	*SD*
20	5	**0.05**	**0.008**	0.15	0.013	0.92	0.083
20	10	**0.21**	**0.034**	0.62	0.060	2.37	0.156
20	20	**0.21**	**0.057**	0.51	0.093	2.33	0.272
50	5	**0.00**	**0.000**	0.01	0.004	0.49	0.103
50	10	**0.29**	**0.048**	0.52	0.085	2.76	0.311
50	20	**0.37**	**0.113**	0.64	0.174	4.04	0.497
100	5	**0.00**	**0.002**	0.03	0.011	0.61	0.141
100	10	**0.05**	**0.016**	0.13	0.056	1.39	0.361
100	20	**0.22**	**0.091**	0.35	0.154	3.66	0.651
200	10	**0.05**	**0.041**	0.13	0.098	1.85	0.397
200	20	**0.20**	**0.146**	0.27	0.244	3.93	0.891
Average（平均值）		**0.15**	**0.050**	0.31	0.090	2.21	0.351

表 5-3 显示了三种算法求解不同规模 Taillard 算例的性能，表格中以粗体列出的是由 IWO、DFWA-LS 和 DSOA 计算得出的最佳 *ARPD* 和 *SD*。如表 5-3 所示，本节所提出的 DSOA 的平均 *ARPD* 值为 0.15，小于 DFWA-LS 和 IWO 的对应值 0.31、2.21；DSOA 的平均 *SD* 值为 0.050，也小于由 DFWA-LS 和 IWO 得到的 0.090、0.351。以上结果说明，在最小化 *makespan* 的目标上，DSOA 求解不同规模问题的寻优精度和稳定性均优于其他两种对比算法。此外，观察可发现 DSOA 在 20×5、50×5 以及 100×5 问题上的 *SD* 接近于 0，随着问题规模的增大，其 *SD* 值相对于 IWO 和 DFWA-LS 更小，这表明本节所提出的 DSOA 在解决相对大规模的问题时仍然具有出色的稳定性。这些性能受益于 DSOA 的搜索

策略以及与 IG 算法的结合。可以得出：DSOA 可较好地应用于 NPFSP，能在保证算法稳定性的情况下找到比 IWO 和 DFWA-LS 更优的解。

图 5-10 显示了三种算法在求解算例 Ta058 时的收敛性。横坐标表示运行的迭代次数（由于 IWO 的最大迭代次数为 500，因此迭代收敛图是以 500 代为终止条件的），纵坐标表示最优解（*makespan*）。可以看出，IWO 受其算法本身的限制，迭代过程较为缓慢，精度也偏低。DFWA-LS 虽然较 IWO 在收敛速度和精度上均有一定提升，但仍不如 DSOA。相比之下，DSOA 的收敛速度相对较快、精度相对更高，并且能够快速跳出局部最优。

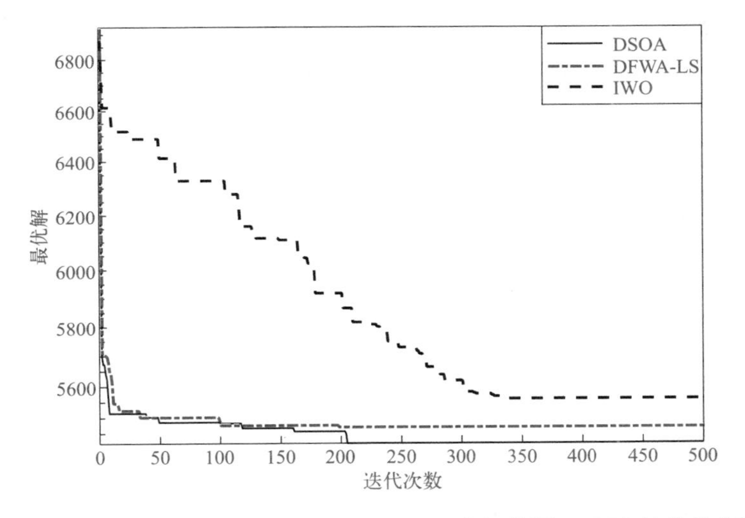

图 5-10　DSOA、DFWA-LS 和 IWO 求解算例 Ta058 的收敛曲线

本节针对零空闲置换 Flow Shop 调度问题，结合该调度问题特点，详细描述了具体的调度假设模型，基于 *makespan* 的性能指标，设计了一种新颖的离散正弦优化算法（DSOA）进行求解。在 SOA 算法的位置更新策略中，嵌入 IG 算法的破坏重构机制，以增强算法的整体寻优能力。在迭代过程中，通过交叉操作产生新的粒子；利用选择策略构成相对优的新种群，这种方式可以增加种群的多样性，避免算法早熟收敛。在局部开发阶段，利用 ILS 在最优解周围搜索，以达到加速 DSOA 收敛的目的。计算结果表明，这四个基本策略的集成为 DSOA 算法的有效性提供了保证。进一步地，将 DSOA 与近几年文献中较先进的两种算法

（IWO 算法和 DFWA-LS 算法）进行了对比，结果表明，DSOA 的求解效果较 IWO 和 DFWA-LS 算法更优。

5.2 基于贪婪引力搜索算法的混合零空闲置换 Flow Shop 调度[1]

混合零空闲置换 Flow Shop 调度问题（MNPFSP）是 NPFSP 的一种扩展，或者说是一个新的变体，它并不要求所有的设备都处于零空闲状态。已经知道，在实际生产环境中，设备只有在某些特定条件（技术不可行或设备昂贵）下，才被期望在加工产品期间一直处于运行状态，很显然，这样的设备往往只是工厂作业中的一小部分，并非全部。因此，部分零空闲、部分常规设备的 MNPFSP 是更为贴合实际的调度问题，更有工程上的研究意义。

引力搜索算法[6]（Gravitational Search Algorithm, GSA）是一种基于万有引力吸引的智能优化算法，它以粒子间的万有引力来实现信息的共享，由较优粒子集对粒子 i 的引力的合力来指导它的搜索方向，进行种群的更新。GSA 原理简单，有着较好的种群开发和全局勘探能力，在迭代后期能快速进行收敛，其收敛性已经被证明明显优于 GA、PSO 等智能优化算法[7-8]。

本节以最大程度地减小性能指标 TFT 为目标，对混合零空闲条件下的置换 Flow Shop 调度进行了研究。在给出了 MNPFSP 问题描述的基础上，设计了一种有效的贪婪引力搜索算法（GGSA）进行求解。GGSA 采用 ROV 规则编码，并对 GSA 进行了改进：在初始化中加入 NEH 规则构造高质量的初始解；在算法进化后期引入 vIG_RIS 算法提高精度；同时采用了 SA 判据作为 vIG_RIS 接受新解的方式。

5.2.1 混合零空闲置换 Flow Shop 调度问题

本节研究的混合零空闲置换 Flow Shop 调度问题（MNPFSP）可以描述如下：n 个产品 $J=\{1,2,\cdots,n\}$ 按照相同的顺序在 m 台设备

$M=\{1,2,\cdots,m\}$ 上进行加工，所有设备上产品的加工次序相同。将具有零空闲状态的设备集合记为 $M'\subset M$，它们需要满足加工两相邻产品时不间断的约束条件，M 中其余的设备为常规设备。在 MNPFSP 中，所有 Flow Shop 调度常见的假设都对其成立。

MNPFSP 是 NPFSP 和置换 Flow Shop 调度问题的混合问题，是指在加工过程中，有的设备处于零空闲状态，有的设备不处于零空闲状态。若用 $\pi=\{\pi_1,\pi_2,\cdots,\pi_l,\cdots,\pi_n\}$ 来表示产品排序，用 $[l]$ 来表示排序中处于位置 l 的产品，即 π_l。用 $p_{i,[l]}$ 来表示产品 π_l 在设备 i 上的加工处理时间，$S_{i,[l]}$ 和 $C_{i,[l]}$ 分别代表产品 π_l 在设备 i 上加工的开始时间、完成时间，a_i 表示产品 π_l 在设备 i 上开始加工前的总延迟时间。对于 MNPFSP 问题，性能指标 TFT 的计算公式如下：

$$\begin{cases}S_{1,[1]}=0\\ C_{1,[1]}=S_{1,[1]}+p_{1,[1]}\end{cases} \tag{5-21}$$

$$\begin{cases}S_{i,[1]}=C_{i-1,[1]}\\ C_{i,[1]}=S_{i,[1]}+p_{i,[1]}\\ i=2,\cdots,m\end{cases} \tag{5-22}$$

$$\begin{cases}S_{1,[l]}=C_{1,[l-1]}\\ C_{1,[l]}=S_{1,[l]}+p_{1,[l]}\\ l=2,\cdots,n\end{cases} \tag{5-23}$$

$$\begin{cases}S_{2,[l]}=\max\{C_{2,[l-1]},C_{1,[l]}\}\\ C_{2,[l]}=S_{2,[l]}+p_{2,[l]}\\ a_2=\begin{cases}\max\{C_{1,[l]}-C_{2,[l-1]},0\}, & 机器2\in M'\\ 0, & 其他\end{cases}\\ l=2,\cdots,n\end{cases} \tag{5-24}$$

$$\begin{cases}S_{i,[l]}=\max\{C_{i,[l-1]}+a_{i-1},C_{i-1,[l]}\}\\ C_{i,[l]}=S_{i,[l]}+p_{i,[l]}\\ a_i=a_{i-1}+\begin{cases}\max\{C_{i-1,[l]}-(C_{i,[l-1]}+a_{i-1}),0\}, & i\in M'\\ 0, & 其他\end{cases}\\ i=3,\cdots,m;l=2,\cdots,n\end{cases} \tag{5-25}$$

问题的目标是求得产品加工序列 π，使各产品按照该序列进行加工时，其 TFT 最小。目标函数 TFT 可表达为：

$$f(\pi)=\sum_{l=1}^{n}C_{m,[l]}=C_{m,[1]}+C_{m,[2]}+\cdots+C_{m,[n]} \tag{5-26}$$

$F_m / mixed\ no\text{-}idle, prmu / \sum C_j$ 问题的混合整数线性规划模型如下：

令决策变量为：

$$Z_{j,k}=\begin{cases}1, & \text{若工件}j\text{处于序列}\pi\text{的第}k\text{位}\\ 0, & \text{其他}\end{cases} \quad (\text{其中}j,k=1,2,\cdots,n)$$

目标函数为最小化 TFT：

$$\min(\sum C_j)=\min(\sum_{j}^{n}C_{m,j}) \tag{5-27}$$

受到以下约束：

$$\sum_{k=1}^{n}Z_{j,k}=1 \quad j=1,2,\cdots,n \tag{5-28}$$

$$\sum_{j=1}^{n}Z_{j,k}=1 \quad k=1,2,\cdots,n \tag{5-29}$$

$$C_{1,k}\geqslant\sum_{j=1}^{n}Z_{j,1}p_{1,j} \quad k=1,2,\cdots,n \tag{5-30}$$

$$C_{i,k}\geqslant C_{i-1,k}+\sum_{j=1}^{n}Z_{j,k}p_{i,j} \quad k=1,2,\cdots,n;i=2,3,\cdots,m \tag{5-31}$$

$$\begin{cases}C_{i,k}=C_{i,k-1}+\sum_{j=1}^{n}Z_{j,k}p_{i,j}, & \text{if } i\in M'\\ C_{i,k}\geqslant C_{i,k-1}+\sum_{j=1}^{n}Z_{j,k}p_{i,j}, & \text{otherwise}\end{cases} \quad k=2,\cdots,n;i=1,\cdots,m \tag{5-32}$$

$$C_{i,k}\geqslant 0 \quad k=1,2,\cdots,n;i=1,2,\cdots,m \tag{5-33}$$

式中，$p_{i,j}$ 为产品 j 在设备 i 上的加工处理时间。

约束条件式 (5-30) 是针对序列 π 中第 k 个产品在第一台设备上的完工时间来说的，其必须大于等于第一个产品在第一台设备上的处理时间。约束条件式 (5-31) 保证了产品在同一时刻不能被多台设备加工。式 (5-32) 给出了 MNPFSP 的核心约束条件：对于零空闲的设备来说，它加工后一产品的开始时间必须严格等于前一产品的完工时间，不允许有空闲；对于常规设备，只需要确保大于等于即可。

5.2.2 求解混合零空闲置换 Flow Shop 调度问题的贪婪引力搜索算法

（1）引力搜索算法

GSA 是伊朗克曼大学教授 Esmat Rashedi 等人 [6] 于 2009 年提出的一种新型智能优化算法，灵感来源于粒子受万有引力的作用。它可以理解为众多的粒子向具有最大惯性质量的粒子不断靠近的过程。GSA 中，种群由惯性质量各不相同的粒子组成，每个粒子的位置可视为问题的一个解，指引算法进行迭代优化的引力和惯性质量是由适应度函数值来确定的。当种群中出现惯性质量大的粒子时，其他粒子都朝着惯性质量大的粒子运动，从而使算法收敛到最优解。

在 n 维搜索空间中如若有 NP 个粒子，则第 i 个粒子的位置表示为：

$$X_i = \left\{x_i^1, x_i^2, \cdots, x_i^l, \cdots, x_i^n\right\}, i = 1, 2, \cdots, NP \tag{5-34}$$

在第 t 次迭代时，种群中第 j 个粒子作用在第 i 个粒子上的引力表示为：

$$F_{ij}^l(t) = G(t)\frac{M_i(t)M_j(t)}{R_{ij}(t)+\varepsilon}(x_j^l(t) - x_i^l(t)) \tag{5-35}$$

式中，$M_i(t)$ 和 $M_j(t)$ 分别表示被作用粒子 i 和作用粒子 j 的惯性质量；$R_{ij}(t)$ 是两个粒子 i 和 j 之间的欧氏距离；ε 是一个很小的常量；$G(t)$ 是第 t 次迭代时的引力系数，它随时间减小以控制搜索精度，是初始值 G_0 和迭代次数 t 的函数。

$$G(t) = G_0 \mathrm{e}^{-\alpha\frac{t}{T}} \tag{5-36}$$

其中，α 是控制 $G(t)$ 衰减速率的常数；T 是迭代总次数。一般 G_0 取值为 100，α 取值为 20。

种群中其他粒子对第 i 个粒子的引力的合力以及这个合力在第 i 个粒子处的加速度可用式 (5-37) 和式 (5-38) 表示：

$$F_i^l(t) = \sum_{j=1, j\neq i}^{NP} rand_j F_{ij}^l(t) \tag{5-37}$$

$$a_i^l(t)=\frac{F_i^l(t)}{M_i(t)} \tag{5-38}$$

其中，$rand_j$ 是范围在[0,1]之间的随机数。

粒子的惯性质量可根据种群的适应度值 *fit* 来计算：

$$m_i(t)=\frac{fit_i(t)-worst(t)}{best(t)-worst(t)} \tag{5-39}$$

$$M_i(t)=\frac{m_i(t)}{\sum_{j=1}^{NP}m_j(t)} \tag{5-40}$$

其中，$worst(t)$ 和 $best(t)$ 分别代表种群中适应度的最差值和最好值，由于本节求解的是最小值问题，因此定义 $worst(t)$ 和 $best(t)$ 为适应度最大值和最小值。

GSA 中，种群的速度和位置更新按式 (5-41) 和式 (5-42) 进行迭代：

$$v_i^l(t+1)=rand_i v_i^l(t)+a_i^l(t) \tag{5-41}$$

$$x_i^l(t+1)=x_i^l(t)+v_i^l(t+1) \tag{5-42}$$

其中，$rand_i$ 是区间 [0,1] 中的均匀随机变量。

（2）基本可变迭代贪婪算法

迭代贪婪（IG）算法是一种不断迭代的元启发式算法，其算法框架大致包含三部分：初始解产生、破坏重构机制和接受准则。其中，破坏重构机制是 IG 算法的核心，利用图 5-11 进行说明。而初始解的产生和接受准则可根据算法需要自行设计，常见的产生初始解的方式是利用 NEH 规则，Ruiz 提出的 IG 算法中接受准则类似于 SA。此外，IG 算法也可在迭代过程中加入邻域搜索以增强算法性能。

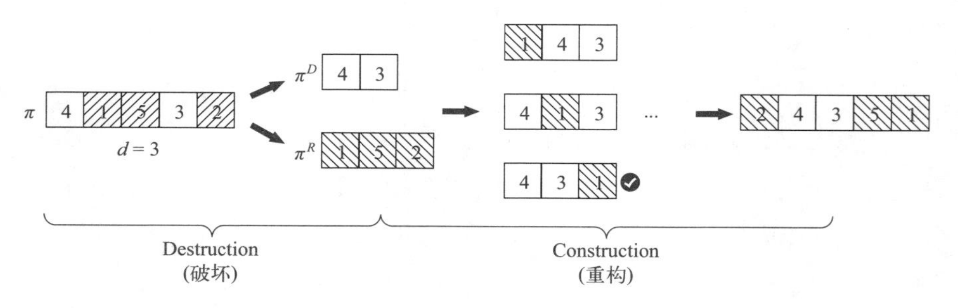

图 5-11　破坏重构机制

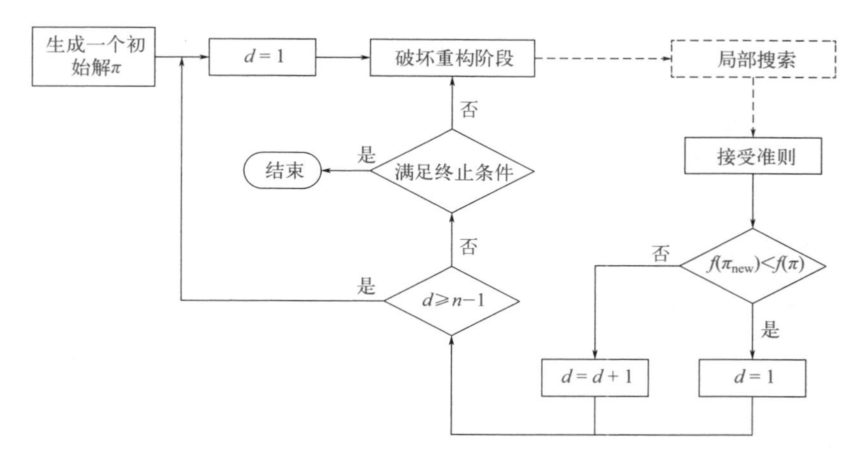

图 5-12 vIG 算法流程示意图

从图 5-11 中可明显看出，破坏产品参数 d 在 IG 算法中至关重要，若 d 太小，算法的搜索范围就不大，收敛偏慢；若 d 太大，则会影响算法效率。一般选取参数 d 为固定的单一值。

为使参数 d 能自适应地调整大小以平衡 IG 算法的性能，Framinan 和 Leisten 等于 2008 年提出了一种可变迭代贪婪（variable Iterated Greedy, vIG）算法。它在 IG 的基础上引入了变邻域的概念，使得在构造新解的过程中原本固定的参数 d 可变，增加了解的多样性。具体地，当解没有被改进时，d 从 1 逐次递增到 $n-1$；一旦解有所改进，则将 d 再次固定为 $d=1$，从头开始搜索。vIG 算法的基本流程如图 5-12 所示。

（3）求解混合零空闲置换 Flow Shop 调度问题的 GGSA 算法

GSA 作为随机的群智能优化算法，全局搜索能力较强，种群多样性也很好。然而，随着种群的进化，个体受最优解吸引逐渐群聚在一起，导致 GSA 在进化后期收敛速度过快，无法完全覆盖所有解，寻优精度不高。vIG 算法是基于邻域结构而设计的，对解空间的局部开发效果很好。对此，本节从提高 GSA 寻优精度的角度，将具有较强局部开发能力的 vIG_RIS 与 GSA 相结合，设计了贪婪引力搜索算法（Greedy Gravitational Search Algorithm, GGSA），以求解混合零空闲置换 Flow Shop 调度问题。

其中，vIG_RIS（variable Iteration Greedy Reference Insertion Scheme）算法，其实质上就是基本的 vIG 算法加入了参照插入方案（RIS），使得收敛速度更快，求解精度更高。另外，针对 vIG 算法容易陷入局部最优的缺陷，在 vIG_RIS 中引入模拟退火（Simulated Annealing，SA）思想，不一味地只接受优解，以此增加算法多样性，避免 GGSA 在进入 vIG_RIS 中搜索时陷入停滞。

GGSA 以 GSA 算法为主框架，在进化后期（即最优解连续 L 代不再变化时）加入 vIG_RIS 算法进行局部搜索，其总体流程如图 5-13 所示。其中 L 为最优值不变的最大代数，*Fbest* 为当前最优适应度值，当 *Fbest* 经过 L 代都没有发生变化时，算法转入 vIG_RIS 搜索。若 vIG_RIS 搜索得到的解的适应度值小于 *Fbest*，则将其替换为种群 X 中随机一个粒子。

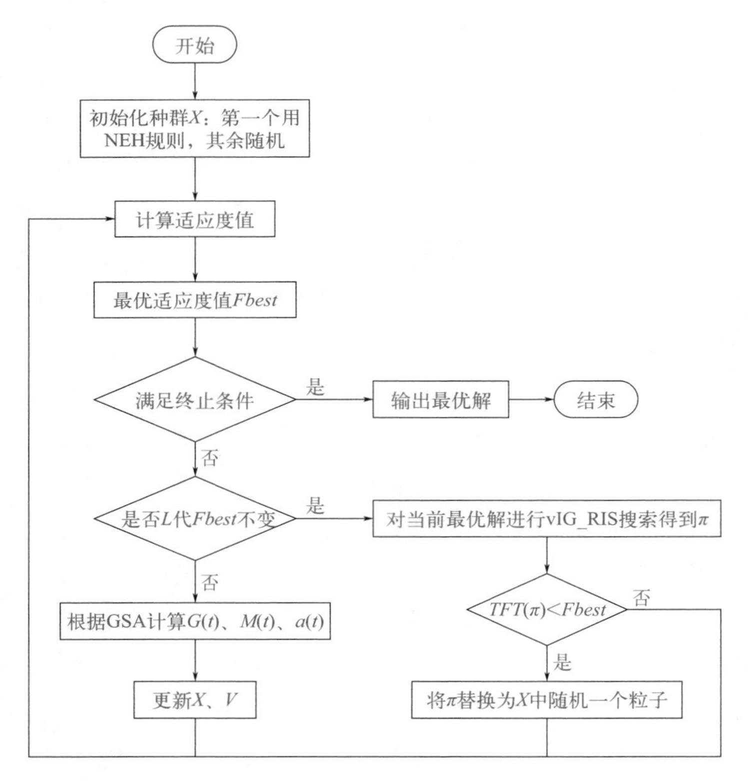

图 5-13　GGSA 算法流程图

基于以上对 GGSA 的设计思路，为了使其能够求解混合零空闲置换 Flow Shop 问题，下面将对 GGSA 的关键操作进行详细描述。

① 编码方案与 ROV 转换　由于标准的 GSA 算法是处理连续问题的优化算法，其连续编码方案不能直接用于求解离散的 MNPFSP，而 IG 算法是基于产品排序直接进行编码的，因此为使 GGSA 能求解 MNPFSP，需要将两者的解空间进行转换。本节基于 ROV 规则将多维空间的连续粒子位置与产品排序进行一一对应映射，其原理如表 5-4 所示。将粒子的位置分量按升序排列，最小的赋值为 1，次小的赋值为 2，依次类推，从而形成完整的产品排序。如果分量值相同，则粒子维度较小的赋予分量值较小，粒子维度较大的赋予分量值较大。表 5-4 中粒子 X_i 的产品排序为 $\pi_i=(4,3,2,6,1,5)$。

表5-4　粒子 X_i 的ROV转换

粒子维度 l	1	2	3	4	5	6
位置分量	1.25	0.85	0.63	1.45	0.23	1.32
产品排序	4	3	2	6	1	5

②种群初始化　好的初始种群可以有效地加速收敛并提高求解精度，为了提高搜索效率，使解既有较高的质量又能较为均匀地覆盖搜索空间，在初始化中引入NEH启发式规则产生第一个解，其余解由式(5-43)随机生成，其中 up 和 low 分别表示搜索空间的上、下界，具体取值为 $up=10$， $low=-10$。

$$X_i=rand\times(up-low)+low \tag{5-43}$$

从 1983 年 NEH 启发式规则被提出以来，它已经被普遍认为是求解置换 Flow Shop 这一 NP- 难问题的最佳启发式规则。NEH 是一种基于产品插入的启发式方法，其基本操作如下：

步骤 1：对每个产品 j（$j=1,2,\cdots,n$），求其在全部设备上的总加工时间 P_j， $P_j=\sum_{i=1}^{m}p_{i,j}$，其中 $p_{i,j}$ 是产品 j 在设备 i 上的加工时间；

步骤 2：按总加工时间 P_j 的降序，对产品进行排序；

步骤 3：取 $k=1$ 和 $k=2$ 两个产品进行排序，并选择总流水时间小的那个排序作为下一阶段的基本排序；

步骤 4：$k=k+1$，将第 k 个产品插入基本排序（包含 $k-1$ 个产品）所有可能的 k 个位置中，得到 k 种不同的产品排序，然后在其中选出使总流水时间最小的排序作为下一阶段的基本排序（包含 k 个产品）；

步骤 5：如果 $k=n$，则停止，否则跳回步骤 4。

③ vIG_RIS 算法　前面已经介绍过，vIG 算法的框架中可以加入局部搜索以增强其寻优能力，所以考虑在 vIG 算法中再加入 RIS 局部搜索，将其称为 vIG_RIS 算法，其伪代码如图 5-14 所示。

```
Procedure  vIG_RIS( )
1  π = NEH
2  d_max = n−1
3  π^ref = π_b = π
4  while NotTermination
5        d = 1
6        while d ≤ d_max
7           π_1 = DestructConstruct (π, d)
8           π_2 = RIS (π_1, π^ref)
9           if f (π_2) < f(π) then
10             d = 1
11             π = π^ref = π_2
12          if f (π_2) < f(π) then
13             π_b = π
14          endif
15          elseif random ≤ exp{−(f(π_2)−f(π))/Temp} then
16             π = π^ref = π_2
17             d = d + 1
18          endif
19       endwhile
20  endwhile
21  return π_b
end
```

图 5-14　vIG_RIS 算法

vIG_RIS 算法在 vIG 算法的基础上对解 π_1 进行了基于插入和交换的随机局部搜索 RIS，由此产生了一个新的解 π_2。当 π_2 是一个劣解时，使用 Osman 和 Potts 提出的 SA 收敛判据以概率 $\exp\{-(f(\pi_2)-f(\pi))/Temp\}$ 接受它，通过这种方式，当前解在搜索过程中获得了一些劣解而得以多样化，以此期望逃离局部最优。

$$Temp=\frac{\sum_{i=1}^{m}\sum_{j=1}^{n}p_{i,j}}{n\times m\times 10}\times\tau \tag{5-44}$$

式 (5-44) 中，*Temp* 为恒定的温度；τ 是调整温度 *Temp* 的冷却系数。

图 5-15 表示了 RIS 的程序伪代码。在 RIS 中，π^{ref} 是参照排序，它是迄今为止得到的最优解。举例来说，假设 $\pi^{ref}=(3,1,5,2,4)$ 并且当前解 $\pi=(4,2,5,1,3)$，则 RIS 首先在 π 中找到产品 3，从 π 中移除产品 3 并将其插入到 π 的所有可能位置。接下来，在 π 中找到产品 1，从 π 中移除产品 1 并将其插入到 π 的所有可能位置。重复该过程，直至 π^{ref} 的全部产品都被参考过。可以看出 RIS 的主要概念是：产品移除由参照排序引导而不是随机选择。

```
Procedure  RIS(π, π^ref)
1   i = 1; counter = 1
2   while(counter<n)
3       Locate and extract job π_i^ref from π
4       Take job π_i^ref and test it in all positions of π
5       π* = Insert job π_i^ref at the position resulting in the best f
6       if f(π*)<f(π) then
7           π = π*; counter = 1
8       else
9           counter = counter + 1
10      endif
11      i = mod(i + 1, n)
12  endwhile
13  return π
end
```

图 5-15 参照插入方案 RIS

vIG_RIS 算法不仅有着可变的邻域结构，使得在算法的迭代搜索过程中能更多地探索解空间，有更大可能找到更优的解，解的多样性得到了改善，而且以一定概率接受劣解，使其有机会逃离局部最优。vIG_RIS 算法还通过 RIS 提高了局部搜索能力，但是其寻找解的过程较为缓慢。本节提出的 GGSA 在 GSA 算法迭代的后期引入 vIG_RIS 进行局部搜索，其中 vIG_RIS 的寻优开始于当前的最优解，利用 vIG_RIS 优秀的局部开发能力可以帮助其提高寻优精度，之后再回到 GSA 算法的主体中继续迭代。这样既可以平衡算法的收敛速度，又可以提高寻优精度，达到提高解的质量的目的，从而取得好的收敛效果。

除上述操作外，GGSA 中对粒子速度、位置的更新与 GSA 相同。

5.2.3 仿真及分析

算法基于 Matlab 2015 实现，在处理器主频为 2.40GHz、内存为 64.0GB 的 PC 机下运行。为了检验 GGSA 求解 MNPFSP 的有效性，本节在正交实验确定了参数的基础上，采用 Taillard Benchmark 问题中的 9 种不同规模的共 90 个典型算例 [9] 进行仿真测试，并将仿真结果与带局部搜索的离散烟花算法（Discrete Fireworks algorithm with local search，DFWA-LS）算法 [2]、vIG 算法 [10] 以及 IG_{eDC} 算法 [11] 进行比较。

由 MNPFSP 的实际生产过程可以知道，第一台设备一般处于零空闲状态，最后一台设备一般不处于零空闲状态，而大多数工厂生产中需要零空闲约束的设备占比较少，因此，在仿真测试中设置两台设备处于零空闲状态：第一台设备和随机选择的除第一台和最后一台设备外的中间任一台设备（用符号 Mset 来表示）。实验中每个算例对应的 Mset 分别进行如下设置：m=5 时，每种规模下的算例按从小到大的序号排列，其 Mset 依次为 [4 2 2 4 3 4 3 3 2 4]；同样地，m=10 时，Mset 依次为 [3 5 8 4 7 5 6 9 4 6]；m=20 时，Mset 依次为 [11 15 4 7 10 5 13 17 6 18]。不同算法相比较时，每个算例中处于零空闲状态的设备编号是相同的。

（1）算法参数设置

为确定 GGSA 中最大迭代次数 T、种群规模 NP 以及参数 G_0、α、τ、L 和 $t_{\max}$ 的取值，利用正交设计方法，将每个参数都设为一个因子，每个因子设置 3 个不同水平，选择 $L_{18}(3^7)$ 正交表进行正交实验，如表 5-5 所示。正交实验在算例 Ta043 上进行，每种参数组合各进行 20 次仿真，正交实验结果如表 5-6 所示，以相对百分比偏差（Relative Percentage Deviation, RPD）的平均值作为响应变量（Response Variable, RV）：$\mathrm{RPD} = (TFT_i - TFT^*) / TFT^* \times 100\%$，其中 TFT_i 是第 i 种参数组合下获得的总流水时间值，TFT^* 是所有参数组合下算法运行获得的总流水时间最优值。

表5-5　正交设计因子水平表

因子	水平 1	水平 2	水平 3
T	1000	1500	2000
NP	20	30	50
G_0	80	100	120
α	10	20	30
τ	0.2	0.4	0.6
L	10	20	30
t_{max}	5	8	10

表5-6　算例Ta043的正交实验结果

测试	因子（水平）							RV/%
	T	NP	G_0	α	τ	L	t_{max}	
1	1000(1)	20(1)	80(1)	10(1)	0.2(1)	10(1)	5(1)	1.417
2	1000(1)	30(2)	100(2)	20(2)	0.4(2)	20(2)	8(2)	1.093
3	1000(1)	50(3)	120(3)	30(3)	0.6(3)	30(3)	10(3)	1.232
4	1500(2)	20(1)	80(1)	20(2)	0.4(2)	30(3)	10(3)	1.027
5	1500(2)	30(2)	100(2)	30(3)	0.6(3)	10(1)	5(1)	1.193
6	1500(2)	50(3)	120(3)	10(1)	0.2(1)	20(2)	8(2)	1.061
7	2000(3)	20(1)	100(2)	10(1)	0.6(3)	20(2)	10(3)	0.856
8	2000(3)	30(2)	120(3)	20(2)	0.2(1)	30(3)	5(1)	1.226
9	2000(3)	50(3)	80(1)	30(3)	0.4(2)	10(1)	8(2)	0.776
10	1000(1)	20(1)	120(3)	30(3)	0.4(2)	20(2)	5(1)	1.485
11	1000(1)	30(2)	80(1)	10(1)	0.6(3)	30(3)	8(2)	1.391
12	1000(1)	50(3)	100(2)	20(2)	0.2(1)	10(1)	10(3)	0.834
13	1500(2)	20(1)	100(2)	30(3)	0.2(1)	30(3)	8(2)	1.076
14	1500(2)	30(2)	120(3)	10(1)	0.4(2)	10(1)	10(3)	1.014
15	1500(2)	50(3)	80(1)	20(2)	0.6(3)	20(2)	5(1)	0.302
16	2000(3)	20(1)	120(3)	20(2)	0.6(3)	10(1)	8(2)	0.969
17	2000(3)	30(2)	80(1)	30(3)	0.2(1)	20(2)	10(3)	0.972
18	2000(3)	50(3)	100(2)	10(1)	0.4(2)	30(3)	5(1)	1.373
k_1	2.484	2.277	2.295	2.371	**2.195**	**2.068**	2.666	—
k_2	2.224	2.296	**2.141**	**2.151**	2.256	2.257	2.122	—
k_3	**2.058**	**2.193**	2.329	2.244	2.314	2.441	**1.978**	—
极差	0.426	0.104	0.188	0.220	0.119	0.374	0.688	—
等级	2	7	5	4	6	3	1	—

由正交实验结果表5-6可以看出，参数对GGSA性能的影响程度按降序排列依次为：t_{max}，T，L，α，G_0，τ，NP。为更好地分析，将各参数不同水平下的RV平均值用折线图表示，如图5-16所示。从图5-16中可观察到，参数t_{max}和T对GGSA性能影响的水平趋势相同：较大的迭代次数有利于GGSA进行更深入的搜索，较小的迭代次数可能导致搜索不到位，继而影响算法精度。参数L的变化趋势表明适当减小参数L有利于算法避免早熟收敛或收敛缓慢。参数G_0和α对GGSA性能的影响趋势也大致相同，它们对平衡算法的全局搜索和局部搜索有着重要意义，既不能太大也不能太小。参数τ和NP的极差较小，但也不能说对GGSA性能完全没有影响：参数τ的值要取得较小一些，如果τ的值太大，算法接受差解的概率太大，会导致算法在结束前不能找到足够好的解；而适当大的种群规模则对GGSA的多样性有利。基于以上分析，采用如下参数设置进行后续实验：t_{max}=10，T=2000，L=10，NP=50，G_0=100，α=20，τ=0.2。

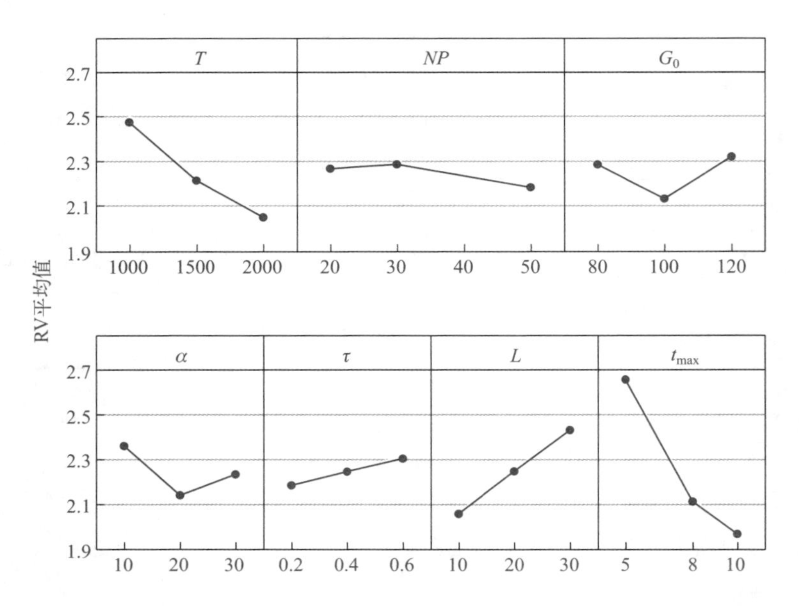

图5-16　GGSA算法参数对性能的影响趋势

值得注意的是，除DFWA-LS算法外，其他两种对比算法vIG和

IG_{eDC} 中均含有参数 τ，这两种算法中参数 τ 的设置与其文献中的讨论一致：τ=0.6。IG_{eDC} 算法采用 $FRB4_1^*$ 规则，其参数 $\lambda = 50\%n$，且破坏产品参数 d 取固定值 10。

（2）算法性能测试

目前研究 MNPFSP 的文献还非常少，尚无已知的最优解。参考文献 [12] 中分析比较 $F_m / prmu, no\text{-}idle / \sum C_j$ 问题的方法，将 DFWA-LS 算法、vIG 算法、IG_{eDC} 算法以及 GGSA 产生的解与 NEH 规则产生的解进行对比来分析测试结果（见表 5-7），为了避免测试的随机性带来的误差，每次不同的仿真都独立运行 10 次。结果以平均相对百分比偏差（Δ_{avg}）和标准偏差（Δ_{std}）给出，其公式如下：

$$\Delta_{avg} = \frac{1}{N}\sum_{i=1}^{N}\left(\frac{TFT_i(H) - NEH_i}{NEH_i}\right)\times 100\% \tag{5-45}$$

$$\Delta_{std} = \left\{\frac{1}{N-1}\sum_{i=1}^{N}\left[\left(TFT_i(H)/NEH_i - 1\right)\times 100 - \Delta_{avg}\right]^2\right\}^{\frac{1}{2}} \tag{5-46}$$

其中，N 表示规模相同的算例的数量；$TFT_i(H)$ 表示 H 算法求解算例 i 的 10 次运行结果的平均值；NEH_i 是 NEH 规则下算例 i 的解。显然，由于 NEH 求得的解的数值更大，因此 Δ_{avg} 的值为负，且越小算法性能越好。

从表 5-7 中可以看出，对比四种算法，它们的 Δ_{std} 在统计学上的差异不大，平均来看，DFWA-LS、vIG 和 IG_{eDC} 的 Δ_{std} 均值分别为 1.60、1.60 和 1.63，相对较小，算法求解性能更稳定；GGSA 的 Δ_{std} 均值为 1.66，虽然比起前三种算法稍逊一筹，但因其数值相差很小，可以将其算法的稳定性视为与前三种算法大致相同。从 Δ_{avg} 来看，DFWA-LS 和 vIG 的 Δ_{avg} 均值仅仅只有 −6.45 和 −6.64，算法精度不高；IG_{eDC} 的 Δ_{avg} 均值虽然降低到 −7.15，但仍与 GGSA 的 Δ_{avg} 均值 −7.31 有所差距。这说明 GGSA 所求得的总流水时间更小，求解精度高。综合来看，GGSA 算法可较好地应用于 MNPFSP，能在保证算法稳定性的情况下找到比 DFWA-LS、vIG 和 IG_{eDC} 算法更优的解。

表5-7 GGSA算法与其他各算法的比较结果

规模		DFWA-LS		vIG		IG_{eDC}		GGSA	
n	m	Δ_{avg}	Δ_{STD}	Δ_{avg}	Δ_{STD}	Δ_{avg}	Δ_{STD}	Δ_{avg}	Δ_{STD}
20	5	−6.00	1.80	−5.99	1.77	−6.08	1.81	**−6.09**	1.82
20	10	−7.95	2.34	−7.93	2.29	**−8.11**	2.39	−8.09	2.40
20	20	−4.97	1.27	−4.94	1.21	**−4.98**	1.23	−4.97	1.23
50	5	−7.81	1.98	−7.96	1.94	−8.66	2.05	**−9.04**	2.17
50	10	−6.35	1.79	−6.71	1.87	−7.43	1.82	**−7.61**	1.88
50	20	−6.18	1.08	−6.31	1.07	−6.97	1.06	**−7.08**	1.17
100	5	−7.33	1.94	−7.66	1.88	−8.52	1.79	**−9.04**	1.65
100	10	−6.45	1.53	−6.82	1.60	−7.56	1.70	**−7.65**	1.63
100	20	−5.05	0.65	−5.42	0.75	−6.01	0.82	**−6.19**	0.96
均值		−6.45	1.60	−6.64	1.60	−7.15	1.63	**−7.31**	1.66

此外，为更好地比较 IG_{eDC} 和 GGSA 在不同问题规模下的寻优精度，选择表 5-7 中不同规模算例的 Δ_{avg} 进行具体分析。对于问题规模较小的算例，两种算法求解精度几乎没有差别，在 20×10 和 20×20 的算例中，采用 IG_{eDC} 求解的 Δ_{avg} 值甚至以极其微小的差距优于 GGSA 的 Δ_{avg} 值，体现不出 GGSA 的优势。对于问题规模较大的算例，由于其解空间更大、更复杂，这时采用 IG_{eDC} 求解可能难以对整个解空间进行搜索，易早熟收敛，而利用 GGSA 求解可以达到在解空间探索的同时又能加强极值点邻域开发的效果，从而提高寻优精度。

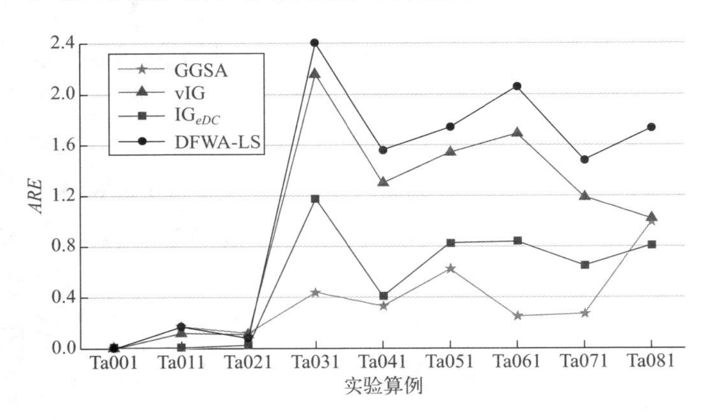

图 5-17 平均相对误差对比图

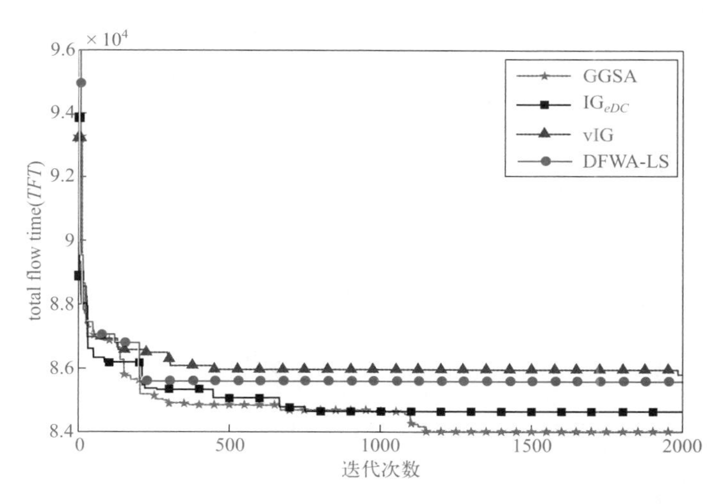

图 5-18　GGSA、IG_{eDC}、vIG 和 DFWA-LS 求解算例 Ta043 的收敛曲线

表 5-8 表示的是不同规模的 9 个算例分别在 10 次独立仿真下，四种算法所能找到的最优解 TFT^* 及其均值 $\overline{TFT}$，以及平均相对误差：$ARE=(\overline{TFT}-TFT^*)/TFT^*\times 100\%$。可以看出，对求解的 9 个算例，本节提出的 GGSA 算法的 ARE 值在绝大部分情况下都小于 DFWA-LS、vIG 和 IG_{eDC}。为了更直观地进行对比，作出平均相对误差的折线图，如图 5-17 所示，很明显，除了算例 Ta011、Ta021 和 Ta081 的最小 ARE 值是由 IG_{eDC} 算法获得，其他算例的最小 ARE 值都是由 GGSA 算法获得，其测试结果明显优于 DFWA-LS、vIG 和 IG_{eDC}，特别是在处理中、大规模的算例时，GGSA 的求解性能优势相对更为突出。

综合表 5-7 和表 5-8 可以得出：对于 Taillard 算例，GGSA 的求解要优于 DFWA-LS、vIG 和 IG_{eDC} 算法，且随着算例规模的增大，GGSA 的求解效果也越来越好，这充分说明了 GGSA 在求解 MNPFSP 上的有效性和优越性。

DFWA-LS、vIG、IG_{eDC} 和 GGSA 四种算法求解算例 Ta043 的迭代收敛曲线如图 5-18 所示，由比较结果可知，DFWA-LS 和 vIG 算法的求解效果较差、精度较低；而 IG_{eDC} 算法虽然收敛较快，但容易陷入局部最优；GGSA 算法由于在进化的后期引入了 vIG_RIS，能够在 GSA 找不到更优解时加大对极值点邻域的开发，提高其搜索精度，得到令人满意的解。

本节在 GSA 的基础上，引入了具有较强局部开发能力的 vIG_RIS 算法，

表5-8　平均相对误差的比较结果

算例	DFWA-LS			vIG			IG_{eDC}			GGSA		
	TFT^*	$\overline{TFT}$	ARE	TFT^*	$\overline{TFT}$	ARE	TFT^*	$\overline{TFT}$	ARE	TFT^*	$\overline{TFT}$	ARE
Ta001	14413	14413.0	**0.00**	14413	14413.4	0.00	14413	14413.0	**0.00**	14413	14413.0	**0.00**
Ta011	24372	24414.0	0.17	24372	24401.1	0.12	24372	24372.0	**0.00**	24372	24412.6	0.17
Ta021	36360	36388.9	0.08	36360	36400.8	0.11	36360	36367.4	**0.02**	36360	36405.4	0.12
Ta031	73692	74063.9	2.40	73459	73890.8	2.16	72956	73174.5	1.17	72327	72648.1	**0.44**
Ta041	93779	93973.0	1.56	93549	93737.0	1.30	92534	92906.4	0.40	92575	92839.9	**0.33**
Ta051	131221	131815.7	1.74	131174	131564.4	1.54	129863	130621.4	0.82	129564	130366.1	**0.62**
Ta061	266689	267498.6	2.06	265592	266521.0	1.69	263199	264277.2	0.83	262097	262753.0	**0.25**
Ta071	321834	322793.6	1.48	321373	321861.1	1.19	319464	320131.8	0.64	318089	318950.6	**0.27**
Ta081	411485	413288.1	1.73	407664	410418.7	1.02	406258	409521.7	**0.80**	407976	410283.6	0.99

设计了一种贪婪引力搜索算法（GGSA）求解 $F_m / mixed\ no\text{-}idle, prmu / \sum C_j$ 问题。为了将算法用于离散调度问题，在 GGSA 中，使用了基于 ROV 规则的编码方案。在算法初始化阶段，融入了 NEH 规则，以获得较好的初始解。为了进一步提高解的质量，采用了局部开发能力强的 vIG_RIS 算法对 GSA 进行改进，并在 vIG_RIS 中根据 SA 来选择是否接受劣解，以期望逃离局部极值。针对零空闲设备是第一台和中间随机一台的 MNPFSP，在 Taillard 基准问题上测试了本章提出的 GGSA 算法，利用正交设计实验对参数进行讨论，并通过与 DFWA-LS、vIG 和 IG_{eDC} 算法的比较，验证了 GGSA 在求解 MNPFSP 问题上的有效性和优越性。

5.3 基于教与学和分布估计混合算法的异速并行机 Flow Shop 调度问题[13]

5.3.1 异速并行机 Flow Shop 调度问题建模

（1）问题描述与符号定义

异速并行机 Flow Shop 调度问题其实是一种多阶段 Flow Shop 调度问题，各阶段包含有多台不相关并行机（异速并行机），因而也可以称为带异速并行机的混合 Flow Shop 调度问题（Hybrid Flowshop Scheduling Problem with Unrelated Parallel Machine，HFSPUPM）。该调度问题可以描述成：包含 n 个产品的待加工产品集 $J=\{1, 2, \cdots, n\}$ 需要经过 s 个阶段 $S=\{1, 2, \cdots, s\}$ 进行加工处理，每个阶段 k 包含有 $MS[k]$（$k=1, 2, \cdots, s$）台异速并行机（Unrelated Parallel Machine，UPM）。这些异速并行机设备都在 0 时刻准备进行加工。每个阶段的所有异速并行机都能完成产品在该阶段的加工任务，但是每个设备处理时间不一样。HFSPUPM 作为混合 Flow Shop 调度问题，区别于传统 Flow Shop 调度问题，该问题多阶段加工中至少有一个阶段包含不止一台异速并行机。所有产品都必须经过所有阶段并在其中的一台异速并行机进行加工才能成为最终产品。一台设备在同一时间最多只能加工一个产品，任一产品在同一时间也仅仅能够被一台设备进行加工。本节研究的带异速并行机的混合 Flow Shop 调度问题的优化目标是确定每个阶段每台异速并行机上产品的加工处理序列使 *makespan*（$C_{\max}$）最小。

从问题结构的角度来看，带异速并行机的混合 Flow Shop 调度问题可以看成是混合 Flow Shop 调度问题和各阶段多台异速并行机调度问题的组合，基本结构图如图 5-19 所示。这种组合后的复杂的调度问题具有更广泛的柔性生产空间，能够更大程度地反映存在于化工、石油、食品、烟草、纺织、造纸、医药等行业的实际制造环境中的各种复杂生产过程需要。在后续研究中，通过分析该问题的特性，将给出一种带异速并行机的混合 Flow Shop 调度问题的数学模型，根据模型就能求解调度方案对应的最大完工时间（*makespan*, $C_{\max}$）。

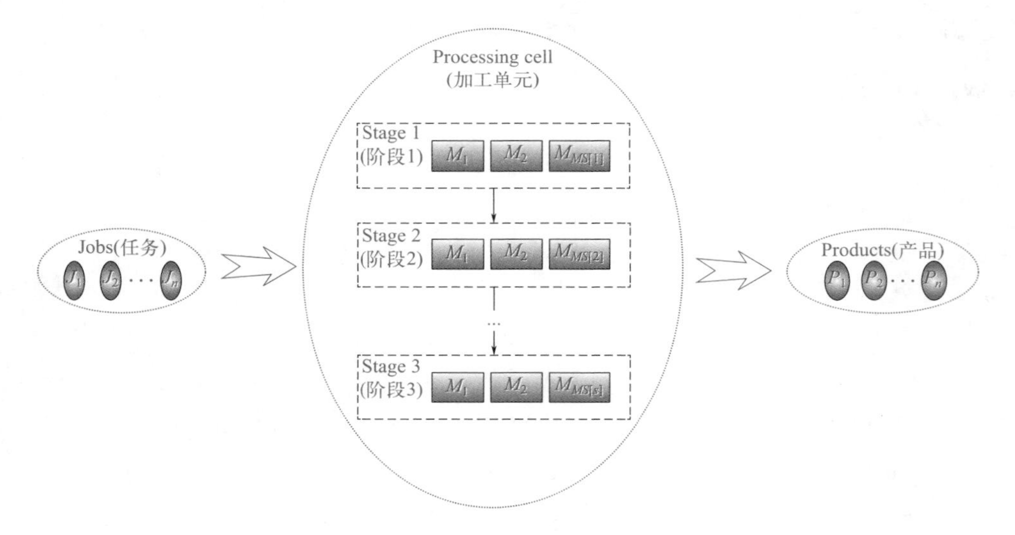

图 5-19　带异速并行机的混合 Flow Shop 调度问题结构图

为了更好地反映调度问题的主要特征并实现有效求解，对带异速并行机的混合 Flow Shop 调度问题进行如下假设：

① 混合 Flow Shop 调度问题包含的加工阶段大于 2 个；

② 混合 Flow Shop 调度问题至少有一个阶段有多台设备参与加工；

③ 混合 Flow Shop 调度问题各阶段内设备为异速并行机（UPM）；

④ 每一个产品按照相同的顺序依次经过各个阶段进行加工处理；

⑤ 各阶段的所有异速并行机都在 0 时刻准备好进行加工；

⑥ 所有产品的准备时间都包含在加工时间内；

⑦ 任何产品在加工过程中都不会被中断，并且只有在前一阶段的任一异速并行机上完成加工后才能进行后一阶段加工；

⑧ 任何异速并行机在同一时间仅能够加工一个产品；任一产品在同一时间仅能够在一台设备上被加工；

⑨ 任一设备都必须按次序依次对产品进行加工；

⑩ 抢占、批量加工处理和加压在加工过程中都不被允许。

此外，本节所研究的带异速并行机的混合 Flow Shop 调度问题将采用如下符号进行描述：

i，j，k 通常作为表示产品、设备等的循环变量；

n　　产品编号；

N　　所有产品的总数；

m　　异速并行机的编号；

S　　带异速并行机的混合 Flow Shop 调度问题的总阶段数；

MS（k）表示第 k 个加工阶段所包含的异速并行机的总数；

π　　包含产品加工序列信息和设备分配信息的调度解，带异速并行机的混合 Flow Shop 调度问题特征通过标志符号位分割设计的解编码结构；

$Ts_{i,j}$　　表示产品 i 在阶段 j 的加工开始时间；

$Te_{i,j}$　　表示产品 i 在阶段 j 的加工结束时间；

$T_{i,j,k}$　　表示在加工阶段 k 产品 i 在第 j 台异速并行机上所需的加工处理时间；

$C_{\max}$　　调度优化目标，最大完工时间 *makespan*；

$C_{i,S}$　　表示在最后一个加工阶段 S 的产品 i 的加工完成时间，也就是产品 i 经过所有阶段加工后成为最终产品的时间；

PS_{∂}　　用于描述每台异速并行机设备上进行加工处理的第一个产品；

∂　　表示第一个加工阶段的每台异速并行机设备编号。

（2）异速并行机 Flow Shop 调度模型

混合 Flow Shop 调度问题因为包含有生产柔性信息而成为复杂调度问

题中的研究热点。许多学者对混合 Flow Shop 调度问题进行了深入的研究并已经取得了一定成果。但这些研究中更多地关注于各阶段为完全一致同速并行机的混合 Flow Shop 调度问题，而对于更接近实际的各阶段为不相关异速并行机的混合 Flow Shop 调度问题仍有很多值得探索的地方。后续将聚焦带异速并行机的混合 Flow Shop 调度问题进行探索优化。

基于前述假设和符号说明，带异速并行机的混合 Flow Shop 调度问题的数学模型如下所示：

$$\text{Minimize } C_{\max}(\pi)=\max_{i=1,2,\cdots,n}\{C_{i,S}\} \tag{5-47}$$

第一加工阶段各异速并行机上产品起始及特殊产品起始加工时间：

$$Ts_{\pi(1,1),1}=0 \tag{5-48}$$

$$Ts_{\pi(i,1),1}=0, i=PS_{\partial}(\text{每台异速并行机起始特殊产品}) \tag{5-49}$$

$$\partial=2,3,\cdots,MS(k), k=1\text{ 是第一个加工阶段} \tag{5-50}$$

后续产品加工约束限制：

$$C_{i,k}=Te_{i,k} \tag{5-51}$$

$$Ts_{i,k}\geqslant Te_{i,k-1} \tag{5-52}$$

$$Ts_{\pi(i,k),k}\geqslant Te_{\pi(i-1,k),k} \tag{5-53}$$

$$Te_{i,k}=Ts_{i,k}+T_{i,j,k} \tag{5-54}$$

$$i=1,2,\cdots,n; j=1,2,\cdots,MS(k); k=1,2,\cdots,S$$

其中，π 表示调度解。$MS(k)$、$Ts_{i,j,k}$、$Te_{i,j,k}$ 和 $T_{i,j,k}$ 如前所述分别表示各阶段异速并行机数量、加工起始时间、加工结束时间和加工处理时间。该调度模型的优化目标为求取一个调度解 π 使其对应的 *makespan* 值最小。

式(5-47)描述了调度问题的优化目标，即最小化 *makespan*。式(5-48)～式(5-50)描述了第一个加工阶段中各台异速并行机上特殊处理信息。式(5-51)～式(5-54)给出了在各种产品加工时间的约束下，根据加工次序依次求解调度问题目标值 $C_{\max}(\pi)$ 的方法。也就是说，先确定第一阶段中各产品的加工时间点，然后根据约束递推到第二阶段，依次求解后续阶段直到对最后一个阶段完成求解最终实现带异速并行机的混合 Flow Shop 调度问题的 *makespan* 值求解。

$$T_{i,j,1}=\begin{bmatrix}2&9&5\\10&1&10\\1&4&2\\8&3&3\\9&9&2\end{bmatrix}\quad T_{i,j,2}=\begin{bmatrix}2&9\\9&7\\6&4\\6&6\\2&5\end{bmatrix}\quad T_{i,j,3}=\begin{bmatrix}1&5&5\\3&1&4\\2&10&10\\2&10&4\\3&5&2\end{bmatrix}$$

图 5-20　包含 5 个产品 3 个阶段的加工处理时间矩阵示例

为了更好地描述带异速并行机的调度问题并与上述数学模型进行结合，这里给出了一个示例进行说明，其包含了各阶段加工处理时间信息矩阵。图 5-20 给出了一个示例调度问题具体加工处理时间矩阵信息，该例子是一个包含 5 个产品和 3 个阶段的带异速并行机的混合 Flow Shop 调度问题。从给出的加工处理时间矩阵信息可以看出：该调度示例在第 1 阶段包含 3 台异速并行机，在第 2 阶段包含 2 台异速并行机，在第 3 阶段包含 3 台异速并行机。

5.3.2　基本教与学优化算法

人类的行为活动经过数千年的进化经历了深度优化的过程，一些行为例如知识的传播过程也是一种优化过程。学者 Rao 等人 [14] 受此启发，以人类文明传播过程中积累的知识传播教授经验为基础设计了教与学优化（Teaching Learning Based Optimization, TLBO）算法进行优化设计，需要考虑优化问题的目标函数、进行迭代搜索的可行区域和搜索迭代的方式。如何获取问题空间的可行解区域，并在部分可行解的基础上快速地向最优解迭代优化是优化算法应解决的核心问题。TLBO 就是基于教师教学、学生学习的过程提出的智能优化算法，能够有效地以较小的计算量并且较优的鲁棒性实现对一系列连续非线性函数的全局搜索优化。简单来说，TLBO 算法就是基于教师对课堂学习者传授知识的效果。在这个算法里面，传授过程通过求解结果或者分数进行评价。教师一般被认为是与学生分享其知识的已经具有高学历的人士。教师的素质直接影响跟随其的学生的学习效果，很明显，一位优秀的教师能够有效地训练一群学生，使他们能够获得更好的成绩。

以模拟教师对课堂学生教学过程影响为主要思想的教与学优化算法，更多考虑人类学习过程，将 TLBO 算法的两个核心操作设置为教师教学阶段和学生学习阶段。在算法迭代过程的第一个阶段被称为教师教学阶段，教师在该阶段将自身的优秀知识信息更大程度地传授给学生，越是优秀的教师（优秀解个体），其学生（其他解个体）能更大概率地获取到更多的知识信息。然而，在教学实践过程中，教师能够在该阶段向学生们成功传授知识的概率遵循高斯分布，也就是说只有非常罕见的学生能够完全透彻地理解教师的所有知识体系（即高斯分布右侧优秀个体信息）；绝大多数的学生能够接受并理解教师传授的部分知识信息（即最为广泛的高斯分布中间部分）；在某些极端情况下，教师的知识并不能给某些学生带来什么帮助（即高斯分布的最左端）。同时，绝大多数的学生也都或多或少地拥有一定的获取新知识的可能性，尤其是在第二阶段，即学生学习阶段，学生也会在跟周边学生的交流过程中巩固学到的知识甚至学习到新的知识。所以总的来说，有多少知识能够传递给学生不仅仅在于教师的教学过程，学生间的相互交流互助同样会实现知识的更有效的迭代更新。

教师教学阶段和学生学习阶段是 TLBO 算法的两个主要部分。在教师教学阶段，扮演教师角色的是种群中适应度值最优的个体（$x_{teacher}$）。在该阶段中，TLBO 算法在考虑种群平均个体（x_{mean}）位置的基础上将其他个体（x_i）向着教师个体 $x_{teacher}$ 的位置方向进行搜索改进。这个过程通过构建解空间，平均个体质量向着更优适应度值进行移动，从而实现当前种群所有学生个体的平均优劣质量得到一定改善。式 (5-55) 描述了学生个体如何受教师传授知识影响进行个体的改进过程。考虑到知识传递的随机性和遗忘曲线，公式中同样存在两个随机参数进行相应描述：学习因子是一个介于 0 到 1 之间的随机数 $rand()$；T_F 表示一个强调学生个体学习兴趣强弱质量的教学因子，通常情况下设为 1 或 2。

$$x_{new} = x_{old} + rand()(x_{teacher} - T_F x_{mean}) \tag{5-55}$$

$$x_{new} = x_i + r_i(x_j - x_i) \tag{5-56}$$

$$x_{new} = x_i + r_i(x_i - x_j) \tag{5-57}$$

在学生学习阶段，学生个体（x_i）通过随机选择另一个学生个体（x_j）进行学习并帮助其改进完善个体知识信息，所以用以区分个体的下标 i 不等于 j。如果 x_j 比 x_i 拥有更好的知识信息其适应度值更高，则学生个体 x_i 向 x_j 移动 [如式 (5-56) 所示]。反之则学生个体 x_i 会远离 x_j[如式 (5-57)

所示]。如果经过式 (5-56) 或式 (5-57) 产生的新学生个体 x_{new} 比原先的个体更优秀，则其会被作为新个体代替原先个体存在于种群中。整个算法将一直持续迭代直到到达终止条件或最大迭代次数。

作为一种新颖的、简单可靠的智能优化算法，TLBO 算法自提出之后就开始被用于求解一系列工程优化问题，求解结果也表明其相较于一些启发式算法具有更好的优化性能。事实上，许多复杂的优化问题都可以在一定程度上视为现实世界问题的缩影。经过一系列探索研究，TLBO 算法已经在不同工程领域中的许多无约束和强约束受限的问题中进行了实验求解，尤其是在电力、能源分配、制造业经济优化等领域取得了不俗表现。TLBO 算法实现的结构如图 5-21 所示。

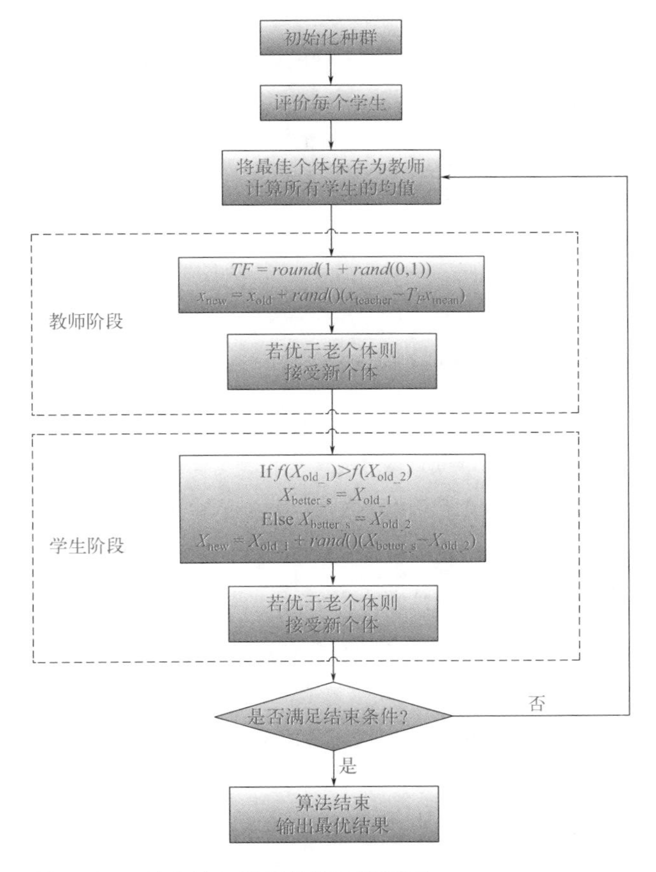

图 5-21　基本教与学优化算法流程图

5.3.3 求解异速并行机 Flow Shop 调度的教与学和分布估计混合算法

分布估计算法[15]（Estimation of Distribution Algorithm，EDA）的核心操作就是构建概率矩阵，通过采样得到种群个体解。也就是说 EDA 在解决优化问题时，通过概率矩阵实现对问题解空间描述，通过种群中优秀个体信息带动种群进化实现对问题的优化求解。因而 EDA 更多地偏重于全局搜索效果，通过设计不同的概率种群抽样方法，EDA 可以依据所优化问题特点按照不同的优化方案进行实施。为了种群能够更好地向着有更富资源的搜索空间移动，概率矩阵的信息就需要根据种群中优秀个体信息进行合适的迭代更新，也正是通过这种不断的迭代优化过程，EDA 才能够求解到所优化问题的满意解，这也反映了 EDA 更容易在解空间全局范围内找寻更有利区域。新近提出的教与学优化算法（TLBO）在解决一些非线性规划和工程设计优化问题时表现出不俗的潜力，可以考虑将其引入到 EDA 中进行复杂组合优化类问题的求解。因此，本节在带异速并行机的混合 Flow Shop 调度问题（HFSPUPM）模型的基础上，提出了一种在 EDA 中引入 TLBO 技术的混合算法（Hybrid Estimation of Distribution Algorithm, H-EDA）对该调度问题的 *makespan* 进行高效优化。根据所研究调度问题特点，H-EDA 中有一系列针对问题的结构设计的操作。

（1）解的编解码方式

基本 EDA 算法和 TLBO 算法都是用于连续函数优化求解，采用实数编码方式，主要解决多维函数连续优化问题，并不适合离散调度问题的求解。带异速并行机的混合 Flow Shop 调度问题结构复杂，直接采用实数编码方式很难进行良好的表达，必然也会在算法迭代过程中出现大量非法解的情况，因此消耗于解的合法化操作上的时间代价得不偿失。为此，我们针对带异速并行机的混合 Flow Shop 调度问题的结构特点进行了全新的编码方式设计。

为了将带异速并行机的混合 Flow Shop 调度问题的可行调度解编码为一个实际可行的调度时间表，我们按照产品加工优先次序序列将其排列到各个加工阶段的异速并行机上。为了能够有效地进行异速并行机和加工阶段的区别，我们使用了一系列的 0，−1 作为分割标识符。其中 0 主要用来作为同一个加工阶段内异速并行机的唯一分割标识符；−1 用来作为每个加工阶段结束的分割标识符。图 5-22 给出了一个包含 5 个加工产品需经过 3 个加工阶段进行加工的调度解编码结构。图中，−1 标识符分割整个生产加工过程为 3 个加工阶段；0 标识符显示第一个加工阶段有 3 台异速并行机，第二个加工阶段仅有 1 台设备，第三个加工阶段包含 2 台异速并行机。显而易见，使用 0，−1 作为分割标识符清晰地表述了加工过程，并进行产品在加工设备上的分配。产品加工处理次序如分隔符前后顺序所示。在图 5-22 中，J_1 在第一个加工阶段的第 1 台异速并行机上加工；J_5，J_2 在第一个加工阶段的第 2 台异速并行机上依次加工；J_4，J_3 在第一个加工阶段的第 3 台异速并行机上依次加工，遇到加工结束标识符 −1 表示第一个加工阶段结束。紧接着第二个加工阶段中仅有的 1 台设备按 J_3，J_5，J_2，J_1，J_4 次序进行加工。在最后第三个加工阶段中，第 1 台异速并行机按 J_2，J_5 次序进行加工，第 2 台异速并行机按 J_1，J_3，J_4 次序进行加工。经简要分析，这种全新的调度解编码方式能够全面覆盖带异速并行机的混合 Flow Shop 调度问题的独特解空间。

$$\pi = [J_1\ \ 0\ \ \ J_5\ \ J_2\ \ 0\ \ \ J_4\ \ J_3\ \ -1,\ \ J_3\ \ J_5\ \ J_2\ \ J_1\ \ J_4\ \ -1\ \ \ -1\ \ \ -1,\ \ J_2\ \ J_5\ \ 0\ \ \ J_1\ \ J_3\ \ J_4\ \ -1\ \ -1]$$

图 5-22 H-EDA 中的解个体编码结构

（2）种群初始化和构建概率模型

为了保证起始阶段种群的个体能够均匀地分散在带异速并行机的混合 Flow Shop 调度问题的解空间，初始化阶段对个体采用最简单的随机初始化方法。为了进一步使初始化种群中部分个体能够具有较优的适应度值，种群中几个个体根据产品在各个加工阶段中所需加工处理时间最短的异速并行机进行分配而构建。这部分特殊构建个体的数目通过参数 *N_sp* 进行记录。通常情况下参数 *N_sp* 设置为 1、2 或 3。这些个体因为更多地利用了调度问题加工时间矩阵的知识信息，所以是该调度问题相对较优的个体，在种群具有更好的表现，可以帮助种群加速迭代收敛。

概率矩阵作为混合算法 H-EDA 的一部分，是描述搜索空间解个体分布的重要部分。通常情况下概率矩阵模型是通过种群较优秀个体的信息特征进行构建，然后，EDA 通过对概率矩阵模型采样来产生种群新的个体解。因此，合适描述调度问题结构的概率矩阵模型和采样策略会对 H-EDA 求解调度问题的性能产生至关重要的影响。结合带异速并行机的混合 Flow Shop 调度问题的结构特点，我们为每个加工阶段设计独立的概率矩阵，并把第 s 个加工阶段的概率矩阵记为 $\boldsymbol{P}_s$（s=1, 2, …, S）。本节研究的优化目标为调度问题的 *makespan* 最小化，这是根据个体解的调度方案而求得，与产品各阶段加工序列紧密相关。概率矩阵 $\boldsymbol{P}_s$ 与第 s 个加工阶段的产品加工优先序列相关联：

$$\boldsymbol{P}_s=\begin{bmatrix} p_{11}(l) & p_{12}(l) & \cdots & p_{1n}(l) \\ p_{21}(l) & p_{22}(l) & \cdots & p_{2n}(l) \\ \vdots & \vdots & & \vdots \\ p_{n1}(l) & p_{n2}(l) & \cdots & p_{nn}(l) \end{bmatrix} \tag{5-58}$$

其中，概率矩阵 $\boldsymbol{P}_s$ 中的元素 $p_{ij}(l)$ 表示在经过第 l 次迭代后，第 s 个加工阶段第 j 个产品出现在产品优先级序列中不晚于第 i 个位置（包含第 i 个位置）的概率。可见，$p_{ij}(l)$ 的值在一定程度上反映了一个调度解中的产品的重要性程度。

本节提出的混合算法 H-EDA 的初始化阶段中，概率矩阵中的所有元素 p_{ij} 被初始化为 $p_{ij}(0)=1/n$（对于任意 i 和 j）。也就是说在初始阶段所有产品具有相同的优先重要程度，这样个体就是均匀散布在解空间中的。采样过程通过随机生成 0 与 1 之间的数字并与概率矩阵中的元素进行对比来确定产品在各个阶段的加工序列。通过将标识符 0 根据各阶段异速并行机的数目随机插入到产品加工序列，并在每个阶段结束补充标识符 −1。经过实验研究，概率矩阵也可以适当地跟产品加工矩阵以及调度问题的知识信息相关联。

（3）基于教与学优化策略的种群更新机制

教与学优化（TLBO）算法模仿了教师课堂上传授知识给学生的过程，整个算法包含教师教学阶段和学生学习阶段两个最核心操作。我们将结合带异速并行机的混合 Flow Shop 调度问题特征，通过该算法设计混合策略优化种群解个体。

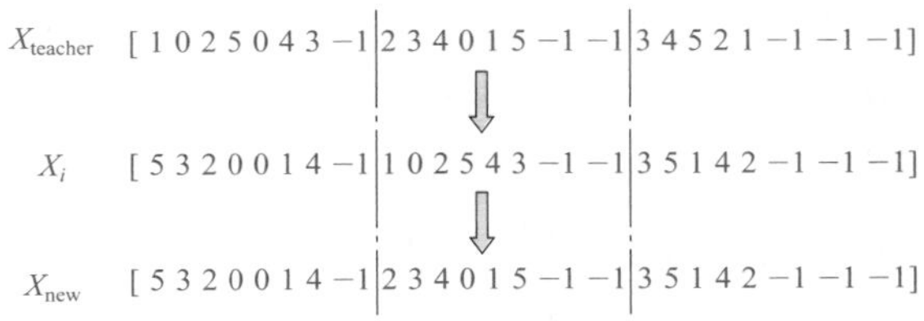

$X_{teacher}$ [1 0 2 5 0 4 3 −1 | 2 3 4 0 1 5 −1 −1 | 3 4 5 2 1 −1 −1 −1]

X_i [5 3 2 0 0 1 4 −1 | 1 0 2 5 4 3 −1 −1 | 3 5 1 4 2 −1 −1 −1]

X_{new} [5 3 2 0 0 1 4 −1 | 2 3 4 0 1 5 −1 −1 | 3 5 1 4 2 −1 −1 −1]

图 5-23　教师教学阶段产生新解 X_{new} 示意图

在教师教学阶段，我们选取种群中最优个体为教师角色（$X_{teacher}$）。每个学生个体 X_i 自身随机选取的加工阶段的序列信息从作为教师包含更多知识的 $X_{teacher}$ 中的相同加工阶段来获取知识。通过对应阶段的加工信息就能产生一个新的学生个体 X_{new}。X_{new} 具体产生步骤如图 5-23 所示。对比所产生新的学生个体 X_{new} 的目标函数值 *makespan* 与原始学生个体 X_i 的 *makespan*，如果 X_{new} 的 *makespan* 值更小，说明经过学习新个体 X_{new} 更好，并用其替换原始学生个体 X_i，保留在种群中。反之，则说明新个体 X_{new} 学到了错误的知识，保持原始学生个体 X_i 在种群中不改变。总体来看，这个阶段就是教师个体（$X_{teacher}$）对整个种群分享部分优秀知识引导优化。

在学生学习阶段，每一个个体作为学生（$X_{student}$）从种群中其他个体处获取知识优化自身的知识结构。为了提高 H-EDA 的搜索效率，我们优化学生学习阶段从周边其他学生个体获取知识的情况，强化了相互学习与自学。在该阶段，我们随机选取另一个学生个体（X_i）的一个阶段知识信息来替换掉自身（$X_{student}$）相同阶段的知识信息，并保留 $X_{student}$ 其他阶段的知识产生新的学生个体 X_{new}。这个阶段产生 X_{new} 的过程如图 5-24 所示。如果新产生的学生个体 X_{new} 比 $X_{student}$ 具有更低的 *makespan*

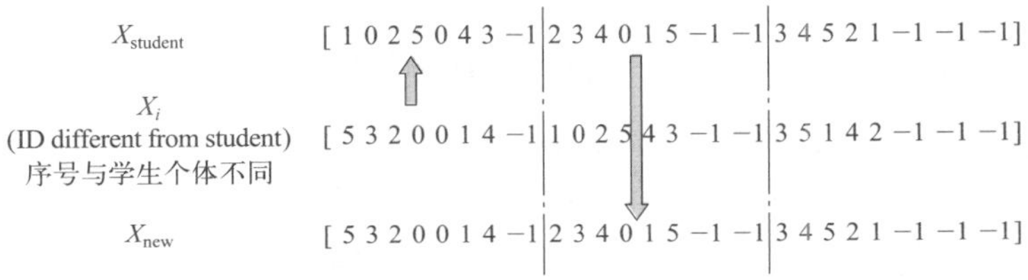

$X_{student}$ [1 0 2 5 0 4 3 −1 | 2 3 4 0 1 5 −1 −1 | 3 4 5 2 1 −1 −1 −1]

X_i
(ID different from student)
序号与学生个体不同
[5 3 2 0 0 1 4 −1 | 1 0 2 5 4 3 −1 −1 | 3 5 1 4 2 −1 −1 −1]

X_{new} [5 3 2 0 0 1 4 −1 | 2 3 4 0 1 5 −1 −1 | 3 4 5 2 1 −1 −1 −1]

图 5-24　学生学习阶段产生新解 X_{new} 示意图

值，则毫无疑问地用 X_{new} 在种群中替换 $X_{student}$。否则，我们根据种群多样性和迭代的次数用一定概率 X_{new} 替换 $X_{student}$。

（4）局部搜索和迭代更新机制

为了进一步加快混合算法的收敛速度，基于所研究的带异速并行机的混合 Flow Shop 调度解的编码结构设计了一种局部搜索策略。该局部搜索的主要思想是对加工阶段逐次调整其中的产品加工次序和异速并行机的产品分配情况，从而找到调度解个体邻域结构内具有更优 *makespan* 值的产品加工优先方案。局部搜索的伪代码如图 5-25 所示。

```
Local Search Strategy (Xi)
 Begin
   for(stage k = 1 to S)
// Job phase
        for( job i = 1 to N)
         if changing the job i to new position improve Xi
         {
            record new Xi’
            replace the Xi with Xi’
            }
       end
// Machine phase
       for( machine j = 1 to MS(k))
         if changing the machine j to new position improve
Xi
         {
            record new Xi’
            replace the Xi with Xi’
            }
       end
     end

     if (Cmax(Xi’ ) <Cmax(Xbest))
     {
       Xbest = Xi’ ;
     }
End
```

图 5-25　局部搜索程序伪代码

经过了前面的一系列操作，种群中的个体得到了更新。这时，我们需要使用更新后具有更优 *makespan* 值的个体的知识信息来对概率矩阵 $\boldsymbol{P}_s$ 进行更新。式 (5-59) 和式 (5-60) 描述概率矩阵 $\boldsymbol{P}_s$ 的更新步骤。根据迭代后较优秀个体的知识信息，概率矩阵整体上向着包含着更多优秀解（更优 *makespan*）的搜索空间移动。

$$p_{ij}(l+1)=(1-\alpha)p_{ij}(l)+\frac{\alpha}{iN_{\text{better}}}\sum_{a=1}^{N_{\text{better}}}I_{ij}^{a} \tag{5-59}$$

$$I_{ij}=\begin{cases}1, 当工件 j 出现在不晚于位置 i 时\\0, 否则\end{cases} \tag{5-60}$$

其中，$\alpha\in(0,1)$ 表示概率矩阵更新过程的学习速率；I_{ij} 描述了第 j 个产品是否在加工优先级序列中处于不晚于第 i 个位置。

通过对概率矩阵的更新将其调整到具有更高适应度值的更有效的搜索区域。这个更新机制就能不断根据每一代种群特性更新概率矩阵。此外概率矩阵作为采样产生新解的重要来源，也将在算法迭代过程中不断产生新个体。

（5）概率矩阵重建与种群多样性保持

绝大多数的智能优化算法都存在大量迭代计算后陷于局部最小值的问题，在迭代过程中跳出逃离局部最小值是 H-EDA 的一大挑战，而种群多样性作为算法的一个重要指标往往和算法陷入局部最小值相关联。在 H-EDA 连续进行每 20 次迭代期间，连续 3 次计算最优个体和最差个体之间的适应度差值，如果发现这个差值足够小并且没有变化，则认为 H-EDA 的种群多样性在迭代过程中遭到了一定破坏。为了进一步扩大搜索范围，在保存了最优个体信息后对种群进行初始化，取代种群重置机制，将概率矩阵初始化并通过对其采样来丰富种群的新个体，这样既保留了迭代过程中积累的最优秀解信息，又使种群多样性具有更大的鲁棒性。

（6）算法总流程

混合算法 H-EDA 的简要实施步骤如下所述。

步骤 1：设置 H-EDA 的参数并将种群初始化，将迭代次数置为 1。

步骤 2：更新迭代计数器，对种群每个个体顺次执行教与学优化策略。

步骤 3：更新概率矩阵并通过概率矩阵对种群进行更新。

步骤 4：校验条件是否满足。当 H-EDA 的终止条件满足时，结束程序并输出最优调度解方案。否则，跳转至步骤 2。

混合算法 H-EDA 的具体算法流程图如图 5-26 所示。经过 H-EDA 的迭代计算，带异速并行机的混合 Flow Shop 调度问题的最优调度解将会在算法终止时获取。

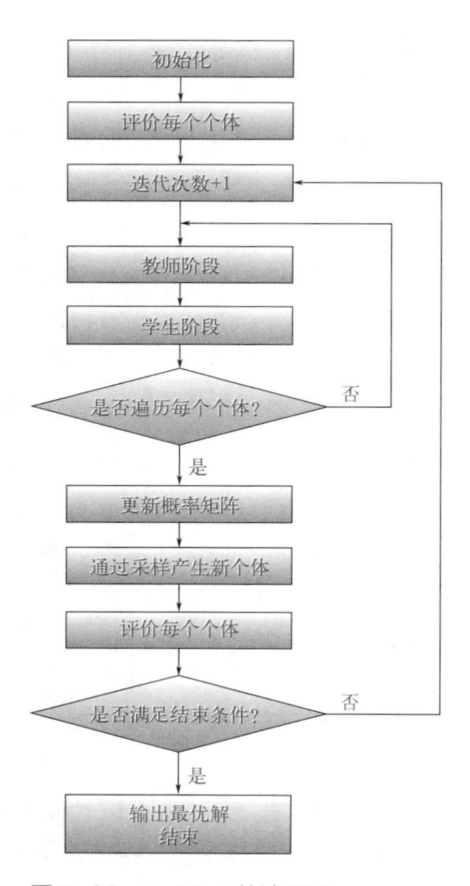

图 5-26 H-EDA 的流程图

5.3.4 仿真研究

本节通过计算仿真实验对比所提出的混合算法 H-EDA 和其他算法在求解带异速并行机的混合 Flow Shop 调度问题的效果。基于著名学者 Liao 提出的算例集[16]，结合本解所研究带异速并行机的混合 Flow Shop 调度问题的结构特点以相同分布特性扩充算例所需加工时间矩阵等信息。新生成的算例信息最大程度保留 Liao 算例的加工时间矩阵特性。最终通过仿真实验结果来验证所提出的 H-EDA 在求解带异速并行机的混合 Flow Shop 调度问题的效果。

本节所进行的仿真实验都在 CPU 为 Intel(R) Core(TM) i7-2600（主

频 3.40GHz）和可获取内存为 2.85GB 的工作站上进行。提出的 H-EDA 在 Windows 7 32 位操作系统平台下使用 Visual Studio 2012 集成开发环境采用 C++ 编写完成。所进行的对比仿真实验采用同样平台以保证对比结果公平性。

（1）仿真算例生成

虽然对混合 Flow Shop 调度问题已经有了一些研究成果，但主要集中在各个加工阶段都是一致并行机（同速并行机，所有同一阶段的并行机对所有产品的加工处理速度一样）的情况，当各加工阶段为不相关并行机（异速并行机）时研究较少。因而，各加工阶段为不相关并行机的混合 Flow Shop 调度问题的标准算例基本上没有。为了能够更好地测试本节所提出混合算法 H-EDA 求解带异速并行机的混合 Flow Shop 调度问题的效果，在现有具有类似结构的经典混合 Flow Shop 调度问题的标准算例基础上进行适当拓展。结合现有基准算例特征采用相同分布随机生成方式，生成了用于进一步分析和研究带异速并行机的混合 Flow Shop 调度问题的算例。新生成的算例具有与原始算例相同分布的特征并能够满足后续的一系列分析需求。

在过去几年里，Liao 等人[16]在研究混合 Flow Shop 调度过程中生成了一些更加复杂的算例。在他们生成的更加复杂标准算例中，产品数目从 15 提升到了 30，总加工阶段数目都为 5 级串联结构，并且在每个加工阶段中设备数从原先常用的 2 或 3 增加为均匀分布在 $U(3,5)$ 的随机数。同时处理时间也更加复杂化，分布从原来的 $U(3,20)$ 扩展到了更大范围的 $U(1,100)$。基于 Liao 更新后的基准算例集，许多学者设计了一系列智能优化算法来对混合 Flow Shop 调度问题进行深入的研究，这个过程也致使 Liao 基准算例集被广泛熟知和认可[17]。考虑本节研究带异速并行机的混合 Flow Shop 调度问题结构特点，我们对 Liao 基准算例集适当扩充，在保留 Liao 基准算例集主要分布特点的情况下生成适用于本节所研究调度问题的算例。采用与 Liao 算例各个加工阶段同样并行机数目的前提下，生成的带异速并行机的混合 Flow Shop 调度问题算例对产品在加工阶段的不相关并行机上的加工时间矩阵信息进行了丰富扩充。新生成算例集的各基准因素和对应水平详细地列于表 5-9 中。后续研究将通过对这些算例的仿真实验来验证所提出混合算法 H-EDA 求解带异速并行机的混合 Flow Shop 调度问题的有效性。

表5-9　生成算例集的因素和对应水平特征

因素	水平
产品数	30
总加工阶段数	5
各加工阶段的不相关并行机数	$U(3,5)$
每台设备的加工处理时间	$U(1,100)$

（2）H-EDA 参数设置

通过简单的实验仿真，我们发现所提出混合算法 H-EDA 的参数设置对求解带异速并行机的混合 Flow Shop 调度问题的 *makespan* 的结果存在影响。为了能够设置更好的参数，通过对基准算例进行一系列实验来调整 H-EDA 的参数设置。为了更加科学地对 H-EDA 中的 5 个主要参数进行分析调整，仿真实验参照正交实验设计方法中的方式进行。表 5-10 展示了这 5 个主要算法参数和每个参数的 3 种具体水平。从表中可以看出 5 个主要参数分别为：表示种群规模的 Pop_{size}；表示较优的特殊个体数量的 N_{sp}；表示学生个体能够有机会接受次优解 x_{new} 的概率 $p_{student}$；表示概率矩阵的更新学习速率 α；表示 H-EDA 的最大迭代次数的 *max generation*。根据表 5-10 中这 5 个参数 3 种独立的水平进行实验，我们需要进行 $3^5=243$ 组参数组合实验。参数调整实验中将每组参数组合对标准算例“Thj30c5e1”独立运行 20 次，并通过对计算结果的相对百分比偏差（Relative Percentage Deviation，RPD）进行评估反映各个参数的不同水平趋势。作为分析求解效果的有效方式，相对百分比偏差计算方法如式 (5-61) 所示：

$$RPD=\frac{C_{avg}-C_{max}^{*}}{C_{max}^{*}}\times 100\% \tag{5-61}$$

其中，C_{avg} 表示对应算法对带异速并行机的混合 Flow Shop 调度问题的算例求得的平均 *makespan* 值；C_{max}^{*} 表示经过计算所有方法对带异速并行机的混合Flow Shop调度问题求得的最优 *makespan* 值。显而易见，当 RPD 的值越小，意味着对应算法对带异速并行机的混合 Flow Shop 调度问题的求解效果越好。

表5-10　进行参数设置实验的因素和水平

因素	水平 1	水平 2	水平 3
Pop_{size}	10	20	30
N_{sp}	1	2	3
$p_{student}$	0.02	0.06	0.10
α	0.2	0.3	0.4
max generation	50	100	150

图 5-27 表达了各个参数不同水平的 RPD 趋势，这其实也是调度解 *makespan* 值的一种趋势映射。通过图 5-27 显示出的变化趋势，可以更加清晰地看出每个参数对 H-EDA 求解带异速并行机的混合 Flow Shop 调度问题的效果的影响。当某些参数在有限的范围内对 H-EDA 的求解效果改善不大的情况下，我们会适当考虑选择减少计算时间消耗等参数，例如 Pop_{size} 和 *max generation*。通过对趋势图 5-27 分析，对所提出混合算法 H-EDA 的主要参数进行如下设置：$Pop_{size}=10$，$N_{sp}=2$，$p_{student}=0.1$，$\alpha=0.3$，$max\ generation=100$。

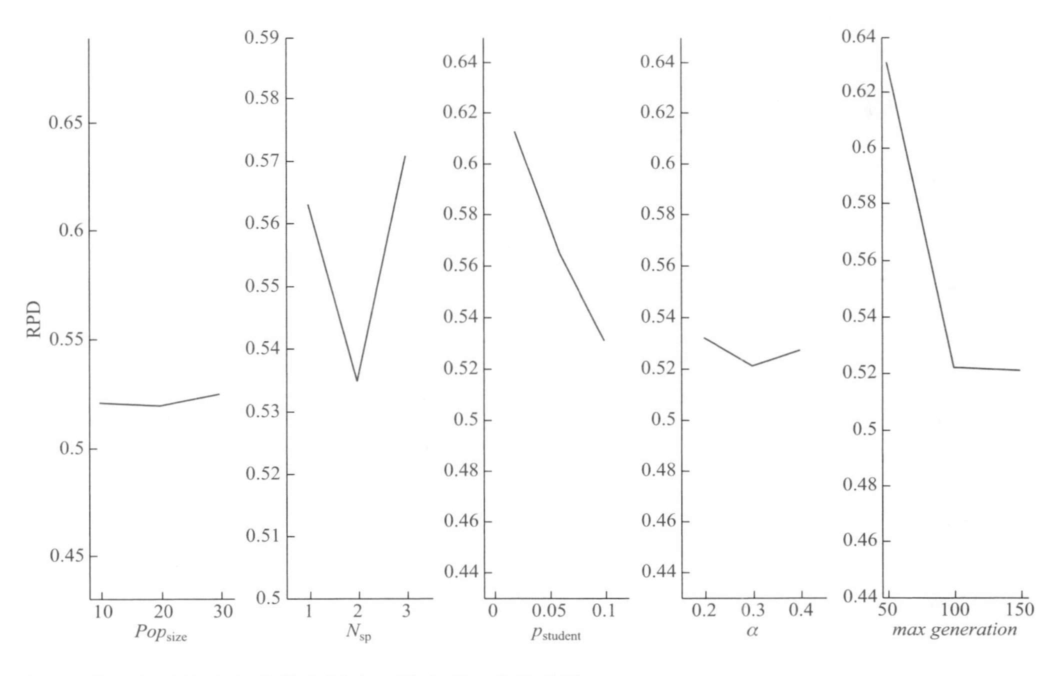

图 5-27　H-EDA 各参数不同水平的 RPD 变化趋势

（3）算法求解性能评估

为了进一步研究评估本节所提出混合算法 H-EDA 求解带异速并行机的混合 Flow Shop 的性能，我们将 H-EDA 与遗传算法（GA）[18]、蚁群优化算法（ACO）[19] 以及传统的教与学优化算法（TLBO）[20] 进行了对比。对每个标准算例问题，每种算法都独立运行 10 次，计算结果记录在表 5-11 中。各个算法的求解结果同样采用相对百分比偏差（RPD），并通过该指标分别对算法求解调度解结果的均值（*ave*）、最小值 (*min*) 和方差进行评估。表中的 *std* 表示标准差。

表5-11　H-EDA与其他算法求解标准算例问题的比较

Problem（算例）	GA			ACO			TLBO			H-EDA		
	ave	*min*	*std*	*ave*	*min*	*std*	*ave*	*min*	*std*	*ave*	*min*	*std*
Thj30c5e1	1.78	1.07	0.50	0.71	0.40	0.25	0.60	0.27	0.14	0.24	0.00	0.21
Thj30c5e2	1.21	0.63	0.29	0.74	0.52	0.14	0.61	0.31	0.10	0.23	0.00	0.12
Thj30c5e3	2.45	1.66	0.32	0.83	0.59	0.17	0.61	0.36	0.19	0.19	0.00	0.17
Thj30c5e4	1.37	0.73	0.31	0.63	0.36	0.22	0.58	0.36	0.18	0.21	0.00	0.13
Thj30c5e5	1.19	0.56	0.45	0.16	0.00	0.15	0.42	0.22	0.12	0.26	0.00	0.13
Thj30c5e6	2.27	1.50	0.37	0.70	0.50	0.17	0.54	0.25	0.16	0.17	0.00	0.16
Thj30c5e7	1.73	0.77	0.31	0.53	0.26	0.16	0.35	0.13	0.16	0.35	0.00	0.17
Thj30c5e8	1.29	0.48	0.28	0.93	0.48	0.11	0.58	0.36	0.14	0.23	0.00	0.17
Thj30c5e9	1.42	0.72	0.25	0.42	0.10	0.16	0.21	0.00	0.13	0.10	0.00	0.11
Thj30c5e10	0.91	0.25	0.34	0.34	0.00	0.21	0.68	0.38	0.14	0.16	0.00	0.19
Average（平均值）	1.562	0.837	0.342	0.599	0.321	0.174	0.518	0.264	0.146	0.214	0.00	0.156

从表 5-11 中可以看出本节提出的混合算法 H-EDA 相较于其他三种算法能够求得带异速并行机的混合 Flow Shop 问题的具有更优 *makespan* 值的调度解。表中显示各个标准测试算例的最优解都是 H-EDA 求解得到的，同时该混合算法的求解平均值水平也要比其他算法低。这也说明从总体水平上来看，混合算法 H-EDA 比其他三种对比算法在求解带异速并行机的混合 Flow Shop 调度问题上显示出更多的优势。

此外，这几种算法求解算例 Thj30c5e1 的收敛趋势图如图 5-28 所示。从图中也可以看出本节提出的混合算法 H-EDA 比其他三种对比算法能够获取到具有更优 *makespan* 值的调度解。

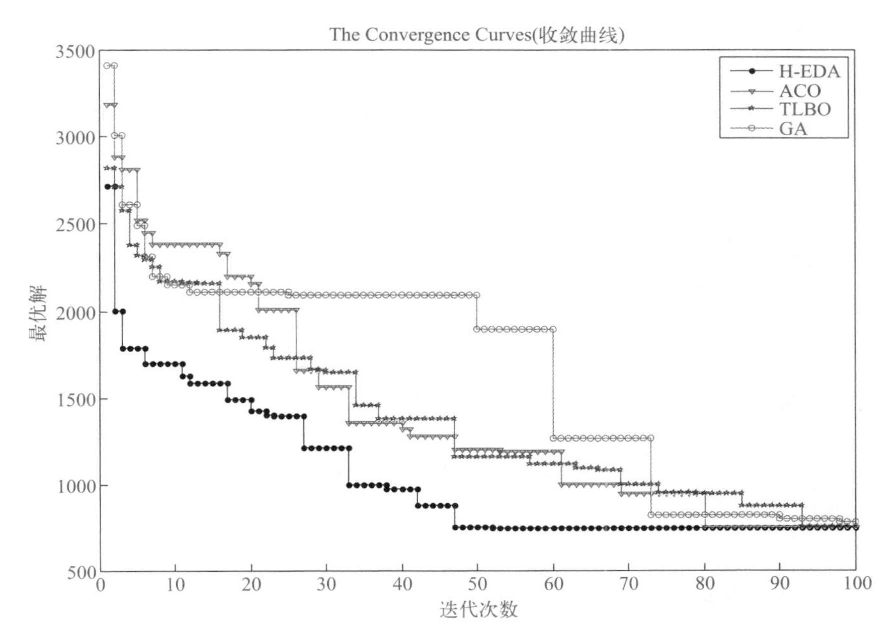

图 5-28 算例 Thj30c5e1 的各算法收敛曲线对比图

参考文献

[1] 赵芮 . 基于智能优化算法的零空闲流水车间调度研究 [D]. 上海 : 华东理工大学，2020.

[2] 刘翱，冯骁毅，邓旭东，等 . 求解零空闲置换流水车间调度问题的离散烟花算法 [J]. 系统工程理论与实践，2018, 38(11): 2874-2884.

[3] Mirjalili S. SCA: A sine cosine algorithm for solving optimization problems[J]. Knowledge-Based Systems, 2016, 96: 120-133.

[4] Meshkat M, Parhizgar M. Sine Optimization Algorithm (SOA): A novel optimization algorithm by change update position strategy of search agent in Sine Cosine Algorithm[C]. 2017 3rd Iranian Conference on Intelligent Systems and Signal Processing (ICSPIS), IEEE, 2017: 11-16.

[5] Zhou Y Q, Chen H, Zhou G. Invasive weed optimization algorithm for optimization no-idle flow shop scheduling problem [J]. Neurocomputing, 2014, 137: 285-292.

[6] Rashedi E, Nezamabadi-Pour H, Saryazdi S. GSA: A gravitational search algorithm [J]. Information Sciences, 2009, 179(13): 2232-2248.

[7] Sun G Y, Zhang A Z, Wang Z J, et al. Locally informed gravitational search algorithm [J]. Knowledge-Based Systems, 2016, 104: 134-144.

[8] 张爱竹，孙根云，王振杰，等 . 一种基于数据场的多目标引力搜索算法 [J]. 控制与决策，2017, 32(1): 47-54.

[9] Taillard E. Benchmarks for basic scheduling problems[J]. European Journal of Operational Research, 1993, 64(2): 278-285.

[10] Framinan J M, Leisten R. Total tardiness minimization in permutation flow shops: A simple approach based on

a variable greedy algorithm[J]. International Journal of Production Research, 2008, 46(22): 6479-6498.
[11] Pan Q K, Ruiz R. An effective iterated greedy algorithm for the mixed no-idle permutation flowshop scheduling problem [J]. Omega, 2014, 44(2): 41-50.
[12] Tasgetiren M F, Pan Q K, Wang L, et al. A DE based variable iterated greedy algorithm for the no-idle permutation flowshop scheduling problem with total flowtime criterion [J]. Lecture Notes in Computer Science, 2011: 83-90.
[13] 孙泽文 . 基于混合分布估计算法的生产调度问题若干研究 [D]. 上海 : 华东理工大学，2018.
[14] Rao R V, Savsani V J, Vakharia D P. Teaching-learning-based optimization: A novel method for constrained mechanical design optimization problems[J]. Computer-Aided Design, 2011, 43(3): 303-315.
[15] Larrañaga P, Lozano J A. Estimation of distribution algorithms: A new tool for evolutionary computation [M]. Boston, MA: Springer Press, 2002.
[16] Liao C J, Tjandradjaja E, Chung T P. An approach using particle swarm optimization and bottleneck heuristic to solve hybrid flow shop scheduling problem[J]. Applied Soft Computing, 2012, 12(6): 1755-1764.
[17] Jiang S L, Liu M, Hao J H, et al. A bi-layer optimization approach for a hybrid flow shop scheduling problem involving controllable processing times in the steelmaking industry [J]. Computers & Industrial Engineering, 2015, 87(9): 518-531.
[18] Kahraman C, Engin O, Kaya I, et al. An application of effective genetic algorithms for solving hybrid flow shop scheduling problems[J]. International Journal of Computational Intelligence Systems, 2008, 1(2): 134-147.
[19] Alaykýran K, Engin O, Döyen A. Using ant colony optimization to solve hybrid flow shop scheduling problems [J]. The International Journal of Advanced Manufacturing Technology, 2007, 35(5/6): 541-550.
[20] Niknam T, Azizipanah-Abarghooee R, Rasoul-Narimani M. A new multi objective optimization approach based on TLBO for location of automatic voltage regulators in distribution systems [J]. Engineering Applications of Artificial Intelligence, 2012, 25(8): 1577-1588.

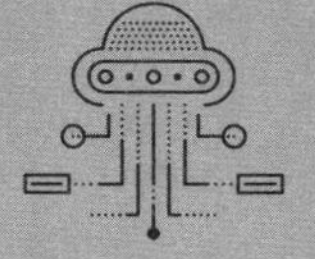

Digital Wave
Advanced Technology of
Industrial Internet

Intelligent Scheduling of
Industrial Hybrid Systems

工业混杂系统智能调度

第6章

不确定环境下的生产调度

6.1 基于免疫算法的不确定智能调度 [1]

由于对生产计划和生产调度问题的深入研究，人们逐渐认识到了在企业实际生产和运营中客观存在着的不确定性因素的重要性。在市场经济条件下，企业生产的许多因素，如产品的销量、各种原材料的价格、劳动力因素、各种产品产生的单位利润等不再是不变的，而是随着市场而变化，且这些变化是不确定的；另一方面，在生产过程中，同一产品的加工时间也常常存在一定的波动，这一点在过程工业中的体现尤为明显；同时企业正常生产常常会被一些如设备故障等突发性事件干扰，因此在制定生产计划和调度时必须充分考虑到由市场竞争等外部因素和由企业生产特点决定的内部因素所带来的各种不确定性。由于不断变化的市场因素的影响，生产过程中的信息量越来越大，企业的生产决策日趋复杂。在这样复杂的不确定性的情况下，企业在制定生产调度方案时，必须认真研究分析这些不确定性对企业生产及经营过程的影响，采取新的方法制定具有适应能力和可操作性的生产调度方案，以满足实际需要，使企业制定的调度方案能自动地适应不确定的环境，保证调度方案的最优性。因此在经营计划和生产调度等方面，新的理论与方法的研究越来越显得必要和迫切。

6.1.1 不确定条件下零等待存储策略的 Flow Shop 调度问题

（1）零等待存储策略的模糊 Flow Shop 调度模型

在有化学反应发生的间歇操作中，经常要求中间产物在某个设备处理完毕后，立即转移到下一个加工设备中去，不能有延误或者中间存储过程，这时生产就应当采用零等待方式。另外，如果在间歇级之间过多地设立中间储罐，会增加设备投资，增加过程控制的难度，因此生产中常常采用 ZW（Zero Waiting，零等待）方式。如果上级单元的产品加工完成后，下级单元再进行加工另外的产品，为了保证零等待过程的实现，则需在零等待的第一个加工单元中的开始操作时间做适当的延迟，从而满足在零等待模块中的加工过程是不间断的。

设定：需要生产的产品批量集 N；可供选用的设备单元集 M；第 i 个被加工的产品在第 j 个设备上需要的加工处理时间为 $\tilde{T}_{ij}$，它包括装配时间、传输时间、卸载时间、加工时间以及清洗时间等，是变化的不确定量，采用模糊数表示；每个产品的加工工序都相同，并且以相同的次序在各设备上加工；过程按零等待方式进行，即一批产品在设备 j 加工完毕之后，必须立即转移到下一个加工设备 $j+1$ 中去；定义 $\tilde{S}_{ij}$ 和 $\tilde{C}_{ij}$ 分别表示产品 i 在设备 j 上的加工开始时间和完成时间，由于产品处理时间的不确定性，这里的加工开始时间和完成时间也是不确定的；$\tilde{S}_{ie}$ 和 $\tilde{T}_{ie}$ 分别是产品 i 的最后一道工序的加工开始时间和处理时间，以最小化总加工周期为调度目标。

根据模糊数学的有关定义和扩展定理，定义两种用于模糊调度问题的模糊运算[2]，用于求解不确定情况下的生产调度问题。

设两个模糊数为 $\tilde{x}=(x_1,x_2,x_3)$ 和 $\tilde{y}=(y_1,y_2,y_3)$。

模糊加法：$\tilde{x}+\tilde{y}=(x_1+y_1,x_2+y_2,x_3+y_3)$

模糊极大：$\tilde{x}\vee\tilde{y}=(x_1\vee y_1,x_2\vee y_2,x_3\vee y_3)$

采用三角模糊数 $\tilde{x}=(x_1,x_2,x_3)$ 来表示处理时间的不确定性，由于模糊加法和极大运算具有可分解性，因此：

当 $i=1,\ j=1$ 时，

$$\tilde{S}_{ij}=0,\ \tilde{C}_{ij}=\tilde{S}_{ij}+\tilde{T}_{ij}=\tilde{T}_{ij} \tag{6-1}$$

当 $i=1,\ j>1$ 时，

$$\tilde{S}_{ij}=\tilde{C}_{i(j-1)},\ \tilde{C}_{ij}=\tilde{S}_{ij}+\tilde{T}_{ij}=\tilde{C}_{i(j-1)}+\tilde{T}_{ij} \tag{6-2}$$

当 $i>1,\ j=1$ 时，由于产品的加工方式是零等待，在第一个加工单元上的产品的开始操作时间需要适当的延迟。若加工顺序中产品 s 和产品 t 相邻，k 为加工单元上处理产品的排序号，则两个产品的延迟时间为[3]：

$$\tilde{d}_{st}=\max_{m=2,\cdots,M}\left\{0,\sum_{k=2}^{m}\tilde{T}_{st}-\sum_{k=1}^{m-1}\tilde{T}_{st}\right\}\quad m=2,\cdots,M \tag{6-3}$$

则

$$\tilde{S}_{ij} = \tilde{C}_{(i-1)j} + \tilde{d}_{(i-1)i}，\quad \tilde{C}_{ij} = \tilde{S}_{ij} + \tilde{T}_{ij} = \tilde{C}_{(i-1)j} + \tilde{d}_{(i-1)i} + \tilde{T}_{ij} \tag{6-4}$$

当 $i > 1$，$j > 1$ 时，

$$\tilde{S}_{ij} = \tilde{C}_{i(j-1)}，\quad \tilde{C}_{ij} = \tilde{S}_{ij} + \tilde{T}_{ij} = \tilde{C}_{i(j-1)} + \tilde{T}_{ij} \tag{6-5}$$

目标函数：

$$\begin{aligned} \min(makespan) &= \min\left\{\max\left(\tilde{S}_{ie} + \tilde{T}_{ie}\right)\right\} \\ &= \min\left\{\tilde{C}_{ie}\right\} \\ &= \min\left\{C_{ie}^{\mathrm{L}}, C_{ie}^{\mathrm{M}}, C_{ie}^{\mathrm{U}}\right\} \end{aligned} \tag{6-6}$$

则模糊目标规划问题就转化为多目标规划问题，由于 C_{ie}^{L}、C_{ie}^{M}、C_{ie}^{U} 分别与模糊处理时间 T_{ij}^{L}、T_{ij}^{M}、T_{ij}^{U} 相关，求出多目标规划问题的最优解即得到模糊规划问题的解，它们分别表示规划问题的最劣解、最可能解和最优解，引用文献 [4] 中的“中间值最大隶属度”的算法，将上述的多目标规划问题转化为清晰的单目标非线性规划模型，然后求解。

首先，采用 Zimmermann[4] 的方法求得 $\tilde{C}_{ie_k}(k=1,2,3)$ 的正、负理想解 $C_{ie_k}^{\mathrm{PIS}}$ 和 $C_{ie_k}^{\mathrm{NIS}}$，其中，$C_{ie_k}^{\mathrm{PIS}}(k=1,2,3)$ 和 $C_{ie_k}^{\mathrm{NIS}}(k=1,2,3)$ 分别表示对 $\tilde{C}_{ie}$ 单独求解的情况下，可能取得的最优解和最劣解，并由此确定对于 $\tilde{C}_{ie}$ 的满意程度的隶属函数 $\mu_{C_k}(x), k=1,2,3$，即

$$\mu_{C_k}(x) = \begin{cases} 0, & x > C_{ie}^{\mathrm{NIS}} \\ \dfrac{x - C_{ie}^{\mathrm{PIS}}}{C_{ie}^{\mathrm{NIS}} - C_{ie}^{\mathrm{PIS}}}, & C_{ie}^{\mathrm{PIS}} \leqslant x \leqslant C_{ie}^{\mathrm{NIS}} \quad k=1,2,3 \\ 1, & x < C_{ie}^{\mathrm{PIS}} \end{cases} \tag{6-7}$$

然后，在上述基础上将多目标线性规划模型转化为清晰的单目标非线性规划模型，如下所示：

$$\max\left\{\varGamma\alpha^{\mathrm{L}} + (1-\varGamma)\alpha^{\mathrm{U}}\right\} \tag{6-8}$$

$$\text{s.t.}\ \begin{cases} \alpha^{\mathrm{L}} \leqslant \mu_{C_k} \leqslant \alpha^{\mathrm{U}}，\ k=1,3 \\ \alpha^{\mathrm{U}} \leqslant \mu_{C_2} \\ \alpha^{\mathrm{L}}, \alpha^{\mathrm{U}} \in [0,1] \end{cases} \tag{6-9}$$

其中，α^{L} 是由 $\mu_{C_k}(x)(k=1,2,3)$ 中的最小值确定的，而 α^{U} 是由

$\mu_{C_k}(x)(k=1,2,3)$ 中的最大值确定的。在实际的决策过程中，常希望目标值能在最可能的情况下具有最高的满意程度，而不是在最劣和最优情况下取得最大的满意度，在最可能情况下的满意度却较小。所以在上述模型中，令 $\mu_{C_2}(x)$ 即最可能情况下的满意程度取得隶属度函数中的最大值，而最小值则在最劣和最优情况下产生，并且在模型中采用补与算子 Γ 来反映决策者在积极与消极决策间的倾向，Γ 值越小，则决策越积极，反之，则决策越消极。

以 10 个加工产品、5 个处理单元的调度问题为例，表 6-1 是产品的不确定处理时间，用模糊数表示。

表6-1　产品的不确定处理时间

产品	处理单元 1	处理单元 2	处理单元 3	处理单元 4	处理单元 5
Job 1	(22 25 28)	(13 15 18)	(11 12 13)	(37 40 43)	(8 10 11)
Job 2	(16 17 19)	(39 41 44)	(21 22 23)	(32 36 38)	(7 8 9)
Job 3	(37 41 44)	(36 55 66)	(30 33 35)	(16 21 31)	(45 60 74)
Job 4	(69 74 82)	(20 22 24)	(20 24 27)	(44 48 53)	(72 78 82)
Job 5	(5 7 8)	(32 35 41)	(67 72 78)	(48 52 54)	(60 63 66)
Job 6	(11 15 18)	(11 14 15)	(60 62 68)	(29 32 35)	(51 62 76)
Job 7	(9 11 14)	(6 7 8)	(23 31 33)	(23 26 28)	(29 32 35)
Job 8	(28 31 35)	(37 39 41)	(23 41 58)	(5 6 8)	(17 19 21)
Job 9	(28 32 33)	(70 72 75)	(11 12 13)	(11 14 16)	(43 52 62)
Job 10	(23 27 29)	(15 18 21)	(19 21 22)	(64 70 75)	(48 52 59)

表中括号内的三个数分别表示加工时间为三角模糊数的三个端点的加工时间值，依次表示了可能的最小加工时间、最可能加工时间和可能的最大加工时间。

（2）免疫优化算法

生物免疫系统是一个高度进化、复杂的功能系统。当生物遭到不同的抗原侵入时，其自身能快速地识别抗原，并产生相应的抗体。生物体中的抗原和抗体之间、抗体和抗体之间的相互作用，构成了生物系统的免疫平衡。生物免疫系统具有的学习、记忆和自适应调节的能力被人们所借鉴，形成了一种新的演化算法——免疫算法。免疫算法最大的特点就是免疫记忆特性、抗体的自我识别能力和免疫的多样性。它的自组织、自学习能力和强大的信息处理能力使得它在智能控制、模式识别、优化设计和设备学习等很多领域都得到有效的应用。

在免疫算法中，抗原和抗体分别对应优化问题的目标函数和可能解。抗体是由不同的基因个体组成的，本节在一般免疫算法的基础上，深入研究了生物免疫系统的内容和反应机制，结合具体的调度问题的特点，将免疫算法进行了改进，使之能够合理、有效地解决实际环境中的生产调度问题。下面就是改进的免疫调度算法（Improved Immune Algorithm，IIA）的具体过程。

步骤 1：编码。由于 Flow Shop 调度问题是一类排序问题（Sequencing Problem or Ordering Problem），即目标函数值不仅与表示解的数值有关，而且与其在编码字符串中的位置有关。对于这类问题，二进制的编码方法不直观也增加了编码与译码的时间与难度，所以采用字符编码的方法表示抗体。根据 Flow Shop 调度问题的特性，即各产品具有相同顺序的生产方式，采用字符编码表示加工产品的序号，即每个字符代表一个加工产品，编码中每个产品只能出现一次，字符在编码中出现的顺序就是加工产品的生产顺序。

步骤 2：参数设置。首先定义抗体群体的规模、记忆库的规模、最大的迭代次数、交叉概率和变异概率等参数。

步骤 3：初始化。抗原和抗体分别对应优化问题的目标函数和可能解，抗体是由不同的基因个体组成的。如果记忆细胞库中的抗体数为零，则随机产生初始抗体；否则，从记忆细胞库中提取记忆细胞，和分化产生的新抗体一起组成抗体群。

步骤 4：对抗体群中的各抗体进行评价。免疫系统通过识别抗原的基因来产生不同的抗体，而抗体与抗原、抗体与抗体之间的匹配程度是用亲和力来描述的，在此没有采用常用的海明距离来表示亲和力，而是引入信息熵的概念来表示群体中抗体的亲和力。

亲和力有两种形式：一种形式说明了抗体和抗原之间的关系，即每个解和目标函数的匹配程度；另一种形式解释了抗体之间的关系，这个独有的特性保证了免疫算法具有多样性。

抗体与抗原之间的亲和力：

$$ax_v = \frac{1}{1 + opt_v} \quad v \in N \tag{6-10}$$

其中，opt_v 表示抗原和抗体之间的结合强度，在此采用总生产周期表示 opt_v，即 $opt_v = \max\left(S_{ie} + T_{ie}\right)$。

抗体与抗体之间的亲和力：

$$ay_{vw} = \frac{1}{1 + E(2)} \qquad v, w \in N \tag{6-11}$$

其中，$E(2)$ 表示抗体间的信息熵。抗体与抗体之间的亲和力表示了两个抗体之间的相似程度，当抗体相似时，亲和力比较大，反之，则比较小。

步骤 5：记忆单元更新。在上一步的基础上，采取整体更新的策略，将与抗原亲和力较大的抗体加入到记忆抗体库中，因此记忆库中的记忆抗体包含了每代最优的信息，并将之保存下来。

步骤 6：抗体的促进和抑制。根据群体中抗体的亲和力，可以计算得到抗体的浓度和期望繁殖率。将抗体群中每个抗体的期望繁殖率排序，期望繁殖率低的抗体将受到抑制，并将期望繁殖率较高的抗体加入到后备抗体库中。因此，与抗原亲和力大的抗体和低密度的抗体生存概率较大，得到促进，而高密度的抗体将受到抑制，体现了控制机制的多样性。

抗体的浓度：

$$R_v = \frac{1}{N}\sum_{w=1}^{N} K_{vw} \quad v, w \in N \tag{6-12}$$

式中，$K_{vw} = \begin{cases} 1 & ay_{vw} \geqslant T \\ 0 & ay_{vw} < T \end{cases}$，$T$ 表示阈值。

抗体的期望繁殖率：

$$E_v = \frac{ax_v}{R_v} \quad v \in N \tag{6-13}$$

上式表明高亲和力和低浓度抗体成为最可能的候选解，可以负责控制过度地产生与抗原匹配的抗体，能够系统地完成抗体代数的控制。

步骤 7：解群体的更新。对后备抗体库中抗体群进行选择、交叉、变异操作可以得到新的群体，同时从记忆库中取出记忆抗体，共同构成新的解群体。

步骤 8：如果达到终止条件，则结束运算；否则，转向步骤 4 执行。

（3）仿真研究

针对上述调度模型，采用改进的免疫算法进行求解，算法中解群体的规模 $Popsize = 40$，记忆库的规模 $Memsize = 20$，最大的迭代次数 $MAXT = 150$，交叉概率 $p_c = 0.7\lambda^{gen}$，变异概率 $p_m = 0.1\lambda^{gen}$，$\lambda \in (0,1)$ 是衰减系数，λ 在开始时取值较大，使得算法的搜索范围尽可能大，避免陷入局部极小，同时为了保证算法的收敛性，随着演化的进行，λ 逐步变小。对问题进行了多次仿真，当 $\Gamma = 0.3$ 时，得到的结果如图 6-1、图 6-2 所示。

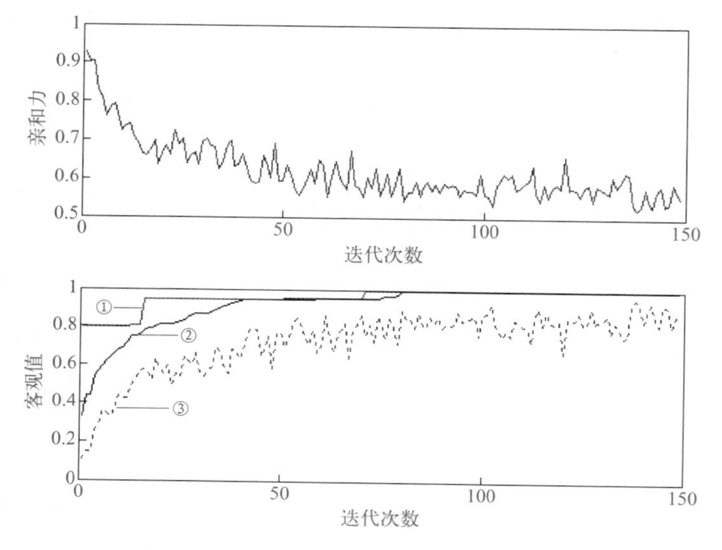

图 6-1　最优解的演化曲线（Γ=0.3）

图 6-1 中，第一幅图中的曲线是种群中所有个体亲和力的平均值曲线，表示了演化计算中种群中的抗体亲和力的变化趋势；第二幅图中曲线①是解群体中的最优值曲线，表示每代解群体中的最优目标值；曲线②是记忆抗体目标平均值曲线，对应的是每次迭代运算时记忆库中所有记忆抗体个体目标值的平均值；曲线③是解群体中抗体的目标平均值曲线，表示每次迭代运算所得到的目标平均值。从图中看到，随着算法的不断演化，目标的最优值和解群体的平均值越来越趋向于最优并趋向稳

定，说明了算法的收敛性。

由此可确定产品的加工顺序，以及加工开始时间。图 6-2 就是调度结果的甘特图。

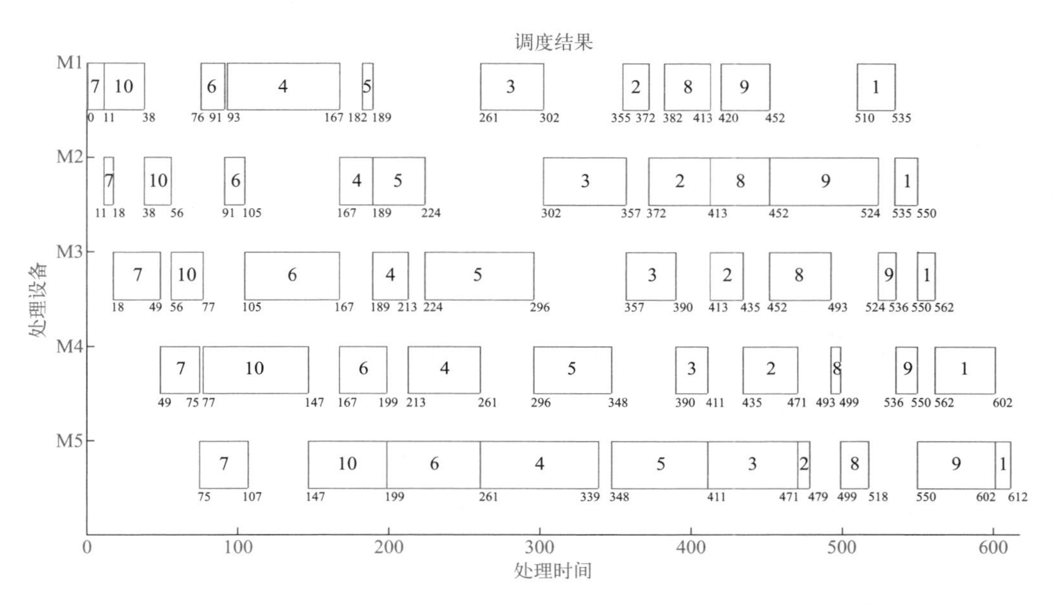

图 6-2　最优解的调度甘特图（Γ=0.3）

采用本节提出的算法，对于 Γ 取值不同情况下的调度结果见表 6-2。

表6-2　Γ取值不同情况下的调度结果

Γ	Job 序列	目标函数	$makespan^L$	$makespan^M$	$makespan^U$
0.1	7 2 8 3 4 10 5 6 9 1	0.9941	552	612	700
0.3	7 10 6 4 5 3 2 8 9 1	0.9898	547	612	686
0.5	7 10 5 4 6 3 2 8 9 1	0.9812	550	619	692
0.7	7 2 8 3 10 6 4 5 9 1	0.9654	545	615	695
0.9	7 2 8 3 10 6 4 5 9 1	0.9582	545	615	695

由表中可以看出，Γ 越小，得到的目标函数值越大，其调度结果越好，决策越积极；反之，得到的目标函数值越小，调度结果越差，决策越保守。当 Γ 不断从小到大，则目标函数值不断下降，但在各种情况下，算法都表现出了良好的收敛性，调度结果都具有较大的满意度。

在随机产生的仿真数据的基础上，讨论模糊跨度对调度结果的影响，定义三角模糊数$f=(f^{\mathrm{L}},f^{\mathrm{M}},f^{\mathrm{U}})$的模糊跨度如图 6-3 所示。

模糊跨度$f_{\Delta}=f^{\mathrm{U}}-f^{\mathrm{L}}$，是一个与中间值$f^{\mathrm{M}}$无关的量。

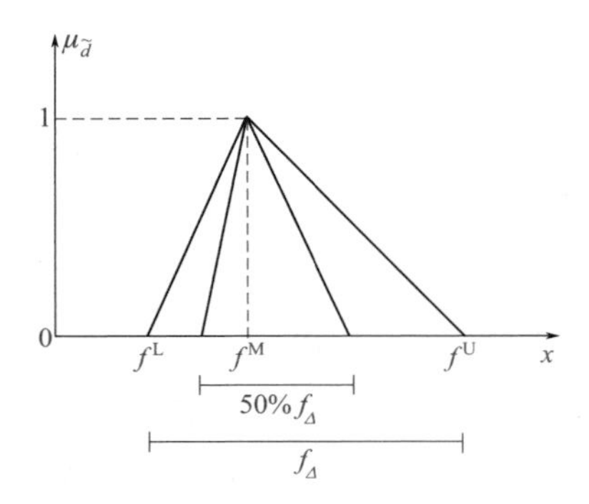

图 6-3　变换三角模糊数模糊跨度时模糊隶属度的变化

在$\Gamma=0.3$时，对三种情况（最理想，最可能，最悲观）同等考虑，改变所有处理时间的模糊跨度f_{Δ}，所得的调度结果如表 6-3 所示。

表6-3　不同模糊跨度下的调度结果

序号	模糊跨度f_{Δ}'	Job 序列	目标函数	$makespan^{\mathrm{L}}$	$makespan^{\mathrm{M}}$	$makespan^{\mathrm{U}}$
1	$200\%f_{\Delta}$	7 1 6 4 10 5 3 2 9 8	0.9394	502	631	787
2	$100\%f_{\Delta}$	7 10 5 4 6 3 2 8 9 1	0.9710	550	626	692
3	$50\%f_{\Delta}$	7 2 8 3 4 10 5 6 9 1	0.9959	581.5	621	656
4	$0\%f_{\Delta}$	7 1 6 9 4 5 10 3 2 8	1.0000	619	619	619

从表中可以看出，$makespan^{\mathrm{L}}$和$makespan^{\mathrm{U}}$的值与原始产品加工时间表的模糊度有关。随着模糊跨度f_{Δ}的增大，数据的模糊度越大，即调度问题总的完成时间也越模糊，因此目标函数值越小；当模糊跨度f_{Δ}逐渐减小时，调度问题越清晰，则目标函数越大；当模糊跨度$f_{\Delta}'=0\%f_{\Delta}$时，产品的加工时间为清晰数据，产品完成时间也为清晰数据，目标函数最大。这说明了当数据越不清晰，调度决策的结果越差。当采用“中间值最大隶属度”的调度模型时，在三种情况（最理想，最可能，最悲观）下都能取得较优的调度结果。由于在算法中考虑了最可能值的最大隶属度，因此，随着模糊跨度f_{Δ}'的减小，最理想值和最悲观值在保持调度结果较优的前提下，向$makespan^{\mathrm{M}}$靠拢。模糊跨度$f_{\Delta}'=0\%f_{\Delta}$时，为确定性情况的调度结果。

6.1.2 不确定条件下中间储罐存储时间有限型 Flow Shop 调度问题

中间储罐作为产品加工单元间的存储设备，能够有效减少产品在加工单元的存储时间，提高其生产加工能力。而由于在产品实际生产过程中，某些中间体是不稳定的，必须立即输送给下一道工序加工，而有些中间体只能在一定时间内保持稳定，因此需要考虑到产品在中间储罐中的最大存储时间。

设定以下变量：

N——加工产品的批量集，$N=\{1,2,\cdots,i,\cdots,n\}$，即待加工的产品总数为 n 个；

M——处理单元集合，$M=\{1,2,\cdots,j,\cdots,m\}$，即处理设备（处理单元）有 m 台；

$\tilde{T}_{ij}$——处理时间，即产品 i 在处理单元 j 上的加工处理时间，它包括装配时间、传输时间、卸载时间、加工时间以及清洗时间等，是变化的不确定量，采用模糊数表示；

$\tilde{S}_{ij}$——产品 i 在处理单元 j 上的操作开始时间，由于产品处理时间的不确定性，这里的操作开始时间也是不确定的；

$\tilde{C}_{ij}$——产品 i 在处理单元 j 上的操作完成时间，是一个模糊数；

$\tilde{S}_{ie}$——产品 i 的最后一道工序的操作开始时间；

$\tilde{T}_{ie}$——产品 i 的最后一道工序所对应的操作时间；

BTW_{ij}——为第 i 批产品在生产单元 j 和 $j+1$ 间的中间储罐的最大存储时间。

以最小化总加工周期为调度目标，并且每两级间歇级设备中的中间储罐只能存放一种产品，不能同时存放两种以上的产品，否则可能在中间储罐内发生反应。

采用三角模糊数 $\tilde{x}=(x_1,x_2,x_3)$ 来表示处理时间的不确定性，由于模糊加法和极大运算具有可分解性，因此：

当 $i=1$，$j=1$ 时，

$$\tilde{S}_{ij}=0,\ \tilde{C}_{ij}=\tilde{S}_{ij}+\tilde{T}_{ij}=\tilde{T}_{ij} \tag{6-14}$$

当 $i=1$，$j>1$ 时，

$$\tilde{S}_{ij} = \tilde{C}_{i(j-1)},\ \tilde{C}_{ij} = \tilde{S}_{ij} + \tilde{T}_{ij} = \tilde{C}_{i(j-1)} + \tilde{T}_{ij} \tag{6-15}$$

当 $i>1$，$j=1$ 时，

$$\begin{cases} \tilde{S}_{ij} = \max\left(\tilde{C}_{(i-1)j},\ \tilde{C}_{(i-1)(j+1)} - BTW_{ij} - \tilde{T}_{ij},\ \tilde{S}_{(i-1)(j+1)} - \tilde{T}_{ij} \right) \\ \tilde{C}_{ij} = \tilde{S}_{ij} + \tilde{T}_{ij} \end{cases} \tag{6-16}$$

当 $i>1$，$j>1$ 时，

$$\begin{cases} \tilde{S}_{ij} = \max\left(\tilde{C}_{(i-1)j},\ \tilde{C}_{i(j-1)},\ \tilde{C}_{(i-1)(j+1)} - BTW_{ij} - \tilde{T}_{ij},\ \tilde{S}_{(i-1)(j+1)} - \tilde{T}_{ij} \right) \\ \tilde{C}_{ij} = \tilde{S}_{ij} + \tilde{T}_{ij} \end{cases} \tag{6-17}$$

目标函数：

$$\begin{aligned} \min(makespan) &= \min\left\{ \max\left(\tilde{S}_{ie} + \tilde{T}_{ie} \right) \right\} \\ &= \min\left\{ \tilde{C}_{ie} \right\} \\ &= \min\left\{ C_{ie}^{\mathrm{L}}, C_{ie}^{\mathrm{M}}, C_{ie}^{\mathrm{U}} \right\} \end{aligned} \tag{6-18}$$

则模糊目标规划问题就化为多目标规划问题，由于 $C_{ie}^{\mathrm{L}}, C_{ie}^{\mathrm{M}}, C_{ie}^{\mathrm{U}}$ 分别与模糊处理时间 T_{ij}^{L}、T_{ij}^{M}、T_{ij}^{U} 相关，求出多目标规划问题的最优解即得到模糊规划问题的解，它们分别表示规划问题的最劣解、最可能解和最优解，通过求得 $\tilde{C}_{ie}(i=1,2,3)$ 的正、负理想解 C_{ie}^{PIS} 和 C_{ie}^{NIS} 后，将多目标线性规划模型转化为单目标规划模型。

建立了上述的调度模型后，在仿真研究中采用第 6.1.1 节中的改进的免疫算法求解。

在仿真研究中，以 10 个加工产品、5 个处理单元的调度问题为例，表 6-4 是产品的不确定处理时间，用模糊数表示，表 6-5 是中间储罐的最大存储时间。

表6-4　产品的不确定处理时间

加工产品	单元 1	单元 2	单元 3	单元 4	单元 5
Job 1	(23 25 31)	(11 15 21)	(10 12 14)	(34 40 46)	(6 10 12)
Job 2	(6 17 11)	(37 41 47)	(21 22 24)	(28 36 40)	(6 8 10)
Job 3	(38 41 45)	(137 155 167)	(27 33 37)	(111 121 141)	(145 160 188)

续表

加工产品	单元 1	单元 2	单元 3	单元 4	单元 5
Job 4	(64 74 90)	(8 12 16)	(16 24 30)	(40 48 58)	(66 78 86)
Job 5	(6 7 9)	(69 95 107)	(62 72 84)	(51 52 56)	(148 153 179)
Job 6	(10 12 16)	(8 14 16)	(58 62 74)	(26 32 38)	(140 162 190)
Job 7	(9 11 17)	(5 7 12)	(23 31 35)	(20 26 30)	(26 32 38)
Job 8	(25 31 39)	(35 39 43)	(135 141 175)	(4 6 10)	(15 19 23)
Job 9	(24 32 34)	(84 92 98)	(10 12 14)	(8 14 18)	(84 102 122)
Job 10	(19 27 31)	(109 114 128)	(17 21 23)	(78 90 102)	(44 52 66)

表6-5　中间储罐的最大存储时间

产品	1—2	2—3	3—4	4—5
1	35	41	32	8
2	20	47	46	21
3	44	26	55	27
4	19	42	26	36
5	36	19	44	44
6	30	25	46	42
7	33	42	34	17
8	48	12	31	25
9	48	27	21	46
10	42	26	36	22

当 $\Gamma=0.3$ 时，得到的结果如图 6-4、图 6-5 所示。

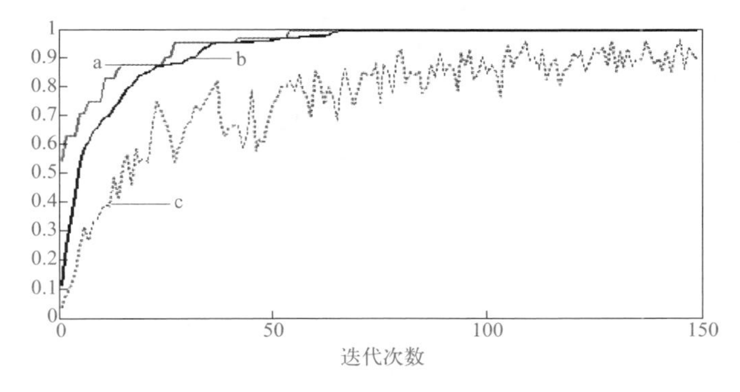

图 6-4　最优解的演化曲线（Γ=0.3）

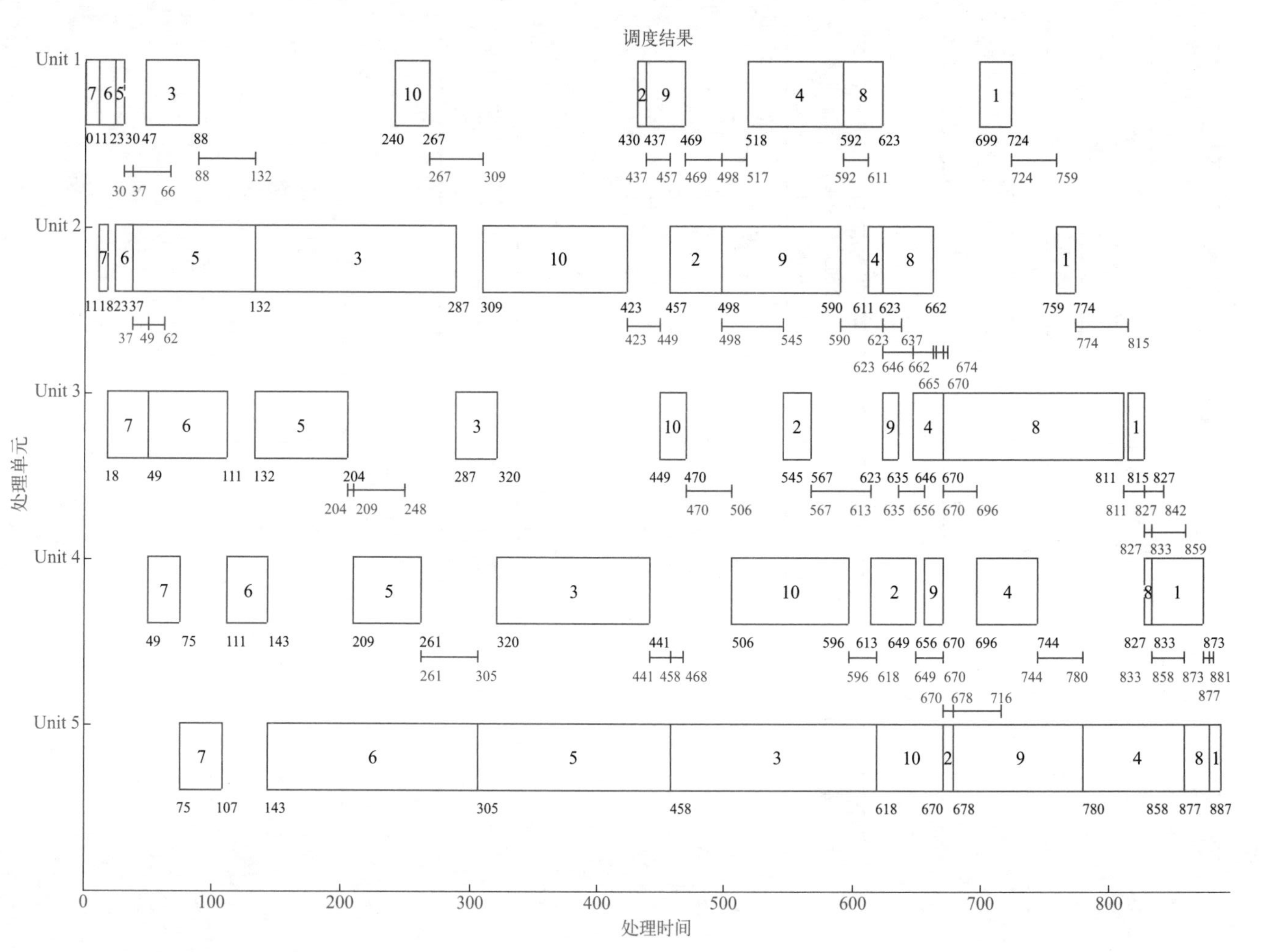

图 6-5　最优解的调度甘特图 (Γ=0.3)

图 6-4 中，曲线 a 是解群体中的最优值曲线，表示每代解群体中的最优目标值；曲线 b 是记忆抗体目标平均值曲线，对应的是每次迭代运算时记忆库中所有记忆抗体个体目标值的平均值；曲线 c 是解群体抗体的目标平均值曲线，表示每次演化计算得到的目标平均值。从图中看到，随着算法的不断演化，目标的最优值和解群体的平均值越来越趋向于最优并趋向稳定，说明了算法的收敛性。

由此可以确定产品的加工顺序，以及产品的加工开始时间和完成时间。图 6-5 为调度结果的甘特图。

采用本节提出的算法，对于 Γ 取值不同情况下的调度结果见表 6-6。

表6-6　不同Γ情况下的调度结果

Γ	产品序列	目标函数	$makespan^{L}$	$makespan^{M}$	$makespan^{U}$
0.1	7 1 6 9 4 5 3 10 8 2	0.9979	785	893	1061
0.3	7 6 5 3 10 2 9 4 8 1	0.9969	779	887	1058
0.5	7 1 6 9 4 5 3 10 8 2	0.9905	785	893	1061
0.7	7 1 6 5 3 10 9 4 8 2	0.9838	786	893	1071
0.9	7 1 6 10 9 4 5 3 8 2	0.9811	785	893	1061

6.2 基于分布估计算法的不确定智能调度[5]

6.2.1 基于分布估计算法的中间存储时间有限模糊 Flow Shop 调度

6.2.1.1 中间存储时间有限 Flow Shop 模糊规划模型

为了满足中间存储时间有限的约束，产品在第 1 台设备上的加工开始时间可以适当延迟。Flow Shop 调度问题有 n 种产品 $J=\{1,2,\cdots,i,\cdots,n\}$ 需要在 m 台设备 $M=\{1,2,\cdots,j,\cdots,m\}$ 上加工，给定产品 i 在设备 j 上的不确定处理时间 $\tilde{T}_{ij}$，用三角模糊数对其进行描述。MST_{ij} 为第 i 种产品

在设备 j 和 $j+1$ 间的中间储罐内的最大存储时间，是一个确定的量。$\tilde{S}_{ij}$ 和 $\tilde{C}_{ij}$ 分别表示产品 i 在设备 j 上的加工开始时间和完工时间，$\tilde{C}_{mn}$ 表示最大完工时间。由于产品的处理时间不确定，导致其加工开始时间和完工时间也是不确定量。为了更准确地衡量模糊调度目标的优劣，除了考虑最小化最大完工时间之外，还需考虑最小化最大完工时间的跨度 *Spread*，如图 6-11 所示。跨度为三角模糊数的最大值和最小值之差，反映了三角模糊数的不确定程度，跨度越大说明模糊完工时间的不确定度越大。本节用最小化模糊最大完工时间的值以及不确定程度作为调度目标。

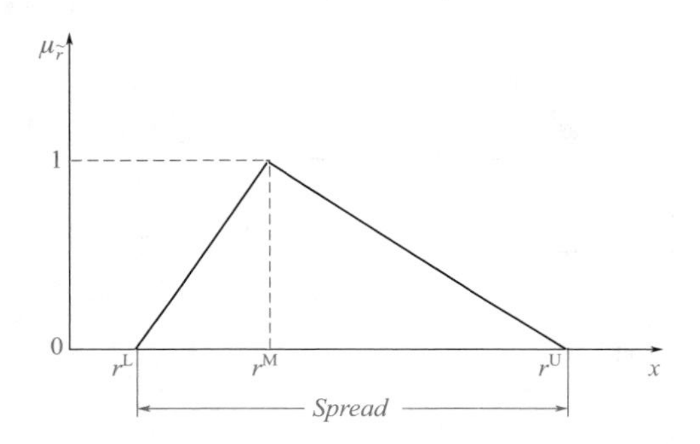

图 6-6　模糊数 $\tilde{r}$ 的跨度

中间存储时间有限 Flow Shop 调度问题的模糊数学模型如下：

$$\min\left\{\tilde{C}_{mn}\right\}=\min\left\{\bar{C}_{mn}+\partial Spread\right\}\quad\left(\partial\in\left[0,1\right]\right) \tag{6-19}$$

$$s.t.\quad \tilde{S}_{ij}\geqslant\tilde{S}_{i(j-1)}+\tilde{T}_{i(j-1)} \tag{6-20}$$

$$\tilde{S}_{ij}\geqslant\tilde{S}_{(i-1)j}+\tilde{T}_{(i-1)j} \tag{6-21}$$

$$\tilde{S}_{ij}\geqslant\tilde{C}_{(i-1)(j+1)}-MST_{ij}-\tilde{T}_{ij} \tag{6-22}$$

$$\tilde{S}_{ij}\geqslant\tilde{S}_{(i-1)(j+1)}-\tilde{T}_{ij} \tag{6-23}$$

$$\tilde{C}_{ij}=\tilde{S}_{ij}+\tilde{T}_{ij} \tag{6-24}$$

式 (6-19) 表示调度目标，最小化模糊最大完工时间也就是使模糊最大完工时间的值和不确定度同时最小。式 (6-20) 表示加工顺序约束，产品 i 必须在第 $j-1$ 台设备上完成后才能进入下一设备 j 进行加工。式 (6-21) 表示资源约束，前一产品 $i-1$ 在某一设备完工后，产品 i 才能进入该设备进行加工。式 (6-22) 表示中间存储时间有限约束，中间产品在中间储罐内存储的时间不能超过规定的最大存储时间。式 (6-23) 表示中间储罐只能同时存储一种产品，产品不能混合存放。式 (6-24) 表示产品的完工时间等于加工开始时间和加工处理时间之和。

下面以一个简单的确定性问题为例，说明中间存储时间受限的约束。此问题包含 3 个产品和 3 台设备，各产品在各设备上的加工时间 $\boldsymbol{T}_{ij}$ 和中间存储时间 $\boldsymbol{MST}_{ij}$ 分别为：

$$\boldsymbol{T}_{ij}=\begin{bmatrix}5&2&1\\4&3&4\\6&2&1\end{bmatrix}\qquad \boldsymbol{MST}_{ij}=\begin{bmatrix}3&2\\2&1\\4&3\end{bmatrix}$$

假设产品排序为 {1, 2, 3}，图 6-7 为该问题的调度甘特图。

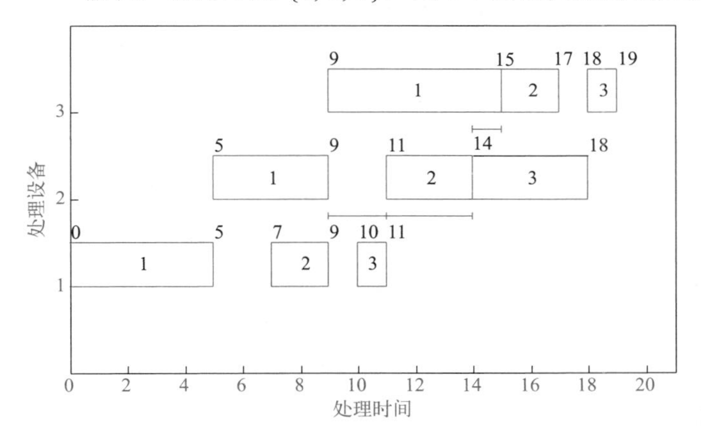

图 6-7　中间存储时间有限 Flow Shop 调度问题甘特图

从图 6-7 中可以看出每个产品在每台设备上的加工开始时间、完工时间以及在相邻设备间的存储时间。按照该甘特图安排生产可以满足上述式 (6-20) ～式 (6-24) 的约束条件。其中，产品 2 在设备 2 和设备 3 间的最大存储时间 MST_{22} 为 1，为了满足这一约束，产品 2 在第 2 台设备上的加工开始时间向后延迟。与之相应地，产品 2 在第 1 台设备上的加工开始时间也向后延迟，以满足产品 2 在设备 1 和设备 2 间的最大存储时间限制。产品 3 在设备 1 和设备 2 之间的最大存储时间 MST_{31} 为 4，当产品 3 在设备 1 上的加工开始时间为 9 时，完工时间为 10，此时虽然可以满足中间存储时间最大为 4 这一约束，但是会和产品 2 在设备 1 和设备 2 间的中间产品混合存储，无法满足式 (6-23) 的约束。因此，产品 3 在设备 1 上的加工开始时间需向后延迟到 10。

6.2.1.2 基于模糊数排序方法的模型转化

由于模糊加法和模糊极大具有可分解性，模糊调度模型可以分解为 3 个确定性模型，将模糊处理时间 $\tilde{T}_{ij}$ 的三个端点值 T_{ij}^{L}、T_{ij}^{M}、T_{ij}^{U} 分别代替 $\tilde{T}_{ij}$ 带入式 (6-20) ～式 (6-23) 即可对应求得模糊完工时间 $\tilde{C}_{mn}$ 的三个端点值 ${C_{mn}}^{\mathrm{L}}$、${C_{mn}}^{\mathrm{M}}$、${C_{mn}}^{\mathrm{U}}$。式 (6-19) 可以转化为式 (6-25)，即每个加工排序可以对应求得一个用三角模糊数表示的模糊最大完工时间。

$$\min\left\{\tilde{C}_{mn}\right\}=\min\left\{\left({C_{mn}}^{\mathrm{L}},{C_{mn}}^{\mathrm{M}},{C_{mn}}^{\mathrm{U}}\right)\right\} \tag{6-25}$$

调度问题属于决策问题，需要判断不同调度方案对应的调度目标值的优劣，并从中找出最优调度方案。本节的调度目标是最小化模糊最大完工时间，不同于确定调度问题可以直接对目标值进行排序，对模糊数进行排序更为复杂。例如对两个模糊最大完工时间 $\tilde{C}_{mn1}=(25,30,32)$ 和 $\tilde{C}_{mn2}=(26,30,31)$ 无法直观比较大小，确定孰优孰劣。此时需要根据模糊数排序方法对模糊数的大小进行选择排序。

在此选用 Lee-Li[6] 根据模糊事件概率求平均数及标准差的方法进行模糊数排序。根据 Lee-Li 模糊数排序方法可以将上节建立的模糊调度模型转化为清晰的单目标规划模型。将式 (6-19) 中的 $\bar{C}_{mn}$ 转化为 Lee-Li 方法中的均值 $\bar{x}_P(\tilde{C}_{mn})$，跨度 *Spread* 转化为 Lee-Li 方法中的标准差 $\sigma_P(\tilde{C}_{mn})$。$\bar{x}_P(\tilde{C}_{mn})$ 和 $\sigma_P(\tilde{C}_{mn})$ 均为确定数值，因此式 (6-19) 进一步转化为确定的单目标：

$$\min\left\{\tilde{C}_{mn}\right\}=\min\left\{\bar{x}_P\left(\tilde{C}_{mn}\right)+\partial\sigma_P\left(\tilde{C}_{mn}\right)\right\} \tag{6-26}$$

例如，据此对 $\tilde{C}_{mn1}=(25,30,32)$ 和 $\tilde{C}_{mn2}=(26,30,31)$ 比较大小。$\bar{x}_P\left(\tilde{C}_{mn1}\right)=29.25$，$\sigma_P\left(\tilde{C}_{mn1}\right)=1.3375$；$\bar{x}_P\left(\tilde{C}_{mn2}\right)=29.25$，$\sigma_P\left(\tilde{C}_{mn2}\right)=0.7375$。可见两个模糊最大完工时间的平均数相同但标准差不同。若取 $\partial=0.5$，则 $\tilde{C}_{mn1}\to 29.9188$，$\tilde{C}_{mn2}\to 29.6188$，可以认为 $\tilde{C}_{mn1}>\tilde{C}_{mn2}$。

6.2.1.3 求解中间存储时间有限模糊 Flow Shop 调度的改进粒子群和分布估计混合算法

车间调度问题属于复杂的组合优化问题，用传统的智能优化算法解决该问题时效果不尽理想，分布估计算法为解决车间调度问题提供了新的思路。分布估计算法的核心操作是构建概率模型和采样，通过选择适应值较好的个体集合建立概率模型，然后根据这种包含了较优个体分布信息的概率模型采样生成新种群。Zhang 等人[7] 已经证明，在截断选择方式下，若新种群的概率分布等同于上一代优势个体集合的分布，则 EDA 算法收敛于全局最优。概率模型的选择对算法的性能影响很大，概率模型越接近实际模型，算法的性能也就越好。而依照真实情况建立概率模型需要花费巨大的时间和资金。因此，分布估计算法要根据具体问题选择合适的概率模型，达到准确性与求解效率的折中。针对调度问题，王圣尧等[8] 提出一种基于产品加工优先关系的概率模型，Jarboui 等[9] 考虑调度排序中产品的加工顺序和相似模块构建了一种针对 Flow Shop 调度问题的概率模型，Pan 等[10] 对 Jarboui 提出的概率模型进行了补充和改进。

分布估计算法基于建立概率模型和采样过程形成了一种有效的并行搜索框架，很容易结合其他智能优化方法来构造混合算法以改进分布估计算法的性能。本节在粒子群算法中引入遗传操作和分布估计算法，提出一种基于改进粒子群和分布估计的混合算法（Improved Particle Swarm Optimization and Estimation of Distribution Algorithm，IPSO-EDA），用于解决中间存储时间有限的模糊流水车间调度。

（1）基于遗传操作的改进粒子群算法

基本粒子群算法中个体的编码为具有连续性质的实数编码，在求解离散域的组合优化问题时，需要设计相应的解策略，将连续的实数编码转换为离散编码。编码解码过程会使算法变复杂，不利于求解。因此本节借鉴 Niu 等[11] 提出的一种思想，采用遗传操作重新定义和改进粒子群算法的更新公式，使之适用于求解调度问题。

基于遗传操作的改进粒子群算法中每个粒子表示一个可行的调度排序，如一个 8 维粒子（2,5,3,4,7,8,1,6）就是一个加工排序。粒子通过自身当前位置、自身最优位置和全局最优位置进行更新。但当粒子为序列而不是实数时，原来的加减运算已不再适用。本节利用遗传操作重新定义更新公式如下：

$$x_i(t+1)=(p_i(t)\otimes x_i(t))\oplus(p_g(t)\otimes x_i(t))\oplus\overline{x_i(t)} \tag{6-27}$$

其中，符号“⊗”表示个体进行交叉操作，符号“⊕”表示选择操作，在$(p_i(t)\otimes x_i(t))$、$(p_g(t)\otimes x_i(t))$和$\overline{x_i(t)}$之间选择最优个体，$\overline{x_i(t)}$表示对$x_i(t)$进行变异操作。

组合优化问题中常用的交叉操作有单点交叉、两点交叉、多点交叉等。此处选用如下的两点交叉方式：随机选择两个交叉点，Child1首先继承Parentl交叉点内侧的基因，然后按照Parent2中的基因顺序产生剩余部分；同样Child2继承Parent2交叉点内侧的基因，然后按照Parent1中的基因顺序产生剩余部分。举例如图6-8所示。Parent1为（6,1,4,5,8,2,3,7），Parent2为（3,5,2,6,1,7,4,8）。假设两个随机交叉点为3和6，则Parent1交叉点内侧的基因序列为（4,5,8,2），保留到Child1中，Parent2中除去这些基因后的剩余基因序列为（3,6,1,7），这两个序列组合生成Child1（3,6,4,5,8,2,1,7），同理生成Child2（4,5,2,6,1,7,8,3）。选择Child1和Child2中的适应值好的个体作为后代进行下一步操作。

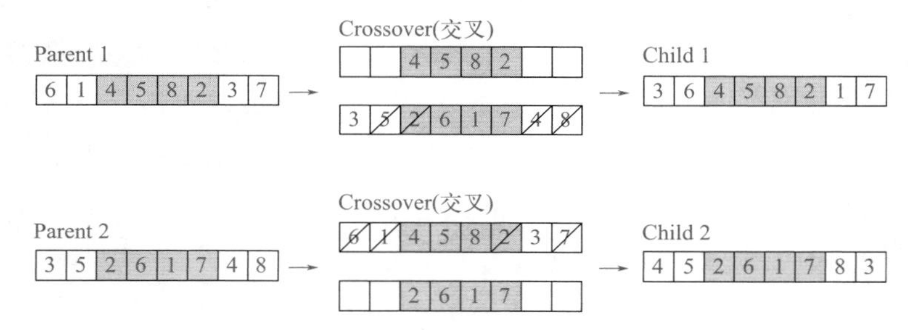

图6-8 两点交叉操作示意图

组合优化问题中常用的变异操作有互换操作、逆序操作、插入操作等，本节选用插入变异操作。随机选择某点插入到序列中与该位置不同的其他随机位置。如将个体（2,5,3,4,7,8,1,6）的第6个位置插入到第2个位置前可生成变异个体（2,8,5,3,4,7,1,6）。

（2）求解中间存储时间有限模糊Flow Shop的IPSO-EDA算法

PSO算法是一种随机性较高的群搜索算法，利用粒子自身最优位置和全局最优位置指导搜索，速度 - 位移更新公式中对全局信息包含得不全面，没有用到种群中非全局最优位置的其他优质粒子的信息。随着算法的迭代，种群的多样性会降低，容易陷入局部最优。

EDA 算法是统计学习和随机优化的结合，从宏观的角度建立优质个体的概率分布模型，对种群的全局信息掌握比较全面，全局搜索能力较好。

本节在基于遗传操作的改进粒子群算法的基础上，在更新公式中引入基于所有粒子自身最优位置的概率分布信息，提出 IPSO-EDA 算法。其更新公式如下：

$$x_i(t+1)=(S_i(t)\otimes x_i(t))\oplus(p_g(t)\otimes x_i(t))\oplus\overline{x_i(t)} \tag{6-28}$$

其中，$S_i(t)$ 为对粒子群中所有粒子的自身最优位置进行选择后建立概率分布模型，并根据此概率分布模型采样生成的新种群，该种群包含了全局范围内优质个体的分布信息。粒子在 $S_i(t)$、全局最优位置 $p_g(t)$ 和当前粒子位置 $x_i(t)$ 这 3 个因素的指导下进行更新，改进了粒子群的更新机制，使其包含的信息更加全面，提高了算法的全局搜索能力。IPSO-EDA 算法的流程图如图 6-9 所示。

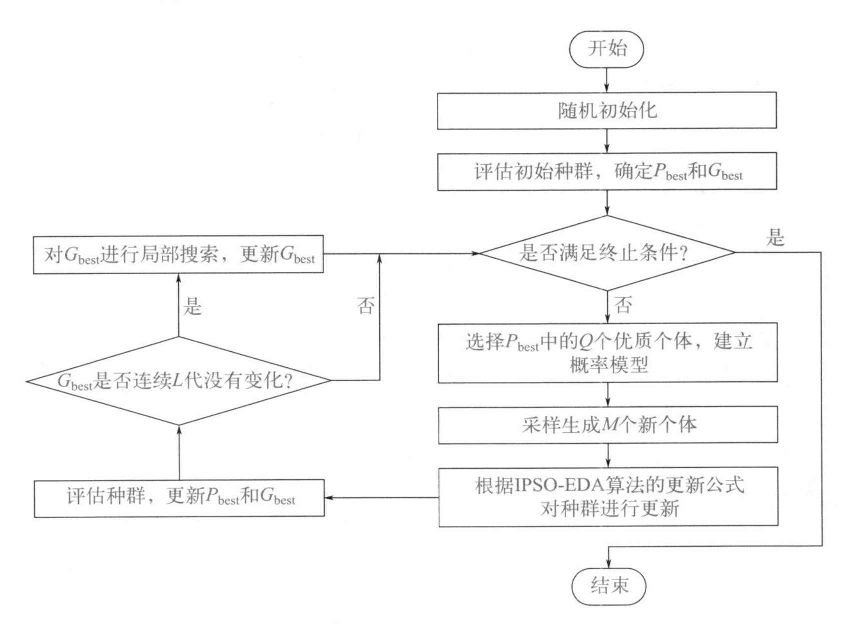

图 6-9　IPSO-EDA 算法流程图

下面详细介绍 IPSO-EDA 算法在求解中间存储时间有限模糊 Flow Shop 问题中的重要步骤。

① 解的表达　Flow Shop 调度问题是一类排序问题，具有生产顺序相同的特点，因此可以采用基于产品排序的表达方式，将每个个体描述为一个可行的加工排序。如有 8 个待加工产品，产品编号为（1,2,3,4,5,6,7,8），随机产生一个序列（4,2,6,5,8,1,7,3），该序列中每个字符仅出现一次，字符在序列中出现的顺序即为产品的加工顺序。基于产品排序的表达方式可以保证随机产生的序列都为 Flow Shop 调度问题的可行解。

② 初始化　为了保证初始种群具有较高的质量和多样性，一般的做法是采用启发式规则生成一个高质量解，随机生成其余初始解。由于 NEH 启发式规则在求解 Flow Shop 调度问题时具有较好的效果，本节采用基于 NEH 启发式规则[12]的初始化方法。NEH 启发式规则算法步骤如下：

步骤 1：按各产品在所有设备上的加工时间总和 $T_i=\sum_{j=1}^{m}T_{ij}$ 递减的顺序排列，生成一个初始化排序；

步骤 2：取该排序中的前两个产品进行排序，从中选择部分调度目标值最好的排序，固定这两个产品的顺序；

步骤 3：从 k=3 到 n，依次将初始化排序中的剩余产品 k 插入到已固定的 k−1 个加工排序中的某个位置，使得子调度指标最小，并固定这 k 个产品的排序，直到所有产品调度完成。

由于本节研究的是产品处理时间不确定的问题，在采用 NEH 启发式规则生成初始种群时，对产品的最小处理时间 T_{ij}^{L}、最可能处理时间 T_{ij}^{M} 和最大处理时间 T_{ij}^{U} 分别进行 NEH 操作，得到 3 个质量较高的初始解，其余解随机生成，以保证初始种群的多样性。

③ 选择策略　采用一定的选择策略（截断选择、轮盘赌选择、锦标赛选择等）选出适应值较好的优质个体集合，根据此集合建立概率分布模型。

此处采用截断选择策略，将所有粒子的自身最优位置按调度目标值升序排列，选出其中调度目标值最小的前 Q 个个体作为优质个体集合。

该选择策略相比轮盘赌选择策略和锦标赛选择策略更为简便迅速。

④ 构建概率模型　采用 Pan 等[10]针对 Flow Shop 调度问题中产品加工排序和相似模块提出的一种概率模型。将产品 j 分配在调度排序中的第 i 个位置进行加工的概率如下：

$$\xi_{ij}=\begin{cases}\dfrac{\rho_{ij}}{\sum\limits_{l\in\Omega(i)}\rho_{il}} & ,i=1\\ \dfrac{\rho_{ij}}{2(\sum\limits_{l\in\Omega(i)}\rho_{il})}+\dfrac{\lambda_{j'j}}{2(\sum\limits_{l\in\Omega(i)}\lambda_{j'l})} & ,i=2,3,\cdots,n\end{cases} \tag{6-29}$$

其中，ρ_{ij} 表示在选择的优质个体集合中，产品 j 出现在位置 i 以及位置 i 以前的总次数，体现了调度排序中产品处理顺序的重要性。$\lambda_{j'j}$ 表示在选择的优质个体集合中，所有个体的所有位置上出现排序 (j',j) 的总次数，体现了调度排序中相似模块的重要性，j' 为当前采样个体在位置 $i-1$ 加工的产品。$\Omega(i)$ 表示当前采样个体中截止到位置 i 仍未被安排加工的产品集合。

下面以一个简单的例子介绍概率模型的构建过程。假设有 4 个待加工产品，选择的优质个体为 (1,3,4,2)、(2,1,4,3)、(3,4,2,1)。这 3 个个体中产品 1 出现在位置 1 及以前的总次数为 1，出现在位置 2 及以前的次数为 2。产品 2 出现在位置 1 及以前的个数为 1，出现在位置 2 及以前的个数为 1。依次类推，可以得到 $\boldsymbol{\rho}_{ij}$。这 3 个个体中出现（1,2）模块的次数为 0，出现（1,3）模块的次数为 1，出现（2,1）模块的次数为 2，出现（3,1）模块的次数为 0，依次类推，可得到 $\boldsymbol{\lambda}_{j'j}$。由于加工排序中每个产品只出现一次，因此 $\lambda_{j'j}$ 不会出现（1,1）、（2,2）、（3,3）、（4,4）模块，用“\”表示不会出现的模块。

$$\boldsymbol{\rho}_{ij}=\begin{bmatrix}1&1&1&0\\2&1&2&1\\2&2&2&3\\3&3&3&3\end{bmatrix}\qquad \boldsymbol{\lambda}_{j'j}=\begin{bmatrix}\backslash&0&1&1\\2&\backslash&0&0\\0&0&\backslash&2\\0&2&1&\backslash\end{bmatrix}$$

开始时 4 个待加工产品都未安排生产，因此 $\Omega(1)=\{1,2,3,4\}$。根据式 (6-29) 可以计算出在位置 1 加工各个产品的概率：

$$\xi_{11} = \frac{1}{1+1+1} = \frac{1}{3}$$

$$\xi_{12} = \frac{1}{1+1+1} = \frac{1}{3}$$

$$\xi_{13} = \frac{1}{1+1+1} = \frac{1}{3}$$

$$\xi_{14} = \frac{0}{1+1+1} = 0$$

假设安排产品 1 在位置 1 进行加工，则此时未加工产品集合为 $\Omega(2)=\{2,3,4\}$ 。根据式 (6-29) 可以计算出在位置 2 加工各个产品的概率（产品 1 除外，此时产品 1 已被安排在位置 1 进行加工）如下：

$$\xi_{22} = \frac{1}{2(1+2+1)} + \frac{0}{2(0+1+1)} = 0.125$$

$$\xi_{23} = \frac{2}{2(1+2+1)} + \frac{1}{2(0+1+1)} = 0.5$$

$$\xi_{24} = \frac{1}{2(1+2+1)} + \frac{1}{2(0+1+1)} = 0.375$$

其余 ξ_{ij} 可根据上述方法类推得到。

⑤ 采样　采样过程实际上是根据概率模型生成加工排序的过程。具体操作为：首先计算概率模型 $\boldsymbol{\xi}_{ij}$ 的行累积概率 $\boldsymbol{P}$，P_{ij} 表示 $\boldsymbol{\xi}_{ij}$ 的第 i 行上第 j 列之前的概率之和；然后生成一个随机数 ε（ $\varepsilon \in [0,1]$ ），若 $P_{i(j-1)} < \varepsilon \leqslant P_{ij}$，则第 i 个位置选择产品 j 进行加工。为了保证采样产生的个体为可行解，已分配的产品在后续位置不能再出现，因此令 $\xi_{kj}(k>i)=0$，并更新 $\boldsymbol{\xi}_{ij}$ 每一行的非零元素，使每行的元素之和仍为 1。完成对所有位置的产品分配即可采样生成一个可行的新个体。

如在上例中，首先可计算得到累积概率 $\boldsymbol{P}$ 的第 1 行，其中 * 为待定值：

$$\boldsymbol{P} = \begin{bmatrix} 1/3 & 2/3 & 1 & 1 \\ * & * & * & * \\ * & * & * & * \\ * & * & * & * \end{bmatrix}$$

假设随机产生一个 $\varepsilon = 0.3$，则 $\varepsilon < P_{11}$，第 1 个位置选择产品 1 进行

加工，**P** 的第 1 列中其他位置清零。然后根据概率模型计算 **P** 的第 2 行。

$$\boldsymbol{P}=\begin{bmatrix}1/3 & 2/3 & 1 & 1\\ 0 & 0.125 & 0.625 & 1\\ 0 & * & * & *\\ 0 & * & * & *\end{bmatrix}$$

再次随机产生一个数，如 $\varepsilon=0.5$，则 $P_{22}<\varepsilon\leqslant P_{23}$，第 2 个位置选择产品 3 进行加工。依次类推，可以为每个加工位置分配待加工产品，如（1,3,2,4），即采样得到了一个可行的加工排序。

重复采样过程 M 次，即可得到 M 个符合概率分布模型的采样个体，组成集合 $S(t)$。

⑥ 种群更新　根据 IPSO-EDA 算法的更新公式，即式 (6-28)，对粒子的位置进行更新。若粒子的调度目标值优于其历史最优解，则更新该粒子的 P_{best}；若该粒子的调度目标值优于全局最优解，则更新 G_{best}。

⑦ 局部搜索　采用局部搜索策略可以增强算法的局部搜索能力，提高算法的性能。本节采用一种基于插入操作的 NEH 局部搜索策略。其步骤如下：首先把当前最优解的排序作为初始排序，接着进行 NEH 启发式规则算法的步骤 2 和步骤 3，得到一个当前最优解的邻域解，判断此邻域解是否具有更好的调度目标值，是则更新最优解。考虑到局部搜索比较费时，设置一个参数 L 表示算法的最优调度目标值连续 L 代没有发生变化，此时对算法最优解进行上述局部搜索，这样可以在保证算法性能的同时提高算法的搜索速度。

（3）仿真及分析

为了验证 IPSO-EDA 算法求解不确定性中间存储时间有限 Flow Shop 调度问题的有效性，对 IPSO-EDA 算法进行了参数讨论和性能测试的仿真实验。仿真硬件环境为 Intel(R) Core 3.4GHz Station，4.0GB 内存，仿真软件平台为 Windows 7 操作系统，所涉及的算法均用 Matlab R2011b 编写。

目前的一些标准算例都是针对确定性调度问题的，而本节需要不确定的处理时间数据作为仿真实验数据，因此采用 Ghrayeb[13] 提出的一种方法对 Reeves[14] 设计的 Rec 标准算例进行模糊化，生成适用于模糊 Flow Shop 调度问题的算例。Rec 标准算例共包含 21 个算例，按规模大小可分为 7 组，以产品数 × 设备数的形式表示为 20×5、20×10、20×15、30×10、30×15、50×10、75×20，每个规模有 3 个不同的算例。按如下方法将标准算例模糊化：将标准算例中每一个确定的加工时间数据 x 转变为一个三角模糊数 $\left(x^{\mathrm{L}},x^{\mathrm{M}},x^{\mathrm{U}}\right)$。其中三角模糊数的左端点值 x^{L} 为 $\left[\delta_1 x,x\right]$ 之间的一个随机数，$0<\delta_1<1$，设置三角模糊数的最可能值 $x^{\mathrm{M}}=x$，三角模糊数的右端点值 x^{U} 为 $\left[x,\delta_2 x\right]$ 之间的一个随机数，$\delta_2>1$。在此，设置 $\delta_1=0.9$，$\delta_2=1.2$。针对中间存储时间有限 Flow Shop 调度问题，为了方便起见，设中间存储时间均为 *MST* 个时间单元。设置所有算法的运行终止条件为达到最大迭代次数 *MaxGen*。

智能优化算法的参数取值对算法性能有很大的影响。采用传统的参数讨论方法时有两种情况：一是尝试所有参数组合以找到合适的参数值，这需要花费大量的时间和精力；二是粗略地进行少量实验，这可能导致选取的参数值距离理想值有很大的差距。本节根据正交性挑选有代表性的部分参数组合，采用因子设计（Factorial Design，FD）方法 [15] 对 IPSO-EDA 算法的参数进行选取，能够在较短的时间内得到令人满意的参数取值。

IPSO-EDA 算法涉及 4 个关键参数，最大进化代数 *MaxGen*、种群规模 *NP*、优质个体规模 *Q*，以及最优解连续 *L* 代不发生变化的代数 *L*。*MaxGen* 在 $m\times n$ 附近取值时算法效果较好 [16]，*NP* 在 20 ～ 50 之间取值较好 [17]，*Q* 用 $q(\%)\times NP$ 并取整表示，*L* 用 $l(\%)\times MaxGen$ 表示。这 4 个参数分别被设置为 4 个因素，其中每个因素设置 3 个水平，如表 6-7 所示。采用全面实验共需要尝试 $3^4=81$ 组参数组合，采用正交设计只需要尝试 $3^2=9$ 组参数组合就能找到较好的参数值，很大程度上提高了效率。

表6-7　正交设计因素和水平表

因素	水平 1	水平 2	水平 3
MaxGen(1)	100	300	500
NP(2)	20	30	50
q(3)	25	50	100
l(4)	5	10	20

在模糊化 Rec 算例的每个规模中各取一个算例，即 Rec03、Rec09、Rec15、Rec21、Rec27、Rec33、Rec39，以正交设计表 $L_9(3^4)$ 为基础进行正交实验。正交实验共 9 组参数组合，用 Test1 到 Test9 表示，对每个算例在每组参数组合下分别运行 5 次，取 5 次运行的平均值列于表 6-8 中，则共需要 7×9×5=315 组实验。其中每个算例在所有参数组合下的最小的调度目标值加粗表示。

表6-8　不同参数组合下Rec算例的模糊最大完工时间

算例	测试 1	测试 2	测试 3	测试 4	测试 5	测试 6	测试 7	测试 8	测试 9
Rec03	1593.0	1610.3	1592.4	1583.9	1581.6	1581.6	1581.6	**1580.4**	1583.2
Rec09	2424.5	2442.6	2419.6	**2384.9**	2407.8	2389.0	2401.3	2388.5	2393.4
Rec15	3157.3	3127.6	3146.3	3086.0	3077.0	3045.9	3049.3	3040.2	**3022.1**
Rec21	3369.5	3344.0	3395.4	3359.4	3331.7	3309.7	**3271.9**	3319.7	3315.1
Rec27	4542.4	4499.6	4531.5	4484.1	4427.2	4492.5	4464.9	**4329.9**	4427.4
Rec33	6076.6	6099.0	6130.5	6088.1	**5961.5**	5995.6	6031.0	6057.6	6100.9
Rec39	14398.2	14299.3	14366.8	14043.1	13893.8	14098.6	13974.1	14068.2	**13767.6**

表 6-9 是以正交设计表 $L_9(3^4)$ 为基础的正交实验结果，图 6-10 给出了每个参数在不同水平下的趋势图。在表 6-8 的基础上根据式 (6-30) 计算相对百分偏差（Relative Percentage Deviation, RPD），并将每个参数组合下 7 个算例的平均相对百分偏差 $\overline{RPD}$ 作为实验结果，列于表 6-9 的最后一列。表 6-9 第 10 ～ 12 行，k_i 的第 j 列表示参数 j 在水平 i 上的 3 组实验结果 $\overline{RPD}$ 的平均值，SD 的第 j 列表示参数 j 的三个 k_i（k_1，k_2，k_3）的标准差 (Standard Deviation，SD)。对于每个参数，最小的 k_i 对应的水平 i 参数值最好，SD 越大说明该参数变动时对算法性能影响越大。表 6-9 第 10 ～ 12 行中每一列最小的 k_i 值被加粗表示，并给出了 SD 降序排列的排序值。

$$RPD(c_i) = \frac{c_i - c_i^*}{c_i^*} \times 100\% \tag{6-30}$$

其中，c_i 是表 6-8 中某个算例第 i 组参数组合的调度目标值；c_i^* 是该算例所有参数组合中最好的调度目标值。

表6-9　$L_9(3^4)$正交设计表及Rec算例正交实验结果

实验	因素				$\overline{RPD}$/%
	MaxGen	*NP*	*q*	*l*	
1	100(1)	20(1)	25(1)	5(1)	3.05
2	100(1)	30(2)	50(2)	10(2)	2.87
3	100(1)	50(3)	100(3)	20(3)	3.13
4	300(2)	20(1)	50(2)	20(3)	1.81
5	300(2)	30(2)	100(3)	5(1)	1.12
6	300(2)	50(3)	25(1)	10(2)	1.27
7	500(3)	20(1)	100(3)	10(2)	1.06
8	500(3)	30(2)	25(1)	20(3)	0.86
9	500(3)	50(3)	50(2)	5(1)	0.92
k_1	3.02	1.97	**1.73**	**1.70**	—
k_2	1.40	**1.62**	1.87	1.74	
k_3	**0.95**	1.78	1.77	1.93	
SD	1.09(1)	0.18(2)	0.07(4)	0.12(3)	

从表6-9和图6-10可以看出，最大迭代次数 *MaxGen* 的变化对IPSO-EDA算法的性能影响最大。*MaxGen* 设置过小会使算法在还没有完全收敛时就终止，降低算法的收敛精度；*MaxGen* 增大到一定程度后

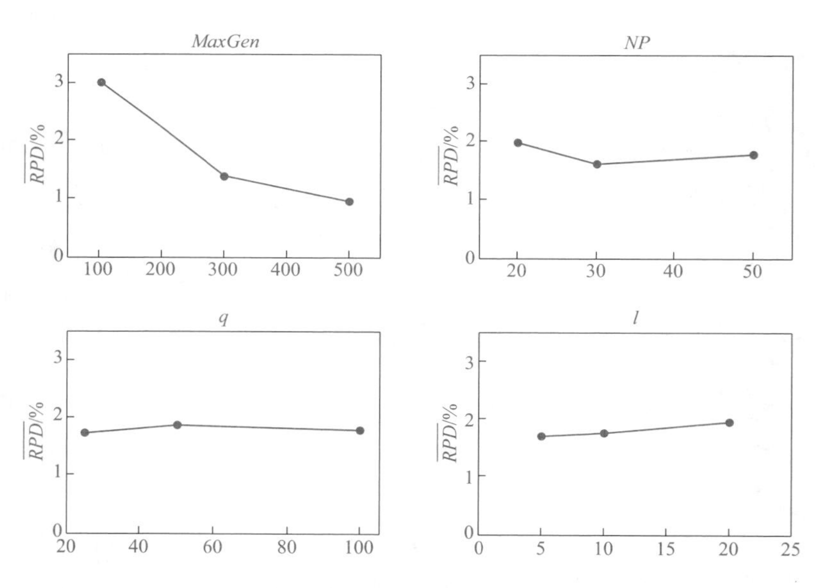

图6-10　IPSO-EDA算法参数变化趋势图

不再影响算法收敛精度，且 *MaxGen* 过大会增加算法的运行时间。合理设置 *MaxGen* 可以保证算法的收敛性。参数 *NP* 对算法的影响居第 2 位，*NP* 过小时包含的信息不够全面，从图 6-10 趋势图中可以看出 *NP* 取 30 时算法的收敛精度最高。参数 l 对算法影响居第 3 位，l 越小表示局部搜索次数越多，算法的收敛精度也越高，但过多的局部搜索对算法收敛精度影响趋于不明显，且会增加运行时间，因此需权衡运行时间和算法精度，合理设置参数 l。参数 q 对算法影响最小，优质个体规模 q 较小时可以建立更加准确的概率分布模型，从而提高算法的收敛精度。

综上，设置 $MaxGen$=500，NP=30，q=25，l=5 时算法收敛精度较高，性能较好。下一小节中与其他算法的对比实验也验证了 IPSO-EDA 算法具有较好的收敛精度和收敛速度。

通过设置不同的 *MST* 值可以研究不同 *MST* 情况下的调度问题，如 *MST*=0 表示零等待，$MST=\infty$ 表示中间存储无限，本节分别取 *MST*={0,10,50,100,500} 进行实验。对不同 *MST* 的情况，IPSO-EDA 算法独立运行 10 次，取 10 次的平均值，如图 6-11 所示，绘制了以 Rec29 为例的不同 *MST* 情况下模糊最大完工时间的变化趋势图。

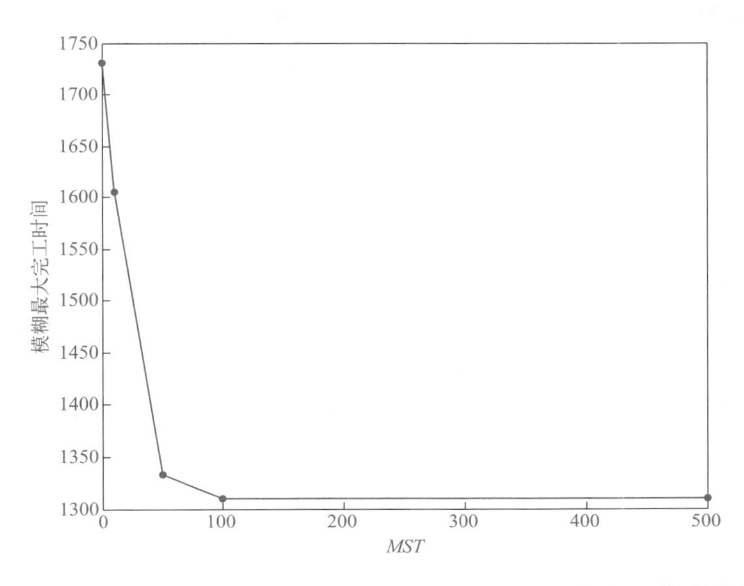

图 6-11 算例 Rec29 在不同 *MST* 情况下的模糊最大完工时间趋势图

从图 6-11 中可以看出，随着 MST 逐渐增大，完工时间越来越小，最后趋于稳定。不同的 MST 情况下模糊最大完工时间差别很大，这是由于中间产品在中间储罐中的可停留时间越小，说明限制越多，模糊最大完工时间也会相应较大。相反，中间产品在中间储罐中的可停留时间越大，说明限制越小，模糊最大完工时间也会相应较小。MST 达到某一阈值后，继续增大 MST 对模糊最大完工时间影响不大。合理利用这一特性可以帮助企业提高生产效率。之后的对比实验在 MST=10 的情况下进行。

权重系数 ∂ 反映了调度目标中对不确定度的侧重程度，本节取 $\partial=\{0,0.5,1\}$ 三种情况研究 ∂ 对调度问题的影响。$\partial=0$ 表示只考虑最小化模糊最大完工时间的值，不考虑完工时间的不确定度，$\partial=0.5$ 和 $\partial=1$ 时同时考虑了最小化模糊最大完工时间的值和不确定度，其中 $\partial=1$ 对不确定度的侧重较 $\partial=0.5$ 更大。表 6-12 给出了以 Rec29 为例的不同 ∂ 下的调度结果，将每个 ∂ 下 10 次运行结果的最小值（*min*）和平均值（*avg*）列于表 6-10 中。

表6-10　不同 ∂ 情况下的调度结果

∂	模糊调度结果	
	min	*avg*
0	2965	2990
0.5	4305	4490
1	5348	5655

可以看出，∂ 越大，目标函数中对模糊最大完工时间不确定度的侧重增大，导致调度目标值也越大。∂ 取何值要依赖具体的生产环境，如在不确定性因素影响较大的生产环境中，应该选择较大的 ∂ 值。在之后的对比实验中选择 $\partial=0.5$ 的情况进行实验。

本节提出的 IPSO-EDA 算法是一种基于 PSO 算法和 EDA 算法的混合算法，为了验证 IPSO-EDA 算法在求解不确定性中间存储时间有限 Flow Shop 调度时的效果，将 IPSO-EDA 算法与一种改进粒子群算法（GPSO）[11] 和一种有效分布估计算法（EDA）[18] 进行比较。每个算法独立运行 10 次，10 次结果中的最小值（*min*）、平均值（*avg*）、平均运行时间（*time*）如表 6-11 所示。每一行中最优的 *min*、*avg* 和 *time* 被加粗表示。

表6-11　IPSO-EDA算法与其他各算法的比较

算例	n×m	IPSO-EDA			GPSO			EDA		
		min	*avg*	*time*	*min*	*avg*	*time*	*min*	*avg*	*time*
Rec01	20×5	1870.5	1899.5	**24.0**	**1819.6**	**1889.4**	30.3	1913.8	1943.4	29.5
Rec03	20×5	1581.3	1613.0	**24.0**	**1556.1**	**1598.4**	29.9	1664.2	1675.5	29.6
Rec05	20×5	1820.1	1861.5	**23.9**	**1794.6**	**1821.9**	29.9	1808.1	1861.1	29.3
Rec07	20×10	2351.2	**2285.1**	**31.4**	**2305.5**	2387.6	39.6	2329.6	2365.3	35.6
Rec09	20×10	2381.4	2422.0	**30.8**	**2341.6**	**2420.2**	39.0	2509.1	2529.8	35.9
Rec11	20×10	2187.8	2222.9	**30.9**	2174.3	2216.9	38.6	**2143.1**	**2198.9**	34.9
Rec13	20×15	**3357.5**	**3505.8**	**37.5**	3419.3	3537.9	47.5	3502.8	3605.9	40.8
Rec15	20×15	3057.2	3160.0	**36.4**	3052.2	3198.0	47.3	**2992.7**	**3028.3**	41.0
Rec17	20×15	3095.2	**3182.1**	**37.7**	**3080.7**	3215.5	49.0	3176.4	3253.8	41.2
Rec19	30×10	**3540.9**	**3679.5**	**44.1**	3661.6	3751.0	53.8	3793.7	3887.8	53.9
Rec21	30×10	**3159.1**	**3367.8**	**44.0**	3271.4	3446.37	53.9	3439.7	3543.3	54.0
Rec23	30×10	**3251.6**	**3335.9**	**48.5**	3251.8	3431.7	53.6	3546.6	3726.0	53.3
Rec25	30×15	**4697.7**	**4882.1**	**48.5**	4720.4	4999.3	60.1	5082.6	5249.8	57.5
Rec27	30×15	**4364.6**	**4499.5**	**49.5**	4558.3	4756.2	60.4	4815.3	5147.9	58.2
Rec29	30×15	**4305.0**	**4489.7**	**47.8**	4472.2	4767.2	60.3	4877.3	4954.0	57.3
Rec31	50×10	**5419.2**	**5517.3**	**65.2**	5686.4	5815.9	71.6	6023.5	6392.2	86.7
Rec33	50×10	**6212.2**	**6379.6**	**66.2**	6648.4	7070.2	72.3	7421.9	7801.5	86.9
Rec35	50×10	**5838.0**	**5971.1**	**65.7**	6024.0	6410.6	72.3	6972.8	7284.1	87.6
Rec37	75×20	**11919.9**	**12569.2**	152.4	13695.7	14488.6	**144.7**	18316.0	19422.8	172.1
Rec39	75×20	**13347.7**	**13885.4**	149.1	15702.3	16266.1	**144.2**	20042.8	21748.8	172.5
Rec41	75×20	**12896.6**	**13294.4**	152.7	15146.8	15727.7	**147.1**	21074.5	22647.0	175.6

从表 6-11 可以看出，在一些规模较小的算例上，IPSO-EDA 算法没有明显的优势，优化性能较 GPSO 算法略差，但优于 EDA 算法，且运行时间最短。在规模较大的算例上，IPSO-EDA 算法优势非常明显，*min*、*avg* 和 *time* 指标均优于其他算法，说明 IPSO-EDA 算法在解的性能、稳定性以及运算时间上较其他算法具有优势。由于本节在构建概率分布模型时考虑调度排序中的加工顺序和相似模块，构建的概率分布模型是对实际模型的一种简化。当求解的问题规模较大时，每个解（用序列表示）的长度更长，包含的信息更多，概率分布模型更接近实际模型。

因此IPSO-EDA算法在求解大规模问题时表现出更加优越的性能。另外，IPSO-EDA算法只在最优解连续 L 代没有改进时对其进行简单有效的NEH局部搜索，对局部搜索的依赖不大，因此大大缩短了算法的运行时间。

以Rec29为例，GPSO、EDA和IPSO-EDA三种算法的收敛曲线对比图如图6-12所示。从图中可以看出，在相同的终止条件下，IPSO-EDA算法收敛值最小，搜索精度最高，GPSO算法其次，EDA算法得到的结果最差。且EDA算法收敛速度最慢，GPSO比IPSO-EDA算法收敛速度稍快，但陷入了局部极值，IPSO-EDA算法的收敛速度较快，而且搜索精度最高。综合比较收敛精度和收敛速度，本节提出的IPSO-EDA算法较其他两种算法具有优越性。

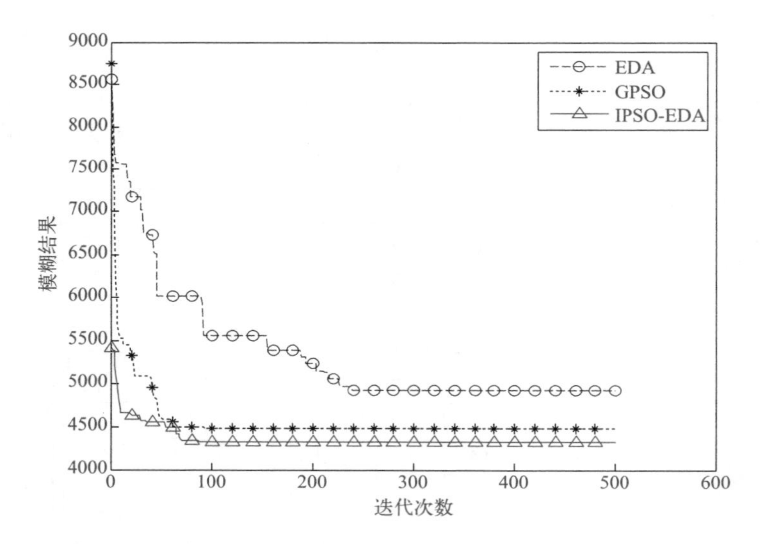

图6-12 算例Rec29的各算法收敛曲线对比图

6.2.2 基于改进分布估计算法的带并行机模糊混合Flow Shop调度

6.2.2.1 混合Flow Shop调度问题的模糊规划模型

带并行机（设备）的混合Flow Shop（Hybrid Flow Shop，HFS）问

题可以描述为：有 n 个产品 $J=\{1,2,\cdots,i,\cdots,n-1,n\}$ 要在 s 个处理阶段 $S=\{1,2,\cdots,j,\cdots,s-1,s\}$ 上进行加工，每个产品需要依次通过串行的 s 个处理阶段。每个处理阶段 j 有相同的 m_j 台备选设备供使用，且至少在一个阶段上存在并行设备即 $m_j \geqslant 2$，产品在每个阶段选择并行机中的任一设备进行加工即可。每台设备只能同时加工一个产品，每个产品只能同时在一台设备上进行加工，两个连续阶段之间的中间存储无限。HFS 问题的目标是为每个产品在每个阶段上选择一台合适的设备，同时安排好每台设备上待加工产品的加工顺序，使某个调度指标最优。本节研究处理时间不确定的 HFS 问题，用三角模糊数 $\tilde{T}_{\pi(i),j}$ 表示产品 $\pi(i)(i=1,\cdots,n)$ 在阶段 $j(j=1,\cdots,s)$ 上的不确定处理时间，调度目标是最小化模糊最大完工时间。

求解 HFS 的一个关键问题是如何定义解的结构，以保证调度解的可行性。目前对 HFS 问题调度解的表述方式主要有矩阵表述方式和向量表述方式两种。矩阵表述方式用一个 $s \times n$ 维的实数矩阵表示一个调度解。其中每个实数元素代表一个产品，实数的整数部分用来选择此产品的加工设备；小数部分用来排序，最终确定设备分配和产品在每台设备上的加工次序。矩阵表述方式可以完全避免不可行解，覆盖问题的整个求解空间。但存在以下不足，一是调度解与算法解的表述之间不是一一对应的，存在多个矩阵表示问题的同一个解的情况；二是矩阵表述方式操作繁琐，不利于新解的产生。向量表述方式用一个 n 维向量表示一个调度解，用第一个加工阶段的产品排序代表整个加工过程，调度解与算法解的表述之间是一一对应的，且操作简单，具有较好的效果。因此，本节采用向量表述方式。

采用向量表述方式的调度解实际上是第一个加工阶段的产品排序，将其用于整个加工过程时需要对其进行转化。本节使用表调度（List Scheduling，LS）算法 [19]，该算法遵循先到先加工的原则，即上一加工阶段中先完成加工的产品在下个加工阶段中优先加工，避免产生不必要的等待。在 LS 算法下每个加工阶段的产品加工顺序有可能不同。

最小化模糊最大完工时间的 HFS 问题模糊规划模型如式 (6-31) ～式

(6-36) 所示。其中 π_j 表示第 j 阶段的产品加工排序，$\pi_j(i)$ 表示第 j 阶段加工排序中第 i 个产品。$\tilde{C}_{\pi_j(i),j}$ 表示产品 $\pi_j(i)$ 在第 j 阶段的完工时间，由于本节研究的处理时间是模糊数，此处完工时间也是模糊数。调度目标是使所有产品在最后一个阶段 s 上的模糊最大完工时间最小。$I\tilde{M}_{k,j}$ 表示第 j 阶段中设备 k 进入空闲状态的时刻。$\arg\min\limits_{k}\left\{I\tilde{M}_k\right\}$ 表示 k 台并行机中进入空闲状态时刻最早的那台设备，即 NM_j 为第 j 阶段中最早可以使用的设备号。$\pi_j(i)=g\left\{\tilde{C}_{\pi_{j-1}(i),j-1}\right\}$ 定义为第 j 阶段的产品排序，是根据上一阶段产品完工时间从小到大的顺序决定的，即先到先加工。

$$\min\left\{\max_{i=1,2,\cdots,n}\tilde{C}_{\pi_s(i),s}\right\} \tag{6-31}$$

$$\begin{cases}\tilde{C}_{\pi_1(i),1}=\tilde{T}_{\pi_1(i),1} \\ I\tilde{M}_{i,1}=\tilde{C}_{\pi_1(i),1}\end{cases} \quad i=1,2,\cdots,m_1 \tag{6-32}$$

$$\begin{cases}\tilde{C}_{\pi_1(i),1}=\min\limits_{k=1,2,\cdots,m_1}\left\{I\tilde{M}_{k,1}\right\}+\tilde{T}_{\pi_1(i),1} \\ NM_1=\arg\min\limits_{k=1,2,\cdots,m_1}\left\{I\tilde{M}_{k,1}\right\} \quad i=m_1+1,m_1+2,\cdots,n \\ I\tilde{M}_{NM_1,1}=\tilde{C}_{\pi_1(i),1}\end{cases} \tag{6-33}$$

$$\pi_j(i)=g\left\{\tilde{C}_{\pi_{j-1}(i),j-1}\right\} \quad i=1,2,\cdots,n; j=2,3,\cdots,s \tag{6-34}$$

$$\begin{cases}\tilde{C}_{\pi_j(i),j}=\tilde{C}_{\pi_j(i),j-1}+\tilde{T}_{\pi_j(i),j} \\ I\tilde{M}_{i,j}=\tilde{C}_{\pi_j(i),j}\end{cases} \quad i=1,2,\cdots,m_j; j=2,3,\cdots,s \tag{6-35}$$

$$\begin{cases}\tilde{C}_{\pi_j(i),j}=\max\left\{\tilde{C}_{\pi_j(i),j-1},\min\limits_{k=1,2,\cdots,m_j}\left\{I\tilde{M}_{k,j}\right\}\right\}+\tilde{T}_{\pi_j(i),j} \\ NM_j=\arg\min\limits_{k=1,2,\cdots,m_j}\left\{I\tilde{M}_{k,j}\right\} \\ I\tilde{M}_{NM_j,j}=\tilde{C}_{\pi_j(i),j} \\ \qquad i=m_j+1,m_j+2,\cdots,n; j=2,3,\cdots,s\end{cases} \tag{6-36}$$

上述模型是一个递推过程，需要先计算出各个产品在第一阶段的完工时间，在此基础上确定第二阶段的加工排序及各个产品的完工时间，直到计算出最后一个阶段的完工时间。下面以一个加工时间为确定值的简单例子说明计算过程，该问题包含 4 个产品，3 个阶段，每个阶段有

2 台并行机，加工时间矩阵 $\boldsymbol{T}_{i,j}$ 为：

$$\boldsymbol{T}_{i,j}=\begin{bmatrix}1&5&2\\5&2&3\\2&1&5\\3&3&4\end{bmatrix}$$

假设第一阶段（Stage1）的加工排序为 π_1=(1, 2, 3, 4)，计算过程如下，图 6-13 为调度甘特图。

$$\text{Stage1}\begin{cases}C_{\pi_1(1),1}=IM_{1,1}=T_{\pi_1(1),1}=1\\C_{\pi_1(2),1}=IM_{2,1}=T_{\pi_1(2),1}=5\\C_{\pi_1(3),1}=\min\left\{IM_{1,1},IM_{2,1}\right\}+T_{\pi_1(3),1}=1+2=3\\NM_1=\arg\min\left\{IM_{1,1},IM_{2,1}\right\}=1\\IM_{1,1}=C_{\pi_1(3),1}=3\\C_{\pi_1(4),1}=\min\left\{IM_{1,1},IM_{2,1}\right\}+T_{\pi_1(4),1}=3+3=6\end{cases}$$

π_2=(1, 3, 2, 4)

$$\text{Stage2}\begin{cases}C_{\pi_2(1),2}=IM_{1,2}=C_{\pi_2(1),1}+T_{\pi_2(1),2}=1+5=6\\C_{\pi_2(2),2}=IM_{2,2}=C_{\pi_2(2),1}+T_{\pi_2(2),2}=3+1=4\\C_{\pi_2(3),2}=\max\left\{C_{\pi_2(3),1},\min\left\{IM_{1,2},IM_{2,2}\right\}\right\}+T_{\pi_2(3),2}=5+2=7\\NM_2=\arg\min\left\{IM_{1,2},IM_{2,2}\right\}=2\\IM_{2,2}=C_{\pi_2(3),2}=7\\C_{\pi_2(4),2}=\max\left\{C_{\pi_2(4),1},\min\left\{IM_{1,2},IM_{2,2}\right\}\right\}+T_{\pi_2(4),2}=6+3=9\end{cases}$$

π_3=(3, 1, 2, 4)

$$\text{Stage3}\begin{cases}C_{\pi_3(1),3}=IM_{1,3}=C_{\pi_3(1),2}+T_{\pi_3(1),3}=4+5=9\\C_{\pi_3(2),3}=IM_{2,3}=C_{\pi_3(2),2}+T_{\pi_3(2),3}=6+2=8\\C_{\pi_3(3),3}=\max\left\{C_{\pi_3(3),2},\min\left\{IM_{1,3},IM_{2,3}\right\}\right\}+T_{\pi_3(3),3}=8+3=11\\NM_3=\arg\min\left\{IM_{1,3},IM_{2,3}\right\}=2\\IM_{2,3}=C_{\pi_3(1),3}=11\\C_{\pi_3(4),3}=\max\left\{C_{\pi_3(4),2},\min\left\{IM_{1,3},IM_{2,3}\right\}\right\}+T_{\pi_3(4),3}=9+4=13\end{cases}$$

$$C_{\max}=\max\left\{C_{\pi_3(1),3},C_{\pi_3(2),3},C_{\pi_3(3),3},C_{\pi_3(4),3}\right\}=C_{\pi_3(4),3}=13$$

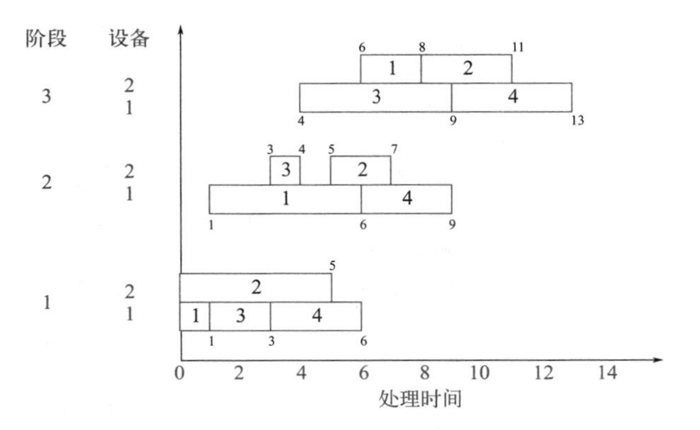

图 6-13　4 产品 3 阶段 HFS 问题甘特图

从图 6-13 中可以看出每个产品在每个阶段上加工时选择的设备、每台设备上产品的加工顺序以及产品在每台设备上的加工开始时间和完工时间。从甘特图中还可以看出 HFS 相对传统的 Flow Shop 排产更加紧密，可以大大缩短完工时间，提高生产效率。

6.2.2.2　基于模糊数排序方法的模型转化

采用 Lee-Li 模糊数排序方法，将建立的模糊规划模型转化为清晰的单目标规划模型。首先根据模糊运算的可分解性，将模糊调度模型分解为 3 个确定性模型。为了表示方便，记 $\tilde{Z}=\max\limits_{i=1,2,\cdots,n}\tilde{C}_{\pi_s(i),s}$，$\tilde{Z}$ 的三个端点值 $Z^{\mathrm{L}},Z^{\mathrm{M}},Z^{\mathrm{U}}$ 分别只与模糊处理时间 $\tilde{T}_{\pi(i),j}$ 的三个端点值 $T^{\mathrm{L}}_{\pi(i),j},T^{\mathrm{M}}_{\pi(i),j},T^{\mathrm{U}}_{\pi(i),j}$ 相关，可分别按确定模型进行求解。

$$\min\left\{\max_{i=1,2,\cdots,n}\tilde{C}_{\pi_s(i),s}\right\}=\min\{\tilde{Z}\}=\min\left\{Z^{\mathrm{L}},Z^{\mathrm{M}},Z^{\mathrm{U}}\right\}\tag{6-37}$$

然后根据 Lee-Li 模糊数排序方法，在已经计算得到 $Z^{\mathrm{L}},Z^{\mathrm{M}},Z^{\mathrm{U}}$ 的前提下，可以得到 $\tilde{Z}$ 的均值 $\bar{x}_P(\tilde{Z})$ 和 $\tilde{Z}$ 的标准差 $\sigma_P(\tilde{Z})$，进而将模糊调度目标转化为确定的单目标，如式 (6-38) 所示。

$$\min\left\{\max_{i=1,2,\cdots,n}\tilde{C}_{\pi_s(i),s}\right\}=\min\{\tilde{Z}\}=\min\left\{\bar{x}_p(\tilde{Z})+\partial\sigma_p(\tilde{Z})\right\}\quad(\partial\in[0,1])\tag{6-38}$$

6.2.2.3　求解模糊混合 Flow Shop 调度的改进分布估计算法

基本分布估计算法（EDA）利用统计学原理从宏观的角度建立优质

个体的概率分布模型，对种群的全局信息掌握比较全面，但是随着迭代次数的增加，种群多样性降低，算法容易陷入局部最优。

Ruiz 和 Stützle[20] 针对生产调度问题于 2007 年首次提出迭代贪婪算法（Iterated Greedy，IG）。该算法的核心是破坏重建操作，破坏重建操作步骤如下：

步骤 1：在一个加工排序 π 中随机选择 d 个不重复的产品组成排列 π_d，在原排序中删除这 d 个产品，剩余产品组成排列 π_r；

步骤 2：与前述的 NEH 启发式规则算法步骤 3 相似，依次将 π_d 中的 d 个产品插入到 π_r 中的某个位置，使目前的子调度指标最好即利用贪婪准则，然后更新 π_r；

步骤 3：直到 π_d 中所有产品插入完成，构造出一个完整的调度解，否则跳回步骤 2。

其中 d 为扰动规模，决定了对解的破坏程度。d 设置过大时算法与 NEH 启发式规则相似，d 设置过小会导致无法跳出局部极值，合理设置 d 可以避免算法过早陷入局部极值，提高算法性能。

考虑到破坏重建操作的这一特点，本节将破坏重建操作引入到分布估计算法中，提出一种改进的分布估计算法（Improved Estimation of Distribution Algorithm，IEDA），以弥补 EDA 算法容易陷入局部极值的缺点。并将 IEDA 应用于求解模糊 HFS 问题。

IEDA 算法的步骤如下：

① 确定编码和解码策略；

② 基于 NEH 和破坏重建策略初始化种群；

③ 评估并选择优势群体；

④ 更新概率分布模型；

⑤ 随机采样；

⑥ 生成新种群；

⑦ 局部搜索和多样性策略；

⑧ 判断最优解是否连续若干代没有改进，是则转向第⑨步，否则转向第⑩步；

⑨ 对最优解进行基于破坏重建策略的局部搜索；

⑩ 判断是否满足终止条件，是则停止迭代，输出最优解，否则返回第③步。

图 6-14 为 IEDA 算法的流程图，接下来对 IEDA 算法的重要步骤进行具体介绍。

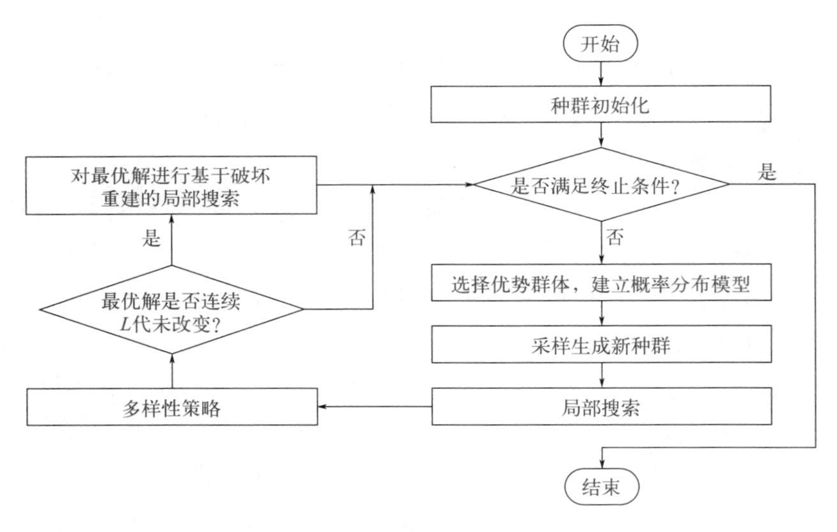

图 6-14 IEDA 算法流程图

（1）编码与解码

上文采用向量表述方式对 HFS 问题的解进行描述，为了操作方便，使用同样的编码方式以保证问题与算法对解的构造统一。IEDA 算法中的每个个体定义为产品在第一阶段的一个加工排序。例如，有 5 个待加工产品，这 5 个产品在第一阶段的一个加工排序 {2,3,4,5,1} 表示 IEDA 算法中的一个个体，也是一个可行的调度解。

HFS 问题的解码分为产品排序和设备分配两部分，根据上文提到的表调度算法进行解码。在第一阶段根据上述编码中确定的加工排序进行加工，在后续阶段按照先到先加工的方式进行加工，即 j 阶段最先完成加工的产品在 j+1 阶段最先进行加工，以减少产品不必要的等待。若前一阶段几个产品同时完工，则随机安排这些产品在当前阶段的加工排序。设备分配部分根据最先空闲设备规则，选择某阶段几台并行机中空闲时刻最早的设备作为产品在该阶段的加工设备。若几台并行机空闲时刻相同，则随机选择其中一台设备进行加工操作。

（2）初始化

算法的种群规模定义为 NP（Number of Population），为了使算法具有较好的初始解，初始化过程中需要保证初始种群具有较好的多样性且兼备一定的质量。NEH 启发式规则求解 Flow Shop 调度问题有较好的效果，Ruiz 等[21]指出对于 HFS 问题，NEH 性能也较好。因此本节对各产品模糊加工时间的最可能加工时间采用 NEH 启发式规则生成一个质量较高的解。此外考虑到初始种群中只有一个高质量的解时种群容易向该解迅速聚拢，在初始化过程中对 NEH 生成的高质量解进行破坏重建操作生成另一个高质量解，以提高初始种群中高质量解的多样性。其余解则随机生成。

（3）概率分布模型

分布估计算法通过构建概率分布模型并对其采样生成新种群，因此概率分布模型是否合适对 EDA 算法的性能影响很大。本节采用王圣尧等[8]提出的基于产品加工优先关系的概率分布模型。

采用 $n\times n$ 的矩阵 $\boldsymbol{\xi}$ 表示概率模型，ξ_{ij} 表示产品 j 出现在位置 i 或位置 i 之前的概率，即产品 j 在第一阶段的加工排序不迟于位置 i 的概率。ξ_{ij} 越大说明产品 j 被优先加工的概率越大。所有产品不迟于位置 i 加工的概率总和应为 1，因此，矩阵 $\boldsymbol{\xi}$ 的每行元素之和为 1。

概率分布模型如下：

$$\xi_{ij}(t)=\begin{cases}\dfrac{1}{iSP}\displaystyle\sum_{g=1}^{SP}\rho_{ij}^{g}(t) & \forall i,j;t=0\\(1-\alpha)\xi_{ij}(t-1)+\dfrac{\alpha}{iSP}\displaystyle\sum_{g=1}^{SP}\rho_{ij}^{g}(t) & \forall i,j;t\neq 0\end{cases}\tag{6-39}$$

其中，SP 为优势种群规模，采用截断选择策略，选择调度目标值最优的前 SP 个个体组成优势群体，并在此基础上建立概率分布模型。$\xi_{ij}(t)$ 表示第 t 次迭代中产品 j 出现在位置 i 或之前的概率，$t=0$ 时表示初始概率模型。ρ_{ij}^{g} 表示在选择的优势种群内，个体 g 中产品 j 出现在位置 i 及位置 i 以前的次数。$\alpha(0<\alpha<1)$ 为学习速率，通过对上一代概率模型以及当前代的优势种群统计信息进行学习，从而对概率分布模型进行更新。

假设有 4 个待加工产品，当前迭代次数为 1，已知优势种群规模为 3，优质个体为 (1,3,4,2)、(2,1,4,3)、(3,4,2,1)。假设初始概率模型 $\boldsymbol{\xi}_{ij}(0)$ 已知，则可计算出 $\boldsymbol{\rho}_{ij}(1)$。$\alpha = 0.3$ 时，根据 $\boldsymbol{\xi}_{ij}(0)$ 和 $\boldsymbol{\rho}_{ij}(1)$ 可得到更新后的概率分布模型 $\boldsymbol{\xi}_{ij}(1)$。

$$\boldsymbol{\xi}_{ij}(0)=\begin{bmatrix}0.25 & 0.25 & 0.25 & 0.25\\0.25 & 0.25 & 0.25 & 0.25\\0.25 & 0.25 & 0.25 & 0.25\\0.25 & 0.25 & 0.25 & 0.25\end{bmatrix}\qquad \boldsymbol{\rho}_{ij}(1)=\begin{bmatrix}1 & 1 & 1\\2 & 1 & 2\\2 & 2 & 2\\3 & 3 & 3\end{bmatrix}$$

$$\boldsymbol{\xi}_{ij}(1)=0.7\boldsymbol{\xi}_{ij}(0)+\frac{0.3}{3i}\boldsymbol{\rho}_{ij}(1)=\begin{bmatrix}0.2750 & 0.2750 & 0.2750 & 0.1750\\0.2750 & 0.2250 & 0.2750 & 0.2250\\0.2417 & 0.2417 & 0.2417 & 0.2749\\0.2500 & 0.2500 & 0.2500 & 0.2500\end{bmatrix}$$

（4）采样

先计算 $\boldsymbol{\xi}_{ij}$ 的行累积概率 P。随机数 $\mathcal{E}$ 满足 $P_{i(j-1)} < \varepsilon \leqslant P_{ij}$ 时在第 i 个位置选择产品 j 进行加工，并将概率模型的第 j 列全部设为零，同时更新 $\boldsymbol{\xi}_{ij}$ 每一行的非零元素，保证每行的元素之和仍为 1。重复上述操作直至对所有位置分配好加工产品，即采样生成了一个新个体。评估新个体，若其目标值优于上一代的个体，则替换掉原来的个体，否则保留原个体。反复采样替换直到产生 NP 个个体。

（5）局部搜索及多样性策略

传统的局部搜索都是在单一邻域内进行迭代以寻找该邻域内的最优解，但是不同的邻域结构可能覆盖不同的解空间，某个邻域中的最优解在其他邻域结构内不一定最优。因此，可以通过切换邻域找到更好的邻域解。为了提高算法的局部搜索能力，采用基于插入的邻域结构和基于交换的邻域结构两种邻域搜索模式，进行变邻域局部搜索。

为了加速局部搜索过程，对传统的变邻域局部搜索进行了改进，一旦发现当前邻域结构内有一个较好的邻域解则立即切换邻域，具体过程如下：首先对个体 π 进行基于插入的邻域搜索，一旦发现比 π 好的邻域解 π' 就切换邻域，对 π' 进行基于交换的邻域搜索，当发现优于 π' 的邻域解 π'' 时停止局部搜索，输出 π'' 替换 π 作为当前个体。

由于对所有个体进行局部搜索花费的时间太多，本节采用轮盘赌选择策略选中种群中的一个个体进行上述变邻域局部搜索。

为了增加种群多样性，避免算法陷入局部极值，采用基于破坏重建的多样性策略。随机选择群体中的两个个体 π_1 和 π_2 进行锦标赛选择，计算其调度目标值，若 π_1 的调度目标值优于 π_2，则 π_1 获胜。然后，对较优个体 π_1 进行破坏重建操作，用生成的新个体 π_{new} 替换掉较差个体 π_2，从而为种群增添了新成员，且去除了种群中相对较差的个体。

另外，在算法的最优解连续 5 代不发生改变时，对最优个体进行基于破坏重建策略的局部搜索。首先对最优个体进行破坏重建操作，考虑到运行时间，对最优个体进行 4 次破坏重建操作，生成 4 个新个体。然后对最优个体及这 4 个新个体进行上述变邻域局部搜索，用其中调度目标值最好的个体更新最优解。同时，为了使后续概率分布模型更新时可以包含该最优解的信息，用该最优解随机替换掉种群中的一个个体。

6.2.2.4 仿真及分析

为了说明提出的 IEDA 算法在解决模糊 HFS 问题时具有优越性，首先对算法参数进行设置，然后进行仿真实验，将 IEDA 与其他算法进行比较。由于目前没有不确定的处理时间数据适合作为模糊 HFS 问题的算例，本章以 Liao 等人 [22] 针对 HFS 提出的 10 个标准算例作为基础，采用 Ghrayeb[13] 提出的模糊化方法对 Liao 算例进行模糊化作为模糊 HFS 问题的仿真测试算例。Liao 算例规模较大，均为 30 产品 5 阶段的复杂算例，每一阶段的并行机数目服从 [3,5] 之间的均匀分布，产品加工时间范围为 [1,100]。模糊化过程如下：将 Liao 算例中每个确定的加工时间 T 转化为一个三角模糊数，三角模糊数左端点值在 $\left[\delta_1 T, T\right]$ 之间随机产生，$0<\delta_1<1$，右端点值在 $\left[T, \delta_2 T\right]$ 之间随机产生，$\delta_2>1$。在此，设置 $\delta_1=0.9$，$\delta_2=1.2$。经实验得知算法在迭代 200 次时已基本收敛，因此设置算法的运行终止条件为达到最大迭代次数 *MaxGen*=200。

所涉及的算法均用 Matlab R2011b 编写，仿真硬件环境为 Intel(R) Core 3.4GHz Station，4.0GB 内存，仿真软件平台为 Windows 7 操作系统。

（1）算法参数设置

对 IEDA 算法性能影响较大的参数主要有 4 个：种群规模 NP、优势群体规模 $SP=q(\%)\times NP$、学习速率 α 和扰动规模 d。采用正交实验设计方法对参数进行调节，将上述 4 个参数分别设置为 4 个因素，其中每个因素设置 3 个水平，如表 6-12 所示，只需要对 $3^2=9$ 组参数组合进行实验就可以找到较好的参数值。若采用全面实验，则一共需要进行 $3^4=81$ 次实验。可见正交实验设计很大程度上提高了效率。

表6-12　正交设计因素和水平表

因素	水平 1	水平 2	水平 3
$NP(1)$	20	30	50
$q(2)$	10	20	40
$\alpha(3)$	0.1	0.3	0.5
$d(4)$	3	4	5

对 10 个模糊化后的 Liao 算例进行正交实验。以正交设计表 $L_9(3^4)$ 为基础，共有 9 组参数组合 Test1 到 Test9，每个算例在每组参数组合下运行 5 次取平均值，结果如表 6-13 所示，共需 10×9×5=450 组实验。其中每个算例在所有参数组合下的最小的调度目标值加粗表示。

表6-13　不同参数组合下Liao算例的模糊最大完工时间

算例	测试 1	测试 2	测试 3	测试 4	测试 5	测试 6	测试 7	测试 8	测试 9
j30c5e1f	518.88	524.33	522.31	520.27	521.63	522.41	**518.44**	524.56	521.78
j30c5e2f	674.14	675.39	676.16	673.20	672.39	677.16	672.84	**672.14**	673.50
j30c5e3f	677.52	675.83	679.89	678.54	681.66	676.59	**675.09**	683.15	675.10
j30c5e4f	631.13	629.01	628.73	623.44	624.61	630.56	623.27	624.14	**623.03**
j30c5e5f	673.69	670.90	670.65	669.89	**665.42**	675.06	667.51	672.70	673.19
j30c5e6f	695.10	695.81	690.26	690.75	692.45	692.41	**689.10**	692.53	691.78
j30c5e7f	693.70	692.97	693.25	693.53	688.45	697.18	**688.02**	689.21	688.70
j30c5e8f	782.96	778.83	790.03	775.53	781.54	784.05	**774.92**	780.52	777.12
j30c5e9f	748.75	739.73	738.72	733.90	**732.41**	737.71	733.13	741.30	740.23
j30c5e10f	663.12	665.14	666.45	664.58	666.34	667.60	**661.22**	667.19	664.72

以表 6-13 的数据为基础，计算每个数据的相对百分偏差 RPD，并将每组参数组合下 10 个算例的平均相对百分偏差 $\overline{RPD}$ 作为正交实验结

果，如表 6-14 的最后一列所示。表 6-14 为包含 9 组参数组合的正交设计表 L9(3^4) 及正交实验结果。图 6-15 为每个因素在不同水平下的趋势图。

表6-14　$L_9(3^4)$正交设计表及Liao算例正交实验结果

测试	因素				$\overline{RPD}$/%
	NP	q	α	d	
1	20(1)	10(1)	0.1(1)	3(1)	0.85
2	20(1)	20(2)	0.3(2)	4(2)	0.73
3	20(1)	40(3)	0.5(3)	5(3)	0.83
4	30 (2)	10(1)	0.3(2)	5(3)	0.36
5	30(2)	20(2)	0.5(3)	3(1)	0.41
6	30(2)	40(3)	0.1(1)	4(2)	0.91
7	50(3)	10(1)	0.5(3)	4(2)	0.06
8	50(3)	20(2)	0.1(1)	5(3)	0.72
9	50(3)	40(3)	0.3(2)	3(1)	0.44
k_1	0.80	**0.42**	0.83	0.57	—
k_2	0.56	0.62	0.51	**0.56**	
k_3	**0.40**	0.73	**0.43**	0.63	
SD	0.20(2)	0.15(3)	0.21(1)	0.04(4)	

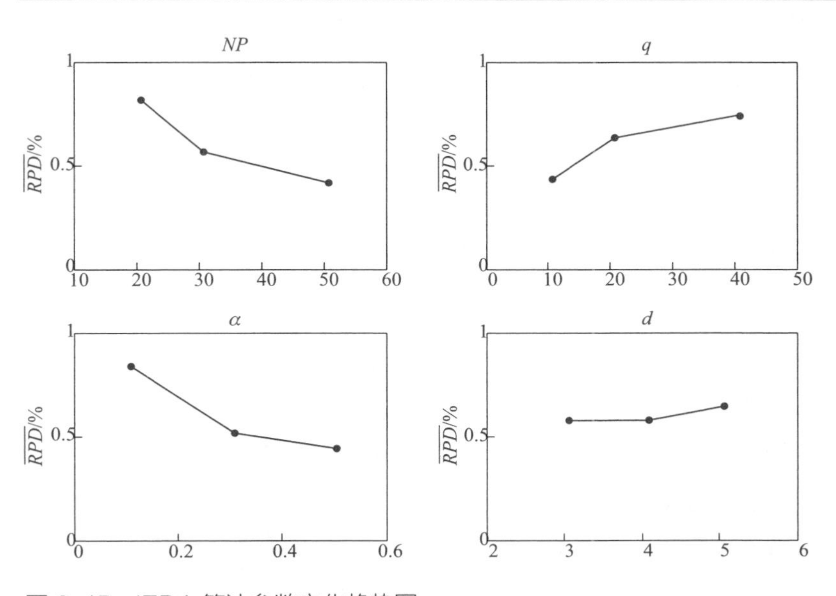

图 6-15　IEDA 算法参数变化趋势图

从表 6-14 和图 6-15 可以看出这 4 个参数对算法性能影响从大到小依次为：学习速率 α、种群规模 NP、优势种群规模 SP、扰动规模 d。经过详细分析，本节参数设置如下：$NP=50$，$q=10$，$\alpha=0.5$，$d=4$。

（2）算法性能测试

权重系数 ∂ 表示调度目标中对不确定度的侧重程度，∂ 越大调度目标对不确定度的侧重越大。调度目标的不确定度越小，说明在执行调度方案时受不确定环境的影响越小，越能得到满意的调度结果。本节对 $\partial=\{0,0.5,1\}$ 三种情况进行研究，以 j30c5e7f 为例，表 6-15 给出了不同 ∂ 下的实验结果。对每个 ∂ 独立运行 10 次，每次记录模糊最大完工时间平均数和不确定度这两个指标，取每个指标 10 次结果的平均值，分别记为 $\bar{Z}_a$ 和 $\bar{Z}_u$。

表6-15　不同 ∂ 情况下的调度结果

∂	$\bar{Z}_a$	$\bar{Z}_u$
0	632.85	206.83
0.5	673.55	30.43
1	695.20	13.16

可以看出随着 ∂ 增大，$\bar{Z}_u$ 会减小，与上述分析相符合。在接下来与其他算法进行对比的过程中我们选择 $\partial=0.5$ 的情况进行实验。

为了验证 IEDA 算法在求解模糊 HFS 问题时的优越性，选择以下两种常见的有效智能优化算法：分布估计算法（EDA）[9] 和贪婪迭代算法（IG）[20] 作为对比算法。为了保证仿真实验对比的公平性，IEDA 算法参数设置如上文所述，参与比较的 EDA 算法和 IG 算法参数设置与原文一致。所有算法在每个算例上都独立运行 10 次，将 10 次运行结果的最小值（*min*）、平均值（*avg*）和标准差（*STD*）记录如表 6-16 所示。每行中最优的 *min*、*avg*、*STD* 被加粗表示。

表6-16　IEDA/EDA/IG算法对比结果

算例	IEDA			EDA			IG		
	min	*avg*	*STD*	*min*	*avg*	*STD*	*min*	*avg*	*STD*
j30c5e1f	**517.90**	**521.62**	**3.35**	553.55	582.43	20.56	518.68	523.36	3.57
j30c5e2f	671.60	**674.05**	**1.73**	694.79	724.60	17.50	**670.31**	677.22	5.40

续表

算例	IEDA			EDA			IG		
	min	*avg*	*STD*	*min*	*avg*	*STD*	*min*	*avg*	*STD*
j30c5e3f	**661.06**	**676.97**	**10.07**	721.24	748.93	19.56	667.71	681.74	10.13
j30c5e4f	**618.09**	**625.38**	**5.46**	648.08	673.02	15.15	625.75	634.54	8.07
j30c5e5f	**660.54**	672.95	5.81	701.86	726.11	24.48	663.60	**672.07**	**5.71**
j30c5e6f	686.12	691.60	4.47	734.17	760.19	16.34	**685.50**	**691.40**	**3.86**
j30c5e7f	**680.56**	**690.79**	5.49	713.67	730.44	10.11	695.63	704.77	**4.96**
j30c5e8f	**763.99**	**779.14**	**7.45**	820.09	852.13	25.25	776.20	799.28	15.82
j30c5e9f	**723.80**	**737.56**	**8.00**	774.96	807.73	21.80	734.80	748.99	10.85
j30c5e10f	**651.12**	**663.62**	8.46	735.78	757.06	20.19	666.95	676.63	**5.98**

同时以 j30c5e4f 和 j30c5e7f 两个算例为例，图 6-16 和图 6-17 给出了上述 3 种算法运行 10 次中最好结果的收敛曲线对比图。

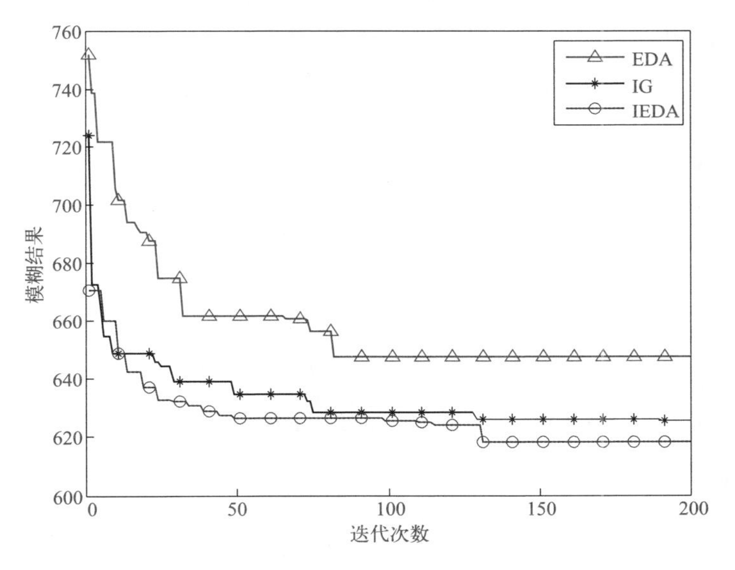

图 6-16　算例 j30c5e4f 的各算法收敛曲线图

从表 6-16 可以看出，对于大多数算例，IEDA 算法在最小值、平均值、标准差 3 个指标上都优于其他两个算法，只在少数算例上比 IG 算法略差，说明本节对分布估计算法的改进有效。分析这 3 个指标可以看出 IEDA 算法在收敛精度及稳定性方面具有较好的性能，不过这是以花费较多 CPU 运行时间为代价的。从图 6-16、图 6-17 的收敛曲线对比中可以看出，三种算法中 EDA 收敛速度最快，但陷入了局部最优，收敛精度较差，IEDA 收敛速度稍慢，但收敛精度最好，IG 收敛精度居中。整体来说，本节提出的 IEDA 算法在求解模糊 HFS 问题时效果最好。

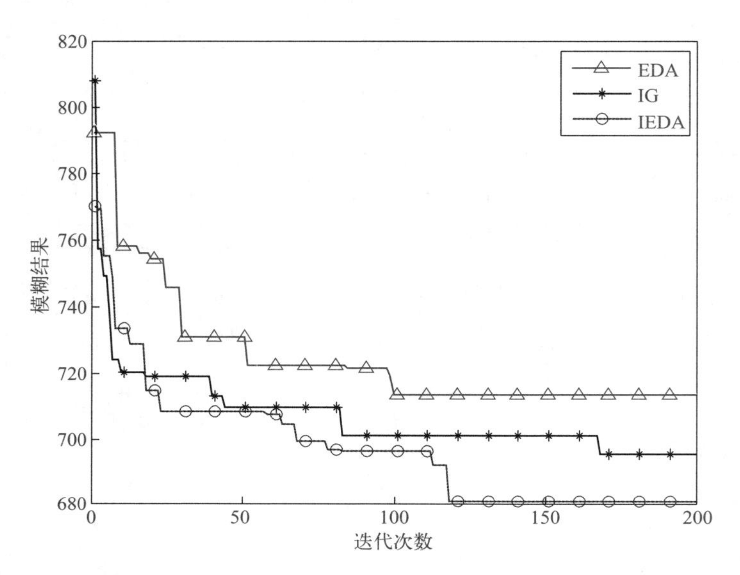

图 6-17　算例 j30c5e7f 的各算法收敛曲线图

6.3 基于分散搜索机制粒子群算法的模糊 Flow Shop 提前拖期调度 [5]

6.3.1　不确定 Flow Shop 提前拖期调度的模糊规划模型

不确定条件下 Flow Shop 调度问题可描述为：有 n 个工件要在 m 台机器上加工，所有工件都有 m 道工序，每道工序在不同的机器上完成。所有工件遵循相同的加工路径，需要满足以下约束：①工件加工过程无中断；②所有工件可以在零时刻投入生产；③每个工件只能在一台机器上进行一次加工；④加工顺序约束——工件 i 需要在第 $j-1$ 台机器上完成加工后才能进入下一台机器 j 进行加工；⑤资源约束——工件 i 需要在其前一工件 $i-1$ 在某一台机器完工后，才能进入该机器进行加工；⑥所有相邻机器间拥有无限的中间存储空间和存储时间。问题的目标是求 n 个工件的最优加工排序，使某项调度指标最优化。

定义 $\tilde{T}_{ij}$ 为工件 i 在机器 j 上的加工处理时间，包含了装配时间、传输时间、加工时间、卸载时间以及清洗时间等，用三角模糊数表示。定义 $\tilde{S}_{ij}$ 和 $\tilde{C}_{ij}$ 分别表示工件 i 在机器 j 上的加工开始时间和完工时间，由于产品的处理时间是不确定量，加工开始时间和完工时间也是不确定量。产品 i 的最后一道工序的完工时间为 $\tilde{c}_i=\tilde{C}_{im}$。

带交货期窗口的提前拖期调度思想是：产品完工时间在交货期窗口内则不受惩罚，否则早于最早交货期或迟于最晚交货期都会受到惩罚。给定工件 i 的交货期窗口为 $[e_i,t_i]$，其中 e_i 为工件 i 的最早交货期，t_i 为工件 i 的最晚交货期。同时给定工件 i 的提前惩罚权重 h_i 和拖期惩罚权重 w_i。提前拖期调度的调度目标是求解最优加工排序，使所有产品的提前拖期惩罚总和最小。

处理时间不确定的 Flow Shop 提前拖期调度模型如下：

$$\min\{\tilde{G}=\sum_{i=1}^{n}[h_i\max(0,e_i-\tilde{c}_i)+w_i\max(0,\tilde{c}_i-t_i)]\} \tag{6-40}$$

$$\begin{cases}\tilde{C}_{11}=\tilde{T}_{11} & \\ \tilde{C}_{1j}=\tilde{C}_{1(j-1)}+\tilde{T}_{1j} & j=2,\cdots,m \\ \tilde{C}_{i1}=\tilde{C}_{(i-1)1}+\tilde{T}_{i1} & i=2,\cdots,n \\ \tilde{C}_{ij}=\max\{\tilde{C}_{i(j-1)},\tilde{C}_{(i-1)j}\}+\tilde{T}_{ij} & i=2,\cdots,n;j=2,\cdots,m \\ \tilde{c}_i=\tilde{C}_{im} & i=1,2,\cdots,n\end{cases} \tag{6-41}$$

式 (6-40) 为调度目标，其中 $h_i\max(0,e_i-\tilde{c}_i)$ 为工件 i 早于最早交货期完工时的提前惩罚，$w_i\max(0,\tilde{c}_i-t_i)$ 为工件 i 迟于最晚交货期完工时的拖期惩罚。调度目标希望尽量多的工件都能在交货期内完工，使所有 n 个工件的提前以及拖期惩罚之和最小。由于模糊 Flow Shop 提前拖期调度模型只涉及模糊加法和模糊极大这两种运算，因此根据可分解性原理，可以先将原模糊规划模型转化为清晰的多目标规划模型。

根据工件 i 模糊处理时间 $\tilde{T}_{ij}$ 的最小值 T_{ij}^{L} 对其模糊完工时间的最小值 c_i^{L} 进行求解，如式 (6-42) 所示。根据工件 i 模糊处理时间 $\tilde{T}_{ij}$ 的最可能值 T_{ij}^{M} 对其模糊完工时间的最可能值 c_i^{M} 进行求解，如式 (6-43) 所示。根据工件 i 模糊处理时间 $\tilde{T}_{ij}$ 的最大值 T_{ij}^{U} 对其模糊完工时间的最大值 c_i^{U} 进行求解，如式 (6-44) 所示。

进而，模糊目标函数式 (6-40) 可以转化为如式 (6-45) 所示的多目标函数。

$$\begin{cases} C_{11}^{\mathrm{L}} = T_{11}^{\mathrm{L}} & \\ C_{1j}^{\mathrm{L}} = C_{1(j-1)}^{\mathrm{L}} + T_{1j}^{\mathrm{L}} & j = 2,\cdots,m \\ C_{i1}^{\mathrm{L}} = C_{(i-1)1}^{\mathrm{L}} + T_{i1}^{\mathrm{L}} & i = 2,\cdots,n \\ C_{ij}^{\mathrm{L}} = \max\{C_{i(j-1)}^{\mathrm{L}}, C_{(i-1)j}^{\mathrm{L}}\} + T_{ij}^{\mathrm{L}} & i = 2,\cdots,n; j = 2,\cdots,m \\ c_i^{\mathrm{L}} = C_{im}^{\mathrm{L}} & i = 1,2,\cdots,n \end{cases} \tag{6-42}$$

$$\begin{cases} C_{11}^{\mathrm{M}} = T_{11}^{\mathrm{M}} & \\ C_{1j}^{\mathrm{M}} = C_{1(j-1)}^{\mathrm{M}} + T_{1j}^{\mathrm{M}} & j = 2,\cdots,m \\ C_{i1}^{\mathrm{M}} = C_{(i-1)1}^{\mathrm{M}} + T_{i1}^{\mathrm{M}} & i = 2,\cdots,n \\ C_{ij}^{\mathrm{M}} = \max\{C_{i(j-1)}^{\mathrm{M}}, C_{(i-1)j}^{\mathrm{M}}\} + T_{ij}^{\mathrm{M}} & i = 2,\cdots,n; j = 2,\cdots,m \\ c_i^{\mathrm{M}} = C_{im}^{\mathrm{M}} & i = 1,2,\cdots,n \end{cases} \tag{6-43}$$

$$\begin{cases} C_{11}^{\mathrm{U}} = T_{11}^{\mathrm{U}} & \\ C_{1j}^{\mathrm{U}} = C_{1(j-1)}^{\mathrm{U}} + T_{1j}^{\mathrm{U}} & j = 2,\cdots,m \\ C_{i1}^{\mathrm{U}} = C_{(i-1)1}^{\mathrm{U}} + T_{i1}^{\mathrm{U}} & i = 2,\cdots,n \\ C_{ij}^{\mathrm{U}} = \max\{C_{i(j-1)}^{\mathrm{U}}, C_{(i-1)j}^{\mathrm{U}}\} + T_{ij}^{\mathrm{U}} & i = 2,\cdots,n; j = 2,\cdots,m \\ c_i^{\mathrm{U}} = C_{im}^{\mathrm{U}} & i = 1,2,\cdots,n \end{cases} \tag{6-44}$$

$$\begin{cases} \min\{G^{\mathrm{L}} = \sum_{i=1}^{n}[h_i \max(0, e_i - c_i^{\mathrm{L}}) + w_i \max(0, c_i^{\mathrm{L}} - t_i)]\} \\ \min\{G^{\mathrm{M}} = \sum_{i=1}^{n}[h_i \max(0, e_i - c_i^{\mathrm{M}}) + w_i \max(0, c_i^{\mathrm{M}} - t_i)]\} \\ \min\{G^{\mathrm{U}} = \sum_{i=1}^{n}[h_i \max(0, e_i - c_i^{\mathrm{U}}) + w_i \max(0, c_i^{\mathrm{U}} - t_i)]\} \end{cases} \tag{6-45}$$

其中，对 G^{L}、G^{M}、G^{U} 同时求极值即要求原目标函数 $\tilde{G}=(G^{\mathrm{L}},G^{\mathrm{M}},G^{\mathrm{U}})$ 在最理想情况、最可能情况和最不理想情况下的值都尽可能小。

为了表达方便，记 $Z_1=G^{\mathrm{L}}$，$Z_2=G^{\mathrm{M}}$，$Z_3=G^{\mathrm{U}}$，接下来利用Zimmermann算法求解 $Z_i(i=1,2,3)$ 的正、负理想值 $Z_i^{\mathrm{PIS}}(i=1,2,3)$ (Positive Ideal Solution, PIS) 和 $Z_i^{\mathrm{NIS}}(i=1,2,3)$ (Negative Ideal Solution，NIS)：

$$\begin{cases} Z_1^{\mathrm{PIS}}=\min\{G^{\mathrm{L}}\} & Z_1^{\mathrm{NIS}}=\max\{G^{\mathrm{L}}\} \\ Z_2^{\mathrm{PIS}}=\min\{G^{\mathrm{M}}\} & Z_2^{\mathrm{NIS}}=\max\{G^{\mathrm{M}}\} \\ Z_3^{\mathrm{PIS}}=\min\{G^{\mathrm{U}}\} & Z_3^{\mathrm{NIS}}=\max\{G^{\mathrm{U}}\} \end{cases} \tag{6-46}$$

据此得到关于 Z_i 满意程度的隶属函数 $\mu_{Z_i}(x)(i=1,2,3)$ 如下式：

$$\mu_{Z_i}(x)=\begin{cases} 0 & x>Z_i^{\mathrm{NIS}} \\ \dfrac{Z_i^{\mathrm{NIS}}-x}{Z_i^{\mathrm{NIS}}-Z_i^{\mathrm{PIS}}} & Z_i^{\mathrm{PIS}}\leqslant x\leqslant Z_i^{\mathrm{NIS}} \quad i=1,2,3 \\ 1 & x<Z_i^{\mathrm{PIS}} \end{cases} \tag{6-47}$$

对于每一个给定的工件排序，可以求得一个用三角模糊数表示的提前拖期惩罚之和 $\tilde{G}=(G^{\mathrm{L}},G^{\mathrm{M}},G^{\mathrm{U}})$，进而求得 $\tilde{G}=(G^{\mathrm{L}},G^{\mathrm{M}},G^{\mathrm{U}})$ 在最理想情况、最可能情况、最不理想情况这三种情况下的三个隶属函数，即 $\mu_{Z_1}(x)$、$\mu_{Z_2}(x)$、$\mu_{Z_3}(x)$。最后，根据“中间值最大隶属度”的思想，可以进一步将多目标规划模型转化为如式(6-48)和式(6-49)所示的单目标规划模型，把最大化加权满意度作为目标。

$$\max\left\{\Gamma\alpha^{\mathrm{L}}+\left(1-\Gamma\right)\alpha^{\mathrm{U}}\right\} \tag{6-48}$$

$$\text{s.t.}\quad\begin{cases} \alpha^{\mathrm{L}}\leqslant\mu_{Z_i}\leqslant\alpha^{\mathrm{U}},\ i=1,3 \\ \alpha^{\mathrm{U}}\leqslant\mu_{Z_2} \\ \alpha^{\mathrm{L}},\alpha^{\mathrm{U}}\in\left[0,1\right] \end{cases} \tag{6-49}$$

其中，α^{L} 表示 $\mu_{Z_i}(x),i=1,2,3$ 的最小值，α^{U} 表示 $\mu_{Z_i}(x),i=1,2,3$ 的最大值。实际情况中，人们一般对最可能情况更为关注，希望在最可能情况下具有较高的满意程度，而对在最理想情况和最不理想情况这两种极端情况下的满意程度要求较低。因此，希望 $\mu_{Z_i}(x),i=1,2,3$ 的最大值在 $\mu_{Z_2}(x)$ 处取得。同时为了兼顾不确定性所带来的其他可能情况，目标

函数中也考虑了 α^{L} 因素，把 α^{U} 和 α^{L} 的加权值作为最终目标。补与算子 $\Gamma \in [0,1]$ 反映了决策者的积极和消极程度。Γ越小，决策者对最可能情况下的满意度 α^{U} 侧重越多，决策越积极。例如，$\Gamma = 0.3$ 表示决策者有 70% 的把握认为最可能的情况会发生，30% 的把握认为其他可能情况会发生。在综合考虑了各种情况后计算上述目标，则可以保证得到的决策方案在实际实施中具有较好的适应性，即无论何种情况发生，调度方案的提前拖期惩罚之和都在可以接受的范围之内。相比之下，按照传统的确定性方法得到的调度方案只考虑了一种情况，在不确定情况发生时可能会不适用。

6.3.2 求解模糊 Flow Shop 提前拖期调度的分散搜索机制粒子群算法

粒子群优化算法由于结构简单、收敛速度快等优点已成功用于求解 Flow Shop 调度问题，但是粒子群优化算法容易陷入局部最优解。本节从提高粒子群多样性的角度，将分散搜索算法和粒子群算法相结合，提出一种有效的基于分散搜索机制的粒子群算法，用于求解模糊 Flow Shop 提前拖期调度问题。

（1）基本粒子群算法

假设粒子群中的第 i 个粒子在 n 维空间中的位置表示为 $\boldsymbol{X}_i = (x_{i1}, x_{i2}, \cdots, x_{in})$，速度 $\boldsymbol{V}_i = (v_{i1}, v_{i2}, \cdots, v_{in})$ 决定了粒子 $\boldsymbol{x}_i$ 在搜索空间中单次迭代的位移。$\boldsymbol{P}_i = (p_{i1}, p_{i2}, \cdots, p_{in})$ 代表粒子 i 记忆中的自身最优位置，用 $\boldsymbol{P}_{\text{best}}$ 表示。$\boldsymbol{P}_g = (p_{g1}, p_{g2}, \cdots, p_{gn})$ 表示种群内所有粒子的最优位置，用 $\boldsymbol{G}_{\text{best}}$ 表示。粒子群算法的更新公式为：

$$v_{id}(t+1) = \omega v_{id}(t) + c_1 r_1 \left(p_{id}(t) - x_{id}(t)\right) + c_2 r_2 \left(p_{gd}(t) - x_{id}(t)\right) \tag{6-50}$$

$$x_{id}(t+1) = v_{id}(t+1) + x_{id}(t) \tag{6-51}$$

其中，t 表示当前迭代次数，d 表示问题空间的某一维度，ω 为惯性权重（Inertia Weight），c_1 和 c_2 是加速因子，控制一次迭代中粒子移动的距离，r_1 和 r_2 是 [0,1] 区间的两个随机数，x_{id}、v_{id} 分别是粒子 i 在第 d 维的位置和速度。每个粒子 i 都将根据迭代速度、自身最优位置 $\boldsymbol{P}_i$ 和全

局最优位置 $\boldsymbol{P}_g$ 移向下一个位置。

（2）基本分散搜索算法

分散搜索（Scatter Search, SS）算法是 Glover 于 1977 年为解决整数规划问题而提出的一种基于启发式的进化算法[23]。分散搜索算法是一种全局搜索进化算法，通过对一个规模较小的参考集（Reference Set, RefSet）进行选择、组合、改进等操作，采用系统的方式构造新解，减少搜索过程的随机性。同时分散搜索算法具有记忆性，通过存储高质量解以及多样性解，可以避免算法陷入局部最优。分散搜索算法主要由以下 5 个部分组成[24]：多样性初始解生成、解改进、参考集更新、子集生成、子集合并。该算法具有柔性的框架，每个部分都可以根据求解问题的不同而采用多种不同的实现方法。其基本流程如下：

① 多样性初始解生成，采用多样化生成方法产生初始解集 Pop；

② 解改进，采用改进策略改进初始解集中的解；

③ 构建参考集，在解集中选择 b_1 个高质量解构建高质量解集 RefSet1，b_2 个多样性解构建多样性解集 RefSet2，RefSet1 和 RefSet2 共同构成参考集 RefSet；

④ 子集生成，在 RefSet 中迭代选择解构成子集；

⑤ 子集合并，对每个子集采用组合策略进行组合，生成新解；

⑥ 解改进，采用改进策略对新解进行改进，改进后的解构成一个新解集 NewSet；

⑦ 参考集更新，Pop=RefSet ∪ NewSet，从 Pop 中选择 b_1 个高质量解、b_2 个多样性解更新参考集 RefSet；

⑧ 判断是否满足终止条件，是则结束迭代，输出结果，否则转至第④步继续迭代。

图 6-18 为 SS 算法流程示意图，其中一个圆圈代表一个解深色的圆圈表示经过改进的解。

（3）基于分散搜索机制的粒子群算法

粒子群算法结构简单易实现，搜索速度快。但粒子群算法是一种随机优化算法，随着迭代次数的增加，种群中粒子会向搜索空间中某个局部最优解聚拢，种群的多样性会逐渐降低，最终导致算法早熟。分散搜

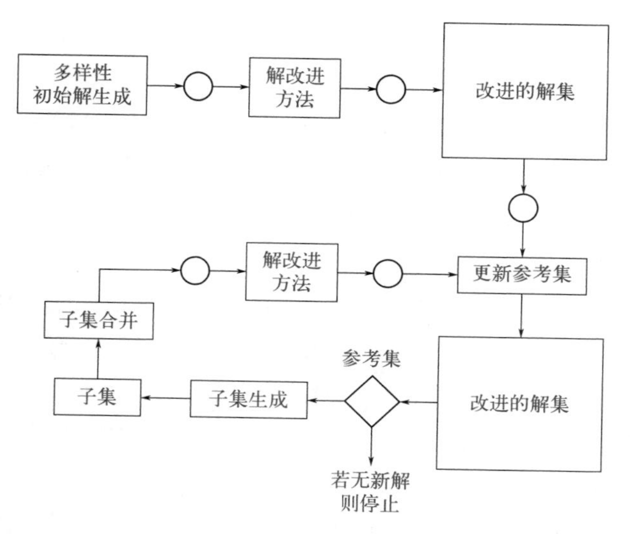

图 6-18　SS 算法流程示意图

索算法运用“分散 - 收敛集聚”迭代机制，可以保持解的多样性，保证算法的全局搜索能力，且解改进策略实际是一种局部搜索策略，可以保证算法的局部搜索能力。分散搜索算法注重采用系统性方法组合子集、产生新解，较少依赖随机搜索，但子集组合产生新解的过程耗时较多。可以看出，这两种智能优化算法的特点在一定程度上可以互补。因此，本节提出一种基于分散搜索机制的粒子群算法（Scatter Search based Particle Swarm Optimization, SSPSO）。图 6-19 为基于分散搜索机制的粒子群算法的流程图。

首先利用 PSO 算法进行搜索。当算法的最优解连续 L 代没有更新时，说明 PSO 算法更新效果不明显，可能陷入了局部最优。当该情况发生时，开始进行 SS 算法操作。在多样性初始解生成部分利用种子解（Seed Solution）算法 [25]，以当代 $\boldsymbol{G}_{\text{best}}$ 为种子生成分散搜索算法的初始解集。在参考集 RefSet 中更新高质量解和多样性解，前者本质上是一种贪婪算法，可以记忆历史较优解、寻找更好的解，以保证算法收敛，后者可以增加种群多样性、扩大搜索范围、有效地避免算法陷入局部极值。

当 SS 算法找不到更好的解时，将其找到的最优解作为新的 $\boldsymbol{G}_{\text{best}}$，并重新开始进行 PSO 算法操作。重复上述操作直到满足终止条件为止。

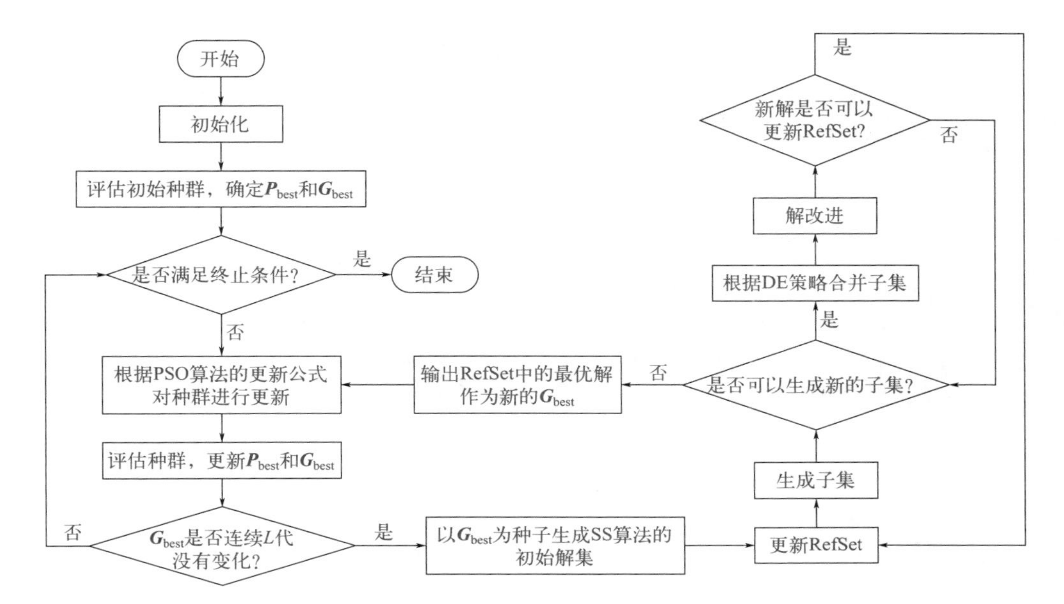

图 6-19 SSPSO 算法流程图

另外，本节在 SS 算法中采用差分进化思想作为子集合并策略，同时采用动态参考集更新方法和临界准则[26]加快收敛速度。

（4）求解模糊 Flow Shop 提前拖期调度的 SSPSO 算法

利用 SSPSO 算法求解模糊 Flow Shop 提前拖期调度时涉及以下几个重要部分，下面对其进行详细解释。

① 初始化与编码　基于分散搜索机制的粒子群算法在初始化时采用随机初始化方法，种群中各粒子的位置和速度范围设置如下：$x_{min}=0$，$x_{max}=4$，$v_{min}=-4$，$v_{max}=4$。粒子的维数由加工工件的数量 n 决定。例如 $\boldsymbol{x}_i=(2.5,0.3,3.7,2.4,1.9)$ 代表维数为 5 的粒子 i。SSPSO 算法通过预先设定最大迭代次数作为算法的终止条件，最大迭代次数 $MaxGen$=100。

SSPSO 算法种群中个体编码采用实数编码，具有连续本质，最初用于求解函数优化问题，不能直接用于求解组合优化问题。Tasgetiren[27]等提出的最小位置值（Smallest Position Value, SPV）规则包含了 Flow Shop 调度问题的所需信息。因此，本节采用基于 SPV 规则的编码方式。

表 6-17 为 SPV 编码方式的一个具体实例。粒子 $\boldsymbol{x}_i=(2.5,0.3,3.7,2.4,$

1.9) 经过 SPV 规则编码为调度排序 (2,5,4,1,3) 。编码过程如下：将粒子位置最小值 $x_{i2}=0.3$ 所在的维度（即维度 2）作为调度排序中第一个被安排加工的工件，次小值 $x_{i5}=1.9$ 所在的维度（即维度 5）作为调度排序中第二个被安排加工的工件，依次类推直到所有维度转化完成，即可生成一个完整的调度排序。

表6-17　最小位置值（SPV）编码规则

维度	1	2	3	4	5
x_i	2.5	0.3	3.7	2.4	1.9
加工序列	2	5	4	1	3

② 种群评估与更新　经过编码后，每个粒子代表一个加工排序。根据所建立的调度模型，每个加工排序可以对应求得一个调度目标，根据调度目标的优劣对粒子进行评估。当前粒子的调度目标优于该粒子的历史最优解时，更新该粒子的 $\boldsymbol{P}_{\text{best}}$，若该粒子的调度目标优于全局最优解，则更新 $\boldsymbol{G}_{\text{best}}$。

③ 多样性初始解生成　采用 Glover 提出的种子解（Seed Solution）算法作为多样性初始解生成方法，生成 SS 算法的初始解集。假设给定一个较优解作为种子，该解索引生成 $P=(1,2,\cdots,n)$。定义子序列 $P(h:s)$ 及 $P(h)$ 如下：

$$P(h:s)=(s,s+h,s+2h,\cdots,s+rh) \tag{6-52}$$

$$P(h)=(P(h:h),P(h:h-1),\cdots,P(h:1)) \tag{6-53}$$

其中，s 为 1 到 h 间的正整数，r 为满足 $s+rh\leqslant n$ 的最大非负数，$h\leqslant n$，一般在 1 到 $n/2$ 间取值。例如，$P=(1,2,3,4,5,6,7,8)$，h 取 4，则：

$$P(4)=[P(4:4),P(4:3),P(4:2),P(4:1)]=(4,8,3,7,2,6,1,5)$$

$$P(3)=[P(3:3),P(3:2),P(3:1)]=(3,6,2,5,8,1,4,7)$$

$$P(2)=[P(2:2),P(2:1)]=(2,4,6,8,1,3,5,7)$$

$$P(1)=[P(1:1)]=(1,2,3,4,5,6,7,8)$$

本节在 PSO 算法的最优解连续 L 代没有更新时，将当时的 $\boldsymbol{G}_{\text{best}}$ 经 SPV 编码为调度排序，将该调度排序作为种子解算法的 P 生成 SS 算法的多样性初始解集。生成的解集中保留了高质量解 $P(1)$，同时生成了多样性解 $P(2)$、$P(3)$、$P(4)$。

④ 参考集更新　参考集更新策略用于存储和更新高质量解及多样性解。参考集 RefSet 是可行解的集合，由 RefSet1 和 RefSet2 两个子集组成。RefSet1 中包含 b_1 个高质量的解，RefSet2 中包含 b_2 个分散性好的解。其中，高质量的解表示调度目标值最好的前 b_1 个解，分散性好的解表示与高质量解集 RefSet1 距离最远的前 b_2 个解。解 P 到 RefSet1 的距离定义如式 (6-54) 和式 (6-55) 所示，表示解 P 与 RefSet1 中解的差异程度。差异程度越大说明解的分散性越好，则解集 RefSet 越具有多样性。

$$dif(P)=\min\{d(P,x)\mid x\in \text{RefSet1}\} \tag{6-54}$$

$$d(P,x)=(\sum_{k=1}^{n}kP(k)-\sum_{k=1}^{n}kx(k))^2 \tag{6-55}$$

参考集更新的传统方法是将产生的新解放入缓冲池，等新解全部生成时才一次性地对参考集进行更新，即静态参考集更新。本节为了提高新解的产生速度，采用动态参考集更新方法，在可更新参考集的新解产生时立即更新参考集，具体操作为：每生成一个新解，判断其是否比 RefSet1 中的解调度目标值更好，是则立即替换掉 RefSet1 中最差的解；或是否比 RefSet2 中的解分散性更好，是则立即替换掉 RefSet2 中最差的解。这两个条件都不满足则继续生成其他新解，二者有一个满足，则参考集更新完成。

⑤ 子集生成　从参考集中迭代地选择解组成子集，作为下一步子集合并的基础。假设参考集 RefSet=$\{x_1, x_2,\cdots, x_b\}$，并已经按照目标值排序，即 x_1 具有最好的调度目标值。子集中解的个数可以根据需要进行选择，目前常用的是每个子集包含 2 个解，即 RefSet 中的解任意两两组合生成子集：$\{x_1, x_2\},\{x_1, x_3\},\cdots,\{x_2, x_3\},\cdots,\{x_{b-1}, x_b\}$。由于下一步本节将采用差分进化策略进行子集合并，差分进化以三个互不相同的解为基础进行操作，因此选择每个子集包含 3 个解，$\{x_1, x_2, x_3\},\{x_1, x_2, x_4\},\cdots,\{x_1, x_3, x_4\},\cdots,\{x_{b-2}, x_{b-1}, x_b\}$，即 RefSet 中的解任意三个进行组合。

⑥ 子集合并　子集合并方法试图智能地组合子集中解的优点，以生成具有高质量且多样性的新解，是 SS 算法实施的核心，也是 SS 算法

框架中最为灵活的一部分，有多种实现方法。最常用的路径重连 (Path Relinking，PR) 方法 [23] 非常复杂，本节提出一种新的基于差分进化策略的子集合并方法。

首先选取参考集中三个不同的个体 x_{p1}、x_{p2}、x_{p3} 组成一个子集，按式 (6-56) 将其中两个个体缩放后与第三个个体进行向量合成，生成一个试验解 v_{ij}。用 v_{ij} 与 RefSet1 中质量最差的解 $refset(b_1)$，按式 (6-57) 和式 (6-58) 进行交叉选择操作，生成新解 x_{new}。这三个公式分别是差分进化算法里的变异、交叉、选择操作。

$$v_{ij}=x_{p1,j}+F(x_{p2,j}-x_{p3,j}) \tag{6-56}$$

$$u_{ij}=\begin{cases}v_{ij} & rand<p_c \text{ or } randint=j \\ refset(b_1)_j & rand\geqslant p_c \text{ or } randint\neq j\end{cases} \tag{6-57}$$

$$x_{new}=\begin{cases}u_{ij} & f(u_{ij})>f(refset(b_1)) \\ refset(b_1) & f(u_{ij})\leqslant f(refset(b_1))\end{cases} \tag{6-58}$$

其中，$F\in[0,2]$ 为变异因子，控制偏差变量的放大程度；$p_c\in(0,1]$ 为交叉因子；$rand$ 为 [0,1] 间的随机数；$randint$ 为 $[1,n]$ 间的随机整数；$f(x)$ 为 x 的目标函数值。

⑦ 临界准则　由于解改进方法比较费时，本节设定临界准则对新解进行检查，以减少搜索不必要的空间，加快搜索速度。只有满足临界准则的解才会进行解改进操作。

优化问题一般有寻找极大值和极小值两种情况。在寻找极大值的情况下按照式 (6-59) 确定临界值，$\delta_1\geqslant\delta_2$ 时称为满足临界准则，可对新解进行改进操作；在寻找极小值的情况下按照式 (6-60) 确定临界值，$\delta_1\leqslant\delta_2$ 时称为满足临界准则，可对新解进行改进操作。

$$\begin{cases}\delta_1=f(x_{new})/f(x_{best}) \\ \delta_2=t/MaxGen\end{cases} \tag{6-59}$$

$$\begin{cases}\delta_1=(f(x_{new})-f(x_{best}))/f(x_{best}) \\ \delta_2=1-t/MaxGen\end{cases} \tag{6-60}$$

其中，x_{new} 表示产生的一个新解；x_{best} 表示当前最优解；t 和 $MaxGen$ 分别为当前迭代次数和最大迭代次数。

合理的临界准则可以使算法在较少的迭代次数下找到足够好的解。例如，在寻找最大值的情况下，上述临界准则中 δ_2 越小，满足临界准则的解就越多。算法迭代开始时 δ_2 较小，满足临界准则的解较多，搜索空间较大，随着迭代的进行，δ_2 逐渐变大，搜索空间变小，最终在合理的时间内收敛。

另外，本节设置一个停滞代数 L，当 PSO 算法的最优值连续 L 代没有变化时，说明 PSO 更新效果不明显，此时调用 SS 算法进行搜索，既充分利用了 PSO 搜索速度较快的特点，又保证了 SS 算法可以指导 PSO 跳出局部最优，搜寻到更好的解。

⑧ 解改进　SS 算法中解改进的目的是对子集合并产生的新解进行局部优化，以得到一个更好的解。在已发表文献中所提出的各种基于移动的局部搜索策略中，最常用的邻域结构有基于插入操作（Insert）的邻域、基于交换操作（Swap）的邻域和基于逆序操作（Interchange）的邻域三种。插入邻域是指将排列中的一个工件从原有位置插入到另一个位置得到的所有工件排列，插入邻域的大小为 $(n-1)^2$。交换邻域是指互换排列中的任意两个工件位置得到的所有工件排列，交换邻域的大小为 $n(n-1)/2$。逆序邻域是指将排列中任意两个位置之间的工件顺序倒置得到的所有工件排列，逆序邻域的大小为 $n(n-1)/2$。本节采用插入邻域局部搜索策略进行解的改进。

6.3.3 仿真及分析

（1）仿真环境与对象

为了验证所提出的 SSPSO 算法在解决不确定性 Flow Shop 提前拖期调度时具有有效性和优越性，本节以 10 个加工工件、5 台处理机器（Machine1 ～ Machine5）的不确定性调度问题 [28] 为对象进行仿真实验，并以文献 [28] 中的遗传算法实验结果作为对比实验。算法均采用 Matlab 语言编程，程序运行环境为 Pentium(R) Dual-Core CPU/3.0GHz，2.0GB 内存，Windows 7 操作系统。表 6-18 为仿真对象的模糊处理时间，表 6-19 为对应的交货期窗口及提前 / 拖期惩罚权重。

表6-18　工件的模糊处理时间（单位时间）

加工工件	Machine 1	Machine 2	Machine 3	Machine 4	Machine 5
Job 1	(37,40,43)	(13,15,18)	(11,12,13)	(22,25,28)	(8,10,11)
Job 2	(6,7,9)	(39,41,44)	(21,22,23)	(32,36,38)	(7,8,9)
Job 3	(37,41,43)	(136,155,166)	(30,33,35)	(106,121,131)	(145,160,174)
Job 4	(10,12,14)	(69,74,82)	(20,24,27)	(44,48,53)	(72,78,82)
Job 5	(5,7,8)	(82,95,101)	(67,72,78)	(48,52,54)	(140,153,166)
Job 6	(11,12,14)	(11,14,15)	(60,62,68)	(29,32,35)	(131,162,176)
Job 7	(9,11,14)	(6,7,8)	(27,31,33)	(23,26,28)	(29,32,35)
Job 8	(28,31,35)	(37,39,41)	(123,141,158)	(5,6,8)	(17,19,21)
Job 9	(28,32,33)	(88,92,95)	(11,12,13)	(11,14,16)	(93,102,112)
Job 10	(23,27,29)	(105,114,121)	(19,21,22)	(84,90,96)	(48,52,59)

表6-19　交货期窗口及提前/拖期惩罚权重

加工工件	交货期	h	w	加工工件	交货期	h	w
Job 1	[350,450]	2	3	Job 6	[250,300]	2	2
Job 2	[300,400]	2	3	Job 7	[300,350]	4	4
Job 3	[850,1000]	3	4	Job 8	[400,500]	3	4
Job 4	[550,650]	5	5	Job 9	[350,450]	3	5
Job 5	[700,800]	4	4	Job 10	[500,600]	2	3

（2）算法参数设置

设置合适的算法参数对算法的性能至关重要，需要对算法的参数进行调节，保证算法能在其最优状态下运行。本节提出的SSPSO算法主要有以下9个关键参数：ω、c_1、c_2、NP、b、F、p_c、L、Γ。通常设置惯性权重ω从0.9线性递减到0.4，加速因子c_1=2.0，c_2=2.0。种群规模NP通常在20～50间比较合适，本节设置NP为粒子维度的3倍，即NP=30。参考集RefSet的大小b一般较小，不超过20，由于本节的提前拖期调度仿真对象规模较小（10×5），利用种子解方法产生多样性初始解时，b不超过5，因此，设置b=5，b_1=3，b_2=2。变异因子$F \in [0,2]$，交叉因子$p_c \in (0,1]$。由于最大迭代次数设置为$MaxGen = 100$，参数L设置在[1,10]比较合理。

表6-20记录了对F、p_c、L分别设置几个水平，每组参数运行10次，

算法得到的平均目标值、找到最优解时的迭代次数以及运行时间，其中最优目标值被加粗表示。

表6-20　SSPSO算法在不同参数组合下的性能

L	F	p_c	平均目标值	迭代次数	时间 /s	L	F	p_c	平均目标值	迭代次数	时间 /s
1	0.5	0.1	**0.9994**	13	58	5	0.5	0.1	0.9982	31.5	12
1	0.5	0.5	**0.9994**	9.6	69	5	0.5	0.5	**0.9994**	18.3	20
1	0.5	0.9	**0.9994**	7.2	61	5	0.5	0.9	**0.9994**	20.1	20
1	1	0.1	**0.9994**	13	60	5	1	0.1	**0.9994**	23.6	15
1	1	0.5	**0.9994**	9.8	57	5	1	0.5	**0.9994**	18.6	15
1	1	0.9	**0.9994**	7.6	40	5	1	0.9	**0.9994**	25.1	12
1	1.5	0.1	**0.9994**	13.4	60	5	1.5	0.1	0.9969	31.5	15
1	1.5	0.5	**0.9994**	9.6	64	5	1.5	0.5	0.9963	38.7	14
1	1.5	0.9	**0.9994**	6.6	53	5	1.5	0.9	**0.9994**	25.1	13
2	0.5	0.1	**0.9994**	23.6	27	10	0.5	0.1	0.9982	55.5	11
2	0.5	0.5	**0.9994**	9.7	35	10	0.5	0.5	0.9962	48.8	14
2	0.5	0.9	**0.9994**	9.0	33	10	0.5	0.9	**0.9994**	29.8	11
2	1	0.1	**0.9994**	22.8	38	10	1	0.1	0.9991	48.7	9
2	1	0.5	**0.9994**	11.4	28	10	1	0.5	0.9991	44.2	9
2	1	0.9	**0.9994**	10.1	22	10	1	0.9	0.9983	28.3	10
2	1.5	0.1	0.9991	24.8	30	10	1.5	0.1	0.9913	80.9	6
2	1.5	0.5	**0.9994**	16.2	33	10	1.5	0.5	0.9982	57.8	9
2	1.5	0.9	**0.9994**	13.5	27	10	1.5	0.9	0.9991	35.1	9

从表6-20中可以看出，随着L增大，运行时间会减少，但调度目标值会变差，找到最优解时的迭代次数也会增加。综合考虑这三项指标，L设置得过大或过小都不能产生较好的实验结果。从表中还可以看出p_c设置较大的值时结果较好，F设置过大或过小结果都不理想。综上，本节设置L=2，F=1.0，p_c=0.9。

补与算子Γ表示了决策者对可能发生情况的主观判断。本节对Γ在[0,1]间每隔0.2取一个值，每个Γ值独立运行10次，取最好结果，记录如表6-21所示。其中，G^L、G^M、G^U分别表示在模糊处理时间最小值、最可能值和最大值下对应的惩罚值，$makespan^M$为在所求得的加工排序下，按模糊处理时间的最可能值计算得到的完工时间。

表6-21　不同Γ下的调度结果

Γ	加工排序	平均目标值	G^{L}	G^{M}	G^{U}	$makespan^{M}$
0.1	6 7 2 9 1 8 10 4 5 3	0.9994	230	0	499	972
0.3	6 7 2 9 1 8 10 4 5 3	0.9981	230	0	499	972
0.5	6 7 2 9 1 8 10 4 5 3	0.9968	230	0	499	972
0.7	6 7 2 9 1 8 10 4 5 3	0.9955	230	0	499	972
0.9	6 7 2 9 1 8 10 4 5 3	0.9943	230	0	499	972

由表6-21可以看出，Γ越小，得到的目标函数越大，决策越积极，反之决策越保守。另外，在各种情况下，都得到了比较满意的调度目标。用本节提出的模糊规划模型及SSPSO算法求解得到的最优调度排序为(6,7,2,9,1,8,10,4,5,3)。当实际发生的情况恰好为最可能情况时，惩罚值$G^{M}=0$，当实际发生的情况为最乐观情况时，惩罚值$G^{L}=230$，当实际发生的情况为最悲观情况时，惩罚值$G^{U}=499$。无论实际发生的是何种情况，惩罚值都在可以接受的范围内，说明该调度方案对不确定的环境具有适应性。

（3）算法性能测试

为了进一步验证SSPSO算法在求解不确定性Flow Shop提前拖期调度问题时的性能，在$\Gamma=0.3$，其他参数设置不变的情况下，采用基本粒子群算法（PSO）和李平等[28]提出的一种遗传算法（GA）作为对比算法进行算法性能的对比试验。每个算法独立运行10次，10次结果的最大值、平均值、最小值以及标准差如表6-22所示，每一项的最好值加粗表示。

表6-22　GA、PSO、SSPSO算法调度结果对比

算法	最大值	平均值	最小值	标准差
GA	0.9830	0.9120	0.8132	0.0556
PSO	**0.9981**	0.9843	0.9151	0.0253
SSPSO	**0.9981**	**0.9981**	**0.9981**	**0**

由表 6-22 可以看出，在解决上述问题时，PSO 算法 10 次结果的最大值、平均值、最小值以及标准差均优于 GA 算法，说明 PSO 算法较 GA 算法更适于求解上述问题。而 SSPSO 算法在 PSO 算法的基础上性能又有所提高，甚至 SSPSO 算法 10 次结果的最劣值也优于 GA 算法得到的最优值。且 SSPSO 算法的标准差为 0，即 SSPSO 算法每次都可以搜索到最优解，这主要是由于 SSPSO 算法中的分散搜索机制发挥了作用，减小了搜索过程的随机性，说明在 PSO 算法中引入分散搜索机制是有效的。

图 6-20 为 SSPSO 算法和 PSO 算法收敛曲线对比图，纵轴为优化目标 $\Gamma\alpha^{\mathrm{L}}+(1-\Gamma)\alpha^{\mathrm{U}}$，横轴为进化代数（迭代次数）。从中可以看出，SSPSO 算法找到最优解时的迭代次数为 7，PSO 算法找到最优解时的迭代次数超过 60 代，说明 SSPSO 算法比 PSO 算法收敛性更好。图 6-21 为最优加工排序下的调度甘特图，可用于指导生产，从图中可以清楚地看出每个工件的开始及完成加工时间，以及最优加工排序 (6,7,2,9,1,8,10,4,5,3)。

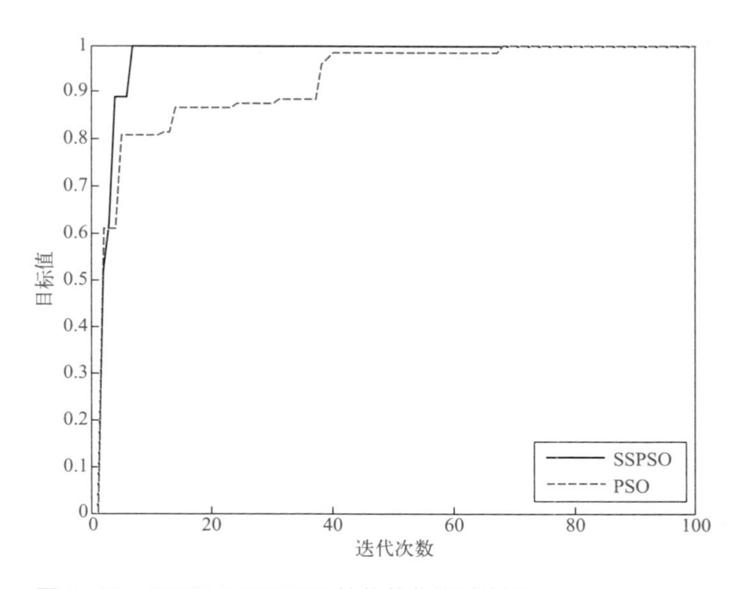

图 6-20　SSPSO 和 PSO 的收敛曲线对比图

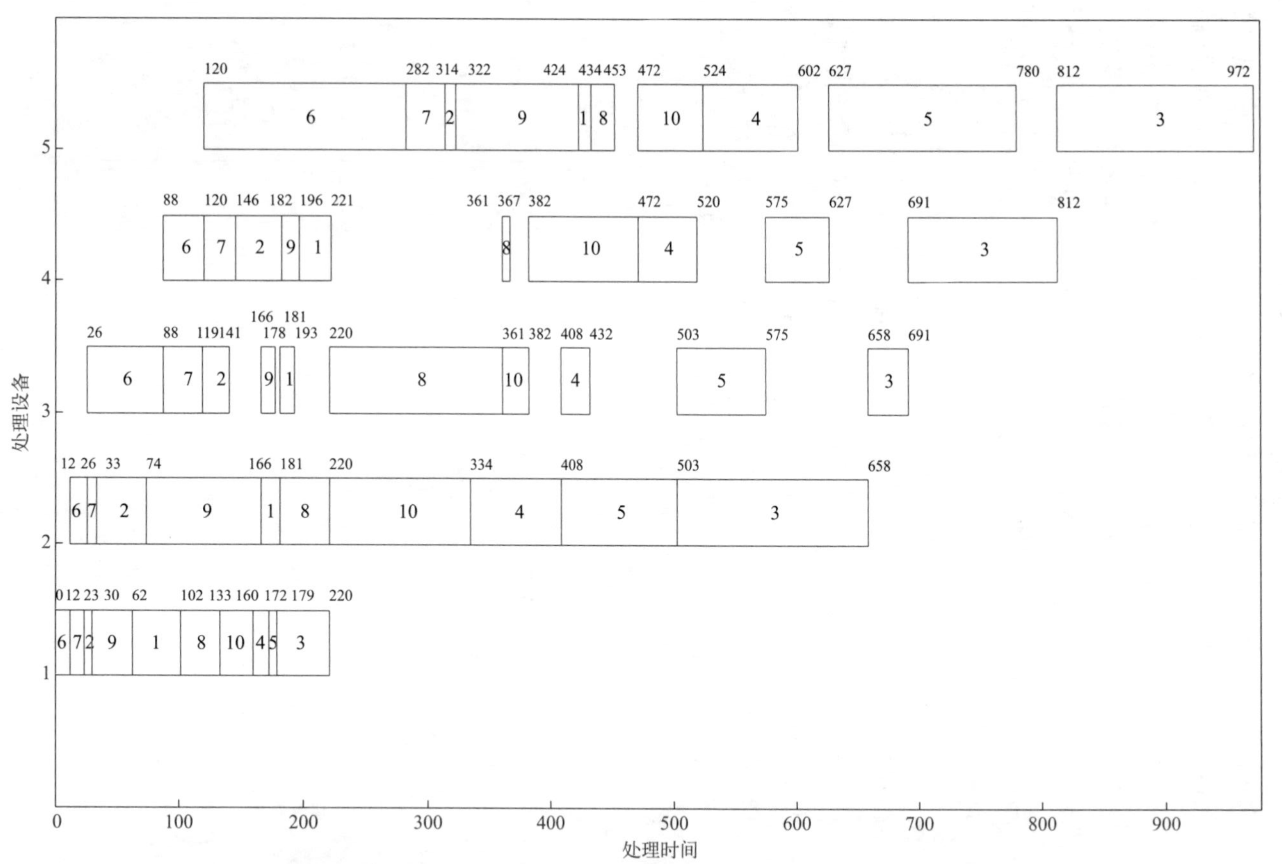

图 6-21　最优加工排序下的调度甘特图

参考文献

[1] 徐震浩 . 基于免疫优化算法的不确定性间歇生产过程调度问题研究 [D]: 上海 : 华东理工大学，2005.

[2] 方述诚，汪定伟 . 模糊数学与模糊优化 [M]. 北京 : 科学出版社，1997.

[3] 郑璐，顾幸生 . 不确定条件下的零等待 Flow Shop 生产调度问题 [J]. 华东理工大学学报，2004, 30(2): 188-193, 198.

[4] Zimmermann H J. Fuzzy Sets Theory and Its Applications [M]. Dordrecht: Kluwer Academic Publisher, 1991.

[5] 耿佳灿 . 基于分散搜索机制粒子群算法的不确定 Flowshop 提前拖期调度 [D]. 上海 : 华东理工大学，2015.

[6] Lee E, Li R J. Comparison of fuzzy numbers based on the probability measure of fuzzy events[J]. Computers & Mathematics with Applications, 1988, 15(10): 887-896.

[7] Zhang Q, Muhlenbein H. On the convergence of a class of estimation of distribution algorithms [J]. IEEE Transactions on Evolutionary Computation, 2004, 8(2): 127-136.

[8] 王圣尧，王凌，许烨，等 . 求解混合流水车间调度问题的分布估计算法 [J]. 自动化学报，2012, 38(3): 437-443.

[9] Jarboui B, Eddaly M, Siarry P. An estimation of distribution algorithm for minimizing the total flowtime in permutation flowshop scheduling problems[J]. Computers & Operations Research, 2009, 36(9): 2638-2646.

[10] Pan Q K, Ruiz R. An estimation of distribution algorithm for lot-streaming flow shop problems with setup times[J]. Omega, 2012, 40(2): 166-180.

[11] Niu Q, Jiao B, Gu X. Particle swarm optimization combined with genetic operators for job shop scheduling problem with fuzzy processing time[J]. Applied Mathematics and Computation, 2008, 205(1): 148-158.

[12] Nawaz M, Enscore J E E, Ham I. A heuristic algorithm for the *m*-machine, *n*-job flow-shop sequencing problem[J]. Omega, 1983, 11(1): 91-95.

[13] Ghrayeb O A. A bi-criteria optimization: Minimizing the integral value and spread of the fuzzy makespan of job shop scheduling problems[J]. Applied Soft Computing, 2003, 2(3): 197-210.

[14] Reeves C R. A genetic algorithm for flowshop sequencing [J]. Computers & Operations Research, 1995, 22(1): 5-13.

[15] Montgomery D C. Design and analysis of experiments [M]. New York: John Wiley & Sons, 2008.

[16] Wang L, Zhang L, Zheng D. Z. An effective hybrid genetic algorithm for flow shop scheduling with limited buffers[J]. Computers & Operations Research, 2006, 33(10): 2960-2971.

[17] Eberhart R C, Shi Y. Particle swarm optimization: Developments, applications and resources[C]. Proceedings of the 2001 congress on evolutionary computation, 2001, 1: 81-86.

[18] Wang S, Wang L, Liu M, et al. An effective estimation of distribution algorithm for solving the distributed permutation flow-shop scheduling problem[J]. International Journal of Production Economics, 2013, 145(1): 387-396.

[19] Oğuz C, Zinder Y, Janiak A, et al. Hybrid flow-shop scheduling problems with multiprocessor task systems[J]. European Journal of Operational Research, 2004, 152(1): 115-131.

[20] Ruiz R., Stützle T. A simple and effective iterated greedy algorithm for the permutation flowshop scheduling problem [J]. European Journal of Operational Research, 2007, 177(3): 2033-2049.

[21] Ruiz R, Şerifoğlu F S, Urlings T. Modeling realistic hybrid flexible flowshop scheduling problems[J]. Computers & Operations Research, 2008, 35(4): 1151-1175.

[22] Liao C J, Tjandradjaja E, Chung T P. An approach using particle swarm optimization and bottleneck heuristic to solve hybrid flow shop scheduling problem[J]. Applied Soft Computing, 2012, 12(6): 1755-1764.

[23] Glover F. Heuristics for integer programming using surrogate constraints[J]. Decision Sciences, 1977, 8(1): 156-166.

[24] Martí R, Laguna M, Glover F. Principles of scatter search[J]. European Journal of Operational Research, 2006, 169(2): 359-372.

[25] Glover F. A template for scatter search and path relinking[M]. Berlin, Heidelberg: Springer Berlin Heidelberg, 1998.

[26] 张晓霞，唐立新 . 一种求解 TSP 问题的 ACO&SS 算法设计 [J]. 控制与决策，2008, 23(7): 762-766.

[27] Tasgetiren M F, Liang Y C, Sevkli M. A particle swarm optimization algorithm for makespan and total flowtime minimization in the permutation flowshop sequencing problem[J]. European Journal of Operational Research, 2007, 177(3): 1930-1947.

[28] 李平，顾幸生 . 不确定条件下不同交货期窗口的 Flow Shop 调度 [J]. 系统仿真学报 ,2004,16(1):155-157, 174.

Digital Wave
Advanced Technology of
Industrial Internet

Intelligent Scheduling of
Industrial Hybrid Systems

工业混杂系统智能调度

第7章

不确定条件下多目的间歇过程的短期调度

7.1 单周期需求不确定条件下多目的间歇过程的短期调度[1]

随着市场竞争压力的不断提高，在间歇过程生产调度中考虑市场需求的波动对研究实际生产调度问题具有重要意义。不考虑产品需求不确定的生产调度将导致最终产品不能满足客户要求，如果产量过少将减少市场占有份额，而产量过剩则会增加库存代价。

过去二十多年里，关于单周期需求不确定条件下间歇过程生产调度问题涌现了许多有意义的研究。Balasubramanian 等[2]针对需求不确定条件下的调度问题，建立了多阶段随机 MILP 模型，同时在总生产时间域随着各阶段的完成逐步收缩的方法（Shrinking-Horizon Approach）的基础上，提出采用近似策略求解一系列的二阶段模型。Engell 等[3]考虑需求不确定条件下的聚合生产过程，采用情景分解（Scenario-Decomposition）算法求解二阶段随机调度模型，得到了较优的计算结果。Gupta 等[4]针对中期供应链生产计划问题，将机会约束方法和二阶段随机规划模型结合，以满足市场需求和产品代价之间的平衡。王全勇等[5]针对随机需求建立了两种随机优化模型。Chanas 等[6]同时考虑需求不确定条件下多产品和多目的的间歇过程短期调度，定义了几个不确定度量指标以评估调度方案的鲁棒性，并使用需求范围的两个端点值作为情景建立多周期规划模型，以产生整个情景中具有最小平均 *makespan* 的唯一的任务排序。

7.1.1 单周期需求不确定条件下多目的间歇过程短期调度模型

本节考虑物料平衡约束、库存约束、产量不足等约束，基于Ierapetritou 和 Floudas[7]所提出的基于事件点（Event Point）的确定性模型，针对需求不确定的间歇过程的短期调度建立一种新的基于连续时间表达的调度模型。

需求不确定条件下的间歇过程生产调度问题描述如下：①给定生产工艺，即每个任务在适用设备上的处理时间，以及生产每种产品所需要的原料；②可用设备及设备的加工能力已知；③每种物料的可用存储容量已知；④假设市场需求变化发生在调度周期的结束时刻。要求确定每台设备上任务发生的最优顺序；每台设备每次处理的物料量以及每台设备上每个任务的处理的时间，从而满足市场需求约束。

标注索引、变量及参数设定如下所述。

（1）索引

i=任务（加工步骤）；j=设备；s=状态（原料、中间产品和最终产品）；n=事件点。

（2）集合

I=任务集；J=设备集；S=状态集；N=在整个生产时间内的事件点集；I_j=能在设备j上加工的任务集；J_i=能处理任务i的设备集；I_s=生产或消耗状态s的任务集。

（3）参数

H=整个生产时间域；H^{upper}=时间域的上限；P_s=状态s的价格；$V_j^{\min}, V_j^{\max}$=处理任务i时，设备j的最小和最大容量；SC_s=状态s的存储容量；T_{ed}=额外需求发生时的时刻；D_s=时间域结束时对状态s的需求量；ΔD_s=在时刻T_{ed}上额外的需求量；ρ_{is}^c，ρ_{is}^p=被任务i消耗和生产出来的状态s的比例；α_{ij}=任务i在设备j上处理时间的常数项；β_{ij}=任务i在设备j上处理时间的可变系数。

（4）变量

$yv(j,n)$=设备在事件点n上是否被分配的0/1变量，当设备在事件点n上被分配时，取“1”，否则取“0”；

$y(i,n)$=任务i在事件点n上是否被开始加工的0/1变量，当任务在事件点n上开始加工时，取“1”，否则取“0”；

$T^s(i,j,n)$=在事件点n上，任务i在设备j上开始加工的时间；

$T^f(i,j,n)$=当在事件点n上，任务i开始在设备j上加工时，它在设备j上的完成时间；

$b(i,j,n)$=在事件点n上，任务i在设备j上加工的批次大小；

$qt(s,n)$=状态s在事件点n上被送到市场上的总量；

$qs(s,n)$=状态s在事件点n上的总量。

模型约束方程如下：基于以上的符号约定，提出的需求不确定条件下间歇过程生产调度数学模型包括如下约束。

（1）设备分配约束

$$\sum_{i\in I_j} y(i,n) = yv(j,n) \quad \forall j\in J, n\in N \tag{7-1}$$

约束式 (7-1) 表示在事件点 n 上，每个设备 j 只能执行一个任务。

（2）设备容量约束

$$V_j^{\min} y(i,n) \leqslant b(i,j,n) \leqslant V_j^{\max} y(i,n) \quad i\in I, j\in J_i, n\in N \tag{7-2}$$

约束式 (7-2) 表示当任务 i 开始在设备 j 上加工时，加工所需要的物料批次大小应该在设备 j 的最大容量 $V_j^{\max}$ 和最小容量 $V_j^{\min}$ 之间。

（3）存储容量约束

$$qs(s,n) \leqslant SC_s \quad \forall s\in S, n\in N \tag{7-3}$$

约束式 (7-3) 表示状态 s 在事件点 n 上的总量不能超过最大有效的存储容量。

（4）物料平衡约束

$$qs(s,n) = qs(s,n-1) - qt(s,n) + \sum_{i\in I_s} \rho_{is}^p \sum_{j\in J_i} b(i,j,n-1) + \sum_{i\in I_s} \rho_{is}^c \sum_{j\in J_i} b(i,j,n) \tag{7-4}$$

由约束式 (7-4) 可知，在事件点 n 上状态 s 的物料总量 $qs(s,n)$ 由两个部分的和计算。一部分是在事件点 $n-1$ 上，通过调整在事件点 $n-1$ 和 n 间状态 s 被消耗或生产出来的数量，另一部分是在时间周期内，在事件点 n 上的市场需求量。

（5）需求约束

$$\sum_{n\in N} qt(s,n) \geqslant D_s + \Delta D_s \quad \forall s\in S \tag{7-5}$$

在确定性模型中，该需求约束的形式为 $\sum_{n\in N} qt(s,n) \geqslant D_s$。然而需求的不确定导致该约束可能无法完全满足，因此引入变量 ΔD_s。

（6）持续时间约束

$$T^f(i,j,n) = T^s(i,j,n) + \alpha_{ij} y(i,n) + \beta_{ij} b(i,j,n) \tag{7-6}$$

约束式 (7-6) 表示在事件点 n 上，任务 i 在设备 j 上的处理时间依赖于被加工的物料的批次大小。

（7）调度周期约束

$$T^f(i,j,n) \leqslant H \quad i \in I, j \in J_i, n \in N \tag{7-7}$$

$$T^s(i,j,n) \leqslant H \quad i \in I, j \in J_i, n \in N \tag{7-8}$$

式 (7-7) 和式 (7-8) 是调度周期约束，表示在时间周期 H 内，任务 i 的开始和结束时间的约束。

（8）加工序列约束

加工序列约束提供了加工开始和结束时间与二值变量 $yv(j,n)$ 和 $y(i,n)$ 之间的联系。它包括如下 4 类：

$$T^s(i,j,n+1) \geqslant T^f(i,j,n) - H[2 - y(i,n) - yv(j,n)] \tag{7-9}$$

$$T^s(i,j,n+1) \geqslant T^s(i,j,n) \tag{7-10}$$

$$T^f(i,j,n+1) \geqslant T^f(i,j,n) \tag{7-11}$$

第一类式 (7-9) ～式 (7-11) 是相同任务在相同设备上的序列约束，表示任务 i 在事件点 n+1 上开始加工的时间应该在相同设备 j，事件点 n 上执行的最后一个相同任务之后。

$$T^s(i,j,n+1) \geqslant T^f(i',j,n) - H[2 - y(i',n) - yv(j,n)] \tag{7-12}$$

式 (7-12) 是不同任务在相同设备上的序列约束，它建立了任务 i 在事件点 n+1 上的开始时间和执行在相同设备上的任务 i' 在事件点 n 上的结束时间之间的关系。

$$T^s(i,j,n+1) \geqslant T^f(i',j',n) - H[2 - y(i',n) - yv(j',n)] \tag{7-13}$$

式 (7-13) 是不同任务在不同设备上的序列约束。如果在事件点 n 上，任务 i' 在设备 j' 上被执行，则有 $T^s(i,j,n+1) \geqslant T^f(i',j',n)$，因此，任务 i 在设备 j 上的执行必须在任务 i' 在设备 j' 上执行完成之后才能开始，否则，式 (7-13) 右边变为负值，约束失效。

$$T^s(i,j,n+1) \geqslant \sum_{n' \in N, n' \leqslant n} \sum_{i' \in I_j} T^f(i',j,n') - T^s(i',j,n') \tag{7-14}$$

约束式 (7-14) 表示任务 i 在设备 j，事件点 n+1 上开始加工的条件是在该加工设备上，事件点 n+1 之前的所有任务被执行完成。

目标函数如下：当订单需求追加事件发生时，如果整个生产时间域 H 仍保持不变，那么，由于设备容量限制，追加订单事件将导致生产无法正常执行。在这种情况下，我们考虑两个目标函数：①最大化总利润，即在订单需求追加发生时的时间周期 H 内，最大化追加的订单产品的生产；②最小化总完工时间 *makespan*，也就是保证追加的订单能交货的最短生产时间。

建立最大化总生产利润的目标函数为：

$$\max \sum_{s} \sum_{n} p_s \varphi(s) qt(s,n) - \gamma \sum_{s} \varphi'(s) \omega(s) \tag{7-15}$$

目标函数式 (7-15) 的第一项用于最大化生产利润，当产品需求增加时，市场价格也将随之波动增加，权重因子 $\varphi(s)$ 能有效地调整状态 s 的价格。第二项用于最大化各个状态 s 的生产。权重因子 $\varphi'(s)$ 调节不同状态 s 的产量，以使利润最大的目标下，每个状态 s 的数量最大。通过改变 $\varphi(s)$ 和 $\varphi'(s)$ 的值，可以得到相应的不同目标函数，这为决策变量分析目标函数中最大化生产利润和最大化不同状态 s 产量之间的均衡影响提供了柔性。惩罚项 γ 将第二项的订单量扩大为和第一项相同，以使两项有同等的最优。松弛变量 $\omega(s)$ 通过式 (7-16) 放宽需求约束，以保证需求追加时模型的可行性。

$$\sum_{n \in N} qt(s,n) \geqslant D_s + \Delta D_s - \omega(s) \qquad \forall s \in S \tag{7-16}$$

目标函数为最小完工时间 *makespan* 时，时间周期 H 将可变。此时，需要增加约束式 (7-17) 保证任务 i 开始时间的单调性，而且对于所有在订单追加事件到来时还未开始加工的任务，它们的开始时间 T^s 大于 T_{ed}。

$$T^s(i,j,n) \geqslant T_{ed}[1 - y(i,n)]y(i',n)] \tag{7-17}$$

同时，为避免引入非线性项，所建模型的所有约束中的时间周期 H 将调整为时间上限 H^{upper}，并且满足约束式 (7-18)。

$$H \leqslant H^{\text{upper}} \tag{7-18}$$

7.1.2 单周期需求不确定条件下多目的间歇过程短期调度模型的求解

本节针对需求不确定条件下间歇过程短期调度的特点，将提出的并行协同量子粒子群算法（Coevolutionary Quantum Particle Swarm Optimization，CQPSO）应用到需求不确定条件下的间歇过程生产调度问题中，同时应用改进遗传算法（Improved Genetic Algorithm，IGA）进行对比。通过算例比较、分析 IGA 算法和 CQPSO 算法对所建模型求解的优化性能。

（1）基于 CQPSO 算法的需求不确定条件下间歇过程调度

针对需求不确定条件下间歇生产过程调度问题的特点，本节设计了适合求解不确定调度的 CQPSO 算法过程，主要包括初始种群产生、适应度评价、变异操作等。其具体执行的步骤如下所述。

① 初始种群的产生　考虑不确定生产调度问题的表述知识和约束，对于 CQPSO 算法中的初始种群个体，采用两部分编码。给定 m 台设备加工 n 个任务（$n>m$）的间歇生产过程。n 个任务的排序 $(x_1,x_2,\cdots,x_n)$ 为字符编码，字符串长度为 n；每台设备上的加工任务数 $(y_1,y_2,\cdots,y_m)$ 为字符编码，字符串长度为 m，满足约束条件 $\sum_{j=1}^{m} y_j = n$。

对于 n 个任务的排序 $(x_1,x_2,\cdots,x_n)$ 的编码，先将量子个体转换编码，转换成加工任务的排序。对于每台设备上的加工任务数 $(y_1,y_2,\cdots,y_m)$ 的编码，由于是多产品间歇过程，每种产品有相同的加工路径，因此，每台设备上至少要加工一个任务，每个 y_j 在区间 $\left[1, n-(m-j)-\sum_{k=1}^{j} y_{k-1}\right]$ 内随机产生，最后一台设备上加工的任务数为 $n-\sum_{k=1}^{j} y_{k-1}$。

例如，考虑最简单的 3 个任务在 2 台并行设备上执行的单阶段间歇调度问题，采用两个量子位来表示一个量子个体，一个量子个体对应一个任务，那么 3 个任务的排序 $(x_1,x_2,\cdots,x_n)$ 的量子编码随机生成为 $\left[\begin{array}{c|c} 1/2 & -1/\sqrt{2} \\ \sqrt{3}/2 & 1/\sqrt{2} \end{array}\right]\left[\begin{array}{c|c} 1/\sqrt{2} & -\sqrt{3}/2 \\ 1/\sqrt{2} & 1/2 \end{array}\right]\left[\begin{array}{c|c} \sqrt{2}/\sqrt{3} & 1/\sqrt{2} \\ 1/\sqrt{3} & -1/\sqrt{2} \end{array}\right]$。对于每个量子位随机生成一个数 $r\in[0,1]$，判断是否满足 $r<|\beta_i|^2$，满足则为“1”，否则为“0”。由此，量子个体转化为二进制个体 $[1\quad 0][0\quad 0][1\quad 0]$，换算成十进制为 $[2\quad 0\quad 2]$，最小的数对应任务 1，以此类推，如遇到相同数，则按出现次序排列任务次序，进而得到任务排序为 $[2\quad 1\quad 3]$。对于每台

设备上的加工任务数$(y_1, y_2, \cdots, y_m)$的编码则按照前面所述随机生成。因此，产生一个完整的个体为[2 1 3 | 2 1]。

② 适应度评价　适应度值越大，个体越好。因此，CQPSO算法根据所研究的不确定条件下的间歇过程生产调度的目标函数设置不同的适应度函数。当目标函数$f(X)$是最大化总生产利润时，评价每个染色体的适应度值直接设置为目标值。当调度目标是最小化总完工时间*makespan*时，设计适应度函数为$f = F_{\max} - F$。根据适应度值作为评判个体的标准。

③ 变异操作　针对不确定条件下间歇过程生产调度问题的编码方式，IQPSO算法的变异方式也有所改进。对于n个任务的排序的编码，在采用量子非门进行量子变异的基础上，同时采用Fogel在文献[8]中的逆转变异方法，即随机选取n个任务排序的编码中的两个逆转点，将两个逆转点之间的子串按逆序列排列，其余位置不变以产生新的个体。保留两种变异后适应值较好的个体。

本节定义了多产品间歇调度量子旋转角查询表，如表7-1所示。表中，p_i和b_i分别为解p与当前最优个体b的第i个量子位对应的二进制比特位，$f(p)$和$f(b)$分别为解p的适应度值和最优个体b的适应度值。如果以总完工时间最小为目标函数，则$f()$越小，个体越优。由于n个任务的排序$(x_1, x_2, \cdots, x_n)$编码的特殊性，为了使个体具有更好的多样性，设置0、1状态间转换的旋转角旋转幅度$\Delta\theta_i$为0.05π；而0-0和1-1状态的逼近，选择较小的旋转角度0.025π。$\alpha_i\beta_i > 0$表示个体位于一三象限，$\alpha_i\beta_i < 0$表示个体位于二四象限，$\alpha_i = 0$和$\beta_i = 0$分别表示个体在极坐标轴上，对于不能判断象限的保持原有状态。$\Delta\theta_i$和$s(\alpha_i, \beta_i)$为旋转角的幅度和旋转方向，决定了实际的旋转角，即$\theta_i = s(\alpha_i, \beta_i) \times \Delta\theta_i$。

表7-1　间歇调度问题的旋转角查询表

p_i	b_i	$f(p)<f(b)$	$\Delta\theta_i$	$s(\alpha_i, \beta_i)$			
				$\alpha_i\beta_i > 0$	$\alpha_i\beta_i < 0$	$\alpha_i = 0$	$\beta_i = 0$
0	0	False	0.025π	−1	+1	±1	0
0	0	True	0	0	0	0	0
0	1	False	0.05π	+1	−1	0	0

续表

p_i	b_i	$f(p)<f(b)$	$\Delta\theta_i$	$s(\alpha_i,\beta_i)$			
				$\alpha_i\beta_i>0$	$\alpha_i\beta_i<0$	$\alpha_i=0$	$\beta_i=0$
0	1	True	0	0	0	0	0
1	0	False	0.05π	−1	+1	0	0
1	0	True	0	0	0	0	0
1	1	False	0.025π	+1	−1	0	±1
1	1	True	0	0	0	0	0

对于每台设备上的加工任务数的编码，首先以变异概率 p_m 选中个体，然后随机产生变异位置，交换相应量子位的两个概率幅 α_i 和 β_i，即将原来测量时倾向于“1”的状态转变为倾向于“0”状态，反之亦然。为了防止算法早熟，当全局最优适应度值在一定代数内没有变化时，对历史最优状态的个体实施大概率变异，如果变异后新个体的适应度值优于原来的个体，则用其取代原个体的最优适应度，并更新个体状态。

④ CQPSO 算法在间歇调度中的实现步骤　步骤如下所述。

步骤 1：初始化粒子群。按 n 个任务排序 $(x_1,x_2,\cdots,x_n)$ 的编码和每台设备上加工任务数 $(y_1,y_2,\cdots,y_m)$ 的编码生成初始种群，将量子个体转化为任务排序，随机将解空间中的群体划分为两个种群。

步骤 2：进行解空间变换，计算两个群体中每个粒子的目标函数值，并存储当代最好个体。

步骤 3：分别更新两个种群中每个粒子的个体历史最优解和全局最优解。

步骤 4：将个体根据不同编码，完成两个种群中粒子状态更新。

步骤 5：按照逆转变异方法对每个粒子进行变异操作。

步骤 6：当达到周期条件时，每个粒子共享其全局最优解，每个群体中根据目标函数值的计算，挑选较差的一些个体，用另一群体中较优个体的局部最优值代替这些较差个体的局部最优值。

步骤 7：判断是否满足停止条件，若满足，则停止，输出最优解；若不满足，进化代数增加 1，返回到步骤 2。

（2）改进的遗传算法

① 编码　依据建立的调度模型的各项约束，如果直接用任务编号

进行编码，将会产生非法解的个体。GA 算法中基于任务顺序的编码方法是给所有同一产品的任务指定相同的符号，然后根据它们在序列中出现的顺序加以解释。借鉴该思想，改进的遗传算法（IGA）对任务进行间接编码，其可行解就是所有待加工产品各个任务组成的序列。每个染色体中的每一位代表一个产品，并给予这个产品新的含义，即根据它们在染色体中出现的顺序确定是该产品的第几个任务。例如，生产 3 个产品，3 台加工设备的间歇调度问题，随机产生了一个可行解 [1 3 1 2 2 1 3 3 2]，其中，第一个“1”表示生产第 1 个产品的第 1 个加工任务，第二个“1”表示生产第 1 个产品的第 2 个加工任务，以此类推。这种编码方法考虑了每个个体的加工任务约束，保证了任意的随机排序都是可行解，对于解码不会陷入死循环。

② 适应度函数　当目标函数 $f(X)$ 是最大化总生产利润时，评价每个染色体的适应度值直接设置为目标值。当调度目标是最小化总完工时间 *makespan* 时，设计如下适应度函数：

$$F(X)=\begin{cases}C_{\max}-f(X) & \text{if}\left(C_{\max}\geqslant f(X)\right)\\0 & \text{if}\left(C_{\max}<f(X)\right)\end{cases} \tag{7-19}$$

$$F'=aF+b,\ a=1/\left(F_{\text{avg}}-F_{\min}\right),\ b=-F_{\min}/\left(F_{\text{avg}}-F_{\min}\right) \tag{7-20}$$

式 (7-20) 中的 a、b 用于调整式 (7-19) 产生的适应度值 F，以避免在进化初期的早熟选择，保证在最后阶段的随机选择。在进化初期，个体间的适应度值相差很大，只有少数个体能在选择操作中占有较大的比例，这减少了群体的多样性。但是，随着进化代数的增加，个体间适应度值的差异逐步减小。在最后阶段，个体的适应度值非常接近，因此随机选择操作变得非常容易实现。

③ 选择算子　选择操作中，常用的是轮盘赌的选择策略：

$$P_{is}=F_i\Big/\sum_{i=1}^{M}F_i \tag{7-21}$$

其中，P_{is} 是个体被选中的概率。

这种方法有时会将具有很高适应度值的染色体丢失。为此，IGA 的选择算子采用最优保存策略。其实现步骤可以确保最好的染色体被选中：（a）确定具有最高和最低适应度值的个体；（b）如果下一代最优个体的适应度值高于（a）中确定的最优个体，则该个体为目前最优个体；（c）如果下一代最优个体的适应度值低于（a）中确定的最优个体，则用（a）中确定的最优个体取代下一代中的最差个体。

④ 交叉算子　常见的交叉操作有单点交叉、两点交叉、多点交叉等。针对调度问题，Falkenauer[9] 指出染色体应该是链结构而不是环状结构，提出了 OX 的变形算子——线性顺序交叉（LOX）算子，并在研究中发现，对于较大规模的问题，LOX 算子的效果要优于部分映射交叉（PMX）算子。

LOX 算子的具体操作为：（a）随机选择一对父代染色体 P_1、P_2；（b）在父代染色体上，随机选择两个交叉位置；（c）在一对父代染色体 P_1、P_2 中交换交叉位置之间的基因片段，得到染色体 P_1' 、P_2'；（d）在原先的父代个体 P_1、P_2 中删除交换过来的基因段中的基因；（e）将 P_1、P_2 中删除后剩下的基因依次放在 P_1' 、P_2' 的两个交叉位置以外的位置上。

例如，随机生成父代染色体 P_1、P_2 分别为 [6 4 8 2 1 5 7 3] 和 [2 5 1 7 4 8 3 6]，设置位置 4 和位置 6 为交叉点，则得到 P_1' 和 P_2' 为 [6 4 8 7 4 8 7 3] 和 [2 5 1 2 1 5 3 6]，在父代染色体 P_1 中删除交换来的基因 [7 4 8] 后剩余基因 [6 2 1 5 3]，P_2 中删除交换来的基因 [2 1 5] 后剩余基因 [7 4 8 3 6]，将 P_1、P_2 剩余基因对应地依次放在 P_1' 、P_2' 的两个交叉点以外的位置上得到相应的子代 C_1、C_2 分别为 [6 2 1 7 4 8 5 3] 和 [7 4 8 2 1 5 3 6]。

⑤ 变异算子　变异的目的是保持种群的多样性。目前存在的变异方式较多，IGA 算法采用 SWAP 变异方式来代替移动插入变异操作。随机挑选两个逆转点，两个逆转点之间形成子串，然后将子串按逆序列排列，其余位置不变。

为确保订单在各项约束下按时被加工完成，降低库存代价，提出混合的任务分配方法以分配产品任务到合适的设备上加工。方法的分配原则为：（a）如果没有不确定事件发生，每个产品的加工任务将按逆序分配到设备，即最后一个任务将最先被分配到具有最近的 $T^f(i,j,n)-T^s(i,j,n)$ 的设备 j 上；（b）当追加订单事件发生时，先分配追加订单到设备上加工，然后再分配原订单集中的订单。混合的任务分配方法可描述为：

```
{ Begin
设 J 是设备数
设 I 是每个设备上加工的任务数
If ( 追加的订单优于所有原订单被提前分配加工设备 )
{if ( 调度决策满足约束条件 )
Then 不考虑原订单，只给追加订单分配加工设备 // 追加订单生产完成后，再考虑原订单的设备分配
Else，跳转到 ERROR.}
Else  // 同时考虑追加订单和原订单的设备分配
{For (int j=1; j<=J; j++)
{For (int i=I ;i>0; i--)
{ 设置时间窗 TW 的大小为 T^f(i,j,n) - T^s(i,j,n)
计算设备 j 上没有加工任务的时间间隔的平均值 TI_j(上划线)
If [ T^f(i,j,n) - T^s(i,j,n) ] ∩ TI_j(上划线) = ∅
跳转到 ERROR.
Else TW 被分配到 [ T^f(i,j,n) - T^s(i,j,n) ] ∩ TI_j(上划线) 的右边 }}
ERROR: Flag=fail}
End}
```

7.1.3 仿真研究

本节将对多目的间歇过程的两个算例进行 3 组仿真实验，考虑追加订单事件对目标函数为最大总生产利润的影响、追加订单事件发生时间对目标函数为最小完工时间 *makespan* 的影响，以及最大化总生产利润和最大化完成追加订单量的目标均衡等 3 个方面，以验证建立的单周期需求不确定条件下多目的间歇过程短期调度模型的有效性。另外，比较和分析协同量子粒子群算法（CQPSO）和改进的遗传算法（IGA）求解需求不确定条件下单周期间歇过程生产调度模型的计算性能。算例求解都运行在 1.8GHz，512MB 的 AMD PC 上，算法使用 matlab 编程。

算例 1[7]：3 种原料（F1 ～ F3）经过加热（Heating）、反应 1（Reaction 1）、反应 2（Reaction 2）和反应 3（Reaction 3），以及针对产品 P2 的分离（Separation）等 5 个任务中的部分任务生产出 2 种产品 P1 和 P2 的多目的间歇生产过程。4 个加工设备（Heating、Reaction 1、Reaction 2 和 Separation）的容量、适合加工的任务、处理时间以及各种状态等数据，见表 7-2 和表 7-3。加工过程的 STN 网见图 7-1。

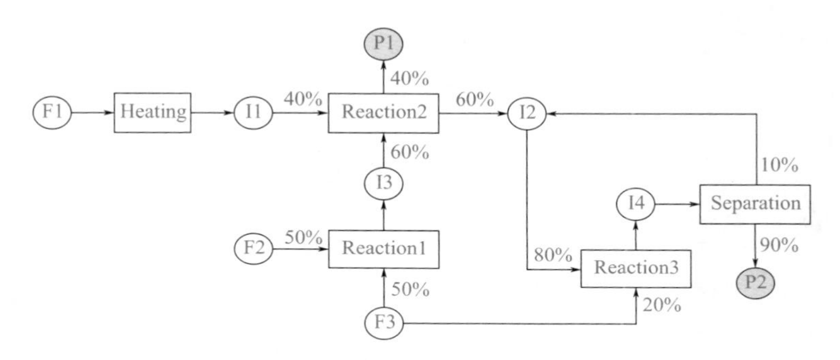

图 7-1 算例 1 的 STN 网

表7-2 算例1的数据

加工设备	容量	适合加工的任务	平均处理时间 /h
Heating	100	Heating	1.0
Reaction 1	50	Reaction 1、Reaction 2、Reaction 3	2.0, 2.0, 1.0
Reaction 2	80	Reaction 1、Reaction 2、Reaction 3	2.0, 2.0, 1.0
Separation	200	Separation	1.0：P2；2.0：I2

表7-3 算例1的状态数据

状态	存储容量	初始值	代价
F1、F2、F3	无限	无限	0.0
I1	100	0.0	0.0
I2	200	0.0	0.0
I3	150	0.0	0.0
I4	200	0.0	0.0
P1、P2	无限	0.0	10.0

算例 2[10]：3 种原料（F1 ～ F3）经过 8 个任务（Task1 ～ Task8）中

的部分任务生产 4 种产品（P1 ～ P4），产生 6 种中间产品（I4 ～ I9）的多目的间歇生产过程。8 个任务在 6 种不同功能的设备上执行。整个加工过程的 STN 网见图 7-2，基础数据见表 7-4、表 7-5。

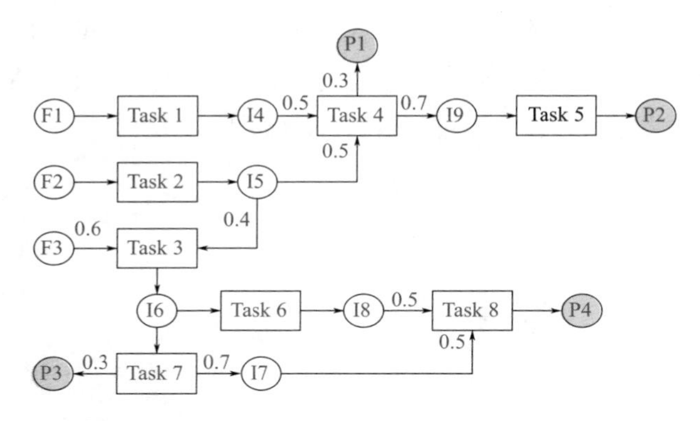

图 7-2　算例 2 的 STN 网

表7-4　算例2的数据

加工设备	容量	适合加工的任务	平均处理时间 /h
1	1000	Task 1	1.0
2	2500	Task 3、Task 7	1.0
3	3500	Task 4	1.0
4	1500	Task 2	1.0
5	1000	Task 6	1.0
6	4000	Task 5、Task 8	1.0

表7-5　算例2的状态数据

状态	存储容量	初始值	代价
F1、F2、F3	无限	无限	0.0
I4	1000	0.0	0.0
I5	1000	0.0	0.0
I6	1500	0.0	0.0
I7	2000	0.0	0.0
I8	0	0.0	0.0
I9	3000	0.0	0.0
P1、P2、P3、P4	无限	0.0	18、19、20、21

（1）追加订单事件对目标函数为最大总生产利润的影响

设定算例 1，在 8h 的时间周期内，对产品 P1 和 P2 的需求分别是 55 个单位和 70 个单位，优化目标为最大化总生产利润。在相同条件和目标下，算例 2 对产品 P1 ～ P4 的需求数量分别为 520 个单位、1215 个单位、290 个单位和 1350 个单位。算例 1 采用 IGA 算法求解确定需求下得到的调度 Gantt 图见图 7-3。取种群数 $popsize=100$；进化代数 gen_num=500；交叉概率 $P_c=0.8$；变异概率 $P_m=0.05$。图中，方框内的数字为任务序号，数字 1 ～ 5 依次表示加热、反应 1、反应 2 和反应 3，以及分离任务。

假设算例 1 在时间 T_{ed}= 2h 时，发生产品 P1 追加 60 个单位订单的事件。设定对于所有状态，$\varphi(s)$ =0；对于产品 P1，$\varphi'(s)=1$，而其他状态 $\varphi'(s)=0$；γ=100。此时，参数值代入目标函数式 (7-15) 后，目标函数实质只是最大化 P1 的生产利润。所以，最优调度排序（见图 7-4）中分离设备上无加工任务。图 7-4 是算例 1 分别采用 IGA、CQPSO 求解得到的调度排序。

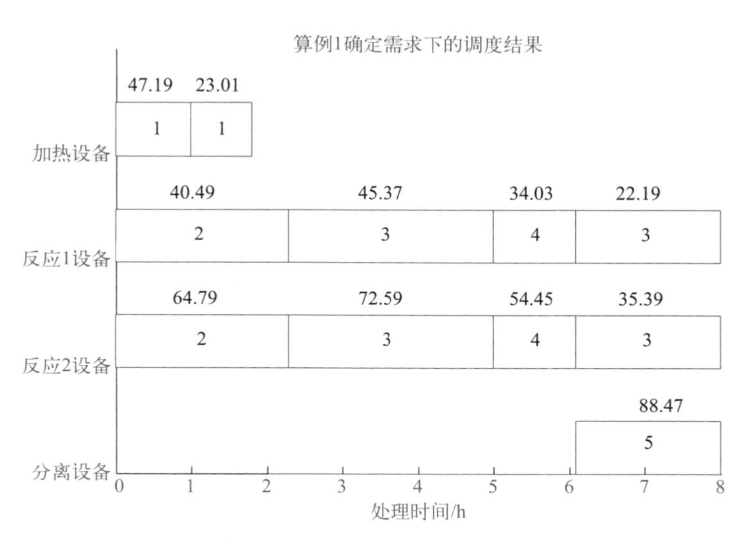

图 7-3　算例 1 确定调度的 Gantt 图

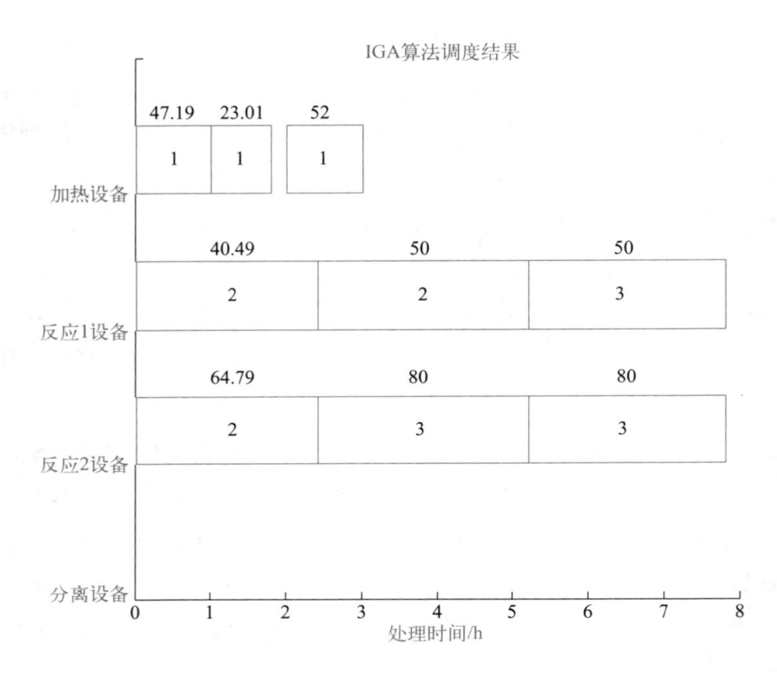

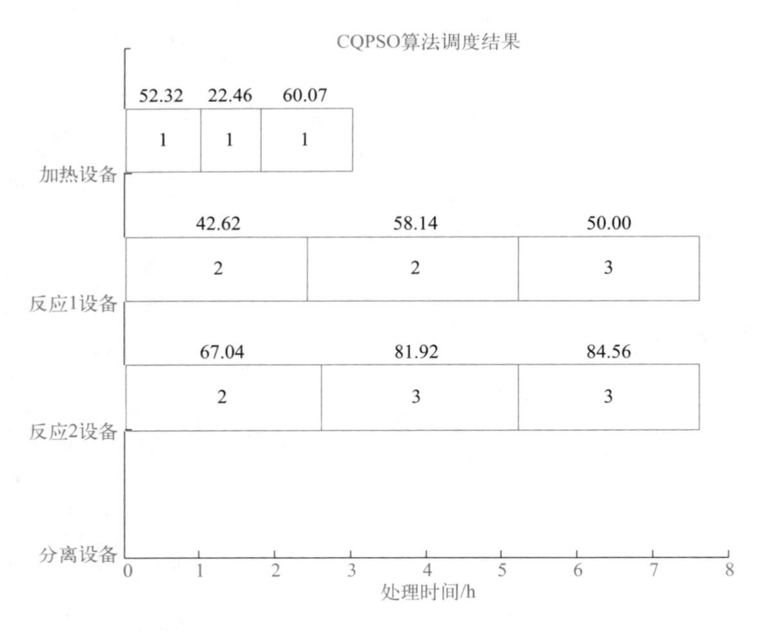

图 7-4　算例 1 在需求不确定下的调度 Gantt 图

由图 7-4 的调度排序和图 7-1 的 STN 网可以计算出在固定的时间周期 8h 内，算例 1 采用 IGA 和 CQPSO 算法得到 P1 的最大产量分别为 84[即由任务序号为 3 的 Reaction 2 上状态量之和的 40% 输出为 P1 产量，计算式为（80+80+50）×40%] 个单位、86.592[计算式为（81.92+84.56+50）×40%] 个单位，这只是 P1 总需求量 115 个单位的一部分，对应的松弛变量 (P1) 分别为 31 和 28.408。这说明当订单追加事件发生，而时间周期仍然固定不变时，追加的订单量是不可能完全满足的，调度问题无可行解，这主要是由于设备容量的限制。因此，本组实验不再考虑算例 2 追加订单事件对目标函数为最大总生产利润的影响。

图 7-5 是 IGA 算法和 CQPSO 算法对算例 1 搜索最优解过程的收敛曲线图比较。可以看出，CQPSO 算法在收敛速度和最优解上均优于 IGA 算法。

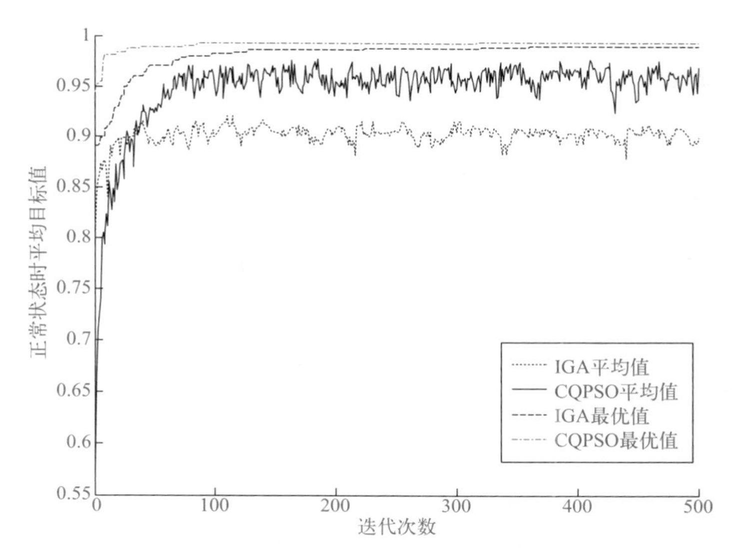

图 7-5 IGA 与 CQPSO 求解算例 1 的收敛速度比较

（2）追加订单事件发生时间对目标函数为最小完工时间的影响

假定算例 1 对产品 P1 追加 30 个单位订单、算例 1 对产品 P2 追加 30 个单位订单、算例 2 对产品 P3 追加 200 个单位订单，均采用 CQPSO

算法求解。图 7-6 是各追加订单事件发生时间 T_{ed} 对 *makespan* 的影响曲线图。

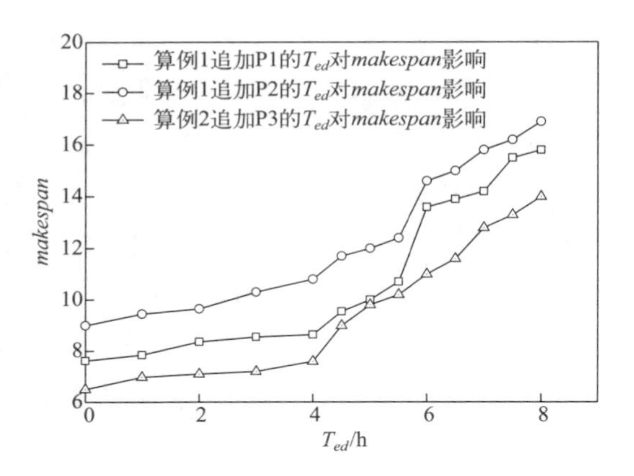

图 7-6　算例 1 和算例 2 中追加订单发生的时间对 *makespan* 的影响

图 7-6 的结果显示：①追加订单事件发生的时间越接近时间周期 H，也就是说，不确定事件到来得越晚，总完工时间 *makespan* 将越不均匀地增大。②当不确定事件发生在 4h 之前时，*makespan* 没有明显的变化。这主要由于加工过程固有的柔性。③当不确定事件发生在 4 ～ 6h 之间时，部分中间产品的追加批次可能会使处理时间增加一个常数，因此引起 *makespan* 的显著增大。④由于算例 1 和算例 2 均考虑的是单周期问题，产品 P1、P2 和 P3 是在相同的周期内生产，因此图 7-6 中的 3 条曲线具有相似的增长趋势。

这里仅给出 T_{ed}=1h，算例 1 中产品 P1 追加 30 个单位订单和算例 2 中产品 P3 追加 200 个单位订单，分别采用 IGA 算法和 CQPSO 算法对目标函数为 *makespan* 的间歇过程求解的调度排序（见图 7-7 和图 7-8），其目的是比较两种算法的计算性能。

图 7-7 和图 7-8 方框内的数字为任务序号，方框上的数字是该任务加工状态的数量，图右侧标示的线段可以清楚地看出哪个任务最后完工，同时箭头上的数字标识出了各算法计算出来的最后完工时间 *makespan*。由图可知，不论算例 1 或算例 2，采用 CQPSO 算法求得的

目标值均优于 IGA 算法。

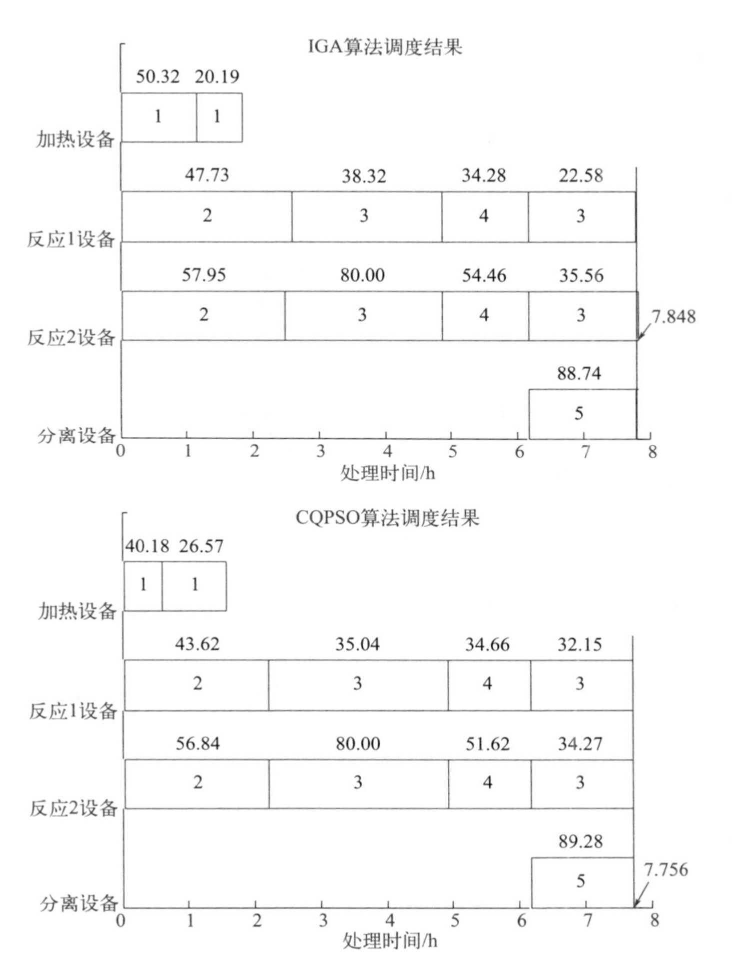

图 7-7　算例 1 需求不确定下的调度 Gantt 图

图 7-9 和图 7-10 是 IGA 算法和 CQPSO 算法对算例 1 和算例 2 仿真目标为最小 *makespan* 和平均值的收敛速度比较。由图可知，CQPSO 算法优化算例 2 的收敛速度明显比 IGA 算法快，而对于算例 1 两者的寻优速度接近。这说明 CQPSO 算法更适合于求解较复杂的问题。但是 CQPSO 的求解时间较 IGA 长。因此，对于一般问题，IGA 在计算时间上更有优势。同时，结合图 7-5 可以看出，CQPSO 算法不论优化目标为

期望利润最大或是 *makespan* 最小，得到的最优解都好于 IGA 算法，这说明在改进的量子粒子群算法中加入协同进化思想提出的 CQPSO 算法的有效性。

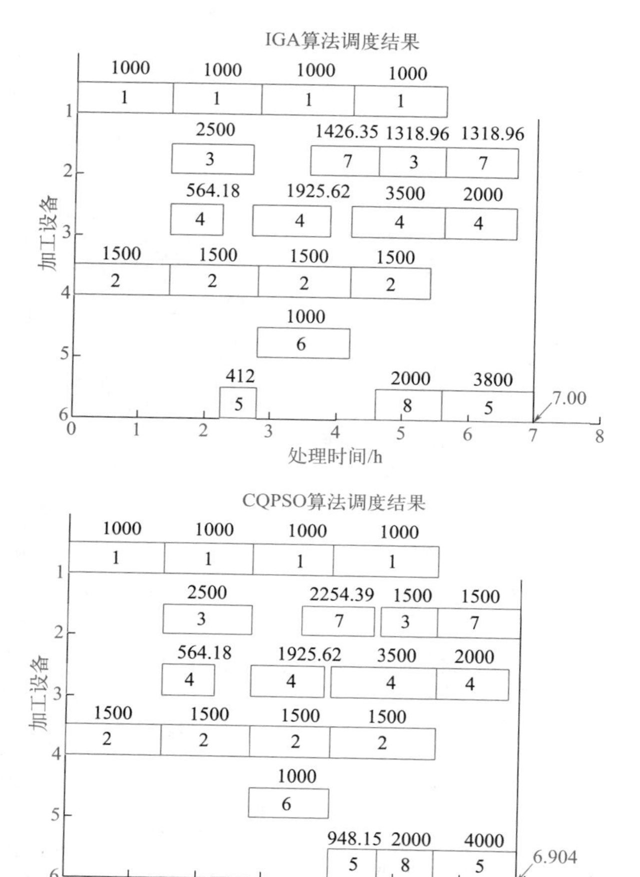

图 7-8　算例 2 需求不确定下的调度 Gantt 图

（3）最大化总生产利润和最大化完成追加订单量的目标均衡

当追加订单事件发生时，均衡最大化总生产利润和最大化完成追加订单量这两类目标是最优调度的重要问题。式 (7-15)、式 (7-16) 给出的目标函数和需求约束通过调整权重因子同时考虑了这两类目标，以做出最优决策。

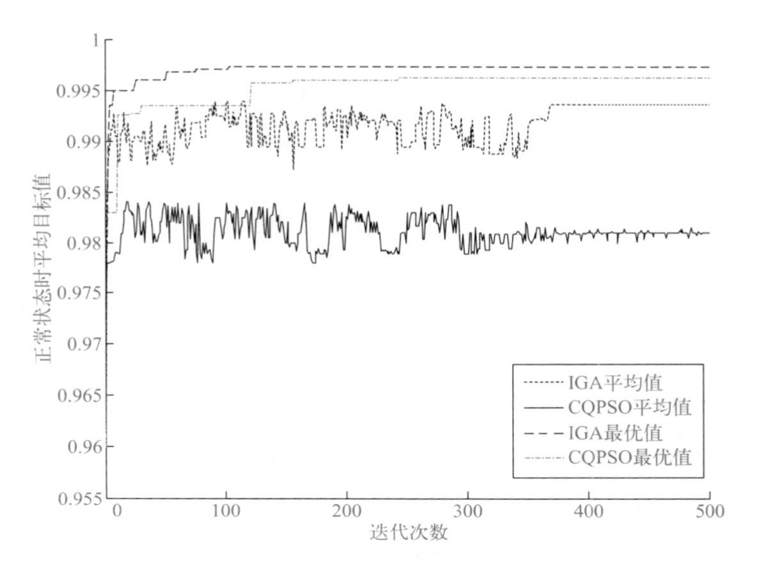

图 7-9　IGA 与 CQPSO 求解算例 1 的收敛速度比较

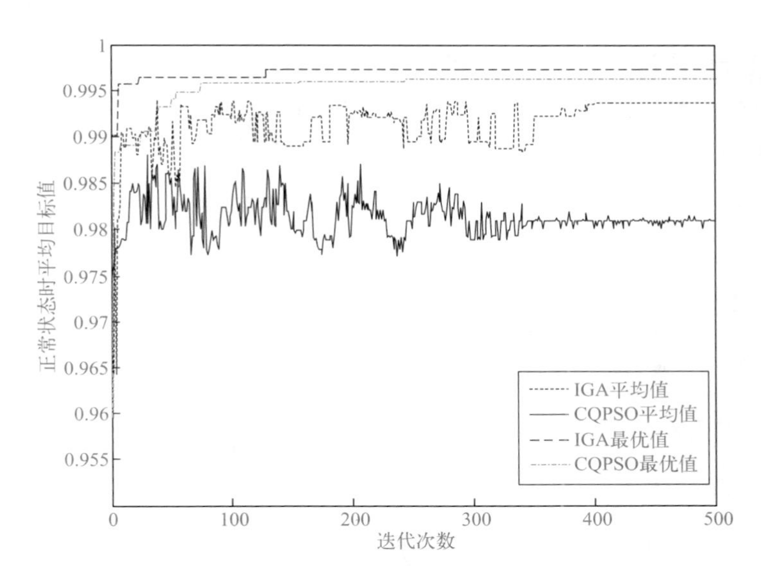

图 7-10　IGA 与 CQPSO 求解算例 2 的收敛速度比较

假定算例 1 中的产品 P1 追加 60 个单位的订单，设定权重因子两种不同的取值，对应产生两个不同形式的最大化总生产利润的目标函数。① 权重因子第一种取值（case 1）：对所有状态 s， $\varphi(s)=1$；对产品 P1， $\varphi'(s)=0$，其他状态 s， $\varphi'(s)=1$；$\gamma=100$。此时，目标函数权衡考虑最大化总生产利润和最大化产品 P1 的产量。② 权重因子第二种取值（case 2）：对所有状态 s， $\varphi(s)=0$；对产品 P1， $\varphi'(s)=1$，其他状态 s， $\varphi'(s)=0$；$\gamma=100$。这种取值使得目标函数式 (7-15) 的第一项为 0，目标函数仅考虑最大化产品 P1 的产量。设定权重因子两种不同取值的目的是考察其对最大化总生产利润和最大化完成追加订单量这两类目标的影响，以得出这两类目标最佳平衡点时权重因子的取值。

图 7-11 给出了权重因子在两种取值下，订单追加事件发生的时间与 P1 的总产量 $\sum_{n} qt(\mathrm{P1},n)$ 和利润 $\sum_{s}\sum_{n} p_s qt(s,n)$ 之间的关系。结果显示：①在权重因子的两种取值下，P1 总产量几乎相同；②在权重因子第一种取值条件下，获得的总生产利润明显高于权重因子第二种取值得到的总利润。这是因为权重因子的第二种取值仅最大化 P1 的产量，不考虑由产品 P2 的产量引起的任何利润的增加。由此可以得出结论：权重因子第一种取值得到的目标函数对最大化总生产利润和最大化 P1 产量有较好的均衡效果，通过增加相应产品的 $\varphi(s)$ 值，可以完全满足追加订单的生产。

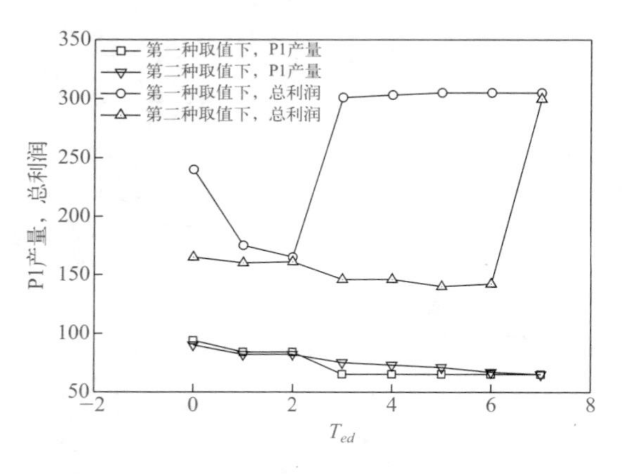

图 7-11　T_{ed} 与 P1 产量和总利润的关系

7.2 多周期需求不确定条件下多目的间歇过程的短期调度[1]

多周期需求不确定条件下多目的间歇过程的短期调度问题是在给定的总生产时间 H 内执行完成多次生产，在 H 的最后时刻使各次生产的产量之和满足需求量。针对多周期需求不确定间歇过程调度问题的特点，建立随机规划模型取代传统的数学规划模型更能反映问题的本质，但是这将导致模型求解困难。为了求解方便，将随机模型转换为等效的确定模型是一种常用的方法，如期望值模型、机会约束规划模型、带补偿的随机规划模型等。

期望值模型的建模和求解都较为简单，在实际工程中应用较多，但是转换后的模型会丢失很多信息，一般不能保证模型的鲁棒性。机会约束规划模型由于直接对含有不确定参数的约束定义可行机会，可以保证一定的鲁棒性，但是当使用连续的概率分布函数描述不确定性时，需要复杂的组合技术和方法，计算的复杂性大大增加。这也是制约随机模型应用的一个原因。Orçun 等[11]针对间歇过程处理时间的不确定，利用机会约束解决违反时间约束的风险。Petkov 等[12]针对需求不确定下的间歇调度提出了随机规划模型，利用机会约束给定概率水平，以满足多个产品的需求，最大化期望利润。一般地，在工程上常采用近似的方法，例如随机模拟[13]，但这样将增加计算的负担。所以，针对不确定条件下的生产调度问题，依然希望采用某种可以保证鲁棒性的、类似于期望值模型的确定型模型。

7.2.1 多周期需求不确定的多目的间歇过程短期调度问题的随机模型

针对不确定需求条件下的多周期多产品间歇过程的短期调度，本节考虑确定的加工工艺、设备容量约束、物料平衡约束、库存约束和产量不足或过多惩罚等约束，提出一个新的二阶段随机模型（Two-stage Stochastic Model，TSM）。

标注索引、变量及参数设定如下所述。

（1）索引

t= 时刻；m= 时间周期；i= 任务；j= 设备；s= 状态（原料、中间产品和最终产品）；l= 加工模式；k_m= 发生在时间周期 m 内的事件；k_m^* = 发生在时间周期 m 之前的事件。

（2）集合

T= 所有周期内的时刻集；T_m= 一个时间周期内的时刻集；L= 加工模式集；I= 任务集；I_s= 生产或消耗状态 s 的任务集；I_j= 在设备 j 上加工的任务集；J= 设备集；J_i= 加工任务 i 的设备集；M= 时间周期集；S= 状态集；S_{fp}= 最终产品集；K_m= 发生在时间周期 m 内的事件集；K_m^* = 发生在时间周期 m 之前的事件集。

（3）参数

H_m= 时间周期 m 内的最后时刻；V_j= 设备 j 的容量；STA_s= 状态 s 最初可被利用的数量；SC_s= 状态 s 的存储容量；$TP_{i,j,l}$ = 加工模式 l 下，任务 i 在设备 j 上的加工时间；$\rho_{i,s}^c$ = 状态 s 被任务 i 消耗的比例；$\rho_{i,s}^p$ = 状态 s 被任务 i 生产的比例；$BS_{i,j,l}^{\mathrm{L}}$，$BS_{i,j,l}^{\mathrm{U}}$ = 加工模式 l 下，任务 i 在设备 j 上加工的最小、最大的批次大小；$P_{s,m}$ = 状态 s 在时间周期 m 内的价格；IC_s= 状态 s 的库存成本；$C_{s,m}$ = 在时间周期 m 内，生产单位数量的状态 s 的生产成本；LC_s，EC_s= 生产的产品量对于需求不足和过剩的惩罚系数；p_{k_m} = 事件 k_m 在时间周期 m 内发生的概率；$D_{s,m}$ = 时间周期 m 内的状态 s 的需求量；D_{s,m,k_m} = 时间周期 m 内，事件 k_m 对于状态 s 的需求量。

（4）变量

$y_{i,j,t,l}$ = 在加工模式 l，时刻 t 下，任务 i 是否在设备 j 上开始加工的 0/1 变量，当任务 i 在加工模式 l，时刻 t 下，在设备 j 上开始加工，则 $y_{i,j,t,l}$ =1，否则 $y_{i,j,t,l}$ =0；$b_{i,j,t,l}$ = 在加工模式 l，时刻 t 下，任务 i 在设备 j 上开始加工的数量；$qt_{s,m}$ = 在时间周期 m 内，被生产的状态 s 的总量；$qs_{s,t}$ = 状态 s 在时刻 t 的数量；$qb_{s,m}$ = 在时间周期 m 开始时，状态 s 的库存量；$qe_{s,m}$ = 在时间周期 m 结束时，状态 s 的库存量；$sold_{s,m}$ = 在时间周期 m 内，出售的状态 s 的总量。

两阶段随机模型 TSM 包括以下假设：

① 设备可以工作在任意加工模式下，每种加工模式有不同的批次范围和与任务相关的加工时间。

② 整个生产时间的长度 T，由 m（$m \in M$）个周期组成。产品的需求被放在每个时间周期内，并且需要在整个生产时间的最后时刻 $t=T$ 上被实现。

③ 产品需求是一个随机变量，服从多元正态分布。本节提出的模型可以处理产品的需求相关性（Correlations），包括同一个时间周期内的不同产品的需求相关性和不同时间周期内的同一产品的需求相关性。

④ 单位产品成本与产量无关。

⑤ 产量相对于需求量的不足和过剩的惩罚系数与产品不足和过剩的数量成正比。

（1）需求不确定条件下间歇生产调度近似的确定模型

假设整个生产时间内包括 M 个时间周期，每个时间周期内可能发生 K 个事件，则从根节点（第 0 级）到最末叶节点（第 M 级）共有 K^M 个节点，表示 K^M 种不同的情景（Scenario）。对于多产品间歇过程的多周期调度，采用两阶段方法建模的每种情景组成的树结构（Scenario Tree）如图 7-12（a）所示。

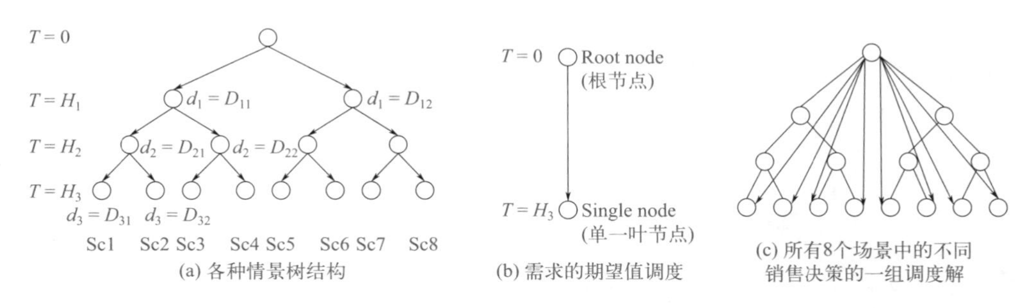

图 7-12　两阶段法

图 7-12（a）中，假定整个生产时间内包括 3 个时间周期 $M=3$，令 $T_1=[0,H_1)$，$T_2=[H_1,H_2)$，$T_3=[H_2,H_3]$，且 $k_1,k_2 \in K$。每个时间周期内可能发生 2 个事件 $K=2$，于是产生 $2^3=8$ 种情景（Sc 1 ～ Sc 8）。随机

变量 d_1 表示在第一个时间周期 $[0,H_1)$ 内的需求量，其取值为 D_{11} 或 D_{12}，对应 2 个以一定概率发生的事件。随机变量 d_2 表示在第二个时间周期 $[H_1,H_2)$ 内的需求量，以此类推。

对需求不确定条件下多周期间歇过程建立近似的确定模型（Deterministic Model，DM），各种情景组成的树结构退化为一对节点，即根节点 $(T=0)$ 和一个单一叶节点（$T=H_3$），如图 7-12（b）所示。在最末的叶节点处，总需求 $\sum_{m\in M} D_{s,m}$ 被实现，且值为随机变量 $d_1+d_2+d_3$ 的中值。

由此，建立需求不确定条件下多周期间歇过程短期调度近似的 MILP 模型如下：

$$\max \sum_{s\in S}\sum_{m\in M}[P_{s,m}sold_{s,m}-C_{s,m}qt_{s,m}-IC_s(qb_{s,m}+qe_{s,m})/2] \quad (7\text{-}22)$$

目标函数式 (7-22) 为最大化总利润。在总生产时间内，考虑总收入（第一项）、生产成本（第二项）和库存成本（第三项）。

$$\sum_{i\in I_j}\sum_{l\in L} y_{i,j,t,l}\leqslant 1 \quad y_{i,j,t,l}\in\{0,1\},\ j\in J,\ t\in T_m \quad (7\text{-}23)$$

$$\sum_{i\in I_j}\sum_{l\in L}\sum_{t'=t-TP_{ijl}+1} y_{i,j,t',l}\leqslant 1 \quad j\in J,\ t\in T_m \quad (7\text{-}24)$$

约束式 (7-23) 和式 (7-24) 给出了设备加工任务的限制。

$$BS^{\mathrm{L}}_{i,j,l}y_{i,j,t,l}\leqslant b_{i,j,t,l}\leqslant BS^{\mathrm{U}}_{i,j,l}y_{i,j,t,l} \quad b_{i,j,t,l}\geqslant 0,\ i\in I,\ j\in J_i,\ t\in T_m \quad (7\text{-}25)$$

任务 i 在设备 j 上开始加工的数量与批次大小的关系用式 (7-25) 表示。

$$qs_{s,1}+\sum_{i\in I_s}\rho^c_{is}\sum_{j\in J_i}\sum_{l\in L}b_{i,j,1,l}\leqslant STA_s \quad 0\leqslant qs_{s,t}\leqslant SC_s,\ s\in S \quad (7\text{-}26)$$

式 (7-26) 表示状态 s 在 $t=1$ 时刻的存储量和在 $t=1$ 时刻已经开始加工的数量之和不能多于状态 s 最初可被利用的数量。

$$qs_{s,t}+\sum_{i\in I_s}\rho^c_{is}\sum_{j\in J_i}\sum_{l\in L}b_{i,j,t,l}=qs_{s,t-1}+\sum_{i\in I_s}\rho^p_{is}\sum_{j\in J_i}\sum_{l\in L}b_{i,j,t-TP_{ijl},l} \quad s\in S,t\in T_m \quad (7\text{-}27)$$

式 (7-27) 表示状态 s 在时刻 t 的总量可以通过调整被生产或消耗的量得到，它们是物料平衡约束。

$$qb_{s,m+1} = qb_{s,m} + qt_{s,m} - sold_{s,m} \quad sold_{s,m}，qt_{s,m}，qb_{s,m} \geqslant 0，s \in S，m \in M \tag{7-28}$$

库存约束式 (7-28) 将状态 s 在某一时间周期上开始和结束时的库存量联系起来。允许利用前面周期里未使用的设备存放状态 s，这样可以在后面的周期里应对需求的增加。

$$sold_{s,m} \leqslant D_{s,m} \quad s \in S_{fp} \tag{7-29}$$

约束式 (7-29) 限制了销售量依赖于需求量。

$$y_{i,j,t',l} = 0 \quad m \in M, i \in I, j \in J_i, l \in L, t' \big| t' + TP_{ijl} > H \tag{7-30}$$

如果在整个调度时间结束前，任务没有被完成，则式 (7-30) 表示没有任务开始加工。

（2）两阶段随机模型

两阶段随机模型 TSM 直接考虑不确定需求，规定所有调度决策为第一阶段决策 [见图 7-12（c）]，例如，整个生产时间内的二值变量 y 和连续变量 b、qs。第二阶段的决策关系到连续变量，包括销量、成本、收入等计算。这样，对于每种情景，都有一个第二阶段的决策集。图 7-12（c）是唯一一个调度决策集。

$$\sum_{i \in I_j} \sum_{l \in L} y^m_{i,j,t,k^*_m,l} \leqslant 1 \quad j \in J, t \in T_m, m \in M, k_m \in K_m \tag{7-31}$$

其中，$y^m_{i,j,t,k^*,l}$ 是第 m 级的二进制变量。约束式 (7-31) 表示对每个时刻 t，只能在一种模式下，在设备 j 上加工一个任务 i。

$$\sum_{i \in I_j} \sum_{l \in L} \sum_{t'=t-TP_{ijl}+1} \sum_{m'=1}^{m} y^{m'}_{i,j,t',k^*_m,l} \leqslant 1 \quad j \in J, t \in T_m, m \in M, k_m \in K_m \tag{7-32}$$

约束式 (7-32) 表明，若 $y_{ijtl} = 1$，则在时间 $\left[t - TP_{ijl} + 1, t\right]$ 内，加工任务 i 的设备 j 不能处理除任务 i 之外的其他任何任务。

$$BS^{\mathrm{L}}_{i,j,k^*_m,l} y^m_{i,j,t,k^*_m,l} \leqslant b^m_{i,j,t,k^*_m,l} \leqslant BS^{\mathrm{U}}_{i,j,l} y^m_{i,j,t,k^*_m,l} \quad i \in I, j \in J_i, m \in M, t \in T_m, k_m \in K_m \tag{7-33}$$

式 (7-33) 约束在任意时刻，开始加工的物料数量应该限制在加工模式的最大、最小物料范围内。

$$qs^1_{s,1} + \sum_{i \in I_s} \rho^c_{is} \sum_{j \in J_i} \sum_{l \in L} b^1_{i,j,1,l} \leqslant STA_s \quad s \in S \tag{7-34}$$

$$qs_{s,t}^{m}+\sum_{i\in I_s}\rho_{is}^{c}\sum_{j\in J_i}\sum_{l\in L}b_{i,j,t,k_m^*,l}^{m}=qs_{s,t-1}^{m}+\sum_{i\in I_s}\rho_{is}^{p}\sum_{j\in J_i}\sum_{l\in L}\sum_{m'=1}^{m}b_{i,j,t-T_{P_{ijl}},k_{m'}^*,l}^{m'}\quad t\in T_m,k_m\in K_m \tag{7-35}$$

变量 $b_{i,j,t,k^*,l}^{m}$ 和 $y_{i,j,t,k^*,l}^{m}$ 在时刻 $t\in T\setminus T_m$ 时的值为 0，即在第 m 级，y^m 和 b^m 只在时间间隔 T_m 的时刻内有效。而由于物料连续性的要求，连续变量 qs^m 在任意时刻都是有效的。不同状态下的物料平衡由式 (7-34)、式 (7-35) 约束。

在 DM 中，销售量 $sold_{s,m}$ 等于产量 $qt_{s,m}$ 或者需求量 $D_{s,m}$，状态 s 的需求总是能满足。然而，当需求不确定时，销售量是产量和需求量中的较小者。所以，修改 DM 中的约束式 (7-28)，得到随机需求下的库存平衡约束为：

$$qb_{s,m+1}=qb_{s,m}+qt_{s,m}-\min(D_{s,m,k_m},qt_{s,m})\quad s\in S,m\in M \tag{7-36}$$

通过分析上式的递推过程，一个时间周期开始时的库存为：

$$qb_{s,m+1}=qb_{s,1}+\sum_{m\in M}qt_{s,m}-\sum_{m\in M}\min(D_{s,m,k_m},qt_{s,m})\quad s\in S,m=1,\cdots,M \tag{7-37}$$

显然，要使库存策略可行，$qb_{s,m+1}\geqslant 0$。又因为 $qe_{s,m}=qb_{s,m}+qt_{s,m}$，而且 $qt_{s,m}\geqslant 0$，可得 $qe_{s,m}\geqslant 0$。由于 $\min(D_{s,m,k_m},sold_{s,m})$ 总是小于等于 D_{s,m,k_m}，同时 $qb_{s,m}$ 非负，如果式 (7-38) 成立，则 $qe_{s,m}\geqslant 0$ 成立。

$$qb_{s,1}+\sum_{m\in M}qt_{s,m}-\sum_{m\in M}D_{s,m,k_m}\geqslant 0\quad s\in S,m=1,\cdots,M \tag{7-38}$$

在随机模型中，将约束式 (7-38) 加起来，则得到可行的库存约束。该约束限制了时间周期 m 结束时的库存量与该周期内生产和销售产品量以及开始时的库存量的关系。

TSM 的目标函数包括总收入减去库存量、产品不足、产品过剩和生产成本后利润期望的最大值。

$$\sum_{k_1,\cdots,k_{|M|}\in K_1,\cdots,K_{|M|}}p_{k_1,\cdots,k_{|M|}}\{E[\sum_{s\in S}\sum_{m\in M}(ER_{s,m,k_m}-IC_{s,m,k_m}-UP_{s,m,k_m}-OP_{s,m,k_m})]-\sum_{s\in S}\sum_{m\in M}PC_{s,m}\} \tag{7-39}$$

式 (7-39) 中，在时间周期内的生产成本与确定模型相同：

$$PC_{s,m}=C_{s,m}qt_{s,m} \tag{7-40}$$

其他各项，包括产品销售收入、库存成本、产量不满足需求的惩罚代价和产量超过需求的惩罚代价分别如下：

$$ER_{s,m,k_m} = P_{s,m} \bullet \min(D_{s,m,k_m}, qt_{s,m}) \tag{7-41}$$

$$IC_{s,m+1,k_{m+1}} = IC_s[qb_{s,1} + \sum_{m \in M} qt_{s,m} - \sum_{m \in M} \min(D_{s,m,k_m}, qt_{s,m}) + qt_{s,m+1} / 2] \tag{7-42}$$

$$UP_{s,m,k_m} = LC_s(P_{s,m} - C_{s.m}) \bullet \max(0, D_{s,m,k_m} - qt_{s,m}) \tag{7-43}$$

$$OP_{s,m,k_m} = EC_s(IC_s + C_{s.m}) \bullet \max(0, qt_{s,m} - D_{s,m,k_m}) \tag{7-44}$$

当惩罚系数 LC_s 和 EC_s 取值过大时，满足确定产品需求的概率就会减小。为了确保利润不会太低，在产量小于等于需求 $D_{s.m,k_m} \geqslant qt_{s,m}$ 和产量大于等于需求 $D_{s.m,k_m} \leqslant qt_{s,m}$ 的情况下，设定了一个满足单个或多个产品需求的最小概率 $\alpha_{s,m}$，以保证产量和需求量的差的绝对值不会过大。

$$\Pr\left\{\left|D_{s.m,k_m} - qt_{s,m}\right| > 0\right\} \geqslant \alpha_{s,m} \tag{7-45}$$

约束式 (7-45) 是机会约束。有时，概率目标是在一个给定周期上的一组产品或是在多个周期下给定的一个产品，这形成了联合的机会约束：

$$\Pr\left\{\bigcap_{(s,m) \in S_p} \left|D_{s.m,k_m} - qt_{s,m}\right| > 0\right\} \geqslant \alpha_p \quad p = 1, \cdots, P \tag{7-46}$$

其中，S_p 是产品 - 周期组合（s，m）的集合，$p = 1, 2, \cdots, P$ 是所有联合的机会约束的集合。式 (7-46) 表示式 (7-45) 对于 S_p 应该同时满足。

基于以上分析，针对需求不确定条件下多周期间歇过程生产调度的两阶段随机模型（TSM）建立如下：

Max EP 式 (7-40) ～式 (7-44)

$s.t.$ 式 (7-31) ～式 (7-35)，式 (7-38)，式 (7-45)、式 (7-46)

$y^m_{i,j,t',k^*_m,l} = 0 \quad i \in I, j \in J_i, m \in M, l \in L, t' \left| t' + TP_{ijl} > H\right.$

$y^m_{i,j,t,k^*_m,l} \in \{0,1\} \quad m \in M, i \in I, j \in J_i, t \in T_m, l \in L$

$b^m_{i,j,t,k^*_m,l} \geqslant 0 \quad m \in M, i \in I, j \in J_i, t \in T_m, l \in L$

$0 \leqslant qs^m_{s,t} \leqslant SC_s \quad m \in M, s \in S, t \in T_m$

$\sum_{m \in M} sold_{s,m,k_m}, \sum_{m \in M} qt_{s,m,k_m}, \sum_{m \in M} qb_{s,m,k_m}, \sum_{m \in M} qe_{s,m,k_m} \geqslant 0$

$s \in S_{fp} \quad k_1 \in K_1, \cdots, k_m \in K_m$

TSM 的解确定了状态 s 的产量 $qt_{s,m}$ 和需求量 D_{s,m,k_m}。该解在满足单个或多个产品需求，概率分别对应为 $\alpha_{s,m}$ 和 α_p 时，使 TSM 的期望利润最大化。通过求解 $\alpha_{s,m}$ 和 α_p 取不同值下的 TSM，可以建立最大化利润和满足市场需求之间的平衡。需要指出的是：在 TSM 中，变量和约束的数量将随着发生在任意时间周期内的不确定事件数量的增多呈指数增长。

另外，由于所有的调度决策都是第一阶段变量，所以 TSM 和 DM 有相同数目的二值变量。实质上，两阶段随机模型是一种鲁棒调度。当然，如果只有一个时间周期，TSM 等效于 DM 模型。

7.2.2 TSM 中随机目标函数的期望

随机目标函数式 (7-39) 的期望等于该式各项的期望之和。因此，可以分别求产品销售收入、库存成本、产量不满足需求的惩罚代价和产量超过需求的惩罚代价等各项的期望。

（1）销售收入的期望

当 $qt_{s,m} \leqslant D_{s,m,k_m}$ 时，销售收入 ER_{s,m,k_m} 是随机的，并且等于 $P_{s,m}qt_{s,m}$；当 $qt_{s,m} \geqslant D_{s,m,k_m}$ 时，它是确定性的，值为 $P_{s,m}D_{s,m,k_m}$。由此可知，ER_{s,m,k_m} 是一个不为正态分布的随机变量。为了使 ER_{s,m,k_m} 的期望容易计算，正态随机变量可以写成标准的正态形式 $a_{s,m}$：

$$a_{s,m} = \left(qt_{s,m} - \hat{q}t_{s,m}\right) / \sigma_{s,m} \tag{7-47}$$

类似地，确定变量 D_{s,m,k_m} 的标准化定义为：

$$b_{s,m} = \left(D_{s,m,k_m} - \hat{q}t_{s,m}\right) / \sigma_{s,m} \tag{7-48}$$

使用以上表达法，$qt_{s,m} \leqslant D_{s,m,k_m}$ 的概率和 $a_{s,m} \leqslant b_{s,m}$ 的概率相同，都等于 $\phi\left(b_{s,m}\right)$。ϕ 表示标准正态随机变量的累积概率分布函数。这样 $a_{s,m} \geqslant b_{s,m}$ 的概率即为 1− $\phi\left(b_{s,m}\right)$。根据期望运算的可加性，销售收入 ER_{s,m,k_m} 的期望为：

$$E\left[ER_{s,m,k_m}\right] = \phi\left(b_{s,m}\right)E\left[ER_{s,m,k_m} \mid qt_{s,m} \leqslant D_{s,m,k_m}\right] + \left(1 - \phi\left(b_{s,m}\right)\right)E\left[ER_{s,m,k_m} \mid qt_{s,m} \geqslant D_{s,m,k_m}\right] \tag{7-49}$$

将式 (7-49) 中的 $qt_{s,m}$ 和 D_{s,m,k_m} 用标准化的变量 $a_{s,m}$ 和 $b_{s,m}$ 替换后，得

到：

$$E\left[ER_{s,m,k_m}\right]=\phi\left(b_{s,m}\right)E\left[P_{s,m}qt_{s,m}|\frac{qt_{s,m}-\hat{q}t_{s,m}}{\sigma_{s,m}}\leqslant\frac{D_{s,m,k_m}-\hat{q}t_{s,m}}{\sigma_{s,m}}\right]$$
$$+\left(1-\phi\left(b_{s,m}\right)\right)E\left[P_{s,m}D_{s,m,k_m}|\frac{qt_{s,m}-\hat{q}t_{s,m}}{\sigma_{s,m}}\geqslant\frac{D_{s,m,k_m}-\hat{q}t_{s,m}}{\sigma_{s,m}}\right]$$
$$=\phi\left(b_{s,m}\right)E\left[P_{s,m}\left(\sigma_{s,m}a_{s,m}+\hat{q}t_{sm}\right)|\ a_{s,m}\leqslant b_{s,m}\right]$$
$$+\left(1-\phi\left(b_{s,m}\right)\right)E\left[P_{s.m}\left(\sigma_{s,m}b_{s,m}+\hat{q}t_{s,m}\right)a_{s,m}\geqslant b_{s,m}\right]$$
$$=P_{s.m}\hat{q}t_{s.m}+P_{s.m}\sigma_{s,m}\left\{\phi\left(b_{s,m}\right)E\left[a_{s,m}|\ a_{s,m}\leqslant b_{s,m}\right]+\left(1-\phi\left(b_{s,m}\right)\right)E\left[b_{s,m}|\ a_{s,m}\geqslant b_{s,m}\right]\right\}$$
(7-50)

式中，确定变量D_{s,m,k_m}在$a_{s,m}\geqslant b_{s,m}$的条件下的期望等于它本身：

$$E\left[b_{s,m}|\ a_{s,m}\geqslant b_{s,m}\right]=b_{s,m} \tag{7-51}$$

当$a_{s,m}\leqslant b_{s,m}$时，$qt_{s,m}$的期望为：

$$E\left[a_{s,m}|\ a_{s,m}\leqslant b_{s,m}\right]=\frac{\frac{1}{\sqrt{2\pi}}\int_{-\infty}^{b_{s,m}}a_{s,m}\exp\left(-\frac{1}{2}a_{s,m}^2\right)d_{a_{s,m}}}{\frac{1}{\sqrt{2\pi}}\int_{-\infty}^{b_{s,m}}\exp\left(-\frac{1}{2}a_{s,m}^2\right)d_{a_{s,m}}}$$
$$=\frac{-1}{\phi\left(b_{s,m}\right)}\times\frac{\exp\left(-\frac{1}{2}b_{s,m}^2\right)}{\sqrt{2\pi}}=\frac{-f\left(b_{s,m}\right)}{\phi\left(b_{s,m}\right)}$$
(7-52)

其中，f是标准化的正态分布函数。将式(7-53)、式(7-54)代入式(7-50)得：

$$E\left[ER_{s,m,k_m}\right]=P_{s,m}\hat{q}t_{s,m}+P_{s,m}\sigma_{s,m}\left[-f\left(b_{s,m}\right)+\left(1-\phi\left(b_{s,m}\right)\right)b_{s,m}\right] \tag{7-53}$$

将收入期望的表达式标准化后，得到：

$$\frac{E\left[ER_{s,m,k_m}\right]-P_{s,m}\hat{q}t_{s,m}}{P_{s,m}\sigma_{s,m}}=-f\left(b_{s,m}\right)+\left(1-\phi\left(b_{s,m}\right)\right)b_{s,m} \tag{7-54}$$

上式给出了$E\left[ER_{s,m,k_m}\right]$与确定的生产需求为$\hat{q}t_{s,m}$的收入的偏差。这个标准化的期望收入是$b_{s,m}$的函数（见图7-13）。随着$b_{s,m}$趋向于无穷（$D_{s,m,k_m}\gg\hat{q}t_{s,m}$），标准化的期望收入趋向于零。另一方面，当

$b_{s,m}$ 趋向于无穷小时，$E\left[ER_{s,m,k_m}\right]$ 趋向于 $b_{s,m}$。而且，当 $b_{s,m}=0$，即 $D_{s.m,k_m}=\hat{q}t_{s,m}$ 时，可以得到：

$$E\left[ER_{s,m,k_m}\right]=P_{s,m}\left(\hat{q}t_{s,m}-\sigma_{s,m}/\sqrt{2\pi}\right) \tag{7-55}$$

标准化的期望收入 $E\left[ER_{s,m,k_m}\right]$ 是 $b_{s,m}$ 的凹函数，因为 $E\left[ER_{s,m,k_m}\right]$ 对 $b_{s,m}$ 的二阶微分总是负的，$\mathrm{d}^2E\left[ER_{s,m,k_m}\right]/\mathrm{d}b_{s,m}^2=-P_{s,m}\sigma_{s,m}f\left(b_{s,m}\right)\leqslant 0$。

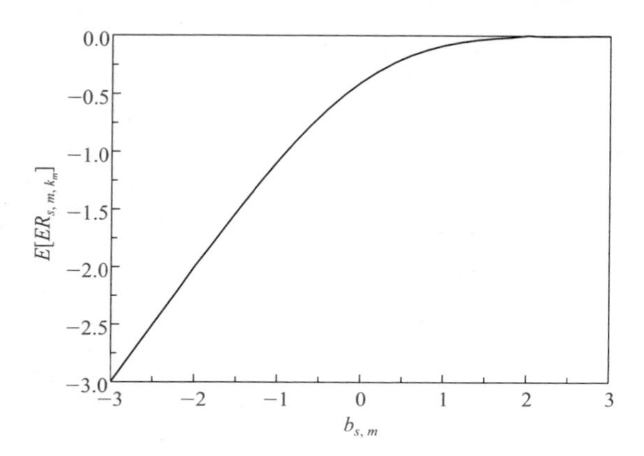

图 7-13　标准化的期望收入

（2）库存成本的期望

$$E\left[\min\left(qt_{s,m},D_{s,m,k_m}\right)\right]=\hat{q}t_{s,m}+\sigma_{s,m}\left[-f\left(b_{s,m}\right)+\left(1-\phi\left(b_{s,m}\right)\right)b_{s,m}\right] \tag{7-56}$$

代入式 (7-56) 后，库存成本的期望等于：

$$E\left[IC_{s,m+1,k_{m+1}}\right]=IC_s\left\{qb_{s,1}+\sum_{m\in M}qt_{s,m}-\sum_{m\in M}\left\{\hat{q}t_{s,m}+\sigma_{s,m}[-f(b_{s,m})+(1-\phi(b_{s,m}))b_{s,m}]\right\}+qt_{s,m+1}/2\right\} \tag{7-57}$$

库存成本的期望为 $qt_{s,m}$ 的线性函数，同时是 $b_{s,m}$（或者 D_{s,m,k_m}）的凸函数。库存成本的期望依赖于之前所有周期相关的变量。

（3）产量不满足需求时惩罚代价的期望

产品不满足需求量的惩罚项 UP_{s,m,k_m} 表示产量不能满足产品需求而导致市场份额丢失的代价。

$$
\begin{aligned}
UP_{s,m,k_m} &= LC_s(P_{s,m} - C_{s,m}) \cdot \max(0, D_{s,m,k_m} - qt_{s,m}) \\
&= -LC_s(P_{s,m} - C_{s,m}) \cdot \min(0, qt_{s,m} - D_{s,m,k_m}) \\
&= -LC_s(P_{s,m} - C_{s,m})[\min(qt_{s,m}, D_{s,m,k_m}) - D_{s,m,k_m}]
\end{aligned}
\tag{7-58}
$$

因此，UP_{s,m,k_m} 的期望等于：

$$
\begin{aligned}
E[UP_{s,m,k_m}] &= -LC_s(P_{s,m} - C_{s,m})\left\{E[\min(qt_{s,m}, D_{s,m,k_m}) - D_{s,m,k_m}]\right\} \\
&= -LC_s(P_{s,m} - C_{s,m})\{\hat{q}t_{s,m} + \sigma_{s,m}[-f(b_{s,m}) + (1-\phi(b_{s,m}))b_{s,m}] - \hat{q}t_{s,m}\} \\
&= -LC_s(P_{s,m} - C_{s,m})\sigma_{s,m}[-f(b_{s,m}) + (1-\phi(b_{s,m}))b_{s,m}]
\end{aligned}
\tag{7-59}
$$

它是 $b_{s,m}$ 的凸函数。

（4）产量超出需求时惩罚代价的期望

产量过剩的惩罚代价 OP_{s,m,k_m} 表示产品生产过多，造成多出来产品的库存成本的增加，从而导致总利润的损失。

$$
\begin{aligned}
OP_{s,m,k_m} &= EC_s IC_s \cdot \max(0, qt_{s,m} - D_{s,m,k_m}) \\
&= -EC_s IC_s \cdot \min(0, D_{s,m,k_m} - qt_{s,m}) \\
&= -EC_s IC_s[\min(qt_{s,m}, D_{s,m,k_m}) - qt_{s,m}]
\end{aligned}
\tag{7-60}
$$

于是，产品过剩的惩罚代价的期望为：

$$
\begin{aligned}
E[OP_{s,m,k_m}] &= -EC_s IC_s\left\{E[\min(qt_{s,m}, D_{s,m,k_m}) - qt_{s,m}]\right\} \\
&= -EC_s IC_s\{\hat{q}t_{s,m} + \sigma_{s,m}[-f(b_{s,m}) + (1-\phi(b_{s,m}))b_{s,m}] - \hat{q}t_{s,m}\} \\
&= -EC_s IC_s \sigma_{s,m}[-f(b_{s,m}) + (1-\phi(b_{s,m}))b_{s,m}]
\end{aligned}
\tag{7-61}
$$

总之，依据组成目标函数的期望的各项函数凹 / 凸性，利润的期望是 D_{s,m,k_m} 的凹函数，同时也是 $qt_{s,m}$ 的线性函数。因此，以期望利润最大化的目标函数有唯一解。

7.2.3 TSM 中机会约束确定的等价表达

第二类随机表达式定义了一个机会约束，在机会约束式 (7-45) 中，随机项设定了单个产品 i 在时间周期 m 的需求满足的最小概率的边界。通过标准化正态变量 $qt_{s,m}$，机会约束可以等价地表示为：

$$\Pr\left[\left|b_{s,m}-a_{s,m}\right|>0\right]\geqslant\alpha_{s,m} \tag{7-62}$$

这说明机会约束可以被下面确定的等价表达式代替：

$$\alpha_{s,m}\leqslant\phi\left(b_{s,m}\right)\leqslant 1-\alpha_{s,m} \tag{7-63}$$

应用正态累积分布函数的逆 ϕ^{-1}，它是个单调上升函数，可以得到：

$$\phi^{-1}\left(\alpha_{s,m}\right)\leqslant b_{s,m}\leqslant\phi^{-1}\left(1-\alpha_{s,m}\right) \tag{7-64}$$

确定的等价约束式 (7-63)、式 (7-64) 表明它对于确定性变量 D_{s,m,k_m} 是线性的。根据标准正态分布表，$\alpha_{s,m}\geqslant 0.5$ 时，$\phi^{-1}\left(\alpha_{s,m}\right)\geqslant 0$。这表明方差项惩罚了确定的等价约束，使之比初始的机会约束式更严格。$\alpha_{s,m}$ 值越大，约束越强。

7.2.4 TSM 中联合的机会约束确定的等价表达

联合的机会约束定义了在同时满足不同时间周期内的一组产品需求的概率目标。当单个产品的机会约束不受产品需求间相关性的影响时，是联合的机会约束的一个特殊情况。

（1）不考虑产品需求相关性的联合的机会约束

当各个产品的需求是独立的随机变量时，联合的机会约束可以分解为每个产品的机会约束的积：

$$\prod_{(s,m)\in S_p}\Pr\left[\left|D_{s,m,k_m}-qt_{s,m}\right|>0\right]\geqslant\alpha_p \tag{7-65}$$

由于 $\Pr[D_{s,m,k_m}\geqslant qt_{s,m}]=\phi(b_{s,m})$，因此可得：

$$\prod_{(s,m)\in S_p}\phi(b_{s,m})\geqslant\alpha_p \tag{7-66}$$

$$\prod_{(s,m)\in S_p}\left(1-\phi(b_{s,m})\right)\geqslant\alpha_p \tag{7-67}$$

通过对数转换，式 (7-66)、式 (7-67) 定义了凸约束式 (7-68)、式 (7-69)。

$$\sum_{(s,m)\in S_p}\ln\left(\phi\left(b_{s,m}\right)\right)\geqslant\ln\left(\alpha_p\right) \tag{7-68}$$

$$\sum_{(s,m)\in S_p}\ln(1-\phi(b_{s,m}))\geqslant\ln(\alpha_p) \tag{7-69}$$

（2）随机需求相关性的联合的机会约束

不确定需求 D_{s,m,k_m} 之间的相关性意味着需要向量积、跨越时间周期相关性参数来描述不确定需求，它们建立了一个对称的 $NT \times NT$ 的方差 - 协方差矩阵 $\boldsymbol{\Sigma}$。$\boldsymbol{\Sigma}$的非对角线元素是不确定参数 D_{s,m,k_m} 和 D_{s',m',k_m} 之间的协方差 $\mathrm{Cov}\left(D_{s,m,k_m}, D_{s',m',k_m}\right)$，$\boldsymbol{\Sigma}$的对角线元素是不确定需求的方差 $\mathrm{Var}\left(D_{s,m,k_m}\right) = \sigma_{s,m}^2$。

通常，随机需求相关性的联合的机会约束不能简单分解为每个产品的机会约束的积，这使概率的计算更复杂，需要对多元概率分布积分。计算多元概率分布函数最早、最实用的方法是由 Kendall[14] 提出的四项级数展开，其得到了广泛的应用。然而，Harris 和 Soms[15] 证明了该方法不能保证级数的收敛。其他的方法还有基于 Plackett 恒等式的降维 [16-18]。但是这两种方法最多包含 5 或 6 个随机变量。高斯积分在化工领域被广泛应用于近似多维积分，但不确定参数的个数对精度和计算量有很大的影响。对于求多个随机变量的线性组合的概率分布，目前常用的是 Monte Carlo 采样法 [19-20]，该方法仍然需要大量的计算。本文使用 $\boldsymbol{\Sigma A}$ 方法 [17] 计算多元概率分布积分。$\boldsymbol{\Sigma A}$ 的基本思想是用一个新的矩阵 $\boldsymbol{\Sigma}'$ 来近似最初的方差 - 协方差矩阵 $\boldsymbol{\Sigma}$。它的非对角线元素有以下形式：

$$\mathrm{Cov}\left(D_{s,m,k_m}, D_{s',m',k_m}\right) = \sigma_{s,m}\sigma_{s',m'}\lambda_{s,m}\lambda_{s',m'} \quad \lambda_{s,m}, \lambda_{s',m'} \in \Re \tag{7-70}$$

这里定义方差 - 协方差矩阵的集合 Ω，方差 - 协方差矩阵 $\boldsymbol{\Sigma}'$ 属于集合 Ω，当且仅当存在 λ_{sm} 使得 $\boldsymbol{\Sigma}'$ 的非对角线元素可以写成式 (7-70) 的形式。对于产品需求 S_p 的任意集合，其方差 - 协方差矩阵 $\boldsymbol{\Sigma}$属于 Ω，并且其联合的机会约束严格等于以下 1-D 积分：

$$\Pr\left[\bigcap_{(s,m)\in S_p} D_{s,m,k_m} \geqslant qt_{s,m}\right] = \int_{-\infty}^{+\infty} \prod_{(s,m)\in S_p}\left[\phi\left(\frac{b_{sm} - \lambda_{sm}z}{\sqrt{1-\lambda_{sm}^2}}\right)\right] f(z)\mathrm{d}z \tag{7-71}$$

$$\Pr\left[\bigcap_{(s,m)\in S_p} D_{s,m,k_m} \leqslant qt_{s,m}\right] = \int_{-\infty}^{+\infty} \prod_{(s,m)\in S_p}\left[1-\phi\left(\frac{b_{sm} - \lambda_{sm}z}{\sqrt{1-\lambda_{sm}^2}}\right)\right] f(z)\mathrm{d}z \tag{7-72}$$

Prekopa[21] 证明了经过对数转换后的联合的机会约束是凸约束。因此，最初的联合机会约束的确定的凸约束表示为：

$$\ln\left\{\int_{-\infty}^{+\infty}\prod_{(s,m)\in S_p}\left[\phi\left(\frac{b_{sm}-\lambda_{sm}z}{\sqrt{1-\lambda_{sm}^2}}\right)\right]f(z)\mathrm{d}z\right\}\geqslant\ln\left(\alpha_p\right) \tag{7-73}$$

$$\ln\left\{\int_{-\infty}^{+\infty}\prod_{(s,m)\in S_p}\left[1-\phi\left(\frac{b_{sm}-\lambda_{sm}z}{\sqrt{1-\lambda_{sm}^2}}\right)\right]f(z)\mathrm{d}z\right\}\geqslant\ln\left(\alpha_p\right) \tag{7-74}$$

评价这个约束只需一维积分而不是 N 维的积分，这样避免了不确定参数导致模型呈指数增长的计算复杂性。1-D 积分可以采用数学方法或许多智能优化方法快速、有效地计算出来。

7.2.5 多周期需求不确定的多目的间歇过程短期调度随机模型的求解

本节改进基本的协同进化遗传算法（Modified Co-Evolutionary Genetic Algorithm, MCEGA）。基本思想是把问题分解为几个复杂度较低的子问题，然后并行地求解子问题。子问题（部分解）的个数等于设备的数目，每个子问题对应一台设备确定一个加工的优先顺序。进化过程实现如下：首先从每个种群中选出一个代表性的个体，将它们组合成一个单染色体；然后，对该染色体解码，得到最优调度方案。

（1）染色体编码和解码

MCEGA 算法根据优先规则的排列进行染色体编码。对任务 i 和设备 j，每个设备产生一个染色体段，每个染色体段由长为 i 的整数串组成，表示在相应设备上加工的任务的优先顺序。染色体段中的每个整数（或基因）表示必须在设备 j 上加工的任务 i 的唯一操作。j 个染色体段组合成的染色体是一个 j 维向量。

MCEGA 算法采用了细粒度并行遗传算法（Fine-Grained Parallel Genetic Algorithm，FGPGA）的多个实体（Multiple Instances），每个实体对应一个子问题。细粒度并行遗传算法定义了种群的空间分布，并且将选择和交叉限制在个体的邻域[22]。遗传编码为具有静态拓扑的单元格组成的环形网格，网格中每个单元的状态包括进化染色体段和适应值（见图 7-14）。每一代进化表示每个单元的状态经过了一系列步骤后得到的提升。单元的空间排列可以让每一代里每个活动的单元产生一个子代来替代它自己。细粒度模型中，配偶的选择被限制在任意方向的邻域（图 7-14 中的浅灰单元）里。通过选择在每个子问题的 2D 网格的相同位置（深灰单元）的染色体段，可以构成组合染色体结构。

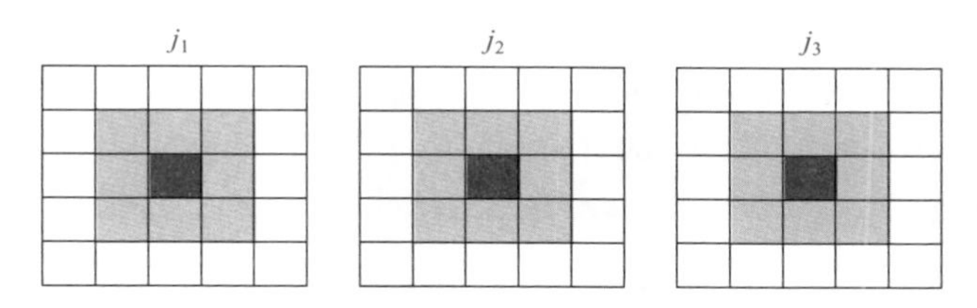

图 7-14　细粒度并行遗传算法的多个实体

每台设备对应进化得到的部分解组合起来就可以解码为问题解（可行调度排序）。

（2）适应度值

直接将目标函数最大化期望利润作为个体适应性度量的适应度函数。组合染色体的适应度评价可以通过子染色体间的合作程度来反映。这样，每个部分解的适应度值和在网格中有相同单元位置的组合染色体的适应度值相同。这使得被分解的各个子问题是合作而不是竞争带来进化压力。然而，在同一种群的个体间，竞争仍然存在。

（3）遗传算子

标准的遗传算子负责改变每个细粒度并行遗传算法的染色体段的排序。本节提出了一种交叉算子和三种变异算子，如图 7-15 所示，选择算子采用轮盘赌方法。以 4 个任务、4 个设备和 3 个周期为例。

交叉算子的操作过程是：父代 P1 中随机产生一个基因子集 {1,3}，子代 Offspring1 保留 P1 中子集元素及其所在父代中的位置，Offspring1 剩下的空位由 P2 中的基因按顺序填补。然后，将两个父代交换，将原父代 P2 中子集元素及其所在父代中的位置保留到子代 Offspring 2 中，Offspring 2 剩下的空位由原父代 P1 中的基因按顺序填补。该交叉算子的操作如图 7-15（a）所示。经过交叉产生了两个新子代，表示两个新的加工排序。

变异算子 M1：在父代染色体 P 内随机地选择一个移动的染色体

段 MS 和一个插入点 IP，MS 内的订单被插入到 IP 之后；其他订单保持顺序不变，简单地向前后移动位置。这样产出一个新染色体 NP，如图 7-15(b) 所示。

变异算子 M2：在父代染色体 P 内随机地选择一个逆向移动的染色体段 RMS 和一个插入点 IP，先将 RMS 内的订单逆序排列，然后插入到 IP 之后；其他订单保持顺序不变，简单地向前后移动位置，以产出一个新染色体 NP，如图 7-15（c）所示。

变异算子 M3：在父代染色体 P 内随机地选择一对移动的染色体段 MS 和两个插入点 IP，其他变异操作过程和 M1 相同。变异算子 M3 的操作过程见图 7-15（d）。

另外，为了保证算法的收敛性，还采用了选优操作，即在新产生的种群中随机选取一个个体，将该个体的适应度函数值和上一代最好的个体适应度函数值相比较，选取其中较好的保留下来。

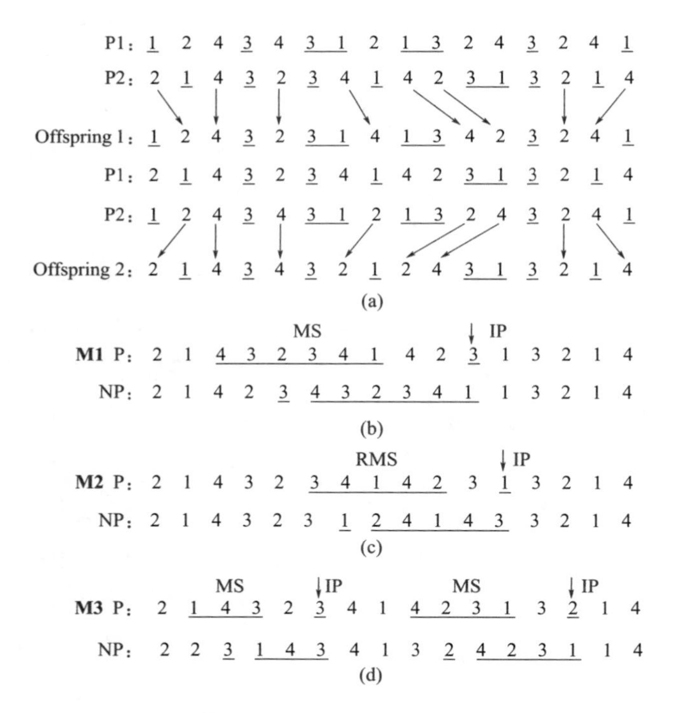

图 7-15　交叉算子、变异算子图示

7.2.6 仿真研究

本节算例来自文献 [7]。3 种原料（F1 ～ F3）经过 8 个任务（Task1 ～ Task8）中的部分任务生产 4 种产品（P1 ～ P4），产生 6 种中间产品（I4 ～ I9）的多目的间歇生产过程。8 个任务在 6 种不同功能的设备上执行。加工过程的 STN 网见图 7-2。对于每个任务 / 设备有 3 种加工模式。任务在不同设备上的处理时间、批量范围以及各个状态的数据列于表 7-6、表 7-7。总生产时间 H=18 个时间单位，它被分成 3 个等长的生产周期。不确定需求参数服从正态分布。根据每个周期内追加订单事件发生的概率是否相同，将该算例分两组实验仿真。所有仿真都在 3.06GHz，512MB P4 机上运行，算法使用 Matlab 编程。

算例 1：每个时间周期内都有 2 个可能发生的事件，因此，总生产时间内有 2^3 种情景（Scenario 1 ～ Scenario 8）。同时，3 个生产周期内追加订单事件发生的概率相同，产品需求的均值见表 7-8。算例 1 用于考察近似确定模型 DM 和提出的 TSM 模型在目标值、计算时间等方面的有效性，同时比较 MCEGA 算法和 GA 算法求解两个模型的优化性能。

表7-6　算例1的任务数据

任务	加工设备	批量	处理时间
1	1	0 ～ 250	1
		250 ～ 625	2
		625 ～ 1000	3
2	4	0 ～ 375	1
		375 ～ 750	2
		750 ～ 1500	3
3	2	0 ～ 625	1
		625 ～ 1250	2
		1250 ～ 2500	3
4	3	0 ～ 875	1
		875 ～ 1750	2
		1750 ～ 3500	3

续表

任务	加工设备	批量	处理时间
5	6	0 ～ 1000	1
		1000 ～ 2500	2
		2500 ～ 4000	3
6	5	0 ～ 500	1
		500 ～ 1250	2
		1250 ～ 2000	3
7	2	0 ～ 625	1
		625 ～ 1250	2
		1250 ～ 2500	3
8	6	0 ～ 1000	1
		1000 ～ 2500	2
		2500 ～ 4000	3

表7-7　算例1的生产数据

状态	SC_s	IC_s	EC_s	LC_s	$C_{s,m}$	$P_{s,m}$
F1	Unlimited（无限）	0	0	0	0	0
F2	Unlimited	0	0	0	0	0
F3	Unlimited	0	0	0	0	0
I4	1000	0.1	2	1	0	0
I5	1000	0.1	2	1	0	0
I6	1500	0.2	2	1	0	0
I7	2000	0.2	3	1.5	0	0
I8	0	0.2	3	1.5	0	0
I9	3000	0.2	3	1.5	0	0
P1	Unlimited	0.5	9	4	5.5	12
P2	Unlimited	0.75	15	6	8	18
P3	Unlimited	0.5	10	5	6	13
P4	Unlimited	0.75	19	8	10	22

表7-8　算例1时间周期内的需求分布

事件	概率	平均需求值 (P1, P2, P3, P4)
1	0.5	360, 600, 144, 264
2	0.5	1440, 2400, 576, 1056

表 7-9 给出了针对多周期需求不确定条件下间歇过程短期调度建立的近似确定模型 DM 和提出的两阶段随机模型 TSM 采用 GA 算法和 MCEGA 算法求解得到的各种利润值，以及在计算时间等方面的性能比较。

表7-9 算例1的计算结果

算法	利润值			CPU/s
	最小值	最大值	期望值	
GA+DM	104,424	170,833	115,216	635
GA+TSM	91,357	162,827	118,535	518
MCEGA+DM	98,915	171,465	120,076	431
MCEGA+TSM	97,493	168,307	124,748	305

从表 7-9 仿真结果可以得出：①不论采用 GA 算法还是 MCEGA 算法求解，TSM 模型得到的最大期望利润都比近似的 DM 模型高。②在 DM 模型中，MCEGA 算法求解所花费的 CPU 时间要比 GA 算法快 32%。在 TSM 模型中，MCEGA 算法的计算时间进一步减少了 41%。这说明 MCEGA 算法的优化效率比 GA 算法高，而且 MCEGA 算法更适合求解 TSM 模型。这也说明了协同进化遗传算法针对不确定需求条件下的多周期间歇生产调度问题的改进的有效性。③不论采用何种算法，DM 模型得到的最大利润都高于 TSM 模型。这是由于 DM 模型不考虑产量过剩或不足的惩罚，而且对于不确定需求，它是以各周期的需求随机变量的中值之和作为总需求量，而 TSM 模型是通过机会约束和联合的机会约束设定满足单个或一组产品需求的概率目标来安排生产。

采用 MCEGA 算法求解 DM 模型和 TSM 模型中情景 1（Scenario 1）得到的 Gantt 图见图 7-16、图 7-17。需要指出：①在 DM 模型中，可以通过计算各周期需求随机变量的中值之和得到准确的总需求量，使 DM 模型将加工任务尽量安排在比较后面的周期内（见图 7-16），以使产量尽可能地接近需求；②在图 7-17 中，TSM 模型在第一个周期内已有任务 1 和任务 2 开始加工处理，这说明由于有较高需求的可能性，第一阶段的决策较多，库存成本和过剩惩罚代价很高。

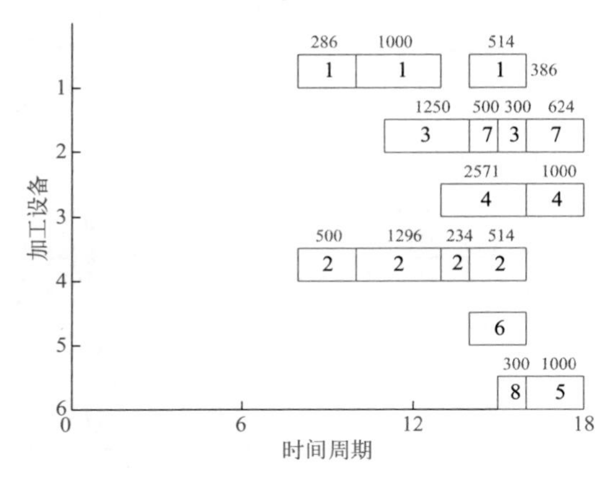

图 7-16　算例 1 中 DM 模型得到的 Gantt 图

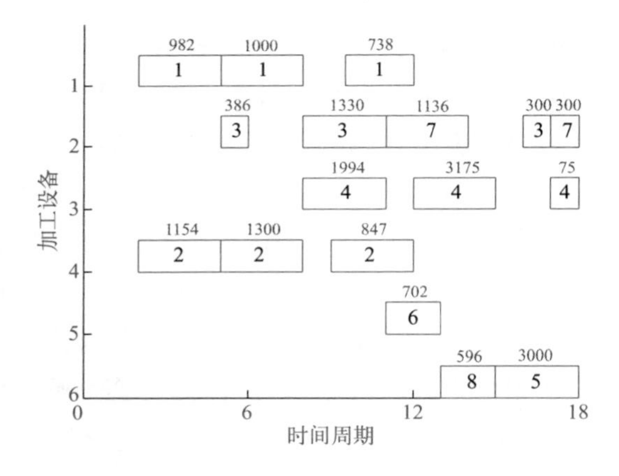

图 7-17　算例 1 的 TSM 模型中情景 1 得到的 Gantt 图

算例 2：每个时间周期内都有 4 个可能发生的事件，总生产时间内共有 4^3 种情景（Scenario 1 ～ Scenario 64）。3 个生产周期内产品追加订单发生事件具有不同的概率值，数据见表 7-10。算例 2 定义三个包含 TSM 模型部分特征的模型。

模型 1：不设定任何需求满足的概率目标，以利润期望函数的最大化为目标函数，产量不足和产量过剩引起的利润损失通过惩罚参数考虑。模型 1 用于测试惩罚参数 LC_s 和 EC_s 对目标函数的影响。模型 1 的结果见表 7-11。

表7-10　算例2时间周期内的需求分布

时间周期	事件	概率	平均需求值 (P1, P2, P3, P4)
1	1	0.2	0, 0, 0, 0
	2	0.3	600, 1000, 250, 150
	3	0.3	1200, 1500, 500, 300
	4	0.2	1800, 2500, 700, 450
2	1	0.1	300, 500, 100, 50
	2	0.4	600, 1000, 250, 100
	3	0.4	1200, 1500, 500, 200
	4	0.1	1500, 2000, 600, 300
3	1	0.4	150, 250, 50, 50
	2	0.4	300, 500, 250, 100
	3	0.1	600, 1000, 250, 150
	4	0.1	900, 1500, 500, 200

表7-11　模型1的结果

惩罚参数		最大利润（考虑惩罚）	最大利润（不考虑惩罚）	最小概率	最大概率	CPU/s
LC_s	0.0	143,397	143,397	0.45	0.58	106
	0.4	140,824	143,051	0.50	0.64	112
	1.0	134,924	141,917	0.59	0.72	45
	3.0	128,910	136,120	0.77	0.83	91
	6.0	122,405	131,386	0.85	0.89	101
	10.0	118,659	124,817	0.88	0.93	98
EC_s	0.0	141,984	143,186	0.5	0.58	48
	0.4	138,818	142,052	0.58	0.66	35
	1.0	131,406	137,599	0.72	0.78	95
	3.0	126,724	134,697	0.76	0.85	131
	6.0	120,549	129,031	0.83	0.89	106
	10.0	116,698	124,471	0.88	0.93	93

模型 2：同样以期望利润最大化为目标，但是对产量不足和产量过剩的情况不是设置惩罚参数，而是设定满足单个产品需求的概率目标最低边界。模型 2 用于讨论使问题可行的概率目标 $\alpha_{s,m}$ 的取值范围。模型 2 的结果见表 7-12。

表7-12 模型2的结果

模型	$\alpha_{s,m}$	最大利润		最小概率	最大概率	CPU/s
		MCEGA	GA			
模型 2	0.4	143,481	138,221	0.43	0.56	61
	0.5	144,596	141,882	0.50	0.56	18
	0.6	142,255	133,819	0.60	0.60	15
	0.7	139,611	131,150	0.70	0.70	76
	0.8	135,715	128,441	0.80	0.80	115
	0.9	129,206	126,933	0.90	0.90	26
	0.95	117,095	111,274	0.95	0.95	18

模型 3：设定一组产品需求满足的概率目标，同时考虑了单个以及联合的机会约束。首先讨论各产品需求间不相关的情况，然后评估和讨论需求相关性的影响和最优目标下各个产品的产量。模型 3 的结果见表 7-13。

表7-13 模型3的结果

情况	α_p	最大利润		最小概率	最大概率	CPU/s
		MCEGA	GA			
Model 3 with uncorrelated demands（需求不相关条件下的模型 3）	0.0	143,481	141,614	0.43	0.56	73
	0.1	130,142	127,955	0.74	0.97	55
	0.3	125,073	121,872	0.84	0.99	51
	0.5	120,429	118,223	0.91	0.99	64
	0.7	114,504	110,449	0.95	0.98	70
	0.9	108,197	107,781	0.99	0.99	87
Model 3 with correlated demands（需求相关条件下的模型 3）	0.0	143,481	141,614	0.43	0.56	73
	0.1	131,325	130,157	0.72	0.95	126
	0.3	128,116	124,685	0.85	0.98	208
	0.5	121,701	119,744	0.90	0.97	268
	0.7	116.238	112,483	0.95	0.99	198
	0.9	108.431	107,962	0.99	0.98	104

表 7-11 的结果表明，随着惩罚参数值的增大，满足产品需求的概率随之提高，但是提高的幅度不大。同时，不考虑惩罚参数的最大利润高

于有惩罚参数的最大利润。这是因为模型 1 是利用 LC_s 和 EC_s 惩罚产量不足需求和产量过剩给总利润造成的损失，如果不考虑它们，相当于目标函数少减去两项的值，这样必然使得最大利润增大。

表 7-12 中模型 2 的结果显示：①利用 MCEGA 算法得到的目标值优于标准遗传算法，而且对于模型 1 和模型 2，仅经过几次迭代最优解之差就达到了 0.01%。②当 $\alpha_{s,m} \leqslant 0.5$ 时，概率目标约束并不起作用，这表明满足单个产品需求的目标约束需要设置一个大于 0.5 的概率目标。③当 $\alpha_{s,m} \geqslant 0.9$ 时，问题变得不可行，说明需要设置小于 0.9 的概率目标以保证所有资源在生产过程中有效。

图 7-18 显示了设定的概率最低边界值与最大化期望利润目标之间的关系。可以看出，在相同概率最低边界值上，模型 2 的目标函数值总是大于模型 1，这是因为模型 1 只是利用惩罚参数间接量化需求满足的概率。

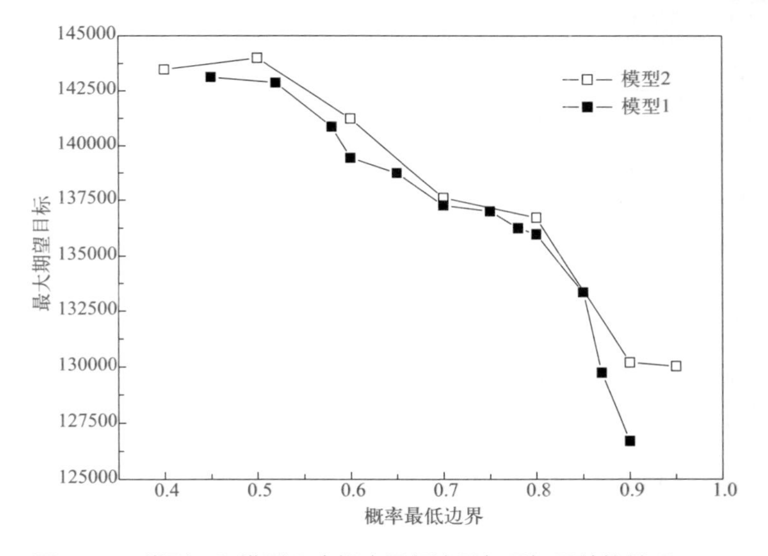

图 7-18　模型 1 和模型 2 中概率最低边界与目标函数的关系

表 7-13 显示的结果表明：① 当 $\alpha_p < 0.9$ 时，需求不相关条件下的模型 3 低估了联合概率。$\boldsymbol{\Sigma A}$ 给出了概率目标所有取值范围内，与需求相关条件下模型 3 的联合概率偏差小于 2.5% 的近似。② MCEGA 算法求得的最大利润比 GA 算法高，说明 MCEGA 算法比 GA 算法更适用于求解多周期的间歇过程短期调度问题。

参考文献

[1] 朱瑾．不确定条件下间歇过程生产调度若干研究 [D]. 上海：华东理工大学，2008.

[2] Balasubramanian J, Grossmann I E. Approximation to multistage stochastic optimization in multiperiod batch plant scheduling under demand uncertainty[J]. Industrial & Engineering Chemistry Research, 2004, 43(14): 3695-3713.

[3] Engell S, Markert A, Sand G. Scheduling of a multiproduct batch plant by two-stage stochastic integer programming [J]. Optimization & Engireering, 2004, 5(3):335-359.

[4] Gupta A, Maranas C D, McDonald C M. Mid-term supply chain planning under demand uncertainty: Customer demand satisfaction and inventory management[J]. Computers & Chemical Engineering, 2000, 24(12): 2613-2621.

[5] 王全勇，姜启源．随机批量问题的两种新模型及其算法 [J]. 系统工程理论与实践，2001, 21(6): 1-6.

[6] Chanas S, Kasperski A. On two single machine scheduling problems with fuzzy processing times and fuzzy due dates[J]. European Journal of Operational Research, 2003, 147(2): 281-296.

[7] Ierapetritou M G, Floudas C A. Effective continuous-time formulation for short-term scheduling. 1. multipurpose batch processes [J]. Industrial & Engineering Chemistry Research, 1998, 37(11): 4341-4359.

[8] Fogel D B. Applying evolutionary programming to selected traveling salesman problems [J]. Cybernetics and Systems, 1993, 24(1): 27-36.

[9] Falkenauer E, Bouffouix S. A genetic algorithm for job shop [C]. Proceedings of the IEEE International Conference on Robotics and Automation, 1991: 824-829.

[10] Kondili E. Optimal scheduling of batch processes [D]. London: Imperial College London, 1987.

[11] Orçun S, Altinel I K, Hortaçsu Ö. Scheduling of batch processes with operational uncertainties [J]. Computers & chemical engineering, 1996, 20: S1191-S1196.

[12] Petkov S B, Maranas C D. Multiperiod planning and scheduling of multiproduct batch plants under demand uncertainty[J]. Industrial & Engineering Chemistry Research, 1997, 36(11): 4864-4881.

[13] 刘宝碇，赵瑞清．随机规划与模糊规划 [M]. 北京：清华大学出版社，1998.

[14] Kendall M G. Proof of relations connected with the tetrachoric series and its generalization[J]. Biometrika, 1941, 32(2): 196-198.

[15] Harris B, Soms A P. The use of the tetrachoric series for evaluating multivariate normal probabilities[J]. Journal of Multivariate Analysis, 1980, 10(2): 252-267.

[16] Plackett R L. A reduction formula for normal multivariate integrals[J]. Biometrika, 1954, 41(3/4): 351-360.

[17] Tong Y L. The multivariate normal distribution [M]. New York:Springer-Verlag, 1990.

[18] Iyengar S. Plackett's identity, its generalizations, and their uses[J]. Statistics Textbooks and Monographs, 1993, 134: 121-121.

[19] Duran M A, Grossmann I E. An outer-approximation algorithm for a class of mixed-integer nonlinear programs [J]. Mathematical programming, 1986, 36(3): 307-339.

[20] Duran M A, Grossmann I E. A mixed-integer nonlinear programming algorithm for process systems synthesis [J]. AIChE journal, 1986, 32(4): 592-606.

[21] Prekopa A. Stochastic programming [M]. Norwell:Kluwer Academic Publishers, 1995.

[22] Manderick B, Spiessens P. Fine-grained parallel genetic algorithms [C]. Proceedings of the 3rd International Conference on Genetic Algorithms, 1989: 428-433.

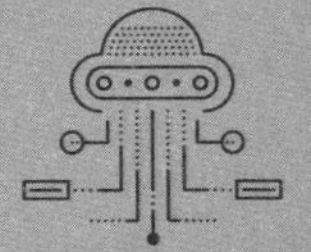

Digital Wave
Advanced Technology of
Industrial Internet

工业混杂系统智能调度

第8章

基于智能优化的多目标生产调度

8.1
基于生物地理学算法的多目标智能调度 [1]

本章研究更贴合实际生产的柔性作业车间调度问题（Flexible Job Shop Scheduling Problem, FJSSP）的多目标调度。不同于传统 JSSP 问题中产品的每道工序只能在唯一的、事先确定的设备上加工，FJSSP 问题中的每道工序可以在多台设备上以不尽相同的加工时间进行加工。这种柔性的存在使得 FJSSP 问题更接近实际的生产制造环境，因此对该问题的研究能更好地指导实际的生产。

作为 JSSP 问题的一种扩展形式，FJSSP 的 NP- 难特性不言而喻。由于在求解该问题时，不仅需要确定工序的加工顺序，还需要对每道工序进行设备的分配，因此以何种方式求解这两个子问题成为求解 FJSSP 问题的一个重点。目前主要有两大类方式，分别是分步法和集成法。两者的区别在于：前者是需要在确定一个问题的基础上，再去求解另一个问题，一般是先确定设备的分配问题，FJSSP 问题就转变成 JSSP 问题，再求解工序的排序问题；而后者是同时解决两个问题。刚开始研究 FJSSP 问题时，多采用分步法，如 Brandimarte[2] 运用规则解决设备分配问题，然后用禁忌搜索算法求解 JSSP 问题。虽然该策略简单，适合用来求解具有多个子问题的情况，但是其效率却相对比较低。因此，随着研究的深入，学者们更多地选择集成法来求解 FJSSP 问题，如 Mati 等 [3] 利用集成方法，采用贪婪启发式规则同时解决 FJSSP 的两个子问题。

从 20 世纪 90 年代初首次研究 FJSSP 问题至今的几十年间，针对单目标 FJSSP 问题的研究主要集中在使用元启发式算法求解目标函数为最小化 *makespan* 或者拖期方面。Pezzella 等 [4] 对 GA 中的交叉和变异操作进行设计，用来求解 FJSSP 问题并取得较好的结果。Saidi-Mehrabad 等 [5] 利用禁忌算法对有独立安装时间的 FJSSP 进行研究。王万良等 [6] 采用改进的蚁群算法配合设备选择规则来求解 FJSSP。Mastrolilli 等 [7] 基于对邻域结构的研究，结合禁忌搜索求解 FJSSP。杨晓梅等 [8] 基于改进的遗传算法求解目标函数为 *makespan* 的 FJSSP。卢冰原 [9] 主要研究了加工时间不确定的模糊环境下柔性作业车间调度问题。Ho 和 Tay 对 FJSSP 问题进行了一系列的研究，首先 GP（Genetic Programming）算法对分派规则进行组合并应用于 FJSSP 问题 [10]，同时结合 CDRs（Composite Dispatching Rules）和文化算法提出 GENACE，接着提出了基于 GA 算法和设备学习机制的 LEGA（LEarnable Genetic Algorithm）[11]。Amiri 等人 [12] 提出了基于 6 种邻域结构的变邻域搜索算法。Lei 等提出了协同遗传算法 CGA[13] 和群智能邻域搜索算法 [14] 求解模糊 FJSSP 问题。清华大学的王凌等提出了基于双种群的分布估计算法 BEDA（Bi-population based Estimation of Distribution Algorithm）[15] 和混合蜂群算法 HABC（Hybrid Artificial Bee Colony）[16] 分别求解 FJSSP 和模糊 FJSSP 问题。Yuan 等人 [17] 在局部搜索算法中提出一种新的加速方式，配合混合差分进化算法 HDE 有效地解决了柔性作业车间调度问题。

另一方面，对多目标柔性车间调度问题（Multi-objective Flexible Job Shop Scheduling Problem, MFJSSP）的研究则主要是采用加权方法和基于 Pareto 的方法来求解，目标函数一般设置为最小化最大完工时间、总设备负载和最大设备负载。Kacem 等 [18-19] 结合启发式初始化和遗传算法对初始解进行优化；利用模糊集处理多个目标函数之间的关系 [20]；提出一种新的最坏边界分析性能评价方法 [21]。Ho 和 Tay 等 [22] 采用 CDRs、GA 和学习机制优化多个目标函数，还利用 CDRs 和 GP 求解具有三个目标函数的 FJSSP[23]。上海交通大学的夏蔚军等 [24] 研究了混合粒子群和模拟退火方法来解决多目标柔性作业车间调度问题（Multi-objective Flexible Job Shop Scheduling Problems, MFJSSP）。西北工业大学的吴秀丽 [25] 和余建军 [26] 结合 GA 和一些局部搜索算法，如免疫算法等来求解多目标问题。Gao[27-28] 通过在 GA 中加入移动瓶颈和变邻域搜索方法在求解 MJSSP 时取得较好的结果。Li 等人提出基于 Pareto 的离散蜂群算法 [29]、混合禁忌算法 [30] 等求解多目标问题。清华大学的王凌等在 EDA 算法的基础上提出了基于 Pareto 的分布估计算法 PEDA 有效地解决了 MFJSSP 问题。

生物地理学算法（Biogeography-Based Optimization, BBO）是由研究自然界的生物种群分布、迁移等规律的生物地理学与工程学相结合形成的。因此，该算法与其他基于生物学的算法具有一定的相似性，如GA、PSO等。那么，这些算法能解决的问题也同样可以用BBO来进行求解。同时，BBO算法由于自身的参数少、实现简单、收敛速度快、不产生新解等特点，被广泛地应用在各个方面，如最短路径选择[31]、设备人路径规划[32]、视频处理[33]等。

本节通过对柔性Job Shop调度问题和生物地理学算法的深入分析，提出一种改进的多目标生物地理学优化（Modified Multi-objective Biogeography-Based Optimization, MMBBO）算法求解目标函数为最大完工时间、总设备负载和最大设备负载的MJSSP问题。MMBBO算法采用集成的方法同时对工序排列和设备分配进行编码，提高了搜索效率，设计多设备左移操作解码方式；采用基于Pareto的选择，设计相应的离散迁移操作和变异操作；并对非支配解实施变邻域局部搜索，很好地平衡全局搜索能力和局部搜索能力。

8.1.1 多目标优化问题的一般描述

多目标优化问题（Multi-objective Optimization Problem）的一般描述为：给定一个决策向量$\boldsymbol{X}=(x_1,x_2,\cdots,x_n)$，它满足以下约束：

$$g_i(\boldsymbol{X})\geqslant 0\ (i=1,2,\cdots,k) \tag{8-1}$$

$$h_i(\boldsymbol{X})=0\ (i=1,2,\cdots,l) \tag{8-2}$$

假设有r个优化目标，且这r个优化目标具有不一致性，优化目标函数可用下式表示：

$$f(\boldsymbol{X})=(f_1(\boldsymbol{X}),f_2(\boldsymbol{X}),\cdots,f_r(\boldsymbol{X})) \tag{8-3}$$

优化目的是要寻找一个决策变量$\boldsymbol{X}^*=(x_1^*,x_2^*,\cdots,x_n^*)$，使得在满足约束式(8-1)和式(8-2)的条件下，$f(\boldsymbol{X}^*)$达到最优。

在多目标优化问题中，多个子目标的优化方向可能有所区别，有些子目标可能是要求目标函数最大化，而另外一些子目标则可能是要求目标函数最小化；对于具有不同方向的多目标优化问题，通常是将所有的目标函数转化为统一的形式，方便比较。下面给出基本的多目标优化中最优解相关的一些概念和定义。

（1）Pareto 最优解

假设给定一个多目标优化问题$f(\boldsymbol{X})$，它的最优解为$\boldsymbol{X}^*$：

$$f(\boldsymbol{X})=\underset{\boldsymbol{X}\in\Omega}{opt}\, f(\boldsymbol{X}) \tag{8-4}$$

其中，

$$f:\Omega\to\mathbb{R}^r \tag{8-5}$$

这里Ω为满足式(8-1)和式(8-2)的所有可行解集合，即

$$\Omega=\{\boldsymbol{X}\in\mathbb{R}^n \mid g_i(\boldsymbol{X})\geqslant 0, h_j(\boldsymbol{X})=0; (i=1,2,\cdots,k; j=1,2,\cdots,l)\} \tag{8-6}$$

其中，Ω被称为决策变量空间或决策空间；$\Pi\subseteq\mathbb{R}^r$表示目标函数空间或目标空间。

（2）Pareto 最优解集

假设对一个多目标优化问题 $\min f(\boldsymbol{X})$，其 Pareto 最优解集定义如下：

$$P^*=\{\boldsymbol{X}^*\}=\{\boldsymbol{X}\in\Omega \mid \neg\exists\boldsymbol{X}'\in\Omega, f_j(\boldsymbol{X}')\leqslant f_j(\boldsymbol{X}), (\mathrm{j}=1,2,\cdots r)\} \tag{8-7}$$

（3）Pareto 最优边界

假设一个多目标优化问题 $\min f(\boldsymbol{X})$，它的最优解集用$\{\boldsymbol{X}^*\}$表示，其 Pareto 最优边界定义如下：

$$PF^*=\{f(\boldsymbol{X})=(f_1(\boldsymbol{X}),f_2(\boldsymbol{X}),\cdots,f_r(\boldsymbol{X})) \mid \boldsymbol{X}\in P^*\} \tag{8-8}$$

Pareto 最优解集与 Pareto 最优边界之间的关系是：既然多目标优化是从决策空间$\Omega\subseteq\mathbb{R}^n$到目标空间$\Pi\subseteq\mathbb{R}^r$中的一个映射，而 Pareto 最优解集$P^*$必然是决策空间中的一个子集($P^*\subseteq\Omega\subseteq\mathbb{R}^n$)，那么 Pareto 最优边界$PF^*$就是目标空间的一个子集($PF^*\subseteq\Pi\subseteq\mathbb{R}^r$)。

多目标优化问题中的个体之间进行比较的方法，不同于单目标中的大于、等于或小于，而是采用另外一种全新的 Pareto 支配关系。

（4）Pareto 支配

假设p和q是进化种群Pop中的任意两个不同个体，当同时满足以下两个条件时，则称p支配（Dominate）q：

① 对于所有的子目标，p不比q差，即$f_k(p)\leqslant f_k(q), (k=1,2,\cdots,r)$。

② 至少存在一个子目标，使p比q好，即$\exists j\in\{1,2,\cdots,r\}$使得$f_j(p)<f_j(q)$。

其中，r 表示多目标中子目标的个数。此时，称 p 支配 q，p 为非支配的，q 为被支配的，用 $p \succ q$ 表示，其中“$\succ$”是支配的意思。

下面通过图 8-1 直观地描述上述的定义，考虑到两个求最小值的多目标优化问题，图中加粗的线表示最优边界，在粗线上的实心点 A、B、C、D 是 Pareto 最优解，而空心点 E、F、G、H 不是最优解，是被支配解。

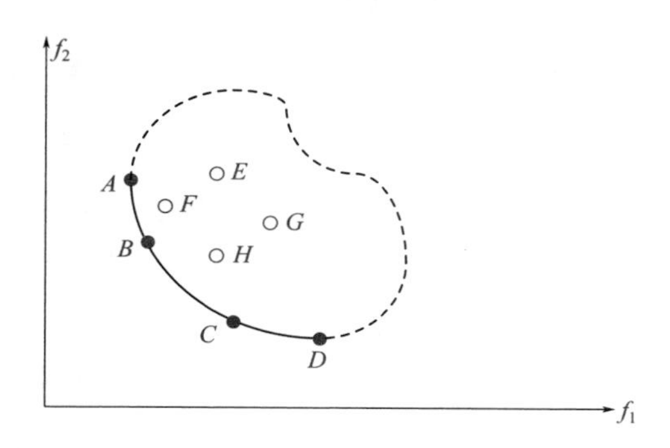

图 8-1　多目标优化问题的 Pareto 最优解示意图

8.1.2　多目标柔性 Job Shop 调度问题

一般情况下的多目标柔性 Job Shop 调度问题（MFJSSP）描述如下：有 n 个产品 $J=\{1,2,\cdots,i,\cdots,n-1,n\}$ 需要在 m 台设备 $M=\{1,2,\cdots,k,\cdots,m-1,m\}$ 上进行加工。每个产品 J_i 包含工序（$O_{i,1}, O_{i,2},\cdots,O_{i,n_i}$），以 $1,2,\cdots,n_i$ 的顺序依次进行加工，每个工序在相应候选设备中选择一个加工即可。假设 n 个产品在 0 时刻都可以加工且设备一直可以使用，不考虑损坏；产品在设备上装载卸货的时间与清洗时间忽略不计；加工任务不存在优先级约束。在任意两个连续阶段间中间存储无限。在任意时刻，每一台设备最多加工一个产品，每一个产品最多只被一台设备加工。工序 $O_{i,j}$ $(i=1,2,\cdots,n;\ j=1,2,\cdots,n_i)$ 在设备 $M_k(k=1,2,\cdots,m)$ 上的加工时间为 $t_{i,j,k}$。调度问题的目标是对于每一道工序，选取一台设备进行加工，安排所有产品在设备上的加工先后顺序，尽可能使得多个目标函数值达到最优或次优。表 8-1 给出了一个 3-产品、4-设备、9-工序的 FJSSP 算例。其中 ∞ 表示原则上该设备能加工该工序，但加工处理时间无穷大。若每个工序都可以被任意设备加工，则该问题被称为完全柔性问题；否则被称为半柔性问题。

表8-1　3-产品、4-设备、9-工序的FJSSP的算例

产品	工序	Processing Time（加工处理时间）			
		M_1	M_2	M_3	M_4
J_1	O_{11}	3	4	∞	5
	O_{12}	4	6	5	∞
	O_{13}	3	∞	∞	6
J_2	O_{21}	4	∞	∞	5
	O_{22}	∞	5	∞	3
	O_{23}	5	3	5	2
	O_{24}	3	6	∞	∞
J_3	O_{31}	5	3	4	3
	O_{32}	4	2	1	∞

考虑到求解 MFJSSP 问题的大多数文献的目标函数的设置，我们选择的目标函数分别是产品最大完工时间 C_M、总设备负载 W_T、最大设备负载 W_M。该问题的数学模型如下[30]：

$$\text{Minimise } C_M = \max_{1\leqslant i\leqslant n}\left\{C_{i,q_i}\right\} \tag{8-9}$$

$$\text{Minimise } W_T = \sum_{k=1}^{m}\sum_{i=1}^{n}\sum_{j=1}^{q_i} p_{i,j,k}x_{i,j,k} \tag{8-10}$$

$$\text{Minimise } W_M = \max_{1\leqslant k\leqslant m}\left\{\sum_{i=1}^{n}\sum_{j=1}^{q_i} p_{i,j,k}x_{i,j,k}\right\} \tag{8-11}$$

s.t.

$$C_{i,j} - C_{i,j-1} \geqslant p_{i,j,k}x_{i,j,k}, j = 2,3,\cdots,q_i; \forall i,k \tag{8-12}$$

$$\sum_{k\in M_{i,j}} x_{i,j,k} = 1, \forall i,j \tag{8-13}$$

$$x_{i,j,k} = \begin{cases} 1, \text{ 当工序} O_{i,j} \text{ 在设备} M_k \text{上加工} \\ 0, \text{ 其他情况} \end{cases} \tag{8-14}$$

$$C_{i,j} \geqslant 0, \forall i,j \tag{8-15}$$

其中，q_i 表示产品 i 的工序数；$C_{i,j}$ 表示产品 i 中第 j 道工序的完成时间；$M_{i,j}$ 表示可加工产品 i 第 j 道工序的设备集合。

约束式 (8-12) 保证了产品的工序需要按照一定的顺序进行；式 (8-13)

和式 (8-14) 则确保每个工序必须从候选设备中选择一个进行加工；约束式 (8-15) 则要求产品的完工时间非负。

8.1.3 改进多目标 BBO 优化算法

基于多目标柔性 Job Shop 调度问题的模型特点，对基本 BBO 算法中的操作进行针对性的设计，并加入适当的改进措施，提出了改进多目标生物地理学优化（Modified Multi-objective Biogeography-Based Optimization, MMBBO）算法。

（1）问题编码解码及种群初始化

在编码问题上，柔性 Job Shop 调度问题不同于传统的 Job Shop 调度问题。由于每个工序可选设备不止一台的特殊情况，不仅需要决定产品工序的加工顺序，还需要对加工设备进行选择。因此，求解该问题需要进行两段编码方式。本节采用基于工序的向量和基于设备分配的向量相关联完成整个问题的编码。这是因为一方面，该编码方式应用最为广泛、解码方式相对简单；另一方面，该方式已经配合同样基于生物学的 GA 算法在求解 FJSSP 问题上得到了较好的结果。根据表 8-1 算例的一个候选解编码方式如图 8-2 所示。

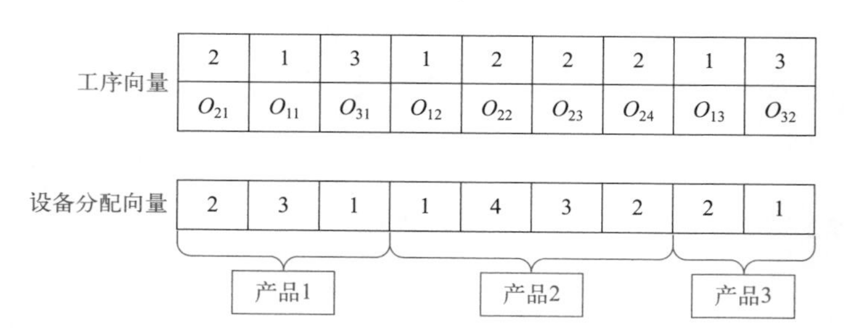

图 8-2 多目标 BBO 算法的编码方式

图 8-2 中，两个向量的长度相同，等同于总工序数 9。第一个工序向量中，属于同一个产品的工序用相同的符号表示，在向量中出现的次序代表着该产品的加工工序。也就是说向量中的第一个符号 1 代表产品 1 的第一道工序，第二个符号 1 代表产品 1 的第二道工序，依次类推。因此，整个工序向量可以表示为：$[O_{21}\ O_{11}\ O_{31}\ O_{12}\ O_{22}\ O_{23}\ O_{24}\ O_{13}\ O_{32}]$。第

二个向量是表示每个产品的每个工序顺序对应的设备分配。由于表 8-1 中的算例是 3- 产品、4- 设备、9- 工序的问题，产品依次的工序数是 3、4 和 2。因此向量中前 3 个位置代表产品 1 的 3 个工序的加工设备，中间 4 个位置代表产品 2 的 4 个工序的加工设备，最后 2 个位置代表属于产品 3 的 2 个工序的加工设备。基于上述两个向量，可以得到该候选解的表达：[(O_{21}, M_1),(O_{11}, M_2),(O_{31}, M_2),(O_{12}, M_3),(O_{22}, M_4),(O_{23}, M_3),(O_{24}, M_2),(O_{13}, M_1),(O_{32}, M_1)]。

在采用两段式编码之后，需要采用合适的解码方式将问题的向量解转化成调度解。目前通用的解码方式是将其等同于标准 Job Shop 调度问题的解码方式，依次按向量中的工序顺序安排加工，同时采取左移操作使每个工序在指定设备上的开始加工时间尽可能最早[34]，如图 8-3 所示，得到的三个目标函数值分别为：$C_M=20$，$W_T=37$，$W_M=13$。

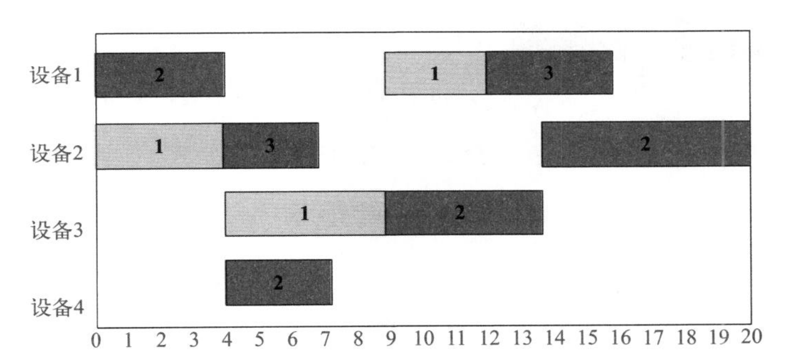

图 8-3　FJSSP 问题左移解码过程的 Gantt 图

但是由于柔性的特性，本节对解码方式进行了特殊的基于多设备左移操作的设计，在一定程度上起到了局部搜索的作用。该解码过程按照工序编码顺序 π_1 和设备分配 π_2 具体实施，如下所述。

① 对于 $\pi_1(1)$ 对应的工序 $O_{i,j}$，安排其在加工时间最短的可加工设备上进行加工 $\min\left(p_{i,j,k}\right)$。

② 对于 $\pi_1(l), l=2,3,\cdots,n$ 对应的工序 $O_{i,j}$，有以下四种情况，其中 $L_{\pi_2(i,j)}$ 指工序 $O_{i,j}$ 是其对应加工设备上的第几道工序：

a. $L_{\pi_2(i,j)}=1$ & $j=1$：$S_t\left(O_{i,j}\right)=0$ & 加工设备是 k，其中 $p_{i,j,k}$ 最小；

b. $L_{\pi_2(i,j)}=1$ & $j\neq1$：$S_t\left(O_{i,j}\right)=C_{i,j-1}$ & 加工设备是 $\pi_2\left(O_{i,j}\right)$；

c. $L_{\pi_2(i,j)} \neq 1$ & $j=1$： $S_t\left(O_{i,j}\right)=\min\left(C_{i,j,k}\right)-p_{i,j,k}$ & 加工设备是 k；

d. $L_{\pi_2(i,j)} \neq 1$ & $j \neq 1$： $S_t\left(O_{i,j}\right) \geqslant C_{i,j-1}$ & $\mathrm{St}\left(O_{i,j}\right)=\min\left(C_{i,j,k}\right)-p_{i,j,k}$ & 加工设备是 k。

③ 根据具体的安排相应调整设备分配编码。

针对表8-1的算例和图8-2的候选解，对应的解码过程如图8-4所示，得到的三个目标函数值为：$C_M=13$，$W_T=32$，$W_M=11$。得到的三个目标值都要优于一般的左移解码方式。

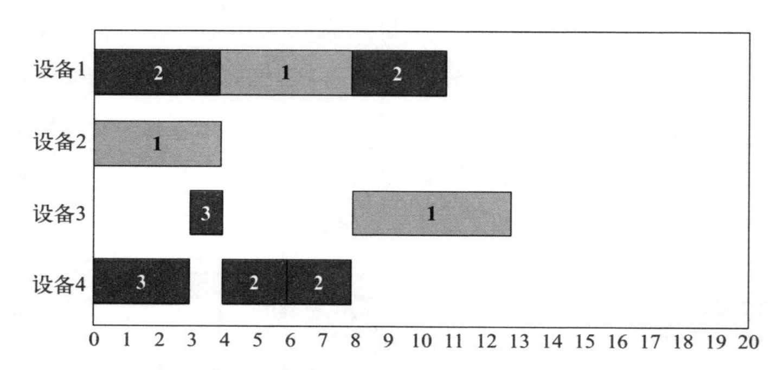

图8-4 FJSSP问题设备转移解码过程的Gantt图

由于采用的是双编码方式，因此在初始解生成时需要考虑两个编码的特点。对于工序编码，可以随机生成长度符合相应产品工序数的向量；由于半柔性的存在，对于设备分配编码序列无法采取整体随机生成的方式。这里选择逐一锦标赛选择法。首先针对设备分配编码中的每个位置代表的工序，随机选择两个可加工的设备，再通过锦标赛选择法选择其中较短加工时间的设备作为当前工序的加工设备，通过这样逐一进行选择，得到完整的设备分配编码。

（2）个体性能比较策略

在BBO算法中，计算迁出迁入率时需要对种群中的个体进行性能比较，根据比较结果赋予不同的值。因此，需要对种群对应的调度解的性能进行排序。这里我们采用NSGA Ⅱ的非支配排序方法。此排序需要进行两部分的计算：首先需要对个体在种群中的支配性质进行计算，得到个体所在的层次 *Rank*；其次对在同一层次 *Rank* 的个体进行进一步的距离计算，具有聚集密度小的个体的性能更为优秀。综合这部分计算，就能得到整个种群调度解的排序，从而根据不同的需求来选择合适的个体。计算方法如图 8-5 所示。

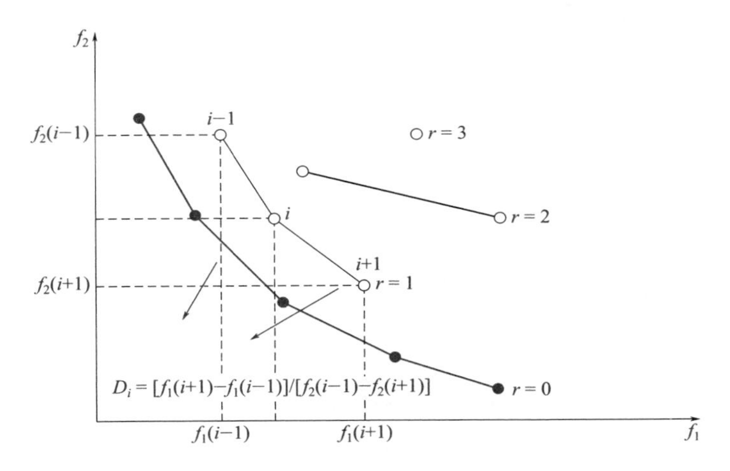

图 8-5　基于 NSGA Ⅱ的非支配排序

（3）选择策略

在 BBO 算法中，需要分别针对迁移操作和变异操作进行两次选择。这两个选择策略对算法起了极其重要的影响。

首先，迁移操作阶段存在两个选择过程：一方面根据迁入率判断当前的栖息地是否进行迁入操作，该选择可以通过比较迁入率和 *Rand* 的大小实现；另一方面则是需要选择迁出率较高的一个个体迁入当前栖息地。第二种选择过程通常采用轮盘赌的方法实现。但是由于求解的是多目标问题，因此需要根据非支配排序性能进行特殊设置。这里采用对 *Rank* 小于等于当前个体的种群进行锦标赛选择方法。若当前个体的 *Rank*=5，则从 *Rank* 为 0 到 5 之间的个体中随机选择 3 个个体，从中根据 *Rank* 和聚集情况选择最好的个体作为迁移对象。具体过程如图 8-6 所示。

```
For i=1:NP
    if Rand(0,1)<λ_i
        using Tournament selection H_j⊆{A/Rank_A≤Rank_i};
        Migration(H_i, H_j);
    end
end
```

图 8-6　迁移操作中的选择过程

其次，在变异操作中，需要根据个体的变异概率随机选择个体。具体的选择过程如图 8-7 所示。这里需要注意的是，为了保持种群中非支配个体的性能，这些个体将不进行变异操作。而针对这些个体将进行进一步的局部搜索操作，后续将作具体介绍。

```
For i= 1 : NP
        using m_i selecting H_i & Rank_i ≠ 0
        Mutation (H_i);
end
```

图 8-7 变异操作中的选择过程

（4）迁移操作

BBO 算法中的迁移操作实现栖息地之间的交流与影响。这里只需要判断当前个体是否进行迁入操作，若执行，则选择高迁出率的个体来更新当前个体。在求解柔性 Job Shop 调度问题上，该操作则转化为设计四个向量之间位置交互的规则。该操作存在产生不可行解的可能。为了保证解的可行性，避免增加额外的计算时间，针对工序向量，采用的规则是 Zhang 等人 [35] 提出的 IPOX 交叉策略，保留迁入个体向量中指定产品组的位置，再将剩余产品组按在迁出个体向量中的顺序依次插入到迁入个体向量中剩余的位置；这样的操作设计不会改变工序编码中产品出现的次数，也就不会产生不可行解。而针对设备分配编码，使用 0/1 均匀交叉：产生与向量解长度相同的 0、1 序列，在位置 1 时选择迁入个体向量对应的值，在位置 0 时采用迁出个体向量对应的值。通过这样的操作设计，避免了半柔性情况下，由于某道工序无法被某个设备加工而产生不可行解的可能。具体的操作步骤如图 8-8 所示。

值得一提的是，由于迁出迁入率的基本模型是一个线性模型，可能与实际复杂的自然规律不相符。因此这里采用的是马海平等 [36] 提出的一种余弦迁移率模型，如图 8-9 所示。

迁入迁出概率表达为：

$$\lambda_s = (I / 2)[\cos(s\pi / n) + 1] \tag{8-16}$$

$$\mu_s = (E / 2)[-\cos(s\pi / n) + 1] \tag{8-17}$$

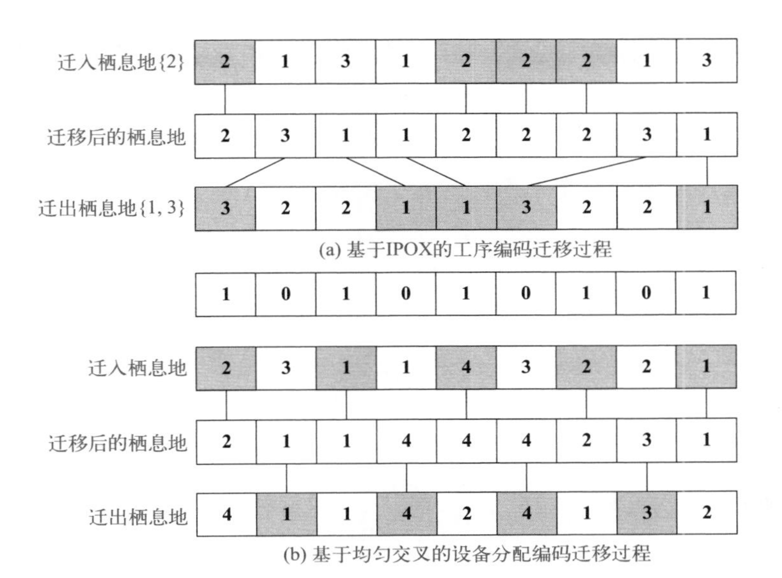

图 8-8　迁移操作过程

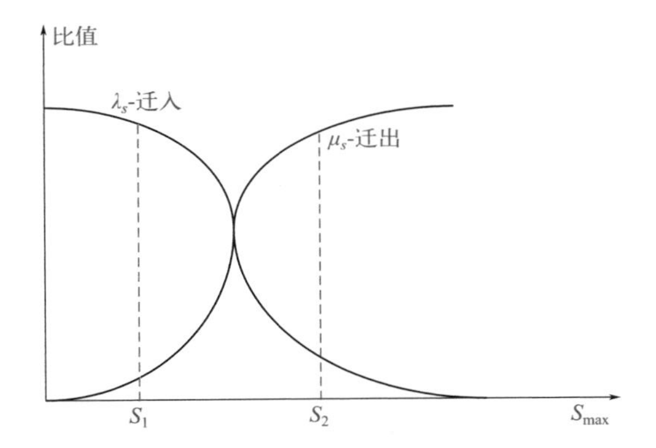

图 8-9　BBO 算法余弦迁移率模型

其中，其他参数和线性迁移率模型一致。余弦模型克服了线性迁移率模型的迁入迁出率速率不变的不足：若当前栖息地上物种数相对较多或较少时，迁入率和迁出率的变化率小；而当栖息地上物种数居于适中程度这种情况时，迁入率和迁出率变化速度相对更快。

（5）变异操作

生物地理学算法中的变异操作是为了实现大自然中的突发事件造成某些栖息地巨变的过程。该操作一定程度上使得算法陷入局部最优的概率降低。但是为了保留种群中最优个体的特性，该变异操作将不应用于非支配解集。

同样地，需要对两个编码序列分别进行变异操作的设置。首先，针对工序编码，采用子序列的随机变异。即从整个编码序列里任意选择两个不同且间隔大于 1 的位置，然后将这两个位置之间的符号随机进行排列，形成新的子序列，插入到原来的位置之间，形成新的个体。具体操作步骤如图 8-10(a) 所示。

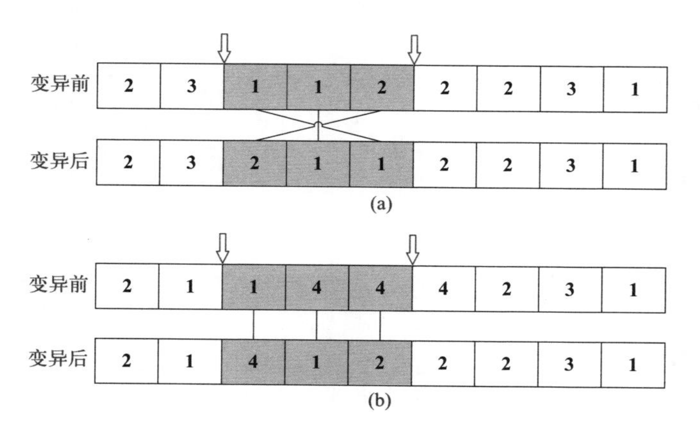

图 8-10　变异操作过程

其次，针对设备分配编码，由于求解的问题可能是半柔性的，因此每个工序不一定能被所有设备加工。而为了避免产生不可行解，需要对设备分配序列的变异进行特别设计，不能随机交换或者插入。类似于工序编码的变异，这里采用子序列的替换变异。从整个编码序列里任意选择两个不同且间隔大于 1 的位置，对这两个位置之间的符号所对应的设备进行有选择的替换，即在能加工该位置上的符号所代表的工序的设备中选择一个替换现在的设备。该选择是采取轮盘赌的选择方法，加工时间较短的设备被选中的概率相对较大。同样如图 8-10(b) 所示。

（6）局部搜索操作

对应于支配解集的变异操作，这里将对非支配解集进行局部搜索操作。考虑到解码和非支配排序所要耗费的时间，该局部搜索操作采用较为简单的基于插入操作的变邻域搜索，采用贪婪策略保留最优的更新个体。这种基于插入邻域的操作不会改变编码的性质，保证了解的可行性。该操作的伪代码见图 8-11。

```
select Hi⊆{A|Rank=0}
loop=1;
do{
    randomly select μ,ν & μ≠ν;
    po=randperm(ceil(L/5));
    Hi'=insert(Hi,po(1),u,v);
    if Hi'≺ Hi
        Hi =Hi';
        break ;
    end
    loop++;
}while loop⩽n
if Hi'⊀Hi & Hi'⊁ Hi
   Hi =Hi';
end
Return Hi
```

图 8-11　基于插入操作的局部搜索伪代码

针对随机选择的 *Rank*=0 的新个体，执行最多 n 次插入操作，其中 u 和 v 为在 [1, n] 内随机选取的正整数，insert(π,l,u,v) 表示将排列 π 中的第 u 个位置后的 l 个产品插入到第 v 个位置后，其中 l 值在 [1，$L/5$] 之间随机产生，L 为总工序数。若搜索到的邻域个体支配原个体，则立刻终止循环；若搜索到的个体不支配原个体或被原个体支配，则继续搜索，直到满足最大循环次数。循环结束后判断：如果得到的新个体支配当前个体或者与当前个体互相支配，则替换当前个体，否则保持当前个体不变。

（7）算法流程

基于上述改进，求解多目标柔性 Job Shop 调度问题的改进离散多目标生物地理学优化算法（MMBBO）具体实施步骤如下所述。

步骤 1： 初始化 BBO 算法的参数 NP，使用随机法初始化栖息地（种群）的工序编码，采用锦标赛选择相应的设备分配编码。

步骤 2： 根据设计的基于设备转移的解码方式计算栖息地（个体）i 的物种数目（适应度值）$f(x_i)$，$i=1,2,\cdots,n$，采用 *Rank* 和聚集特征进行排序，并计算栖息地（个体）i 对应的迁入率 λ 以及迁出率 μ。

步骤 3： 根据迁入率 λ 和迁出率 μ 确定栖息地（个体）i 是否进行迁

入迁出操作。

步骤4：计算每个 *Rank*>0 的栖息地（个体）的突变率，用该突变率决定栖息地（个体）*i* 是否突变。

步骤5：随机选择一个 *Rank*=0 的栖息地（非支配个体）进行邻域搜索，采用贪婪策略更新非支配个体。

步骤6：判断是否满足停止条件。若不满足，转至步骤 2，否则输出迭代过程中产生的非支配解。

8.1.4 仿真研究

为了充分说明本节提出的 MMBBO 算法的性能，首先对算法进行参数设计；接着在单目标环境下，对改进的 BBO 算法进行性能验证，目标函数为 *makespan*；最后在多目标环境下与其他几种多目标优化算法进行比较，目标函数为 *makespan*、总设备负载和最大设备负载。本书仿真实验所采用的算例来自 Kacem[19-20] 和 Brandimart 算例集[2]。其中 Brandimart 算例的规模为：产品数从 10 到 20，设备数从 4 到 15 进行组合，每组问题的工序数从 5 到 15。实验仿真中所有算法均采用 Matlab 语言编写，程序运行环境为 Intel(R) Core 3.10GHz Station，2GB 内存，Windows7(32 位) 操作系统。

（1）算法参数设计

在大多数情况下，元启发式优化算法需要设置较多的参数，这些参数对算法的影响很大，如 GA 算法中的交叉概率、变异概率，模拟退火算法中的初始温度、终止温度，等等。但是，BBO 算法却有不同的表现。它的两个基本操作中的参数都是跟种群中的个体性能直接联系：个体的迁入迁出率由该个体在种群中的排序决定；个体的变异率则是由该个体的迁入迁出率变化决定。因此一旦这些操作的策略确定了，该算法的基本表现也就相应地被决定了。仅有的需要设置的参数是算法的种群大小 *NP* 和算法的终止条件 *T*。因此 BBO 算法对问题依赖极少，具有很高的适用性。图 8-12 ～图 8-15 给出了求解目标函数 *makespan* 时，Kacem 的 4 个算例在不同 *NP* 下的表现，种群大小分别设置为 10、50、100 和 200。

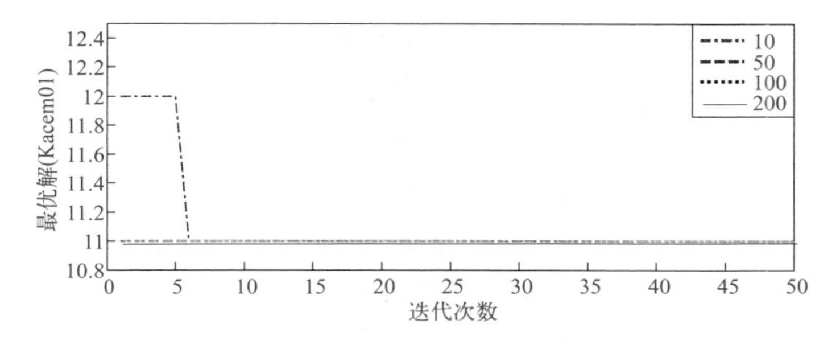

图 8-12　不同种群数下的 MMBBO 算法在 Kacem01 算例上的表现

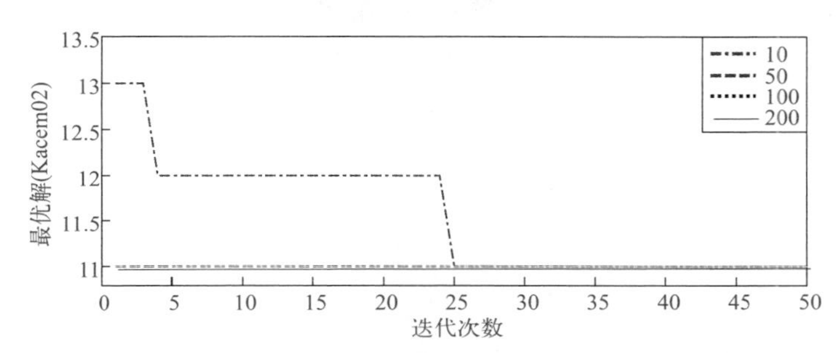

图 8-13　不同种群数下的 MMBBO 算法在 Kacem02 算例上的表现

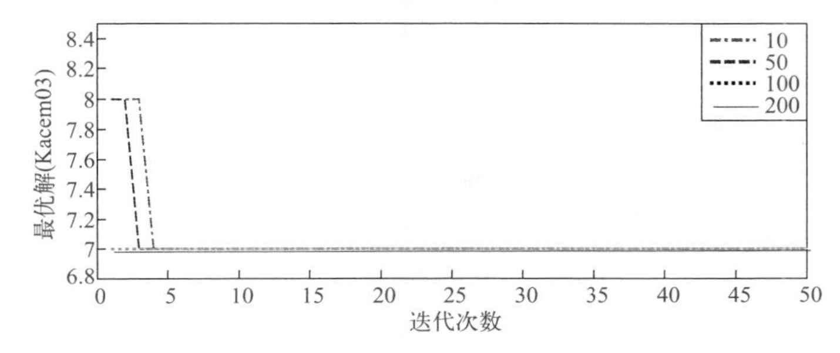

图 8-14　不同种群数下的 MMBBO 算法在 Kacem03 算例上的表现

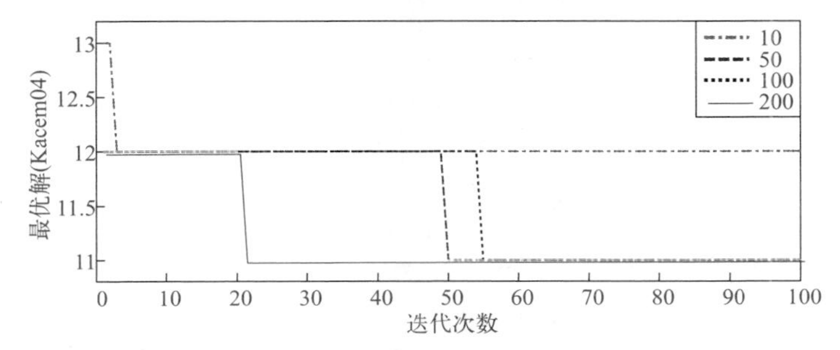

图 8-15　不同种群数下的 MMBBO 算法在 Kacem04 算例上的表现

通过实验结果可以发现：在简单的问题上，种群个数对算法结果影响较小，即使较小规模的种群也能获得最优解；而在较复杂的问题上，种群较大能加速算法的收敛速度并提高算法最终的搜索精度，但是同时需要牺牲一些计算时间。因此综合性能和计算时间，4 个 Kacem 算例 *NP* 值统一设置为 50。同时，根据收敛情况，由于解码的特殊设计，算法的收敛速度很快，因此将该算法在 Kacem 算例上的终止条件设置为 100 代。

类似地，对 BRdata 的 10 个算例采用相同的仿真实验进行选择。结果显示：在该算例上，最优参数选择的统一度不如 Kacem 问题，设置不尽相同。图 8-16 给出了在 BRdata 算例 MK01 上，算法在不同种群大小下的表现。BRdata 所有算例的设置如表 8-2 所示。

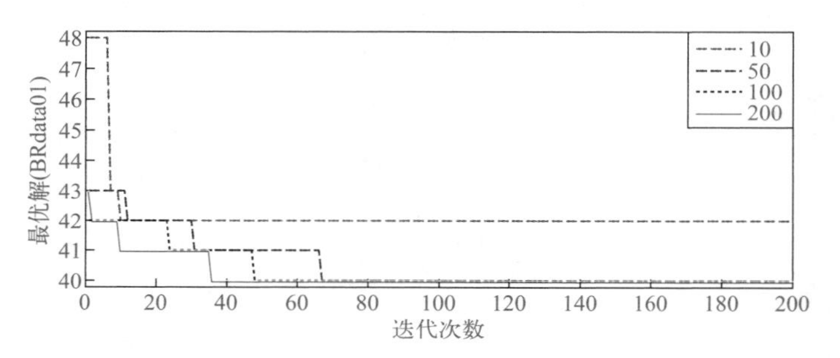

图 8-16　不同种群数下的 MMBBO 算法在 MK01 算例上的表现

表8-2　BRdata算例上的参数设置

BRdata 算例	$n \times m$	*NP*	*T*
MK01	10×6	100	100
MK02	10×6	100	200
MK03	15×8	50	100
MK04	15×8	200	250
MK05	15×4	100	200
MK06	10×15	200	300
MK07	20×5	200	200
MK08	20×10	50	100
MK09	20×10	150	100
MK10	20×15	200	300

（2）单目标环境下的比较

为了检验改进 BBO 算法在求解柔性作业车间调度问题上的有效

性，首先在单目标环境下对其求解的结果与其他几种算法进行比较，目标函数为最大完工时间 *makespan*。对比的算法分别为来自 Ho 等人的 LEGA[11]、Habib 等人的 BBO 算法[37]以及 Wang 等人的 BEDA[15]，比较结果如表 8-3 所示。表中对比算法的结果都是来自相应的文献。其中，C 代表求解得到的最好的 *makespan*，AV(C) 代表 50 次仿真实验求得的平均值。

表8-3　多种算法求解目标函数为*makespan*的柔性作业车间调度问题

算例		LEGA		BBO		BEDA		MMBBO	
		C	AV(C)	C	AV(C)	C	AV(C)	C	AV(C)
Kacem	4×5	11	11	11	11	11	11	**11**	**11**
	10×7	11	11	11	11.34	11	11	**11**	**11**
	10×10	7	7.56	7	7.5	7	7	**7**	**7**
	10×15	12	12.04	12	12.56	11	11	**11**	**11**
Brandimart	MK01	40	41.5	40	41	40	41.02	**40**	**40**
	MK02	29	29.1	28	28.25	26	27.25	**26**	**26.8**
	MK03	—	—	204	204	204	204	**204**	**204**
	MK04	67	67.34	64	66	**60**	63.69	61	**62**
	MK05	176	178.1	173	173.5	**172**	173.38	173	173.5
	MK06	67	68.82	66	66.5	60	62.83	**60**	**62.25**
	MK07	147	152.9	144	144.25	**139**	**141.55**	140	142.75
	MK08	523	523.34	523	523	523	523	**523**	**523**
	MK09	320	327.74	310	310.75	307	310.35	**307**	**307.2**
	MK10	229	235.72	230	232.75	**206**	**211.92**	221	221.75

由表 8-3 可以发现，在求解单目标柔性 Job Shop 调度问题时，MMBBO 算法能获得较好的性能。在 Kacem 算例上，MMBBO 算法能获得目前最好的解，而且稳定性很好，在 50 次仿真实验中都能获得目前已知的最优解。针对 Brandimart 算例，MMBBO 算法在算例 MK01、MK02、MK03、MK08 和 MK09 上取得了目前已知的最优解，且稳定性要好于其他三种算法。在剩下的 5 个算例中 MMBBO 算法取得的最优解和稳定性都要好于 LEGA 和 BBO 算法；虽然最优解要略逊于 BEDA 算法，但是 MMBBO 的稳定性要更好一些。

同时还比较了改进的 BBO 算法和基本的 BBO 算法[37]的收敛性能。图 8-17、图 8-18 给出了 BBO、DBBO 和 MMBBO 在 Kacem 算例中的

10×7 和 10×15 两个算例上的收敛速度对比，其中 BBO 的种群个数为 100，DBBO 算法为基本 BBO 算法中的解码方式被本节提出的设备转移解码方式取代得到的算法。

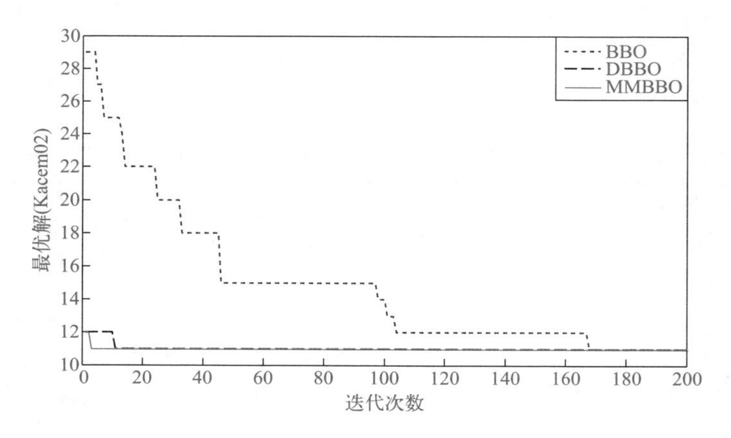

图 8-17 BBO、DBBO 和 MMBBO 在 Kacem02 的收敛速度比较

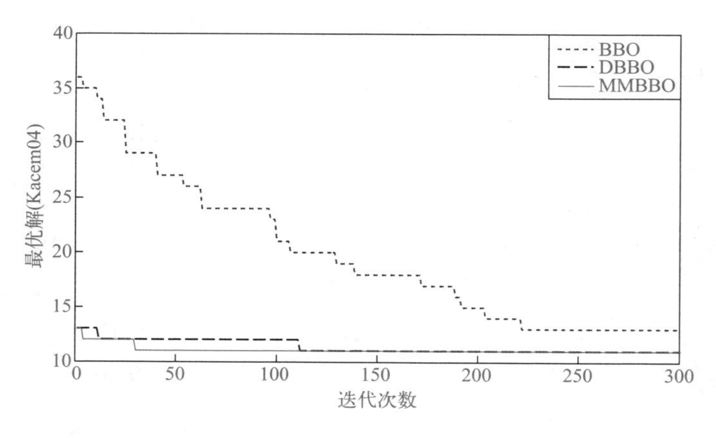

图 8-18 BBO、DBBO 和 MMBBO 在 Kacem04 的收敛速度比较

显而易见，MMBBO 在最优值和收敛速度上都要优于 BBO，这是因为 MMBBO 对待最优个体时，用局部搜索操作代替了变异操作，保留了最优个体的优异特征，避免了变异时可能的丢失；同时 MMBBO 算法中使用基于多设备转移的解码方式，对解码过程进行了一次局部搜索，对解的性能有较好的提升。值得注意的是，MMBBO 的收敛速度优于 BBO

是以牺牲一定的计算时间为代价的。在相同的运行代数下，MMBBO 的计算时间略大于 BBO，如图 8-19 所示。但是如图 8-18 所示，MMBBO 经过 30 代循环已经得到了最优 *makespan*，而 BBO 算法经过 200 代仍然没有收敛到最优解。同时 DBBO 不错的收敛效果则正好验证了本节解码方式的有效性。

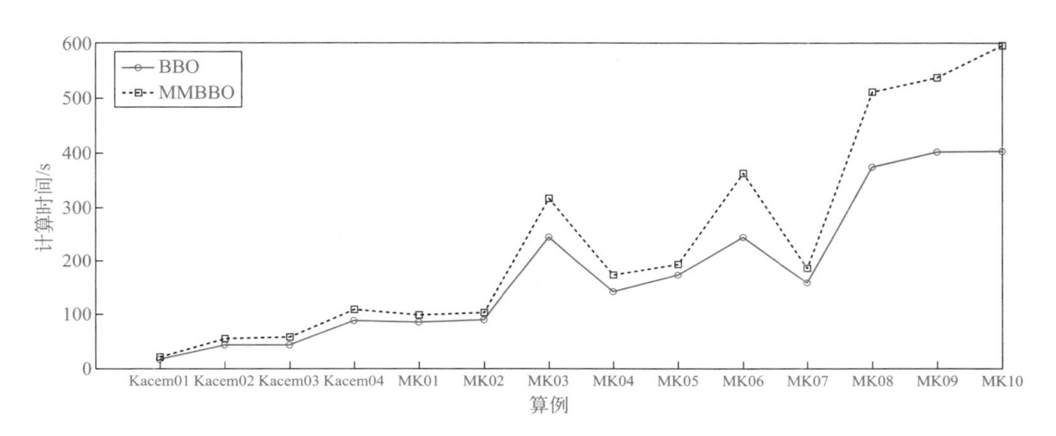

图 8-19　BBO 和 MMBBO 在 Kacem 和 BRdata 算例上的计算时间对比

（3）改进的多目标 BBO 算法与其他算法的比较

① Kacem 算例　这里采用的 Kacem 算例集共包括 4 个算例，规模从 4×5 到 15×10。参与比较的算法分别是 MOGA（Multi-Objective Genetic Algorithm）[38]、PDABC（Pareto-based Discrete Artificial Bee Colony）算法 [39] 和 PEDA（Pareto-based Estimation of Distribution Algorithm）[40]。目标函数分别为：产品最大完工时间 C_M、总设备负载 W_T、最大设备负载 W_M。求得的非支配解集如表 8-4 所示，其中对比算法的结果来自相应的文献，同时被支配的个体用下划线标出。

表8-4　MMBBO算法和其他算法求解MFJSSP的Kacem算例结果对比

算例	目标函数	MOGA				PDABC			PEDA				MMBBO			
		S1	S2	S3	S4	S1	S2	S3	S1	S2	S3	S4	S1	S2	S3	S4
4×5	C_M	11	11	12	—	11	12	13	11	11	12	13	11	11	12	—
	W_T	32	34	32	—	32	32	33	32	34	32	33	32	34	32	—
	W_M	10	9	8	—	10	8	7	10	9	8	7	10	9	8	—

续表

算例	目标函数	MOGA				PDABC			PEDA				MMBBO			
		S1	S2	S3	S4	S1	S2	S3	S1	S2	S3	S4	S1	S2	S3	S4
10×7	C_M	—	—	—	—	12	11	12	11	11	12	—	11	11	12	—
	W_T	—	—	—	—	61	63	60	61	62	60	—	61	62	60	—
	W_M	—	—	—	—	11	11	12	11	10	12	—	11	10	12	—
10×10	C_M	8	7	8	7	8	7	8	7	7	8	8	7	7	8	8
	W_T	42	42	41	45	41	43	42	42	43	41	42	42	43	42	41
	W_M	5	6	7	5	7	5	5	6	5	7	5	6	5	5	7
15×10	C_M	11	12	11	—	12	11	—	11	11	—	—	11	11	—	—
	W_T	91	95	98	—	91	93	—	91	93	—	—	91	93	—	—
	W_M	11	10	10	—	11	11	—	11	10	—	—	11	10	—	—

从结果中可以发现，MMBBO 算法在 3 个算例上获得目前已知的所有非支配解，只有在算例 1 上没有获得（13, 33, 7）。但由于 MMBBO 算法只需要对种群和终止条件进行实验选择，步骤简单，收敛速度快，因此与其他三种算法相比，具有一定的优势。

② Brandimart 算例　同样地，这里采用的 Brandimart 算例共 10 个，从 MK01 到 MK10，规模从 10×6 到 20×15。MMBBO 算法与 MOGA 算法在这 10 个算例上得到的非支配解集如表 8-5 ～表 8-14 所示，表中被支配个体由下划线标出，相应的非支配个体加粗显示。

表8-5　MMBBO算法和其他算法求解MFJSSP的MK01算例结果对比

MOGA				MMBBO			
No.	C_M	W_T	W_M	No.	C_M	W_T	W_M
1	42	158	39	1	**40**	**168**	**36**
2	44	154	40	2	41	162	38
3	43	155	40	3	41	164	37
4	40	169	36	4	42	160	38
—	—	—	—	5	40	166	37
—	—	—	—	6	50	153	42
—	—	—	—	7	41	167	36
—	—	—	—	8	43	158	39
—	—	—	—	9	43	155	40
—	—	—	—	10	43	160	38
—	—	—	—	11	50	166	36
—	—	—	—	12	45	163	37

表8-6　MMBBO算法和其他算法求解MFJSSP的MK02算例结果对比

MOGA				MMBBO			
No.	C_M	W_T	W_M	No.	C_M	W_T	W_M
1	**26**	**151**	**26**	1	27	153	26
2	27	146	27	2	28	144	28
3	29	143	29	3	28	148	27
4	31	141	31	4	29	145	27
5	33	140	33	5	29	143	29
6	29	145	27	6	31	141	31
—	—	—	—	7	33	140	33

表8-7　MMBBO算法和其他算法求解MFJSSP的MK03算例结果对比

MOGA				MMBBO			
No.	C_M	W_T	W_M	No.	C_M	W_T	W_M
1	204	855	199	1	204	850	204
2	204	871	144	2	213	844	213
3	204	882	135	3	221	842	221
4	204	884	133	4	222	838	222
5	213	850	199	5	231	834	231
6	214	849	210	—	—	—	—
7	221	847	199	—	—	—	—
8	222	848	199	—	—	—	—
9	231	848	188	—	—	—	—
10	230	848	177	—	—	—	—

表8-8　MMBBO算法和其他算法求解MFJSSP的MK04算例结果对比

MOGA				MMBBO			
No.	C_M	W_T	W_M	No.	C_M	W_T	W_M
1	66	345	63	1	67	364	60
2	65	362	63	2	67	353	62
3	63	371	61	3	84	336	84
4	62	373	61	4	66	368	60
5	61	382	60	5	78	338	78
6	60	390	59	6	72	341	72
7	73	350	55	7	71	344	66
8	74	349	54	8	73	347	65
9	74	348	55	9	**65**	**359**	**62**

续表

MOGA				MMBBO			
No.	C_M	W_T	W_M	No.	C_M	W_T	W_M
10	90	331	76	10	67	358	61
—	—	—	—	11	**63**	**367**	**61**
—	—	—	—	12	**65**	**348**	**63**
—	—	—	—	13	66	345	63
—	—	—	—	14	66	366	61
—	—	—	—	15	65	379	60
—	—	—	—	16	69	362	60

表8-9　MMBBO算法和其他算法求解MFJSSP的MK05算例结果对比

MOGA				MMBBO			
No.	C_M	W_T	W_M	No.	C_M	W_T	W_M
1	173	683	173	1	173	683	173
2	175	682	175	2	175	682	175
3	183	677	183	3	179	679	179
4	185	676	185	4	183	680	178
5	179	679	179	5	181	683	175
—	—	—	—	6	183	677	183
—	—	—	—	7	179	681	178

表8-10　MMBBO算法和其他算法求解MFJSSP的MK06算例结果对比

MOGA				MMBBO			
No.	C_M	W_T	W_M	No.	C_M	W_T	W_M
1	62	424	55	1	71	387	66
2	65	417	54	2	68	391	64
3	60	441	58	3	67	392	62
4	62	440	60	4	67	402	60
5	76	362	60	5	64	415	62
6	76	356	74	6	65	405	62
7	78	361	60	7	70	384	68
8	73	360	72	8	**73**	**360**	**57**
9	72	361	72	9	72	406	59
10	100	330	90	10	66	413	58
—	—	—	—	11	70	396	60
—	—	—	—	12	69	409	59

续表

MOGA				MMBBO			
No.	C_M	W_T	W_M	No.	C_M	W_T	W_M
—	—	—	—	13	66	400	62
—	—	—	—	14	64	417	61
—	—	—	—	15	65	416	60
—	—	—	—	16	68	388	67
—	—	—	—	17	64	423	60
—	—	—	—	18	71	411	57
—	—	—	—	19	71	409	58

表8-11　MMBBO算法和其他算法求解MFJSSP的MK07算例结果对比

MOGA				MMBBO			
No.	C_M	W_T	W_M	No.	C_M	W_T	W_M
1	139	693	139	1	144	673	144
2	140	686	138	2	146	684	143
3	144	673	144	3	143	685	142
4	151	667	151	4	202	651	202
5	157	662	157	5	150	669	150
6	162	659	162	6	151	667	151
7	166	657	166	7	157	662	157
—	—	—	—	8	162	659	162
—	—	—	—	9	166	657	166
—	—	—	—	10	187	653	187

表8-12　MMBBO算法和其他算法求解MFJSSP的MK08算例结果对比

MOGA				MMBBO			
No.	C_M	W_T	W_M	No.	C_M	W_T	W_M
1	**523**	**2524**	**515**	1	523	2524	523
2	523	2534	497	2	524	2519	524
3	524	2519	524	3	538	2518	533
4	578	2489	578	4	552	2515	542
5	587	2484	587	5	554	2510	551

表8-13　MMBBO算法和其他算法求解MFJSSP的MK09算例结果对比

MOGA				MMBBO			
No.	C_M	W_T	W_M	No.	C_M	W_T	W_M
1	<u>311</u>	<u>2290</u>	<u>299</u>	1	**307**	**2384**	**299**
2	<u>310</u>	<u>3514</u>	<u>299</u>	2	**311**	**2282**	**299**
3	311	2287	301	3	313	2273	299
4	314	2315	299	4	317	2335	299
5	315	2283	299	5	326	2272	303
6	332	2265	302	6	322	2266	307
7	329	2266	301	7	315	2274	307
8	328	2259	308	8	321	2268	308
9	325	2275	299	9	329	2266	301
—	—	—	—	10	332	2274	299
—	—	—	—	11	324	2268	304
—	—	—	—	12	330	2265	307
—	—	—	—	13	309	2340	299

表8-14　MMBBO算法和其他算法求解MFJSSP的MK10算例结果对比

MOGA				MMBBO			
No.	C_M	W_T	W_M	No.	C_M	W_T	W_M
1	<u>224</u>	<u>1980</u>	<u>219</u>	1	235	1897	218
2	225	1976	211	2	234	1974	207
3	<u>233</u>	<u>1919</u>	<u>214</u>	3	251	2055	207
4	235	1895	225	4	**230**	**1911**	**214**
5	235	1897	218	5	**233**	**1911**	**208**
6	240	1905	215	6	233	2036	209
7	240	1888	216	7	227	2014	215
8	<u>242</u>	<u>1913</u>	<u>214</u>	8	228	1907	220
9	246	1896	215	9	228	2053	211
10	252	1884	224	10	**221**	**1952**	**219**
11	<u>256</u>	<u>1919</u>	<u>211</u>	11	245	1875	218
12	260	1869	244	12	**256**	**1889**	**210**
13	266	1864	254	13	264	1907	208
14	268	1858	264	14	233	2036	212
15	276	1857	256	15	225	2037	210
16	281	1854	268	16	232	2057	208

续表

MOGA				MMBBO			
No.	C_M	W_T	W_M	No.	C_M	W_T	W_M
17	217	2064	207	17	237	2057	205
18	214	2082	204	—	—	—	—

从表 8-5 ～表 8-14 中不难看出，MMBBO 算法在求解 Brandimart 算例得到的非支配解的性能要明显优于 MOGA，而且解的分布性更好。在算例 MK01 上，MMBBO 得到的解（40, 168, 36）支配 MOGA 获得的解（40, 169, 36）；在算例 MK04 上，MMBBO 得到的解（65, 359, 62）、（63, 367, 61）和（65, 348, 63）支配 MOGA 获得的解（65, 362, 63）和（63, 371, 61）；在算例 MK06 上，MMBBO 得到的解（73, 360, 57）支配 MOGA 获得的解（76, 362, 60）、（78, 361, 60）和（73, 360, 72）；在算例 MK09 上，MMBBO 得到的解（307, 2384, 299）和（311, 2282, 299）支配 MOGA 的解（311, 2290, 299）和（310, 3514, 299）；以及在算例 MK10 中，MMBBO 得到的解（230, 1911, 214）、（233, 1911, 208）、（221, 1952, 219）和（256, 1889, 210）支配 MOGA 的解（224, 1980, 219）、（233, 1919, 214）、（242, 1913, 214）、（256, 1919, 211）；在算例 MK03、MK05、MK07 中，两个算法得到了互不支配的两组解集；而只有在算例 MK02 和 MK08 中，MOGA 的解集中有部分解支配部分由 MMBBO 算法获得的解。

此外，MMBBO 在 70% 的算例上得到了更多的非支配解。因此综合考虑到支配解集个数和支配情况，MMBBO 在求解 MFJSSP 问题上的效果要好于 MOGA。

综合以上的比较结果可知，MMBBO 能有效地求解单目标、多目标柔性作业车间调度问题，并能取得性能较为显著的解集。其优势主要体现在：① 在解码过程中引入了基于多设备的转移策略，体现了一种局部搜索的性能，能大大促进向量解向具体调度解更为合理地转化；② BBO 算法基于生物地理学，具有较强的自适应搜索进化能力，且其参数少，算法稳定性好，不需要进行大范围的参数选择；③ 对基本 BBO 算法中变异操作进行改进，区别对待最优个体（非支配个体）和一般个体，设计了邻域搜索策略和变异策略，能有效保留最优个体的部分特征，同时也进一步加快 BBO 算法的搜索速度。

8.2 基于粒子群优化的多目标智能调度 [41]

在企业的实际生产调度过程中，一般不会单纯地只考虑一个目标，往往需要同时考虑多个目标，因此多目标调度优化问题普遍存在于实际生产当中。

多目标优化最早源于 1776 年经济学家提出的效用理论；1896 年法国著名的经济学家 Pareto 在其政治经济学著作中，最先提出了针对多目标问题进行优化的理念；而美国著名的数理经济学家 Koopmans 则在 1951 年对生产和分配活动进行分析时，首次对多目标优化问题中的非劣解进行了定义，而为纪念 Pareto 先生对多目标问题所做的开创性贡献，这些非劣解被命名为“Pareto 最优解”（Pareto Optimal Solutions），简称 Pareto 解（Pareto Solutions）[42]。Pareto 解的概念一经提出之后，对多目标调度问题的研究方法就被分成为非 Pareto 优化方法（Non-Pareto-Optimality Approaches）和 Pareto 优化方法（Pareto-Optimality Approaches）两大类别。

对于非 Pareto 优化方法，由于系统内部的关联机制不同，某些生产系统的多个目标变量均可转换为某个公共的变量，并由此可以分清这些目标的主次或权重占比，因此，这类调度问题中的多个目标可以通过某个精心设计的加权函数进行有效表达，从而将该多目标问题转化为一个单目标问题进行求解。近年高亮和潘全科通过类似的加权转化设计，提出了一种乱序多子群微候鸟优化（Shuffled Multi-Swarm Micro-Migrating Birds Optimization, SM^2-MBO）算法，求解多种资源受限的柔性作业车间调度问题[43]。

至于 Pareto 优化方法，因系统内部关系受当前认知水平的限制，其所涉及的多个目标间的关系难于发现和了解，更无法使用统一变量进行显性或隐性的转换和表达，故必须设计特定的算法对多个目标同时进行处理，以获得多组 Pareto 解（非劣解）帮助决策人员根据实际偏好从中做出最终的决策。近年，Robert 等用一种改进的启发式 Kalman 算法对多目标柔性作业车间调度问题进行了求解，多目标优化组合设定为同时最小化最大完工时间、最大负载设备负载和总设备负载这三个常规调度指标[44]。由于其代表性，因此对多目标柔性作业车间调度问题的研究多以优化这三个目标组合作为展开研究的对象。徐华团队于 2015 年使用改进的模因算法对同样的调度问题进行了求解[45]，均获得了良好的结果，至今仍是同类问题研究中的重要参照对象。

本节针对多目标柔性作业车间调度问题提出了一种两阶段多子群的粒子群算法对多目标柔性作业车间调度问题进行求解，算法命名为 two-stage multi-swarm particle swarm optimazation algorithm for multi-objective flexible job-shop scheduling problem，简记为 TM-MOPSO 算法。该算法主要进行了如下四点改进。

① 针对求解单目标柔性作业车间调度问题的链式编码方案做了结构上的改进，通过双链结构使之可以对多目标柔性作业车间调度问题进行编码，对解码方案也做了相应的完善，使之能对每次解码出的调度方案中涉及的三个目标指标值进行对应 Pareto 解集的更新及维护。

② 设计了从个体到所在子群再到最终种群的 Pareto 解集更新机制，并利用各级 Pareto 解集对传统粒子群算法中的信息交流机制进行了改进，增加了 Pareto 解的多样性。

③ 设计了一个用于求解对柔性作业车间调度问题的基本功能函数，通过反复调用该功能函数并适时地调整函数调用参数，而实现多目标柔性作业车间调度问题的求解和算法程序代码的高度复用，简化了算法结构，便捷了算法程序的编制。

④ 算法对多目标组合进行了两两组合后得到了三种目标组合，依赖两阶段多子群的架构设计，在第一阶段，针对每一种双目标组合使用一个子群对其进行求解，完成问题的初始化和初步探索；在第二阶段，通过一个更大规模的子群（种群），在第一阶段探索结果的基础上，对问题的所有目标组合进行深度搜索和求解。

8.2.1 多目标柔性作业车间调度模型

为便于使用 TM-MOPSO 算法对多目标柔性作业车间调度问题进行

研究，首先给出多目标优化问题的一些基本概念，并在此基础上给出多目标柔性作业车间调度问题的数学模型和所要优化的多目标组合。

本节研究的多目标柔性作业车间调度问题的优化目标组合是：最小化最大完工时间（C_{max}）、最大负载设备负载（L_{max}）和总设备负载（L_{total}）。根据对柔性作业车间调度问题符号体系的定义和模型的说明，各目标可分别表述为 $C_{max}=\max\limits_{1\leqslant j\leqslant n}\{C_j\}$，$L_{max}=\max\limits_{1\leqslant k\leqslant m}\{L_k\}$ 和 $L_{total}=\sum\limits_{k=1}^{m}\sum\limits_{i=1}^{n}\sum\limits_{j=1}^{n_i}p_{ijk}x_{ijk}$。

则本节多目标柔性作业车间调度的优化目标是 $\min\left(C_{max},L_{max},L_{total}\right)$。

8.2.2 两阶段多子群粒子群算法（TM-MOPSO）的设计和实现

（1）TM-MOPSO 算法的编码和解码

TM-MOPSO 算法根据 Pareto 解中包含多个目标值的特点设计了基于链式结构的 Pareto 解链存储相应的 Pareto 解集，并在此基础之上实现了算法对多目标柔性作业车间调度问题的编码及对传统 PSO 算法中信息交流机制的改进。

① Pareto 解链　TM-MOPSO 算法为了有效管理求解过程中生成的所有 Pareto 解，即各粒子所搜索到的各自 Pareto 解集，采用指针和链表技术将各粒子搜索到的每一个 Pareto 解作为一个链表节点链入到一条专门用于存储属于该粒子个体的 Pareto 解集数据链表中，形成了一条 Pareto 解链，如图 8-20 所示，解链上的所有节点构成了一个粒子的 Pareto 最优解集。

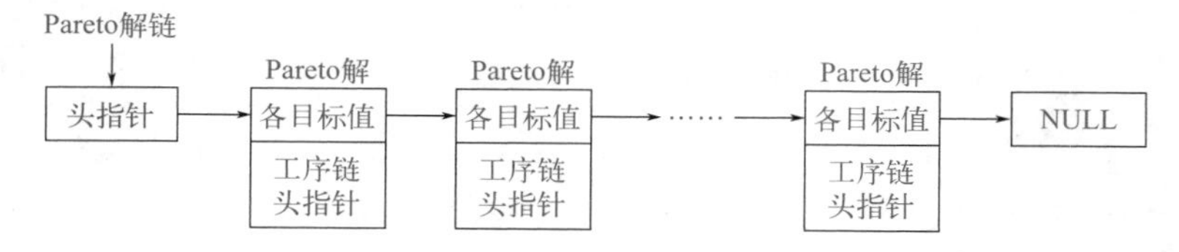

图 8-20　Pareto 解链结构图

由图 8-20 可知，解链中每个节点的数据结构由两部分组成，一部分存储各目标的适应度值（各目标指标值），另一部分则存储形成该

Pareto 解的调度解方案所对应的工序链头指针值（地址）。算法在运行过程中可以使用指针链表的一系列操作对该解链上节点进行查询、增加或删除，即对单个 Pareto 解的查找、添加或删除，从而实现对 Pareto 解集的动态更新和维护。

② 双链编码方案　为能同时处理多目标柔性作业车间调度问题中的多个目标必须将各目标均包含进算法的编码，而一般的链式编码仅适合一个目标的编码，为解决多目标编码的问题，TM-MOPSO 算法依据 Pareto 解链的设计，为每个粒子引入了一条 Pareto 解链结构，形成如图 8-21 所示的双链编码方案。图中各工序链头指针均指各自所编码的调度方案的工序链头指针，彼此并不相同。

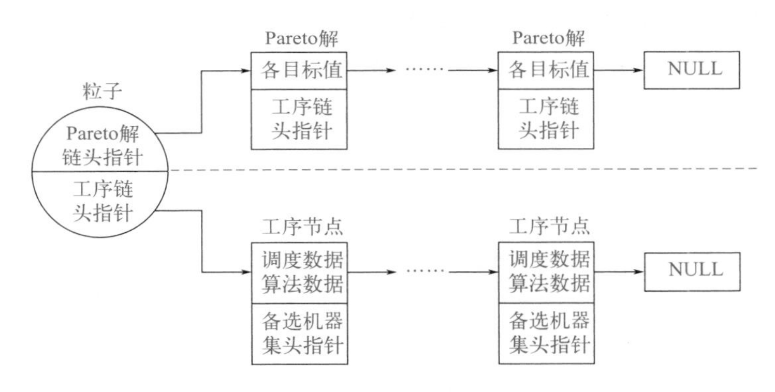

图 8-21　TM-MOPSO 算法双链编码示意

③ 多目标解码方案　在 TM-MOPSO 算法采用双链编码方案对多目标柔性作业车间调度问题进行编码后，为了问题的求解，必须将含有多个目标的问题编码转换为可行的调度方案，即对问题进行解码。因解码为最终调度方案的调度信息并未增加，仅是增加了依据解码所得调度方案目标指标的计算，TM-MOPSO 算法在解码时选用了基于有效空闲时段优先插入工序生成主动调度方案的解码方法，所不同的是在使用上述解码方法对一条工序链进行解码后，需对方案中的三个目标指标值（C_{max}、L_{max}、L_{total}）进行分别计算，并将所得的结果根据 Pareto 支配关系与 Pareto 解集中的解依次进行支配比较，实现对 Pareto 解集的更新与维护。

（2）TM-MOPSO 算法中信息交流机制的改进

针对多目标柔性作业车间调度问题，求解算法必须同时考虑多个目标的优化和协同。对于粒子群算法，可以利用其包含多个个体的优势，依靠每个单独个体对某一目标进行寻优，而依靠种群的力量实现对多个目标组合实现整体寻优。文献 [46] 中提出的 SAD-IPSO 算法（Improved Particle Swarm Optimization algorithm based on the Search Again in Decoding process）对粒子群算法信息交流机制的改进是通过用随机选出 K 个粒子中最好的位置替换全局最优位置以实现群内粒子间的信息交流，这种信息交流机制充分考虑了个体和群体间对目标信息的协同；同时，由于Pareto解集内的解元素数量有限且伴随算法运行不断地被更新，因此这种改进与 SAD-IPSO 算法随机选取 K 个粒子对信息交流机制所做的改进具有一定的可比性。TM-MOPSO 算法将 Pareto 解集与 K 个粒子小群相类比，通过在 Pareto 解集中随机选取一个 Pareto 解所对应的粒子位置（调度方案）作为粒子间信息交流和学习的目标对传统粒子群算法的信息交流机制进行改进。为此算法通过设置个体级（Person）、子群级（Subgroup）和种群级（Species）共三个级别的 Pareto 解链实现这种改进。

个体级 Pareto 解链是为每个粒子均设置的一条解链，用于对该粒子所经历过的 Pareto 解进行记录；子群级 Pareto 解链是为粒子所在的子群设置的一条单独的解链，汇总该子群已经找到的 Pareto 最优解；种群级 Pareto 解链是单独为最终的种群设置的一条总的解链，用于对所有子群已经找到的 Pareto 最优解进行汇总。这种逐级设置 Pareto 解链的模式使算法的搜索过程更加平缓，有利于找到更多的解。算法中各级 Pareto 解链的更新均依赖于每个粒子的位置移动（更新），即伴随着新的调度解的生成；而每当有新的调度解生成，就必须对其进行解码，并考察解码所得调度方案的目标值的组合情况，因此对 Pareto 解链的更新和维护始终伴随着算法的解码，是解码时必须调用的一个子过程。图 8-22 展示了该子过程的具体流程，当个体粒子移动到新位置后，通过对新位置对应的工序链解码所得调度方案的三个目标指标值进行计算后得到一个新解。首先使用该新解根据 Pareto 支配关系与该粒子自带的 Pareto 解链中的每个 Pareto 解进行比较，如果该新解被某个 Pareto 解支配或者与某

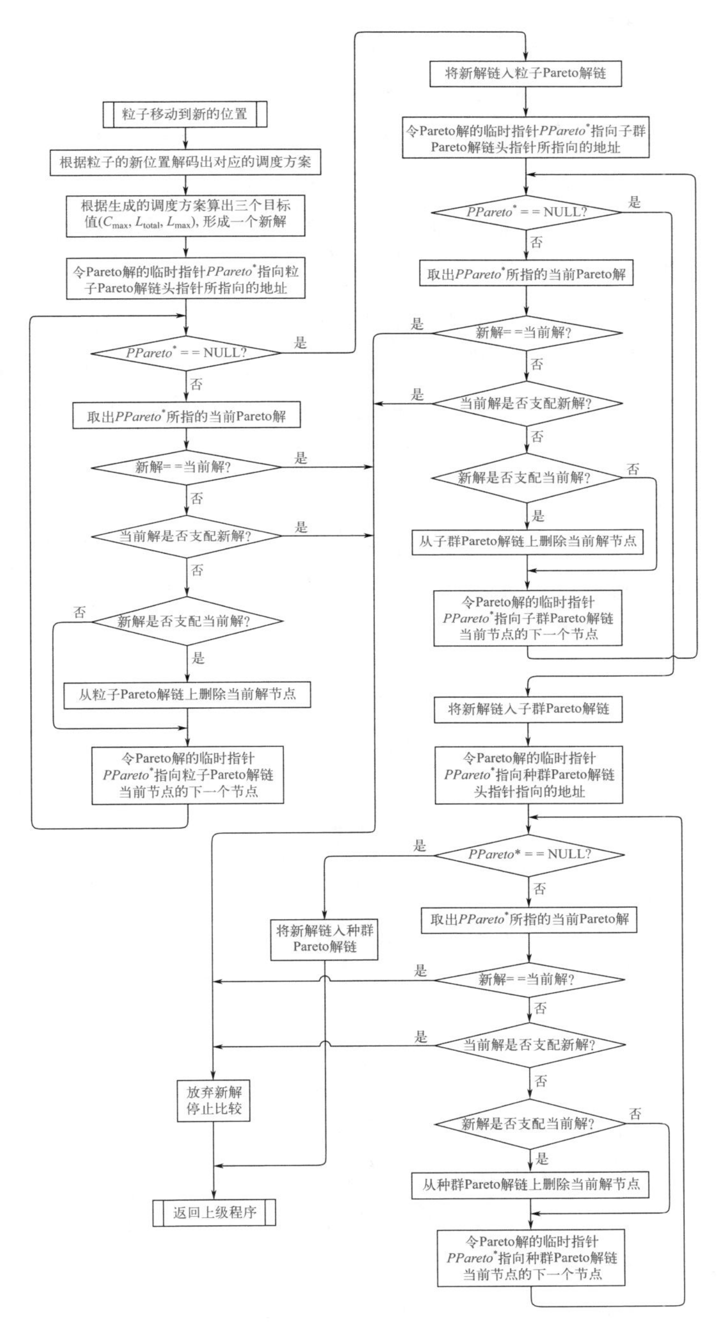

图 8-22 各级 Pareto 解链更新和维护子过程的流程图

个 Pareto 解相等，则放弃继续比较；如果该新解能支配个体 Pareto 解链中的某些 Pareto 解则删除这些被支配的解，同时将该新解链入到个体 Pareto 解链中，然后继续使用该新解与子群 Pareto 解链进行类似的比较和操作；如果比较后，其能被链入到子群 Pareto 解链中，则继续使用该新解与种群 Pareto 解链进行相似的比较和操作，直至其被抛弃或最终链入到种群 Pareto 解链中。

TM-MOPSO 算法对柔性作业车间调度问题在第一阶段依靠各个子群进行求解而在第二阶段则依靠总的种群进行求解。在两个阶段的求解过程中，其对传统粒子群算法信息交流机制的改进分别如下所述。

第一个阶段的求解中，改进粒子群算法从粒子自带的个体 Pareto 解链中随机地选出一个 Pareto 解所对应的粒子位置（p^{rPerP}）作为该粒子的个体最优位置参与迭代运算，从子群 Pareto 解链中随机地选出一个 Pareto 解所对应的粒子位置（g^{rSubP}）作为该子群的全局最优位置参与迭代运算，则在此阶段，传统的粒子群算法迭代公式变为：

$$v_{\text{next}} = wv_{\text{cur}} + c_1 r_1 (p^{rPerP} - x_{\text{cur}}) + c_2 r_2 (g^{rSubP} - x_{\text{cur}}) \tag{8-18}$$

$$x_{\text{next}} = x_{\text{cur}} + v_{\text{next}} \tag{8-19}$$

第二个阶段的求解中，算法仍旧从粒子自带的个体 Pareto 解链中随机地选出一个 Pareto 解所对应的粒子位置（p^{rPerP}）作为该粒子的个体最优位置参与迭代运算，而从总的种群 Pareto 解链中随机地选出一个 Pareto 解所对应的粒子位置（g^{rSpeP}）作为该种群的全局最优位置参与迭代运算，则在此阶段，传统的粒子群算法迭代公式变为：

$$v_{\text{next}} = wv_{\text{cur}} + c_1 r_1 (p^{rPerP} - x_{\text{cur}}) + c_2 r_2 (g^{rSpeP} - x_{\text{cur}}) \tag{8-20}$$

$$x_{\text{next}} = x_{\text{cur}} + v_{\text{next}} \tag{8-21}$$

（3）基于基本功能函数的算法实现

TM-MOPSO 算法基于一个能够同时处理柔性作业车间调度问题所包含的两个子问题的基本功能函数对该问题进行多目标优化，其算法流程如图 8-23 所示。

① 算法基本功能函数　TM-MOPSO 算法对多目标柔性作业车间调度问题的求解主要基于对能求解该问题的一个基本功能函数的反复调

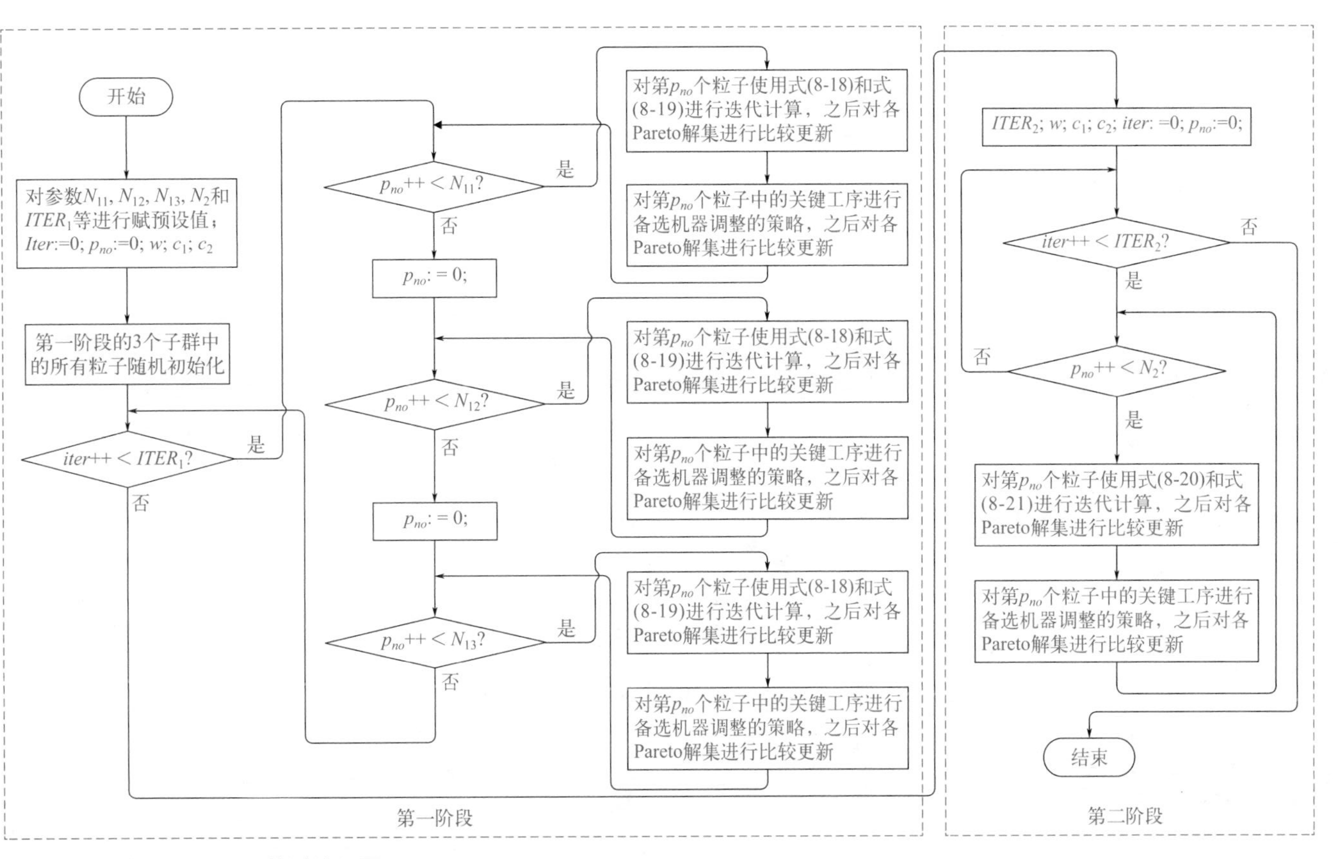

图 8-23　TM-MOPSO 算法流程图

用，表 8-15 给出了该基本功能函数的算法伪代码。由伪代码可知，该功能函数可以输入多种目标组合的情况，并以不同的子群规模对输入的目标组合进行多目标优化；函数除了利用各级 Pareto 解集改进了粒子群算法中的信息交流机制实现对工序排序子问题的求解，仍采用了在 HLO-PSO 算法（Hybrid of human Learning Optimization algorithm and Particle Swarm Optimization algorithm，HLO-PSO）[47] 中比较有效的对关键工序设备进行调整的调度策略完成对设备选择子问题的求解。最终，该功能函数可以对多种目标组合的柔性作业车间调度问题使用不同种群规模和参数的粒子群算法进行求解。

表8-15　基本功能函数的伪代码

算法 7: Basic function for multi-objective exible job-shop scheduling problem
Input: a objective combination (C_{max}, L_{max})/(C_{max}, L_{total})/ (L_{max}, L_{total})/ (C_{max}, L_{total}, L_{max}) and a swarm scale $N_1/N_{11}/N_{12}/N_{13}/N_2$ and the three necessary PSO parameters (w, c_1, c_2)
Output: Pareto solution lists
#To every particle of the inputing swarm#
define ***pointer*** *op_node P_node*
define ***linked list*** *op_list Pareto_list*
op_list ← a updated operation list
Pareto_list ← a Pareto solution list
//Decoding a operation list for computing the objective combination
op_node ← *head_node* of *op_list*
while *op_node* ≠ ***NULL*** **do**
decoding *op_node* and updating the values of objective combination for a new solution
op_node ← *next_node* of current *op_node*
end while
//Updating the Pareto solution list
P_node ← *head_node* of *Pareto_list*
while *P_node* ≠ ***NULL*** **do**
comparing the new solution with *P_node* for updating all the Pareto solution lists
P_node ← *next_node* of *P_node*
end while
//Reassign operated machine
op_node ← *head_node* of *op_list*
while *op_node* ≠ ***NULL*** **do**
reseting the operated machine of *op_node* from its candidate operated machine set
updating the values of objective combination to generate a new solution

续表

算法 7: Basic function for multi-objective exible job-shop scheduling problem
//Updating the Pareto solution list
P_node ← *head_node* of *Pareto_list*
while *P_node* ≠ ***NULL*** **do**
comparing the new solution with *P_node* for updating all the Pareto solution lists
P_node ← *next_node* of *P_node*
end while
op_node ← *next_node* of current *op_node*
end while

② TM-MOPSO 算法的实现　为充分挖掘基本功能函数求解多目标柔性作业车间调度问题的能力，算法依赖多个子群和种群，分两个阶段进行问题的求解。为方便叙述，用 p_{no} 表示群内粒子的编号，求解过程第一阶段的总迭代次数设为 $ITER_1$，第二阶段的总迭代次数设为 $ITER_2$，具体迭代的次数设为 $iter$；而传统粒子群算法参数符号的表意不变。

在算法的第一个阶段，首先将三个优化目标进行两两组合，拆解成了三个两目标优化问题用不同的子群分别进行优化，即用规模为 N_{11} 的子群最小化最大完工时间和最大负载设备负载目标组合；用规模为 N_{12} 的子群最小化最大完工时间和总设备负载目标组合；用规模为 N_{13} 的子群最小化总设备负载和最大负载设备负载目标组合。这种拆解可以更加细致地利用每对目标间的矛盾关系对各个目标进行优化，同时也为对所有目标的寻优积累了一定的基础。由于三种目标组合使用基本功能函数寻优的过程类似，故对三个子群设定了相同的规模 N_1，即 $N_{11}=N_{12}=N_{13}=N_1$。然后对各子群所涉及的参数进行赋值和对各群内的粒子逐一进行初始化。在对各群内的粒子进行初始化的过程中，TM-MOPSO 算法采用了 SAD-IPSO 算法中对粒子进行随机初始化的方法。

在算法的第二个阶段使用规模为 N_2 的种群对全部的三个目标组合进行深度的搜索。为合理利用第一阶段的搜索结果，同时预留足够的搜索变化，首先在第一阶段使用三个子群分别寻优的基础上，采用类似于遗传算法中的精英机制，在各子群分别求得的 Pareto 解集中随机选出 20% 的 Pareto 解（若解集包含不足 20% 的解，则全部选取）对总的种群中的部分粒子进行初始化，而总的种群中余下的粒子则继续用随机初始化方法进行初始化，因此第二阶段的总种群规模 N_2 应大于 60% 的 N_1。在 TM-MOPSO 算法中，为兼顾性能和耗时的需要，经研究分析 N_2 通常取 N_1 的 2 ～ 4 倍。

至此，通过调整基本函数的调用参数，算法可以分两个阶段用多个群对拆分的目标组合和全部的三个目标组合进行寻优；由于细化了寻优的过程，算法在解的多样性方面表现显著。

8.2.3 仿真研究

多目标调度问题的求解需要根据实际决策者的偏好而定，因此提供更多的 Pareto 解，并使这些解尽量靠近 Pareto 前沿且均匀分布是考量算法求解多目标问题性能的出发点。

（1）测试验证的环境与对象

为了确定 TM-MOPSO 算法各相关参数的值，实验使用 Brandimarte 算例对几种参数设定情况下的算法性能进行了简单测试，通过对各种参数设定情况下的结果进行对比和分析，最终确定了后续算例测试过程中所具体采用的参数值。

同时，实验选择了 4 个不同规模的算例，即 4×5 问题、8×8 问题、10×10 问题和 15×10 问题对 TM-MOPSO 算法的总体性能进行测试和评估。该组标准问题算例除用于测试单目标柔性作业车间调度问题性能外，同样可以用于测试多目标柔性作业车间调度问题的性能。通过使用 TM-MOPSO 算法程序对这 4 个算例进行求解测试，以及用其所得结果与同类算法所得相应结果的对比，验证 TM-MOPSO 算法在求解多目标柔性作业车间调度问题时具有良好的求解性能。

为更加全面地测试 TM-MOPSO 算法的求解性能，根据已经确定的算法相关参数值，对 Brandimarte 算例进行了深度的测试，并用所得的结果与其他算法所得的相应结果进行了对比分析，最终表明 TM-MOPSO 算法在求解多目标调度问题方面的良好性能，尤其是解多样性方面的显著性能。

（2）TM-MOPSO 算法相关参数设定

TM-MOPSO 算法主要涉及各阶段的迭代次数参数（$ITER_1$ 和 $ITER_2$）、

各子群规模参数（$N_{11}, N_{12}, N_{13}, N_1, N_2$）和粒子群算法的三个可调参数（$w, c_1, c_2$）。考虑到基本功能函数的共性及三个目标两两组合时的对等性，在算法的第一阶段常令三个子群规模相等，即 $N_{11}=N_{12}=N_{13}=N_1$；而对第二阶段总的种群，考虑到该种群被用于对三个目标进行深度求解，其迭代次数 $ITER_2$ 常取 $ITER_1$ 的 2 倍，规模 N_2 常取 N_1 的 2 ～ 4 倍，由于要用来自各子群中 20% 的 Pareto 解对种群中的粒子进行位置初始化，故 N_2 至少应大于 60% 的 N_1。除了基本的算法规模参数外，对算法性能影响最直接的仍是粒子群算法的三个可调参数（w, c_1, c_2）。设置 $w=0.15rand()$，$c_1=c_2=0.35$；由于第二阶段是在第一阶段算法搜索基础上进行的深度搜索，为使算法获得更好的性能，本节考察了六种参数组合，在规模参数为 $N_1=50$，$N_2=100$，$ITER_1=50$，$ITER_2=100$ 的设定下，对 Brandimarte 算例独立测试 10 次的求解情况。相应的测试结果列于表 8-16 中。

表8-16　不同参数组合下算法对Brandimarte算例所得Pareto解各目标下最小值的对比

参数组合	考察参数	Brandimarte 算例									
		Mk01	Mk02	Mk03	Mk04	Mk05	Mk06	Mk07	Mk08	Mk09	Mk10
$w=0$,	m_{MC}	40	27	204	66	174	68	144	523	313	236
$c_1=c_2$	m_{TL}	153	140	812	324	672	330	649	2484	2218	1847
$=0.3$	m_{ML}	36	26	204	60	172	55	140	523	299	200
$w=0.15$,	m_{MC}	40	28	204	66	175	71	144	523	319	236
$c_1=c_2$	m_{TL}	153	140	812	324	672	333	651	2484	2220	1847
$=0.35$	m_{ML}	36	26	204	61	173	55	141	523	299	200
$w=0.35$,	m_{MC}	40	27	204	67	175	70	144	523	322	242
$c_1=c_2$	m_{TL}	153	140	812	324	673	333	651	2484	2220	1847
$=0.71$	m_{ML}	36	26	204	60	173	55	142	523	299	201
$w=0.5$,	m_{MC}	40	28	204	67	176	70	144	523	321	242
$c_1=c_2$	m_{TL}	153	140	812	324	673	332	650	2484	2214	1847
$=1.1$	m_{ML}	36	26	204	60	173	56	141	523	299	202
$w=0.689$,	m_{MC}	40	28	204	67	175	71	145	523	326	242
$c_1=c_2$	m_{TL}	153	140	812	324	672	332	650	2484	2218	1847
$=1.217$	m_{ML}	36	26	204	60	173	55	141	523	299	202
$w=0.729$,	m_{MC}	40	28	204	66	176	71	146	523	319	242
$c_1=c_2$	m_{TL}	153	140	812	324	672	332	651	2484	2219	1847
$=2.1$	m_{ML}	36	26	204	60	173	55	141	523	299	205

表中 m_{MC} 表示多次独立运行后，能得到的最小的最大完工时间值；m_{TL} 表示经多次独立运行后，能得到的最小的总设备负载值；m_{ML} 表示经多次独立运行后，能得到的最小的最大负载设备负载值；（m_{MC}，m_{TL}，m_{ML}）组合中的各值是算法在各个目标维度搜索到的最优值，是 Pareto 前沿在目标空间中可能达到范围的体现。

考察表 8-16 中的各种参数组合下的结果数据，可知在参数组合 $w=0$、$c_1=c_2=0.3$ 和 $w=0.35$、$c_1=c_2=0.71$ 以及 $w=0.5$、$c_1=c_2=1.1$ 下，均有较多算例的解在目标空间中可以达到较大的范围，即综合比较各目标维度值更优。为将这些参数优势融合，同时考虑算法搜索随迭代次数增加，越来越趋于收敛的特点，将第二阶段再分为三个子阶段，开始时宜采用较小值参数，减缓算法收敛速度；结束时宜采用较大值参数，增加粒子的活跃度，最终各子阶段的粒子群参数设置如下：

① 在第二阶段开始 $N_2/3$ 次迭代中，取 $w=0$，$c_1=c_2=0.3$；

② 在第二阶段中间 $N_2/3$ 次迭代中，取 $w=0.35$，$c_1=c_2=0.71$；

③ 在第二阶段最后 $N_2/3$ 次迭代中，取 $w=0.5$，$c_1=c_2=1.1$。

（3）TM-MOPSO 算法收敛性和复杂度分析

TM-MOPSO 算法由于解码不包含再搜索过程，该基本功能函数的算法复杂度较低。由于 TM-MOPSO 算法在调用基本的功能函数求解问题时并未对该函数进行嵌套调用，因此该算法的收敛性较好。研究分析使用 TM-MOPSO 算法对 Brandimarte 算例进行测试时的单次程序运行的平均 CPU 耗时（$\overline{D}_{\mathrm{CPU}}$），也对该算法的复杂度进行了补充说明。

（4）算例测试及其结果对比分析

实验选取了三种不同规模的 4 个 Motaghedi-larijani 算例对 TM-MOPSO 算法的通用求解性能进行了测试。针对小规模的“4×5 问题”，算法设定了较小的子群规模（$N_1=30$，$N_2=50$）和一般的迭代次数（$ITER_1=50$，$ITER_2=100$）进行求解；针对中规模问题中的“8×8 问题”和“10×10 问题”，算法设定了一般的子群规模（$N_1=50$，$N_2=100$）和一般的迭代次数（$ITER_1=50$，$ITER_2=100$）进行求解；而对于大规模的“15×10 问题”，算法设定了较大的子群规模（$N_1=80$，$N_2=160$）和较多的迭代次数（$ITER_1=100$，$ITER_2=300$）进行求解。这 4 个算例中的每个算例均被独立测试了 30 次，其结果列于表 8-17 中。

表8-17　不同算法求解Motaghedi-larijani算例所得Pareto解的对比

算例	目标	MOGA				OO				TM-MOPSO			
		S_1	S_2	S_3	S_4	S_1	S_2	S_3	S_4	S_1	S_2	S_3	S_4
4×5	C_{max}	11	11	12	—	11	—	—	—	11	11	12	13
	L_{total}	32	34	32	—	32	—	—	—	32	34	32	33
	L_{max}	10	9	8	—	10	—	—	—	10	9	8	7
8×8	C_{max}	—	—	—	—	15	16	—	—	14	15	16	16
	L_{total}	—	—	—	—	75	73	—	—	77	75	73	77
	L_{max}	—	—	—	—	12	13	—	—	12	12	13	11
10×10	C_{max}	7	$\underline{7}$	8	8	$\underline{7}$	8	8	—	7	7	8	8
	L_{total}	42	$\underline{45}$	41	42	$\underline{43}$	41	42	—	42	43	41	42
	L_{max}	6	$\underline{5}$	7	5	$\underline{7}$	7	5	—	6	5	7	5
15×10	C_{max}	11	$\underline{11}$	$\underline{12}$	—	$\underline{11}$	$\underline{13}$	$\underline{14}$	—	11	12	—	—
	L_{total}	91	$\underline{98}$	$\underline{95}$	—	$\underline{93}$	$\underline{91}$	$\underline{91}$	—	91	93	—	—
	L_{max}	11	$\underline{10}$	$\underline{10}$	—	$\underline{11}$	$\underline{13}$	$\underline{12}$	—	11	10	—	—

注：“—”表示不含此项数据，下同。

为方便比较，表 8-17 中同时列出了 2012 年的文献 [37] 和 2016 年的文献 [48] 中提出的算法（分别为 Multi-Objective Genetic Algorithm，记为 MOGA 算法和 Object-Oriented approach，记为 OO 算法）对相同问题分别测试所得的 Pareto 解；而符号 S_1 表示算法得到的第 1 个 Pareto 解，S_2 表示算法得到的第 2 个 Pareto 解，S_3 和 S_4 类同；同时通过对各算法获得的 Pareto 解进行互相的 Pareto 支配操作，用下划线表示能被对比算法解支配的解，即劣于对比算法的解。

从表 8-17 中的数据可知，针对“4×5 问题”，TM-MOPSO 算法不仅搜索到了 MOGA 算法和 OO 算法所找到的全部 Pareto 最优解，还额外搜索到一个 Pareto 最优解（13,33,7）；针对“8×8 问题”，TM-MOPSO 算法不仅搜索到了 OO 算法所求得的全部 Pareto 最优解，还额外搜索到两个 Pareto 最优解（14,77,12）和（16,77,11）；针对“10×10 问题”，TM-MOPSO 算法不仅搜索到了 MOGA 算法和 OO 算法所找到的全部 Pareto 最优解，还额外搜索到一个 Pareto 最优解（7,43,5），此外还分别支配了 MOGA 算法找到的一个 Pareto 最优解（7,45,5）和 OO 算法找到的一个 Pareto 最优解（7,43,7）；针对“15×10 问题”，TM-MOPSO 算法不仅搜索到了 MOGA 算法和 OO 算法所找到的 Pareto 最优解，还额外搜索到一个 Pareto 最优解（12,93,10），同时还分别支配了 MOGA 算法找到的两个 Pareto 最优解（11,98,10）、（12,95,10）和 OO 算法找到的全部三个 Pareto 最优解（11,93,11）、（13,91,13）、（14,91,12）。由此表明 TM-MOPSO 算法具有较好的求解多目标柔性作业车间调度问题的性能。

（5）针对 Brandimarte 算例的实验

在对 Brandimarte 算例测试时，规模参数重设为：$N_1=50$，$N_2=200$，$ITER_1=100$，$ITER_2=300$。由于文献 [46] 中给出了 MOGA 算法针对每个 Brandimarte 算例求解得到的具体 Pareto 最优解集，且这些解集具有一定的代表性，因此可作为实验测试结果的对比数据。在使用 TM-MOPSO 算法针对每个 Brandimarte 算例独立测试 30 次后，对每个算例均求得了远多于 MOGA 算法求得解的数量。

表8-18　MOGA算法和TM-MOPSO算法求解Mk01算例所得Pareto解的对比

Pareto 解	MOGA			TM-MOPSO		
	C_{max}	L_{total}	L_{max}	C_{max}	L_{total}	L_{max}
S_1	<u>40</u>	<u>169</u>	<u>36</u>	40	162	38
S_2	42	158	39	40	164	37
S_3	<u>43</u>	<u>155</u>	<u>40</u>	40	167	36
S_4	<u>44</u>	<u>154</u>	<u>40</u>	41	160	38
S_5	—	—	—	41	163	37
S_6	—	—	—	42	156	40
S_7	—	—	—	42	158	39
S_8	—	—	—	42	165	36
S_9	—	—	—	43	154	40
S_{10}	—	—	—	45	153	42

表 8-18 以 Mk01 算例为例列出了两种算法针对该算例的测试结果。由表 8-18 中数据可知 TM-MOPSO 算法求出的最好的一个 Pareto 解集包括 10 个 Pareto 解，相比 MOGA 算法，TM-MOPSO 算法不仅找出了更多的 Pareto 解，而且部分解还可支配 MOGA 算法求得的 3 个 Pareto 解 [(40,169,36)，(43,155,40)，(44,154,40)]，表明了 TM-MOPSO 算法更好

的求解性能。

在对各 Brandimarte 算例的测试中，随着算例规模的增大和自由度的增加，对于个别的算例，TM-MOPSO 算法甚至求得了十倍于 MOGA 算法的 Pareto 解。根据目前对多目标问题 Pareto 解性能指标的研究[49]，对于离散问题的 Pareto 解的比较，覆盖率是最直观和经典的一个考察指标。同时根据多目标调度算法性能的基本评价标准，即算法求得 Pareto 解的数量，解靠近 Pareto 前沿的趋势和解分布的均匀性，表 8-19 除列出了两种算法的覆盖率外，还列出了体现调度算法性能的有效解（Effective Pareto Optimal Solutions, ES）数量，及各目标维度所能达到的最小值等指标。其中，C_{GAPSO} 表示 TM-MOPSO 算法针对 MOGA 算法的覆盖率，即 TM-MOPSO 算法解支配 MOGA 算法解的数量占 MOGA 算法所求得解的总数量比例，而 C_{PSOGA} 则表示 MOGA 算法针对 TM-MOPSO 算法的覆盖率；mC_{max} 表示算法所能探索到的最小最大完工时间值；mL_{total} 表示算法所能找到的最小最大设备负载值；mL_{max} 表示算法所能探索到的最小最大负载设备负载值；ES 表示算法求得的 Pareto 解集中所有解（Total of Pareto Optimal Solutions, TS）减去所有被对比算法支配的 Pareto 解后剩余的有效解。为方便观察，表中对比占优的数据均进行了加粗处理。

表8-19　MOGA算法和TM-MOPSO算法测试结果中各目标维度极值、覆盖率和有效解数量的对比

算例	MOGA					TM-MOPSO				
	mC_{max}	mL_{total}	mL_{max}	ES	C_{GAPSO}	mC_{max}	mL_{total}	mL_{max}	ES	C_{PSOGA}
Mk01	40	154	36	1	0.75	40	**153**	36	**10**	**0**
Mk02	**26**	140	26	4	0.33	27	140	26	**6**	**0.143**
Mk03	204	847	**133**	9	0.1	204	**812**	204	**17**	**0**
Mk04	**60**	331	**54**	9	**0.1**	65	**324**	61	**17**	0.1905
Mk05	173	676	173	5	**0**	173	**672**	173	**9**	0.3571
Mk06	**60**	**330**	**54**	10	**0**	68	333	55	**83**	0.4575
Mk07	**139**	657	139	7	**0**	141	**649**	139	**13**	0.3158
Mk08	523	2484	**497**	5	**0**	523	2484	523	**8**	0.1111
Mk09	**310**	2259	299	9	**0**	313	**2213**	299	**83**	0.4216
Mk10	**214**	1854	204	17	**0.0556**	236	**1847**	**200**	**56**	0.6111

考察表 8-19 中数据可知，MOGA 算法搜索到的 Pareto 解在最大完工时间目标维度和最大负载设备负载目标维度上更优；而 TM-MOPSO 算法搜索到的 Pareto 解在总设备负载目标维度上占优；而在 Pareto 解的数量方面，TM-MOPSO 算法表现出了绝对的优势，就每一个算例而言，即使除去被对比算法支配掉的 Pareto 解，其所求得的有效 Pareto 解数量依然多于 MOGA 算法所求得的。同时由于得到了更多的 Pareto 解，TM-MOPSO 算法解有更大的机会被 MOGA 算法解支配，所以覆盖率指标弱于 MOGA 算法；但从多目标决策角度考虑，更多的 Pareto 解可以为决策者提供更多样的决策方案，因此 TM-MOPSO 算法更具实际意义。

此外，从多目标的各目标维度看，即完工时间目标维度（Dimension of Completion time，D_C）、总设备负载目标维度（Dimension of Total machine Load，D_TL）和最大负载设备负载目标维度（Dimension of the Load of the maximal load machine，D_L），算法求解后得到的 Pareto 前沿上的点在各目标维度上所能达到的范围（$\varDelta$= 最大值 − 最小值）和分布平均密度（$\varDelta$/TS）同样可以考察算法的求解性能。从多目标调度的实际应用考虑，良好的算法求解性能应能在各目标维度上探索到更大的区域，即 $\varDelta$ 应尽量大；同时探索到的目标值在各目标维度上应尽量均匀地分布，即 $\varDelta$/TS 应尽量小。表 8-20 列出了 MOGA 算法和 TM-MOPSO 算法针对每个 Brandimarte 算例测试后各目标维度的 $\varDelta$ 和 $\varDelta$/TS 情况及对应的总的 Pareto 解数量（TS）；同时为更全面地考察算法复杂度，给出了各算法程序单次运行时的平均 CPU 耗时（$\overline{D}_{\mathrm{CPU}}$）。MOGA 算法所用计算机设备 CPU 主频为 2.6GHz，而 TM-MOPSO 算法所用计算机设备 CPU 单核主频为 3GHz，由于 CPU 架构等性能差异，$\overline{D}_{\mathrm{CPU}}$ 不做对比，仅用来说明各算法的复杂度情况。

从表 8-20 中所列数据可知，针对各算例的 $\varDelta$，除 Mk08 算例外，TM-MOPSO 算法在其他 9 个算例测试中均至少在两个目标维度上优于或等于对 MOGA 算法的结果；而针对各算例的 $\varDelta$/TS，除 Mk04、Mk05 和 Mk07 算例外，TM-MOPSO 算法在其他 7 个算例测试中均至少在两个目标维度上优于或等于 MOGA 算法的结果；而对于所有的算例测试，TM-MOPSO 算法找到的 Pareto 解的总数（TS）均多于 MOGA 算法所能找到的 Pareto 解的总数。该对比分析再次说明 TM-MOPSO 算法对多目标柔性作业车间调度问题具有良好的求解性能。

表8-20 MOGA算法和TM-MOPSO算法求解Brandimarte算例时Pareto前沿分布情况及单次运算平均耗时的对比

算例名称	维度性能	MOGA					TM-MOPSO				
		D_C	D_TL	D_L	TS	$\overline{D}_{CPU}$ /s	D_C	D_TL	D_L	TS	$\overline{D}_{CPU}$ /s
Mk 01	Δ	4	**15**	4	4	29.0	**5**	14	**6**	**10**	22.1
	Δ/TS	1	3.75	1			**0.5**	**1.4**	**0.6**		
Mk 02	Δ	**7**	11	7	6	45.0	6	11	7	**7**	35.0
	Δ/TS	1.167	1.183	**1.167**			**0.857**	1.571	**1**		
Mk 03	Δ	27	37	77	10	285.0	**126**	**38**	**126**	**17**	430.4
	Δ/TS	**2.7**	3.7	7.7			7.412	**2.235**	**7.412**		
Mk 04	Δ	30	**59**	22	10	105.6	**81**	40	**85**	**21**	64.9
	Δ/TS	**3**	5.9	**2.2**			3.857	**1.905**	4.048		
Mk 05	Δ	12	7	12	5	140.4	**36**	**13**	**36**	**14**	73.4
	Δ/TS	**2.4**	1.4	**2.4**			2.571	**0.929**	2.571		
Mk 06	Δ	40	**111**	36	10	115.8	**43**	102	**42**	**153**	656.0
	Δ/TS	4	11.1	3.6			**0.281**	**0.667**	**0.275**		
Mk 07	Δ	27	36	28	7	295.2	**76**	**45**	**78**	**19**	115.6
	Δ/TS	**3.857**	5.143	**4**			4	**2.368**	4.105		
Mk 08	Δ	64	**50**	**90**	5	722.4	64	40	64	**9**	249.1
	Δ/TS	12.8	10	18			**7.111**	**4.444**	**7.111**		
Mk 09	Δ	22	**1255**	9	9	1168.8	**133**	98	**129**	**102**	875.3
	Δ/TS	2.444	139.4	1			**1.303**	**0.961**	**1.265**		
Mk 10	Δ	67	**228**	64	18	1072.2	**77**	169	**90**	**144**	1357.4
	Δ/TS	3.722	12.67	3.556			**0.535**	**1.174**	**0.634**		

参考文献

[1] 杨玉珍 . 基于元启发式算法的带生产约束作业车间调度问题若干研究 [D]. 上海：华东理工大学，2014.

[2] Brandimarte P. Routing and scheduling in a flexible job shop by tabu search[J]. Annals of Operations Research, 1993, 41(3):157-183.

[3] Mati Y, Rezg N, Xie X L. An integrated greedy heuristic for a flexible job shop scheduling problem[C]. IEEE International Conference on Systems, Man and Cybernetics, 2001, 4: 2534-2539.

[4] Pezzella F, Morganti G, Ciaschetti G. A genetic algorithm for the flexible job-shop scheduling problem[J]. Computers & Operations Research, 2008, 35(10): 3202-3212.

[5] Saidi-Mehrabad M, Fattahi P. Flexible job shop scheduling with tabu search algorithms[J]. The International

Journal of Advanced Manufacturing Technology, 2007, 32(5/6): 563-570.
[6] 王万良，赵澄，熊婧，等 . 基于改进蚁群算法的柔性作业车间调度问题的求解方法 [J]. 系统仿真学报，2008, 20(16): 4326-4329.
[7] Mastrolilli M, Gambardella L M. Effective neighbourhood functions for the flexible job shop problem [J]. Journal of Scheduling, 2000, 3(1): 3-20.
[8] 杨晓梅，曾建潮 . 遗传算法求解柔性 Job-shop 调度问题 [J]. 控制与决策，2004, 19(10): 1197-1200.
[9] 卢冰原 . 模糊环境下的 Flexible Job-shop 调度问题的研究 [D]. 合肥：中国科学技术大学，2006.
[10] Ho N B, Tay J C. Evolving dispatching rules for solving the flexible job-shop problem [J]. IEEE Congress on Evolutionary Computation, 2005, 3: 2848-2855.
[11] Ho N B, Tay J C. LEGA: an architecture for learning and evolving flexible job-shop schedules [J]. IEEE Congress on Evolutionary Computation, 2005, 2: 1380-1387.
[12] Amiri M, Zandieh M, Yazdani M, et al. A variable neighbourhood search algorithm for the flexible job-shop scheduling problem[J]. International Journal of Production Research, 2010, 48(19): 5671-5689.
[13] Lei D. Co-evolutionary genetic algorithm for fuzzy flexible job shop scheduling [J]. Applied Soft Computing, 2012, 12(8): 2237-2245.
[14] Lei D, Guo X. Swarm-based neighbourhood search algorithm for fuzzy flexible job shop scheduling[J]. International Journal of Production Research, 2012, 50(6): 1639-1649.
[15] Wang L, Wang S, Xu Y, et al. A bi-population based estimation of distribution algorithm for the flexible job-shop scheduling problem[J]. Computers & Industrial Engineering, 2012, 62(4): 917-926.
[16] Wang L, Zhou G, Xu Y, et al. A hybrid artificial bee colony algorithm for the fuzzy flexible job-shop scheduling problem [J]. International Journal of Production Research, 2013, 51(12): 3593-3608.
[17] Yuan Y, Xu H. Flexible job shop scheduling using hybrid differential evolution algorithms [J]. Computers & Industrial Engineering, 2013, 65(2): 246-260.
[18] Kacem I, Hammadi S, Borne P. Approach by localization and genetic manipulation algorithm for flexible job-shop scheduling problem[C]. IEEE International Conference on Systems, Man, and Cybernetics, 2001, 4: 2599-2604.
[19] Kacem I, Hammadi S, Borne P. Approach by localization and multiobjective evolutionary optimization for flexible job-shop scheduling problems[J]. IEEE Transactions on Systems, Man and Cybernetics. Part C: Application and Reviews, 2002, 32(1): 1-13.
[20] Kacem I, Hammadi S, Borne P. Pareto-optimality approach based on uniform design and fuzzy evolutionary algorithms for flexible job-shop scheduling problems[J]. IEEE International Conference on Systems, Man and Cybernetics, 2002, 7: 1-7.
[21] Kacem I. Scheduling flexible job-shops: A worst case analysis and an evolutionary algorithm[J]. International Journal of Computational Intelligence and Applications, 2003, 3(4): 437-452.
[22] Ho N B, Tay J C, Lai E M K. An effective architecture for learning and evolving flexible job-shop schedules[J]. European Journal of Operational Research, 2007, 179(2): 316-333.
[23] Tay J C, Ho N B. Evolving dispatching rules using genetic programming for solving multi-objective flexible job-shop problems[J]. Computers & Industrial Engineering, 2008, 54(3): 453-473.
[24] Xia W J, Wu Z M. An effective hybrid optimization approach for multi-objective flexible job-shop scheduling problems[J]. Computers & Industrial Engineering, 2005, 48(2): 409-425.
[25] 吴秀丽 . 多目标柔性作业车间调度技术研究 [D]. 西安：西北工业大学，2006.
[26] 余建军，孙树栋，郝京辉 . 免疫算法求解多目标柔性作业车间调度研究 [J]. 计算机集成制造系统，2006, 12(10): 1643-1650.
[27] Gao J, Gen M, Sun L Y, et al. A hybrid of genetic algorithm and bottleneck shifting for multiobjective flexible job shop scheduling problems [J]. Computers & Industrial Engineering, 2007, 53(1): 149-162.
[28] Gao J, Sun L Y, Gen M. A hybrid genetic and variable neighborhood descent algorithm for flexible job shop scheduling problems [J]. Computers & Operations Research, 2008, 35(9): 2892-2907.
[29] Li J Q, Pan Q K, Gao K Z. Pareto-based discrete artificial bee colony algorithm for multi-objective flexible job shop scheduling problems [J]. The International Journal of Advanced Manufacturing Technology, 2011, 55(9/10/11/12): 1159-1169.
[30] Li J Q, Pan Q K, Liang Y C. An effective hybrid tabu search algorithm for multi-objective flexible job-shop scheduling problems [J]. Computers & Industrial Engineering, 2010, 59(4): 647-662.
[31] Kundra H, Sood M. Cross-country path finding using hybrid approach of PSO and BBO [J]. International

Journal of Computer Applications, 2010, 7(6): 15-19.
[32] 关晓雷．生物地理优化算法及其在设备人路径规划中的应用 [D]. 哈尔滨：哈尔滨工程大学，2011.
[33] 张萍，魏平，于鸿洋．一种基于生物地理优化的快速运动估计算法 [J]. 电子与信息学报，2011, 33(5): 1017-1023.
[34] Rahmati S H A, Zandieh M. A new biogeography-based optimization (BBO) algorithm for the flexible job shop scheduling problem [J]. The International Journal of Advanced Manufacturing Technology, 2012, 58(9/10/11/12): 1115-1129.
[35] Zhang C Y, Rao Y Q, Li P G, et al. Bilevel genetic algorithm for the flexible job-shop scheduling problem[J]. Jixie Gongcheng Xuebao/Chinese Journal of Mechanical Engineering, 2007, 43(4): 119-124 .
[36] 马海平，李雪，林升东．生物地理学优化算法的迁移率模型分析 [J]. 东南大学学报（自然科学版），2009, 39(S1): 16-21.
[37] Habib S, Rahmati A, Zandieh M. A new biogeography-based optimization (BBO) algorithm for the flexible job shop scheduling problem [J]. International Journal of Advanced Manufacturing Technology, 2012, 58(9-12): 1115-1129.
[38] Wang X, Gao L, Zhang C, et al. A multi-objective genetic algorithm based on immune and entropy principle for flexible job-shop scheduling problem [J]. International Journal of Advanced Manufacturing Technology, 2010, 51(5-8): 757-767.
[39] Li J Q, Pan Q K, Gao K Z. Pareto-based discrete artificial bee colony algorithm for multi-objective flexible job shop scheduling problems [J]. International Journal of Advanced Manufacturing Technology, 2011, 55: 1159-1169.
[40] Wang L, Wang S Y, Liu M. A Pareto-based estimation of distribution algorithm for the multi-objective flexible job-shop scheduling problem [J]. International Journal of Production Research, 2013, 51(12): 3574-3592.
[41] 丁豪杰．基于群智能优化算法的柔性作业车间调度方法的若干研究 [D]. 上海：华东理工大学，2020.
[42] Hancer E, Xue B, Zhang M J, et al. Pareto front feature selection based on artificial bee colony optimization [J]. Information Sciences, 2018, 422: 462-479.
[43] Gao L, Pan Q K. A shuffled multi-swarm micro-migrating birds optimizer for a multi-resource-constrained flexible job shop scheduling problem [J]. Information Sciences, 2016, 372: 655-676.
[44] Robert O, Zhang H K, Liu S F, et al. Improved heuristic kalman algorithm for solving multi-objective flexible job shop scheduling problem [J]. Procedia Manufacturing, 2018, 17: 895-902.
[45] Yuan Y, Xu H. Multiobjective flexible job shop scheduling using memetic algorithms [C]. IEEE Transactions on Automation Science and Engineering, 2015, 12(1): 336-353.
[46] Ding H J, Gu X S. Improved particle swarm optimization algorithm based novel encoding and decoding schemes for flexible job shop scheduling problem [J]. Computers & Operations Research. 2020, 121(9): 104951.
[47] Ding H J, Gu X S. Hybrid of human learning optimization algorithm and particle swarm optimization algorithm with scheduling strategies for the flexible job-shop scheduling problem [J]. Neurocomputing, 2020, 414: 313-332.
[48] Kaplanoğlu V. An object-oriented approach for multi-objective flexible job-shop scheduling problem [J]. Expert Systems with Applications, 2016, 45: 71-84.
[49] Zitzler E, Thiele L, Laumanns M, et al. Performance assessment of multiobjective optimizers: an analysis and review [J]. IEEE Transactions on Evolutionary Computation, 2003, 7(2): 117-132.